GÉNIE ATOMIQUE

Thermohydraulique des réacteurs nucléaires

Jean-Marc Delhaye

Avec la collaboration de Michel Giot, Laurent Mahias, Patrick Raymond et Claude Renault

EDP Sciences
17, avenue du Hoggar
Parc d'activités de Courtabœuf, BP 112
91944 Les Ulis Cedex A, France

Imprimé en France
ISBN : 978-2-86883-823-0

Introduction à la collection *Génie Atomique*

Au sein du Commissariat à l'énergie atomique (CEA), l'Institut national des sciences et techniques nucléaires (INSTN) est un établissement d'enseignement supérieur sous la tutelle du ministère de l'Education nationale et du ministère de l'Industrie. La mission de l'INSTN est de contribuer à la diffusion des savoir-faire du CEA au travers d'enseignements spécialisés et de formations continues, tant à l'échelon national qu'aux plans européen et international.

Cette mission reste centrée sur le nucléaire, avec notamment l'organisation d'une formation d'ingénieur en « Génie Atomique ». Fort de l'intérêt que porte le CEA au développement de ses collaborations avec les universités et les écoles d'ingénieurs, l'INSTN a développé des liens avec des établissements d'enseignement supérieur aboutissant à l'organisation, en co-habilitation, de plus d'une vingtaine de Masters. A ces formations s'ajoutent les enseignements des disciplines de santé : les spécialisations en médecine nucléaire et en radiopharmacie ainsi qu'une formation destinée aux physiciens d'hôpitaux.

La formation continue constitue un autre volet important des activités de l'INSTN, lequel s'appuie aussi sur les compétences développées au sein du CEA et chez ses partenaires industriels.

Dispensé dès 1954 au CEA Saclay, où ont été bâties les premières piles expérimentales, la formation en « Génie Atomique » (GA) l'est également depuis 1976 à Cadarache, où a été développée la filière des réacteurs à neutrons rapides. Depuis 1958 le GA est enseigné à l'Ecole des applications militaires de l'énergie atomique (EAMEA) sous la responsabilité de l'INSTN.

Depuis sa création, l'INSTN a diplômé plus de 4200 ingénieurs que l'on retrouve aujourd'hui dans les grands groupes ou organismes du secteur nucléaire français : CEA, EDF, AREVA, Marine nationale. De très nombreux étudiants étrangers provenant de différents pays ont également suivi cette formation.

Cette spécialisation s'adresse à deux catégories d'étudiants : civils et militaires. Les étudiants civils occuperont des postes d'ingénieurs d'études ou d'exploitation dans les réacteurs nucléaires, électrogènes ou de recherches, ainsi que dans les installations du cycle du combustible. Ils pourront évoluer vers des postes d'experts dans l'analyse du risque nucléaire et de l'évaluation de son impact environnemental. La formation de certains officiers des sous-marins et porte-avions nucléaires français est dispensée par l'EAMEA.

Le corps enseignant est formé par des chercheurs du CEA, des experts de l'Institut de radioprotection et de sûreté nucléaire (IRSN), des ingénieurs de l'industrie (EDF, AREVA,...).

Aujourd'hui, en pleine maturité de l'industrie nucléaire, le diplôme d'ingénieur en « Génie Atomique » reste sans équivalent dans le système éducatif français et affirme sa vocation : former des ingénieurs qui auront une vision globale et approfondie des sciences et techniques mises en œuvre dans chaque phase de la vie des installations nucléaires, depuis leur conception et leur construction jusqu'à leur exploitation puis leur démantèlement.

L'INSTN s'est engagé à publier l'ensemble des supports de cours dans une collection d'ouvrages destinés à devenir des outils de travail pour les étudiants en formation et à faire connaître le contenu de cet enseignement dans les établissements d'enseignement supérieur français et européens. Edités par EDP Sciences, acteur particulièrement actif et compétent dans la diffusion du savoir scientifique, ces ouvrages sont également destinés à dépasser le cadre de l'enseignement pour constituer des outils indispensables aux ingénieurs et techniciens du secteur industriel.

Joseph SAFIEH
Responsable général
du cours de Génie Atomique

Table des matières

Avant-Propos

Cet ouvrage résulte de nombreuses années d'enseignement soit au niveau des écoles d'ingénieurs, soit au niveau de la formation continue. Son objectif essentiel est de présenter sous une forme rigoureuse et pédagogique les connaissances de base nécessaires à la compréhension et à la modélisation des phénomènes thermohydrauliques rencontrés dans le fonctionnement et la conception des réacteurs nucléaires.

La majorité des chapitres comportent des exemples d'application des concepts étudiés à des problèmes de génie nucléaire, et des exercices destinés à maîtriser ces concepts. Ces exemples et exercices ont été le plus souvent adaptés de problèmes posés lors de contrôles des connaissances associés au cours de Thermohydraulique des réacteurs du Génie Atomique. Chaque exemple d'application comporte une solution détaillée. Certains de ces exemples sont inspirés de problèmes figurant dans l'ouvrage de Todreas et Kazimi [1] qui reste à ce jour une référence incontournable.

Les notations utilisées sont définies dès leur première apparition dans le texte et regroupées dans une nomenclature placée à la fin de chaque chapitre. Ces nomenclatures indiquent le cas échéant le numéro de la relation de définition de chaque variable. En règle générale, les symboles utilisés sont ceux de la littérature anglo-saxonne. Le séparateur décimal est le point, et non la virgule, cela pour faciliter une prochaine version de cet ouvrage en langue anglaise. Ce livre ne contient pas d'études bibliographiques critiques et ne se veut pas exhaustif sur un sujet donné. Il aborde les connaissances minimales que doit comprendre et savoir utiliser le thermohydraulicien nucléaire.

Les connaissances mathématiques requises ne vont guère au-delà de celles enseignées dans les écoles d'ingénieurs. Le lecteur pourra trouver les rappels nécessaires sur le site Mathworld. Les exemples d'application pourront être avantageusement traités à l'aide d'outils comme Maple, Matlab ou Mathematica. Les propriétés thermodynamiques de l'eau et de sa vapeur peuvent être consultées en ligne sur le site du National Institute of Standards and Technology (NIST). Des informations complémentaires sur le génie nucléaire pourront être

1. Todreas, N.E. and Kazimi, M.S., 1990, *Nuclear Systems, I Thermal Hydraulic Fundamentals, II Elements of Thermal Hydraulic Design*, Hemisphere Publishing Corporation.

aisément trouvées dans la collection des livres du Génie Atomique et sur le site Wikipedia.

Les chapitres 1 et 2, respectivement intitulés Caractéristiques thermohydrauliques des réacteurs et Conception et dimensionnement thermique des réacteurs, ont été rédigés par Patrick Raymond (CEA), le chapitre 3, intitulé Thermique de l'élément combustible, a été écrit en collaboration avec Claude Renault (CEA) ; le chapitre 11, Blocage des écoulements diphasiques, en collaboration avec Michel Giot (Université Catholique de Louvain) et le chapitre 12, sur la Thermohydraulique des réacteurs de propulsion navale, en collaboration avec Laurent Mahias (Ecole des Applications Militaires de l'Energie Atomique).

L'ensemble de cet ouvrage a été relu avec minutie et compétence par Laurent Mahias qui a apporté de nombreuses améliorations visant à en faciliter la lecture et la compréhension. Enfin, ce livre n'aurait pu voir le jour sans les encouragements constants et amicaux de Joseph Safieh (INSTN).

I have poked in every dark recess, I have made an assault on every problem, I have plunged into every abyss. I have scrutinized the creed of every sect, I have tried to lay bare the inmost doctrines of every community. All this I have done that I might distinguish between true and false, between sound tradition and heretical innovation.

Abu Hamid Al-Ghazali (1058-1111)

Al-Munqidh min ad-Dalal, trans. in W. Montgomery Watt, *The Faith and Practice of Al-Ghazali, Deliverance from Error* (Allen and Unwin, London, 1953), p. 20.

Jean-Marc Delhaye
delhaye@clemson.edu

Chapitre 1

Caractéristiques thermohydrauliques des réacteurs

Chapitre rédigé par Patrick Raymond, CEA.

1 Introduction

L'énergie produite par le phénomène de fission de noyaux lourds dans un réacteur nucléaire est récupérée par le milieu sous forme d'agitation thermique des atomes du combustible. Ce dégagement d'énergie, qui est maintenu par la réaction en chaîne lorsque le réacteur est critique, représente environ 95 % de l'énergie totale dégagée, le reste résultant de la désintégration des corps radioactifs produits par la fission des noyaux (tableau 1.1). La chaleur dégagée est proportionnelle au nombre de fissions réalisées, donc à la portion du flux de neutrons qui induit des fissions nucléaires. Cette chaleur doit être évacuée du combustible pour :

1. servir à la production d'énergie mécanique (dans un réacteur électrogène),
2. éviter que les températures du combustible et de son environnement n'atteignent un niveau tel que la maîtrise du procédé ne soit plus assurée.

L'énergie est dégagée dans le *cœur* du réacteur qui est constitué, généralement, d'*éléments combustibles* solides renfermant la matière fissile. Elle est évacuée par un *fluide caloporteur* dans des conditions qui permettent d'assurer l'intégrité des éléments combustibles.

Il est important de noter que l'arrêt de la réaction en chaîne ne conduit pas à l'arrêt de la production d'énergie. En effet, les réactions nucléaires, induites principalement par la désintégration des produits de fission, se poursuivent

Particule	^{235}U	^{239}Pu
Fragments légers	99.8 ± 1	101.8 ± 1
Fragments lourds	68.4 ± 0.7	68.4 ± 0.7
Neutrons prompts	4.8	5.8
γ prompts	7.5	7
Produits de fission β	7.8	8
Produits de fission γ	6.8	6.2
Dégagement total d'énergie (MeV)	195	202

Tableau 1.1 – Dégagement d'énergie par fission des atomes d' ^{235}U et de ^{239}Pu (1 MeV $= 1.60218 \times 10^{-13}$ J).

et dégagent une énergie non négligeable appelée *puissance résiduelle*. Cette puissance devra également être évacuée à l'arrêt du réacteur.

Le rôle du thermicien sera donc d'étudier l'évacuation de la puissance produite pour assurer la fonction du réacteur nécessaire à son objectif fonctionnel de production d'électricité pour un réacteur électrogène, ou de production de neutrons pour un réacteur expérimental. Pour cela, il doit déterminer, dans un premier temps, les conditions de fonctionnement du réacteur en fonction des contraintes qui peuvent lui être imposées par la neutronique du cœur et le choix des matériaux et du fluide caloporteur du réacteur. Dans un second temps, il doit démontrer que la conception du réacteur permet une bonne maîtrise du procédé pour assurer la pérennité de l'installation, ainsi que le faible impact radiologique pour l'environnement et les populations dans toutes les conditions de fonctionnement normales, incidentelles ou accidentelles envisageables. Cette démonstration de la sûreté du réacteur constitue une grande partie du travail de l'ingénieur thermicien. Elle consiste à faire la preuve que, dans tous les états de fonctionnement du réacteur et à la suite d'un incident ou d'une succession d'incidents ou lors d'agressions externes, les principales fonctions de sûreté assurant ce faible impact :

- le contrôle de la réactivité,
- l'évacuation de la puissance résiduelle,
- le confinement des matières radioactives,

sont réalisées de manière satisfaisantes.

Sur ces trois aspects, les phénomènes thermiques et la thermohydraulique vont concourir au dimensionnement du réacteur, de son combustible et des systèmes destinés à en assurer la sûreté et à la démonstration de sûreté. Le plus souvent, ils seront fortement liés, voire couplés, à d'autres phénomènes physiques : neutronique, mécanique ou chimiques (par ex. corrosion).

Dans ce chapitre, nous allons décrire les principales caractéristiques de la production d'énergie et de son évacuation pour différentes filières de réacteurs électrogènes ou expérimentaux. Les principaux facteurs contribuant à la conception des combustibles, des cœurs et des circuits seront explicités. Dans un premier temps, nous rappellerons quelques notions élémentaires sur les cycles thermodynamiques mises en œuvre pour produire de l'énergie électrique par les réacteurs de puissance.

2 Rappels sur les cycles thermodynamiques

La conversion continue de chaleur en travail repose le plus souvent sur l'utilisation d'un cycle thermodynamique, c'est-à-dire un ensemble de transformations qui permettent au système de retrouver son état initial. Le fluide véhiculé à l'intérieur d'un système fermé dédié va subir dans différentes machines thermiques des transformations qui auront pour objet : d'emmagasiner de la chaleur, de convertir une partie de cette énergie en travail, puis, pour boucler le cycle, de restituer à l'extérieur la chaleur non transformée en travail et enfin d'acquérir l'énergie mécanique nécessaire afin de faire circuler ce fluide dans le système.

Les principaux composants d'un système réalisant un cycle thermodynamique sont :

- pour les échanges thermiques : chaudière, échangeur de chaleur, générateur de vapeur, condenseur, réchauffeur, etc.
- pour les échanges de travail : turbine, pompe, turbo-pompe, compresseur, etc.

Pour évaluer le travail échangé dans une machine thermique, il est intéressant d'utiliser l'enthalpie à la place de l'énergie interne. En effet, l'évolution de l'enthalpie massique entre l'entrée et la sortie d'une machine thermique est donnée par la relation :

$$h_s - h_e = Q + W \tag{1.1}$$

où la chaleur Q échangée par unité de masse du fluide est donnée par la relation :

$$Q = \int_e^s T\, ds \tag{1.2}$$

et où le travail mécanique W échangé par unité de masse du fluide est donné par la relation :

$$W = \int_e^s v\, dp \tag{1.3}$$

Les quantités Q et W sont comptées positivement si le système les reçoit et négativement dans le cas contraire. Ces trois relations peuvent s'interpréter avec les trois diagrammes classiques :

- le *diagramme de Clapeyron* (p, v) : l'aire à la gauche de la courbe d'une transformation représente le travail échangé ; dans un cycle, l'aire du cycle représentera le travail réellement échangé,
- le *diagramme entropique* (T, s) : l'aire sous la courbe d'une transformation correspond à la quantité de chaleur échangée ; dans un cycle, l'aire du cycle représentera la quantité de chaleur échangée,
- le *diagramme de Mollier* (h, s) : en ordonnée, la différence d'enthalpie représente la somme des travaux et de la chaleur échangés.

Lorsqu'un fluide change de phase au cours d'une transformation (par ex. passage d'un état liquide à l'état gazeux ou inversement), et si celle-ci se réalise à l'équilibre thermodynamique défini par l'égalité des températures des deux constituants en présence, alors deux paramètres thermodynamiques, par exemple la pression et la température, sont liés entre eux. Ces relations se traduisent par une courbe caractéristique dans chacun des trois diagrammes montrant les conditions de changement de phase (figure 1.1).

2.1 Cycle de Carnot

Considérons un cycle thermodynamique. On peut construire le cycle qui produirait le maximum de travail. Ce cycle (figure 1.2) est constitué d'une série de quatre processus réversibles :

1. une détente isotherme (ab) à $T = T_1$ pendant laquelle le système reçoit une quantité de chaleur Q_{ab} et fournit un travail W_{ab} tel que $W_{ab} + Q_{ab} = 0$,
2. une détente adiabatique réversible (bc) conduisant le système de T_1 à T_0 et au cours de laquelle le système fournit un travail $W_{bc} = -c_v(T_1 - T_0)$,
3. une compression isotherme (cd) à $T = T_0$ où le travail reçu par le système est tel que $W_{cd} + Q_{cd} = 0$,
4. une compression adiabatique réversible (da) de T_0 à T_1 au cours de laquelle le système reçoit un travail $W_{da} = c_v(T_1 - T_0)$.

p (MPa) 20 10 0 Supercritique Liquide Vapeur Liquide + vapeur 0.025 0.05 0.075 v (m^3/kg)

T (°C) 400 200 0 2.5 5 7.5 s (kJ/kg.K)

h (kJ/kg) 3 000 2 000 1 000 2.5 5 7.5 s (kJ/kg.K)

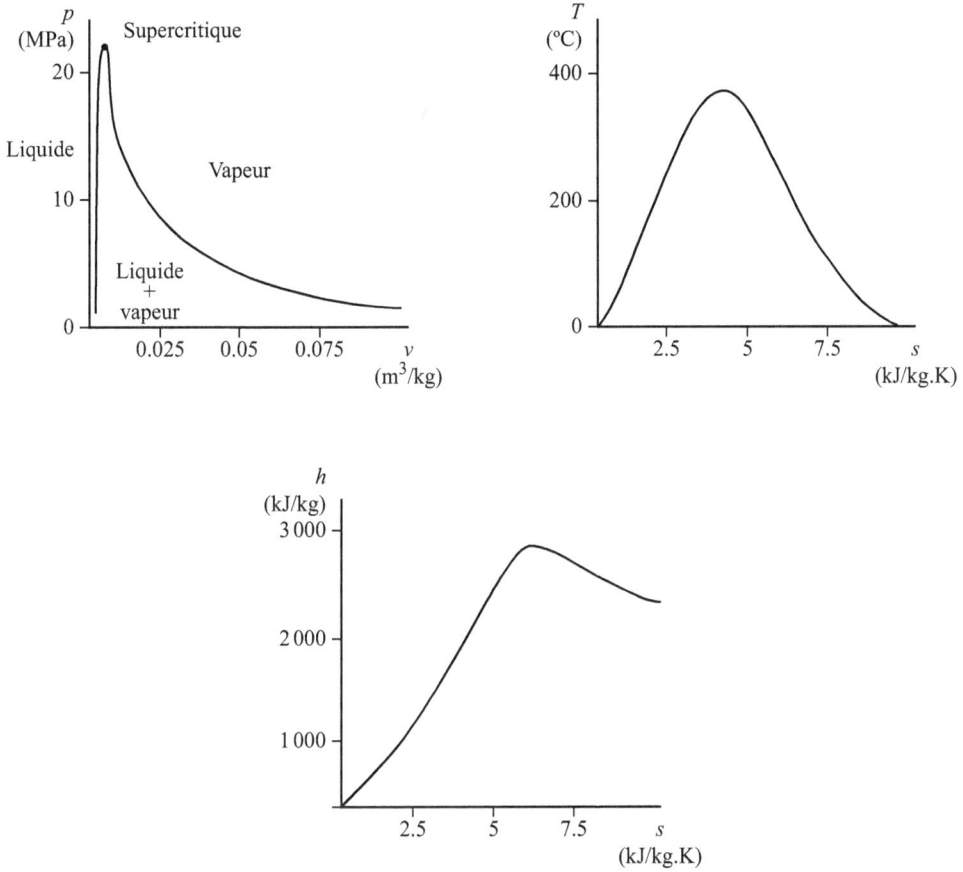

Figure 1.1 – Diagrammes thermodynamiques de l'eau : diagramme (p, v) de Clapeyron, diagramme entropique (T, s) et diagramme de Mollier (h, s).

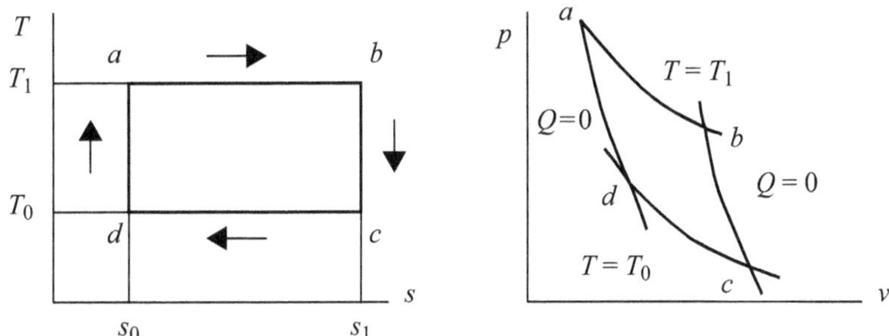

Figure 1.2 – Représentations du cycle de Carnot dans les diagrammes (T, s) et (p, v).

Le bilan d'énergie sur le cycle s'écrit :

$$W_{ab} + Q_{ab} + W_{cd} + Q_{cd} = 0 \tag{1.4}$$

Le travail effectivement fourni par le cycle est :

$$W = W_{ab} + W_{cd} = -(Q_{ab} + Q_{cd}) \tag{1.5}$$

Le rendement est défini comme étant le rapport de la valeur absolue du travail fourni par le système $|W|$ à la chaleur fournie au système Q_{ab}. Nous avons donc :

$$\eta \hat{=} \frac{|W|}{Q_{ab}} = 1 - \left|\frac{Q_{cd}}{Q_{ab}}\right| \tag{1.6}$$

Les transformations isothermes étant réversibles, nous avons :

$$Q_{ab} = T_1 \Delta s_{ab} \qquad Q_{cd} = T_0 \Delta s_{cd} \tag{1.7}$$

et comme la variation d'entropie est nulle sur le cycle :

$$\Delta s_{ab} = -\Delta s_{cd} \tag{1.8}$$

ce qui entraîne :

$$\eta \hat{=} \frac{|W|}{Q_{ab}} = 1 - \left|\frac{Q_{cd}}{Q_{ab}}\right| = 1 - \frac{T_0}{T_1} \tag{1.9}$$

Comme la machine de Carnot ne contient que des processus réversibles, son rendement est maximal. Il permet d'évaluer le travail maximal que l'on peut obtenir d'une source de chaleur à partir des températures de la source chaude et de la source froide. Ce rendement sera d'autant meilleur que l'écart de température sera important.

2.2 Cycle de Rankine

Le cycle de Rankine est le cycle classique des machines à vapeur. Il est représenté à la figure 1.3.

Il est constitué des processus élémentaires suivants (figure 1.4) :

1. le fluide froid est chauffé jusqu'à vaporisation complète dans une chaudière fournissant une quantité de chaleur Q_{ab},
2. la vapeur est par la suite détendue isentropiquement dans une turbine, celle-ci fournissant à l'extérieur le travail W_{bc},
3. la vapeur basse pression est ensuite condensée à pression constante dans un condenseur où elle cède au milieu extérieur une quantité d'énergie Q_{cd},
4. une pompe de charge permet à l'eau d'être réintroduite dans la chaudière ; elle reçoit pour cela un travail mécanique W_{da}.

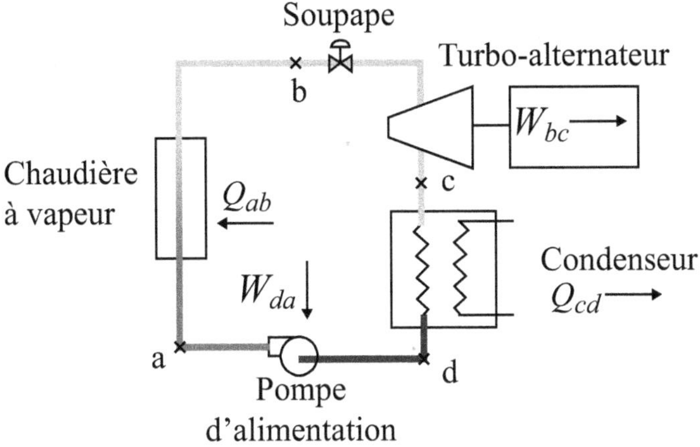

Figure 1.3 – Cycle de Rankine.

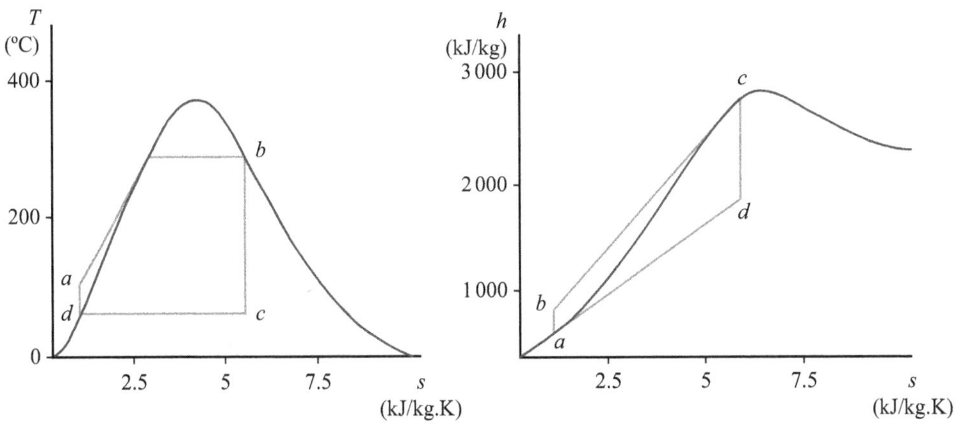

Figure 1.4 – Représentation du cycle de Rankine dans les diagrammes (T, s) et (h, s).

Le rendement du cycle de Rankine est donc :

$$\eta \hat{=} \frac{|W_{bc}| - |W_{da}|}{|Q_{ab}|} \tag{1.10}$$

avec :

$$\begin{aligned}
h_b - h_a &= \int_a^b (T\,ds + v\,dp) &= \int_a^b T\,ds &= Q_{ab}\\
h_c - h_b &= \int_b^c (T\,ds + v\,dp) &= \int_b^c v\,dp &= W_{bc}\\
h_d - h_c &= \int_c^d (T\,ds + v\,dp) &= \int_c^d T\,ds &= Q_{cd}\\
h_a - h_d &= \int_d^a (T\,ds + v\,dp) &= \int_d^a v\,dp &= W_{da}
\end{aligned}$$

Le rendement s'exprime donc également sous la forme :

$$\eta = \frac{h_b - h_c + h_d - h_a}{h_b - h_a} = 1 - \frac{h_c - h_d}{h_b - h_a} \tag{1.11}$$

Dans le condenseur, la température du fluide diphasique est constante. Si on suppose que les processus dans la turbine et la pompe sont isentropiques, on peut écrire :

$$h_c - h_d = T_{cd}(s_c - s_d) = T_{cd}(s_b - s_a) \tag{1.12}$$

d'où nous déduisons l'expression du rendement :

$$\eta = 1 - T_{cd}\frac{s_b - s_a}{h_b - h_a} \tag{1.13}$$

La température chaude du cycle de Carnot de même rendement serait $T^\star$ telle que :

$$\eta = 1 - T_{cd}\frac{s_b - s_a}{h_b - h_a} = 1 - \frac{T_{cd}}{T^\star} \tag{1.14}$$

d'où nous déduisons :

$$T^\star = \frac{h_b - h_a}{s_b - s_a} \tag{1.15}$$

Cette température est inférieure à la température de saturation de la vapeur produite. Le tableau 1.2 donne les caractéristiques du cycle de Rankine pour les conditions de fonctionnement d'un réacteur à eau sous pression de 1 300 MWe.

Le rendement de cette installation est donc :

$$\eta = 1 - (35 + 273.16)\frac{5.816\ 2 - 0.505}{2\ 773.5 - 152.5} = 0.376$$

La température chaude du cycle de Carnot équivalent serait : $T^\star = 220.3$ °C. L'écart entre le cycle de Carnot et le cycle de Rankine provient essentiellement du fait qu'il est nécessaire de réchauffer dans la chaudière l'eau provenant de la pompe à la température du condenseur pour l'amener à la température de saturation, cette opération n'étant pas isentropique. Pour améliorer le rendement du cycle de Rankine, on réalise des soutirages qui accroissent l'isentropie des processus réalisés dans le cycle.

	T °C	p MPa	h kJ/kg	s kJ/(kg· K)	x	Etat
a	35.2	6.95	153.7	0.505	0	liquide
b	285	6.95	2 773.5	5.816	1	vapeur saturée
c	35	0.005 6	1 783.3	5.816	0.677	liquide-vapeur
d	35	0.005 6	146.6	0.505	0	liquide saturé

Tableau 1.2 – Caractéristiques du cycle de Rankine d'un REP de 1 300 MWe. Les lettres correspondent à celles du diagramme *T-s* de la figure 1.4.

Cycle de Rankine avec soutirage

En partant du cycle de Rankine théorique exposé précédemment, on peut imaginer que l'on réalise un cycle avec un ensemble de sources de chaleur Q_i à la température T_i de telle sorte qu'il n'y ait pas de production d'entropie. En distinguant la source de chaleur Q_0 à la température froide T_0, nous aurons :

$$\frac{Q_0}{T_0} + \sum_i \frac{Q_i}{T_i}$$

Comme nous avons :

$$W_m + Q_0 + \sum_i Q_i = 0$$

nous obtenons comme expression du rendement :

$$\eta = \frac{W_m}{Q_0 + \sum_i Q_i} = 1 + T_0 \frac{\sum_i \frac{Q_i}{T_i}}{\sum_i Q_i} \tag{1.16}$$

Du fait de l'isentropie des apports de chaleur, ce cycle aura, pour la même température froide, un meilleur rendement que le cycle original.

Pour réaliser ce principe dans un cycle de Rankine, le procédé consiste à réchauffer l'eau alimentaire par la chaleur provenant de la condensation d'une partie du fluide soutiré à la turbine avant qu'il ne se détende. L'eau condensée qui en résulte rejoint le débit d'eau alimentaire par une pompe.

Considérons par exemple un cycle avec un soutirage pour lequel on néglige les travaux de pompage (figure 1.5).

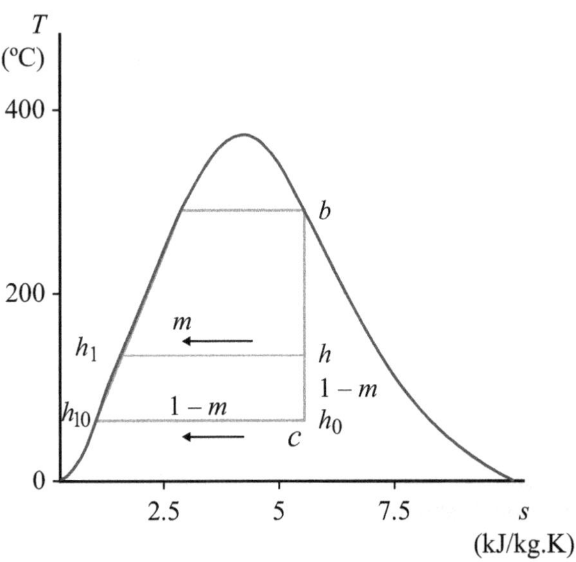

Figure 1.5 – Cycle de Rankine avec soutirage.

Soit m la fraction du débit fluide soutiré, l'enthalpie de ce fluide varie de h à h_l ; la partie restante du fluide est détendue dans la tuyère juqu'à h_0 et, après recondensation et chauffage par recondensation du fluide soutiré, entre dans la chaudière à h_l. Le travail récupéré à la turbine est :

$$W_m = h_b - h + (1 - m)(h - h_0) \tag{1.17}$$

Par rapport au cycle de Rankine classique, le travail reçu a diminué de la quantité $m(h - h_0)$. La chaleur fournie par la recondensation du fluide soutiré est égale à celle reçue par le fluide principal, soit :

$$m(h - h_l) = (1 - m)(h_l - h_{l0})$$

d'où l'expression de la fraction de débit soutiré :

$$m = \frac{h_l - h_{l0}}{h - h_{l0}} \tag{1.18}$$

La chaleur fournie par la chaudière est :

$$Q = h_b - h_l$$

Par rapport au cycle de Rankine classique, la chaleur fournie a diminué de la quantité $(h_l - h_{l0})$. Cette diminution est plus importante que la diminution de travail dû au soutirage. Le rendement du cycle est donc :

$$\eta = \frac{h_b - h + (1 - m)(h - h_0)}{h_b - h_l} = \frac{h_b - h_0 - m(h - h_0)}{h_b - h_{l0} - (h_l - h_{l0})} \tag{1.19}$$

Comme la diminution du travail reçu par rapport au cycle de Rankine classique est moins importante que celle de la chaleur requise, le rendement du cycle s'est amélioré.

Le rendement peut être encore amélioré en multipliant les soutirages. Le travail reçu sera dans ce cas :

$$W_m = (h_b - h) + \sum_{i=1}^{n}(1 - m_i)(h_i - h_{i-1}) \tag{1.20}$$

La quantité de chaleur fournie à la chaudière étant toujours :

$$Q = h_b - h_l \tag{1.21}$$

2.3 Cycle de Brayton

Le cycle de Brayton est celui mis en œuvre lorsque le fluide est un gaz. Il est notamment utilisé pour les Réacteurs à haute température (HTR) à cycle direct (figure 1.6). L'hélium sous haute pression (4 à 8 MPa) est porté à haute température (750 à 1 000 °C) dans le cœur du réacteur, puis est détendu dans la turbine. Il est ensuite détendu et refroidi dans un échangeur-récupérateur, puis par un échangeur à réfrigérant externe jusqu'à 30 °C. L'hélium est ensuite comprimé par un compresseur pouvant comporter plusieurs étages de compression. Entre chaque étage, un échangeur refroidit le gaz. Avant d'être réinjecté dans le cœur, l'hélium à haute pression est réchauffé par le gaz chaud sortant de la turbine dans un échangeur-récupérateur. Le diagramme (T, s) de ce cycle est représenté à la figure 1.7.

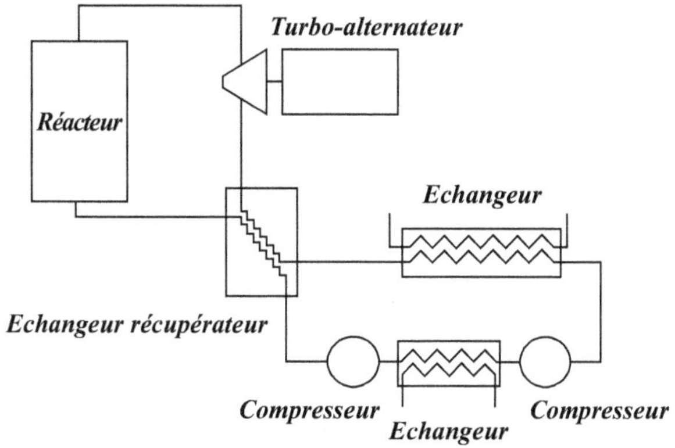

Figure 1.6 – Cycle de Brayton.

Considérons un cycle comportant un seul compresseur et constitué des éléments suivants (figure 1.8) :

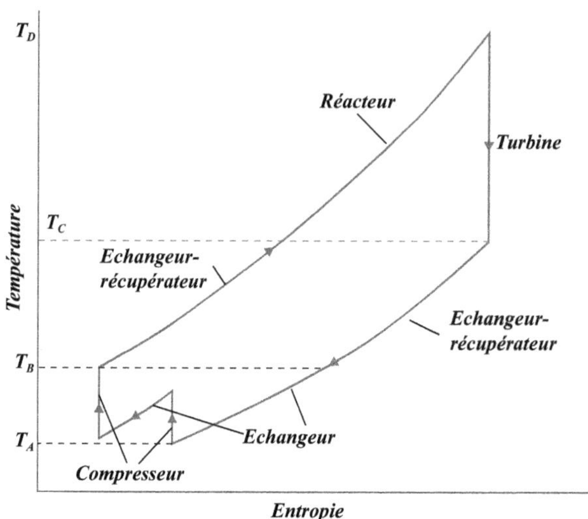

Figure 1.7 – Diagramme (T, s) du cycle de Brayton.

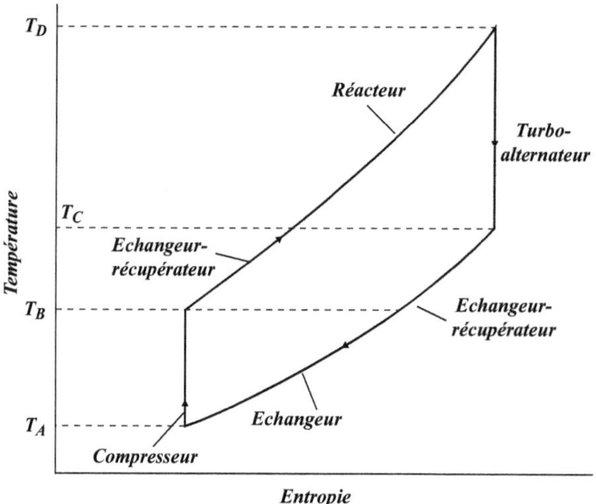

Figure 1.8 – Cycle de Brayton simplifié.

1. une transformation à pression constante où l'énergie échangée dans le récupérateur, puis celle produite par le réacteur chauffe l'hélium,
2. une détente adiabatique dans la turbine,
3. une transformation à pression constante où l'hélium est refroidi dans un premier temps par le récupérateur et dans un second temps par l'échangeur-refroidisseur,

4. une compression adiabatique.

Soit Q_r la quantité de chaleur dégagée par le réacteur, W_t le travail récupéré à la turbine, et W_c le travail de compression. Le rendement du cycle de Brayton est donc, les quantités apportées au fluide étant comptées positivement :

$$\eta = \frac{|W_t + W_c|}{Q_r} \tag{1.22}$$

La variation d'énergie interne étant nulle sur le cycle, la somme des travaux fournis et reçus est égale à la somme des quantités de chaleur échangées :

$$|Q_{récupérateur}| + Q_r + W_t - |Q_{récupérateur}| + Q_{échangeur} + W_c = 0$$

ou encore :

$$W_t + W_c = -(Q_r + Q_{échangeur})$$

Le rendement est donc :

$$\eta = 1 - \frac{Q_{échangeur}}{Q_r} = 1 - \frac{|\Delta T_{échangeur}|}{\Delta T_{réacteur}} = 1 - \frac{T_B - T_A}{T_D - T_C} \tag{1.23}$$

Le rendement du cycle de Brayton dépend donc de manière importante de l'efficacité de l'échangeur-récupérateur qui permet de minimiser la perte de chaleur vers la source froide.

3 Caractéristiques générales des réacteurs nucléaires

3.1 Cœurs et combustibles

Le cœur du réacteur fournit la puissance thermique. Cette fonction doit être assurée dans des conditions économiques acceptables tout en satisfaisant les impératifs de sûreté, cela en considérant les limites physiques et technologiques des matériaux et composants utilisés.

Les objectifs constants d'amélioration du coût de l'énergie produite tout en respectant, voire en améliorant, le niveau de sûreté, conduisent à des améliorations permanentes du combustible et de la gestion et de l'exploitation des cœurs. Cela se traduit par une augmentation du taux d'irradiation des crayons combustibles, un allongement des cycles d'irradiation et une souplesse d'exploitation accrue permettant de mieux répondre à la demande du réseau électrique.

Si l'on reprend les trois principales fonctions de sûreté à assurer, telles que définies au début de ce chapitre, les exigences portent sur :

- la maîtrise de la réactivité et la stabilité de la production de puissance,
- l'évacuation de la puissance dégagée dans le combustible,
- le maintien du confinement des matières radioactives donc notamment de l'intégrité du gainage du combustible.

Les paramètres importants permettant de caractériser les performances thermiques du cœur et du combustible sont les suivants :

- la *puissance spécifique* du réacteur définie comme étant le rapport de la puissance thermique dégagée au volume total du cœur (combustible et fluide caloporteur) ; on exprime souvent cette puissance spécifique en W/l,
- la *puissance linéique moyenne*, $\overline{q}$ en W/m définie comme étant le flux thermique transféré par un crayon moyen du cœur par unité de longueur ; elle est déterminée à partir de la puissance thermique du cœur W, du nombre d'assemblages N_{ass}, du nombre de crayons par assemblage N_{cray} et de la hauteur fissile du crayon L_{fiss}, par la relation :

$$\overline{q} = \frac{W}{N_{ass} N_{cray} L_{fiss}} \tag{1.24}$$

- la *puissance linéique maximale*, q_{max} en W/m ; du fait de la distribution de flux neutronique dans le cœur, la répartition de puissance n'est pas uniforme, la puissance linéique maximale représente le flux thermique dégagée par unité de longueur au point le plus chaud du réacteur,
- le *flux thermique surfacique* q'' en W/m^2 est la quantité d'énergie échangée par unité de temps et de surface entre la surface extérieure de l'élément combustible et le fluide. Comme pour la puissance linéique maximale, on considère souvent le flux thermique maximal dans le cœur. Celui-ci est un paramètre important pour le dimensionnement des capacités de refroidissement des éléments combustibles.

3.2 Circuits et composants

Les circuits ont pour objectif de véhiculer les fluides servant à l'évacuation de l'énergie du combustible, maintenir les caractéristiques physiques et chimiques des fluides considérés, ou assurer, en cas de défaillance des systèmes et composants normaux, les principales fonctions de sûreté. Les fonctions des composants qui constituent ces circuits sont diverses. Le supportage du cœur et des équipements internes est assuré par la *cuve*. Les *pompes*, *turbo-pompes*, ou *turbo-soufflantes* ont pour fonction d'assurer la circulation forcée des fluides. Les échanges thermiques sont réalisés au travers d'*échangeurs de chaleur* ; lorsqu'ils permettent la production de vapeur ceux-ci sont appelés *générateurs de vapeur*. Le *pincement* d'un échangeur de chaleur, exprimé en °C, traduit l'efficacité de l'échange thermique ; il est défini comme étant l'écart minimal de température entre les fluides primaire et secondaire de l'échangeur. Le niveau de pression dans les circuits est assuré par un *pressuriseur* ou des *pompes de charge*. Les *vannes* permettent de réguler et, éventuellement, de diriger les débits de fluides. Les *soupapes* sont des vannes qui s'ouvrent soit automatiquement, soit sur commande lorsque le niveau de pression dépasse un seuil donné puis se referment. Les *accumulateurs*, *réservoirs* et *bâches* servent au stockage des réserves en fluide.

4 Les réacteurs à eau sous pression

4.1 Description générale

Le Réacteur à eau sous pression (REP) est le réacteur électrogène le plus fréquent. Ce réacteur utilise un combustible à oxyde d'uranium légèrement enrichi, ou un combustible mixte composé d'un mélange d'oxyde d'uranium appauvri ou faiblement enrichi et d'oxyde de plutonium (combustible MOX).

L'eau circulant dans le cœur est à la fois le fluide réfrigérant et le modérateur. Le contrôle du réacteur est à la fois assuré par des barres et un absorbant neutronique (acide borique) en solution dans le caloporteur.

La figure 1.9 décrit schématiquement ce type de réacteur. Son architecture est principalement caractérisée par la présence de deux circuits de refroidissement :

- le circuit primaire, dans lequel circule le fluide de refroidissement du cœur,
- le circuit secondaire, qui sert à la production de vapeur et à la production d'énergie mécanique à la turbine.

Le cycle thermodynamique d'un REP est le cycle de Rankine. Les REP construits en Occident sont issus des filières américaines PWR développées par Westinghouse et Combustion Engineering. La filière russe VVER constitue un autre type de réacteur à eau sous pression. Les principales caractéristiques thermiques de ces réacteurs sont données dans le tableau 1.3.

4.2 Le cœur et le combustible

Les cœurs des réacteurs à eau sous pression sont composés d'assemblages de barreaux combustibles (figure 1.10).

Initialement les assemblages de combustibles étaient entourés d'un boîtier et le contrôle de la puissance était assuré par des barres cruciformes s'insérant entre les assemblages. La conception du cœur et des assemblages des REP a évolué dans les années 1960 dans le but de réduire l'absorption de neutrons liés aux boîtiers et les coûts de fabrication, mais surtout pour éliminer les pics de puissance en périphérie des assemblages liés à la réactivité qu'apporte localement le canal d'eau inter-assemblage. Actuellement, les assemblages combustibles des REP sont constitués d'un faisceau à pas carré de crayons combustibles et de tubes guides permettant le passage des barres de commande et de l'instrumentation du cœur.

Le *crayon combustible* est constitué d'un empilement de pastilles d'UO_2 faiblement enrichi (de 3 à 5 %) ou d'un mélange de PuO_2 et d'UO_2 (combustible MOX). La teneur initiale en plutonium est de 5.3 %, et résulte d'une équivalence énergétique avec du combustible UO_2 initialement enrichi à 3.25 % en ^{235}U. Pour certains assemblages qui permettent d'atteindre des taux d'irradiation élevés, afin de compenser l'excès de réactivité en début de vie, on insère dans la matrice de la pastille un absorbant neutronique qui disparaîtra avec l'irradiation. Ce poison consommable est soit de l'oxyde de gadolinium Gd_2O_3, soit de l'erbium Er.

Le *gainage* du combustible est assuré par un alliage de zirconium (Zircaloy) qui, outre de bonnes propriétés thermiques et mécaniques, n'absorbe pas les neutrons. La tenue du gainage est essentielle pour assurer le confinement des produits de fission et des actinides mineurs dans la plupart des situations accidentelles. Un grand nombre des critères de sûreté qui devront être respectés dans les situations incidentelles et accidentelles permettant de dimensionner les systèmes assurant la sûreté du réacteur sont liés à la tenue thermo-mécanique de ce matériau.

Le maintien et l'espacement des crayons combustibles sont assurés par des *grilles*. Ces grilles sont dotées d'ailettes sur leur partie supérieure. Ces ailettes permettent la déviation des filets fluides le long des crayons et favorisent ainsi

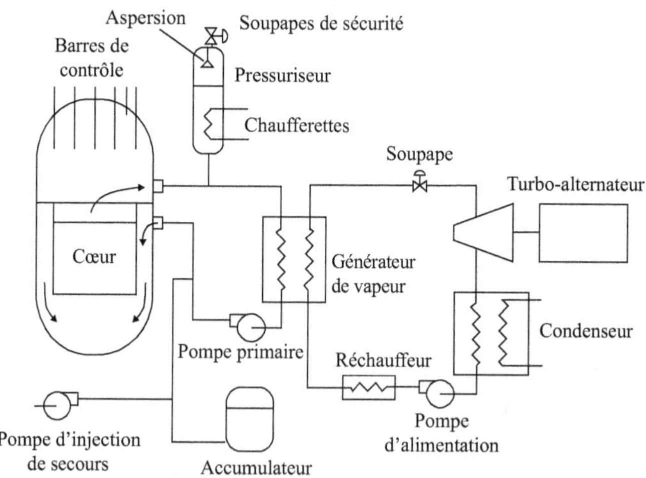

Figure 1.9 – Schéma général d'un réacteur à eau sous pression (REP).

	CP1-CP2	N4	EPR	AP1000	VVER1000
Constructeur	Areva	Areva	Areva	Westinghouse	Rosatom
Puissance thermique (MW)	2 785	4 250	4 300	3 400	3 000
Puissance électrique (MW)	920	1 470	1 600	1 090	1 000
Nombre de boucles	3	4	4	2	4
Pression primaire (MPa)	15.5	15.5	15.5	15.5	15.7
Températures primaires (°C)	286.0 323.2	292.1 329.1	295.9 327.5	279.4 322.3	293.9 323.3
Débit-volume primaire (m^3/h)	68 350	97 050	108 150	67 248	84 800
Pression secondaire (MPa)	5.6	7.23	7.55	8.3	6.27
Débit-masse vapeur (t/h)	5 470	8 640	8 794	6 790	5 880
Température vapeur secondaire (°C)	271	288	291	315	278.5
Type de GV	tubes en U	tubes en U	tubes en U	tubes en U	horizontal

Tableau 1.3 – Principales caractéristiques des réacteurs à eau sous pression.

le mélange turbulent et l'uniformisation des températures de fluide dans les assemblages.

La conception des cœurs et assemblages combustibles des réacteurs VVER est différente. Si, comme pour les REP occidentaux, le combustible utilisé est constitué par un empilement de pastilles de combustible oxyde dans une gaine de Zircaloy, les crayons sont rangés selon un pas triangulaire dans des assemblages hexagonaux entourés par un boîtier. Le contrôle du cœur est assuré à la fois par des éléments de contrôle hexagonaux s'insérant dans des emplacements du cœur non occupés par des assemblages combustibles et par des barreaux absorbant coulissant dans les tubes guides des assemblages.

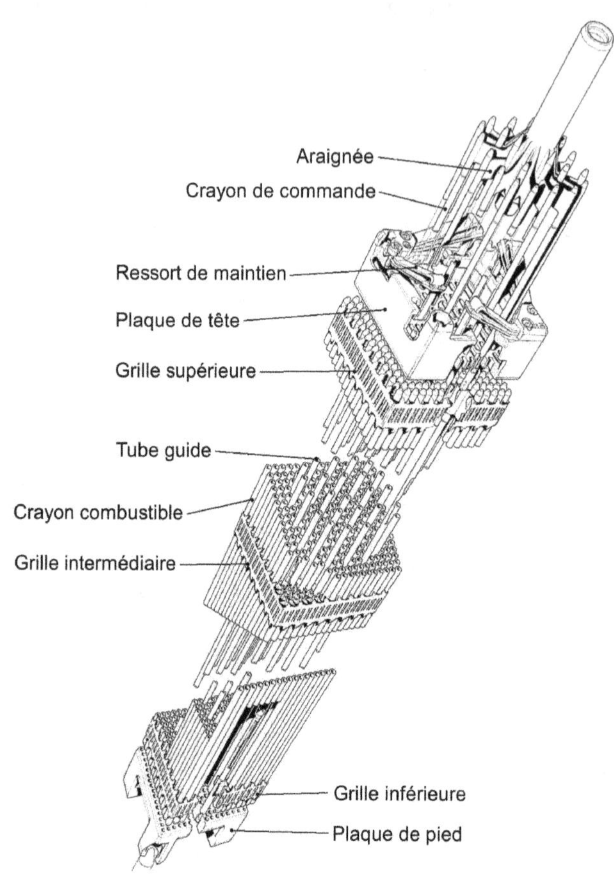

Figure 1.10 – Assemblage 17×17 d'un réacteur à eau sous pression (EDF).

Le tableau 1.4 donne les caractéristiques principales de différents assemblages et crayons combustibles et le tableau 1.5 donne les performances de quelques cœurs et combustibles.

Les grandeurs thermiques moyennes des cœurs sont équivalentes dans les différents types de REP. L'évolution vers des puissance spécifiques plus importantes avec le développement de nouveaux paliers depuis le 900 MWe (CPy) jusqu'au 1450 MWe (N4) montre le gain en performance réalisé. Si pour l'AP 600, réacteur de nouvelle génération, le concepteur avait diminué les caractéristiques thermiques de 30 % pour améliorer les marges vis-à-vis des critères de sûreté, la version 1000 MW de ce concept reprend des niveaux identiques de génération de puissance à ceux des autres concepts de réacteurs.

	AFA 3-G 900 MW	**AFA-3G 1 300 MW**	**VVER**
Fabricant	Fragema	Fragema	
Type d'assemblage	carré 17×17	carré 17×17	hexagonal
Largeur d'assemblage (mm)	241.2	241.2	236
Espace inter-assemblage (mm)	2	2	2
Boîtier	non	non	oui
Pas du réseau (mm)	12.6	12.6	12.75
Nombre de crayons combustibles	264	264	312
Nombre de tubes guides	24	24	18
Nombre de tubes d'instrumentation	1	1	1
Hauteur du crayon (m)	3.83	4.447	3.387
Matériau de gainage	Zircaloy 4	Zircaloy 4	Zr + 1 %Nb
Diamètre extérieur du crayon (mm)	9.5	9.5	9.1
Epaisseur de la gaine (mm)	0.53	0.53	0.69
Diamètre des pastilles (mm)	8.2	8.2	7.6
Hauteur des pastilles (mm)	15	15	30
Hauteur fissile	3.66	4.27	3.53
Pression interne initiale (MPa)	2-3	2-3	3
Grille	mélange	mélange	maintien sans ailettes
Matériau de grille	Zircaloy	Zircaloy	acier
Nombre de grilles	8	10	14

Tableau 1.4 – Principales caractéristiques des réacteurs à eau sous pression.

	CP1-CP2	N4	EPR	AP1000	VVER1000
Puissance thermique cœur (MW)	2 785	4 250	4 300	3 400	3 000
Type d'assemblage	17×17	17×17	17×17	17×17	hexagonal
Nombre d'assemblages	157	205	241	157	163
Puissance volumique moyenne (kW/l)	105	113	90.5	109.74	108
Puissance linéique moyenne (kW/m)	18.4	19.8	15.7	18.8	16.71
Puissance linéique maximale (kW/m)	42	44	31.4	48.9	32.5
Flux thermique surfacique moyen (MW/m^2)	0.60	0.65	0.52	0.63	0.56
Flux thermique surfacique maximal (MW/m^2)	1.37	1.44	1.02	1.63	1.09

Tableau 1.5 – Performances des cœurs et combustibles de différents types de réacteur à eau sous pression.

4.3 Le circuit de refroidissement

Le circuit primaire est le circuit de refroidissement du cœur. Il est composé des éléments suivants :

- la *cuve* qui contient le cœur,
- les *générateurs de vapeur*, échangeurs de chaleur convertissant l'énergie apportée par le cœur en vapeur disponible pour la turbine,
- les *pompes primaires* qui fournissent le travail nécessaire pour assurer un bon débit de refroidissement du cœur,
- le *pressuriseur* qui sert au maintien et au contrôle de la pression,
- les *tuyauteries* de circulation de l'eau (branches chaudes et branches froides).

La configuration de l'AP-1000 est différente de celle de l'EPR. Dotés uniquement de deux boucles, le réacteur AP-1000 a une branche froide dédoublée et quatre pompes. Cela permet l'utilisation de pompes de plus petite taille à rotor noyé, la réduction de la taille du circuit primaire, ainsi que la minimisation des conséquences de la perte d'une pompe ou de la rupture d'une branche froide primaire. Pour les réacteurs de type VVER, les principales différences, outre le cœur et le combustible, résident dans l'utilisation de générateurs de vapeurs horizontaux et dans les niveaux différents des branches chaudes et froides.

4.4 La cuve des REP

Les cuves des différents concepts de réacteurs à eau sous pression sont sensiblement identiques (figure 1.11). Les différents volumes de la cuve sont les suivants :

- l'*espace annulaire* : depuis la bride de la cuve des branches froides, jusqu'au fond de cuve, bordé par les parois internes de la cuve et l'enveloppe du cœur ; l'eau y pénètre par les ajutages des branches froides et descend jusqu'au plénum inférieur,
- le *plénum inférieur* est constitué par la partie basse de la cuve entre le fond de cuve hémisphérique et la plaque de supportage du cœur,
- le *plénum supérieur* est constitué par l'espace entre la plaque supérieure du cœur et la bride ; les ajutages des branches chaudes débouchent dans ce plénum,
- le *dôme* est la partie située entre le couvercle de la cuve et la plaque de supportage des tubes guides,
- les *internes supérieurs* sont constitués essentiellement par les guides de grappes dans lesquels coulissent les grappes de commande,
- les internes inférieurs comprennent les éléments de supportage du cœur, et pour les réacteurs actuels, les tubes d'instrumentation qui traversent le font de cuve ; cette conception est abandonnée pour les réacteurs de type EPR où l'instrumentation pénètre par le couvercle de la cuve.

4.5 Les générateurs de vapeur

Il y a trois types principaux de générateurs de vapeur sur les réacteurs à eau sous pression (tableau 1.6) :

- Les *générateurs de vapeur à tube en U* (figure 1.12) sont les GV les plus utilisés dans les différentes conceptions de REP. Ils fonctionnent avec *recirculation* : l'eau froide secondaire pénètre dans le générateur de vapeur dans un espace annulaire ; elle entre dans la partie basse de l'échangeur mais elle n'est pas entièrement vaporisée à la sortie du faisceau tubulaire (environ 40 % du débit d'eau est vaporisé). Le mélange eau-vapeur est par la suite séparé par des *séparateurs de vapeur*, l'eau non vaporisée est alors dirigée vers l'espace annulaire où elle se mélange avec l'eau

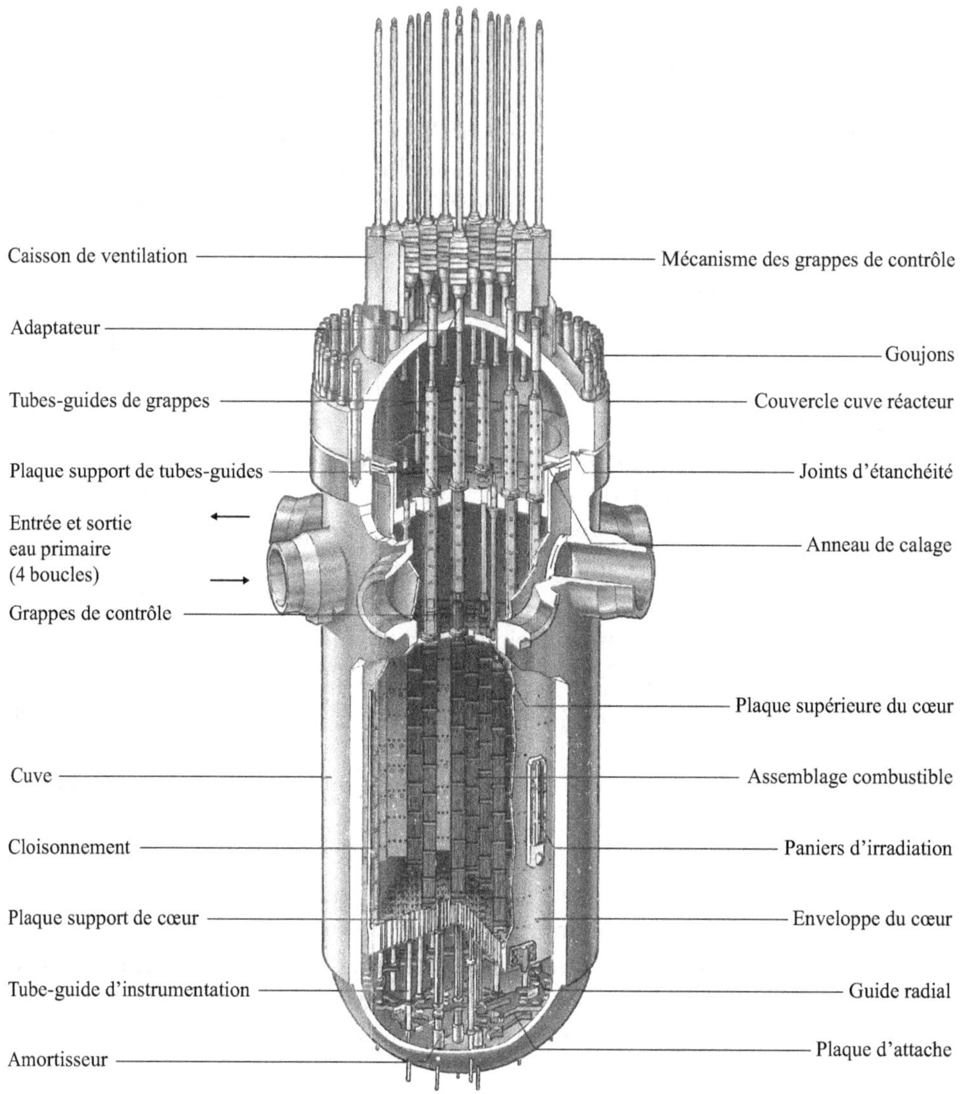

Figure 1.11 – Cuve du réacteur EPR (Areva NP).

d'alimentation. La vapeur en sortie des séparateurs subit une légère détente dans un *sécheur* avant de sortir en partie haute du générateur de vapeur. L'avantage de ce principe réside dans le fait que l'échange thermique dans le faisceau tubulaire est réalisé par ébullition sur les tubes. Ce mode d'échange thermique est très efficace et permet donc d'améliorer la compacité de l'échangeur. Certains GV sont dotés d'*économiseurs*, les deux parties de faisceau de tubes sont séparées par une paroi centrale, et des chicanes sont disposées transversalement pour favoriser l'échange sur la partie descendante des tubes contenant le fluide primaire le plus froid. Par leur conception ces générateurs de vapeur ne permettent pas la surchauffe de la vapeur.

- Les réacteurs de conception Babcock et Wilcox (figure 1.13) possèdent des *générateurs de vapeur à circulation forcée et à tubes droits*. Ce sont des échangeurs à contre-courant. L'eau primaire pénètre dans l'échangeur par le haut, l'eau alimentaire secondaire pénètre par le bas et se vaporise le long des tubes. La vapeur produite peut être surchauffée.
- Les GV des réacteurs de conception russe VVER sont *horizontaux* (figure 1.14). L'eau primaire s'écoule dans des tubes. L'eau secondaire pénètre par le bas de l'échangeur et se vaporise le long des tubes. La vapeur est récupérée en haut de l'échangeur par une série de tuyauteries reliées à un collecteur de vapeur.

	CP1-CP2	**N4**	**B-W**	**VVER1000**
Type	Tubes en U	Tubes en U	Circulation forcée	Tubes horizontaux
Puissance (MW)	928	1 067.5	1 913	750
Surface d'échange (m^2)	4 699	7 308	12 820	5 130
Nombre de tubes	3 388	5 599		9 157
Débit de vapeur (kg/s)	503	600	1 056	408
Température d'eau alimentaire (°C)	219.5	229.5	225	220
Température vapeur (°C)	271	288	315	278.5
Pression vapeur	5.6	7.23	7.3	6.27

Tableau 1.6 – Caractéristiques principales de différents types de générateur de vapeur.

4.6 Les circuits auxiliaires

Ils sont représentés, ainsi que les circuits de sauvegarde, sur la figure 1.15. Le circuit de refroidissement du réacteur à l'arrêt (RRA) a pour fonction, lors de la mise à l'arrêt normal du réacteur, d'évacuer la chaleur du circuit primaire et la puissance résiduelle du combustible, puis de maintenir l'eau primaire

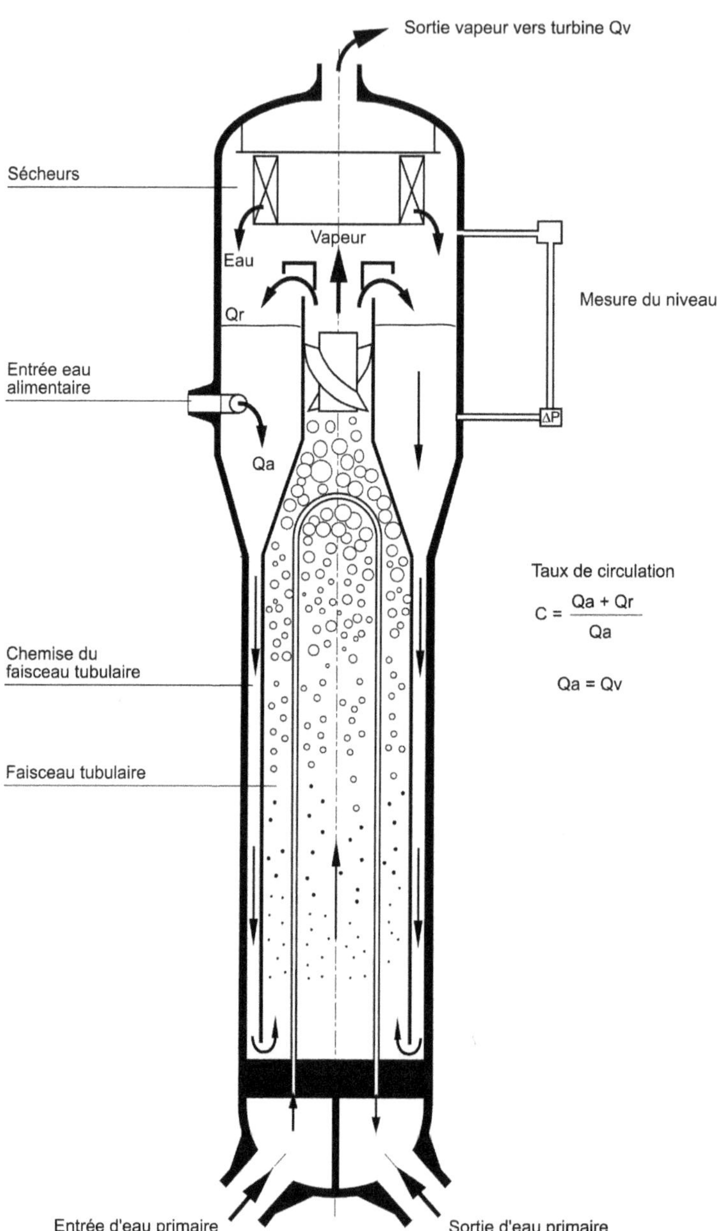

Figure 1.12 – Générateur de vapeur à recirculation (EDF).

à basse température pendant toute la durée de l'arrêt. Le circuit RRA sert également à vidanger la piscine du réacteur après rechargement du combustible.

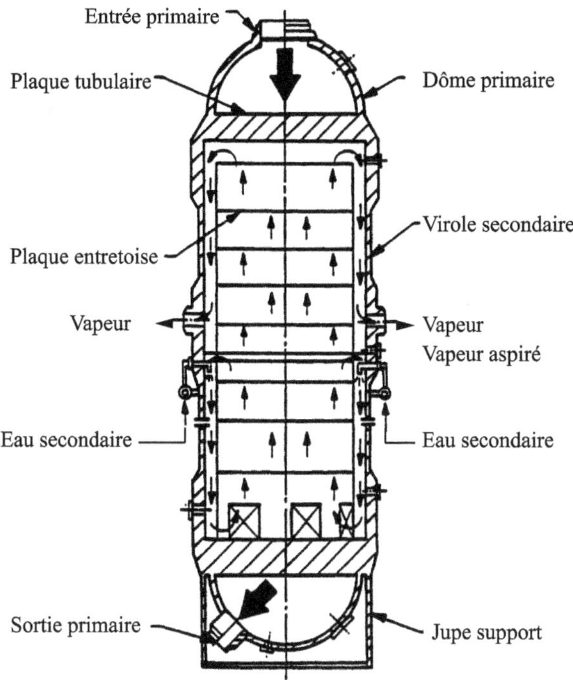

Figure 1.13 – Générateur de vapeur à tubes droits de conception Babcock et Wilcox.

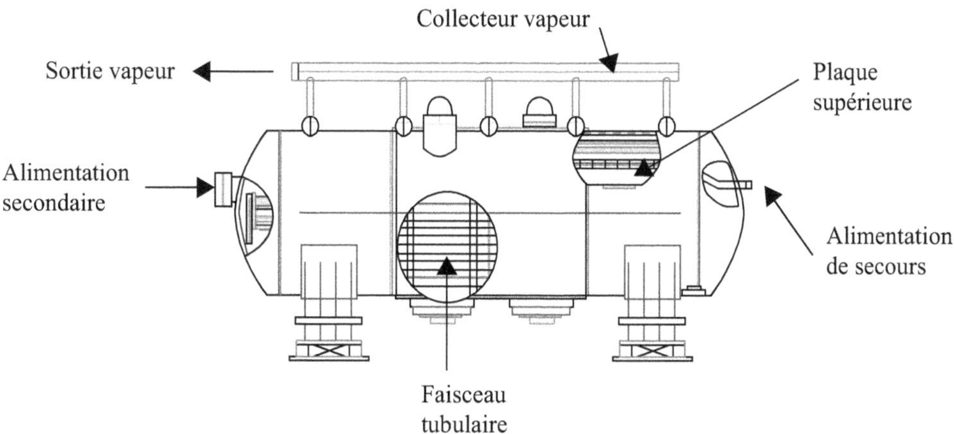

Figure 1.14 – Générateur de vapeur des réacteurs VVER.

Le circuit de contrôle chimique et volumétrique du réacteur (RCV) permet, pendant le fonctionnement de la chaudière :

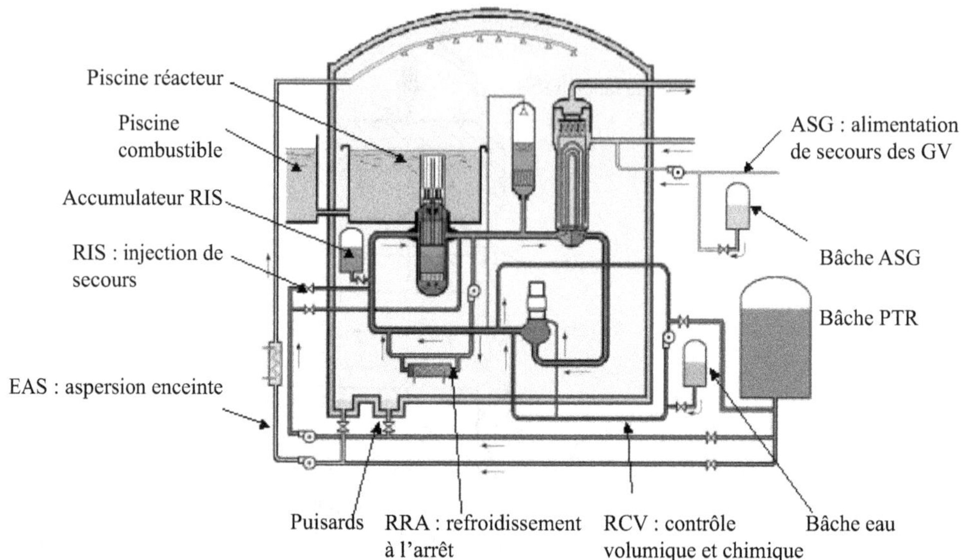

Figure 1.15 – Principaux circuits d'un réacteur à eau sous pression.

- d'ajuster la masse d'eau primaire en fonction des variations de température,
- de maintenir la qualité de l'eau primaire, en réduisant sa teneur en produits de corrosion et de fission, et en injectant des produits chimiques (inhibiteur de corrosion par exemple),
- de reprendre et compenser les fuites normales des joints des pompes primaires,
- de régler la concentration en acide borique.

4.7 Les circuits de sauvegarde

Le rôle des circuits de sauvegarde est de maîtriser et de limiter les conséquences des incidents et accidents en assurant les fonctions de sûreté suivantes :

- maintien d'un inventaire en eau suffisant dans la cuve pour refroidir le combustible,
- évacuation de la puissance résiduelle,
- maintien de conditions dans l'enceinte assurant l'étanchéité du confinement.

Les circuits de sauvegarde sont essentiellement les circuits d'injection de sécurité (RIS), le circuit d'aspersion dans l'enceinte (EAS) du bâtiment réacteur, et le circuit d'eau alimentaire de secours des générateurs de vapeur (ASG).

Les circuits RIS injectent de l'eau borée dans le cœur du réacteur en cas d'accident afin d'évacuer la puissance résiduelle et d'empêcher tout retour à la criticité du cœur. Ils sont constitués d'accumulateurs sous pression, qui fonctionnent de manière passive, et de pompes, qui ont des débits et des pressions de refoulement différents pour répondre aux différents types d'accidents. Ces pompes aspirent l'eau d'un réservoir de 2 000 m^3 environ. Lorsque ce réservoir est vide, elles sont connectées aux puisards du bâtiment du réacteur, où est recueillie l'eau pulvérisée par le système EAS, ainsi que l'eau qui s'échappe du circuit primaire dans les cas de rupture sur ce circuit.

Le circuit EAS, en cas de rupture du circuit primaire ou d'une tuyauterie de vapeur à l'intérieur de l'enceinte, pulvérise de l'eau additionnée de soude dans l'enceinte, afin de diminuer la pression qui y règne et de rabattre au sol les aérosols radioactifs éventuellement disséminés. Il contient un échangeur de chaleur qui permet l'évacuation de la puissance résiduelle hors de l'enceinte par le circuit de refroidissement intermédiaire (RRI).

Le circuit ASG permet de maintenir le niveau d'eau secondaire dans les générateurs de vapeur et donc de refroidir l'eau du circuit primaire en cas de panne de leur circuit d'alimentation normale (ARE) et lors des phases d'arrêt et de démarrage du réacteur.

5 Les réacteurs à eau bouillante

5.1 Description générale

Le *Réacteur à eau bouillante* (REB) constitue le second type de réacteur le plus utilisé pour la production d'électricité. Ce réacteur, tout comme le REP, utilise un combustible à oxyde d'uranium enrichi ou un mélange oxyde d'uranium-oxyde de plutonium (MOX).

L'eau circulant dans le cœur assure à la fois les fonctions de caloporteur et de modérateur. Le contrôle neutronique du cœur est uniquement assuré par des barres de contrôle. L'eau de refroidissement est partiellement vaporisée dans le cœur. Du fait de l'encombrement des parties supérieures de la cuve par les séparateurs et sécheurs, les barres de contrôle sont insérées par le bas du cœur.

Alors que la conception d'ensemble des réacteurs à eau sous pression a peu évolué depuis les premiers prototypes, les réacteurs à eau bouillante ont fait l'objet de nombreuses évolutions qui concernent à la fois le mode de fonctionnement global de l'installation, et les simplifications permanentes qui ont été apportées au circuit de refroidissement ou aux systèmes de sauvegarde.

Le cycle de base d'un réacteur à eau bouillante est un cycle de Rankine. A l'origine, ce concept de réacteur utilisait un cycle dual (figure 1.16). La vapeur produite dans le cœur était séparée dans un ballon de vapeur pour être turbinée. L'eau à saturation du ballon passait par la suite dans un générateur de vapeur qui, dans sa partie secondaire, utilisait à la turbine de la vapeur à une pression légèrement inférieure à la pression primaire. En sortie de turbine, après condensation, l'eau était redirigée vers la cuve et le secondaire du GV. La turbine était esclave de la puissance neutronique par l'intermédiaire d'une vanne de régulation du débit vapeur du circuit secondaire.

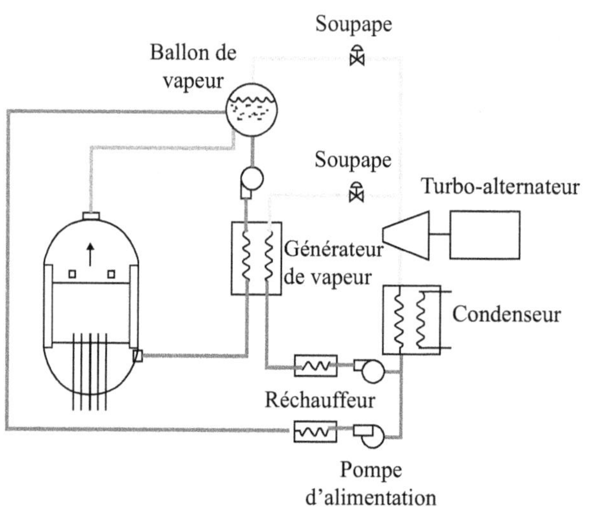

Figure 1.16 – Réacteur à eau bouillante : cycle dual.

Par la suite le principe a évolué vers plus de simplification du circuit vapeur (figure 1.17). Seule la vapeur produite est turbinée, et la cuve a été modifiée pour permettre la recirculation de l'eau non évaporée en sortie du cœur par l'introduction de séparateurs, de sécheurs et d'un espace annulaire permettant le mélange du débit de recirculation avec l'eau d'alimentation. Afin d'améliorer le débit dans le cœur, un circuit (figure 1.17) prélève une partie de l'eau pour la réinjecter dans le col d'une tuyère convergente-divergente appelée éjecteur (*jet-pump*). Ce principe permet un accroissement important du débit primaire, tout en ne prélevant, dans l'espace annulaire qu'une partie du débit d'eau (environ 30 %).

Les dernières versions du réacteur à eau bouillante ont conduit, dans un premier temps à remplacer les quatre boucles de recirculation par huit pompes à rotor noyé, implantées dans le bas de la cuve (figure 1.18). C'est le principe du S90 d'ABB qui a été repris pour l'ABWR (*Advanced Boiling Water Reactor)* de General Electric et le SWR 1000 d'Areva-NP. Cette modification simplifie la cuve et minimise le nombre de circuits et donc la taille de l'enceinte.

General Electric propose également un réacteur dont la circulation dans la cuve est entièrement en convection naturelle, l'ESBWR (figure 1.19).

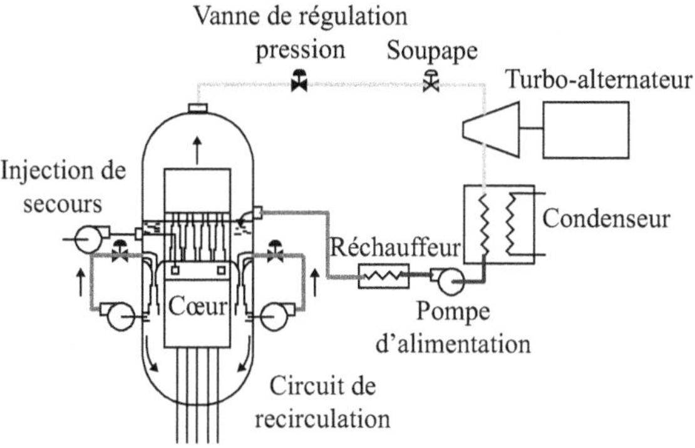

Figure 1.17 – Réacteur à eau bouillante : cycle direct (éjecteurs).

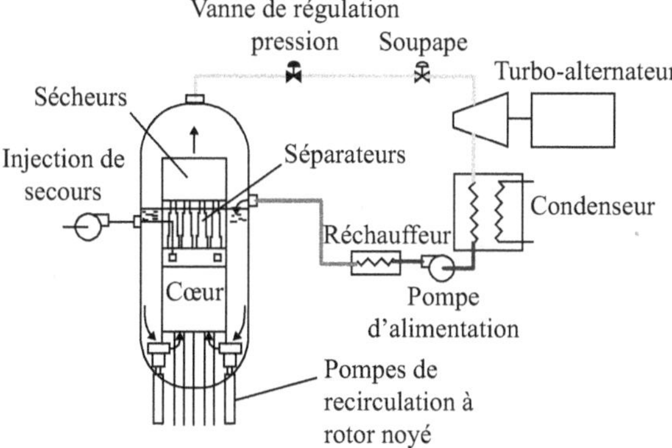

Figure 1.18 – Réacteur à eau bouillante : cycle direct (pompes de recirculation à rotor noyé).

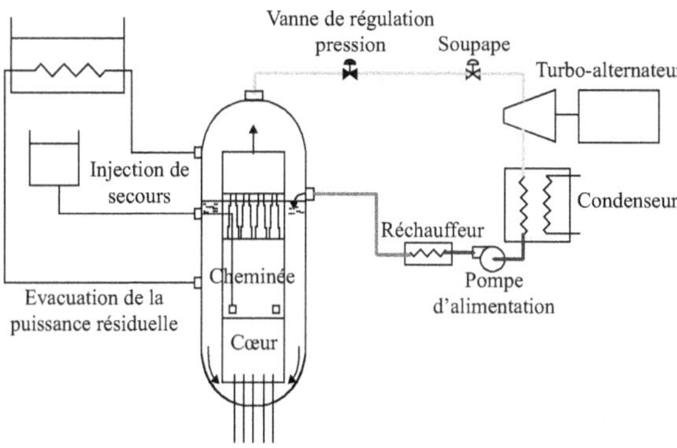

Figure 1.19 – Réacteur à eau bouillante : convection naturelle dans la cuve.

Le tableau 1.7 résume les principales caractéristiques de quelques types de réacteurs à eau bouillante.

Les réacteurs à eau bouillante possèdent un double confinement : le réacteur est situé dans une première enceinte, elle-même contenue dans une seconde. De plus, plusieurs piscines jouent un rôle important dans la gestion des conséquences d'un accident de perte du fluide de refroidissement.

	BWR-6	**S90**	**ABWR**	**SWR1000**	**ESBWR**
Constructeur	GE	ABB	GE	Areva	GE
Puissance thermique nette (MW)	841	1 285	1 356	1 290	1 350
Boucle de recirculation	2	0	0	0	0
Pompes de recirculation	2	10	10	8	0
Pression (MPa)	7	7.3	7.31	7.5	7.8
Températures (°C)	278.0 285.0	287.0	215.5 287.4	278.0 288.0	290.0
Débit cœur (t/h)	N/D	N/D	52 500	N/D	N/D
Pression admission (MPa)	6.8	7.12	7.23	7.3	7.6
Débit vapeur (t/h)				6 660	
Températures vapeur entrée turbine (°C)	268.0	287.5	288.0	289	285

Tableau 1.7 – Caractéristiques principales de différents réacteurs à eau bouillante. N/D : non disponible.

5.2 Le cœur et le combustible

Le cœur des réacteurs à eau bouillante comprend un nombre important d'assemblages et de grappes de commande.

Dans un cœur de réacteur à eau bouillante, l'eau est à la fois le fluide de refroidissement et le modérateur. On conçoit aisément, compte tenu des fortes variations de la masse volumique du fluide dues à l'ébullition dans le cœur, que l'écoulement du fluide et la répartition de puissance de fission sont intimement liées. Pour cela, la conception thermohydraulique des cœurs et assemblages doit prendre en compte les couplages forts entre les phénomènes physiques thermohydrauliques et neutroniques. Les objectifs à atteindre sont principalement :

- obtenir une répartition de puissance axiale et radiale la plus uniforme possible que ce soit à l'échelle du cœur ou à celle de l'assemblage,
- obtenir la meilleure combustion possible de la matière fissile au cours du cycle d'irradiation,
- le contrôle étant effectué par des barres de contrôle, limiter le nombre de mouvements des barres afin de faciliter l'exploitation du réacteur,
- éviter les conditions de fonctionnement instables ou oscillantes qui peuvent résulter des instabilités des écoulements diphasiques ou du couplage neutronique thermohydraulique.

C'est pour ces raisons que la conception des cœurs et assemblages combustibles des REB est plus complexe (tableau 1.8, figure 1.20) que celle des réacteurs à eau sous pression. Cela se traduit, toutes choses égales par ailleurs, par :

- un nombre d'assemblages plus important, l'assemblage d'un REB contenant moins de crayons (8×8 jusqu'à 10×10), les diamètres des crayons combustibles étant généralement plus grands,
- la canalisation de l'eau de refroidissement dans les assemblages par la présence d'un boîtier permettant d'éviter les écoulements transverses inter-assemblages,
- l'ajout d'un diaphragme permettant de réduire le débit d'eau à l'entrée afin de compenser la baisse de puissance neutronique en périphérie du cœur et d'avoir un taux de vaporisation équivalent dans les assemblages des couronnes externes,
- la présence d'absorbants constitués par des barres cruciformes qui coulissent entre quatre assemblages,
- la diminution de l'enrichissement des crayons périphériques, voire l'ajout de crayons contenant un poison consommable (Gd_2O_3-Er) pour compenser l'excès de réactivité lié à la lame d'eau inter-assemblages,
- la variation de l'enrichissement des pastilles en fonction de l'élévation afin de compenser la variation de réactivité liée à la variation axiale de la masse volumique du modérateur, et ainsi mieux répartir la puissance dans le crayon combustible.

Les performances typiques d'un cœur de REB sont données au tableau 1.9.

5.3 La cuve

La cuve d'un réacteur à eau bouillante contient, outre le cœur, les structures nécessaires à la séparation et au séchage de la vapeur. L'eau d'alimentation pénètre à mi-hauteur et se mélange dans un espace annulaire à l'eau à saturation provenant des séparateurs. Selon le concept des réacteurs, dans la partie basse

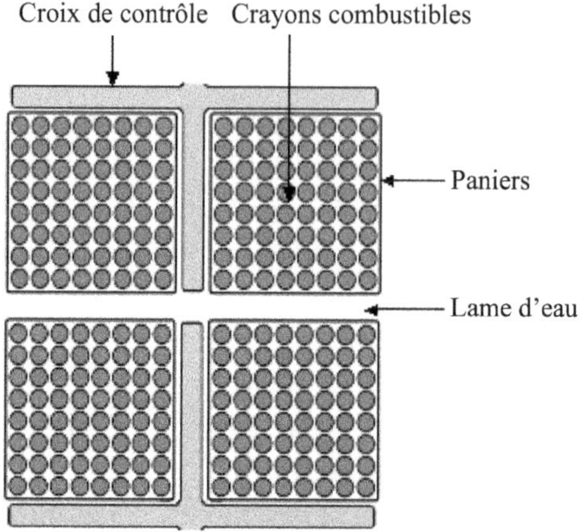

Figure 1.20 – Arrangement des combustibles et barres de commande dans un cœur de réacteur à eau bouillante.

	BWR-6 Assemblage 8×8
Pas du réseau (mm)	16.25
Nombre de crayons	62
Tubes d'instrumentation	2
Nombre de grilles	6
Matériau de gainage	Zircaloy 2
Diamètre extérieur du crayon (mm)	12.54
Epaisseur de la gaine (mm)	0.81
Diamètre des pastilles (mm)	10.6
Hauteur fissile (m)	3.76

Tableau 1.8 – Caractéristiques de l'assemblage d'un réacteur à eau bouillante.

	BWR-6 Assemblage 8×8
Puissance thermique du cœur (MW)	2 894
Nombre d'assemblages	592
Puissance volumique moyenne (kW/l)	56.0
Puissance linéique moyenne (kW/m)	20.6
Puissance linéique maximal (kW/m)	44.0
Flux thermique surfacique moyen (MW/m^2)	5.02
Flux thermique surfacique maximal (MW/m^2)	11.15

Tableau 1.9 – Performances d'un cœur de réacteur à eau bouillante.

de la cuve, on trouvera soit des boucles de recirculation et des éjecteurs (*jet-pump*), soit des pompes à rotor noyé situées dans le fond de cuve, soit encore aucun dispositif de circulation pour les réacteurs fonctionnant en convection naturelle.

Les réacteurs à boucles de recirculation et à éjecteurs

Ce concept de réacteur à été développé par General Electric et représente une grande partie des réacteurs à eau bouillante actuellement en fonctionnement, notamment le BWR-6 qui dispose de deux boucles de recirculation (figure 1.21).

La fonction des boucles de recirculation est d'accélérer le mouvement du fluide dans la cuve afin de mieux refroidir le combustible. Seule une partie de l'écoulement dans l'espace annulaire passe par ces boucles de recirculation (environ 30 %).

L'eau est aspirée dans la partie basse de la cuve et est ensuite réinjectée dans le col d'une série de tuyères convergente-divergente (4 par boucle). Du fait de l'accélération du fluide provoquée par la réduction de la section de l'écoulement, la pression décroît et atteint un minimum au niveau de la section la plus petite. En sortie de la tuyère, après la partie divergente, la pression croît. La perte de pression, créée aux bornes de la boucle de circulation par ce dispositif, augmente ainsi le débit de recirculation.

Dans la partie inférieure de la cuve, l'espace est occupé par les structures de soutien du cœur et les barres de commandes.

Le dispositif d'injection de secours est constitué par un tore d'alimentation situé au-dessus du cœur. Au-delà, on trouvera les séparateurs et sécheurs de

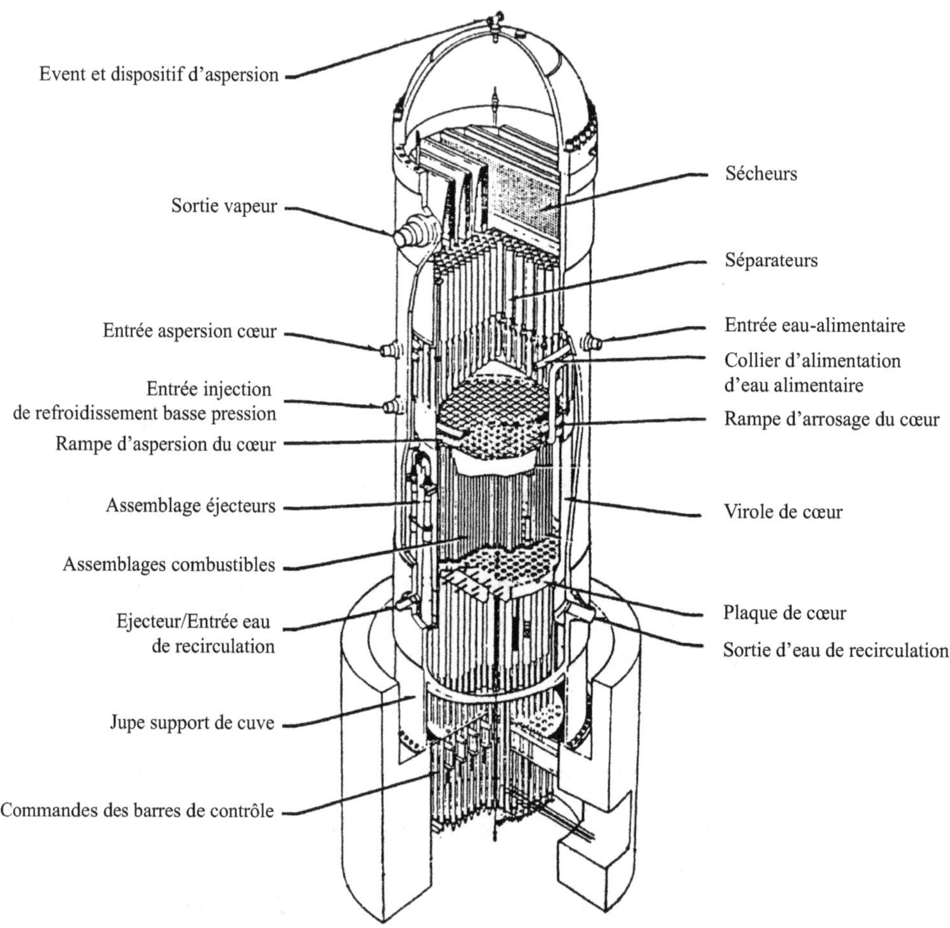

Figure 1.21 – Cuve d'un réacteur BWR-6 (General Electric).

vapeur. Un dispositif d'aspersion permettant de réguler la pression est situé dans la partie supérieure de la cuve.

La cuve des réacteurs à eau bouillante de nouvelle génération

Pour les réacteurs à eau bouillante de nouvelle génération, la tendance a été de simplifier ce circuit de recirculation. La première évolution a été présentée par ABB qui, dans son réacteur BWR 75, a introduit des pompes à rotor noyé situées dans le fond de l'espace annulaire. Ces pompes réinjectent l'eau directement dans le fond de cuve. Cette innovation technologique a été par la suite reprise par General Electric et Toshiba pour le concept de réacteur avancé : l'ABWR de 1 350 MWe dont plusieurs exemplaires sont en fonctionnement et en construction au Japon. Ce principe est aussi celui retenu par les autres constructeurs de REB pour les réacteurs qu'ils proposent pour le futur : ABB avec le BWR 90+ et AREVA-NP avec le SWR 1000.

En allongeant un peu la hauteur de cuve et abaissant la position du cœur dans celle-ci, General Electric a montré que par simple convection naturelle dans la cuve on pouvait atteindre des débits de refroidissement suffisant. Cette conception à conduit au SBWR (*Simplified Boiling Water Reactor*) de 600 MWe pour lequel la puissance volumique était réduite, et à l'ESBWR de 1350 MWe. Le SWR 1000 possède également une cheminée en cuve favorisant également la convection naturelle notamment en condition accidentelle. Un autre avantage à l'ajout de cette cheminée est lié à la quantité d'eau supplémentaire que contient la cuve du réacteur, cette eau sera disponible aisément pour assurer l'extraction de chaleur du réacteur en conditions accidentelles accroissant ainsi la résistance du réacteur à toute défaillance de la fonction extraction de puissance du cœur.

5.4 L'enceinte de confinement des réacteurs à eau bouillante

Du fait de l'absence de circuit secondaire, le confinement d'un REB est très différent de celui des réacteurs à eau sous pression. Pour assurer le confinement des matières radioactives en situation de fonctionnement accidentelle, les problèmes que pose le REB sont les suivants :

- en cas d'accident pouvant conduire à une détérioration de la première barrière, il faut éviter que des matières radioactives soient transférées hors de l'enceinte par le circuit vapeur ou la tuyauterie d'alimentation en eau,
- mais, si l'on isole le réacteur du circuit vapeur et d'alimentation, on ne dispose plus d'un moyen d'extraction de la puissance résiduelle.

Les fonctions de l'enceinte sont donc d'assurer le confinement des matières radioactives et de contenir les moyens d'évacuation de la puissance résiduelle, voire de maintien de l'inventaire en eau dans le réacteur. Ces fonctions sont identiques à celles que tout réacteur sûr doit assurer. Mais le mode de réalisation de ces fonctions est très différent dans les REB en comparaison avec les REP.

Sur un réacteur à eau bouillante, on va utiliser de manière importante l'inertie que procure une grande masse d'eau. Pour cela, on dispose de nombreuses piscines qui auront pour but d'emmagasiner l'énergie présente dans le réacteur et la puissance résiduelle.

Le confinement est composé de deux enceintes. Le réacteur est protégé par une première enceinte qui initialement était en acier mais a évolué vers un confinement interne en béton précontraint. La seconde, l'enceinte externe, est principalement destinée à protéger le réacteur des agressions externes et sert aussi de barrière ultime de confinement en cas de détérioration de la première, ou lorsque celle-ci est ouverte notamment pendant les opérations de déchargement et rechargement du combustible.

La conception de la première enceinte a beaucoup évolué dans le temps. Initialement en acier, elle comprenait deux zones : la zone sèche (*drywell*) autour du réacteur et la zone humide (*wetwell*) située dans les parties basses. Cette dernière était constituée par un tore contenant de l'eau froide et dans laquelle plongeaient des tubulures reliant zone sèche et zone humide. Ainsi, en cas de brèche sur le réacteur, la vapeur se dégage vers la zone sèche, la surpression en résultant fait circuler l'atmosphère vers le tore où la vapeur d'eau sera condensée. Ainsi l'augmentation de pression sera limitée dans l'enceinte. Si l'atmosphère contient des aérosols de matières radioactives, ceux-ci seront en grande partie piégés par l'eau. De l'enceinte interne ne peuvent donc provoquer une montée en pression que :

- les gaz non condensables qui peuvent s'échapper de la cuve (gaz de fission, hydrogène),
- la montée en température liée à la puissance résiduelle.

Ce concept de double confinement s'est perpétué avec le temps tout en se simplifiant, par l'utilisation d'une enceinte interne en béton précontraint. Dans les nouvelles conceptions de réacteur, la zone humide (*wetwell*) est constituée par une série de piscines : la piscine de suppression de pression, dans laquelle plonge également le système de dépressurisation rapide de la cuve, et la piscine d'évacuation de la puissance résiduelle.

Un circuit de refroidissement spécifique permet de maintenir le niveau de température dans l'enceinte de confinement.

5.5 Les circuits de sauvegarde

Le principal circuit de sauvegarde (figure 1.22) est constitué par le circuit de refroidissement de secours qui a pour objectif d'évacuer la puissance résiduelle des crayons combustibles en cas de perte d'accident de réfrigérant. Compte tenu du nombre important d'équipements dans le bas de la cuve, et notamment les circuits de recirculation, la possibilité d'une brèche au-dessous du niveau du cœur est non négligeable. Pour prendre en compte cette éventualité, l'injection de secours s'effectue dans les internes supérieurs entre le cœur et les séparateurs par un tore d'aspersion. Le cœur est donc renoyé et refroidi par le haut.

Le système de dépressurisation rapide est destiné, en condition accidentelle, à éviter la fusion du cœur sous pression. Il est constitué par une soupape à ouverture commandée et d'une tuyauterie qui permet la décharge de la vapeur dans les piscines de suppression de pression par des buses situées dans le fond des piscines. Un tel système est prévu également dans les REP du futur (EPR, AP1000). Le troisième circuit de sauvegarde est un circuit d'évacuation de la puissance résiduelle. Il est constitué d'un circuit en convection naturelle situé

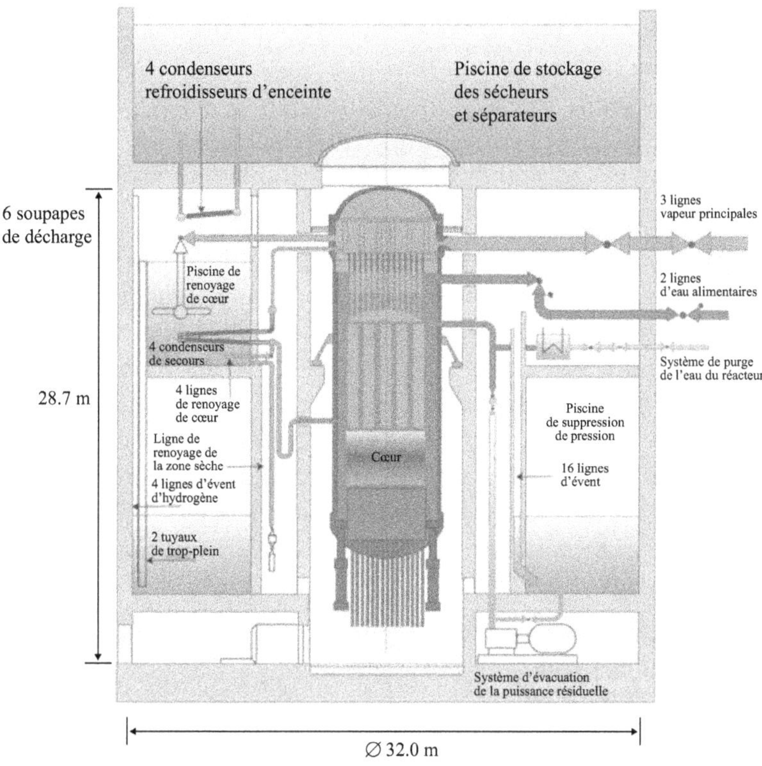

Figure 1.22 – Systèmes de sauvegarde du SWR 1000 (Areva NP).

dans la partie haute de la cuve. La source froide permettant la condensation de la vapeur est constituée d'échangeurs immergés dans des piscines placées dans la partie haute de l'enceinte. Ces échangeurs peuvent être dotés, comme ceux de l'ABWR et de l'ESBWR, en partie supérieure, d'une capacité dans laquelle se concentrent les gaz incondensables. En outre, pour assurer un secours au système d'arrêt d'urgence, les BWR disposent d'un circuit de borication d'urgence.

6 Les réacteurs à gaz à haute température

6.1 Description générale

Les réacteurs à haute température (HTR) ont été développés dans les années 1970, en continuation des filières de réacteurs, modérés au graphite, refroidis au gaz (CO_2) et à uranium naturel ou légèrement enrichi. Les bases de la conception de ces réacteurs étaient :

- améliorer le rendement thermodynamique en augmentant la température de fonctionnement du réacteur,
- améliorer la conception neutronique du cœur en utilisant de l'uranium enrichi,
- rendre ces réacteurs plus sûrs en éliminant les possibilités d'accident lié à l'introduction d'eau dans le cœur.

Le premier point a conduit à changer le fluide réfrigérant, le CO_2 se dissociant chimiquement à haute température. L'hélium, du fait de sa bonne conductivité thermique et de sa non-réactivité chimique, fut le bon candidat pour atteindre cet objectif. Il a cependant une faible masse volumique et une faible capacité thermique massique. Cela a conduit à une élévation de température importante dans le cœur et à des vitesses de circulation élevées pour assurer une bonne évacuation de la puissance du réacteur. La température de fonctionnement du réacteur se situe aux environ de 750 °C. Pour le futur on cherche à augmenter cette température afin de disposer d'hélium aux environs de 1 000 °C.

Si le cœur reste modéré au graphite, il bénéficie du développement d'un nouveau concept de combustible fait de particules d'un diamètre d'environ 1 mm : la particule TRISO. Cette particule combustible, composée d'un noyau d'oxyde d'uranium enrichi entouré de diverses couches de carbone, de graphite et de carbure de silicium, a pour propriétés de confiner les gaz de fission, et de résister à de très hautes températures (supérieures à 3 000 °C) avant de relâcher les matières radioactives. Elle constitue donc une excellente barrière pour le confinement des matières radioactives. Elle est directement intégrée dans le graphite du modérateur soit sous forme de boulets, soit sous forme de compacts (pastilles) qui seront intégrés à l'intérieur de blocs de graphites hexagonaux. Le cœur est généralement de forme cylindrique avec un réflecteur graphite au centre. Le contrôle de la réactivité est effectué par des barres d'absorbant situées en périphérie du cœur.

L'introduction d'eau dans un réacteur modéré au graphite peut conduire à un excès de réactivité et, à haute température, à la combustion du graphite. Cela contraint fortement la conception du réacteur. Les premiers concepts sont dotés de générateurs de vapeur. Pour éviter l'introduction d'eau, ceux-ci sont placés en-dessous du niveau cœur (figure 1.23). Un tel positionnement de la source froide interdit tout refroidissement en convection naturelle, notamment en cas de perte des pompes de circulation. Ces réacteurs sont donc conçus pour pouvoir évacuer la puissance résiduelle du cœur sans que, pour cela, il soit nécessaire de faire circuler un fluide réfrigérant dans le cœur. La puissance est évacuée par conduction thermique à travers le graphite et la cuve du réacteur, la cuve étant refroidie soit par convection naturelle avec l'air environnant, soit par rayonnement vers des panneaux refroidis en périphérie de la cuve.

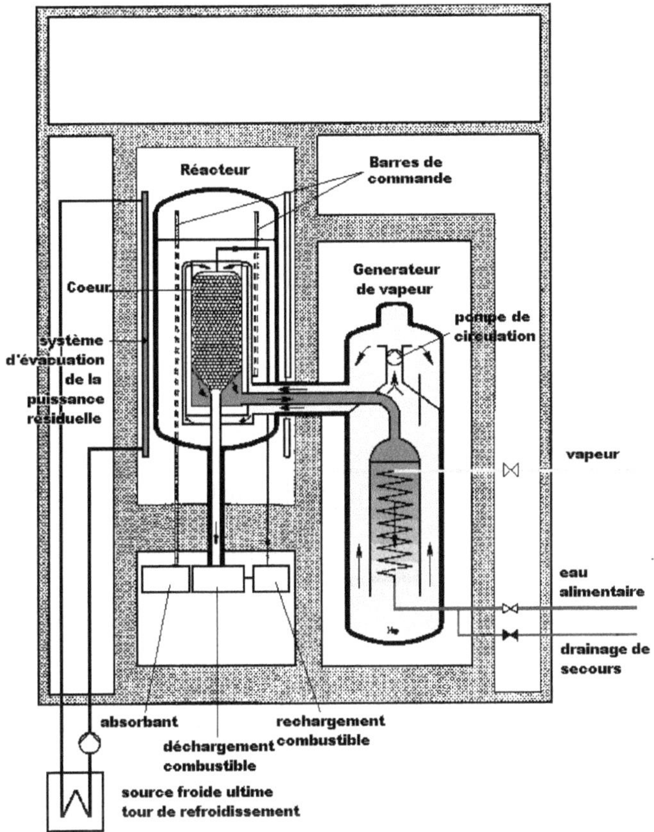

Figure 1.23 – Principe de fonctionnement d'un réacteur à haute température à cycle indirect.

Pour cela on profite de l'importance de l'inertie thermique qui est donnée par le massif de graphite modérateur, de la faible puissance volumique de ce type de cœur et bien sûr de la capacité de la particule TRISO à confiner les matières radioactives à de hautes températures.

La contrepartie à ces avantages réside dans la faible puissance volumique du réacteur auquel conduit un tel mode d'évacuation de la puissance résiduelle, qui limite les puissances installées à environ 300 MWe.

6.2 Le cycle thermodynamique d'un réacteur HTR

Initialement le réacteur HTR était couplé par l'intermédiaire d'un générateur de vapeur à un circuit secondaire produisant de l'énergie mécanique à partir d'un cycle de Rankine classique (figure 1.24 et tableau 1.10). Le haut niveau de température du primaire permettait d'obtenir un rendement

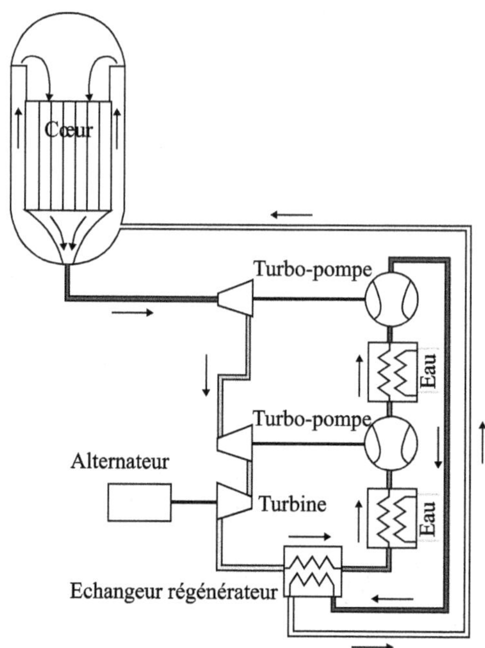

Figure 1.24 – Cycle thermodynamique d'un réacteur de type GT-MHR.

thermodynamique aux environs de 40 %. Le développement des turbines à gaz permet d'envisager pour le futur l'utilisation de ces réacteurs en cycle direct (cycle de Brayton) : c'est le concept de GT-MHR (*Gas Turbine Modular Helium Reactor*) et ainsi améliorer le rendement thermodynamique jusqu'aux environs de 50 %.

Il faut noter que l'énergie mécanique de mise en circulation l'hélium froid à basse pression est fournie directement par des turbo-pompes haute pression alimentées par l'hélium sortant du réacteur avant que celle-ci soit utilisée par la turbine à gaz couplée à l'alternateur afin de produire de l'électricité. L'échangeur-régénérateur permet de refroidir l'hélium à la sortie de la turbine tout en réchauffant l'hélium avant son entrée dans le cœur. Ce système minimise l'échange thermique avec la source froide et améliore ainsi le rendement du cycle.

Un deuxième principe permet d'améliorer le rendement de l'installation en minimisant la montée de température pendant la phase de compression par les turbo-pompes : il consiste à ajouter un second échangeur entre les deux turbo-pompes.

Le réacteur HTR peut être également utilisé pour sa capacité à fournir de l'énergie à haute température et notamment pour fournir la chaleur nécessaire aux procédés thermochimiques permettant la production d'hydrogène à haute

	Pression (MPa)	**Température (°C)**
Entrée cœur (MW)	7.0	550
Sortie cœur	7.0	900
Sortie première turbine	5.6	820
Sortie deuxième turbine	4.5	740
Sortie turbo-alternateur	3.0	570
Sortie chaude régénérateur	3.0	141
Sortie refroidisseur	3.0	30
Sortie première turbo-pompe	4.3	100
Sortie échangeur intermédiaire	4.3	30
Sortie deuxième turbo-pompe	7.0	110
Sortie froide régénérateur	7.0	550

Tableau 1.10 – Caractéristiques du cycle d'un réacteur à haute température à cycle direct.

température (900 °C). Pour cela il faut que le réacteur puisse produire de l'hélium aux environ de 1000 °C. La figure 1.25 décrit le procédé iode-soufre envisagé pour cet objectif. Pour des problèmes évidents de sûreté liés au caractère hautement explosif de l'hydrogène, il est nécessaire d'éloigner l'installation intégrant ce procédé du réacteur de plusieurs centaines de mètres, le transfert de l'énergie à haute température sur de telles distances est un enjeu technologique.

6.3 Le cœur et le combustible

Les principaux avantages du réacteur HTR résident dans la conception de son combustible. Celui-ci est en effet conçu pour :

- résister à de hautes températures,
- éviter le rejet des gaz de fission y compris pendant les séquences accidentelles,
- faire en sorte que la puissance résiduelle puisse être évacuée sans recours à la convection d'un fluide dans le cœur [1].

1. Cela n'est obtenu qu'en réduisant fortement la puissance spécifique du réacteur afin que

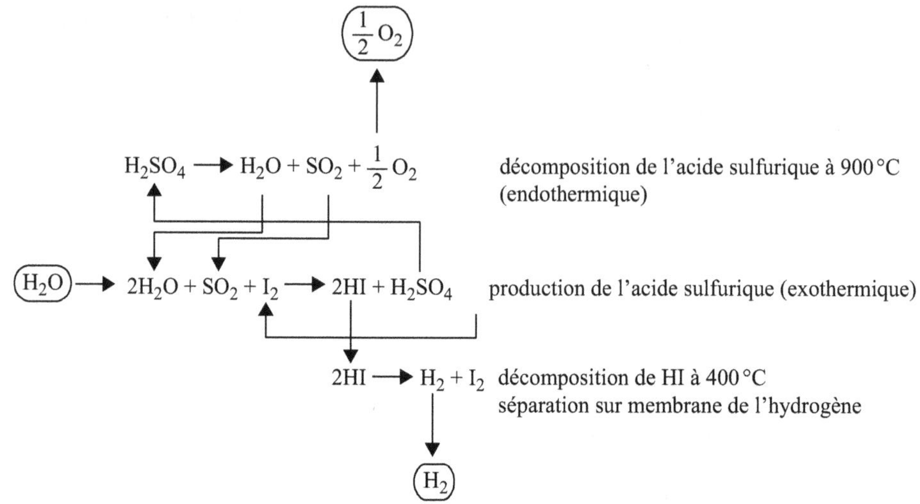

Figure 1.25 – Procédé iode-soufre de production d'hydrogène par voie thermochimique.

La conception de base du combustible d'un réacteur à haute température est la particule TRISO. Cette particule est constituée d'un noyau de matière fissile (oxyde ou carbure d'uranium enrichi) de 100 μm entourées de différentes couches de matériaux à fonctionnalités différentes. La couche de carbone pyrolytique à basse densité, très poreuse, permet le confinement des gaz de fission au fur et à mesure de la combustion des matériaux fissiles. L'étanchéité de la particule est réalisée par une couche de carbone pyrolytique à haute densité qui résiste à la pression des gaz de fission. Afin d'éviter la migration des produits de fission vers la couche de carbone haute densité, les deux couches sont séparées par une couche de carbure de silicium. La particule entière a un diamètre total de l'ordre du millimètre et sa tenue en température est liée à la décomposition du carbure de silicium qui se produit au delà de 2 200°C. Ces particules sont insérées dans une matrice de graphite de forme sphérique ou cylindrique.

Le premier concept forme un *combustible à boulets* (figure 1.26). Chaque boulet mesure environ 60 mm de diamètre et renferme environ 11 500 particules. L'extérieur du boulet, sur 5 mm, ne contient pas de particule, renforçant ainsi le confinement des matières radioactives dans la matrice de graphite. Le cœur du réacteur sera constitué par un empilement de plusieurs centaines de milliers de boulets. Ceux-ci sont chargés en vrac par le haut du réacteur et déchargés par le bas, ce mode de chargement permettant le renouvellement en fonctionnement du combustible. Le refroidissement des boulets est assuré par la circulation

la température atteinte à l'équilibre, quand la puissance résiduelle est évacuée par conduction dans la cuve et par convection et rayonnement à l'extérieur de celle-ci, ne dépasse pas la température maximale tolérée par le combustible.

de l'hélium entre ces derniers. Le cœur est cylindrique et sa périphérie, qui constitue le réflecteur, est composée de boulets de graphite ne contenant pas d'uranium.

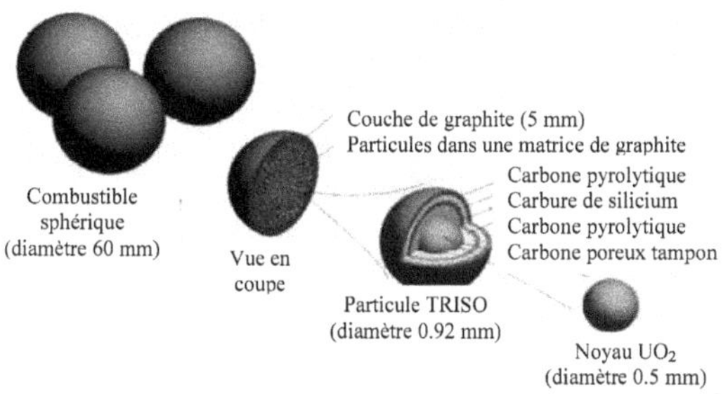

Figure 1.26 – Combustible HTR : concept de combustible à boulets.

Le second concept est fait de *compacts combustibles* (figure 1.27) où les particules combustibles sont intégrées dans une matrice cylindrique, soit pleine de 50 à 60 mm de haut et 15.7 mm de diamètre, soit creuse, de 40 mm de haut, 26 mm de diamètre extérieur et 8 mm d'épaisseur. Ces compacts sont contenus dans un manchon de carbone qui est par la suite inséré dans un bloc prismatique de graphite de 800 mm de haut et 360 mm de côté. Le refroidissement est assuré soit par des canaux de refroidissement spéciaux dans le bloc prismatique pour un combustible plein, soit par l'espace interne des compacts. Le rechargement combustible avec ce type de combustible n'est plus continu : il se fait par fournée (*batch*) à l'arrêt du réacteur.

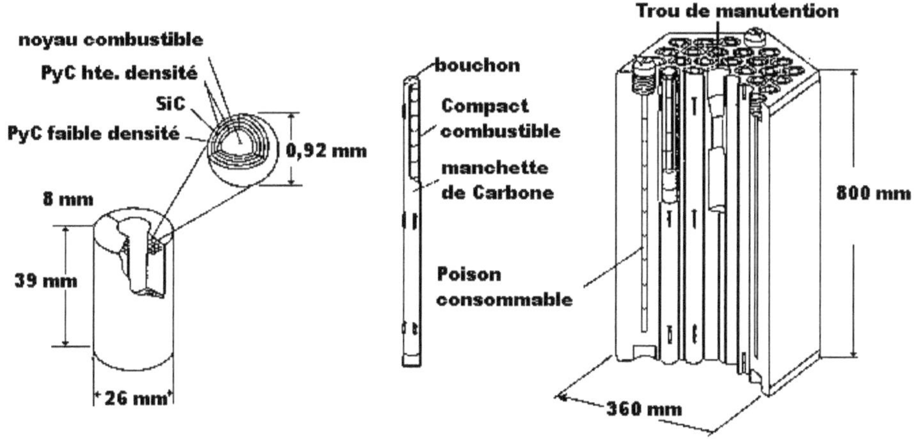

Figure 1.27 – Combustible HTR : concept de combustible prismatique (CEA).

Le cœur est cylindrique. Le centre du cœur ainsi que la rangée périphérique sont composés d'éléments en graphite ne contenant pas de combustible constituant ainsi le réflecteur.

En fonctionnement normal, la température des particules ne dépasse pas 1 600 °C. En condition accidentelle, la limite imposée est celle liée à la bonne tenue du confinement des matières radioactives à l'intérieur des particules. Celle-ci est liée notamment à la tenue de la couche de carbure de silicium que l'on considère comme satisfaisante jusqu'à une température de 2 400 °C.

6.4 Le circuit de refroidissement

Le réacteur HTR est conçu de telle sorte que l'hélium froid dont la température est comprise entre 100 °C et 500 °C circule le long de l'enveloppe externe du circuit primaire et limite ainsi les contraintes thermiques sur la seconde barrière de confinement. L'hélium chaud circule donc dans les parties centrales du circuit primaire. La jambe reliant la cuve du réacteur à l'ensemble turbo-alternateur est donc constituée de deux tuyauteries concentriques, l'hélium chaud circulant dans la tuyauterie la plus interne.

Les principales caractéristiques thermiques des deux concepts de réacteur à haute température sont données au tableau 1.11.

	PBMR	**GT MHR**
Puissance thermique (MW)	265	600
Puissance spécifique (kW/l)	3.7	6.5
Type de combustible	boulets	prismatique
Nombre d'éléments	440000	1200
Matériau combustible	UO_2	oxy-carbure d'uranium
Enrichissement	8.5 %	14 %
Pression réacteur (MPa)	7	7
Température chaude hélium (°C)	900	850
Température froide hélium entrée récupérateur(°C)	104	110
Température froide hélium entrée cœur(°C)	540	490
Température nominale maximale du combustible(°C)	1050	1250
Température accidentelle maximale du combustible(°C)	1650	1800

Tableau 1.11 – Caractéristiques du cycle d'un réacteur à haute température à cycle direct.

7 Les réacteurs de propulsion navale

7.1 Description générale

Les réacteurs de propulsion navale sont destinés à fournir la puissance nécessaire au mouvement de sous-marins et de navires de surface. Ils constituent une composante principale pour les flottes militaires de sous-marins stratégiques et des gros navires de surfaces tels que les porte-avions, croiseurs et destroyers. Environ 490 réacteurs de ce type ont été construits depuis les années 1950 (lancement du Nautilus, premier sous-marin nucléaire US en 1955). On en trouvera également sur des navires civils, notamment des brise-glace. Leur conception est fortement contrainte par les paramètres suivants :

- la puissance à fournir et les caractéristiques de manœuvrabilité souhaitée,
- l'encombrement de la chaudière,
- l'autonomie du réacteur et la robustesse de l'installation.

Le niveau de puissance de tels réacteurs va de quelques dizaines à plus d'une centaine de MW. La compacité étant un paramètre important, on choisit les chaudières permettant les densités de puissance les plus élevées. Parmi les réacteurs à neutrons thermiques, la conception à eau sous pression est la plus intéressante, mais on notera l'existence de concepts à neutrons rapides refroidis par un métal liquide (sodium ou plomb-bismuth).

Si la chaleur fournie par l'installation est généralement transformée en énergie mécanique pour la propulsion par l'intermédiaire d'une turbine à vapeur, il est également possible de convertir une partie de cette énergie en électricité (figure 1.28). Dans le cas d'un porte-avion, une partie de la vapeur servira à alimenter les catapultes de lancement. Sur certains navires les réacteurs fournissent uniquement de l'électricité, la propulsion étant réalisée par des moteurs électriques.

Le tableau 1.12 donne les principales caractéristiques de différents bâtiments.

7.2 Le cœur et le combustible

Compte tenu des exigences de souplesse d'utilisation de ces réacteurs, ces derniers doivent fonctionner aisément à basse puissance et tolérer des variations de puissance relativement rapides. En outre, les fuites neutroniques sur des cœurs de petite taille sont plus importantes. Enfin, les cœurs de ces réacteurs sont conçus pour pouvoir durer le plus longtemps possible : sur les sous-marins d'attaque du type Rubis, le cœur est prévu pour une durée de vie de 30 ans. Cela explique les principales caractéristiques du combustible de ces cœurs :

- un enrichissement important, de l'ordre de 20 % à 45 % en général,
- un combustible de faible inertie thermique constitué de plaques de faible épaisseur utilisant soit de l'UO_2 fritté, soit des mélanges de poudres compressées U-Al ou U-Zr.

	Pays	Navire ou Classe	Type	Puissance thermique par réacteur (MW)	Nombre de réacteurs
Sous-marins lanceurs d'engins	France	Triomphant	REP	150	1
	GB	Vanguard	REP	N/D	1
	Russie	Typhoon	REP	190	2
		Victor	REP	275	2
	USA	Ohio	REP	45 [1]	2
Sous-marins d'attaque	France	Rubis	REP	48	1
	Russie	Alpha	RML	155	1
		Novembre	REP	70	2
	USA	Seawolf	REP	40 [1]	1
		Virginia	REP	30 [1]	1
Mini sous-marin	Russie	Uniform	REP	10	1
Navires de surface militaires	France	Ch. de Gaulle	REP	150	2
	Russie	Kirov	REP	300	2
	USA	Nimitz	REP	194 [1]	2
Brise-glace	Russie	Tamyr	REP	135	1
		Yamal	REP	171	1
Cargos	USA	Savannah	REP	74	1
	RFA	Otto Hahn	REP	36	1
	Japon	Mutsu	REP	36	1

Tableau 1.12 – Caractéristiques de la propulsion nucléaire de différents bâtiments.

Le contrôle de la réactivité est fait par :

- l'ajout de poisons consommables (oxyde de gadolinium) dans le combustible,
- des barres ou des croix de commande.

Le bore soluble n'est pas utilisé pour le contrôle de la réactivité, ce qui permet d'éviter un circuit de traitement chimique de l'eau du primaire.

Les cœurs des sous-marins russes de classe Alpha qui étaient refroidis par un métal liquide, sodium dans un premier temps puis plomb-bismuth par la suite, étaient des cœurs à neutrons rapides utilisant de l'uranium très hautement enrichi (90 %).

1. Puissance de propulsion, à multiplier par 4 pour obtenir l'ordre de grandeur de la puissance thermique du ou des réacteurs. REP : réacteur à eau sous pression ; RML : réacteur à métal liquide.

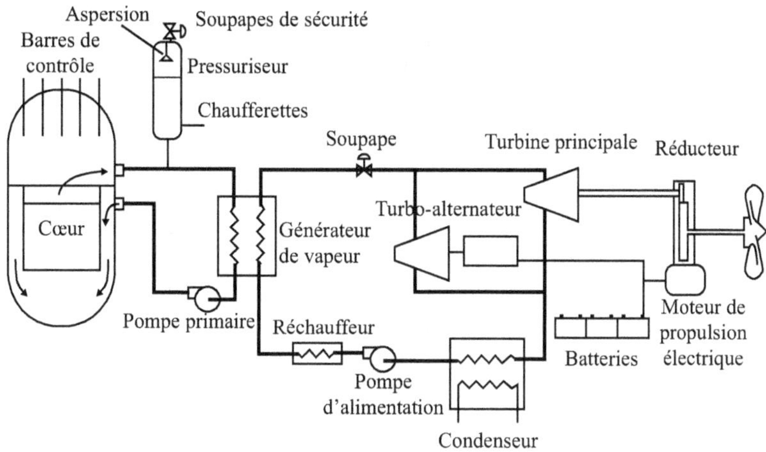

Figure 1.28 – Schéma de principe de la propulsion navale.

7.3 Le circuit de refroidissement

Les réacteurs de propulsion navale ayant été les précurseurs des réacteurs à eau sous pression de puissance, on retrouve la même architecture du circuit primaire constitué des éléments suivants :

- une cuve contenant le cœur du réacteur,
- un circuit primaire de plusieurs boucles sur lesquelles on retrouve les générateurs de vapeur, les pompes et un pressuriseur.

Afin de protéger la cuve du vieillissement lié à l'irradiation, il est nécessaire d'installer une protection neutronique entre le cœur et la cuve. Le circuit primaire est inséré dans une enceinte métallique. On notera la compacité de l'installation (figure 1.29).

Pour améliorer cette compacité une conception intégrée a été adoptée pour les nouvelles générations de réacteurs de propulsion navale (figure 1.30). Ce type de concept se distingue par :

- la disparition des boucles primaires,
- le positionnement du générateur de vapeur au-dessus de la cuve,
- un générateur de vapeur constitué de tubes en U arrangés de façon à ce que la jambe chaude du tube soit à l'intérieur et soit alimentée directement par l'eau sortant du cœur, tandis que la jambe froide du tube réinjecte l'eau froide en périphérie de la cuve,
- des pompes à rotor noyé qui reprennent l'eau en sortie des GV pour l'injecter dans l'espace annulaire,
- des mécanismes de commande de barre déportés, afin que ceux-ci n'aient pas à traverser le générateur de vapeur.

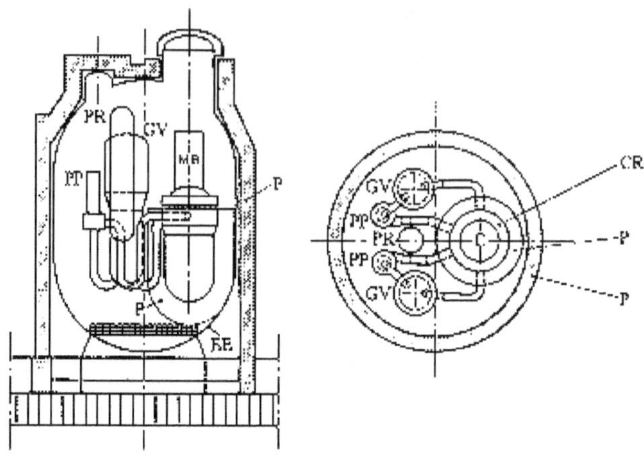

Figure 1.29 – Réacteur de propulsion navale à eau sous pression, à boucle (CEA).

Du point de vue de la sûreté, ces réacteurs sont caractérisés par rapport aux REP par les mêmes problématiques de dimensionnement et une physique identique notamment en ce qui concerne les transitoires incidentels et accidentels conduisant à la vaporisation du fluide primaire et à l'ébullition sur le combustible. Les fonctions importantes de sûreté, telles que l'évacuation de la puissance résiduelle et le maintien de l'inventaire en eau dans le circuit primaire, sont assurées par un système de sauvegarde constitué d'un système d'injection de secours de façon à pallier les accidents de perte de réfrigérant primaire.

La cuve est généralement dans une piscine d'eau servant d'écran biologique. Cette eau peut également servir à évacuer la puissance résiduelle du réacteur en situation de fonctionnement accidentel.

7.4 Les réacteurs de petite puissance

Dès l'origine, les réacteurs de propulsion navale ont servi de base à la conception de petits réacteurs servant de source d'électricité et de chaleur dans des conditions spécifiques. Un réacteur de la marine américaine a, par exemple, été utilisé pendant 10 ans dans une base de l'Antarctique afin de fournir une puissance électrique de 1.5 MW nécessaire au fonctionnement des installations. De nombreux projets sont en cours de développement (tableau 1.13). On y retrouve les mêmes caractéristiques que celles des réacteurs de propulsion, robustesse et simplicité d'utilisation, mais des cœurs de longue durée de vie et des besoins en manœuvrabilité ne sont pas nécessaires, ce qui permet de relâcher certaines contraintes sur le combustible et notamment son enrichissement.

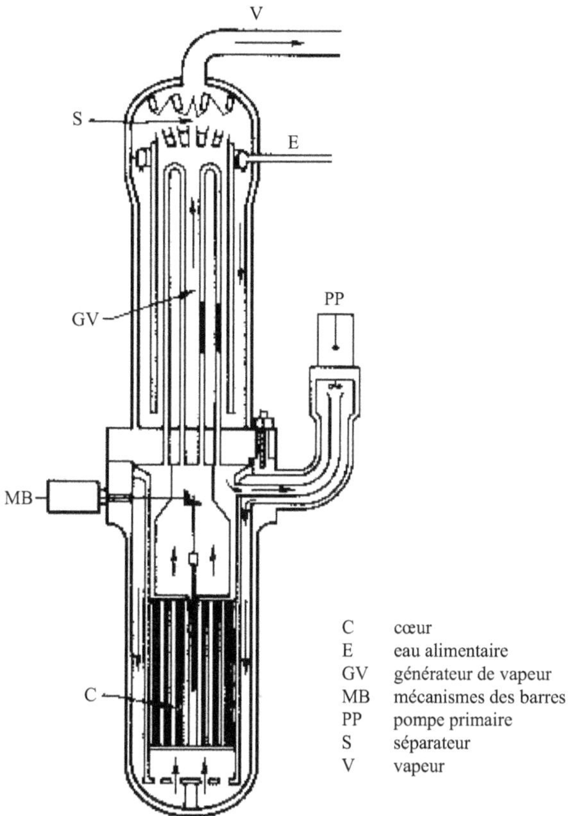

Figure 1.30 – Chaudière intégrée de type CAS (CEA).

8 Les réacteurs de recherche

8.1 Description générale

Les piles expérimentales et réacteurs de recherche destinées à la production de neutrons pour l'irradiation de matériaux (réacteurs MTR : *Materials Testing Reactors*) ou pour les expériences de physique fondamentale utilisant des faisceaux intenses de neutrons vont poser au thermicien des problèmes très spécifiques qui résultent des besoins liés à l'expérimentation :

- flux de neutrons élevés, par exemple 10^{14} n/(cm^2·s), dans le spectre rapide pour un réacteur MTR),
- accès facile pour l'expérimentation en cœur ou à l'extérieur du cœur.

Ce dernier point exige une grande flexibilité du cœur et des structures associées afin d'y intégrer toute sorte de dispositifs expérimentaux d'irradiation

Pays	Réacteur	Type	Puissance MW	Combustible	Utilisation
Russie	KLT 50S	REP	150	U_3Si_2Al 20%	Electricité, chaleur, dessalement
	ABV	REP	45	U_3Si_2 16.5 %	Réacteur sur barge
France	NP 300	REP	300-450	UO_2 5 %	Electricité, chaleur, dessalement
Argentine	CAREM	REP	100	UO_2 3.5 %	Electricité, dessalement
Corée	SMART	REP	300	UO_2	
Japon	MRX	REP	100-300	UO_2	Propulsion, électricité
Chine	NHR 200	REP	200		Chaleur, dessalement
USA	IRIS	REP	150	UO_2 5 %	Electricité
	MSBWR	REP	200	UO_2 5 %	Electricité

Tableau 1.13 – Caractéristiques de petits réacteurs à eau en cours de développement.

ou pour faire parvenir au plus près du cœur les guides de neutrons qui produiront les faisceaux de neutrons pour les expériences de physique. Pour cela on utilisera des réacteurs fonctionnant à basse pression et plongés dans une piscine servant à la fois de protection biologique et de support aux dispositifs expérimentaux.

Les contraintes liées au premier point conduisent à des densités de puissance très élevées, donc à un combustible qui, pour être bien refroidi, devra avoir une surface d'échange élevée : le combustible à plaques et de faible inertie thermique est adopté dans ce but. En outre, le fonctionnement à basse pression exige des vitesses de refroidissement élevées afin d'éviter les phénomènes liés à l'apparition de l'ébullition nucléée sur le combustible. Les vitesses élevées du fluide de refroidissement conduisent à de fortes contraintes de conception sur le cœur, le combustible et les barres de commande de façon à éviter les phénomènes de vibration induites par le fluide, de cavitation, et à limiter les forces d'envol liées au frottement pour maintenir le combustible et permettre l'introduction rapide de barres d'arrêt d'urgence. Cela conduit souvent à concevoir un cœur refroidi par un fluide descendant (tableaux 1.14 et 1.15).

	BR2 Belgique	**Osiris France**	**HFR RFA**	**RJH France**	**MIR Russie**	**ATR USA**
Puissance (MW)	100	70	45	100	100	250
Flux rapide 10^{14} n/(cm^2·s)	7.0	3	4.5	5.5	2.0	1.8
Flux thermique 10^{14} n/(cm^2·s)	9.0	2.5	2.7	5.4	5.0	8.5
Combustible	U-Al 93 %	U_3Si_2 20 %	U-Al 90 %	U_3Si_2	U-Al	U-Al
Modérateur	Be	H_2O	H_2O	H_2O	Be	H_2O
Réfrigérant	H_2O	H_2O	H_2O	H_2O	H_2O	H_2O
Réflecteur	Be	H_2O-Be	H_2O	Be	Be	Be

Tableau 1.14 – Caractéristiques des principaux réacteurs d'irradiation de matériaux.

	RHF France	**Orphée France**	**FRM2 RFA**
Puissance (MW)	58	14	20
Flux thermique 10^{14} n/(cm^2·s)	15	3	8
Combustible	U-Al 93 %	U-Al 93 %	U-Al 93 %
Modérateur	D_2O	H_2O-Be	H_2O
Réfrigérant	D_2O	H_2O	H_2O
Réflecteur	D_2O	D_2O	D_2O

Tableau 1.15 – Caractéristiques des principaux réacteurs sources de neutrons pour la recherche.

8.2 Le cœur et le combustible

Le combustible d'un réacteur d'irradiation de matériaux ou de source de neutrons est constitué en général d'éléments combustibles composés de plaques planes ou cylindriques de faible épaisseur avec une âme combustible en U-Al ou en siliciure d'aluminium U_3Si_2-Al. Cette poudre est co-laminée entre deux plaques d'aluminium pour former la plaque combustible. Celle-ci sera ensuite cintrée pour les combustibles cylindriques et les plaques sont assemblées entre des plaques de rive pour constituer l'élément combustible (figure 1.31).

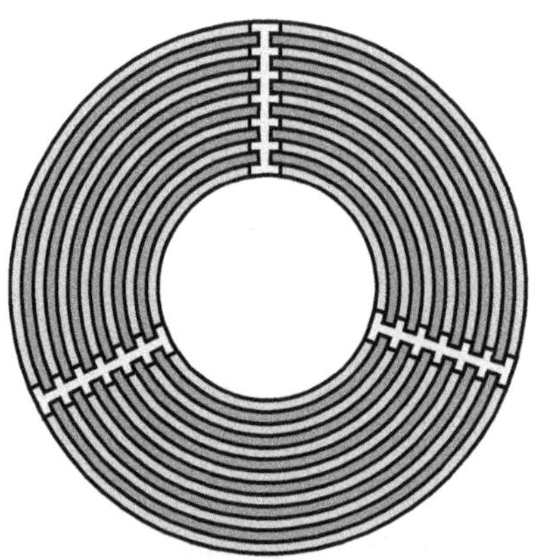

Figure 1.31 – Elément combustible du réacteur Jules Horowitz, RJH (CEA).

Pour obtenir une densité de puissance importante, la densité d'atomes fissiles (^{235}U) doit être importante : on utilise donc de l'uranium enrichi. Les premiers combustibles, composés d'un mélange de poudre d'uranium et d'aluminium, étaient enrichi à 93 %. Pour des raisons liés à la physico-chimie de ce mélange, il n'est pas possible d'augmenter la densité d'atome d'^{235}U. Pour cela il faut utiliser du siliciure d'uranium qui, mélangé à de la poudre d'aluminium, permet un accroissement de la teneur en uranium du mélange et ainsi nécessite un enrichissement plus faible, au niveau de 20 %. Toutefois, il faut noter que, pour les réacteurs source de neutrons thermiques, cette technologie n'est pas performante et l'uranium à haut taux d'enrichissement (HEU) est toujours utilisé.

Notons que le réacteur Osiris a utilisé pendant plusieurs années un combustible (Caramel) constitué de plaques contenant des pastilles carrées d'UO_2 enrichi à 7,5 %. Les pastilles étaient insérées dans un quadrillage en zirconium et l'ensemble était recouvert d'un gainage en zirconium pour former la plaque combustible.

Le cœur du réacteur à haut flux (RHF) est constitué d'un seul élément cylindrique de 28 cm de diamètre interne, 39 cm de diamètre externe et 80 cm de haut. Il comprend 280 plaques combustibles cintrées en développante de cercle et situées à l'intérieur de cette couronne (figure 1.32). Le trou central est utilisé pour le déplacement de la barre de compensation et de la barre d'arrêt.

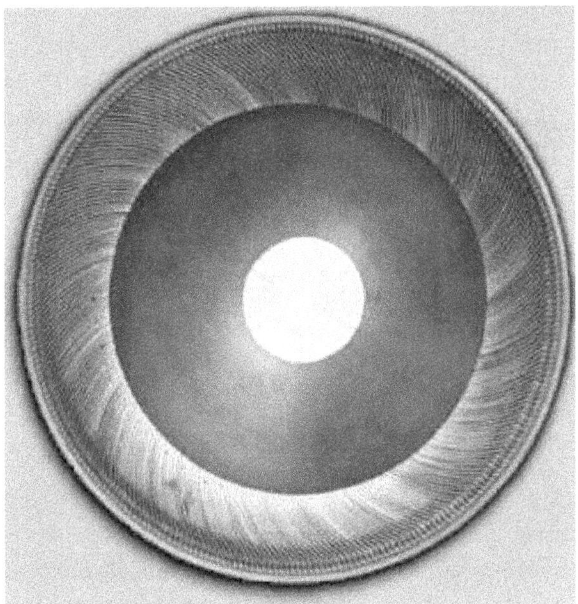

Figure 1.32 – Elément combustible du réacteur à haut flux (RHF, Institut Laue-Langevin).

Le modérateur est souvent de l'eau, mais pour les réacteurs destinés à produire des neutrons thermiques on utilisera aussi l'eau lourde ou le béryllium. Un réflecteur permet une économie importante de neutrons sur ces cœurs de très petite taille (Osiris : $L = 57$ cm, $l = 57$ cm, $H = 80$ cm) ; on utilise pour cela de l'eau légère, de l'eau lourde ou du béryllium. La durée des cycles, une vingtaine de jours pour Osiris, 50 pour le RHF, est relativement courte, le combustible s'épuisant rapidement. Les contraintes de certains programmes expérimentaux nécessitent également des cycles peu longs afin de renouveler les expériences, notamment dans le cœur.

8.3 Circuit de refroidissement et systèmes de sauvegarde

Le cœur du réacteur est souvent refroidi par de l'eau à basse pression. Les fortes densités de puissance ainsi que la nécessité absolue d'éviter l'ébullition dans les canaux de refroidissement afin de maintenir un bon échange thermique, tant en fonctionnement normal que lors de situations incidentelles ou accidentelles, conduisent à limiter fortement la température d'eau dans le cœur et obligent l'utilisation de vitesses de circulation dans le cœur très élevées (tableau 1.16).

Dans un réacteur à débit de refroidissement ascendant, l'eau la plus chaude est donc située en haut des éléments combustibles, là où la pression est minimale.

	Osiris	RHF	RJH
Pression (MPa)	0.2	0.4	0.8
Vitesse eau (m/s)	7.5	15.5	18
Températures entrée-sortie (°C)	38-47	30-49.5	
Flux thermique surfacique maximal (MW/m^2)	3.1	5	
Débit (m^3/h)	5600	2370	8200

Tableau 1.16 – Caractéristiques du refroidissement des cœurs de différents réacteurs expérimentaux.

Le choix d'un débit descendant va situer le point chaud en pied de l'élément combustible avec une pression légèrement plus élevée que précédemment du fait des effets gravitaires, ce qui redonne une certaine marge vis-à-vis de l'ébullition. L'autre avantage d'un débit descendant est d'aspirer dans le cœur une partie de l'eau de la piscine si le circuit primaire est ouvert. Cela empêche la remontée de produits de contamination et minimise les doses aux personnes circulant dans l'enceinte, notamment les expérimentateurs.

Pour limiter la contamination, on utilisera également une *couche chaude.* Il s'agit d'un système qui maintient sur la surface de la piscine une couche d'eau chaude dont la température reste supérieure à la température de sortie de l'eau du cœur. Ainsi, par simple effet gravitaire, on empêche la remontée de l'eau plus dense en provenance du cœur et de la contamination associée.

Les systèmes de sauvegarde sur un réacteur expérimental ont pour but d'assurer l'évacuation de la puissance résiduelle dans des conditions de fonctionnement incidentelles et accidentelle. On utilisera la disponibilité de la masse d'eau importante dans la piscine pour réaliser les appoints d'eau nécessaires au maintien de ce refroidissement. Selon les cas, l'eau d'injection de secours pourra être mise en mouvement par un système de pompage spécifique, mais très souvent, la simple convection naturelle entre le cœur du réacteur et la piscine sera suffisante pour assurer le débit de refroidissement. La mise en communication de la piscine avec le circuit primaire se fait par l'intermédiaire de clapets à ouverture automatique. L'évacuation ultime de la chaleur pourra être réalisée par les circuits de refroidissement de l'eau de la piscine.

8.4 L'enceinte de confinement

L'enceinte de confinement est la barrière ultime de confinement des matières radioactives. Comme dans la majorité des réacteurs, elle est en béton armé précontraint. En revanche, du fait que le circuit primaire ne constitue pas une barrière aussi robuste que sur les réacteurs électrogènes, cette enceinte sera dimensionnée pour résister à un accident énergétique majeur sur le réacteur.

Cet accident de dimensionnement des enceintes des réacteurs expérimentaux, l'accident BORAX, est un accident de réactivité prompt critique qui résulte d'une insertion massive conventionnelle de réactivité dans le cœur conduisant à son explosion et au dégagement total de l'énergie dans l'eau de la piscine. Une bulle de vapeur à haute pression et à température élevée se forme au niveau du cœur et se déplace rapidement vers le haut de la piscine. Au cours de son déplacement elle cède une partie de son énergie au reste de l'eau de la piscine et aux structures. C'est l'expansion de cette bulle dans la partie libre de l'enceinte, lorsqu'elle atteint le niveau d'eau dans la piscine, qui déterminera les conditions de pression et température auxquelles le confinement devra résister.

9 Exercices

9.1 Cycles thermodynamiques

Etablir l'équation (1.1).

9.2 Analyse d'un réacteur à eau bouillante simplifié (SBWR)

On se propose d'analyser le cycle du réacteur à eau bouillante simplifié à un seul étage de séparation d'humidité représenté sur la figure 1.33. Les conditions figurant au tableau 1.17 sont imposées.

Le rendement isentropique η_T d'une turbine, défini comme le rapport de la puissance obtenue dans la détente réelle à la puissance obtenue dans la détente isentropique correspondante, sera pris égal pour chaque turbine, HP et BP, à 0.90.

Le rendement isentropique η_P d'une pompe, défini comme le rapport de la puissance nécessaire pour la compression isentropique à la puissance nécessaire pour la compression réelle, sera pris égal pour chaque pompe à 0.85.

L'objectif final de l'étude est de déterminer le rendement thermique du cycle η_{th} défini comme le rapport de la puissance nette fournie (puissance délivrée par les turbines moins puissance absorbée par les pompes) à la puissance thermique reçue.

Pour cela on commencera par rechercher l'expression littérale de ce rendement thermique (questions 1 à 4) et on déterminera ensuite (questions 5 à 33) l'état du fluide aux différents points caractéristiques du circuit indiqués

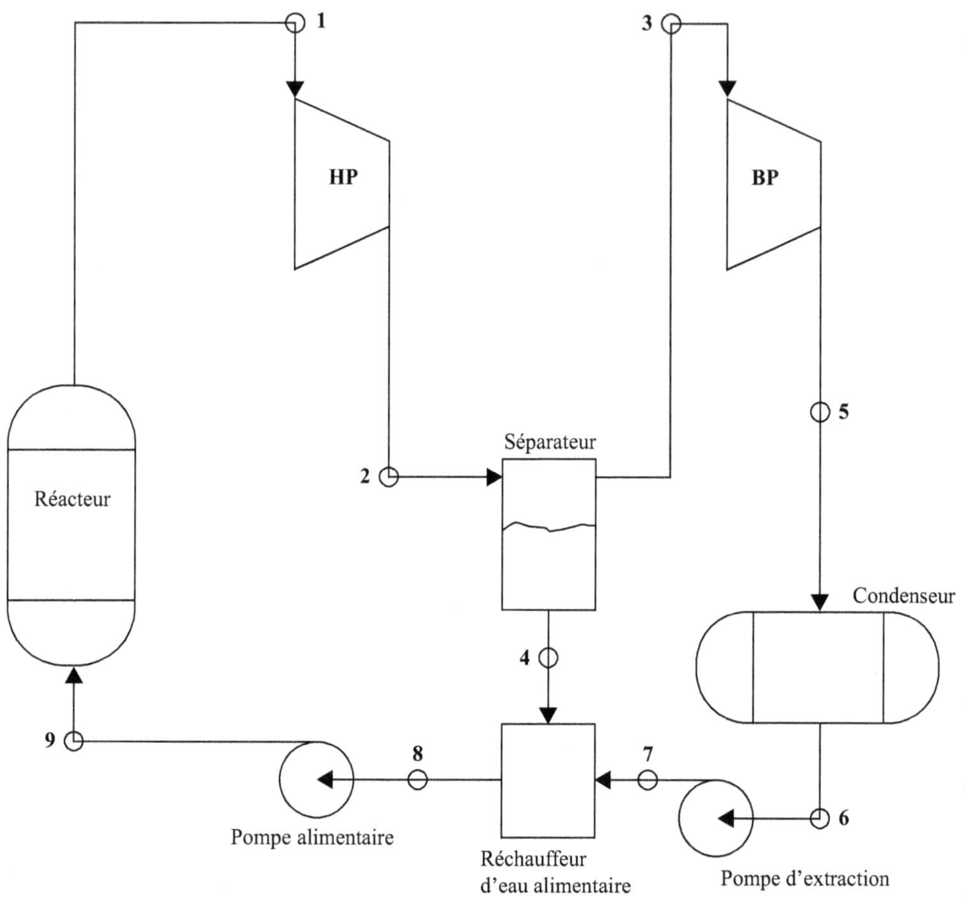

Figure 1.33 – Schéma simplifié d'un réacteur SBWR.

sur la figure 1.33 (points **1** à **9** indicés par j dans la nomenclature définie au tableau 1.18).

Expression littérale du rendement de cycle :

1. Exprimer la puissance P_T totale délivrée par les deux turbines, HP et BP, en fonction :
   - du débit-masse M_V dans la turbine HP,
   - du débit-masse M_2 dans la turbine BP,
   - des enthalpies massiques h_1, h_{2s}, h_3 et h_{5s},
   - du rendement des turbines η_T.
2. Exprimer la puissance P_P totale délivrée par les deux pompes en fonction :
   - du débit-masse M_V dans la turbine HP,

Etat	Pression p (MPa)	Fluide
1	6.89	vapeur saturée
2	1.38	mélange eau-vapeur
3	1.38	vapeur saturée
4	1.38	liquide saturé
5	0.006 89	mélange eau-vapeur
6	0.006 89	liquide saturé
7	1.38	liquide sous-saturé
8	1.38	liquide sous-saturé
9	6.89	liquide sous-saturé

Tableau 1.17 – Conditions de fonctionnement d'un réacteur SBWR.

- du débit-masse M_2 dans la turbine BP,
- des enthalpies massiques h_6 , h_{7s} , h_8 et h_{9s},
- du rendement des pompes η_P.

3. Exprimer la puissance thermique reçue lors du cycle en fonction :
   - du débit-masse M_V dans la turbine HP,
   - des enthalpies massiques h_1 et h_9.
4. Donner l'expression littérale finale du rendement thermique du cycle η_{th}. On introduira le titre X_2 au séparateur défini par la relation :

$$X_2 \hat{=} \frac{M_2}{M_V}$$

Etat au point 1 :

5. Déterminer les valeurs numériques de l'enthalpie massique h_1 et de l'entropie massique s_1.

Etat au point 2 :

6. Donner l'expression littérale du titre X_{2s} si on avait une détente isentropique en fonction :

Variable	**Symbole**
Débit-masse du fluide dans la turbine BP	M_2
Débit-masse du fluide dans la turbine HP	M_V
Enthalpie massique au point j	h_j
Enthalpie massique au point j après une évolution isentropique	h_{js}
Enthalpie massique de vaporisation au point j	h_{fgj}
Enthalpie massique du liquide à saturation au point j	h_{fj}
Entropie massique au point j	s_j
Entropie massique au point j après une évolution isentropique	s_{js}
Entropie massique de la vapeur à saturation au point j	s_{gj}
Entropie massique du liquide à saturation au point j	s_{fj}
Pression au point j	p_j
Puissance thermique reçue	P_{th}
Puissance totale absorbée par les deux pompes	P_P
Puissance totale délivrée par les deux turbines	P_T
Titre au point j	X_j
Titre au point j après une détente isentropique	X_{js}
Volume massique	v

Tableau 1.18 – Nomenclature utilisée.

- de l'entropie massique s_{2s} si on avait une détente isentropique,
- des entropies massiques s_{f2} et s_{g2} du liquide et de la vapeur à saturation.

7. Déterminer la valeur numérique du titre X_{2s}.

8. Donner l'expression littérale de l'enthalpie massique h_{2s} si on avait une

détente isentropique en fonction :
- du titre X_{2s},
- de l'enthalpie massique h_{f2} du liquide à saturation et de l'enthalpie de vaporisation h_{fg2}.

9. Déterminer la valeur numérique de l'enthalpie massique h_{2s}.
10. Donner l'expression littérale de l'enthalpie massique réelle h_2 en fonction :
    - de l'enthalpie massique h_1,
    - du rendement des turbines η_T,
    - de l'enthalpie massique h_{2s}.
11. Déterminer la valeur numérique de l'enthalpie massique h_2.
12. Donner l'expression littérale du titre X_2 en fonction :
    - de l'enthalpie massique réelle h_2,
    - de l'enthalpie massique h_{f2} du liquide à saturation et de l'enthalpie de vaporisation h_{fg2}.
13. Déterminer la valeur numérique du titre X_2.

Etat au point 3 :

14. Déterminer les valeurs numériques de l'enthalpie massique h_3 et de l'entropie massique s_3.

Etat au point 4 :

15. Déterminer les valeurs numériques de l'enthalpie massique h_4 et de l'entropie massique s_4.

Etat au point 5 :

16. Donner l'expression littérale du titre X_{5s} si on avait une détente isentropique en fonction :
    - de l'entropie massique s_{5s} si on avait une détente isentropique,
    - des entropies massiques s_{f5} et s_{g5} du liquide et de la vapeur à saturation.
17. Déterminer la valeur numérique du titre X_{5s}.
18. Donner l'expression littérale de l'enthalpie massique h_{5s} si on avait une détente isentropique en fonction :
    - du titre X_{5s},
    - de l'enthalpie massique h_{f5} du liquide à saturation et de l'enthalpie de vaporisation h_{fg5}.
19. Déterminer la valeur numérique de l'enthalpie massique h_{5s}.

20. Donner l'expression littérale de l'enthalpie massique réelle h_5 en fonction :
    - de l'enthalpie massique h_3,
    - du rendement des turbines η_T,
    - de l'enthalpie massique h_{5s}.
21. Déterminer la valeur numérique de l'enthalpie massique h_5.
22. Donner l'expression littérale du titre X_5 en fonction :
    - de l'enthalpie massique réelle h_5,
    - de l'enthalpie massique h_{f5} du liquide à saturation et de l'enthalpie de vaporisation h_{fg5}.
23. Déterminer la valeur numérique du titre X_5 .

Etat au point 6

24. Déterminer les valeurs numériques de l'enthalpie massique h_6 et de l'entropie massique s_6.

Etat au point 7

25. Donner l'expression littérale de l'enthalpie massique h_7 en fonction :
    - de l'enthalpie massique h_6,
    - du rendement des pompes η_P,
    - du volume massique v,
    - des pressions p_6 et p_7.
26. La valeur du volume massique ayant très peu d'influence sur la valeur numérique de h_7, on prendra : $v = 10^{-3}$ m^3/kg. Déterminer la valeur numérique de l'enthalpie massique h_7.
27. Calculer la valeur numérique de l'enthalpie massique h_{7s} si la compression avait été isentropique.

Etat au point 8

28. Donner l'expression littérale du bilan thermique sur le réchauffeur d'eau alimentaire par contact direct.
29. En déduire l'expression littérale de l'enthalpie massique h_8 en fonction des enthalpies massiques h_4, h_7 et du titre X_2.
30. Calculer la valeur numérique de l'enthalpie massique h_8.

Etat au point 9

31. Donner l'expression littérale de l'enthalpie massique h_9 en fonction :

- de l'enthalpie massique h_8,
- du rendement des pompes η_P,
- du volume massique v,
- des pressions p_8 et p_9.

32. La valeur du volume massique ayant très peu d'influence sur la valeur numérique de h_9, on prendra : $v = 10^{-3}$ m^3/kg. Déterminer la valeur numérique de l'enthalpie massique h_9.
33. Calculer la valeur numérique de l'enthalpie massique h_{9s} si la compression avait été isentropique.

Valeur numérique du rendement thermique du cycle :

34. Compte tenu de l'expression littérale du rendement thermique du cycle obtenue à la question 4, calculer la valeur numérique de ce rendement.

Nomenclature

c_v	capacité thermique à volume constant
h	enthalpie massique
L_{fiss}	hauteur fissile d'un crayon
m	fraction de débit soutiré
N_{ass}	nombre d'assemblages
N_{cra}	nombre de crayons
p	pression
$\overline{q}$	puissance linéique moyenne
q_{max}	puissance linéique maximale
q''	flux thermique surfacique
Q	chaleur échangée par unité de masse du fluide
s	entropie massique
T	température absolue
v	volume massique
W	travail mécanique échangé par unité de masse du fluide, puissance thermique du cœur
η	rendement (Eq. 1.6)

Indices

e	entrée
s	sortie

Symboles et opérateurs

$\hat{=}$ égal par définition à

Références

Coppolani, Ph., Hassenboehler, N., Joseph, J. et Pétretot, J.F., 2004, *La chaudière des réacteurs à eau sous pression*, EDP Sciences.

IAEA, *Studies of Advanced Light Water Reactor Designs 2004*, IAEA TECDOC Series No 1391.

Lahey, R.T.Jr. et Moody, F.J., 1993, *The Thermal-Hydraulics of a Boiling Water Nuclear Reactor*, 2nd ed., American Nuclear Society.

Tong, L.S. et Weisman, J., 1996, *Thermal Analysis of Pressurized Water Reactors*, American Nuclear Society.

Chapitre 2

Conception et dimensionnement thermique des réacteurs

Chapitre rédigé par Patrick Raymond, CEA.

Les principes de conception d'un réacteur nucléaire doivent prendre en compte divers aspects :

- les *fonctionnalités* que doit satisfaire le réacteur pour son exploitation,
- les *objectifs de sûreté* pour protéger les populations et l'environnement contre tout risque lié à l'exploitation de l'installation,
- les *impératifs économiques* pour assurer la compétitivité de la fourniture de l'installation.

Parmi ces trois impératifs de conception, les objectifs de sûreté font l'objet d'une formulation relativement standardisée de part le monde (IAEA, 1988). Ce chapitre a pour but de décrire, brièvement, les principaux concepts régissant la sûreté des réacteurs ainsi que les besoins fonctionnels spécifiques à la satisfaction des objectifs de sûreté.

La sûreté s'adresse à tous les systèmes composant un réacteur et fait appel à toutes les disciplines mais principalement à la neutronique, la mécanique et la thermohydraulique. Ce chapitre ne se veut pas exhaustif sur le sujet, mais il cherche à mettre en valeur les implications de la sûreté dans la conception des systèmes fluides et les échanges énergétiques.

1 Généralités

1.1 Grandeurs caractéristiques de la production d'énergie

La *puissance thermique* P_{th} du réacteur est la quantité d'énergie fournie par unité de temps par le cœur du réacteur.

La *puissance électrique brute* P_{el} fournie par le réacteur est la quantité d'énergie fournie par unité de temps par l'alternateur ; cette quantité est donnée par le produit de la puissance thermique par le rendement thermodynamique de l'installation. Cette valeur dépend donc de l'efficacité du cycle thermodynamique et par suite de la température à la source froide.

La *puissance électrique nette* $P_{el,net}$ est la puissance électrique fournie sur le réseau, elle correspond à la puissance électrique de l'installation diminuée de la consommation électrique des divers composants de l'installation notamment les pompes du circuit primaire pour les REP.

Le tableau 2.1 donne les caractéristiques de différents réacteurs à eau sous pression du parc français.

Site	**Type**	**Source froide**	P_{th} (MW)	P_{el} (MW)	$P_{el,net}$ (MW)
Fessenheim	CP0	Rivière Direct	2 775	920	880
Graveline	CP1	Mer Direct	2 775	951	910
Saint-Laurent	CP2	Rivière Aéroréfrigérant	2 775	956	915
Paluel	P4	Mer Direct	3 817	1 382	1 330
Cattenom	P4	Rivière Aéroréfrigérant	3 817	1 362	1 300
Chooz	N4	Rivière Aéroréfrigérant	4 250	1 516	1 455

Tableau 2.1 – Puissances caractéristiques de différents réacteurs REP du parc français ; P_{th} : puissance thermique, P_{el} : puissance électrique brute, $P_{el,net}$: puissance électrique nette. Sources : EDF 900 MW *Nuclear Power Plants*, EDF, Direction de l'Equipement, Mai 1983 ; EDF 1300 MW *Nuclear Power Plants*, EDF, Direction de l'Equipement, Juin 1983.

1.2 Grandeurs caractéristiques du dimensionnement thermique

Les limitations au fonctionnement d'un réacteur nucléaire sont liées essentiellement aux quantités d'énergie qu'il est possible d'évacuer du cœur par le fluide caloporteur tant en fonctionnement normal, qu'en fonctionnement incidentel ou accidentel.

En *fonctionnement normal*, les limites de puissance sont déterminées essentiellement par les capacités des systèmes de production d'électricité, mais également, à la conception, par des règles permettant de s'assurer que la production d'énergie dans le cœur reste contrôlable à tout instant (maîtrise de la réactivité) et que les contraintes thermiques et mécaniques sur le combustible permettent d'assurer, dans toutes les conditions de fonctionnement normal, l'intégrité de la gaine.

En *fonctionnement accidentel*, la plupart des transitoires étudiés feront appel à la puissance dégagée par le cœur après l'arrêt du réacteur : la *puissance résiduelle*. Elle résulte des réactions de fission résiduelles qui continuent à se produire, notamment au début de l'insertion des barres d'arrêt, et des réactions de désintégration des différents produits de fission et des actinides mineurs. Cette puissance résiduelle est donc fonction du type de combustible (UOX, MOX) et de son taux de combustion. Plus généralement on sera amené à prendre des courbes enveloppes qui permettent d'envisager les situations les plus défavorables pour l'évacuation de la puissance du cœur.

Les contraintes à respecter, notamment les contraintes de sûreté, se traduisent généralement par des conditions à vérifier en tout point du combustible. La répartition de puissance étant non uniforme dans le cœur, il est donc important d'évaluer le comportement du combustible aux endroits les plus chauds du celui-ci. Pour cela, les données de puissance globale sont insuffisantes et il faudra connaître la répartition de puissance dans tout le cœur. Les grandeurs thermohydrauliques caractéristiques du dimensionnement thermique seront donc des grandeurs locales qui pourront ensuite conduire à la puissance maximum possible pour le cœur associée à des facteurs locaux traduisant les valeurs maximales à ne pas dépasser. Ces grandeurs sont les suivantes :

- la *puissance volumique* (ou puissance spécifique) $\dot{q}$ exprimée en W/m^3 : énergie dégagée par unité de temps et de volume. Cette grandeur est utilisée essentiellement pour la connaissance de la répartition de température dans le combustible, elle est limitée par le critère de non-fusion du combustible en régime nominal. Lorsqu'il s'agit de spécifier la puissance moyenne fournie par unité de volume du combustible, cette grandeur, qui correspond à la puissance thermique du réacteur divisée par le volume total du combustible, est souvent exprimée en W/l.
- la *puissance massique* exprimée en W/g : énergie dégagée par unité de

temps et unité de masse. Cette grandeur est essentiellement utilisée pour les transitoires de réactivité afin d'évaluer et limiter le dépôt d'énergie local dans l'élément combustible, lié au transitoire accidentel de puissance.

- la *puissance linéique* q' exprimée en W/m : énergie produite par unité de temps et unité de longueur dans le combustible. Cette quantité est une caractéristique fondamentale des réacteurs à combustible cylindrique ; elle représente l'énergie dégagée à un niveau donné dans l'élément combustible :

$$q'(z) = \int_0^R 2\pi \, \dot{q}(r, z) \, r \, dr \tag{2.1}$$

où R est le rayon du crayon. Cette quantité sera limitée sur les réacteurs à eau par les phénomènes pouvant porter atteinte à l'intégrité des gaines combustibles (crise d'ébullition, température maximale de gaine, etc.)

- le *flux thermique surfacique* (ou densité de flux de chaleur) q'' exprimé en W/m^2 : énergie échangée par unité de temps et d'aire de la surface d'échange. En régime permanent et dans la mesure où la répartition de puissance dans le crayon est uniforme azimutalement, le flux thermique surfacique joue le même rôle que la puissance linéique. Cependant, comme il traduit l'échange thermique en tout point de la surface externe du combustible avec le fluide, il peut ne pas être uniforme du fait des conditions de refroidissement ou des déformations du combustible. Le flux thermique surfacique est largement utilisé pour les évaluations du dimensionnement thermique des réacteurs. En régime permanent on a pour un crayon et à un niveau donné :

$$q'(z) = \int_{2\pi} q''(\theta, z) \, r \, d\theta \tag{2.2}$$

où θ est l'angle azimutal.

1.3 Facteur de point chaud

Pour représenter la répartition tridimensionnelle de puissance, on n'utilise pas directement les valeurs locales de puissance volumique ou de puissance linéique. Très souvent la puissance linéique sera exprimée par des facteurs adimensionnels qui, associés à la puissance totale du cœur, permettront à la fois de représenter de manière simple la répartition de puissance et d'en donner les valeurs extrêmes :

- Facteur radial de crayon chaud F_r^N :

$$F_r^N \hat{=} \frac{\text{puissance linéique moyenne sur le crayon chaud}}{\text{puissance linéique moyenne dans le cœur}} \tag{2.3}$$

– Facteur axial de crayon chaud F_z^N :

$$F_z^N \hat{=} \frac{\text{puissance linéique maximale sur le crayon chaud}}{\text{puissance linéique moyenne sur le crayon chaud}} \tag{2.4}$$

– Facteur de point chaud F_q^N :

$$F_q^N \hat{=} \frac{\text{puissance linéique maximale sur le crayon chaud}}{\text{puissance linéique moyenne dans le cœur}} \tag{2.5}$$

Compte tenu de ces trois définitions, nous avons la relation :

$$F_q^N \equiv F_r^N F_z^N \tag{2.6}$$

Chacun de ces facteurs peut être obtenu à partir de la répartition tridimensionnelle de la puissance fournie par un calcul neutronique. L'exposant N rappelle d'ailleurs l'origine neutronique du calcul.

1.4 Facteur d'élévation d'enthalpie

Dans un réacteur à eau, lorsque l'on considère l'énergie évacuée par le fluide, on définira le *canal* comme étant l'espace élémentaire compris entre les crayons combustibles (figure 2.1). Par conséquent, ce canal sera chauffé par plusieurs crayons qui *a priori* ne possèdent pas les mêmes caractéristiques de puissance. Le facteur d'élévation d'enthalpie du canal traduit ce fait. Il peut être défini, pour des éléments combustibles cylindriques, par la relation suivante :

$$F_{\Delta h} \hat{=} \frac{\sum_{i=1}^{n} \overline{q_i}\, r_i\, \theta_i}{\text{puissance linéique moyenne dans le cœur}} \tag{2.7}$$

où n est le nombre de crayons adjacents au canal et $\overline{q_i}$ le flux thermique surfacique moyen du crayon i. Le produit $r_i\theta_i$ représente l'arc du crayon i en contact avec le canal considéré.

Le facteur d'élévation d'enthalpie du canal représente la quantité d'énergie reçue par unité de temps en régime permanent.

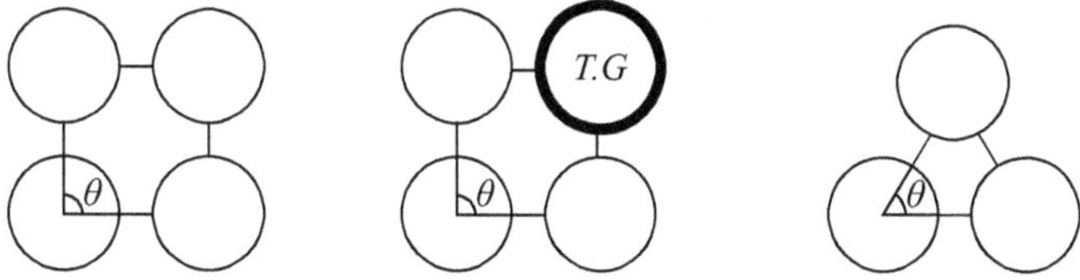

Figure 2.1 – Différents types de canal.

2 Principes de sûreté appliqués au dimensionnement des réacteurs

2.1 Objectifs de sûreté

Les objectifs de sûreté sont les suivants :
- protéger les individus, la société et l'environnement des dommages résultant du fonctionnement, d'incidents ou d'accidents dans une installation mettant en œuvre des matières radioactives,
- maintenir dans l'installation nucléaire des protections efficaces contre les risques radiologiques.

Ces objectifs généraux se décomposent ainsi :
- assurer que, dans tous les états de fonctionnement de l'installation, tout rejet planifié de matière radioactive reste en dessous des limites prescrites et aussi basse qu'il est raisonnablement possible (principe ALARA : *As Low As Reasonably Achievable*) et assurer la mitigation des conséquences radiologiques de tout accident ;
- prendre toutes les mesures raisonnablement possibles pour prévenir les accidents dans les installations nucléaires et minimiser leurs conséquences potentielles afin d'assurer avec un niveau élevé de confiance que, pour tous les accidents possibles pris en compte dans la conception de l'installation y compris ceux à faible probabilité d'occurrence, toute conséquence radiologique soit faible et en dessous des limites prescrites et que la probabilité d'accident avec des risques radiologiques sérieux soit extrêmement faible.

Conditions normales et incidentelles

L'objectif de sûreté porte essentiellement sur la minimisation des doses aux travailleurs et à la limitation des rejets radioactifs et du volume des déchets. Les recommandations à satisfaire (tableau 2.2) sont exprimées au niveau international dans la CIPR 60 (ICRP, 1990) et repris par la réglementation européenne (Euratom, 1996).

Conditions accidentelles

Ces conditions accidentelles incluent la fusion du cœur. L'évaluation des conséquences radiologiques doit se faire à court, moyen et long terme. On doit prendre en compte les différents modes de transfert de matières radioactives vers l'environnement (atmosphère, eau) et vers les populations environnantes.

Pour les accidents sans fusion du cœur, il ne doit y avoir aucune mesure de protection à prendre pour les populations aux alentours de la centrale.

Pour les accidents avec fusion du cœur, seules des mesures de protection des populations limitées dans le temps et dans l'espace pourront être envisagées.

En complément aux défaillances internes, les agressions externes (chute d'avion, incendie, inondation, séisme) doivent être aussi prises en compte pour la démonstration de sûreté.

Catégorie	Partie(s) du corps	Dose équivalente (mSv)
Travailleur professionnellement exposé	Corps entier	20
	Mains, bras, pieds	500
	Peau	500
	Cristallin	150
Jeune 16-18 ans	Corps entier	6
	Mains, bras, pieds	150
	Peau	150
	Cristallin	50
Femme enceinte		1
Public	Corps entier	1
	Cristallin	15

Tableau 2.2 – Limites d'exposition réglementaires

2.2 Principe de défense en profondeur

Le concept de *défense en profondeur* est un des principes fondamentaux de la sûreté des réacteurs nucléaires. Selon un premier point de vue, il réside dans la mise en œuvre de plusieurs *niveaux de protection* constitués de différentes *barrières* destinées à contenir les matières radioactives et empêcher leur relâchement dans l'environnement. Dans un seconde vision, il constitue la base méthodique pour que les *trois fonctions de sûreté principales* :

- contrôle de la réactivité,
- évacuation de la puissance,
- confinement des matières radioactives,

soient correctement assurées afin de permettre la protection du public, de l'environnement et des travailleurs.

Le principe de défense en profondeur s'applique à toutes les activités ayant trait à la sûreté, que ce soit en conception ou en exploitation du réacteur. Il réside dans le fait que, si un événement arrive, il doit être détecté et corrigé par des mesures appropriées.

L'implémentation de la défense en profondeur en conception conduit à définir divers moyens de protection pour un large spectre de situations transitoires incidentelles ou accidentelles résultant de défaillance de matériels, d'agressions internes ou externes (incendie, séisme, inondation...) ou de défaillances humaines. Ces moyens de protection sont adaptés à la gravité de la situation transitoire.

L'application de ce principe conduit à prendre en compte à la conception du réacteur cinq niveaux de défense.

- *Premier niveau* : prévention contre les déviations du fonctionnement normal et la défaillance des équipements. Cela implique que le réacteur soit conçu, construit, maintenu et exploité avec attention et selon des pratiques de qualité. Parmi ces bonnes pratiques, citons : les principes de redondance, de diversité et d'indépendance, la réalisation d'essais, la qualification des matériels, l'inspection en service, etc.
- *Deuxième niveau* : la détection et la réaction à des déviations du fonctionnement normal afin de prévenir l'arrivée de situations accidentelles. Cela implique la mise en place de systèmes spécifiques et de procédures destinées à l'opérateur minimisant les conséquences de ces événements initiateurs. Ces systèmes et procédures seront pris en compte dans l'analyse de sûreté.
- *Troisième niveau* : dans le cas où le second niveau ne suffit pas à réduire les conséquences de l'événement initiateur, des systèmes spécifiques et des procédures adaptées doivent permettre de conduire le réacteur dans un état sûr et stable.
- *Quatrième niveau* : ce quatrième niveau s'adresse aux accidents graves hypothétiques pour lesquels les conditions de dimensionnement sont dépassées. On doit s'assurer, à ce niveau, du maintien du confinement des matières radioactives. Cela est atteint à partir de l'évaluation de l'accident et la mise en œuvre de moyens spécifiques et de procédures accidentelles permettant de prévenir la progression de l'accident et de minimiser ses conséquences
- *Cinquième niveau* : le cinquième niveau de défense s'adresse à la mitigation des conséquences radiologiques liées au relâchement dans l'environnement de matières radioactives. Ces mesures sont le plus souvent d'ordre organisationnel : équipes de crises, plans d'urgence.

Pour les réacteurs du futur, les autorités ont demandé d'améliorer la sûreté des réacteurs et d'approfondir la défense en profondeur :

- en utilisant les résultats du retour d'expérience et les études probabilistes de sûreté,
- en adoptant une conception basée sur des études déterministes démontrant le respect des critères de sûreté ; cette conception doit être également aidée par l'utilisation d'études probabilistes de sûreté,
- en atteignant une réduction significative du relâchement de matières radioactives pour tout accident concevable et, bien évidemment, pour

les accidents conduisant à la fusion du cœur. Cet objectif aura donc des conséquences importantes sur le dessin et la conception de l'enceinte de confinement.

2.3 Amélioration de la conception en utilisant le retour d'expérience et les études probabilistes de sûreté (EPS)

L'examen du retour d'expérience d'un grand nombre de réacteurs en fonctionnement doit permettre d'identifier des *modes de dégradation* qui n'ont pas été suffisamment pris en compte à la conception de façon à renforcer la conception des réacteurs du futur ou les possibilités d'inspection en service.

De même, il faut prendre en compte dès la conception les problèmes de maintenance qui apparaissent actuellement comme étant non seulement la source de doses individuelles et collectives importantes mais aussi à l'origine de nombreux incidents.

L'objectif essentiel de la prise en compte du retour d'expérience est de réduire le nombre d'incidents significatifs et d'améliorer la fiabilité des équipements et systèmes en fonctionnement normal de façon à réduire la fréquence des transitoires incidentels et à limiter les possibilités d'accident pouvant découler de ces événements.

Les études probabilistes de sûreté permettent de mettre en évidence les points de faiblesse des réacteurs pour des situations complexes pouvant concerner des défaillances d'équipement et/ou des hommes en charge de l'exploitation. Notamment il faut éliminer à la conception toute possibilité de défaillance de cause commune [1].

La prévention et la diminution de la sensibilité aux erreurs humaines doit pouvoir être atteinte en simplifiant la conception, en limitant les interactions entre systèmes sources de complexité et en utilisant des possibilités de redondance fonctionnelle.

Cela conduit aussi à plus d'automatisation et à porter une attention toute particulière à l'interface homme-machine, en particulier à veiller à ce que l'opérateur ait plus de temps pour réagir de façon à ce qu'il puisse avoir une meilleure image de l'état de l'installation.

1. Les défaillances de causes communes sont des événements pouvant affecter, simultanément ou pendant la durée d'une mission, plusieurs composants et qui ont la même cause ; par exemple : erreur de conception, de montage, de maintenance ou effet de l'environnement. Pour éviter ces défaillances, les méthodes d'ingénierie utilisées à la conception sont la séparation physique des systèmes, la mise en place de barrières de protection, la redondance et la diversité des équipements ainsi que leur qualification.

3 Principes de dimensionnement

Le dimensionnement d'un réacteur et la démonstration de sûreté se font par des méthodes déterministes. Les méthodes probabilistes ainsi que la R&D nécessaire doivent aider à cette démonstration de sûreté.

3.1 Etat de fonctionnement du réacteur

La sûreté du réacteur doit être démontrée pour tous les états de fonctionnement normaux du réacteur, *i.e.* :

- le fonctionnement en puissance,
- les divers modes de fonctionnement du réacteur lorsque la réaction de fission est arrêtée,
- le fonctionnement du réacteur pendant le chargement et le déchargement du combustible,
- les modes de fonctionnement du réacteur à l'arrêt lorsque l'on réalise des interventions ou des opérations de maintenance sur des systèmes nécessaires à la sûreté du réacteur.

3.2 Evénements initiateurs

Les *événements initiateurs* sont à l'origine des comportements incidentels et accidentels. L'événement initiateur est une défaillance qui conduit à un comportement anormal du réacteur et à la mise en œuvre des systèmes destinés à satisfaire la sûreté du réacteur.

Tous les événements initiateurs sont classés en catégorie selon leur fréquence d'occurrence estimée. Le principe de la démonstration de sûreté comprend aussi le fait que les conséquences radiologiques élevées ne peuvent arriver que pour des situations dont la fréquence est très faible.

Cependant, les *événements initiateurs uniques* ou les *défaillances uniques* conduisant à des conséquences graves sur l'installation devront être exclus à la conception.

3.3 Options de sûreté

Les *options de sûreté* sont les moyens mis en œuvre pour obtenir le niveau de sûreté.

Les grands principes techniques qui soutiennent ces moyens sont les suivants :

- Qualité de la conception, de la construction et de l'exploitation :
  - assurance de la qualité,
  - inspectabilité, testabilité, réparabilité des équipements,

   - recette des équipements et qualification fonctionnelle et fiabiliste (par ex. détermination des probabilités de défaillance).
- Réduction de la fréquence des défaillances :
   - analyse des retours d'expérience,
   - élimination de phénomènes comme la corrosion, la cavitation, les vibrations.
- Amélioration du comportement en transitoire du réacteur :
   - diminution de la sensibilité aux actions de l'opérateur,
   - limitation de l'action de systèmes de sûreté non nécessaires à la gestion d'un accident donné.
- Redondance et diversité :
   - assurer la fiabilité de fonctionnement des systèmes de protection et de sauvegarde assurant les trois fonctions de sûreté et réduire la probabilité d'occurrence d'accidents,
   - minimiser les possibilités de défaillances de causes communes.
- Intégrité du circuit primaire :
   - composant de haute qualité conçu avec des règles de dimensionnement spécifiques,
   - surveillance,
   - inspection en service.
- Interface homme-machine :
   - prise en compte du facteur humain dès la conception,
   - limitation des événements initiateurs, augmentation de l'inertie du réacteur, automatisation des systèmes de sécurité,
   - minimisation des erreurs possibles de l'opérateur (ergonomie, délai de grâce, etc.),
   - définition des informations appropriées disponibles aux opérateurs pour avoir une bonne vision de l'état du réacteur (logiciels pour diagnostic).
- Qualification des systèmes programmes :
   - haut niveau de fiabilité pour les logiciels en ligne (instrumentation, contrôle-commande),
   - tolérance aux pannes,
   - redondance dans le matériel.

3.4 Critères de sûreté

Afin de démontrer que les objectifs de sûreté sont atteints, il faut montrer que les moyens mis en place permettent de les satisfaire en respectant des *critères quantitatifs* ou *critères de sûreté* qui correspondent à des limites physiques (température, pression, phénomène physique indésirable, etc.) à ne pas atteindre.

Ces critères sont aussi appelés *critères de découplage*, car ils permettent de limiter la démonstration de sûreté au respect de ces critères, sachant que, ce faisant, les objectifs de sûreté qui concernent la protection des personnes sont satisfaits.

3.5 Classification des incidents et accidents

Le tableau 2.3 présente la classification des accidents en fonction de la fréquence d'occurrence de la défaillance initiale ou de l'événement initiateur.

Incidents et accidents de dimensionnement

Il faut considérer tous les accidents possibles pour démontrer que le niveau de sûreté requis est atteint et cela dès la conception et que les moyens spécifiques destinés à assurer les fonctions de sûreté remplissent leurs spécifications fonctionnelles. Les différentes étapes de l'analyse sont les suivantes :

- Identifier les événements initiateurs qui pourraient conduire à un relâchement de matériau radioactif à l'intérieur ou à l'extérieur du réacteur.
- Regrouper les autres événements initiateurs par groupes de façon à ne définir qu'un nombre limité d'accidents à partir desquels les systèmes et composants seront conçus.
- Prendre des marges pour l'initialisation automatique des systèmes de sûreté quand des actions doivent être réalisées rapidement en réponse à un événement initiateur. Dans le cas où des actions urgentes ne sont pas nécessaires, l'initialisation manuelle des systèmes par les opérateurs sont permises, sous réserve que le temps nécessaire à la réalisation de l'action soit suffisant et que des procédures soient définies afin d'assurer la fiabilité de ces opérations.
- Identifier les accidents pouvant avoir des conséquences radiologiques.
- Exclure par conception ou par les marges de fonctionnement les défaillances uniques pouvant conduire à un relâchement prématuré de matière radioactive.

Pour différents incidents ou accidents de référence, on définit les critères de sûreté à atteindre et l'analyse de l'accident doit être effectuée de manière conservative en incluant des défaillances pouvant aggraver les conséquences de l'accident. On doit démontrer que ces critères de sûreté sont satisfaits et que les conséquences radiologiques de l'accident sont tolérables en fonction de la probabilité d'occurrence du transitoire.

Séquences accidentelles

Les études probabilistes de sûreté peuvent mettre en évidence des séquences accidentelles qui, bien que ne conduisant pas à des conséquences sévères (cœur

	Classe 1	Classe 2	Classe 3	Classe 4
Fréquence (réacteur^{-1}·an^{-1})	$f > 1$	$10^{-2} < f < 1$	$10^{-4} < f < 10^{-2}$	$10^{-6} < f < 10^{-4}$
Type de situation	Fonctionnement	Incidentelle	Accidentelle	Accidentelle
Système concerné	Régulation	Protection	Sauvegarde	Sauvegarde
Conséquences radiologiques	Aucune	Aucune	Limitées au réacteur	Limitées au réacteur

	Hors dimensionnement
Fréquence (réacteur^{-1}·an^{-1})	$f < 10^{-6}$
Type de situation	Au-delà du dimensionnement
Système concerné	Mitigation des accidents graves
Conséquences radiologiques	Faibles à l'extérieur

Tableau 2.3 – Classification des accidents.

fortement dégradé), ont des fréquences d'occurrence élevées. Une bonne pratique est que, pour toutes ces séquences, les conséquences admissibles ne soient pas supérieures à celles de la classe d'accident auquel correspond la fréquence du scénario accidentel.

Situations au-delà du dimensionnement : accidents graves

L'objectif, dans ces situations constituées à partir de séquences de défaillances ou *scénarios accidentels*, est d'avoir un relâchement de matières radioactives le plus faible possible même en cas de fusion du cœur. Cet objectif est renforcé pour les réacteurs du futur. Les situations pouvant conduire à un rejet important ou rapide de matière radioactive doivent *être exclues par conception* ou *pratiquement éliminées*. On entend par cette expression que ces situations doivent être identifiées et que des mesures doivent être prises dès la phase de conception afin de rendre physiquement impossible ces situations ou extrêmement peu probable l'occurrence de tels scénarios.

La prise en compte des accidents graves doit donc s'effectuer dès la conception. Pour cela les autorités de sûreté imposent :

- que les accidents graves avec by-pass du confinement par les circuits connectés au primaire doivent être exclus,
- qu'il faut prendre en compte les accidents graves même lorsque le réacteur est à l'arrêt et l'enceinte ouverte,
- que les accidents conduisant à une importante injection de réactivité dans le cœur soient pratiquement éliminées.

Pour les réacteurs à eau sous pression, cela conduit à ce que :

- les accidents de réactivité liés à l'injection d'eau froide ou d'eau claire non borée doivent être évités par conception,
- les situations de fusion du cœur en pression doivent être évitées,
- les situations conduisant à la détonation hydrogène doivent être pratiquement éliminées.

4 L'analyse de sûreté

L'analyse de sûreté permet de confirmer les bases de conception des éléments importants pour la sûreté. Elle doit démontrer que l'installation est conçue de façon à respecter les limites prescrites pour les doses de rayonnement et les rejets dans les différentes catégories de conditions accidentelles et que la défense en profondeur est bien mise en œuvre.

Cette démonstration est faite essentiellement à l'aide d'outils de calcul. Ces logiciels doivent être vérifiés et validés, et les incertitudes de modélisation doivent être prises en compte.

Deux approches sont nécessaire à la démonstration de sûreté :

- l'approche déterministe,
- l'approche probabiliste.

4.1 L'approche déterministe

L'approche déterministe est suivie pour démontrer la conformité de la conception des éléments importants pour la sûreté à la conception avec les objectifs de sûreté.

Cette démonstration est faite en définissant des transitoires incidentels et accidentels de dimensionnement. Ces transitoires sont définis selon les principes suivants :

- Défaillance unique : une seule défaillance est à l'origine de la situation transitoire.

- Aggravant unique : il est défini pour chaque transitoire des conditions aggravantes plausibles.
- Les actions de l'opérateur (procédures) sont prises en compte si nécessaire.
- L'efficacité des systèmes de protection et/ou de sauvegarde considérés est minimisée.

Les méthodes d'évaluation mises en œuvre doivent avoir un niveau de conservatisme vérifiable.

4.2 Marges et incertitudes

La démonstration déterministe de sûreté impose de vérifier que, pour les transitoires sélectionnés, les sytèmes de protection ou de sauvegarde permettent de conserver le réacteur dans un état tel que les objectifs annoncés de sûreté soient assurés. Pour cela, il est nécessaire de démontrer que les critères de sûreté caractérisant le phénomène redouté soient vérifiés avec une certaine marge. Cette marge est une demande des autorités de sûreté qui permet de constater un certain sur-dimensionnement cela afin de pallier les transitoires qui pourraient être plus sévères et non pris en compte à la conception. Pour assurer cette marge, il faut prendre en compte également les incertitudes de la modélisation de façon à ce que ces dernières n'y soient pas inclues.

Les incertitudes de modélisation résultent de plusieurs causes :

- l'incertitude sur les données de base physiques notamment les propriétés des matériaux,
- l'incertitude induite par l'utilisation de modélisation de phénomènes physiques généralement ajustés sur les mesures expérimentales (coefficients d'échange thermique, modèles de turbulence, etc.),
- l'incertitude provenant de la modélisation du réacteur pour l'étude considérée (imprécision du schéma de calcul, utilisation d'un maillage non convergé, etc.),
- les incertitudes sur les données géométriques pour la description des différents éléments du réacteur modélisés (tolérances de fabrication, évolution géométrique liée à l'irradiation ou au fonctionnement du réacteur, etc.),
- les incertitudes sur les conditions initiales et conditions limites du transitoire, notamment celles qui peuvent provenir d'autres calculs (répartition de puissance neutronique dans le cœur, puissance résiduelle, etc.).

Les évaluations de ces incertitudes et de leur impact sur les paramètres que l'on comparera aux critères de sûreté doivent être mises en œuvre. Pour cela il existe plusieurs méthodes. La méthode la plus classique est de pénaliser tous les paramètres de la modélisation auxquels les incertitudes identifiées sont liées avant d'effectuer les calculs. Les études de sensibilité permettent de déterminer, pour un paramètre donné, si cela est nécessaire, le moyen d'effectuer cette pénalisation. Une seconde méthode, consiste à calculer l'incertitude globale de l'évaluation des paramètres d'intérêt à partir d'un nombre de calculs, statistiquement suffisant, réalisés en faisant évoluer les données incertaines dans leur domaine d'incertitude par tirage aléatoire. Une telle méthode requiert un nombre de calculs important ; aussi, elle n'est souvent appliquée que sur les données ayant un impact le plus significatif sur le résultat, les autres données d'impact moindre étant pénalisées classiquement.

Les critères de sûreté résultent bien souvent de mesures expérimentales, pour eux aussi, il sera nécessaire de prendre des valeurs conservatives. En fonction de la catégorie des transitoires on considérera, compte tenu de la répartition statistique de l'erreur, une minoration à deux écarts-types pour les transitoires de première et seconde catégorie et à un écart-type pour ceux de troisième et quatrième catégorie. La marge, comme cela est montré sur la figure 2.2, est donc la valeur minimale résultant de la minimisation du critère et de la maximisation de l'évaluation du paramètre d'intérêt.

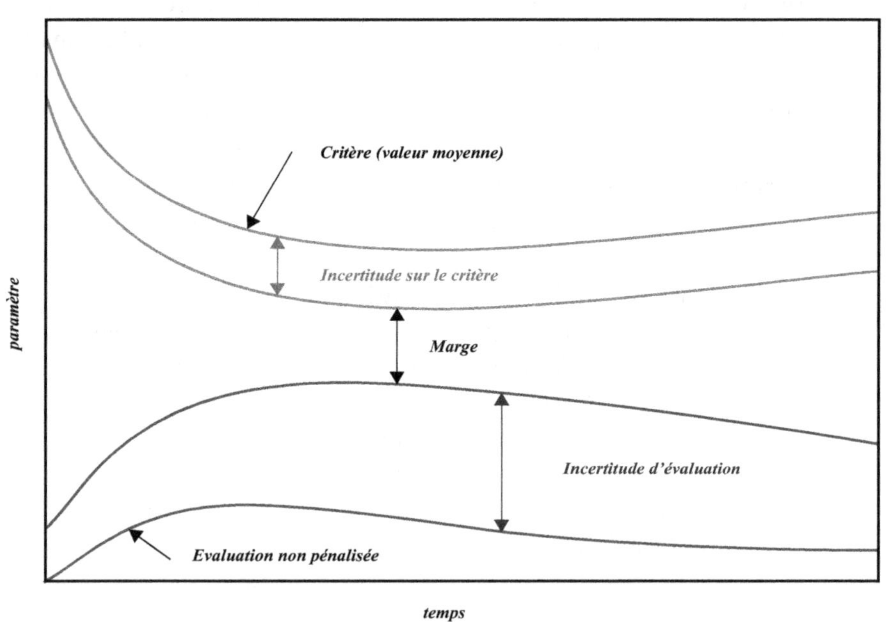

Figure 2.2 – Marges et incertitudes.

4.3 L'approche probabiliste

L'approche probabiliste est réalisée à partir d'Etudes Probabilistes de Sûreté. Les EPS permettent d'envisager de manière la plus exhaustive possible la majorité des séquences incidentelles et accidentelles qui peuvent avoir lieu sur l'installation. Une séquence accidentelle est une suite d'événements ordonnés dans le temps. Contrairement à l'analyse déterministe, les séquences accidentelles d'intérêt dans ce cas comprennent une série de défaillances. L'objectif des EPS est de chiffrer la fréquence d'occurrence de la séquence, celle-ci étant généralement exprimée par réacteur et par année (/r.a), et d'examiner ses conséquences en terme de rejet dans l'environnement et de dose.

Les études probabilistes permettent une analyse systématique de la conception. On cherchera à démontrer :

- la non-existence d'événements initiateurs qui apportent une forte contribution au risque global,
- la non-existence d'effet falaise qui accroît fortement les conséquences des événements initiateurs,
- la quasi-élimination de la fréquence d'occurrence d'états avec le cœur sévèrement endommagé ainsi que de la possibilité de rejets importants hors site à court terme.

Par ailleurs, les EPS permettent :

- l'évaluation des fréquences d'occurrence et des conséquences des accidents engendrés par des initiateurs externes,
- l'identification des améliorations de la conception ou des procédures qui permettent de réduire les fréquences d'occurrence et les conséquences d'accidents sévères,
- l'évaluation des procédures d'urgence.

5 Exigences de conception

5.1 Cœur et combustible

Cœur

Le cœur, ainsi que les systèmes associés de refroidissement de contrôle et de protection, doivent être conçus avec suffisamment de marges afin que les limites de conception ne soient pas atteintes dans les états de fonctionnement et d'accident de dimensionnement avec prise en compte des incertitudes.

La conception du cœur doit résister aux chargements, tant en conditions nominales que pour les conditions des accidents de dimensionnement et les événements externes, afin d'assurer un arrêt sûr du réacteur et de le maintenir sous-critique.

La limite maximum d'insertion de réactivité positive doit être telle qu'elle ne produise pas de surpression trop importante du réacteur, qu'elle maintienne les possibilités de refroidissement du cœur et que celui-ci ne soit pas endommagé gravement.

Le concepteur doit assurer que les possibilités de re-criticité ou d'excursion de réactivité à la suite d'un événement initiateur soient minimisées.

La conception doit permettre l'inspection en service et la testabilité du cœur et des systèmes de refroidissement, de protection et de contrôle associés.

Combustible

Il doit résister à l'irradiation et aux processus de détérioration (corrosion, vibration, fatigue, etc.) qui peuvent arriver en conditions d'exploitation normale, au cours de transitoires incidentels ou accidentels.

Les fuites de produit de fission doivent être limitées à la conception et doivent rester minimales en fonctionnement normal. En conditions accidentelles, elles ne doivent pas créer de détériorations supplémentaires.

La conception doit permettre l'inspection des structures après irradiation des éléments combustibles.

Pour les accidents de dimensionnement, le combustible doit rester en position et ne doit pas subir de déformations telles que cela rendrait difficile le refroidissement post-accidentel du cœur.

5.2 Systèmes de refroidissement du réacteur

Circuit primaire

Les composants du circuit primaire doivent être conçus de façon à résister aux chargements dynamiques résultant des transitoires de fonctionnement et accidentels.

La cuve doit être conçue et construite avec un haut niveau de qualité quant au choix du matériau et des codes de conception.

La conception doit rendre l'occurrence de brèche sur le circuit faible. Si une brèche est initiée, elle ne doit pas conduire à une situation catastrophique.

La conception des composants doit être telle que la défaillance des éléments internes soit peu probable et que les dommages résultants sur les autres entités du circuit primaire soient faibles.

L'inspection en service du circuit primaire et de ses composants doit être possible.

Inventaire du fluide réfrigérant

Des dispositions doivent être prises pour contrôler l'inventaire en fluide réfrigérant et sa pression de façon à s'assurer que les limites ne peuvent être dépassées dans les conditions de fonctionnement normales et accidentelles. Les systèmes remplissant cette fonction doivent donc avoir des capacités suffisantes.

Evacuation de la puissance résiduelle

Des moyens adéquats doivent être mis en place pour évacuer la puissance résiduelle de façon à ce que les limites spécifiées pour le cœur et le combustible et le circuit primaire soient respectées.

Ces moyens doivent être accompagnés des possibilités d'interconnexion et d'isolement (nécessaires à la détection des brèches et de leur isolement) suffisamment fiables et avec les niveaux de redondance, diversification et indépendances nécessaires.

Refroidissement de secours

En cas de perte de réfrigérant, un refroidissement de secours doit conduire à la minimisation des dommages sur le combustible et limiter le dégagement de produits de fission du combustible. Il doit donc :

- assurer l'intégrité du gainage du combustible,
- limiter à un niveau raisonnable les possibles réactions chimiques,
- maintenir le refroidissement du cœur pendant suffisamment de temps.

En outre :

- les dommages sur le combustible et les structures internes ne doivent pas réduire de manière significative les capacités du refroidissement de secours,
- les niveaux de redondance et de diversité doivent être adéquats pour que la fonction soit assurée avec une fiabilité suffisante,
- les capacités d'extraire la puissance du cœur après un accident grave doivent être prises en compte,
- la conception doit permettre l'inspection et la testabilité périodique du système et de ses composants.

Systèmes auxiliaires et transfert de chaleur vers la source froide

Des systèmes spécifiques doivent assurer le transfert de la puissance dégagée et de la chaleur des structures, systèmes et composants importants pour la sûreté vers une source froide avec un haut niveau de fiabilité pendant le fonctionnement normal et accidentel.

La fiabilité requise de ces systèmes doit être atteinte par un choix approprié de composants, de redondances, de séparation physiques, d'interconnexion et de moyens d'isolement.

Les événements initiateurs liés aux phénomènes extérieurs et aux erreurs humaines doivent être pris en compte à la conception.

En cas d'accident grave, l'extension des possibilités de transférer vers la source froide ultime la puissance résiduelle du cœur doit être considérée tout en assurant des températures acceptables pour les structures, composants et systèmes importants pour la sûreté et le confinement des matières radioactives.

5.3 Enceinte de confinement

Un système de confinement doit permettre de maintenir les rejets de matériaux radioactifs dans l'environnement en-dessous des limites spécifiées pour des conditions accidentelles. Selon la conception un tel système peu comprendre : des structures étanches, des dispositifs d'isolement de gestion et d'extraction de produits de fission d'hydrogène, d'oxygène ou toute autre substance susceptible d'être rejetée dans l'enceinte.

La conception du confinement doit prendre en compte les accidents de dimensionnement, mais également les conséquences des accidents graves doivent être considérées.

La résistance mécanique du confinement doit être calculée à partir des chargements mécaniques et thermiques résultant des accidents de dimensionnement avec des marges suffisantes. Les effets d'autres sources potentielles de chargement (réactions chimiques, radiolyse, événements externes, etc.) doivent aussi être considérées. Des provisions doivent être prises pour le cas d'accidents graves et notamment les effets liés à la combustion de gaz.

Le confinement doit être conçu de façon à ce que le taux de fuite ne dépasse pas la valeur prescrite en cas d'accident de dimensionnement. Le taux de fuite du confinement doit pouvoir être mesuré périodiquement.

En cas d'accident grave il est nécessaire de considérer les moyens de contrôle des fuites de matières radioactives.

Les pénétrations du confinement sont des sources de by-pass et de fuite, leur nombre doit être limité.

Les pénétrations qui débouchent dans l'atmosphère du confinement doivent pouvoir être automatiquement condamnées en cas d'accident de dimensionnement. Les capacités d'isolation en cas d'accident grave doivent aussi être considérées.

La capacité d'extraire la chaleur du confinement doit être assurée. Cette fonction de sûreté permet de réduire la pression et la température de l'atmosphère du confinement après tout relâchement de produits radioactifs suite à un accident de dimensionnement. Ce système doit avoir les redondances adéquates pour que sa fonction soit assurée en cas de simple défaillance. Cette fonction doit aussi être considérée en cas d'accident grave.

6 Exercices

1. Le système de protection est dimensionné pour pallier les conséquences d'un initiateur de transitoire de :

a - classe 1,
b - classe 2,
c - classe 3,
d - classe 4.

2. Le système de sauvegarde est dimensionné pour pallier les conséquences d'un initiateur de transitoire de :
a - classe 1,
b - classe 2,
c - classe 3,
d - classe 4.
3. La classification des initiateurs pour les études de dimensionnement des réacteurs s'effectue en fonction de :
a - la fréquence de l'initiateur,
b - la fréquence de la séquence accidentelle,
c - la probabilité de l'initiateur,
d - la probabilité de la séquence accidentelle.
4. Un critère de sûreté est :
a - un critère imposé par la réglementation,
b - une valeur d'un paramètre physique à ne pas dépasser permettant d'assurer que l'objectif de sûreté est atteint,
c - un paramètre extensif mesuré permettant de vérifier le bon fonctionnement d'un système de sûreté.
5. La puissance électrique nette fournie par un réacteur est :
a - supérieure à la puissance thermique du réacteur multipliée par son rendement thermodynamique,
b - égale à la puissance électrique brute diminuée de la puissance exigée pour le fonctionnement du réacteur,
c - essentiellement dépendante du type de source froide mise en œuvre.
6. La répartition de puissance pour l'évaluation du refroidissement du combustible en condition accidentelle est :
a - mesurée sur le réacteur pendant la phase des tests de démarrage du réacteur,
b - maximisée pour tous les crayons du cœur de la même pénalité,
c - calculée par la neutronique d'un accident de réactivité,
d - maximisée pour le crayon chaud, l'assemblage chaud et le cœur.
7. Les fonctions de sûreté sont :
a - le contrôle de la réactivité,
b - la mesure de la radioactivité,
c - le contrôle des matières nucléaires,
d - le confinement des matières radioactives,
e - dévolues à l'ingénieur de sûreté.

8. Les Etudes probabilistes de sûreté permettent :
   a - de valider la conception des systèmes de protection et de sauvegarde,
   b - de montrer le respect des objectifs de sûreté imposés par la réglementation, c - d'analyser les probabilités de défaillances des différents composants et systèmes du réacteur,
   d - d'analyser la conception et l'exploitation afin de démontrer qu'il n'y a pas de séquences accidentelles conduisant à des conséquences inacceptables avec une fréquence importante.
9. Le facteur d'élévation d'enthalpie est, de par sa définition :
   a - inférieur au facteur radial de crayon chaud,
   b - supérieur au facteur radial de crayon chaud.
10. L'enceinte de confinement est dimensionnée pour :
   a - absorber la puissance résiduelle qui n'est plus évacuée en condition accidentelle,
   b - limiter les conséquences d'une explosion du réacteur,
   c - résister aux agressions externes et internes et assurer l'étanchéité du bâtiment réacteur,
   d - confiner les matières radioactives afin qu'elles ne transitent pas dans les autres bâtiments de la centrale.

Nomenclature

F_q^N	facteur de point chaud	(Eq. 2.5)
F_r^N	facteur radial de crayon chaud	(Eq. 2.3)
F_z^N	facteur axial de crayon chaud	(Eq. 2.4)
$F_{\Delta h}$	facteur d'élévation d'enthalpie	(Eq. 2.7)
P_{el}	puissance électrique brute	
$P_{el,net}$	puissance électrique nette	
P_{th}	puissance thermique	
q	flux thermique surfacique	
$\dot{q}$	puissance volumique	
q'	puissance linéique	
q''	flux thermique surfacique	
r	rayon courant	
z	coordonnée axiale	
θ	angle azimutal	

Indices

i numéro du crayon

Symboles et opérateurs

$\hat{=}$ égal par définition à

Références

Euratom, 1996, Directive 96/29 fixant les normes de base relatives à la protection sanitaire de la population et des travailleurs contre les dangers résultant des rayonnements ionisants.

IAEA, 1988, *Basic Safety Principles for Nuclear Power Plants*, International Nuclear Safety Advisory Group (INSAG) Publication series 75-INSAG-3.

ICRP, 1990, ICRP Publication 60 : 1990 Recommendations of the International Commission on Radiological Protection, *Annals of the ICRP*, Vol. 21, 1-3.

Chapitre 3

Thermique de l'élément combustible

Chapitre rédigé en collaboration avec Claude Renault, CEA.

1 Introduction

Les combustibles nucléaires doivent répondre à des critères précis pour assurer :

1. l'optimisation du fonctionnement du réacteur (souplesse de fonctionnement, disponibilité),
2. la gestion du cycle du combustible (bonne exploitation de la matière fissile),
3. la sûreté de l'installation nucléaire (confinement des produits de fission).

Pour satisfaire au mieux ces critères, on utilise en général des combinaisons de matériaux différents. Lorsqu'il n'est pas nécessaire d'avoir dans l'élément combustible une densité très élevée en atomes fissiles, les isotopes fissiles uranium 235 ou plutonium 239 peuvent être dilués dans une matrice inerte sur le plan nucléaire, c'est-à-dire dotée de faibles sections efficaces d'absorption de neutrons, et peu activable. L'avantage de ce type de combustible est que la matrice inerte conditionne fortement la conductivité thermique et le comportement sous irradiation du matériau composite. Ainsi, un choix judicieux de cette matrice permet d'obtenir un bon comportement du combustible en réacteur, tout en maintenant à des valeurs raisonnables les gradients thermiques et les coefficients de diffusion des produits de fission en son sein.

L'option *combustible monophasé* est la plus répandue. L'actinide fissile est dilué dans une matrice sous forme de solution solide. L'actinide intègre donc la maille cristalline de la matrice de façon relativement homogène. La fraction atomique des composés en isotopes fissiles[1] est comprise entre 0.25 et 25 at %. C'est le cas par exemple des combustibles UOX et MOX ($U_{1-y}Pu_yO_2$). Ces composés de type AnO_2, où An symbolise l'actinide, ont, sous forme de solutions solides cubiques d'oxydes, une conductivité thermique relativement basse, de l'ordre de 2 W/(m·K) à 1 000 °C, mais résistent bien à l'irradiation. Les nitrures et les carbures, meilleurs conducteurs de la chaleur, n'ont jamais été utilisés à grande échelle.

Une autre option, le *combustible macrodispersé*, a été développée dans les années 1960 pour des projets de réacteurs à haute température refroidis au gaz (RHT). L'actinide fissile y est contenu dans un composé (oxyde, nitrure ou carbure) uniformément réparti sous forme de particules dans la matrice inerte. Le combustible des RHT fait partie des combustibles à macromasses où les particules contenant l'isotope fissile (sphères de diamètre entre 200 et 800 μm) sont dispersées dans un enrobage inerte à base de carbone.

A partir de ces options de base pour le combustible, différentes configurations peuvent être envisagées pour l'élément combustible et l'assemblage. La configuration de loin la plus utilisée au niveau industriel consiste en un empilement de pastilles de combustible à l'intérieur d'un tube métallique appelé *gaine*. C'est le cas des crayons des REP (figure 3.1) ou des aiguilles des RNR à sodium. La configuration à plaques est celle retenue pour le combustible des réacteurs de propulsion navale.

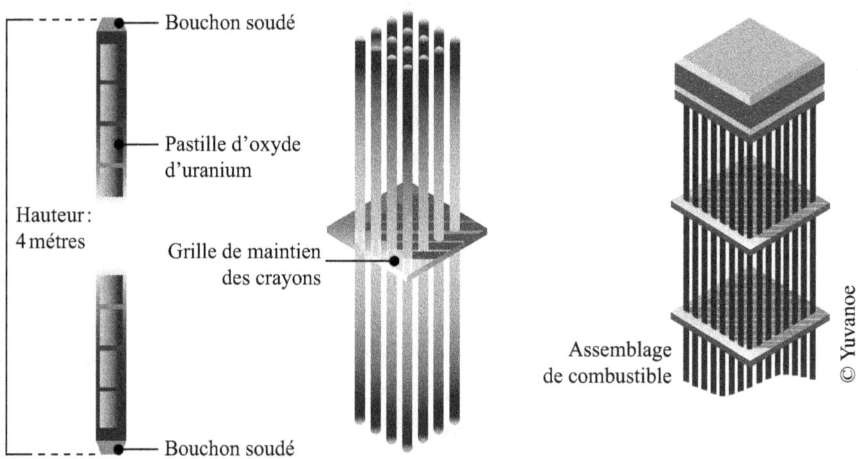

Figure 3.1 – Préparation du combustible des REP.

1. La *fraction atomique* est définie comme étant le rapport du nombre d'atomes fissiles au nombre d'atomes du mélange.

Dans le cas du combustible à particules, les particules sont dispersées de façon homogène dans une matrice carbonée constituée de graphite et d'un liant à base de résine. Deux types de conception coexistent, les *compacts cylindriques* contenus dans des assemblages en graphite hexagonaux ou les *boulets* disposés en vrac (figure 3.2).

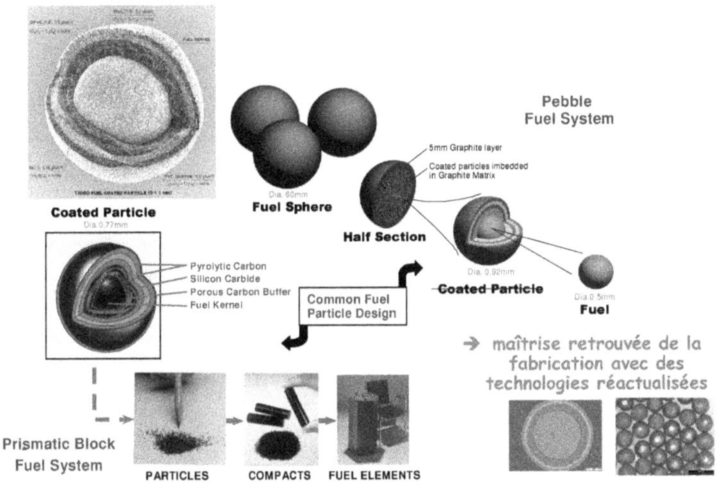

Figure 3.2 – Concepts de combustibles à particules (compacts et boulets).

Avec la relance de la R&D sur le combustible pour les réacteurs de quatrième génération, des conceptions très innovantes sont à l'étude, notamment dans le cadre du RNR Gaz. La figure 3.3 montre certaines des options envisagées pour le RNR Gaz.

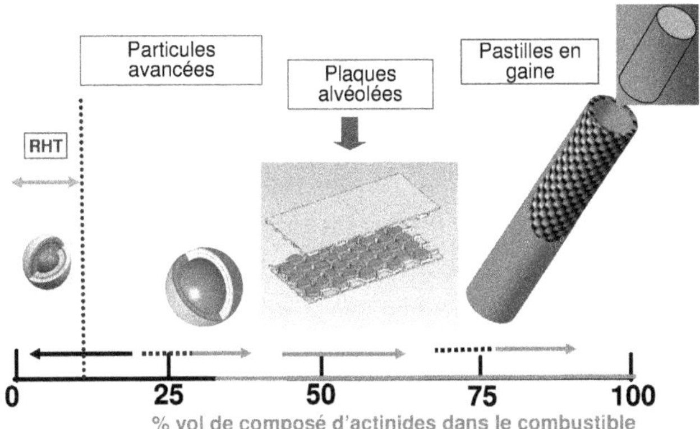

Figure 3.3 – Concepts de combustibles envisagés pour le RNR Gaz. En abscisse figure le rapport du volume d'actinides au volume du combustible.

Ce chapitre a pour but de fournir les bases de calcul de la répartition de température dans le cœur d'un réacteur nucléaire dans des conditions de fonctionnement nominal pour les configurations de base les plus courantes (combustible à plaques, crayons ou aiguilles et à particules). Cela fait l'objet des sections 3 à 5 qui font suite à la section 2 où l'on donne les caractéristiques et les paramètres descriptifs de la génération de puissance thermique dans le combustible.

D'une manière générale, l'accent sera mis sur le combustible oxyde UO_2, utilisé de manière quasi universelle dans les réacteurs actuels sous forme de pastilles de combustible insérées dans des tubes métalliques pour constituer des crayons ou des aiguilles.

2 Thermique du combustible et dimensionnement

2.1 Génération de puissance dans le combustible

La détermination de la génération de puissance dans un réacteur nucléaire est obtenue à partie de l'analyse neutronique du réacteur. La connaissance précise de la source de chaleur est un prérequis pour la détermination du champ de température, qui à son tour est nécessaire pour la définition des propriétés nucléaires, mécaniques et thermiques du combustible, du caloporteur et des matériaux de structure. Aussi, le couplage des analyses neutronique et thermique d'un cœur est nécessaire pour une prédiction précise de ses caractéristiques en régime permanent mais aussi en conditions transitoires. Pour simplifier, on supposera connus le niveau et la distribution de puissance. Une analyse thermique permettra alors de prédire le champ de température dans le cœur.

On notera que la puissance nominale du cœur est limitée par des considérations thermiques, et non nucléaires. Cela signifie en pratique que la puissance admissible est limitée par le taux d'évacuation de la chaleur entre le combustible et le caloporteur, sans atteindre, en régime nominal ou au cours de conditions transitoires spécifiées, des niveaux excessifs de température, susceptibles de causer la dégradation du combustible, des structures ou des deux. Par ailleurs, d'autres phénomènes physiques affectant l'évolution du combustible en réacteur sont largement contrôlés par la thermique, comme par exemple :

- le relâchement des gaz de fission et la pression interne dans les crayons de REP,
- la corrosion du gainage,
- la croissance des gaines (déformation à volume constant),
- l'interaction pastille-gaine.

Génération et dépôt de puissance

L'énergie produite dans le cœur provient des réactions nucléaires au cours desquelles une partie de la masse des noyaux est transformée en énergie. La plus grande partie de l'énergie est associée à la fission des noyaux lourds par un neutron. Une faible fraction de l'énergie provient de captures neutroniques sans fission dans le combustible, le modérateur, le caloporteur et les matériaux de structure.

La fission d'un noyau fissile génère deux noyaux plus légers ainsi que 2 ou 3 neutrons. L'uranium 235 est le seul matériau fissile présent à l'état naturel et constitue environ 0.7 % de l'uranium naturel. Les autres matériaux fissiles, tels l'uranium 233 et le plutonium 239, sont générés artificiellement par capture neutronique sur des noyaux dits fertiles, le thorium 232 et l'uranium 238, respectivement. L'énergie de fission dépend peu de la nature du matériau fissile.

L'énergie de fission, de l'ordre de 200 MeV (soit 3.2×10^{-11} J), apparaît sous la forme d'énergie cinétique des fragments de fission, d'énergie cinétique des neutrons créés, ainsi que d'énergie associée à l'émission γ. Un décompte approximatif des différentes contributions est donné dans le tableau 3.1 où l'on voit que le ralentissement des produits de fission est une contribution largement majoritaire (près de 90 % de la production totale d'énergie).

Particule	**^{235}U**	**^{239}Pu**
Fragments légers	99.8 ± 1	101.8 ± 1
Fragments lourds	68.4 ± 0.7	68.4 ± 0.7
Neutrons prompts	4.8	5.8
γ prompts	7.5	7
Produits de fission β	7.8	8
Produits de fission γ	6.8	6.2
Dégagement total d'énergie (MeV)	195	202

Tableau 3.1 – Dégagement d'énergie par fission des atomes d' ^{235}U et de ^{239}Pu (1 MeV = $1.602\,18 \times 10^{-13}$ J).

Dans un REP, environ la moitié des neutrons est absorbée par les isotopes fissiles, l'autre moitié étant capturée par les isotopes fertiles et les matériaux de contrôle et de structure. Le combustible frais standard des REP est à base d'uranium (sous forme UO_2) faiblement enrichi en uranium 235. Le plutonium produit dans le cœur d'un REP au cours de son fonctionnement contribue jusqu'à hauteur de 50 % de l'énergie totale produite par fission.

Les paramètres de la génération de puissance

Considérons le cas d'un élément combustible cylindrique de section circulaire en régime permanent. Nous pouvons définir les grandeurs suivantes :

- la *puissance volumique* générée en un point du combustible, $q'''(r, \theta, z)$, exprimée en W/m^3,

- le *flux thermique surfacique* (*heat flux*) en un point de la face externe de la gaine de l'élément combustible, $q''(r = R_{clad,o}, \theta, z)$, exprimé en W/m^2, où $R_{clad,o}$ est le rayon extérieur de la gaine,

- la *puissance q* (*heat rate*) générée par un élément combustible :

$$q \hat{=} \int_V q'''(r, \theta, z)\, dV \tag{3.1}$$

- la *puissance linéique*, $q'(z)$, générée à la cote z d'un élément combustible, exprimée en W/m :

$$q'(z) \hat{=} \int_A q'''(r, \theta, z)\, dA \tag{3.2}$$

  où A est la section droite de l'élément combustible.

Il existe plusieurs relations entre ces grandeurs :

1. Si L et V sont respectivement la hauteur active et le volume du combustible, nous avons :

$$\int_L q'(z)\, dz \equiv \int_V q'''(r, \theta, z)\, dV \tag{3.3}$$

2. En négligeant la conduction axiale dans la gaine et le combustible, il vient :

$$\int_\Sigma q''(r = R_{clad,o}, \theta, z)\, dA \equiv \int_V q'''(r, \theta, z)\, dV \tag{3.4}$$

   où Σ est la paroi extérieure de la gaine.

3. La puissance totale générée dans le cœur Q est donnée par la relation :

$$Q \hat{=} \sum_{i=1}^{N} q_i \tag{3.5}$$

où N est le nombre d'éléments combustibles dans le cœur. Nous avons ainsi :

$$Q \hat{=} \sum_{i=1}^{N} q_i \equiv \sum_{i=1}^{N} \int_{V_i} q''' \, dV \equiv \sum_{i=1}^{N} \int_{L_i} q' \, dz \equiv \sum_{i=1}^{N} \int_{\Sigma_i} \boldsymbol{q}'' \cdot \boldsymbol{n} \, dA \quad (3.6)$$

ou encore :

$$Q \equiv N < q > \equiv NL\pi R_{fuel,o}^2 < q''' > \equiv NL < q' > \equiv NL\pi D_{clad,o} < q'' > \quad (3.7)$$

avec :

$$< q > \quad \hat{=} \quad \frac{1}{N} \sum_{i=1}^{N} q_i \quad (3.8)$$

$$< q''' > \quad \hat{=} \quad \frac{1}{NL\pi R_{fuel,o}^2} \sum_{i=1}^{N} \int_{V_i} q''' \, dV \quad (3.9)$$

$$< q' > \quad \hat{=} \quad \frac{1}{NL} \sum_{i=1}^{N} \int_{L_i} q' \, dz \quad (3.10)$$

$$< q'' > \quad \hat{=} \quad \frac{1}{NL\pi D_{clad,o}} \sum_{i=1}^{N} \int_{\Sigma_i} q'' \, dA \quad (3.11)$$

On définit par ailleurs deux autres paramètres permettant de caractériser globalement les performances du cœur parfois qualifiés de *figures de mérite* :

– la puissance volumique du cœur [2] :

$$Q''' \hat{=} \frac{Q}{V_c} \quad (3.12)$$

– la puissance massique du cœur [3] :

$$P_{sp} \hat{=} \frac{Q}{\text{masse d'atomes lourds}} \quad (3.13)$$

où V_c désigne le volume total du cœur comprenant, en plus du volume de combustible, le volume du caloporteur, des structures et éventuellement du modérateur.

La puissance volumique du cœur Q''' est un bon indicateur du coût d'investissement puisqu'elle est liée à la taille du cœur, donc de la cuve. On a par conséquent intérêt à maximiser Q''', la limite étant déterminée par la capacité à transférer la puissance.

La puissance massique du cœur P_{sp} est un indicateur du coût du cycle à travers l'inventaire en noyaux lourds d'une charge du cœur.

2. Encore appelée *densité de puissance cœur.*

3. Encore appelée *puissance spécifique cœur.*

2.2 Dimensionnement du cœur et de l'élément combustible

Prise en compte des conditions de fonctionnement

Les combustibles fonctionnent en subissant plusieurs types de sollicitations dont la connaissance est nécessaire pour prévoir leur comportement pendant leur utilisation ou leur entreposage. Il faut distinguer les paramètres classiques comme les conditions physiques (températures et pressions qui peuvent être très élevées), les conditions chimiques (réactions avec les produits de fission ou possibilité de corrosion par l'environnement) ou encore les contraintes mécaniques, des conditions liées au contexte nucléaire.

L'amélioration du rendement requiert des températures du caloporteur aussi hautes que possible (par exemple pour le VHTR on vise des températures supérieures à 1 000 °C en sortie cœur). Le niveau de pression est déterminé par la température visée et par la tenue mécanique des composants. Dans les REP, les valeurs nominales respectives sont pour l'eau de 320 °C et 155 bar. En plus des contraintes thermo-mécaniques, il faut prendre en compte celles liées aux dommages d'irradiation.

Le choix de la puissance volumique Q''' est un facteur clé du dimensionnement. Pour des raisons économiques, on a cherche à maximiser Q''', la limite supérieure étant déterminée par la capacité à évacuer la puissance nominale (en conditions normales de fonctionnement) et la puissance résiduelle (en conditions accidentelles) tout en maintenant des températures acceptables pour les éléments combustibles. Cela induit des contraintes sur la pression pour éviter l'ébullition dans le cas d'un caloporteur liquide, et sur la puissance afin d'éviter la crise d'ébullition. Pour les REP, Q''' est d'environ 100 MW/m^3. Les gaz permettent de s'affranchir de la contrainte liée au changement d'état mais sont handicapés par leur faible capacité thermique massique. Les liquides à haut point d'ébullition comme le sodium sont de bons candidats comme alternative à l'eau pour les hautes températures, à basse pression.

Critères de sélection des combustibles

Les critères de sélection des combustibles sont définis par les conditions de fonctionnement, en régime nominal et en transitoire (situations incidentelles et accidentelles).

Du point de vue de la thermique, les critères essentiels portent sur la température de fusion et la conductivité thermique qui doivent être élevées pour éviter la fusion du cœur. Nous avons par exemple pour l'oxyde d'uranium :

$$T_{m,UO_2} \simeq 2\ 850\ °\mathrm{C}\,;\ k_{UO_2} = 2.7\ \mathrm{W/(m \cdot K)}\ \text{à}\ 1\ 000\ °\mathrm{C}$$

D'autres critères à considérer dans le choix du combustible concernent :

- la stabilité géométrique et les propriétés mécaniques dans des conditions d'irradiation et de température,
- les propriétés neutroniques des éléments non fissiles (faibles sections efficaces de capture et faible activation),
- la rétention et l'intégration des produits de fission dans le combustible,
- la compatibilité chimique avec la gaine, pour éviter d'altérer ses propriétés,
- la compatibilité chimique avec le caloporteur, permettant soit de laisser en réacteur un élément combustible présentant un défaut d'étanchéité, soit de disposer d'un temps suffisant pour arrêter le réacteur et décharger l'élément défectueux,
- l'aptitude au retraitement (dissolution aussi complète que possible par l'acide nitrique dans le procédé PUREX) ou/et la stabilité à long terme (entreposage),
- le procédé et un coût de fabrication acceptable.

L'ensemble de ces contraintes conduit en général, pour un caloporteur donné, à un choix relativement réduit.

3 Echanges de chaleur entre caloporteur et combustible

3.1 Bilan d'énergie du caloporteur

Analyse de la répartition spatiale de puissance

On se propose de déterminer l'évolution de la température du caloporteur à travers le cœur. On va considérer pour cela un élément représentatif du cœur convenablement choisi. Le choix de ce canal unitaire (ou sous-canal), sera associé à une analyse monodimensionnelle. Pour un cœur cylindrique de section circulaire, homogène et sans réflecteur, la répartition classique de puissance volumique dans le cœur est donnée par la relation :

$$q'''(r,z) = q'''_{center} \mathrm{J}_0 \left(2.408 \frac{r}{R_e}\right) \cos\left(\frac{\pi z}{L_e}\right) \tag{3.14}$$

où J_0 est la fonction de Bessel de première espèce et d'ordre 0, l'origine des axes étant placée au centre du cœur.

La relation précédente résulte de la résolution de l'équation de la diffusion des neutrons dans un milieu homogène, c'est-à-dire ne prenant pas en considération le détail de la configuration du cœur (combustible, structures, caloporteur). Les grandeurs R_e et L_e sont des *longueurs extrapolées* du rayon réel et de la longueur réelle du cœur prenant en compte des fuites de neutrons.

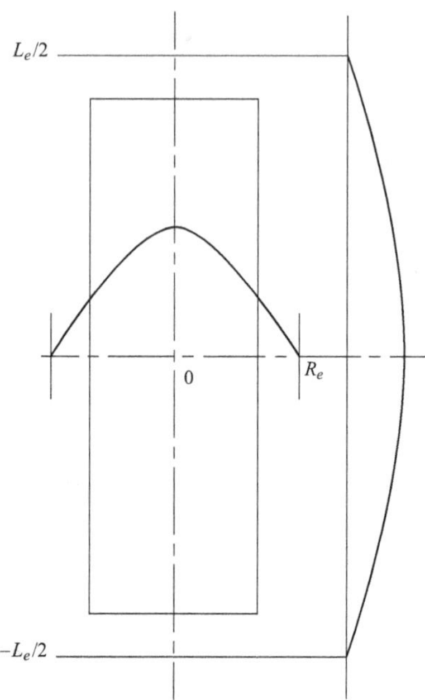

Figure 3.4 – Répartition spatiale de la puissance volumique dans le cas d'un cœur cylindrique et homogène sans réflecteur.

La figure 3.4 indique la forme de la répartition de puissance en fonction de r et de z.

L'absence de réflecteur induit une fuite de neutrons à l'extérieur du cœur. Lorsque les neutrons sont à environ 10 cm du cœur, leur retour dans le combustible est très peu probable. On considère alors que, du point de vue de la production d'énergie, le flux de neutrons thermiques devient nul à cette distance.

Cette répartition est très approchée. La distribution de puissance dans un cœur réel résulte de nombreux phénomènes liés notamment au fonctionnement et à l'exploitation du cœur (gradients de température et de masse volumique du caloporteur, distorsions dues aux barres de contrôle) et à la gestion du combustible (taux de combustion, zones d'enrichissement éventuelles). Radialement, on cherche généralement à aplatir le profil pour relever la puissance à la périphérie du cœur. Cela est obtenu essentiellement par le jeu des barres de contrôle et par le plan de chargement (introduction du combustible neuf en périphérie, puis transféré après un certain taux de combustion dans les régions centrales).

La répartition spatiale de la puissance est en pratique caractérisée par les paramètres suivants :

- Facteur d'aplatissement *axial* :

$$F_z \hat{=} \frac{\text{puissance volumique locale au centre du cœur}}{\text{puissance volumique locale moyennée sur l'axe du cœur}} \equiv \frac{q'''_c}{< q''' >_{axe}} \tag{3.15}$$

- Facteur d'aplatissement *radial* :

$$F_r \hat{=} \frac{\text{puissance volumique locale moyennée sur l'axe du cœur}}{\text{puissance volumique locale moyennée sur le cœur}} \equiv \frac{< q''' >_{axe}}{< q''' >_{coeur}} \tag{3.16}$$

- Facteur de *pic* :

$$F \hat{=} \frac{\text{puissance volumique locale moyennée au centre du cœur}}{\text{puissance volumique locale moyennée sur le cœur}} \equiv \frac{q'''_c}{< q''' >_{coeur}} \tag{3.17}$$

Le tableau 3.2 donne l'ordre de grandeur de ces facteurs pour différentes filières de réacteur :

	REP	**REB**	**HTR**	**RNR sodium**
F_z	1.78	1.45	1.4	1.5
F_r	1.57	1.43	1.1	1.1
$F = F_z F_r$	2.5	2.1	1.5	1.6

Tableau 3.2 – Répartition spatiale de la puissance pour différentes filières.

Distribution de la température dans un sous-canal unitaire

On considère comme cas de référence celui du cœur d'un REP et on appelle *sous-canal unitaire* le canal hydraulique compris entre quatre crayons avoisinants. En première analyse, on suppose que la puissance volumique générée en un point du combustible $q'''(r, \theta, z)$, ne dépend ni de θ, ni de r et est sinusoïdale en z. Il en est alors de même pour la puissance linéique $q'(z)$. L'origine de l'axe étant supposée à mi-hauteur du canal, nous avons :

$$q'(z) = q'_0 \cos\left(\frac{\pi z}{L_e}\right) \tag{3.18}$$

où L_e est la longueur extrapolée, supérieure à la longueur physique L du canal.

Le bilan d'énergie du caloporteur dans le canal entre l'entrée et la cote z s'écrit :

$$\int_{-L_e/2}^{z} q'(z)\, dz = \dot{m}\left[h(z) - h_{in}\right] \tag{3.19}$$

En notant T_m la température moyenne du caloporteur et en supposant constante la capacité thermique massique, il vient :

$$\int_{-L_e/2}^{z} q'(z)\, dz = \dot{m}c_p\left[T_m(z) - T_{m,in}\right] \tag{3.20}$$

où $T_{m,in}$ est la température moyenne du caloporteur à l'entrée. On en déduit le profil axial de température moyenne du caloporteur dans le canal :

$$T_m(z) - T_{m,in} = \frac{q'_0}{\dot{m}c_p}\frac{L_e}{\pi}\left(\sin\frac{\pi z}{L_e} + \sin\frac{\pi L}{2L_e}\right) \tag{3.21}$$

L'augmentation de la température du caloporteur en sortie ($z = L/2$) est donc donnée par la relation :

$$\Delta T_m \triangleq T_{m,out} - T_{m,in} = \frac{q'_0}{\dot{m}c_p}\frac{2L_e}{\pi}\sin\frac{\pi L}{2L_e} \tag{3.22}$$

ce qui conduit à une nouvelle expression du profil de température :

$$T_m(z) = T_{m,in} + \frac{1}{2}\Delta T_m\left(1 + \frac{\sin\dfrac{\pi z}{L_e}}{\sin\dfrac{\pi L}{2L_e}}\right) \tag{3.23}$$

Si l'on suppose de plus, qu'en l'absence de réflecteur, la hauteur extrapolée L_e s'identifie à la hauteur physique L de la colonne combustible, de sorte que la puissance s'annule pour $z = \pm\, L/2$, alors les relations précédentes se simplifient et s'écrivent :

$$T_m(z) = T_{m,in} + \frac{1}{2}\Delta T_m\left(1 + \sin\frac{\pi z}{L}\right) \tag{3.24}$$

$$\Delta T_m \triangleq T_{m,out} - T_{m,in} = \frac{2q'_0 L}{\pi\dot{m}c_p} \tag{3.25}$$

La figure 3.5 montre la forme de cette répartition de température.

3.2 Transfert de chaleur entre caloporteur et combustible

La convection forcée est le mode de transfert de chaleur lors du fonctionnement nominal des REP, les RNR sodium et les RHT. Dans le cœur, les écoulements sont turbulents. Les coefficients d'échange thermique entre la

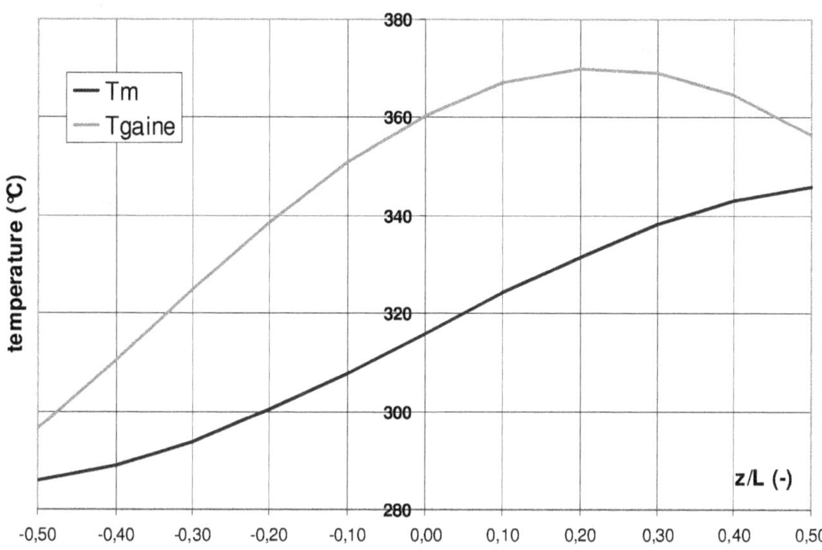

Figure 3.5 – Profils axiaux des températures du caloporteur (courbe du bas) et de la gaine (courbe du haut) dans le cas d'un REP.

surface de l'élément combustible à la température T_s et le fluide caloporteur à la température moyenne T_m sont donnés par des corrélations empiriques faisant intervenir les propriétés physiques du fluide (viscosité, masse volumique, conductivité thermique et capacité thermique massique) et les propriétés de l'écoulement (vitesse, diamètre hydraulique, forme du canal, etc.).

La corrélation la plus appropriée semble être celle de Gnielinski (1976) :

$$\mathrm{Nu}_{D_h} = \frac{(f/8)(\mathrm{Re}_{D_h} - 1\ 000)\mathrm{Pr}}{1 + 12.7(f/8)^{1/2}(\mathrm{Pr}^{2/3} - 1)} \tag{3.26}$$

où le *diamètre hydraulique* D_h est défini par la relation :

$$D_h \hat{=} \frac{4S}{P} \tag{3.27}$$

S étant l'aire de la section droite du sous-canal et P le périmètre des parois solides en contact avec le fluide. Les nombres de Nusselt et de Reynolds sont respectivement définis par les relations :

$$\mathrm{Nu}_{D_h} \hat{=} \frac{hD_h}{k} = \frac{q''D_h}{k(T_s - T_m)} \tag{3.28}$$

$$\mathrm{Re}_{D_h} \hat{=} \frac{VD_h}{\nu} \tag{3.29}$$

Dans les relations précédentes, h est le coefficient d'échange thermique, k la conductivité thermique, T_s la température de paroi, V la vitesse moyenne et ν la viscosité cinématique. Pour les tubes lisses, le facteur de frottement f est donné par la relation :

$$f \equiv 4C_f = (0.79 \ln \mathrm{Re}_{D_h} - 1.64)^{-2} \tag{3.30}$$

La corrélation de Gnielinski est valable pour les gammes suivantes des nombres de Prandtl et de Reynolds :

$$0.5 < \mathrm{Pr} < 2\ 000$$

$$2\ 300 < \mathrm{Re}_{D_h} < 5 \times 10^6$$

Elle s'applique aussi bien aux parois à flux thermique surfacique imposé qu'aux parois à température imposée. Les propriétés physiques doivent être évaluées à la température moyenne T_m.

Dans les situations accidentelles (REP) ou normales (REB) pour lesquelles l'ébullition est présente dans le cœur, une analyse spécifique des transferts thermiques en écoulement diphasique est nécessaire. Ce point fait l'objet du chapitre 9.

4 Analyse thermique des éléments de combustible

4.1 Introduction

Une description précise des distributions de température dans les éléments combustibles et les structures du cœur est essentielle pour la prédiction du comportement et de la durée de vie de ces composants. Le niveau de température à l'interface entre les solides et le caloporteur contrôle les réactions chimiques et les processus de diffusion, qui affectent profondément le processus de corrosion.

Cette section est consacrée à la détermination, en régime permanent, du champ de température dans les éléments combustibles.

Le comportement thermique du combustible, donc la distribution de température, est étroitement lié à son évolution au cours de sa vie en réacteur et notamment à des phénomènes essentiels, comme la corrosion ou le rejet des gaz de fission, qui sont eux-mêmes thermiquement activés. L'optimisation de la conception et l'évaluation des limites d'utilisation passent donc par une analyse détaillée prenant en compte les couplages de l'ensemble des phénomènes et du champ de température.

La figure 3.6 montre l'aspect d'une pastille d'UO_2 mise en réacteur, et illustre notamment sa fragmentation. Dans le cadre de cet ouvrage, on se contentera d'estimer le champ de température pour des configurations idéalisées du combustible.

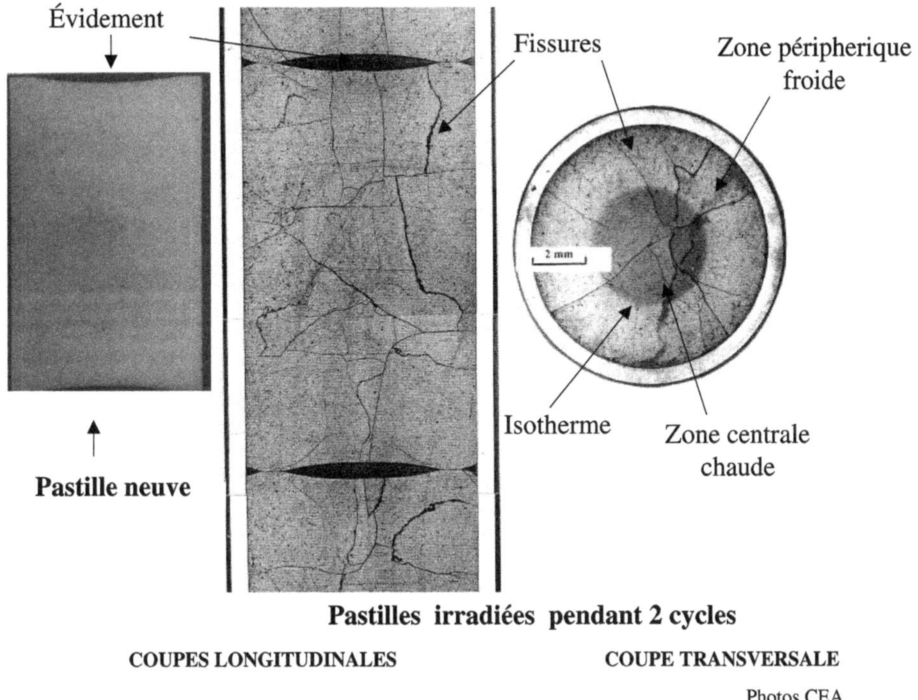

Figure 3.6 – Métallographie d'un combustible d'UO_2 après cinq cycles annuels (Bailly *et al.*, 1999) : (a) coupe horizontale, (b) coupe verticale.

4.2 Choix des matériaux

Le dioxyde d'uranium UO_2 a longtemps été utilisé de manière exclusive comme matériau combustible dans les réacteurs à eau de puissance (REP, REB). Des combustibles mixtes d'UO_2 et PuO_2 (MOX) sont maintenant mis en réacteur en France et au Japon. L'uranium métal et ses alliages ont été utilisés dans les UNGG, et le sont encore dans le réacteur Magnox en Grande-Bretagne. Les premiers réacteurs refroidis par métal liquide ont utilisé le plutonium comme combustible et plus récemment un mélange d'UO_2 et de PuO_2.

Le retour d'expérience de l'utilisation de l'UO_2 dans les réacteurs à eau montre une bonne tolérance chimique et sous irradiation. Ce comportement a contrebalancé les désavantages d'une faible conductivité thermique et d'une faible masse volumique par rapport à d'autres matériaux tels que les nitrures et carbures et le métal lui-même (tableau 3.3).

Le tableau 3.4 donne des valeurs typiques des propriétés physiques des matériaux de gainages utilisés dans les réacteurs à eau et les RNR sodium.

Les alliages de zirconium se sont imposés pour les REP et les REB en raison de leurs propriétés neutroniques et de leur comportement satisfaisant vis-à-vis

Propriété	U	UO_2	UC	UN
Masse volumique théorique (sans porosité), kg/m^3	19.0×10^3	11.0×10^3	13.6×10^3	14.3×10^3
Concentration en masse du métal dans le mélange, kg/m^3	19.0×10^3	9.7×10^3	12.0×10^3	13.6×10^3
Température de fusion, (°C)	1 133	2 850	2 390	2 800
Conductivité thermique moyenne entre 200 et 1 000 °C, W/(m·K)	32	3.6	23	21
Capacité thermique massique à 100 °C, J/(kg·K)	116	258	146	

Tableau 3.3 – Propriétés thermiques des principaux matériaux combustibles (Bailly *et al.*, 1999).

Propriété	Zr4	ZR2	SS316
Masse volumique, kg/m^3	6.55×10^3	6.5×10^3	7.8×10^3
Température de fusion, °C		1 850	1 400
Conductivité thermique, W/(m·K)	17.3	13	23
Capacité thermique massique à 400 °C, J/(kg·K)	287.5	330	580

Tableau 3.4 – Propriétés thermiques de matériaux usuels de gainage.

de la corrosion par l'eau dans les conditions de température des réacteurs à eau. Avec le sodium, l'utilisation des aciers est possible car la corrosion n'est plus déterminante. Le choix s'est porté vers des aciers austénitiques (SS316), avec des nuances enrichies en titane (15-15 Ti) présentant un bon comportement au gonflement induit par l'irradiation.

4.3 Rappels sur la conduction thermique

Equation de diffusion de la chaleur

Le champ de température dans un solide est déterminé à partir de l'équation de diffusion de la chaleur :

$$\rho c_p \frac{\partial T(\boldsymbol{r},t)}{\partial t} = \boldsymbol{\nabla}[k(\boldsymbol{r},t)\boldsymbol{\nabla}T(\boldsymbol{r},t)] + q'''(\boldsymbol{r},t) \tag{3.31}$$

où $k(\boldsymbol{r},t)$ désigne la conductivité thermique du matériau et $q'''(\boldsymbol{r},t)$ la puissance volumique locale et instantanée générée dans le matériau.

Cette équation s'écrit en régime permanent sous la forme :

$$\boldsymbol{\nabla}[k(\boldsymbol{r},t)\boldsymbol{\nabla}T(\boldsymbol{r},t)] + q'''(\boldsymbol{r},t) = 0 \tag{3.32}$$

Approximations sur la conductivité

Dans un matériau isotrope vis-à-vis de la conduction thermique, la conductivité est un scalaire qui dépend du matériau, de la température et de la pression. L'isotropie signifie que la chaleur est diffusée de la même façon dans toutes les directions. La plupart des matériaux se comportent de cette manière. Au titre des exceptions, on peut citer le graphite pyrolitique, déposé thermiquement, où la conductivité thermique varie à 25 °C, de 5.7 à 1 950 W/(m·K) selon la direction.

La dépendance de k avec la pression est significative pour les gaz, négligeable pour les solides. La conductivité des solides est donc essentiellement une fonction de la température, $k = k(T)$, qui est déterminée expérimentalement.

Pour la plupart des métaux, la relation empirique suivante fournit une bonne approximation sur une plage importante de température :

$$k(T) = k_0[1 + \beta_0(T - T_0)] \tag{3.33}$$

Les préfacteurs k_0 et β_0 sont des constantes caractéristiques du métal considéré. En général, β_0 est négatif pour les métaux purs et homogènes, positif pour des alliages métalliques.

Dans le cas du combustible nucléaire, la conductivité est également fonction de l'irradiation qui transforme le matériau à la fois sur les plans chimique (évolution de la composition) et physique (évolution des porosités, etc.). La résolution de l'équation de la diffusion devient ainsi assez délicate par suite de sa non-linéarité. Il existe cependant plusieurs moyens pour surmonter cette difficulté :

1. Prendre une conductivité constante et égale à sa valeur moyenne $\overline{k}$ définie par la relation :

$$\overline{k} \mathrel{\hat{=}} \frac{1}{T_2 - T_1} \int_{T_1}^{T_2} k(T)\, dT \tag{3.34}$$

où $(T_2 - T_1)$ est la plage de température à considérer.

2. Utiliser la transformation de Kirchhoff[4] en introduisant une température adimensionnelle $\theta(\boldsymbol{r}, t)$ définie par la relation :

$$\theta(\boldsymbol{r}, t) \hat{=} \frac{1}{k_0(T_0)} \int_{T_0}^{T(\boldsymbol{r},t)} k(T)\, dT \tag{3.36}$$

où $k_0(T_0)$ désigne une conductivité thermique de référence. L'équation de diffusion de la chaleur s'écrit alors :

$$\frac{1}{\alpha(T)} \frac{\partial \theta}{\partial t} = \nabla^2 \theta + \frac{q'''}{k_0} \tag{3.37}$$

où α est la diffusivité thermique définie par la relation :

$$\alpha \hat{=} \frac{k}{\rho c_p} \tag{3.38}$$

Si α est indépendant de T, l'équation (3.37) est linéaire. Si α dépend de T, l'équation (3.37) reste non linéaire. Cependant, pour beaucoup de solides, la diffusivité α dépend beaucoup moins de la température que k n'en dépend, et peut ainsi être considérée comme constante.

Dans le cas du régime permanent, l'équation (3.37) s'écrit :

$$\nabla^2 \theta + \frac{q'''}{k_0} = 0 \tag{3.39}$$

et constitue donc une équation linéaire, que la diffusivité α dépende ou non de la température.

4.4 Propriétés thermiques de l'UO_2

L'UO_2 est le combustible de référence des réacteurs à eau légère et reste un bon candidat pour les réacteurs du futur. Le matériau est apprécié pour son comportement chimique, sa tenue sous irradiation et sa forte température de fusion, propriétés qui surpassent l'inconvénient de sa faible conductivité thermique. Les oxydes mixtes $(U,Pu)O_2$ de plutonium et d'uranium (appelés MOX) présentent des propriétés assez similaires pour des teneurs en plutonium ne dépassant pas 20 %. On trouvera des synthèses récentes des propriétés thermophysiques des combustibles UO_2 et MOX dans l'article de Carbajo *et al.* (2001), et du combustible UO_2 dans l'article de Fink (2000).

4. La méthode de l'*intégrale de conductivité* utilise la transformation :

$$\Lambda(\boldsymbol{r}, t) \hat{=} \int_{T_0}^{T(\boldsymbol{r},t)} k(T)\, dt \tag{3.35}$$

Conductivité thermique

Carbajo *et al.* (2001) recommande le modèle de Lucuta *et al.* (1996) basé sur la physique. Dans ce modèle, la conductivité thermique est exprimée par la relation :

$$k(T, B, x, P) = k_s(T, x)FD(B, T)FP(B, T)FM(P)FR(T) \tag{3.40}$$

où $k_s(T, x)$ est la conductivité de l'UO_2 de porosité nulle, et $x \hat{=} 2 - O/M$ l'écart à la stœchiométrie. Les facteurs adimensionnels représentent respectivement les effets des produits de fission dissous liés au taux de combustion (FD), les effets des produits de fission précipités liés à la fraction d'irradiation (FP), les effets de porosité (FM) et l'endommagement dû à l'irradiation (FR).

Le rapport du nombre d'atomes d'oxygène au nombre d'atomes de métal, O/M, de l'oxyde UO_2 vaut théoriquement 2. Il peut cependant s'écarter de cette valeur théorique, ce qui affecte presque toutes les propriétés physiques du combustible. Cet écart à l'équilibre stœchiométrique, qui peut survenir au cours de l'irradiation du combustible, tend à réduire la conductivité thermique. Selon Lucuta *et al.* (1996), Bailly *et al.* (1999) et Carbajo *et al.* (2001), cet effet reste faible pour l'UO_2. En conséquence, l'effet de l'écart à la stœchiométrie ne sera pas considéré.

1. **Conductivité de l'UO_2 de porosité nulle**
Expérimentalement, on observe que k décroît avec la température jusqu'à environ 1 750 °C, puis croît (figure 3.7).

D'après Carbajo *et al.* (2001), la meilleure corrélation pour l'UO_2 sans porosité (*fully dense*) est celle proposée par Fink (2000) :

$$k = \frac{115.8}{7.5408 + 17.692(T/1000) + 3.6142(T^2/1000)^2} + \frac{6400}{(T/1000)^{5/2}} \exp\left(\frac{-16.35}{T/1000}\right) \tag{3.41}$$

où la température T est exprimée en K.

2. **Effet des produits de fission dissous**

$$FD = \omega \arctan(1/\omega) \tag{3.42}$$

où ω est définie par la relation :

$$\omega \hat{=} 1.09/B^{3.265} + 0.0643(T/B)^{1/2} \tag{3.43}$$

avec T en K et B en at %.

3. **Effet des produits de fission précipités**

$$FP = \frac{0.019B}{(3 - 0.019B)\left[1 + \exp\left(-\frac{T - 1200}{100}\right)\right]} \tag{3.44}$$

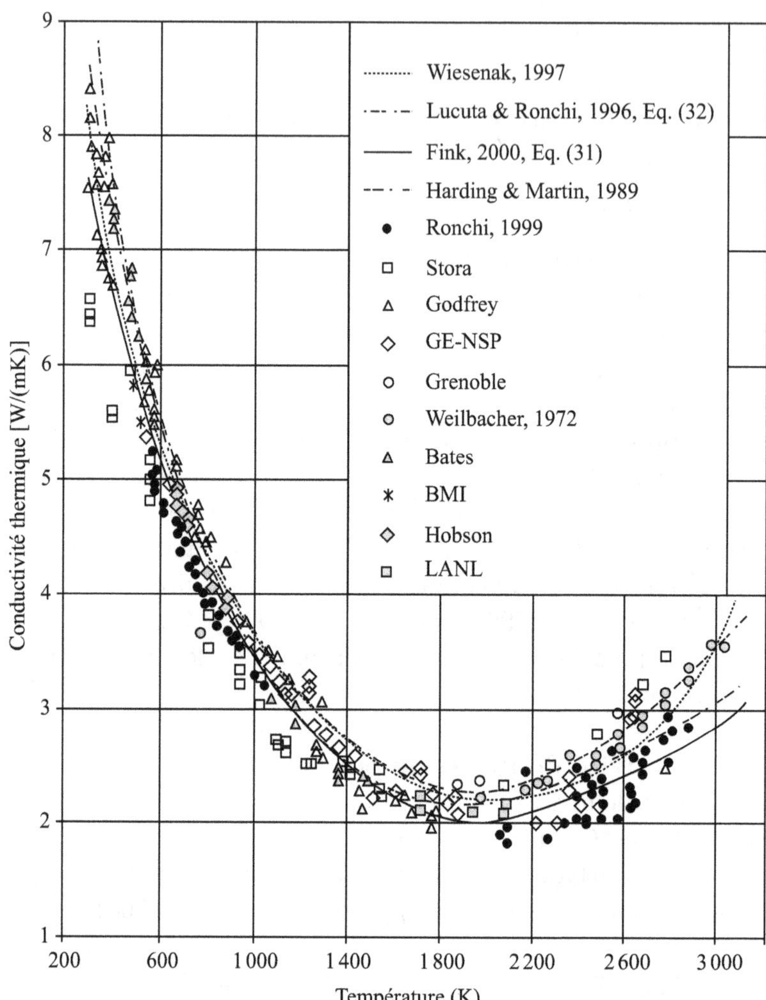

Figure 3.7 – Conductivité thermique de l'UO_2 95% dense en fonction de la température (d'après Carbajo *et al.*, 2001).

avec T en K et B en at %.

4. **Effet de la porosité**

Le combustible oxyde est fabriqué par densification d'une poudre compressée d'UO_2, ou d'oxyde mixte (U,Pu)O_2, à haute température. En maîtrisant les conditions de densification de la céramique, on fixe la masse volumique voulue pour le matériau (en général autour de 90 % de la masse volumique maximale, ou masse volumique théorique (*theoretical density*), égale à la masse volumique du solide).

La conductivité décroît lorsque la porosité augmente. Cependant, il est souhaitable de garder une légère porosité pour recueillir les gaz de fission et limiter le gonflement qui serait important en l'absence de pores. La porosité P est définie par la relation :

$$P \hat{=} \frac{\text{volume des pores}}{\text{volume total}} = 1 - \frac{\rho}{\rho_s} \tag{3.45}$$

où ρ est la masse volumique de la céramique et ρ_s la masse volumique du solide sans pores.

Le facteur correctif FM est donné par la relation de Maxwell-Eucken :

$$FM = \frac{1-P}{1+2P} \tag{3.46}$$

5. **Effet de l'usure du combustible**

L'irradiation du combustible induit des modifications dans la porosité (densification, gonflement), la composition (formation de produits de fission) et la stœchiométrie. Ces évolutions restent limitées dans les réacteurs à eau légère car l'usure (ou taux de combustion) est seulement de l'ordre de 3 at % des atomes d'uranium initialement présents. Dans les réacteurs à neutrons rapides, ces changements sont plus importants, puisque le taux d'usure visé est de l'ordre de 10 at %. Pour l'UO_2, Carbajo *et al.* (2001) recommande de prendre :

$$FR = 1 - \frac{0.2}{1 + \exp\left(\dfrac{T - 900}{80}\right)} \tag{3.47}$$

où T est en K.

Température de fusion

La température de fusion de l'UO_2 se situe aux environs de 3 120 K, soit 2 850 °C. Elle diminue de 3.2 °C par GWj/tU, ce qui donne un abaissement de 160 °C pour un taux de combustion de 50 GWj/tU. La conductivité thermique à la température de fusion est de l'ordre de 3 W/(m·K).

Capacité thermique massique

La capacité thermique massique c_p varie considérablement sur la plage de variation de la température du combustible. Ce paramètre joue un rôle important dans de nombreux transitoires. Il conditionne l'énergie stockée dans le combustible et détermine la constante de temps thermique et, par conséquent, la vitesse d'échauffement en situation accidentelle.

On utilisera pour l'UO_2 la corrélation suivante de Fink recommandée par Carbajo *et al.* (2001) :

$$\begin{aligned} c_p =& 193.238 + 2 \times 162.864\ 7(T/1\ 000) - 3 \times 104.001\ 4(T/1\ 000)^2 \\ &+ 4 \times 29.205\ 6(T/1\ 000)^3 - 5 \times 1.950\ 7(T/1\ 000)^4 - 2.644\ 1(T/1\ 000)^{-2} \end{aligned} \tag{3.48}$$

où T est en K.

5 Champ de température dans les éléments combustibles

On se propose, par intégration de l'équation de diffusion de la chaleur dans les différentes configurations géométriques d'intérêt pour le combustible, de déterminer le champ de température dans l'élément combustible. On se limitera au cas de régimes permanents correspondant notamment au régime nominal à pleine puissance du réacteur, conditions pour lesquelles l'obtention de solutions analytiques est aisée.

On examinera successivement les différentes géométries usuelles d'éléments de combustible : combustibles à plaques, combustibles cylindriques et combustibles sphériques.

Si la conductivité thermique des différents matériaux supposés homogènes ne dépend que de la température, l'équation de diffusion de la chaleur en régime permanent s'écrit sous la forme :

$$\nabla \cdot [k(T)\nabla T] + q''' = 0 \tag{3.49}$$

5.1 Combustibles à plaques

La configuration étudiée est représentée sur la figure 3.8. Le combustible est enfermé entre deux couches métalliques fines constituant le gainage.

Dans le but de simplifier le calcul les hypothèse suivantes seront faites :

- la puissance volumique q''' est uniforme dans le combustible,
- la résistance thermique de contact entre le combustible et le gainage est nulle,
- la conduction est monodimensionnelle selon la direction x perpendiculaire à la plaque.

Champ de température dans le combustible

Compte tenu des hypothèses, l'équation de diffusion de la chaleur se réduit à la forme suivante :

$$\frac{d}{dx}\left(k_{fuel}\frac{dT}{dx}\right) + q''' = 0 \tag{3.50}$$

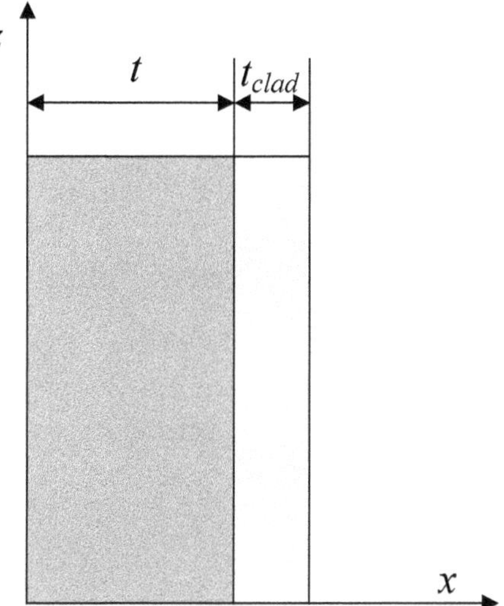

Figure 3.8 – Schématisation d'un combustible à plaques.

Il vient en intégrant :

$$k_{fuel}\frac{dT}{dx} + q'''x = A$$

Par raison de symétrie, nous avons :

$$\left.\frac{dT}{dx}\right|_{x=0} = 0$$

et par conséquent $A = 0$. Nous obtenons ainsi :

$$k_{fuel}\frac{dT}{dx} + q'''x = 0$$

En intégrant cette dernière équation entre 0 et x, il vient :

$$\int_{T}^{T_{fuel,max}} k_{fuel}\, dT = -q'''\frac{x^2}{2} \qquad (3.51)$$

La relation précédente permet d'obtenir la répartition radiale de température à travers le combustible. Elle permet en particulier de déterminer la température maximale du combustible pour une valeur donnée de la puissance volumique et de la température des faces $T_{fuel,o}$:

$$\int_{T_{fuel,o}}^{T_{fuel,max}} k_{fuel}\, dT = q'''\frac{t^2}{2} \qquad (3.52)$$

Si la conductivité thermique du combustible dépend peu de la température, alors la température maximale est donnée de façon explicite par la relation suivante :

$$T_{fuel,max} = T_{fuel,o} + \frac{1}{2}\frac{q'''t^2}{k_{fuel}} \tag{3.53}$$

Champ de température dans la gaine

La production de chaleur interne se réduit à celle due à l'absorption du rayonnement gamma et à la diffusion des neutrons et peut être négligée. L'équation de diffusion de la chaleur s'écrit donc sous la forme :

$$\frac{d}{dx}\left(k_{clad}\frac{dT}{dx}\right) = 0 \tag{3.54}$$

En intégrant il vient :

$$k_{clad}\frac{dT}{dx} = B$$

En conséquence le flux thermique surfacique q''_x est uniforme sur toute l'épaisseur de la gaine :

$$q''_x = -k_{clad}\frac{dT}{dx} = -B$$

En intégrant entre $x = t$ et x et en remarquant que :

$$T_{fuel,o} \equiv T_{clad,i}$$

il vient :

$$\int_{T_{clad,i}}^{T} k_{clad}\, dT = -q''_x(x - t_{clad}) \tag{3.55}$$

En prenant une valeur moyenne $\overline{k_{clad}}$ pour la conductivité thermique de la gaine, on obtient :

$$\overline{k_{clad}}(T - T_{clad,i}) = -q''_x(x - t_{clad})$$

L'écart de température à travers la gaine s'écrit donc :

$$T_{clad,i} - T_{clad,o} = \frac{q''_x b}{\overline{k_{clad}}} \tag{3.56}$$

Il est pratique d'introduire la puissance volumique du combustible en écrivant le bilan d'énergie à l'interface combustible-gaine :

$$q'''t_{clad} = q''_x$$

On en déduit :

$$T_{clad,i} - T_{clad,o} = q'''\frac{t_{clad}}{\overline{k_{clad}}} \tag{3.57}$$

5.2 Combustibles cylindriques

C'est la géométrie la plus courante dans les REL (REP et REB) mais aussi dans les RNR refroidis au sodium. La configuration est schématisée sur la figure 3.9.

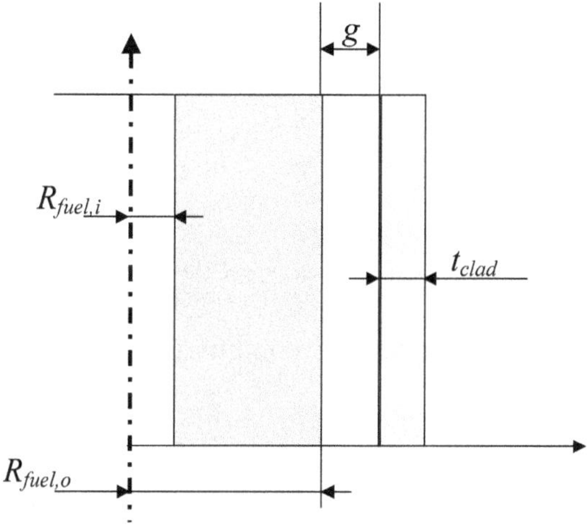

Figure 3.9 – Schématisation d'un combustible cylindrique.

Diffusion de la chaleur dans un combustible cylindrique

Supposons que la puissance volumique q''' soit uniforme dans le combustible. Lorsque le rapport entre le pas du réseau et le diamètre du crayon est supérieur à 1.2, les conditions de transfert thermique sont les mêmes sur toute la périphérie du crayon. En conséquence, il n'y a pas de gradient de température angulaire. De plus, lorsque le crayon est long avec par conséquent un transfert axial négligeable, l'équation de diffusion de la chaleur se réduit à :

$$\frac{1}{r}\frac{d}{dr}\left(k_{fuel}\, r\frac{dT}{dr}\right) + q''' = 0 \tag{3.58}$$

En intégrant il vient :

$$k_{fuel}\, r\frac{dT}{dr} + q'''\frac{r^2}{2} + C_1 = 0$$

ou encore :

$$k_{fuel}\frac{dT}{dr} + q'''\frac{r}{2} + \frac{C_1}{r} = 0 \tag{3.59}$$

On doit ensuite distinguer le cas d'une pastille pleine et d'une pastille annulaire. Les calculs présentés supposent que le combustible est un milieu homogène, ce qui est une bonne approximation pour les combustibles REP. Dans le cas des combustibles à aiguille des RNR sodium, où la température du combustible atteint des valeurs plus élevées, un calcul plus précis peut être rendu nécessaire pour prendre en compte la restructuration du combustible et distinguer trois régions distinctes correspondant à des morphologies et densités différentes. Un calcul plus complet est présenté dans le livre de Todreas et Kazimi (1990).

1. **Cas d'une pastille pleine**

Dans le cas d'une pastille pleine ($R_{fuel,i} = 0$), la constante C_1 est nulle. En intégrant l'équation (3.59) entre $r = 0$ et r, on obtient :

$$\int_T^T T_{max} k_{fuel} \, dT = q''' \frac{r^2}{4}$$

La température à la surface du combustible $T_{fuel,o}$ est alors donnée par la relation :

$$\int_{T_{fuel,o}}^{T_{max}} k_{fuel} \, dT = q''' \frac{R_{fuel,o}^2}{4} \tag{3.60}$$

En introduisant la puissance linéique q' la relation précédente s'écrit encore :

$$\int_{T_{fuel,o}}^{T_{max}} k_{fuel} \, dT = \frac{q'}{4\pi} \tag{3.61}$$

Il est intéressant de noter que la différence de température entre le centre et la périphérie de la pastille est déterminée par la puissance linéique q', indépendamment du rayon de la pastille $R_{fuel,o}$. Par conséquent, la puissance linéique maximale résulte directement d'une limite sur la température maximale du combustible.

2. **Cas d'une pastille annulaire**

Dans le cas d'une pastille annulaire de rayon interne $R_{fuel,i}$ et de rayon externe $R_{fuel,o}$, la condition de flux nul en $R_{fuel,i}$ s'écrit :

$$k_{fuel} \left. \frac{dT}{dr} \right|_{r=R_{fuel,i}} = 0$$

On en déduit :

$$C_1 = -\frac{1}{2} q''' R_{fuel,i}^2$$

En intégrant entre r et $R_{fuel,i}$, on obtient :

$$\int_T^{T_{max}} k_{fuel} \, dT = \frac{q'''}{4}(r^2 - R_{fuel,i}^2) - \frac{1}{2} q''' R_{fuel,i}^2 \ln\left(\frac{r}{R_{fuel,i}}\right)$$

soit :

$$\int_{T}^{T_{max}} k_{fuel}\, dT = \frac{q'''}{4} r^2 \left[1 - \left(\frac{R_{fuel,i}}{r} \right)^2 - \left(\frac{R_{fuel,i}}{r} \right)^2 \ln \left(\frac{r}{R_{fuel,i}} \right)^2 \right] \tag{3.62}$$

Pour le cas particulier $r = R_{fuel,o}$ et $T = T_{fuel,o}$ il vient :

$$\int_{T_{fuel,o}}^{T_{max}} k_{fuel}\, dT = \frac{q''' R_{fuel,o}^2}{4} \left[1 - \left(\frac{R_{fuel,i}}{R_{fuel,o}} \right)^2 - \left(\frac{R_{fuel,i}}{R_{fuel,o}} \right)^2 \ln \left(\frac{R_{fuel,o}}{R_{fuel,i}} \right)^2 \right] \tag{3.63}$$

Dans le cas de la pastille annulaire, la relation entre la puissance volumique q''' et la puissance linéique q' s'écrit :

$$\pi (R_{fuel,o}^2 - R_{fuel,i}^2) q''' = q'$$

ce qui donne :

$$\int_{T_{fuel,o}}^{T_{max}} k_{fuel}\, dT = \frac{q'}{4\pi} \left[1 - \frac{\ln(R_{fuel,o}/R_{fuel,i})^2}{(R_{fuel,o}/R_{fuel,i})^2 - 1} \right] \tag{3.64}$$

Diffusion de la chaleur dans la gaine

Dans la gaine l'équation de diffusion de la chaleur s'écrit :

$$\frac{1}{r} \frac{d}{dr} \left(k_{clad}\, r \frac{dT}{dr} \right) = 0 \tag{3.65}$$

En intégrant il vient :

$$k_{clad}\, r \frac{dT}{dr} = A$$

Pour la gaine, compte tenu de sa faible épaisseur et de sa conductivité thermique élevée, on peut raisonnablement supposer que la conductivité est constante. Le flux thermique surfacique sur la face interne de la gaine est déterminé par la puissance générée dans le combustible et la température sur la face externe est imposée par échange avec le caloporteur. Nous avons ainsi comme conditions aux limites :

$$r = R_{clad,i} \quad -k_{clad} \left. \frac{dT}{dr} \right|_{r=R_{clad,i}} = \frac{q'}{2\pi R_{clad,i}}$$
$$r = R_{clad,o} \quad T = T_{clad,o}$$

On en déduit le profil de température dans la gaine :

$$T(r) = T_{clad,o} + \frac{q'}{2\pi k_{clad}} \ln \frac{R_{clad,o}}{r} \tag{3.66}$$

ainsi que la chute de température dans la gaine :

$$\Delta T_{clad} \hat{=} T_{clad,i} - T_{clad,o} = \frac{q'}{2\pi k_{clad}} \ln \frac{R_{clad,o}}{R_{clad,i}} \tag{3.67}$$

Si l'épaisseur de la gaine t_{clad} est faible devant le diamètre du crayon (ou de l'aiguille) $d = 2R_{clad,o}$, alors l'expression précédente se simplifie et donne :

$$\Delta T_{clad} = \frac{q'}{\pi k_{clad}} \frac{t_{clad}}{d} \tag{3.68}$$

Diffusion de la chaleur dans le jeu

Dans les éléments combustibles cylindriques des REP et des RNR sodium, l'interface combustible-gaine présente une résistance thermique dont il faut tenir compte pour évaluer correctement la température centrale du combustible.

Initialement, à la fabrication, un jeu existe entre la pastille et la gaine, celui-ci permettant d'introduire les pastilles dans le tube de gaine. Au cours de l'irradiation, ce jeu évolue du fait de la fissuration du combustible et des différents phénomènes thermomécaniques ayant lieu au sein du crayon. On considère que, pour le combustible REP standard, le jeu est rattrapé au bout de deux cycles d'irradiation. Il n'en demeure pas moins qu'une résistance thermique de contact existe à l'interface entre pastille et gaine.

Pour prendre en compte de manière globale l'ensemble de ces évolutions, on caractérise la chute de température entre combustible et gaine par la relation :

$$\Delta T_{gap} \hat{=} T_{fuel,o} - T_{clad,i} \hat{=} R''_{th} \frac{q'}{2\pi R_{gap}} \tag{3.69}$$

où R''_{th} désigne, par définition, la résistance thermique pastille-gaine et où R_{gap} est le rayon moyen du jeu, qu'on pourra prendre égal au rayon de la pastille combustible $R_{fuel,o}$.

Les mécanismes à considérer pour l'évaluation de R''_{th} sont :

- à jeu ouvert, la conduction et le rayonnement dans le jeu que l'on caractérise respectivement par les résistances thermiques $R''_{th,cond}$ et $R''_{th,rad}$,
- à jeu fermé, la résistance de contact $R''_{th,contact}$.

Ces différentes résistances agissant en série, la résistance thermique globale est déterminée par la relation :

$$\frac{1}{R''_{th}} = \frac{1}{R''_{th,cond}} + \frac{1}{R''_{th,rad}} + \frac{1}{R''_{th,contact}} \tag{3.70}$$

Evaluons maintenant les différentes résistances :

1. **Résistance due à la conduction**

$$\frac{1}{R''_{th,cond}} = \frac{k_{gap}}{g} \tag{3.71}$$

La corrélation suivante peut également être utilisée (Bailly *et al.*,1999) :

$$\frac{1}{R''_{th,cond}} = \frac{k_{gap}}{g}\frac{1}{n}\frac{T^n_{fuel,o} - T^n_{clad,i}}{T_{fuel,o} - T_{clad,i}} \tag{3.72}$$

où k_{gap} est la conductivité thermique du gaz dans le jeu d'épaisseur g et n un coefficient égal à 1.79. Celle-ci évolue au cours de l'irradiation par suite du relâchement dans le jeu de gaz de fission (argon, xénon et krypton).

2. **Résistance due au rayonnement**
Elle est donnée par la relation (Incropera *et al.*, 2007) :

$$\frac{1}{R''_{th,rad}} = \frac{\sigma}{\dfrac{1}{\varepsilon_{fuel}} + \dfrac{1}{\varepsilon_{clad}} - 1}\frac{T^4_{fuel,o} - T^4_{clad,i}}{T_{fuel,o} - T_{clad,i}} \tag{3.73}$$

où $\sigma = 5.670 \times 10^{-8}$ W/(m^2·K^4) est la constante de Stefan-Boltzmann et où ε_{fuel} et ε_{clad} sont respectivement les émissivités du combustible et de la gaine.

3. **Résistance de contact**
Elle dépend notamment des conductivités thermiques k_{clad} et k_{fuel} de la gaine et du combustible, de leurs rugosités, de leurs duretés et de leur pression de contact p, cette dernière étant donnée par un calcul thermomécanique. On pourra utiliser la corrélation dimensionnelle de Todreas et Kazimi (1990) :

$$\frac{1}{R''_{th,contact}} = 2C\frac{k_{fuel}k_{clad}}{k_{fuel} + k_{clad}}\frac{p}{H\sqrt{g_{act}}} \tag{3.74}$$

où la résistance $R_{th,contact}$ est exprimée en Btu/(h·ft^2·°F), g_{act} est l'épaisseur moyenne de la lame de gaz prenant en compte la rugosité et exprimée en ft, et H la dureté de Meyer du matériau le plus tendre exprimée en psi. Les conductivités thermiques sont exprimées en Btu/(h·ft·°F). Le paramètre C est de l'ordre de 10 ft$^{-1/2}$; il est calculé à partir des dilatations thermiques relatives du combustible et de la gaine.

En pratique, l'ordre de grandeur des résistances thermiques combustible-gaine est de 1 °C par W/cm^2 pour les combustibles REP et RNR sodium une fois le jeu rattrapé, et de 0.2 °C par W/cm^2 pour le combustible UNGG (la gaine de magnésium, très malléable, étant écrasée par la pression externe sur le barreau d'uranium et les deux matériaux en contact, Mg et U, étant des métaux, donc bons conducteurs).

Résistance thermique d'ensemble

Pour évaluer rapidement la température maximale du combustible en fonction de la puissance, il est pratique de disposer d'une relation directe de la forme :

$$\Delta T_{total} \hat{=} T_{fuel,max} - T_m = R''_{th,total}\frac{q'}{\pi d} \tag{3.75}$$

Pour cela, il suffit de considérer les différentes résistances thermiques en série dans le combustible, dans le jeu, dans la gaine et à l'interface gaine-caloporteur. En utilisant les relations établies précédemment il vient :

$$R''_{th,total} = \frac{d}{4\bar{k}_{fuel}} + R''_{th} + \frac{b}{\bar{k}_{fuel}} + \frac{1}{h} \tag{3.76}$$

où h est le coefficient d'échange entre la gaine et le fluide caloporteur. Cette relation a été établie en prenant des valeurs moyennes uniformes pour les conductivités thermiques de la gaine et du combustible, et en supposant que l'épaisseur de la gaine était faible par rapport au diamètre du crayon.

La figure 3.10 montre un exemple d'évolution du profil radial de température dans un élément combustible UO_2 à différents instants de sa vie en réacteur : en début et fin d'irradiation (60 GWj/tM), ainsi qu'au cours du deuxième cycle correspondant à la puissance maximale.

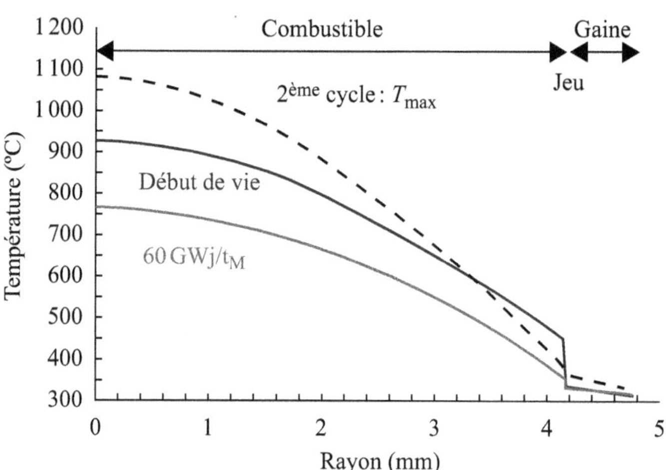

Figure 3.10 – Distribution radiale de température dans un élément combustible UO_2 en début de vie (jeu ouvert), au deuxième cycle d'irradiation (puissance maximale) et en fin d'irradiation (d'après un calcul obtenu à l'aide du code METEOR).

Dans les conditions nominales de fonctionnement, l'écart de température, entre le centre et la périphérie de la pastille, est typiquement de l'ordre de 500 à 700 °C. A puissance égale, comme la conductivité thermique du MOX est inférieure à celle de l'UO_2, la température à cœur de ce type de combustible est plus élevée de 50 °C environ.

Par ailleurs, il faut souligner l'importance de la barrière thermique que constitue le jeu entre l'oxyde et la gaine. En début d'irradiation, le jeu est ouvert et, malgré la présence d'un gaz de remplissage, l'hélium, bon conducteur de la chaleur, l'écart de température entre gaine et combustible peut atteindre 150 à 200 °C. La réduction progressive, puis la fermeture de ce jeu, et l'augmentation de la pression de contact pendant l'irradiation réduisent notablement cet écart à quelques dizaines de degrés sans toutefois l'annuler totalement.

5.3 Combustibles sphériques

Inventé dans les années 1960, le combustible à particules a fait l'objet de nombreux développements dans le cadre de la filière des Réacteurs à haute température (RHT) qui a fait elle-même l'objet d'importantes réalisations dès la fin des années 1960, notamment en Allemagne (AVR, THTR) et aux Etats-Unis (Fort Saint-Vrain, Colarado). Les résultats des nombreuses irradiations de combustibles à particules réalisées en France (réacteurs Siloe, Osiris, Pegase et Rapsodie), en Grande Bretagne (Dragon), en Allemagne (AVR, THTR) et aux Etats-Unis (Fort Saint-Vrain) ont confirmé la bonne tenue sous irradiation de la particule et sa capacité de rétention des produits de fission pour des températures comprises entre 1 000 °C et 1 400 °C. Ces qualités en font de bons candidats pour les réacteurs du futur. La particule dite TRISO, schématisée sur la figure 3.11, est le concept de référence. Elle se présente sous la forme d'une microbille, constituée d'un noyau de combustible entouré de 4 couches de revêtement (enrobage) assurant la tenue mécanique de la particule ainsi que la rétention des produits de fission.

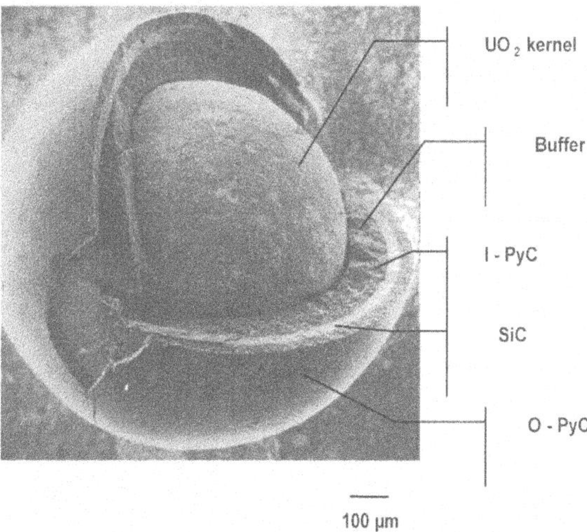

Figure 3.11 – Eclaté d'une particule de combustible RHT type TRISO.

Les dimensions caractéristiques de la particule TRISO sont données dans le tableau 3.5.

Domaine géométrique	**Diamètre (μm) ou épaisseur (μm)**	**Fonction**
Noyau combustible (*kernel*)	200	
Couche poreuse (*buffer*) (carbone pyrolytique)	100	Réservoir pour les gaz de fission
Couche interne (I-PyC) (carbone pyrolytique dense)	25	Tenue mécanique
Couche d'étanchéité (SiC) (carbure de silicium)	25	Etanchéité vis-à-vis des produits de fission
Couche externe (O-PyC) (carbone pyrolytique dense)	35	Tenue mécanique

Tableau 3.5 – Dimensions caractéristiques de la particule TRISO.

On suppose que la conductivité thermique dans chacun des 5 milieux constitutifs de la particule est uniforme. Dans ces conditions, avec l'hypothèse de symétrie sphérique, l'équation de la conduction s'écrit, en régime permanent, pour chacune des couches de la particule :

$$k\frac{1}{r^2}\frac{d}{dr}\left(r^2\frac{dT}{dr}\right) + q''' = 0 \tag{3.77}$$

L'intégration donne :

– dans le noyau combustible ($0 < r < R_0$) :

$$T(r) = -\frac{C_0}{r} + B_0 - \frac{q'''}{6k_{fuel}}r^2$$

– dans chacune des couches d'enrobage ($R_{j-1} < r < R_j$) :

$$T(r) = -\frac{C_j}{r} + B_j$$

Le flux thermique surfacique étant nul au centre de la particule, nous avons :

$$C_0 = 0$$

Si les résistances thermiques de contact sont nulles entre chaque couche, nous obtenons :

$$\Delta T_{fuel,max} = \frac{1}{6k_{fuel}} R_0^2 q''' \tag{3.78}$$

et pour la couche j ($j = 1 \ldots 4$) :

$$\Delta T_j = \frac{q''' R_0^3}{3k_j} \left(\frac{1}{R_{j-1}} - \frac{1}{R_j} \right) \tag{3.79}$$

Compte tenu des faibles dimensions de la particule, l'écart de température entre le centre et la surface de la particule est très faible. La température maximale du combustible est largement déterminée par la température du gaz caloporteur et par l'échange de chaleur entre l'élément combustible (compact, boulet) et le gaz.

6 Exemple d'applications

6.1 Etude thermique du canal de refroidissement d'un combustible à plaques

La conception d'un nouveau réacteur de recherche nécessite la connaissance du flux thermique surfacique pouvant être extrait du combustible par un écoulement monophasique d'eau liquide dans des canaux de refroidissement de section rectangulaire de grand élancement b/a où a est la largeur du canal et b son entrefer.

Dans le but de vérifier les corrélations de transferts de chaleur disponibles dans la littérature, une installation expérimentale a été construite pour déterminer le coefficient d'échange thermique en convection forcée monophasique dans un canal de section rectangulaire constitué de deux plaques chauffantes d'épaisseur e raccordées par des cornières en U d'épaisseur $e/2$ (figure 3.12).

Afin de simuler le chauffage nucléaire, les parois de ce canal (plaques chauffantes et cornières) sont chauffées directement dans leur masse par effet Joule. Pour ce faire un courant électrique d'intensité I circule dans les parois entre l'entrée et la sortie du canal sous une différence de potentiel U. On suppose que le canal est thermiquement isolé de l'extérieur de façon parfaite.

1. Calculer la puissance thermique dégagée par unité de volume dans les parois du canal (plaques chauffantes et cornières) en fonction de l'intensité électrique I, de la différence de potentiel U, de la longueur chauffante L du canal et de l'aire S de la section droite totale des parois métalliques (plaques chauffantes et cornières).

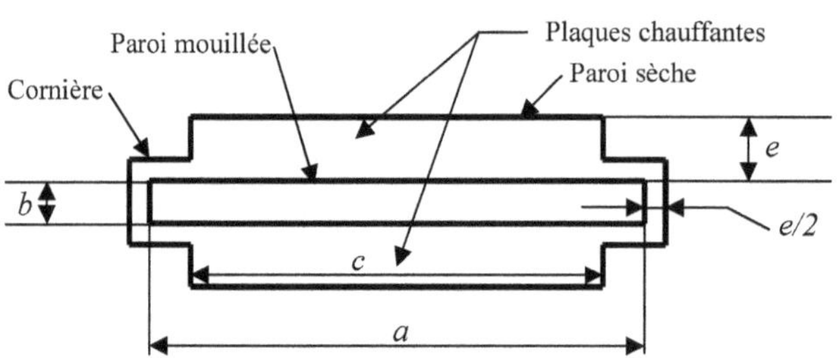

Figure 3.12 – Coupe du canal rectangulaire.

2. Démontrer la relation permettant de calculer le flux thermique surfacique sur les plaques chauffantes q'' en fonction de l'intensité électrique I, de la différence de potentiel U, de l'épaisseur e des plaques chauffantes, de la longueur chauffante L du canal et de l'aire S de la section droite totale des parois métalliques (plaques chauffantes et cornières).

3. Dans le but de calculer le coefficient d'échange entre le fluide et la paroi mouillée, on mesure la température T_S de paroi sèche et on en déduit la température T_P de la paroi mouillée par un calcul de conduction.

   Si la conductivité thermique des plaques chauffantes croît avec la température, le calcul donne une température de paroi mouillée égale à T_{P1}. Si, dans un deuxième calcul, on suppose la conductivité thermique indépendante de la température et égale à celle évaluée à la température de paroi sèche T_S, la nouvelle température de paroi mouillée calculée T_{P2} sera-t-elle supérieure ou inférieure à T_{P1} ? Justifier clairement votre réponse.

4. Tracer les profils de température dans la plaque chauffante dans les deux cas précédents (cas 1 : conductivité thermique croissant avec la température ; cas 2 : conductivité thermique uniforme égale à la conductivité de la paroi sèche). On veillera à tracer correctement les pentes des profils à la paroi sèche et à la paroi mouillée.

5. Des essais réalisés sur cette installation expérimentale fournissent les valeurs suivantes :
   - diamètre hydraulique du canal de section rectangulaire : $D_h = 3$ mm ;
   - flux thermique surfacique : $q'' = 2 \times 10^6$ W/m^2 ;
   - température du fluide : $T_F = 73$ °C ;
   - température de paroi mouillée calculée avec une conductivité thermique variable : $T_{P1} = 82.5$ °C ;
   - température de paroi mouillée calculée avec une conductivité thermique uniforme : $T_{P2} = 82.5 \pm 2.5$ °C (on choisira le signe + ou - en fonction

de la réponse à la troisième question) Conductivité thermique de l'eau : 0.67 W/(m·K).

(a) Calculer les coefficients d'échange thermique h_1 et h_2 ainsi que les nombres de Nusselt Nu_1 et Nu_2 dans les cas d'un calcul avec conductivité thermique variable (cas 1) et d'un calcul avec conductivité thermique uniforme (cas 2).

(b) Que vous inspirent ces résultats ?

Solution

1. La puissance thermique volumique est égale au rapport :

$$\frac{\text{puissance électrique fournie}}{\text{volume des parois du canal}} = \frac{UI}{LS}$$

2. La puissance générée sur une hauteur Δz de plaque chauffante est égale au produit :

puissance électrique générée par unité de volume × volume des parois du canal

$$= \frac{UI}{LS}\,\Delta z\, e\, c$$

La puissance évacuée sur une hauteur Δz de plaque chauffante est égale au produit :

flux thermique surfacique × surface d'échange $q''\,\Delta z\, c$

La puissance thermique générée étant égale à la puissance thermique évacuée, nous avons :

$$\frac{UI}{LS}\,\Delta z\, e\, c = q''\,\Delta z\, c$$

Le flux thermique surfacique est donc donné par la relation :

$$q'' = \frac{UIe}{LS}$$

3. La conductivité thermique croît avec la température. La conductivité thermique moyenne de la plaque sera inférieure dans le premier cas à la conductivité thermique de la plaque dans le second cas. En effet, dans les deux cas, la température de la paroi sèche, T_s est la température maximale de la plaque. En conséquence, dans le second cas, la plaque conduit mieux la chaleur, et T_{p1} sera supérieure à T_{p2}. La figure 3.13 schématise les résultats.

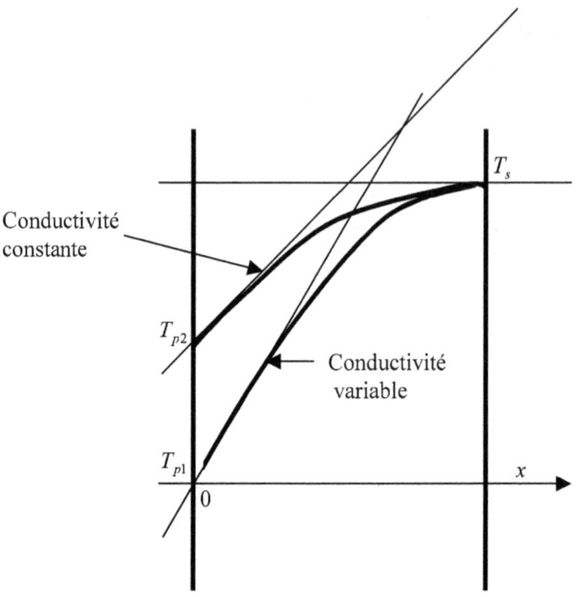

Figure 3.13 – Profils de température dans la plaque.

4. A la paroi *mouillée*, nous avons :

$$k_1(x=0) < k_2(x=0)$$

Comme le flux thermique surfacique est le même, nous aurons d'après la loi de Fourier :

$$\left.\frac{dT_1}{dx}\right|_{x=0} > \left.\frac{dT_1}{dx}\right|_{x=0}$$

A la paroi *sèche*, le flux thermique surfacique est nul dans les deux cas.

5. Le coefficient d'échange et le nombre de Nusselt sont donnés respectivement par les relations :

$$h \triangleq \frac{q''}{T_P - T_F}$$

$$\text{Nu} \triangleq \frac{hD_h}{k_{eau}}$$

(a) Cas 1 : conductivité thermique variable

$$h_1 = 21.0 \times 10^4 \text{ W/(m}^2 \cdot \text{K)} \qquad \text{Nu} = 943$$

(b) Cas 2 : conductivité thermique constante

$$h_2 = 16.7 \times 10^4 \text{ W/(m}^2 \cdot \text{K)} \qquad \text{Nu} = 746$$

Les valeurs du coefficient d'échange et du nombre de Nusselt diffèrent sensiblement selon l'hypothèse adoptée. Il faudra donc veiller à tenir compte de la variation de la conductivité thermique de la paroi avec la température.

7 Exercices

7.1 Résistance thermique de contact

Définir la résistance de contact entre deux matériaux. Préciser la définition de tous les symboles utilisés. Un schéma sera apprécié. De quoi dépend cette résistance de contact ?

7.2 Profil de température dans un élément combustible

Un élément combustible à plaques est représenté en coupe sur la figure 3.14. Le combustible est entouré de deux plaques de Zircaloy. La chaleur est dégagée à l'intérieur du combustible. L'élément combustible est refroidi sur un côté par la circulation d'un fluide dont la température loin de la plaque est T_F. L'autre côté est parfaitement isolé. On néglige les résistances de contact entre le combustible et le Zircaloy. Tracer le profil stationnaire de température $T(x)$ le long de la direction x perpendiculaire aux plaques.

7.3 Répartition radiale de température dans un crayon de REP 900 MWe

Compte tenu des données suivantes :

- Caractéristiques géométriques :
  - diamètre de la pastille : $D_{fuel,o} = 8.27$ mm
  - diamètre du crayon : $D_{clad,o} = 9.5$ mm
  - épaisseur de la gaine : $b = 0.57$ mm
- Propriétés thermiques :
  - conductivité thermique de la gaine : $k_{clad} = 17$ W/(m·K)
  - conductivité thermique de l'hélium dans le jeu : $k_{He} = 0.32$ W/(m·K)
- Conditions de fonctionnement :
  - flux thermique surfacique sortant du combustible : $q'' = 1.62$ MW/m^2
  - température de la surface de la gaine : $T_{clad,o} = 345$ °C

1. Déterminer la répartition de température dans la gaine et la chute de température dans le jeu combustible-gaine.
2. Dans une première étape, on suppose que la conductivité thermique k_{fuel} de l'UO_2 est indépendante de la température et égale à 3 W/(m·K).

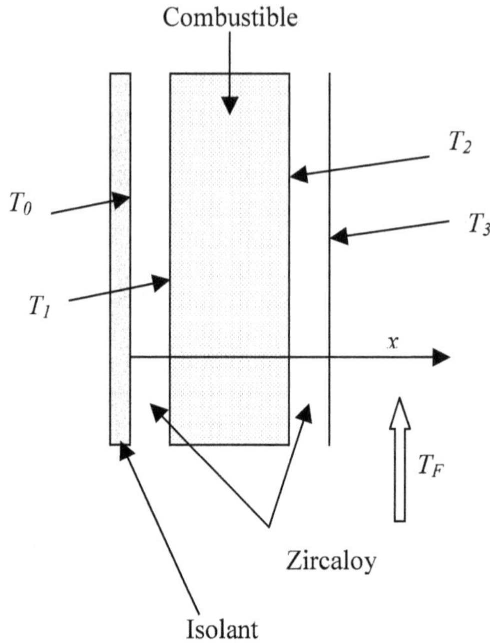

Figure 3.14 – Coupe de l'élément combustible.

Etablir l'expression radiale de la température dans le combustible et en déduire la température à cœur.

3. Dans une deuxième étape, on suppose que la conductivité thermique k_{fuel} de l'UO_2 est donnée par la relation :

$$k_{fuel} = 1 + 3\exp\left(-5 \times 10^{-4} T\right)$$

où k_{fuel} et T sont respectivement exprimées en W/(m·K) et en °C. Répondre aux mêmes questions que ci-dessus.

7.4 Facteur d'aplatissement axial dans un REP

Calculer la valeur théorique du facteur d'aplatissement axial dans le cas du profil de puissance en cosinus. Comparer cette valeur avec la valeur pratique dans le cas d'un REP. Indiquer les principales raisons de l'écart observé.

7.5 Puissance volumique et flux thermique surfacique moyens dans un REB

Calculer la puissance volumique moyenne et le flux thermique surfacique moyen au cœur d'un réacteur à eau bouillante dont les caractéristiques sont les suivantes :

- puissance thermique linéique moyenne : 19 kW/m
- diamètre de la pastille combustible : 10.40 mm
- diamètre extérieur du crayon : 12.27 mm

Nomenclature

A	section droite de l'élément combustible	
C_f	coefficient de frottement	
c_p	capacité thermique massique à pression constante	
D_h	diamètre hydraulique	(Eq. 3.27)
f	facteur de frottement	
F	facteur de pic	(Eq. 3.17)
F_r	facteur d'aplatissement radial	(Eq. 3.16)
F_z	facteur d'aplatissement axial	(Eq. 3.15)
g	épaisseur du jeu	
h	enthalpie massique, coefficient d'échange thermique	
H	dureté de Meyer	
k	conductivité thermique	
L	longueur du canal	
L_e	longueur extrapolée	
$\dot{m}$	débit-masse	
N	nombre d'éléments combustibles dans le cœur	
Nu_{D_h}	nombre de Nusselt	(Eq. 3.28)
p	pression	
P	périmètre des parois en contact avec le fluide, porosité du combustible	(Eq. 3.45)
Pr	nombre de Prandtl	
P_{sp}	puissance massique du cœur	
q	puissance générée dans un élément combustible	(Eq. 3.1)
q'	puissance linéique	(Eq. 3.2)
q''	flux thermique surfacique	
q'''	puissance volumique générée en un point	
Q	puissance totale générée dans le cœur	(Eq. 3.5)
Q'''	puissance volumique du cœur	(Eq. 3.12)
r	rayon courant	

$\boldsymbol{r}$	vecteur position	
R	rayon	
R''_{th}	résistance thermique	
Re_{D_h}	rayon extrapolé	
Re	nombre de Reynolds	(Eq. 3.29)
S	aire de la section droite d'un sous-canal	
t	temps, épaisseur d'un combustible à plaques	
T	température	
V	volume, vitesse	
x	coordonnée	
z	coordonnée verticale	

α	diffusivité thermique	(Eq. 3.38)
ε	émissivité	
θ	angle azimutal,	
	température adimensionnelle	(Eq. 3.36)
Λ	intégrale de conductivité	(Eq. 3.35)
ν	viscosité cinématique	
ρ	masse volumique	
σ	constante de Stefan-Boltzmann	
τ	taux de combustion	

Indices

c	cœur
$clad$	gaine
$cond$	conduction
$fuel$	combustible
gap	jeu
i	intérieur
in	entrée
m	moyenne, fusion
o	extérieur
out	sortie
rad	rayonnement
s	solide

Symboles et opérateurs

$\hat{=}$ égal par définition à

Références

Bailly, H., Ménessier, D. et Prunier, C., 1999, *The Nuclear Fuel of Pressurized Water Reactors and Fast Neutron Reactors*, Lavoisier Publishing.

Carbajo, J.J., Gradyon, L.Y., Popov, S.G. et Ivanov, V.K., 2001, A review of the thermophysical properties of MOX and UO_2 fuels, *Journal of Nuclear Materials*, Vol. 299, 181-198.

Fink, J.K., 2000, Thermophysical properties of uranium dioxide, *Journal of Nuclear Materials*, Vol. 279, 1-18.

Gnielinski, V., 1976, New equations for heat and mass transfer in turbulent pipe and channel flow, *International Chemical Engineering*, Vol. 16, 359-368.

Incropera, F.P., DeWitt, D.P., Bergman, T.L. et Lavine, A.S., 2007, *Fundamentals of Heat and Mass Transfer*, John Wiley & Sons.

Lucuta, P.G., Matzke, H. et Hastings, I.J., 1996, A pragmatic approach to modelling thermal conductivity of irradiated UO_2 fuel : review and recommendations, *Journal of Nuclear Materials*, Vol. 232, 166-180.

Todreas, N.E. et Kazimi, M.S.,1990, *Nuclear Systems, Thermal Hydraulic Fundamentals*, Hemisphere Publishing Corporation.

Chapitre 4

Configurations des écoulements diphasiques en conduite

Un écoulement diphasique parcourant une conduite peut présenter des configurations différentes (bulles, poches de gaz, bouchons de liquide, films, etc.). Ces configurations sont plus ou moins nettement définies et cela constitue une première limite à leur description objective et à leur prédiction précise.

En écoulement *monophasique*, on distingue les écoulements laminaires et les écoulements turbulents. Pour chaque type d'écoulement il existe une ou plusieurs modélisations appropriées. Ainsi, tandis que les écoulements laminaires sont décrits par des grandeurs instantanées, solutions des équations de Navier-Stokes, les écoulements turbulents sont décrits par des grandeurs moyennées ou filtrées, solutions d'un système d'équations moyennées ou filtrées associées à un certain nombre de relations de fermeture.

De façon analogue, en écoulement *diphasique*, il faudra reconnaître le type d'écoulement pour pouvoir le décrire par un modèle approprié. En effet, il serait impossible de décrire de façon précise avec un seul modèle un écoulement à bulles et un écoulement stratifié où les deux phases sont séparées. Il semble donc préférable de proposer un modèle pour l'écoulement à bulles et un autre modèle pour l'écoulement stratifié. Cela est néanmoins difficile car les frontières entre les configurations d'écoulement sont floues et les zones de transition relativement étendues. Par ailleurs, en choisissant des modèles particuliers pour chaque écoulement diphasique structuré (bulles, poches, écoulement annulaire, etc.), la modélisation d'un phénomène naturel continu est remplacé par une succession discontinue de modèles théoriques.

Outre le caractère fluctuant de chaque configuration, l'uniformité axiale d'un écoulement diphasique en conduite n'est jamais réalisée. En effet, il existe le long d'une conduite une perte de pression qui entraîne une détente du gaz et qui modifie en conséquence les dimensions caractéristiques des structures (bulles, poches) pouvant souvent provoquer un changement de configuration. Celle-ci dépend également des singularités présentes dans l'installation qui peuvent se faire sentir très loin à l'aval. Par exemple, la présence d'un coude peut modifier la configuration sur plus de 50 diamètres à l'aval. De même les effets d'entrée, en particulier après un mélange de phase, sont sensibles sur plus de 300 diamètres.

Le nombre de variables qui déterminent une configuration d'écoulement est très grand et la représentation d'une carte d'écoulement sur un graphique à deux dimensions est *a priori* illusoire, d'autant plus que les différentes transitions s'expriment sous forme de critères pouvant ne pas être tous représentables sur la même carte. Parmi les paramètres fixant une configuration, on peut noter :

- les débits-volume de chaque phase,
- la pression,
- le flux thermique surfacique en paroi,
- les masses volumiques et les viscosités de chaque phase,
- la tension interfaciale et la présence éventuelle d'agents tensio-actifs,
- la mouillabilité des parois,
- la géométrie de la conduite (section droite circulaire, rectangulaire, annulaire ; grappes de barreaux de combustible),
- la longueur caractéristique d'une conduite de géométrie donnée (diamètre, entrefer, etc.)
- l'inclinaison de la conduite par rapport à la verticale,
- le sens des écoulements (ascendants, descendants, cocourant, à contre-courant),
- les effets électrostatiques qui peuvent détruire des équilibres métastables,
- la présence de singularités dans les circuits,
- les zones de mélange de phase.

Les deux derniers points sont fondamentaux et il faudra toujours avoir à l'esprit qu'une carte d'écoulement a été établie pour des installations données et qu'elle ne peut être utilisée que dans des installations similaires.

L'objet de ce chapitre est de décrire les types d'écoulements diphasiques liquide-gaz en conduite, d'examiner les mécanismes de transition entre les configurations et de proposer des méthodes pour déterminer ces types d'écoulement connaissant les paramètres de contrôle du système. Ce chapitre débute par les définitions des paramètres descriptifs des écoulements diphasiques en conduite.

1 Paramètres descriptifs des écoulements diphasiques en conduite

1.1 Variable indicatrice de phase

La présence ou l'absence de la phase k ($k = 1, 2$) en un point donné $\boldsymbol{x}$ et à un instant t est déterminée par la valeur 1 ou 0 d'une variable $X_k(\boldsymbol{x}, t)$ indicatrice de la phase k. Cette variable est définie par les relations suivantes :

$$X_k(\boldsymbol{x}, t) \mathrel{\hat{=}} \begin{cases} 1 & \text{si, à l'instant } t \text{, le point } \boldsymbol{x} \text{ appartient à la phase } k \\ 0 & \text{si, à l'instant } t \text{, le point } \boldsymbol{x} \text{ n'appartient pas à la phase } k \end{cases} \tag{4.1}$$

La variable indicatrice de phase est donc une fonction binaire, analogue au facteur d'intermittence utilisé en écoulement monophasique turbulent.

1.2 Moyenne spatiale instantanée

Toute variable locale instantanée, par exemple la vitesse ou la pression, peut être moyennée à un instant donné sur un segment, une surface ou un volume, c'est-à-dire sur un domaine de dimension n ($n = 1, 2, 3$ pour un segment, une surface et un volume). Ainsi, dans un écoulement en conduite, toute variable locale instantanée peut être moyennée à un instant donné sur un diamètre ou une corde, une section droite ou un volume de contrôle. A l'instant t, ce domaine $\mathcal{D}_n$ de dimension n ($n = 1, 2, 3$) peut être divisé en deux sous-domaines $\mathcal{D}_{kn}$ ($k = 1, 2$) appartenant aux phases $k = 1$ et 2, selon la règle :

$$\boldsymbol{x} \in \mathcal{D}_{kn} \quad \text{si} \quad X_k(\boldsymbol{x}, t) = 1 \;\forall\, \boldsymbol{x} \in \mathcal{D}_{kn}$$

En conséquence deux *opérateurs de moyenne spatiale instantanée* peuvent être introduits, à savoir :

$$< f >_n \mathrel{\hat{=}} \frac{1}{\mathcal{D}_n} \int_{\mathcal{D}_n} f \, d\mathcal{D}_n \tag{4.2}$$

$$< f >_{kn} \mathrel{\hat{=}} \frac{1}{\mathcal{D}_{kn}} \int_{\mathcal{D}_{kn}} f \, d\mathcal{D}_{kn} \tag{4.3}$$

où f est une grandeur arbitraire fonction du point et du temps. Le *taux de présence spatial instantané* R_{kn} est alors défini comme la moyenne spatiale instantanée de la variable indicatrice de phase $X_k(\boldsymbol{x}, t)$ sur le domaine $\mathcal{D}_n$:

$$R_{kn} \mathrel{\hat{=}} < X_k >_n = \frac{\mathcal{D}_{kn}}{\mathcal{D}_n} \tag{4.4}$$

En particulier, il vient :

1. pour un segment de longueur L :

$$R_{k1} \hat{=} \frac{L_k}{\sum_{k=1,2} L_k} = \frac{L_k}{L} \tag{4.5}$$

2. pour une surface d'aire A :

$$R_{k2} \hat{=} \frac{A_k}{\sum_{k=1,2} A_k} = \frac{A_k}{A} \tag{4.6}$$

3. pour un volume de contrôle V :

$$R_{k3} \hat{=} \frac{V_k}{\sum_{k=1,2} V_k} = \frac{V_k}{V} \tag{4.7}$$

Le *débit-volume instantané* Q_k à travers la section droite d'aire A de la conduite s'écrit par définition :

$$Q_k \hat{=} \int_{A_k} w_k \, dA = AR_{k2} < w_k >_2 \tag{4.8}$$

où w_k est la composante de la vitesse de la phase k sur l'axe de la conduite.

De même, le *débit-masse instantané* M_k à travers la section droite d'aire A de la conduite s'écrit par définition :

$$M_k \hat{=} \int_{A_k} \rho_k w_k \, dA = AR_{k2} < \rho_k w_k >_2 \tag{4.9}$$

où ρ_k est la masse volumique de la phase k.

1.3 Moyenne temporelle locale

Toute grandeur locale instantanée peut également être moyennée en un point donné sur un intervalle de temps $[t-T/2\ ;\ t-T/2]$. Comme en écoulement monophasique, le module T de cet intervalle doit être choisi suffisamment grand devant les fluctuations turbulentes et suffisamment petit devant les fluctuations d'ensemble de l'écoulement.

Un point $\boldsymbol{x}$ d'un écoulement diphasique appartient généralement à la phase k de façon intermittente. En conséquence, toute fonction $f_k(\boldsymbol{x}, t)$ associée à la phase k sera généralement une fonction continue par morceaux. De même que nous avions défini deux opérateurs de moyenne spatiale instantanée, nous pouvons définir deux opérateurs de *moyenne temporelle locale*

$$\overline{f} \hat{=} \frac{1}{T} \int_T f \, dt \tag{4.10}$$

et :

$$\overline{f}^k \hat{=} \frac{1}{T_k(\boldsymbol{x},t)} \int_{T_k(\boldsymbol{x},t)} f \, dt \tag{4.11}$$

où $T_k(\boldsymbol{x},t)$ est le temps de présence cumulé de la phase k pendant l'intervalle de temps T.

Le *taux de présence local* α_k est par définition la moyenne sur T de la variable indicatrice de phase X_k :

$$\alpha_k \hat{=} \overline{X_k(\boldsymbol{x},t)} = \frac{T_k(\boldsymbol{x},t)}{T} \tag{4.12}$$

1.4 Commutativité des opérateurs de moyenne

Considérons une fonction quelconque scalaire, vectorielle ou tensorielle f_k associée à la phase k. Notre objectif est de trouver une identité permettant de permuter les opérateurs de moyenne.

Nous avons par définition des opérateurs de moyenne :

$$< \alpha_k \, \overline{f_k}^k >_n \;=\; \frac{1}{\mathcal{D}_n} \int_{\mathcal{D}_n} \left(\frac{T_k}{T} \int_{T_k} f_k \, dt \right) d\mathcal{D}_n \tag{4.13}$$

$$= \frac{1}{\mathcal{D}_n} \int_{\mathcal{D}_n} \left(\frac{1}{T} \int_{T} X_k f_k \, dt \right) d\mathcal{D}_n \tag{4.14}$$

ou en permutant l'ordre des intégrations :

$$\begin{aligned} < \alpha_k \, \overline{f_k}^k >_n &= \frac{1}{T} \int_T \left(\frac{1}{\mathcal{D}_n} \int_{\mathcal{D}_n} X_k f_k \, d\mathcal{D}_n \right) dt \\ &= \frac{1}{T} \int_T \left(\frac{1}{\mathcal{D}_n} \int_{\mathcal{D}_{kn}} f_k \, d\mathcal{D}_n \right) dt \\ &= \frac{1}{T} \int_T \left(\frac{\mathcal{D}_{kn}}{\mathcal{D}_n} < f_k >_{kn} \right) dt \end{aligned}$$

Nous obtenons ainsi l'identité fondamentale suivante :

$$< \alpha_k \, \overline{f_k}^k >_n \equiv \overline{R_{kn} < f_k >_k} \tag{4.15}$$

dont un cas particulier est obtenu en faisant $f_k = 1$, soit :

$$< \alpha_k >_n \equiv \overline{R_{kn}} \tag{4.16}$$

Ces identités sont valables pour les segments ($n = 1$), les surfaces ($n = 2$) et les volumes ($n = 3$). En particulier, il vient pour les aires :

$$< \alpha_k \, \overline{f_k}^k >_2 \equiv \overline{R_{k2} < f_k >_{k2}} \tag{4.17}$$

Elles sont d'une importance capitale dans la mise en œuvre des techniques de mesure adaptées aux écoulements diphasiques ainsi que dans les différentes modélisations de ces écoulements. Elles permettent par exemple d'exprimer les moyennes temporelles des débits-volume et des débits-masse selon deux formulations :

$$\overline{Q_k} = A\,\overline{R_{k2} < w_k >_{k2}} \;\equiv A < \alpha_k\, \overline{w_k}^k >_2 \tag{4.18}$$

$$\overline{M_k} = A\,\overline{R_{k2} < \rho_k w_k >_{k2}} \;\equiv A < \alpha_k\, \overline{\rho_k w_k}^k >_2 \tag{4.19}$$

1.5 Grandeurs associées au débit-masse

Le *débit-masse surfacique* $\overline{G}$, communément mais abusivement appelé *vitesse massique*, est défini par la relation :

$$\overline{G} \triangleq \frac{\overline{M}}{A} \tag{4.20}$$

où $\overline{M}$ est le débit-masse du mélange moyenné dans le temps.

Au débit-masse du gaz moyenné dans le temps $\overline{M_g}$ correspond le *titre massique* x, rapport de $\overline{M_g}$ au débit-masse du mélange moyenné dans le temps :

$$x \triangleq \frac{\overline{M_g}}{\overline{M}} \equiv \frac{\overline{M_g}}{\overline{M_g} + \overline{M_f}} \tag{4.21}$$

Dans un canal chauffant à flux thermique surfacique q''_w uniforme en paroi, il est impossible de mesurer ou de calculer avec précision le titre massique de vapeur x. En revanche, il est possible de calculer un titre fictif appelé *titre à l'équilibre thermodynamique* x_{eq} en supposant que la vapeur et le liquide sont à l'équilibre thermodynamique, c'est-à-dire en supposant que leur température commune est égale à la température de saturation correspondant à leur pression commune. A haute pression et faible vitesse, ce titre x_{eq} est calculé à partir d'un bilan d'énergie en négligeant les variations d'énergie cinétique et les variations de pression le long de la conduite. Considérons par exemple un tube de diamètre D chauffé par effet Joule à partir d'une cote $z = 0$ avec un flux thermique surfacique uniforme q''_w . Supposons que le liquide entre à une température $T_{\ell,in}$ inférieure à la température de saturation T_{sat} correspondant à la pression du système. Le flux de chaleur généré par la paroi sert à élever la température du liquide de la température d'entrée $T_{\ell,in}$ à la température de saturation T_{sat}, puis à vaporiser une masse fictive $x_{eq}\overline{M}$ de vapeur, $\overline{M}$ étant le débit-masse du liquide à l'entrée du tube. Nous avons ainsi à la cote z :

$$q''_w = \overline{M}\,c_p(T_{sat} - T_{\ell,in}) + x_{eq}\overline{M}\,h_{fg}$$

où c_p et h_{fg} sont respectivement la capacité thermique massique et l'enthalpie de vaporisation massique du liquide supposées constantes et évaluées à la pression du système.

On en déduit l'expression suivante du titre thermodynamique :

$$x_{eq} = \frac{q''_w \pi D z - \overline{M}\, c_p\, (T_{sat} - T_{\ell,in})}{\overline{M}\, h_{fg}} \tag{4.22}$$

1.6 Grandeurs associées au débit-volume

Au débit-volume de gaz moyenné dans le temps $\overline{Q_g}$ correspond le *titre volumique* β, rapport de $\overline{Q_g}$ au débit-volume du mélange moyenné dans le temps :

$$\beta \mathrel{\hat{=}} \frac{\overline{Q_g}}{\overline{Q}} \equiv \frac{\overline{Q_g}}{\overline{Q_g} + \overline{Q_f}} \tag{4.23}$$

Le *débit-volume surfacique local* de phase k, j_k, est une grandeur locale moyennée dans le temps définie par la relation :

$$j_k \mathrel{\hat{=}} \overline{X_k w_k} = \alpha_k \overline{w_k}^k \tag{4.24}$$

Sa moyenne spatiale J_k sur la section droite A de la conduite est une moyenne spatio-temporelle communément mais abusivement appelée *vitesse apparente* ou *vitesse superficielle*. Elle est définie par la relation :

$$J_k \mathrel{\hat{=}} <\overline{X_k w_k}>_2 = <j_k>_2 \tag{4.25}$$

Cette grandeur est directement liée au débit-volume. En effet, nous avons, compte tenu de l'identité (4.17) :

$$J_k = <\alpha_k \overline{w_k}^k>_2 \equiv \overline{R_{k2} <w_k>_{k2}} \equiv \frac{Q_k}{A} \tag{4.26}$$

Si la masse volumique est constante, la vitesse apparente J_k peut s'exprimer en fonction du titre massique x_k et de la vitesse massique $\overline{G}$:

$$J_k = \frac{\overline{M_g}}{\rho_k A} = \frac{x_k \overline{G}}{\rho_k} \tag{4.27}$$

2 Ecoulements verticaux cocourants ascendants

2.1 Description sommaire

La figure 4.1 rassemble des photographies des principales configurations d'écoulement cocourants eau-air rencontrés en conduite verticale.

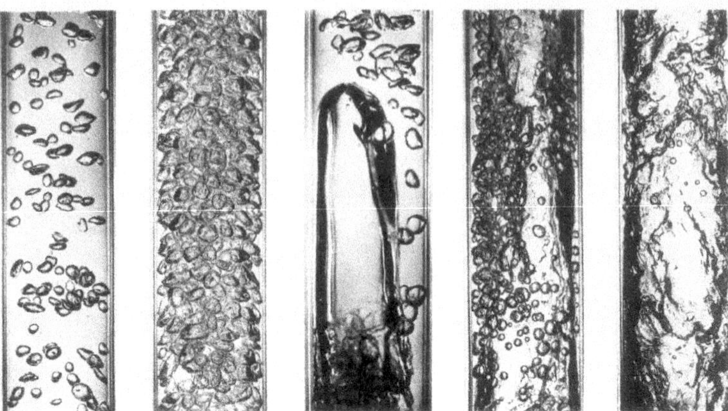

Figure 4.1 – Ecoulements eau-air cocourants ascendants dans une conduite verticale de diamètre 32 mm (Roumy, 1969). De gauche à droite : (1) écoulement à bulles indépendantes, (2) écoulement à bulles agglomérées, (3) écoulement à poches, (4) écoulement pulsatile, (5) écoulement annulaire dispersé.

L'*écoulement à bulles (bubbly flow)* est certainement le plus connu bien qu'à grande vitesse son aspect laiteux le rende difficile à identifier. Les bulles ne sont sphériques que si leur diamètre est inférieur au millimètre. Au-dessus du millimètre leur forme est aléatoire.

L'*écoulement à poches (slug flow* [1]) est constitué d'une succession de poches de gaz dont l'avant est arrondi et dont l'arrière est plat. Le sillage de chaque poche contient souvent de nombreuses bulles. L'examen visuel permet de se rendre compte que le film liquide entourant une poche de gaz a un mouvement descendant par rapport à la paroi de la conduite.

Lorsque le débit de liquide restant constant, le débit de gaz augmente, les poches de gaz s'allongent et se fractionnent de façon désordonnée. L'écoulement tend vers un écoulement annulaire sans l'atteindre complètement. C'est un écoulement désordonné présentant des mouvements vers le haut ou vers le bas, où le débit de gaz est insuffisant pour plaquer un film liquide sur la paroi de la conduite. Le film liquide retombe périodiquement. Cet écoulement est appelé *écoulement pulsatile ou semi-annulaire (churn flow).*

L'*écoulement annulaire dispersé (dispersed annular flow)* est caractérisé par un noyau central de gaz chargé de gouttelettes et s'écoulant à une vitesse beaucoup plus élevée que le film liquide plaqué à la paroi. Les gouttelettes sont arrachées de la crête des vagues qui se propagent à la surface du film liquide et peuvent éventuellement se redéposer sur celui-ci. Hewitt et Roberts (1969) ont

1. On notera qu'en anglais le mot *slug* peut signifier soit la poche de gaz, soit le bouchon de liquide, contenant éventuellement des bulles, qui sépare deux poches de gaz.

mis en évidence un type d'écoulement annulaire où le cœur gazeux contient des fragments de liquide difficiles à identifier. Cette configuration est appelée *écoulement annulaire fragmenté (wispy annular flow).*

Enfin si la température de la paroi est suffisante pour empêcher la formation d'un film liquide, on obtiendra un *écoulement à brouillard (mist flow)* composé uniquement d'un cœur gazeux chargé en gouttelettes.

La figure 4.2 représente l'évolution d'un écoulement liquide-vapeur avec apport de chaleur à la paroi. Le liquide entre au bas de la conduite à débit constant et à une température inférieure à la température de saturation. Lorsque le flux de chaleur augmente, la vapeur apparaît de plus en plus près de l'entrée de la section chauffante. On désigne par *zone d'ébullition locale* la région de la conduite où les bulles se forment à la paroi et se recondensent au centre du canal, là où le liquide n'a pas encore atteint la température de saturation.

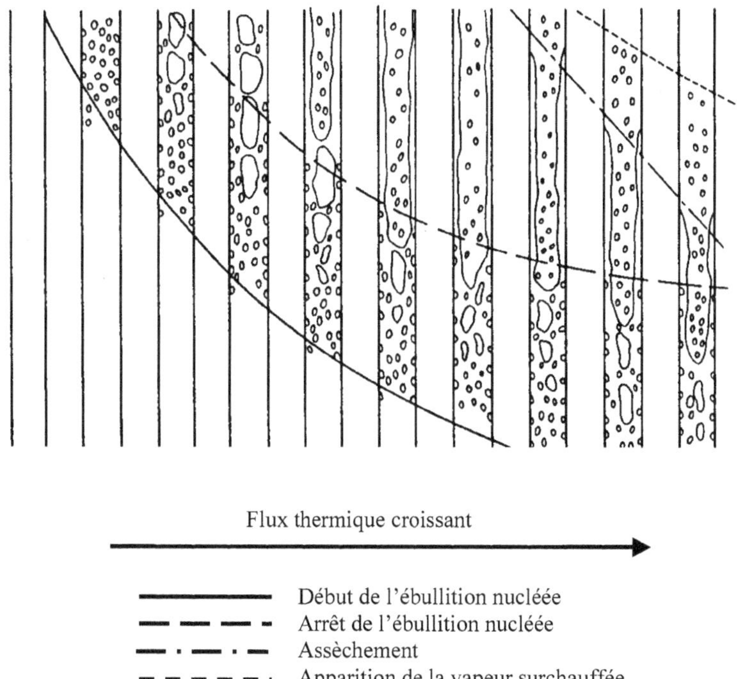

Figure 4.2 – Evolution d'un écoulement avec apport de chaleur à la paroi (d'après Hewitt et Hall-Taylor, 1970).

La vapeur est produite par deux mécanismes :

1. la nucléation à la paroi,
2. la vaporisation directe sur les interfaces situées au cœur de l'écoulement.

Ce dernier mécanisme devient de plus en plus important lorsqu'on s'élève dans le canal. Il y a de moins en moins de liquide entre la paroi et les interfaces qui restent à la température de saturation. En conséquence, la résistance thermique diminue et la température de paroi décroît, ce qui provoque finalement l'arrêt de la nucléation à la paroi. En régime annulaire, le débit du film liquide diminue par suite de l'évaporation et de l'entraînement de gouttelettes bien que certaines de ces gouttelettes puissent se redéposer. L'assèchement de la paroi entraîne une augmentation de sa température qui peut éventuellement dépasser la température de fusion du métal. Ce phénomène est appelé *crise d'ébullition (boiling crisis, burnout, dryout, critical heat flux).*

2.2 Prédiction des types d'écoulement

La prédiction de la configuration d'un écoulement diphasique repose le plus souvent sur l'utilisation d'un ou plusieurs diagrammes appelés *cartes d'écoulement.* Ces cartes résultent soit d'une approche empirique, soit d'une analyse des mécanismes provoquant la transition entre les différents types d'écoulement. Alors qu'une carte empirique ne pourra s'utiliser que dans les conditions pour lesquelles elle a été établie, une carte basée sur l'analyse des mécanismes de transition pourra être utilisée dans des conditions plus générales. Les coordonnées des cartes d'écoulement varient selon les auteurs et il n'y a actuellement aucune méthode précise pour déterminer un type d'écoulement bien qu'un certain espoir puisse être mis dans l'utilisation de techniques comme l'analyse par ondelettes ou les méthodes neuronales. Nous nous contenterons dans ce chapitre de donner les méthodes les plus utilisées, sachant qu'il ne s'agit en aucun cas de recommandations définitives car aucune méthode n'est actuellement satisfaisante. Néanmoins, ces cartes pourront donner des indications intéressantes mais qui pourront être contradictoires d'un diagramme à l'autre.

Carte de Hewitt et Roberts

Pour les écoulements eau-air et eau-vapeur, la carte très utilisée est celle de Hewitt et Roberts (1969). Elle a été établie à l'origine pour des écoulements eau-air parcourant une conduite de diamètre 31.2 mm, à des pressions allant de 1.4 à 5.4 bar. Elle utilise (figure 4.3) en abscisse la grandeur :

$$\rho_f J_f^2 = \frac{\overline{G}^2(1-x)^2}{\rho_f} \tag{4.28}$$

et en ordonnée la grandeur :

$$\rho_g J_g^2 = \frac{\overline{G}^2 x^2}{\rho_g} \tag{4.29}$$

ces grandeurs étant évaluées à la cote moyenne de la zone d'intérêt. Les résultats obtenus par Bennett *et al.* (1965) pour les écoulements eau-vapeur sont également bien représentés dans le diagramme de Hewitt et Roberts. Ils concernaient des écoulements eau-vapeur s'écoulant dans une conduite de diamètre 12.7 mm à des pressions allant de 34.5 à 69 bar. Dans le calcul de J_f et J_g, le titre massique x est approché par le titre à l'équilibre x_{eq}.

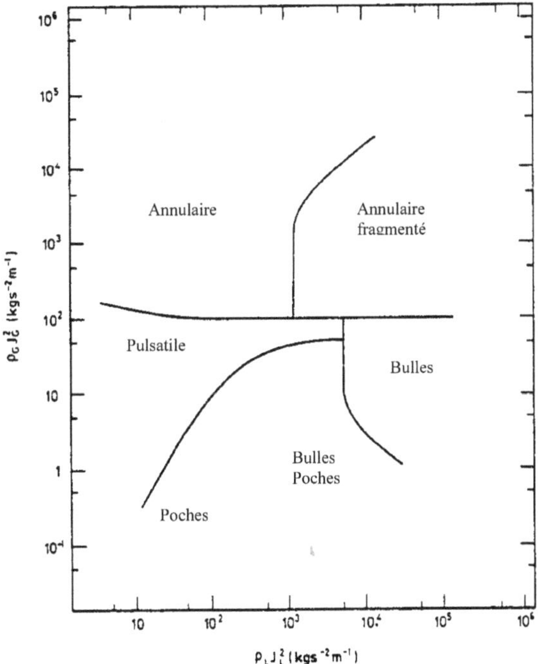

Figure 4.3 – Carte de Hewitt et Roberts établie pour les écoulements eau-air jusqu'à 5.4 bar et vérifiée pour les écoulements eau-vapeur jusqu'à 69 bar.

La carte de Hewitt et Roberts est de nature empirique et comporte deux inconvénients majeurs :

1. les coordonnées sont dimensionnelles,
2. le système de coordonnées est commun à toutes les transitions mais il n'y a aucune raison que les différentes transitions soient représentées dans ce même système de coordonnées puisqu'elles correspondent à des mécanismes différents.

Pour pallier les inconvénients ci-dessus, Taitel *et al.* (1980) ont étudié les différentes transitions et ont abouti aux conclusions théoriques suivantes.

Méthode de Taitel *et al.*

Il est important de se référer à l'article original de Taitel *et al.* (1980) pour utiliser correctement les définitions topologiques des écoulement adoptées par les auteurs. Par ailleurs, la méthode exposée par les auteurs repose sur l'utilisation d'un diagramme. Pour des raisons d'efficacité, il est plus judicieux de donner les équations correspondant aux différents critères de transition, ce qui permet de mettre en œuvre des programmes de calcul très simples et d'obtenir le type d'écoulement directement.

L'*écoulement à bulles (bubble flow)* correspond à un écoulement où de petites bulles montent dans un mouvement zigzagant et où des bulles un peu plus grosses à calottes sphériques apparaissent de temps en temps dans l'écoulement. Ce type d'écoulement ne peut apparaître que dans des tubes dont le diamètre est supérieur à un diamètre critique D_c pour lequel les petites bulles ne peuvent rattrapper les bulles à calotte sphérique pour former des bulles de Taylor et un écoulement à poches. Ce diamètre critique est donné par l'expression :

$$D_c \triangleq 19 \left[\frac{\sigma(\rho_f - \rho_g)}{g\rho_f^2} \right]^{1/2} \tag{4.30}$$

où σ est la tension interfaciale entre les phases gaz et liquide. La transition entre l'écoulement à bulles et l'*écoulement à poches (slug flow)* ou l'*écoulement pulsatile (churn flow)* apparaît lorsque le taux de vide atteint la valeur de 0.25.

L'*écoulement à bulles finement dispersées (finely dispersed bubbles)* ne comporte aucune bulle à calotte sphérique. Il est obtenu lorsque d'une part la turbulence disperse la phase gazeuse et d'autre part lorsque la taille des bulles formées est suffisamment faible pour éviter leur déformation et leur coalescence. L'écoulement à bulles finement dispersées (*finely dispersed bubbles*) ne peut exister à un taux de vide supérieur à 0.52 correspondant à une limite d'empilement des bulles ne provoquant pas de coalescence.

L'*écoulement annulaire dispersé (dispersed annular flow)* ne pourra exister que si la vitesse du gaz dans le cœur de l'écoulement est suffisant pour sustenter les gouttelettes dont la taille résulte d'un équilibre entre l'énergie cinétique du gaz et leur énergie de surface.

Enfin, l'*écoulement pulsatile (churn flow)* est considéré comme un phénomène d'entrée. Il se développe à partir de l'entrée du tube et, au-delà d'une certaine distance se transforme en un écoulement à poches (*slug flow*).

Dans l'application de la méthode de Taitel *et al.*, il faut dans un premier temps spécifier les valeur numériques des données, à savoir :

$$\sigma,\ g,\ \rho_f,\ \rho_g,\ D,\ \nu_f,\ J_g,\ J_f,\ z_{obs}$$

Dans un deuxième temps il faut calculer les grandeurs suivantes qui correspondent aux différentes transitions :

$$J_{gA} \hat{=} \frac{1}{3}J_f + \frac{1.15}{3}\left[\frac{\sigma g(\rho_f - \rho_g)}{\rho_f^2}\right]^{1/4} \tag{4.31}$$

$$J_{fB} \hat{=} 4\frac{D^{0.429}(\sigma/\rho_f)^{0.089}}{\nu_f^{0.072}}\left[\frac{g(\rho_f - \rho_g)}{\rho_f}\right]^{0.446} - J_g \tag{4.32}$$

$$J_{gE} \hat{=} 3.1\left[\frac{\sigma g(\rho_f - \rho_g)}{\rho_f^2}\right]^{1/4} \tag{4.33}$$

$$J_{fC} \hat{=} 0.92 J_g \tag{4.34}$$

$$L_E \hat{=} 40.6D\left(\frac{J_g + J_f}{\sqrt{gD}} + 0.22\right) \tag{4.35}$$

La dernière étape est la sélection du type d'écoulement grâce au tableau 4.1.

3 Ecoulements horizontaux cocourants

3.1 Description sommaire

Le nombre de configurations possibles en écoulement horizontal est plus grand qu'en écoulement vertical. En effet, la pesanteur est un paramètre supplémentaire. Elle tend à séparer les phases et à créer une stratification horizontale.

La figure 4.4 montre les types d'écoulement les plus courants. Dans l'*écoulement à bulles (bubbly flow)*, les bulles se rassemblent dans la partie supérieure de la conduite.

Quand le débit de gaz augmente, les bulles coalescent et forment un *écoulement à poches de gaz (plug flow)*. Dans cet écoulement, les poches de gaz occupent la partie supérieure de la conduite.

Pour de faibles débits de gaz et de liquide, l'écoulement est *stratifié lisse (stratified smooth)*. Le liquide s'écoule dans la partie basse du tube, le gaz dans la partie haute, l'interface restant lisse.

Lorsque la vitesse du gaz augmente, des vagues se propagent à l'interface. C'est l'*écoulement stratifié à vagues (wavy stratified)*.

Si le débit de gaz est suffisamment élevé, les vagues atteignent le sommet du tube et il se forme un *écoulement à bouchons de liquide (slug flow)* où les bouchons de liquide se propagent pratiquement à la vitesse du gaz, ce qui rend ce type d'écoulement potentiellement dangereux.

Enfin, comme en écoulement dans une conduite verticale, il peut exister un *écoulement annulaire dispersé (dispersed annular flow)*, mais avec un film plus épais dans la partie inférieure de la conduite.

Si	$\begin{cases} J_g < J_{gA} \\ \text{et} \\ J_f < J_{fB} \end{cases}$	$\begin{cases} \text{l'écoulement est à } \textit{bulles} \text{ si } D > D_c \\ \text{l'écoulement est à } \textit{poches} \text{ si } D < D_c \end{cases}$
Si	$J_g > J_{gE}$	l'écoulement est *annulaire dispersé.*
Si	$\begin{cases} J_f > \max(J_{fB}, J_{fC}) \\ \text{et} \\ J_g < J_{gE} \end{cases}$	l'écoulement est à *bulles finement dispersées.*
Si	$\begin{cases} z_{obs} < L_E \\ \text{et} \\ J_{gA} < J_g < J_{gE} \\ \text{et} \\ J_f < \max(J_{fB}, J_{fC}) \end{cases}$	l'écoulement est *pulsatile.*
Si	$\begin{cases} z_{obs} > L_E \\ \text{et} \\ J_{gA} < J_g < J_{gE} \\ \text{et} \\ J_f < \max(J_{fB}, J_{fC}) \end{cases}$	l'écoulement est *à poches.*

Tableau 4.1 – Détermination du type d'écoulement dans une conduite verticale par la méthode de Taitel *et al.* (1980).

Les définitions des types d'écoulement sont assez subjectives et varient selon les auteurs. Ainsi, Taitel et Dukler (1976) rassemblent les écoulements à poches de gaz et à bouchons de liquide sous la dénomination commune d'*écoulements intermittents (intermittent flows).*

La figure 4.5 représente l'évolution de la configuration de l'écoulement dans un tube d'évaporateur horizontal. Le flux thermique surfacique est uniforme et relativement faible. Le liquide entre dans la section chauffante avec un faible débit et à une température légèrement inférieure à la température de saturation. On remarquera que la partie supérieure du tube peut s'assécher périodiquement alors que la partie inférieure reste mouillée. Cela peut avoir des conséquences importantes quant aux transferts de chaleur. En effet la température de la

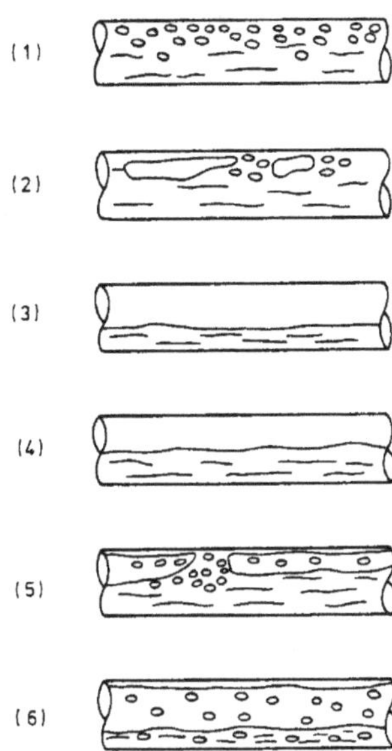

Figure 4.4 – Ecoulements eau-air cocourants dans une conduite horizontale : (1) écoulement à bulles, (2) écoulement à poches de gaz, (3) écoulement stratifié lisse, (4) écoulement stratifié à vagues, (5) écoulement à bouchons de liquide, (6) écoulement annulaire.

paroi asséchée peut dépasser la température de fusion du matériau. Si la paroi est suffisamment chaude, elle peut s'assécher complètement. On obtient alors un *écoulement à brouillard (spray)* où le liquide se trouve uniquement sous la forme de gouttelettes.

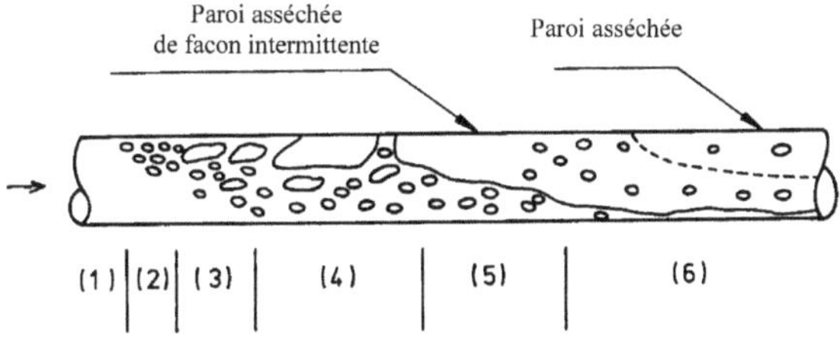

Figure 4.5 – Evolution de l'écoulement le long d'un tube d'évaporateur horizontal : (1) écoulement monophasique liquide, (2) écoulement à bulles, (3) écoulement à poches de gaz, (4) écoulement à bouchons de liquide, (5) écoulement stratifié à vagues, (6) écoulement annulaire.

L'évolution d'un écoulement avec condensation se fera selon le schéma inverse. Partant d'un écoulement monophasique de vapeur, on obtiendra un écoulement de plus en plus chargé en liquide.

3.2 Prédiction des types d'écoulement

Comme pour les écoulements dans les tubes verticaux, la prédiction de la configuration d'un écoulement peut se faire soit à partir d'une carte empirique, soit en appliquant une méthode basée sur l'analyse des mécanismes de transition entre les configurations.

Carte de Mandhane *et al.*

La carte de Mandhane *et al.* (1974) est basée sur près de 6 000 observations dont près de 1 200 relatives à des écoulements eau-air. Elle utilise la représentation J_f *vs* J_g (figure 4.6) où J_g est évalué aux conditions de pression et de température de l'écoulement dans la zone d'intérêt. La carte de Mandhane *et al.* est valable quel que soit le couple de fluides considéré pour des paramètres variant dans les gammes indiquées au tableau 4.2.

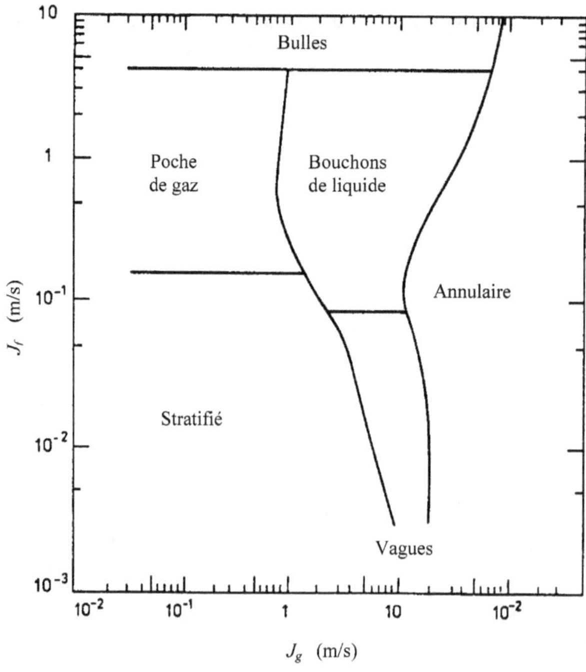

Figure 4.6 – Carte de Mandhane *et al.* (1974).

Diamètre intérieur de la conduite	1.3 - 16.5	cm
Masse volumique du liquide	705 - 1009	kg/m^3
Masse volumique du gaz	080 - 50.5	kg/m^3
Viscosité du liquide	3×10^{-4} - 9×10^{-2}	Pa.s
Viscosité du gaz	10^{-5} - 2.2×10^{-5}	Pa.s
Tension interfaciale	0.024 - 0.103	N/m
Vitesse apparente du liquide J_f	0.1 - 730	cm/s
Vitesse apparente du gaz J_g	0.04 - 170	m/s

Tableau 4.2 – Domaine de validité de la carte de Mandhane *et al.* (1974).

Méthode de Taitel et Dukler

L'allure générale de la carte de Mandhane *et al.* a été retrouvée par Taitel et Dukler (1976) à l'aide d'une étude théorique des transitions entre les différents types d'écoulement.

Le critère de déstratification d'un écoulement stratifié est basé sur une analyse des instabilités de Kelvin-Helmholtz, l'effet moteur étant la vitesse du gaz, l'effet résistant étant la gravité qui empêche le soulèvement d'une vague. Si le critère de déstratification est satisfait, l'écoulement stratifié se transformera en un écoulement intermittent si la hauteur d'eau en écoulement stratifié est supérieure au rayon de la conduite, et en un écoulement annulaire dans le cas inverse.

Le critère de transition entre l'écoulement stratifié lisse et l'écoulement stratifié à vagues est basé sur le déclenchement de la génération de vagues sur une surface libre de liquide.

Enfin un écoulement intermittent évoluera vers un écoulement à bulles si les effets dus à la turbulence deviennent plus importants que les effets de flottabilité.

Dans l'application de la méthode de Taitel et Dukler, il faut dans un premier temps spécifier les valeur numériques des données, à savoir :

$g,\ \rho_f,\ \rho_g,\ D,\ \nu_f,\ \nu_g,\ J_g,\ J_f$

Dans une deuxième étape, il faut calculer toutes les grandeurs suivantes :

$$X \hat{=} \left(\frac{J_f}{J_g}\right)^{0.9} \left(\frac{\nu_f}{\nu_g}\right)^{0.1} \left(\frac{\rho_f}{\rho_g}\right)^{0.5} \quad (4.36)$$

$$T \hat{=} 0.303 \left[\frac{\rho_f J_f^2}{(\rho_f - \rho_g) g D}\right]^{0.5} \left(\frac{J_f D}{\nu_f}\right)^{-0.1} \quad (4.37)$$

$$F \hat{=} \left(\frac{\rho_g}{\rho_f - \rho_g} \frac{J_g^2}{g D}\right)^{0.5} \quad (4.38)$$

$$K \hat{=} F \left(\frac{J_f D}{\nu_f}\right)^{0.5} \quad (4.39)$$

$$\widetilde{A}_g \hat{=} 0.25 \left[\arccos(2\widetilde{h}_f - 1) - (2\widetilde{h}_f - 1)\sqrt{1 - (2\widetilde{h}_f - 1)^2}\right] \quad (4.40)$$

$$\widetilde{A}_f \hat{=} 0.25 \left[\pi - \arccos(2\widetilde{h}_f - 1) + (2\widetilde{h}_f - 1)\sqrt{1 - (2\widetilde{h}_f - 1)^2}\right] \quad (4.41)$$

$$\widetilde{U}_g \hat{=} \frac{\pi}{4\widetilde{A}_g} \quad (4.42)$$

$$\widetilde{U}_f \hat{=} \frac{\pi}{4\widetilde{A}_f} \quad (4.43)$$

$$\widetilde{S}_g \hat{=} \arccos(2\widetilde{h}_f - 1) \quad (4.44)$$

$$\widetilde{S}_f \hat{=} \pi - \arccos(2\widetilde{h}_f - 1) \quad (4.45)$$

$$\widetilde{S}_i \hat{=} \sqrt{1 - (2\widetilde{h}_f - 1)^2} \quad (4.46)$$

$$\widetilde{D}_g \hat{=} \frac{4\widetilde{A}_g}{\widetilde{S}_g + \widetilde{S}_i} \quad (4.47)$$

$$\widetilde{D}_f \hat{=} \frac{4\widetilde{A}_f}{\widetilde{S}_f} \quad (4.48)$$

Dans une troisième étape, il faut calculer $\widetilde{h}_f(X)$ et $X_B(\widetilde{h}_f)$ à partir de l'équation suivante qui se met sous la forme $X(\widetilde{h}_f) = 0$:

$$X^2 (\widetilde{U}_f \widetilde{D}_f)^{-0.2} \widetilde{U}_f^2 \frac{\widetilde{S}_f}{\widetilde{A}_f} - (\widetilde{U}_g \widetilde{D}_g)^{-0.2} \widetilde{U}_g^2 \left(\frac{\widetilde{S}_g}{\widetilde{A}_g} + \frac{\widetilde{S}_i}{\widetilde{A}_g} + \frac{\widetilde{S}_i}{\widetilde{A}_f}\right) = 0 \quad (4.49)$$

La quatrième étape consiste à calculer les grandeurs suivantes :

$$F_A \hat{=} \frac{1-\widetilde{h}_f}{\widetilde{U}_g}\sqrt{\frac{\widetilde{A}_g}{d\widetilde{A}_g/d\widetilde{h}_f}} \quad (4.50)$$

$$T_D \hat{=} 2\,\frac{\widetilde{D}_f^{0.1}}{\widetilde{U}_f^{0.4}}\sqrt{\frac{2\widetilde{A}_g}{\widetilde{S}_i}} \quad (4.51)$$

$$K_C \hat{=} \frac{20}{\widetilde{U}_g\sqrt{\widetilde{U}_f}} \quad (4.52)$$

La dernière étape est la sélection du type d'écoulement grâce au tableau 4.3.

Les transitions de Taitel et Dukler sont comparées à la figure 4.7 avec la carte de Mandhane *et al.* pour un mélange eau-air s'écoulant à une pression de 1 bar et à une température de 25 °C dans un tube horizontal de diamètre 25 mm.

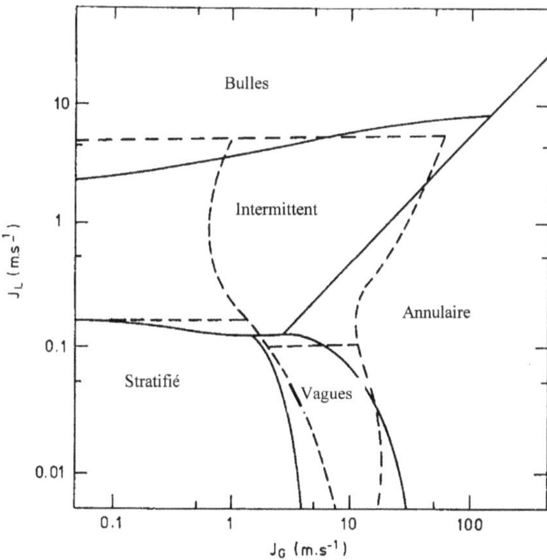

Figure 4.7 – Comparaison des transitions obtenues par la méthode de Taitel et Dukler (traits pleins) avec la carte de Mandhane *et al.* (pointillés) pour un écoulement horizontal eau-air à 1 bar et 25 °C. Diamètre de la conduite : 25 mm.

Si	$\begin{cases} F < F_A \\ \text{et} \\ K > K_C \end{cases}$	l'écoulement est *stratifié à vagues.*
Si	$\begin{cases} F < F_A \\ \text{et} \\ K < K_C \end{cases}$	l'écoulement est *stratifié lisse.*
Si	$\begin{cases} F > F_A \\ \text{et} \\ X < X_B \end{cases}$	l'écoulement est *annulaire dispersé.*
Si	$\begin{cases} F > F_A \\ \text{et} \\ X > X_B \\ \text{et} \\ T > T_D \end{cases}$	l'écoulement est *à bulles dispersées.*
Si	$\begin{cases} F > F_A \\ \text{et} \\ X > X_B \\ \text{et} \\ T < T_D \end{cases}$	l'écoulement est *intermittent.*

Tableau 4.3 – Détermination du type d'écoulement dans une conduite horizontale par la méthode de Taitel et Dukler (1976).

4 Remontée et retombée du liquide dans un tube vertical

Ces transitions interviennent lors de certaines situations telles que :

- le remouillage du cœur par le haut (*countercurrent flow limitation, CCFL*) (Chan et Grolmes, 1975 ; Tien, 1977),
- la relocalisation du matériau d'une gaine en fusion (Grolmes *et al.*, 1974),
- l'écoulement dans l'espace annulaire lors d'un refroidissement de secours du cœur (Block et Schrock, 1977).

Elles sont appelées différemment selon les auteurs :

- Le passage d'un écoulement à contre-courant vers un écoulement cocourant est souvent appelé *engorgement* en génie chimique et souvent *flooding* par les ingénieurs du secteur nucléaire. Nous adopterons l'expression *remontée du liquide.*
- Le passage d'un écoulement cocourant vers un écoulement à contre-courant est appeléé *flow reversal* dans la littérature anglo-saxonne. Nous utiliserons l'expression *retombée du liquide.*

Bien que de nombreuses études, tant expérimentales que théoriques, aient été effectuées sur ce sujet, la compréhension de ces transitions reste partielle par suite du nombre important de paramètres dont elles dépendent, en particulier la géométrie des conduites et les configurations d'entrée des écoulements. Nous nous contenterons ici de décrire les phénomènes et de donner les corrélations empiriques les plus utilisées qui permettront d'estimer les valeurs des paramètres qui entraînent ces transitions.

4.1 Description des phénomènes

Considérons un tube vertical (figure 4.8) dans lequel un liquide est injecté avec un faible débit à travers un anneau de matériau poreux inséré dans la partie haute de la paroi de la conduite.

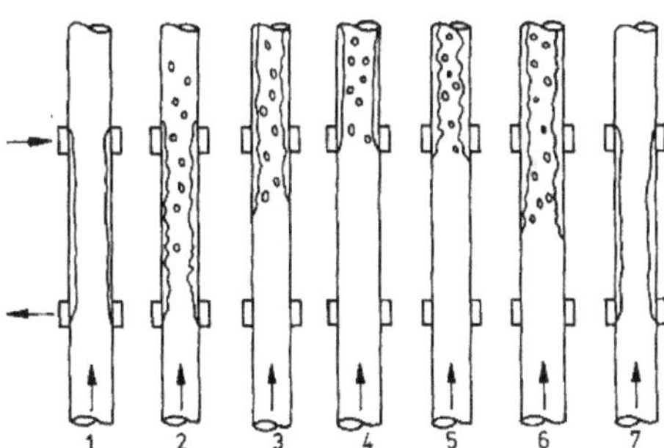

Figure 4.8 – Remontée et retombée du liquide.

Au début de l'expérience, un gaz est injecté au bas de la conduite. Si le débit de gaz est faible, un écoulement à contre-courant se met en place, constitué d'un film de liquide ruisselant vers le bas sur la paroi de la conduite, et d'un écoulement de gaz ascendant au centre de la conduite (figure 4.8-1). L'épaisseur du film liquide t est donnée par la relation de Nusselt qui s'écrit :

$$t = \left(\frac{3\nu_f Q_f}{\pi D g} \right)^{1/3} \tag{4.53}$$

où ν_f est la viscosité cinématique du liquide, Q_f le débit-volume du liquide, D le diamètre intérieur du tube et g l'accélération de la pesanteur. Cette relation est valable jusqu'à des nombres de Reynolds du liquide de 4 000, avec la définition suivante du nombre de Reynolds :

$$\mathrm{Re}_f \hat{=} \frac{4Q_f}{\pi D \nu_f} \tag{4.54}$$

Quand on augmente le débit de gaz, des vagues apparaissent à la surface du film (figure 4.8-2). L'amplitude de ces vagues augmente lorsque le débit de gaz augmente et des gouttelettes sont arrachées de la crête des vagues et entraînées dans le cœur gazeux au-dessus de la zone d'injection du liquide, provoquant une augmentation brutale du gradient de pression au-dessus de la zone d'injection du liquide comme le montre la figure 4.9 (Dukler et Smith, 1976).

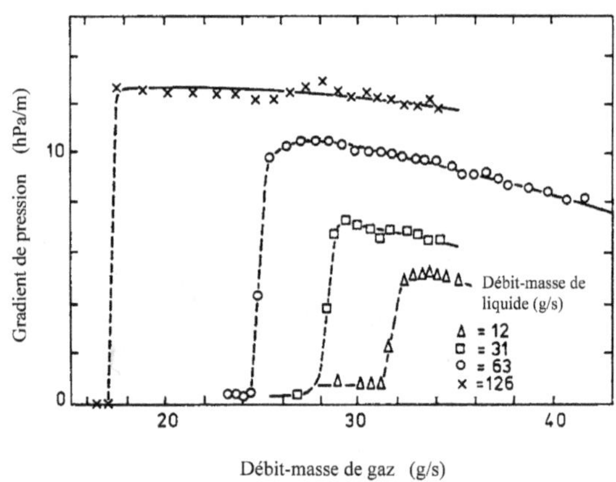

Figure 4.9 – Gradient de pression au-dessus de la zone d'injection du liquide (d'après Dukler et Smith, 1976).

Cette augmentation brutale de la perte de pression correspond à l'entraînement des gouttelettes et constitue un critère expérimental très net de la transition que nous avons appelée la remontée du liquide (*flooding*). Quand le débit de gaz est encore augmenté, la paroi de la conduite située sous la zone d'injection s'assèche progressivement (figure 4.8-3) jusqu'au moment où tout le liquide injecté est entraîné vers le haut pour donner lieu à un écoulement cocourant ascendant (figure 4.8-4).

Partant de cet écoulement cocourant ascendant (figure 4.8-4), diminuons le débit de gaz. A partir d'une certaine valeur, le film liquide devient instable et des vagues de forte amplitude apparaissent. Le gradient de pression au-dessus de la zone d'injection augmente et le liquide retombe sous la zone d'injection (figure 4.8-5). C'est ce que nous avons appelé le point de retombée du liquide. Lorsque le débit de gaz diminue nous retrouvons la situation de départ (figure 4.8-7).

L'expérience que nous venons de décrire peut être résumée sur le diagramme de la figure 4.10.

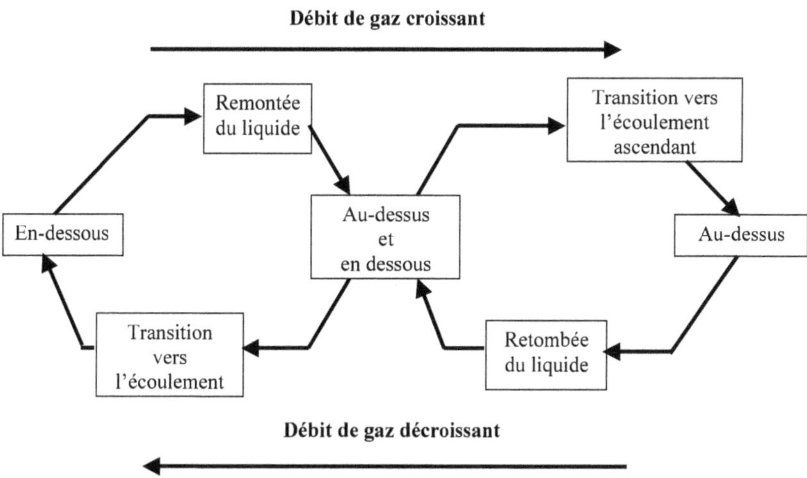

Figure 4.10 – Remontée et retombée du liquide. Localisation de la phase liquide par rapport à la zone d'injection du liquide.

4.2 Corrélations empiriques

Remontée du liquide (*flooding point*)

Wallis (1969) définit les vitesses apparentes adimensionnelles suivantes :

$$J_g^\star \triangleq \frac{J_g \rho_g^{1/2}}{[gD(\rho_f - \rho_g)]^{1/2}} \tag{4.55}$$

$$J_f^\star \triangleq \frac{J_f \rho_f^{1/2}}{[gD(\rho_f - \rho_g)]^{1/2}} \tag{4.56}$$

où J_g et J_f sont les vitesses apparentes définies par la relation (4.26). La viscosité μ_f du liquide est prise en compte par Wallis par le biais du nombre adimensionnel suivant :

$$N_f \hat{=} \left[\frac{\rho_f g D^3 (\rho_f - \rho_g)}{\mu_f^2} \right]^{1/2} \tag{4.57}$$

Selon Wallis, les points de remontée du liquide (*flooding points)* peuvent être corrélés par une relation du type :

$$J_g^{\star 1/2} + m J_f^{\star 1/2} = C \tag{4.58}$$

où les valeurs des paramètres m et C sont déterminées comme suit :

- lorsque les effets de gravité sont prépondérants devant les effets viqueux ($N_f > 100$) :

$$m = 1 \quad \text{et} \quad 0.72 < C < 1$$

- lorsque les effets visqueux sont prépondérants devant les effets de gravité ($N_f < 100$) :

$$m = \frac{5.6}{\sqrt{N_f}} \quad \text{et} \quad C = 0.72$$

Magré un accord assez bon avec une banque de données étendue, la corrélation de Wallis présente un inconvénient majeur : elle ne peut prédire l'effet, important, de la longueur de la conduite.

Retombée du liquide (*flow reversal*)

Wallis (1969) a proposé la corrélation suivante :

$$J_g^\star = 0.5 \tag{4.59}$$

L'inconvénient majeur de cette corrélation est qu'elle fait apparaître un effet de diamètre qui, selon les résultats expérimentaux de Pushkina et Sorokin (1969), n'existe pas comme le montre la figure 4.11.

Pushkina et Sorokin (1969) ont représenté leurs résultats expérimentaux par la corrélation suivante :

$$\text{Ku} \hat{=} \frac{J_g \rho_g^{1/2}}{[g\sigma(\rho_f - \rho_g)]^{1/4}} \tag{4.60}$$

où Ku est le nombre de Kutateladze qui introduit la longueur capillaire $[g\sigma(\rho_f - \rho_g)]^{1/2}$. Cependant cette corrélation ne peut donner qu'une estimation de la vitesse du gaz pour obtenir la retombée du liquide. Les effets de la géométrie (longueur, diamètre, dispositif d'injection du liquide, etc.), de tension interfaciale, d'angle de contact et de viscosité restent à étudier.

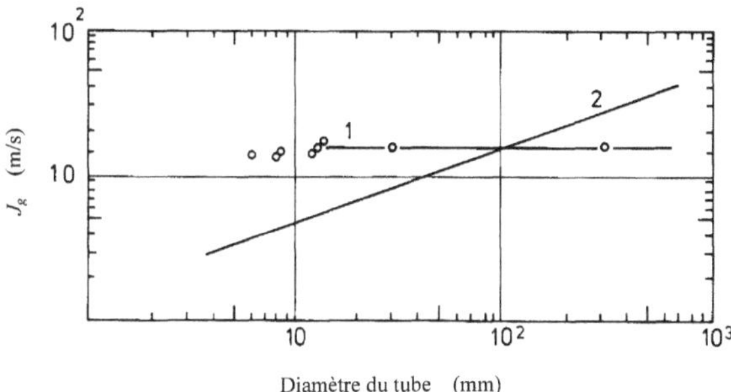

Figure 4.11 – Effet du diamètre sur la retombée du liquide. (1) Résultats de Pushkina et Sorokin, (2) corrélation de Wallis (équation 4.59).

5 Exercices

5.1 Vitesse superficielle du mélange

Montrer que la vitesse superficielle du mélange $J \hat{=} J_1 + J_2$ est la vitesse d'un plan de section droite d'une conduite cylindrique à travers lequel le débit-volume est nul.

5.2 Ecoulement dans un tube vertical

Les résultats du tableau 4.4 sont extraits des travaux de Roumy (1969). La configuration des écoulements est déterminée par observation visuelle à 2.5 m de l'entrée. On supposera la température égale à 25 °C et la pression égale à 1 bar. Déterminer les configurations en utilisant la méthode de Taitel *et al.* et le diagramme de Hewitt et Roberts. Que deviendraient les types d'écoulement si la température était de 15 °C ? Quelles conclusions peut-on tirer de cet exercice ?

5.3 Remontée et retombée du liquide

A quels nombres adimensionnels connus font penser les vitesses apparentes $J_g^\star$ et $J_f^\star$, et le nombre N_f ?

Quelle est la signification physique du nombre de Kutateladze défini par la relation (4.60) ?

5.4 Remontée du liquide dans un condenseur

Un condenseur comporte N tubes verticaux de diamètre 50 mm. De la vapeur entre au bas du condenseur avec un débit de 100 tonnes/heure. Une partie de la vapeur se condense et le condensat s'écoule sous la forme d'un film

J_f m/s	J_g m/s	R_g	Configuration observée
28.5	1.34	0.03	bulles
28.5	6.29	0.115	transition
28.5	11.5	0.21	poches
28.5	130	0.60	pulsatile
3.26	946	0.872	annulaire

Tableau 4.4 – Types d'écoulement dans une conduite verticale (Roumy, 1969).

liquide dans chaque tube. On récupère au bas du condenseur un débit d'eau de 40 tonnes/heure. Déterminer le nombre N de tubes verticaux qu'il faut installer pour éviter qu'une partie du condensat soit entraînée par la vapeur. On prendra les valeurs numérique suivantes :

- masse volumique du liquide : 958 kg/m^3
- masse volumique de la vapeur : 0.59 kg/m^3
- accélération de la pesanteur : 9.81 m/s^2
- viscosité du liquide : 283×10^{-6} Pa·s
- tension interfaciale : 0.058 8 N/m

Nomenclature

A	aire	
C	paramètre de Wallis	
$\mathcal{D}_{kn}$	domaine de phase k de dimension n	
$\mathcal{D}_n$	domaine de dimension n	
D	diamètre	
g	accélération de la pesanteur	
G	débit-masse surfacique, vitesse massique	(Eq. 4.20)
j_k	débit-volume surfacique local de phase k	(Eq. 4.24)

J_k	vitesse apparente, vitesse superficielle	(Eq. 4.25)
$J_g^\star$	vitesse apparente adimensionnelle du gaz	(Eq. 4.55)
$J_f^\star$	vitesse apparente adimensionnelle du liquide	(Eq. 4.56)
Ku	nombre de Kutateladze	(Eq. 4.60)
L	longeur	
m	paramètre de Wallis	
M_k	débit-masse instantané de phase k	(Eq. 4.9)
n	dimension d'un domaine	
N_f	groupement adimensionnel	(Eq. 4.57)
q''_w	flux thermique surfacique	
Q_k	débit-volume instantané de phase k	(Eq. 4.8)
R_{kn}	taux de présence spatial instantané de la phase k sur un domaine de dimension n	(Eq. 4.4)
Re_f	nombre de Reynolds d'épaisseur de film	(Eq. 4.54)
t	temps, épaisseur de film	
T	intervalle de temps	
V	volume	
w	composante du vecteur vitesse sur l'axe de la conduite	
x	titre massique	(Eq. 4.21)
$\boldsymbol{x}$	vecteur position	
X_k	variable indicatricede phase	(Eq. 4.1)
β	titre volumique	(Eq. 4.23)
μ	viscosité	
ν	viscosité cinématique	
ρ	masse volumique	

Indices

c	critique
eq	équilibre
f	liquide à saturation, liquide
g	vapeur à saturation
in	entrée
k	indice de phase
ℓ	liquide sous-saturé
sat	conditions de saturation

Symboles et opérateurs

$\hat{=}$	égal par définition à	
$<\,>_n$	opérateur de moyenne spatiale instantanée sur un domaine de dimension n	(Eq. 4.2)
$<\,>_{kn}$	opérateur de moyenne spatiale instantanée sur un domaine de phase k de dimension n	(Eq. 4.3)
$\overline{f}$	opérateur de moyenne temporelle locale sur le temps T	(Eq. 4.10)
$\overline{f}^k$	opérateur de moyenne temporelle locale sur le temps T_k	(Eq. 4.11)

Références

Bennett, A.W., Hewitt, G.F., Kearsey, H.A., Keeys, R.K.F. et Lacey, P.M.C., 1965, Flow visualization studies of boiling at high pressure, *Inst. Mech. Eng., Proc. 1965-1966*, Vol. 180, Part 3C, 260-270.

Block, J.A. et Shrock, V.E., 1977, Emergency cooling water delivery to the core inlet of PWR's during LOCA, *Thermal and Hydraulic Aspects of Nuclear reactor Safety, Vol. 1, Light Water Reactors*, Jones, O.C. et Bankoff, S.G., Eds., ASME, 109-132.

Chan, S.H. et Grolmes, M.A., 1975, Hydrodynamiccally-controlled rewetting, *Nuclear Engng and Design*, Vol. 34, 307-316.

Dukler, A.E. et Smith, L., 1976, Two-phase interactions in countercurrent flow. Studies of the flooding mechanism, US NRC Contract AT (49-24) 0194, Summary report No 1.

Grolmes, M.A., Lambert, G.A. et Fauske, H.K., 1974, Flooding in vertical tubes, *Symposium on Multiphase Flow Systems, Glasgow*, Paper A4.

Hewitt, G.F. et Hall-Taylor, N.S., 1970, *Annular Two-Phase Flow*, Pergamon Press.

Hewitt, G.F. et Roberts, D.N., 1969, Studies of two-phase flow patterns by simultaneous X-ray and flash photography, AERE-M2159.

Mandhane, J.M., Gregory, G.A. et Aziz, K., 1974, A flow pattern map for gas-liquid flow in horizontal pipes, *Int. J. Multiphase Flow*, Vol. 1, 537-553.

Pushkina, O.L. et Sorokin, Y.L., 1969, Breakdown of liquid film motion in vertical tubes, *Heat Transfer-Soviet Research*, Vol. 1, No 5, 56-64.

Roumy, R., 1969, Structure des écoulements diphasiques eau-air. Etude de la fraction de vide moyenne et des configurations d'écoulement, CEA-R-3892.

Taitel Y. et Dukler, A.E, 1976, A model for predicting flow regime transitions in horizontal and near horizontal gas-liquid flow, *AIChE Journal*, Vol. 22, No 1, 47-55.

Taitel, Y., Barnea, D. et Dukler, A.E., 1980, Modelling flow pattern transitions for steady upward gas-liquid flow in vertical tubes, *AIChE Journal*, Vol. 26, No 3, 345-354.

Tien, C.L., 1977, A simple analytical model for counter-current flow limiting phenomena with vapor condensation, *Letters in Heat and Mass Transfer*, Vol. 4, 231-238.

Wallis, G.B., 1969, *One-dimensional two-phase flow*, McGraw-Hill.

Chapitre 5

Rappels sur les équations des écoulements monophasiques

L'objectif de ce chapitre est de rappeler quelques équations utiles des écoulements monophasiques et les méthodes pour les obtenir. Nous verrons que d'une part ces équations sont nécessaires pour résoudre certains problèmes et que d'autre part les méthodes mises en œuvre pour les obtenir seront celles qui seront utilisées dans le cadre des écoulements diphasiques.

L'établissement des équations décrivant les écoulements monophasiques repose sur le schéma représenté à la figure 5.1. Les bilans globaux instantanés traduisent les principes dits de conservation ou d'évolution tels que :

- le bilan de masse,
- le bilan de quantité de mouvement (loi fondamentale de la dynamique),
- le bilan d'énergie totale (premier principe de la thermodynamique),
- le bilan d'entropie (deuxième principe de la thermodynamique).

Ils seront énoncés à la section 3 pour des volumes de contrôle qui seront définis à la section 2. Ces volumes de contrôle, éventuellement mobiles, sont limités par une surface frontière fermée dont la vitesse de déplacement en un point sera auparavant définie à la section 1.

Les équations locales instantanées seront obtenues à partir des bilans globaux instantanés en utilisant deux théorèmes énoncés à la section 4 : la règle de Leibniz et le théorème de Gauss ; ces deux théorèmes permettront d'exprimer les bilans globaux sous la forme d'une intégrale de volume identiquement nulle quel que soit le volume de contrôle. L'équation de bilan locale instantanée se déduira donc de l'annulation de l'intégrande de cette intégrale de volume.

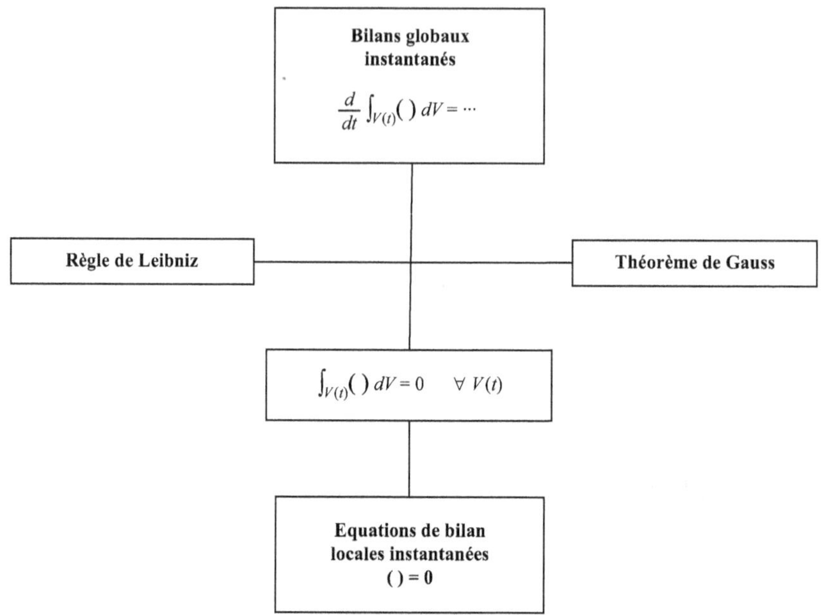

Figure 5.1 – Equations des écoulements monophasiques.

1 Vitesse de déplacement d'une surface

Considérons une surface géométrique $A(t)$ en mouvement, matérielle ou non, définie par l'expression suivante :

$$\boldsymbol{r} = \boldsymbol{r}(u, v, t) \tag{5.1}$$

dans laquelle u et v sont les coordonnées curvilignes d'un point de cette surface [1]. Tout point de cette surface est défini par un vecteur position $\boldsymbol{r}$ de composantes x, y et z. Remarquons dès maintenant que cette notion de point de surface est indépendante de la notion de point matériel. La vitesse $\boldsymbol{v}_A$ du point de la surface ayant pour coordonnées curvilignes u et v est définie par la relation :

$$\boldsymbol{v}_A \triangleq \left(\frac{\partial \boldsymbol{r}}{\partial t}\right)\bigg|_{u,v \text{ fixés}} \tag{5.2}$$

La vitesse $\boldsymbol{v}_A$ ainsi définie n'a pas une expression unique car cette expression dépend du choix du système de coordonnées curvilignes (u, v). L'exercice 12.1 permettra de s'en convaincre rapidement. Cela constitue une remarque importante car une équation ne devra jamais contenir cette vitesse $\boldsymbol{v}_A$ de façon

1. Les coordonnées u et v sont par exemple la latitude et la longitude caractérisant un point à la surface de la Terre.

isolée mais toujours associée à un autre vecteur comme nous allons le voir maintenant. En effet, au lieu de considérer la représentation paramétrique (5.1) de la surface en mouvement, nous pouvons utiliser son équation implicite :

$$f(x, y, z, t) = 0 \tag{5.3}$$

En différentiant cette équation par rapport au temps nous obtenons :

$$\frac{\partial f}{\partial t} + \frac{\partial f}{\partial x}\frac{\partial x}{\partial t} + \frac{\partial f}{\partial y}\frac{\partial y}{\partial t} + \frac{\partial f}{\partial z}\frac{\partial z}{\partial t} = 0 \tag{5.4}$$

ou encore en tenant compte de (5.2) :

$$\frac{\partial f}{\partial t} + \boldsymbol{v}_A \cdot \boldsymbol{\nabla} f = 0 \tag{5.5}$$

Or le vecteur unitaire $\boldsymbol{n}$ normal à la surface est donné par la relation [2] :

$$\boldsymbol{n} = \frac{\boldsymbol{\nabla} f}{\|\boldsymbol{\nabla} f\|} \tag{5.6}$$

d'où nous déduisons l'expression de la *vitesse de déplacement* $\boldsymbol{v}_A \cdot \boldsymbol{n}$ de la surface :

$$\boldsymbol{v}_A \cdot \boldsymbol{n} = -\frac{\partial f/\partial t}{\|\boldsymbol{\nabla} f\|} \tag{5.7}$$

Cette dernière relation montre que la projection de $\boldsymbol{v}_A$ sur la normale à la surface ne dépend que de l'équation de la surface sous la forme implicite (5.3). Or cette équation est unique alors que la représentation paramétrique (5.1) ne l'est pas. L'exercice 12.1 permettra de vérifier ce point.

2 Volumes de contrôle

Avant d'énoncer les principes fondamentaux de la mécanique et de la thermodynamique sous la forme de bilans, il est nécessaire de définir les trois types de volumes de contrôle auxquels seront appliqués ces bilans.

2.1 Volume de contrôle matériel

Un *volume de contrôle matériel* $V_m(t)$ est un volume mobile ou non constitué à chaque instant des mêmes éléments de matière. La frontière $A_m(t)$ d'un volume de contrôle matériel est donc imperméable à la matière. Si nous appelons $\boldsymbol{n}$ le

2. Le sens du vecteur $\boldsymbol{n}$, vers l'extérieur ou l'intérieur de la surface, est déterminé par le choix de $f(x, y, z, t) = 0$ ou $-f(x, y, z, t) = 0$ comme équation de la surface.

vecteur unitaire normal à la surface $A_m(t)$ et dirigé vers l'extérieur du volume $V_m(t)$, nous aurons en tout point de la surface $A_m(t)$:

$$\boldsymbol{v} \cdot \boldsymbol{n} \equiv \boldsymbol{v}_A \cdot \boldsymbol{n} \tag{5.8}$$

où $\boldsymbol{v}$ est la vitesse du fluide en un point de la surface $A_m(t)$ et $\boldsymbol{v}_A \cdot \boldsymbol{n}$ la vitesse déplacement de la surface $A_m(t)$ en ce point.

2.2 Volume de contrôle géométrique fixe non matériel

Un *volume de contrôle géométrique fixe* V_0 *non matériel* est un volume géométrique fixe laissant passer la matière à travers sa surface frontière A_0. Nous appellerons $\boldsymbol{n}$ le vecteur unitaire normal à la surface A_0 et dirigé vers l'extérieur du volume V_0. Ce volume de contrôle géométrique fixe peut être soit un volume de dimensions finies, soit un élément de volume différentiel exprimé dans un système de coordonnées cartésiennes, cylindriques ou sphériques.

2.3 Volume de contrôle géométrique mobile non matériel

Un *volume de contrôle géométrique mobile* $V(t)$ *non matériel* tel que représenté à la figure 5.2 est un volume géométrique mobile laissant passer la matière à travers sa surface frontière $A(t)$. Nous appellerons $\boldsymbol{n}$ le vecteur unitaire normal à la surface $A(t)$ et dirigé vers l'extérieur du volume $V(t)$.

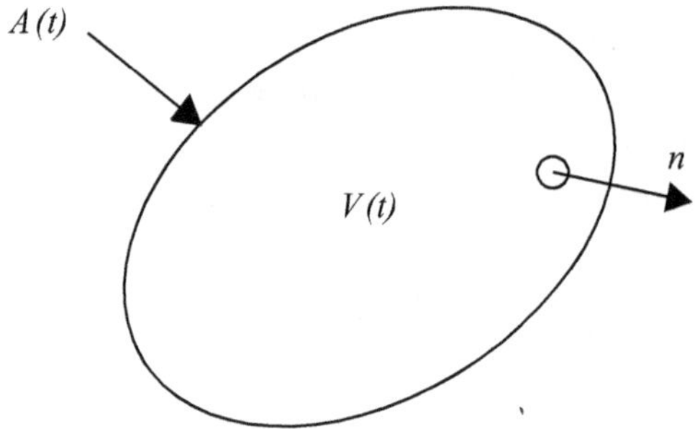

Figure 5.2 – Volume de contrôle géométrique mobile non matériel.

3 Bilans globaux instantanés

Tout bilan traduit un principe de la physique et doit en premier lieu s'énoncer par une phrase. Ce n'est qu'ensuite que l'on peut écrire l'équation correspondante. Pour des raisons pédagogiques nous allons, pour le cas le plus simple, par exemple le bilan de masse, énoncer le bilan pour les trois volumes de contrôle définis ci-dessus et écrire les équations correspondantes. Pour les autres bilans nous nous contenterons d'énoncer les bilans pour un volume de contrôle géométrique mobile, laissant le soin au lecteur d'aborder les autres cas en traitant l'exercice 12.3.

3.1 Bilan de masse

Volume matériel

Le taux de variation de la masse du volume matériel $V_m(t)$ est nul.
Cela se traduit par l'équation :

$$\frac{d}{dt}\int_{V_m(t)} \rho\, dV = 0 \tag{5.9}$$

où ρ est la masse volumique du fluide. L'intégrale de volume ne dépendant que du temps t, le taux de variation s'exprime simplement par une dérivée droite et non pas par une dérivée partielle comme on le voit souvent dans de nombreux manuels.

Volume de contrôle géométrique fixe non matériel

Le taux de variation de la masse d'un volume géométrique fixe non matériel V_0 est égal au débit-masse de fluide entrant dans le volume V_0 par sa surface frontière A_0.
Cela se traduit par l'équation :

$$\frac{d}{dt}\int_{V_0} \rho\, dV = -\oint_{A_0} \rho\, \boldsymbol{v}\cdot\boldsymbol{n}\, dA \tag{5.10}$$

où $\boldsymbol{v}$ est la vitesse du fluide. L'intégrale du membre de droite est étendue à la surface *fermée* A_0 qui limite le volume de contrôle V_0.

Volume de contrôle géométrique mobile non matériel

Le taux de variation de la masse d'un volume géométrique mobile non matériel $V(t)$ est égal au débit-masse de fluide entrant dans le volume $V(t)$ par sa surface frontière $A(t)$.
Cela se traduit par l'équation :

$$\frac{d}{dt}\int_{V(t)} \rho\, dV = -\oint_{A(t)} \rho(\boldsymbol{v}-\boldsymbol{v}_A)\cdot\boldsymbol{n}\, dA \tag{5.11}$$

où $\boldsymbol{v}_A\cdot\boldsymbol{n}$ est la vitesse de déplacement d'un point de la surface $A(t)$.

Remarquons que les énoncés pour les trois volumes de contrôle précédents sont en fait identiques et peuvent se réduire à l'énoncé unique :
Le taux de variation de la masse d'un volume de contrôle est égal au débit-masse de fluide entrant dans le volume de contrôle par sa surface frontière.

3.2 Bilan de quantité de mouvement linéaire

Pour un volume de contrôle géométrique mobile non matériel $V(t)$, le bilan de quantité de mouvement linéaire s'énonce comme suit :
Le taux de variation de la quantité de mouvement linéaire du volume $V(t)$ est égal à la somme du flux de quantité de mouvement linéaire entrant dans le volume $V(t)$ à travers sa surface frontière $A(t)$ et de la résultante des forces extérieures agissant sur le volume $V(t)$ et sur sa surface frontière $A(t)$. Ces forces se composent des forces de volume (i.e. dues au champ de pesanteur) et des forces de surface exprimées à l'aide du tenseur des contraintes $\boldsymbol{T}$.

Rappelons que la force élémentaire $d\boldsymbol{f}$ exercée par le fluide situé du côté de $\boldsymbol{n}$ sur un élément d'aire dA s'exprime à l'aide du tenseur des contraintes $\boldsymbol{T}$ par la relation

$$d\boldsymbol{f} = \boldsymbol{n} \cdot \boldsymbol{T} \, dA \tag{5.12}$$

En conséquence l'équation de bilan s'écrit :

$$\begin{aligned} \frac{d}{dt} \int_{V(t)} \rho \boldsymbol{v} \, dV &= -\oint_{A(t)} \rho \boldsymbol{v} [(\boldsymbol{v} - \boldsymbol{v}_A) \cdot \boldsymbol{n}] \, dA \\ &\quad + \int_{V(t)} \rho \boldsymbol{F} \, dV + \oint_{A(t)} \boldsymbol{n} \cdot \boldsymbol{T} \, dA \end{aligned} \tag{5.13}$$

où $\boldsymbol{F}$ est la force extérieure massique. Rappelons également que le tenseur des contraintes peut se décomposer, p étant la pression et $\boldsymbol{U}$ le tenseur unité, en une partie isotrope $-p\,\boldsymbol{U}$ et un déviateur des contraintes $\boldsymbol{\tau}$ aussi appelé tenseur des contraintes visqueuses selon la relation :

$$\boldsymbol{T} = -p\,\boldsymbol{U} + \boldsymbol{\tau} \tag{5.14}$$

Le déviateur des contraintes $\boldsymbol{\tau}$ devra être spécifié par une relation de comportement propre au fluide considéré. Cette relation sera évoquée à la section 7.

Par ailleurs la composante $(\boldsymbol{n} \cdot \boldsymbol{T})_j$ du tenseur $\boldsymbol{n} \cdot \boldsymbol{T}$ s'écrit en appliquant la convention d'Einstein sur la sommation des indices muets répétés deux fois :

$$(\boldsymbol{n} \cdot \boldsymbol{T})_j = n_i \, T_{ij} \tag{5.15}$$

où n_i et T_{ij} sont les composantes du vecteur $\boldsymbol{n}$ et du tenseur $\boldsymbol{T}$.

3.3 Bilan de quantité de mouvement angulaire

Pour un volume de contrôle géométrique mobile non matériel $V(t)$, le bilan de quantité de mouvement angulaire s'énonce comme suit :
Le taux de variation de la quantité de mouvement angulaire du volume $V(t)$ est égal à la somme du flux de quantité de mouvement angulaire entrant dans

le volume $V(t)$ à travers sa surface frontière $A(t)$ et du moment résultant des forces extérieures agissant sur le volume $V(t)$ et sur sa surface frontière $A(t)$.
Cet énoncé se traduit par l'équation suivante :

$$\begin{aligned} \frac{d}{dt}\int_{V(t)} \boldsymbol{r}\times\rho\boldsymbol{v}\, dV &= -\oint_{A(t)} \boldsymbol{r}\times\rho\boldsymbol{v}[(\boldsymbol{v}-\boldsymbol{v}_A)\cdot\boldsymbol{n}]\, dA \\ &\quad + \int_{V(t)} \boldsymbol{r}\times\rho\boldsymbol{F}\, dV \\ &\quad + \oint_{A(t)} \boldsymbol{r}\times(\boldsymbol{n}\cdot\boldsymbol{T})\, dA \end{aligned} \tag{5.16}$$

où $\boldsymbol{r}$ est le vecteur position d'un point de l'espace.

3.4 Bilan d'énergie totale

Pour un volume de contrôle géométrique mobile non matériel $V(t)$, le bilan d'énergie totale, somme de l'énergie interne et de l'énergie cinétique, s'énonce comme suit :
Le taux de variation de l'énergie totale du volume $V(t)$ est égal à la somme du flux convectif d'énergie totale et du flux de chaleur entrant dans le volume $V(t)$ à travers sa surface frontière $A(t)$, et des puissances des forces extérieures agissant sur le volume $V(t)$ et sur sa surface frontière $A(t)$.
Cet énoncé se traduit par l'équation suivante :

$$\begin{aligned} \frac{d}{dt}\int_{V(t)} \rho(u+\frac{1}{2}\boldsymbol{v}^2)\, dV &= -\oint_{A(t)} \rho(u+\frac{1}{2}\boldsymbol{v}^2)(\boldsymbol{v}-\boldsymbol{v}_A)\cdot\boldsymbol{n}\, dA \\ &\quad - \oint_{A(t)} \boldsymbol{q}\cdot\boldsymbol{n}\, dA + \int_{V(t)} \rho\boldsymbol{F}\cdot\boldsymbol{v}\, dV \\ &\quad + \oint_{A(t)} \boldsymbol{v}\cdot(\boldsymbol{n}\cdot\boldsymbol{T})\, dA \end{aligned} \tag{5.17}$$

où u est l'énergie interne massique et $\boldsymbol{q}$ le flux thermique surfacique qui devra être spécifié par une relation de comportement propre au fluide considéré.[3]

3.5 Bilan d'entropie

Pour un volume de contrôle géométrique mobile non matériel $V(t)$, le bilan d'entropie s'énonce comme suit :
Le taux de variation d'entropie du volume $V(t)$ est égal à la somme du flux convectif d'entropie dû au transport de matière et du flux diffusif d'entropie dû à la conduction thermique entrant dans le volume $V(t)$ à travers sa surface frontière $A(t)$, et du taux de production d'entropie à l'intérieur du volume $V(t)$.

3. Un terme source d'énergie thermique d'origine électrique ou nucléaire peut éventuellement être ajouté au membre de droite de cette équation.

L'équation correspondante s'écrit :

$$\begin{aligned}\frac{d}{dt}\int_{V(t)} \rho s \, dV &= -\oint_{A(t)} \rho s(\boldsymbol{v}-\boldsymbol{v}_A)\cdot\boldsymbol{n}\, dA \\ &\quad -\oint_{A(t)} \frac{1}{T}\,\boldsymbol{q}\cdot\boldsymbol{n}\, dA \\ &\quad +\int_{V(t)} \Delta \, dV \end{aligned} \tag{5.18}$$

où Δ est le taux de production volumique d'entropie dans le volume V et s l'entropie massique qui devra être spécifiée par une relation de comportement propre au fluide considéré. Ce point sera traité à la section 7.

Le deuxième principe de la thermodynamique impose que le taux de production d'entropie dans le volume V soit positif dans le cas général et nul pour une évolution qui sera appelée réversible par définition. En conséquence nous avons :

$$\int_{V(t)} \Delta \, dV \geq 0 \tag{5.19}$$

Cette dernière inégalité étant vraie pour tout instant t, nous en déduisons :

$$\Delta \geq 0 \quad \forall\, t \tag{5.20}$$

L'expression de ce taux de production volumique d'entropie sera établie à la section 9.

On trouvera dans Fosdick et Serrin (1975) ainsi que dans Green et Naghdi (1978) des démonstrations claires de la cohérence de cette présentation avec les résultats habituels de la thermodynamique classique. D'autres écritures exprimant l'évolution de l'entropie d'un système sont possibles et on se reportera à Hutter (1977) pour une analyse comparative.

4 Les outils mathématiques

4.1 Règle de Leibniz

La règle de Leibniz est un théorème de géométrie différentielle qui permet de dériver par rapport à un paramètre, en l'occurrence le temps, une intégrale de volume qui dépend de ce paramètre (Truesdell et Toupin, 1960 ; Whitaker, 1968 ; Greenberg, 1978).

Considérons un volume géométrique $V(t)$ se déplaçant au cours du temps t. Ce volume est limité par une surface fermée $A(t)$ en un point de laquelle le vecteur normal unitaire dirigé vers l'extérieur et la vitesse de déplacement sont respectivement appelés $\boldsymbol{n}$ et $\boldsymbol{v}_A \cdot \boldsymbol{n}$.

Soit $F(x, y, z, t)$ une fonction suffisamment régulière d'un point de coordonnées x, y, z et du temps t. La règle de Leibniz s'écrit :

$$\frac{d}{dt}\int_{V(t)} F(x,y,z,t)\,dV = \int_{V(t)} \frac{\partial F}{\partial t}\,dV + \oint_{A(t)} F\,\boldsymbol{v}_A\cdot\boldsymbol{n}\,dA \tag{5.21}$$

Elle permet de transformer la dérivée d'une intégrale de volume en la somme d'une intégrale de volume et d'une intégrale de surface sur la frontière de ce volume.
Si la fonction $F(x, y, z, t)$ est telle que $F(x, y, z, t) \equiv 1$ alors nous obtenons :

$$\frac{d}{dt}\int_{V(t)} dV \equiv \oint_{A(t)} \boldsymbol{v}_A\cdot\boldsymbol{n}\,dA \tag{5.22}$$

L'exercice 12.4 permettra de vérifier cette identité dans un cas très simple.

4.2 Théorème de transport de Reynolds

Alors que la règle de Leibniz est un théorème de géométrie différentielle, le théorème de transport de Reynolds est un théorème de mécanique des fluides relatif au mouvement d'un volume matériel $V_m(t)$. Il fait intervenir la composante normale $\boldsymbol{v}\cdot\boldsymbol{n}$ du fluide sur la frontière $A_m(t)$ de ce volume.
Appliquons en effet la règle de Leibniz (5.21) à ce volume matériel :

$$\frac{d}{dt}\int_{V_m(t)} F(x,y,z,t)\,dV = \int_{V_m(t)} \frac{\partial F}{\partial t}\,dV + \oint_{A_m(t)} F\,\boldsymbol{v}_A\cdot\boldsymbol{n}\,dA \tag{5.23}$$

Comme il s'agit d'un volume matériel nous avons :

$$\boldsymbol{v}\cdot\boldsymbol{n} \equiv \boldsymbol{v}_A\cdot\boldsymbol{n} \tag{5.24}$$

ce qui conduit au théorème de transport de Reynolds :

$$\frac{d}{dt}\int_{V_m(t)} F(x,y,z,t)\,dV = \int_{V_m(t)} \frac{\partial F}{\partial t}\,dV + \oint_{A_m(t)} F\,\boldsymbol{v}\cdot\boldsymbol{n}\,dA \tag{5.25}$$

4.3 Théorème de Gauss

Considérons un volume V quelconque, matériel ou non, mobile ou fixe, limité par une surface frontière fermée A. Soit $\boldsymbol{n}$ le vecteur unitaire normal en un point de cette surface frontière A. Soit $\boldsymbol{v}$ un champ de vecteurs et $\boldsymbol{T}$ un champ de tenseurs suffisamment réguliers. Le théorème de Gauss permet de transformer une intégrale de surface en une intégrale de volume selon les relations :

$$\oint_A \boldsymbol{n}\cdot\boldsymbol{v}\,dA = \int_V \boldsymbol{\nabla}\cdot\boldsymbol{v}\,dV \tag{5.26}$$

$$\oint_A \boldsymbol{n} \cdot \boldsymbol{T} \, dA = \int_V \boldsymbol{\nabla} \cdot \boldsymbol{T} \, dV \tag{5.27}$$

Notons que le vecteur $\boldsymbol{n}$ précède le tenseur $\boldsymbol{T}$. Cela est important car le produit vectoriel d'un vecteur $\boldsymbol{v}$ par un tenseur $\boldsymbol{T}$ n'est pas commutatif sauf si le tenseur $\boldsymbol{T}$ est symétrique.

5 Equations de bilan locales instantanées primaires

Elles sont établies directement à partir des bilans globaux instantanés écrits par exemple pour un volume de contrôle géométrique mobile non matériel. Ayant formulé les bilans globaux de masse (5.11), de quantité de mouvement linéaire (5.13), de quantité de mouvement angulaire (5.16), d'énergie totale (5.17) et d'entropie (5.18), il nous est facile d'obtenir les équations locales instantanées primaires correspondantes. A titre d'exemple nous traiterons les cas du bilan de masse et du bilan de quantité de mouvement linéaire.

5.1 Bilan de masse

Partons du bilan global (5.11) :

$$\frac{d}{dt} \int_{V(t)} \rho \, dV = - \oint_{A(t)} \rho (\boldsymbol{v} - \boldsymbol{v}_A) \cdot \boldsymbol{n} \, dA$$

Notre objectif est d'écrire tous les termes de cette équation sous la forme d'intégrales de volume. Nous allons par conséquent appliquer la règle de Leibniz (5.21) au membre de gauche et le théorème de Gauss (5.26) au premier terme du membre de droite :

$$\int_{V(t)} \frac{\partial \rho}{\partial t} \, dV + \oint_{A(t)} \rho \, \boldsymbol{v}_A \cdot \boldsymbol{n} \, dA = - \int_V \boldsymbol{\nabla} \cdot \rho \, \boldsymbol{v} \, dV + \oint_{A(t)} \rho \, \boldsymbol{v}_A \cdot \boldsymbol{n} \, dA$$

soit :

$$\int_{V(t)} \left(\frac{\partial \rho}{\partial t} + \boldsymbol{\nabla} \cdot \rho \, \boldsymbol{v} \right) dV = 0 \qquad \forall \, V(t)$$

d'où nous déduisons l'équation locale instantanée de bilan de masse encore appelée *équation de continuité* :

$$\frac{\partial \rho}{\partial t} + \boldsymbol{\nabla} \cdot \rho \, \boldsymbol{v} = 0 \tag{5.28}$$

Cette équation représente en fait le bilan de masse sur un élément de volume.

Forme particulière du théorème de transport de Reynolds

Appliquons le théorème de transport de Reynolds (5.25) à une fonction

$$F(x,y,z,t) \hat{=} \rho(x,y,z,t) f(x,y,z,t)$$

suffisamment régulière. Nous obtenons :

$$\frac{d}{dt}\int_{V_m(t)} \rho f \, dV = \int_{V_m(t)} \frac{\partial \rho f}{\partial t} \, dV + \oint_{A_m(t)} \rho f \, \boldsymbol{v} \cdot \boldsymbol{n} \, dA$$

En développant le premier terme du membre de droite et en appliquant le théorème de Gauss au deuxième terme, il vient :

$$\frac{d}{dt}\int_{V_m(t)} \rho f \, dV = \int_{V_m(t)} \left(\rho \frac{\partial f}{\partial t} + f \frac{\partial \rho}{\partial t} + \boldsymbol{\nabla} \cdot \rho f \boldsymbol{v} \right) dV$$

En développant la divergence et en tenant compte de l'équation de bilan de masse (5.28) nous obtenons :

$$\frac{d}{dt}\int_{V_m(t)} \rho f \, dV = \int_{V_m(t)} \left(\rho \frac{\partial f}{\partial t} + \rho \boldsymbol{v} \cdot \boldsymbol{\nabla} f \right) dV$$

La *dérivée lagrangienne*, encore appelée *dérivée matérielle, particulaire ou convective*, étant définie par la relation :

$$\frac{D}{Dt} \hat{=} \frac{\partial}{\partial t} + \boldsymbol{v} \cdot \boldsymbol{\nabla} \tag{5.29}$$

nous aboutissons finalement à la *forme particulière du théorème de transport de Reynolds* :

$$\frac{d}{dt}\int_{V_m(t)} \rho f \, dV = \int_{V_m(t)} \rho \, \frac{Df}{Dt} \, dV \tag{5.30}$$

Il est important de remarquer que ce théorème ne s'applique qu'à des volumes *matériels* limités par des surfaces *matérielles* sur lesquelles il ne peut y avoir de changement de phase (par exemple évaporation ou condensation).

5.2 Bilan de quantité de mouvement linéaire

Partons du bilan global (5.13) :

$$\begin{aligned} \frac{d}{dt}\int_{V(t)} \rho \boldsymbol{v} \, dV &= -\oint_{A(t)} \rho \boldsymbol{v} [(\boldsymbol{v} - \boldsymbol{v}_A) \cdot \boldsymbol{n}] \, dA \\ &\quad + \int_{V(t)} \rho \boldsymbol{F} \, dV + \oint_{A(t)} \boldsymbol{n} \cdot \boldsymbol{T} \, dA \end{aligned}$$

Notre objectif est d'écrire tous les termes de cette équation sous la forme d'intégrales de volume. Nous allons par conséquent appliquer la règle de Leibniz (5.21) au membre de gauche et le théorème de Gauss (5.27) au premier terme et au dernier terme du membre de droite. Cependant le théorème de Gauss n'est pas directement applicable au premier terme du membre de droite qu'il nous faut transformer de la façon suivante :

$$-\oint_{A(t)} \rho \boldsymbol{v}(\boldsymbol{v}\cdot\boldsymbol{n})\, dA \equiv -\oint_{A(t)} (\rho\boldsymbol{v}\boldsymbol{v})\cdot\boldsymbol{n}\, dA$$

puisque nous avons l'identité suivante entre les vecteurs $\boldsymbol{A}$, $\boldsymbol{B}$ et $\boldsymbol{C}$:

$$\boldsymbol{A}(\boldsymbol{B}\cdot\boldsymbol{C}) \equiv (\boldsymbol{A}\boldsymbol{B})\cdot\boldsymbol{C} \tag{5.31}$$

où $\boldsymbol{AB}$ est le produit tensoriel de composante A_iB_j des vecteurs $\boldsymbol{A}$ et $\boldsymbol{B}$. Comme de plus le tenseur $\rho\boldsymbol{vv}$ est symétrique nous avons :

$$-\oint_{A(t)} (\rho\boldsymbol{v}\boldsymbol{v})\cdot\boldsymbol{n})\, dA \equiv -\oint_{A(t)} \boldsymbol{n}\cdot(\rho\boldsymbol{v}\boldsymbol{v})\, dA$$

Ce n'est qu'à ce stade que nous pouvons appliquer le théorème de Gauss (5.27). Nous obtenons finalement :

$$\begin{aligned}\int_{V(t)} \frac{\partial \rho\boldsymbol{v}}{\partial t}\, dV \quad &+ \quad \oint_{A(t)} \rho\boldsymbol{v}\,(\boldsymbol{v}_A\cdot\boldsymbol{n})\, dV = -\int_{V(t)} \boldsymbol{\nabla}\cdot(\rho\boldsymbol{v}\boldsymbol{v})\, dA \\ &+ \quad \oint_{A(t)} \rho\boldsymbol{v}(\boldsymbol{v}_A\cdot\boldsymbol{n})\, dA + \int_{V(t)} \rho\boldsymbol{F}\, dV + \int_{V(t)} \boldsymbol{\nabla}\cdot\boldsymbol{T}\, dV\end{aligned}$$

soit :

$$\int_{V(t)} \left[\frac{\partial \rho\boldsymbol{v}}{\partial t} + \boldsymbol{\nabla}\cdot(\rho\boldsymbol{v}\boldsymbol{v}) - \rho\boldsymbol{F} - \boldsymbol{\nabla}\cdot\boldsymbol{T}\right] dV \qquad \forall\, V(t)$$

d'où nous déduisons l'équation locale instantanée de bilan de quantité de mouvement linéaire :

$$\frac{\partial \rho\boldsymbol{v}}{\partial t} + \boldsymbol{\nabla}\cdot(\rho\boldsymbol{v}\boldsymbol{v}) - \rho\boldsymbol{F} - \boldsymbol{\nabla}\cdot\boldsymbol{T} = 0 \tag{5.32}$$

Cette équation représente en fait le bilan de quantité de mouvement linéaire sur un élément de volume.

5.3 Bilan de quantité de mouvement angulaire

Compte tenu de l'équation locale instantanée de bilan de quantité de mouvement linéaire (5.32), le bilan de quantité de mouvement angulaire se réduit à la relation :

$$\boldsymbol{T} \equiv \boldsymbol{T}^t \tag{5.33}$$

où $\boldsymbol{T}^t$ désigne la forme transposée du tenseur $\boldsymbol{T}$. En l'absence de couple extérieur, le tenseur des contraintes $\boldsymbol{T}$ est donc symétrique.

5.4 Bilan d'énergie totale

En appliquant la même méthode on montre que l'équation locale instantanée de bilan d'énergie totale s'écrit :

$$\frac{\partial}{\partial t}\left[\rho(u+\frac{1}{2}\boldsymbol{v}^2)\right]+\boldsymbol{\nabla}\cdot\left[\rho(u+\frac{1}{2}\boldsymbol{v}^2)\boldsymbol{v}\right]-\rho\boldsymbol{F}\cdot\boldsymbol{v}-\boldsymbol{\nabla}\cdot(\boldsymbol{T}\cdot\boldsymbol{v})+\boldsymbol{\nabla}\boldsymbol{q}=0 \quad (5.34)$$

Supposons maintenant que la force extérieure massique F dérive d'un potentiel Φ indépendant du temps tel que :

$$\boldsymbol{F} \hat{=} -\boldsymbol{\nabla}\Phi \quad (5.35)$$

Nous avons alors :

$$-\rho\boldsymbol{F}\cdot\boldsymbol{v}=\rho\boldsymbol{v}\cdot\boldsymbol{\nabla}\Phi$$

ou encore :

$$-\rho\boldsymbol{F}\cdot\boldsymbol{v}=\boldsymbol{\nabla}\cdot(\rho\,\Phi\,\boldsymbol{v})-\Phi\boldsymbol{\nabla}\cdot(\rho\boldsymbol{v})$$

et compte tenu de l'équation de continuité (5.28) :

$$-\rho\boldsymbol{F}\cdot\boldsymbol{v}=\boldsymbol{\nabla}\cdot(\rho\,\Phi\,\boldsymbol{v})+\Phi\frac{\partial\rho}{\partial t}$$

Comme nous avons supposé que le potentiel Φ était indépendant du temps, il vient :

$$-\rho\boldsymbol{F}\cdot\boldsymbol{v}=\boldsymbol{\nabla}\cdot(\rho\,\Phi\,\boldsymbol{v})+\frac{\partial\rho\Phi}{\partial t} \quad (5.36)$$

ce qui permet d'écrire l'équation de bilan locale instantanée d'énergie totale sous la forme :

$$\frac{\partial}{\partial t}\left[\rho(u+\frac{1}{2}\boldsymbol{v}^2+\Phi)\right]+\boldsymbol{\nabla}\cdot\left[\rho(u+\frac{1}{2}\boldsymbol{v}^2+\Phi)\boldsymbol{v}\right]-\boldsymbol{\nabla}\cdot(\boldsymbol{T}\cdot\boldsymbol{v})+\boldsymbol{\nabla}\boldsymbol{q}=0 \quad (5.37)$$

Forme intégrée du bilan d'énergie totale pour un système ouvert

Considérons le système ouvert représenté à la figure 5.3 et qui, recevant un flux de chaleur Q, délivre une puissance mécanique W.

Définissons le volume de contrôle non matériel $V(t)$ limité par les surfaces suivantes :

1. les section d'entrée A_1 et section de sortie A_2,
2. les parois fixes supposées adiabatiques S_0,
3. la surface d'échange thermique S_1,
4. les parois mobiles supposées adiabatiques S_2.

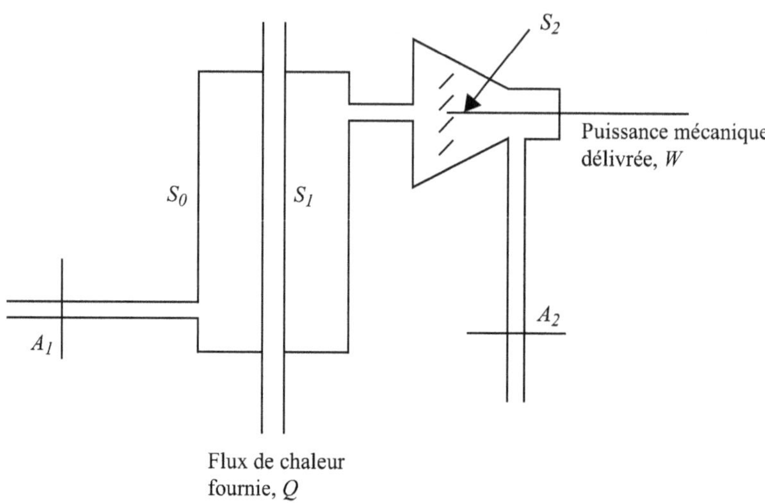

Figure 5.3 – Système ouvert.

Décomposons le tenseur des contraintes totales et intégrons l'équation locale instantanée de bilan d'énergie totale (5.37) sur le volume de contrôle $V(t)$:

$$\int_{V(t)} \frac{\partial}{\partial t}\left[\rho(u+\frac{1}{2}\boldsymbol{v}^2+\Phi)\right] dV + \int_{V(t)} \boldsymbol{\nabla}\cdot\left[\rho(u+\frac{1}{2}\boldsymbol{v}^2+\Phi)\boldsymbol{v}\right] dV \\ + \int_{V(t)} \boldsymbol{\nabla}\cdot(p\boldsymbol{V})\, dV - \int_{V(t)} \boldsymbol{\nabla}\cdot(\boldsymbol{\tau}\cdot\boldsymbol{v})\, dV + \int_{V(t)} \boldsymbol{\nabla}\cdot\boldsymbol{q}\, dV = 0$$

Appliquons maintenant la règle de Leibniz (5.21) au premier terme et le théorème de Gauss (5.26) à tous les autres termes et posons :

$$e \triangleq u + \frac{1}{2}\boldsymbol{v}^2 + \Phi \tag{5.38}$$

Après avoir négligé les puissances des contraintes visqueuses normales et les flux de chaleur dans les sections d'entrée et de sortie A_1 et A_2, *i.e.* les termes :

$$\int_{A_1} (\boldsymbol{\tau}\cdot\boldsymbol{v})\cdot\boldsymbol{n}\, dA\,, \quad \int_{A_2} (\boldsymbol{\tau}\cdot\boldsymbol{v})\cdot\boldsymbol{n}\, dA\,, \quad \int_{A_1} \boldsymbol{q}\cdot\boldsymbol{n}\, dA\,, \quad \int_{A_2} \boldsymbol{q}\cdot\boldsymbol{n}\, dA\,,$$

il vient :

$$\frac{d}{dt}\int_{V(t)} \rho\, e\, dV = -\int_{A_1} \rho\left(e+\frac{p}{\rho}\right) \boldsymbol{v}\cdot\boldsymbol{n}\, dA - \int_{A_2} \rho\left(e+\frac{p}{\rho}\right) \boldsymbol{v}\cdot\boldsymbol{n}\, dA \\ - \int_{S_1} \boldsymbol{q}\cdot\boldsymbol{n}\, dA + \int_{S_2} (\boldsymbol{T}\cdot\boldsymbol{v})\cdot\boldsymbol{n}\, dA \tag{5.39}$$

Transformons successivement les termes du membre de droite de l'équation précédente :

$$
\begin{aligned}
&- \int_{A_1} \rho \left(e + \frac{p}{\rho}\right) \boldsymbol{v} \cdot \boldsymbol{n} \, dA - \int_{A_2} \rho \left(e + \frac{p}{\rho}\right) \boldsymbol{v} \cdot \boldsymbol{n} \, dA = \\
&- \int_{A_1} \rho \left(u + \frac{1}{2}\boldsymbol{v}^2 + \Phi + \frac{p}{\rho}\right) \boldsymbol{v} \cdot \boldsymbol{n} \, dA - \int_{A_2} \rho \left(u + \frac{1}{2}\boldsymbol{v}^2 + \Phi + \frac{p}{\rho}\right) \boldsymbol{v} \cdot \boldsymbol{n} \, dA
\end{aligned}
$$

En négligeant les variations de ρ, u, p et Φ dans les sections A_1 et A_2 et en supposant l'écoulement unidirectionnel dans ces mêmes sections, il vient :

$$
\begin{aligned}
&- \int_{A_1} \rho \left(e + \frac{p}{\rho}\right) \boldsymbol{v} \cdot \boldsymbol{n} \, dA - \int_{A_2} \rho \left(e + \frac{p}{\rho}\right) \boldsymbol{v} \cdot \boldsymbol{n} \, dA = \\
&+ \left(u_1 + \Phi_1 + \frac{p_1}{\rho_1}\right) \dot{M}_1 + \frac{1}{2} \rho_1 \int_{A_1} v^3 \, dA \\
&- \left(u_2 + \Phi_2 + \frac{p_2}{\rho_2}\right) \dot{M}_2 - \frac{1}{2} \rho_2 \int_{A_2} v^3 \, dA
\end{aligned}
\tag{5.40}
$$

où les débits-masse $\dot{M}_1$ et $\dot{M}_2$ à travers les sections A_1 et A_2 sont donnés par les relations :

$$\dot{M}_1 \hat{=} - \int_{A_1} \rho \, \boldsymbol{v} \cdot \boldsymbol{n} \, dA = \rho_1 < v >_1 A_1 \tag{5.41}$$

$$\dot{M}_2 \hat{=} + \int_{A_2} \rho \, \boldsymbol{v} \cdot \boldsymbol{n} \, dA = \rho_2 < v >_2 A_2 \tag{5.42}$$

avec :

$$v \hat{=} \mid \boldsymbol{v} \cdot \boldsymbol{n} \mid \tag{5.43}$$

et l'opérateur de moyenne $< f >$ de la fonction f sur la section A étant défini par la relation :

$$< f > \hat{=} \frac{1}{A} \int_A f \, dA \tag{5.44}$$

Par ailleurs le flux de chaleur Q fourni au système est donné par la relation :

$$Q \hat{=} - \int_{S_1} \boldsymbol{q} \cdot \boldsymbol{n} \, dA \tag{5.45}$$

Enfin le dernier terme s'écrit :

$$
\begin{aligned}
\int_{S_2} (\boldsymbol{T} \cdot \boldsymbol{v}) \cdot \boldsymbol{n} \, dA &= \int_{S_2} \boldsymbol{n} \cdot (\boldsymbol{T} \cdot \boldsymbol{v}) \, dA \\
&= \int_{S_2} (\boldsymbol{n} \cdot \boldsymbol{T}) \cdot \boldsymbol{v} \, dA \\
&\hat{=} -W
\end{aligned}
\tag{5.46}
$$

où W est la puissance mécanique délivrée par le système.

En tenant compte des équations (5.40), (5.45) et (5.46), l'équation (5.39) s'écrit finalement :

$$\frac{d}{dt}\int_{V(t)}\rho\left(u+\frac{1}{2}\boldsymbol{v}^2+\Phi\right)dV=\Delta\left[\left(h+\Phi+\frac{1}{2}\frac{<v^3>}{<v>}\right)\dot{M}\right]+Q-W \tag{5.47}$$

où l'écart $\Delta[f]$ et l'enthalpie massique h sont définis par les relations :

$$\Delta[f]\hat{=}f_1-f_2 \tag{5.48}$$

$$u\hat{=}h-\frac{p}{\rho} \tag{5.49}$$

Bilan thermique obtenu à partir de la forme intégrée du bilan d'énergie totale

Dans le cas d'un régime permanent, en l'absence de puissance mécanique délivrée par le système et si les écarts d'énergie cinétique et potentielle entre les sections d'entrée et de sortie sont négligeables, l'équation (5.47) se réduit au bilan thermique classique :

$$\dot{M}\left(h_2-h_1\right)=Q \tag{5.50}$$

5.5 Bilan d'entropie

L'équation locale instantanée de bilan d'entropie s'obtient de manière analogue et s'écrit :

$$\frac{\partial\rho s}{\partial t}+\boldsymbol{\nabla}\cdot(\rho s\boldsymbol{v})+\boldsymbol{\nabla}\cdot\frac{1}{T}\boldsymbol{q}=\Delta\geq 0 \tag{5.51}$$

6 Equations locales instantanées secondaires

Ces équations sont obtenues à partir des équations de bilan locales instantanées primaires. Elles ne peuvent en aucun cas être déduites d'équations globales qui auraient été obtenues par combinaison des équations de bilan globales instantanées. En revanche elles peuvent être intégrées sur un volume de contrôle et donner naissance *sous certaines conditions* à des équations de type bilan. Cette méthode sera utilisée en particulier pour obtenir une équation de bilan d'énergie mécanique qui est une des nombreuses formes du théorème de Bernoulli.

6.1 Equation de l'énergie cinétique

Elle est obtenue en multipliant scalairement l'équation de bilan de quantité de mouvement linéaire (5.32) par le vecteur vitesse $\boldsymbol{v}$:

$$\frac{\partial}{\partial t}\left(\frac{1}{2}\rho v^2\right) + \boldsymbol{\nabla}\cdot\left(\frac{1}{2}\rho v^2\boldsymbol{v}\right) - \rho\boldsymbol{F}\cdot\boldsymbol{v} - \boldsymbol{\nabla}\cdot(\boldsymbol{T}\cdot\boldsymbol{v}) + \boldsymbol{T} : \boldsymbol{\nabla}\boldsymbol{v} = 0 \qquad (5.52)$$

Dans cette équation le produit doublement contracté $\boldsymbol{T} : \boldsymbol{\nabla}\boldsymbol{v}$ est un scalaire qui a pour expression $T_{ij}\nabla_i v_j$ où T_{ij}, ∇_j et v_j sont respectivement les composantes du tenseur T, du vecteur $\boldsymbol{\nabla}$ et du vecteur $\boldsymbol{v}$.

Si nous supposons que la force extérieure massique F dérive d'un potentiel Φ indépendant du temps, l'équation (5.36) permet de transformer l'équation précédente qui s'écrit maintenant sous la forme d'une équation d'*énergie mécanique* définie comme la somme de l'énergie cinétique et de l'énergie potentielle :

$$\frac{\partial}{\partial t}\left[\rho(\frac{1}{2}v^2 + \Phi)\right] + \boldsymbol{\nabla}\cdot\left[\rho(\frac{1}{2}v^2 + \Phi)\boldsymbol{v}\right] - \boldsymbol{\nabla}\cdot(\boldsymbol{T}\cdot\boldsymbol{v}) + \boldsymbol{T} : \boldsymbol{\nabla}\boldsymbol{v} = 0 \qquad (5.53)$$

Forme intégrée de l'équation d'énergie mécanique : théorème de Bernoulli

On trouvera aux pages 203-205 et 221-223 de l'excellent livre de Bird *et al.* (2007) une remarquable discussion sur ce sujet.

La méthode est identique à celle employée lors de l'intégration de l'équation d'énergie totale. L'équation locale instantanée d'énergie mécanique (5.53) est tout d'abord intégrée sur le volume de contrôle ouvert représenté à la figure 5.3. Après avoir utilisé la règle de Leibniz et le théorème de Gauss et après avoir négligé les puissances des contraintes visqueuses normales dans les sections d'entrée et de sortie A_1 et A_2, *i.e.* les termes :

$$\int_{A_1}(\boldsymbol{\tau}\cdot\boldsymbol{v})\cdot\boldsymbol{n}\,dA \quad \text{et} \quad \int_{A_2}(\boldsymbol{\tau}\cdot\boldsymbol{v})\cdot\boldsymbol{n}\,dA,$$

l'équation suivante est obtenue :

$$\begin{aligned}\frac{d}{dt}\int_{V(t)}\rho\left(\frac{1}{2}v^2+\Phi\right)dV = & - \int_{A_1}\rho\left(\frac{1}{2}v^2+\Phi+\frac{p}{\rho}\right)\boldsymbol{v}\cdot\boldsymbol{n}\,dA \\ & - \int_{A_2}\rho\left(\frac{1}{2}v^2+\Phi+\frac{p}{\rho}\right)\boldsymbol{v}\cdot\boldsymbol{n}\,dA \\ & + \int_{S_2(t)}(\boldsymbol{T}\cdot\boldsymbol{v})\cdot\boldsymbol{n}\,dA + \int_{V(t)}p\boldsymbol{\nabla}\cdot\boldsymbol{v}\,dV \\ & - \int_{V(t)}\boldsymbol{\tau} : \boldsymbol{\nabla}\boldsymbol{v}\,dV \qquad (5.54)\end{aligned}$$

En négligeant les variations de ρ, p et Φ dans les sections d'entrée A_1 et de sortie A_2 nous obtenons l'équation suivante :

$$\frac{d}{dt}\int_{V(t)} \rho\, \left(\frac{1}{2}\boldsymbol{v}^2 + \Phi\right)\, dV = \Delta\left[\left(\frac{p}{\rho} + \Phi + \frac{1}{2}\frac{< v^3 >}{< v >}\right)\dot{M}\right] - W + E_c - E_v \tag{5.55}$$

où E_v, toujours positif pour un fluide newtonien, est le taux de dissipation d'énergie irréversible due aux frottements visqueux défini par la relation :

$$E_v \hat{=} \int_{V(t)} \boldsymbol{\tau} : \boldsymbol{\nabla v}\, dV \tag{5.56}$$

et E_c le taux de variation de l'énergie mécanique du volume de contrôle due à la compressibilité du fluide et défini par la relation :

$$E_c \hat{=} \int_{V(t)} p\boldsymbol{\nabla}\cdot\boldsymbol{v}\, dV \tag{5.57}$$

Ce terme est positif dans le cas d'une détente et négatif dans le cas d'une compression. Il est nul si le fluide est isochore, *i.e.* à masse volumique constante. Pour l'écoulement permanent d'un fluide isochore sans génération de puissance mécanique, on retrouve ainsi une forme classique du théorème de Bernoulli :

$$\Delta\left[\left(\frac{p}{\rho} + \Phi + \frac{1}{2}\frac{< v^3 >}{< v >}\right)\dot{M}\right] = E_v \tag{5.58}$$

6.2 Equation de l'énergie interne

En soustrayant l'équation d'énergie cinétique (5.52) à l'équation de bilan d'énergie totale (5.34), nous aboutissons à l'équation d'énergie interne suivante :

$$\frac{\partial}{\partial t}(\rho u) + \boldsymbol{\nabla}\cdot(\rho u\boldsymbol{v}) + \boldsymbol{\nabla}\cdot\boldsymbol{q} - \boldsymbol{T} : \boldsymbol{\nabla v} = 0 \tag{5.59}$$

Forme intégrée de l'équation d'énergie interne pour un système ouvert

Elle est obtenue soit en intégrant l'équation d'énergie interne (5.59), soit en soustrayant l'équation d'énergie mécanique intégrée (5.55) de l'équation d'énergie totale intégrée (5.47) :

$$\frac{d}{dt}\int_{V(t)} \rho\, u\, dV = \Delta[u\dot{M}] + Q - E_c + E_v \tag{5.60}$$

Dans le cas où la pression est uniforme dans le volume de contrôle, l'équation précédente peut s'écrire, compte tenu de la définition (5.57) de E_c et en appliquant le théorème de Gauss :

$$\frac{d}{dt}\int_{V(t)} \rho\, u\, dV = \Delta[h\dot{M}] + Q + E_v \tag{5.61}$$

Si l'écoulement est permanent l'équation (5.60) devient :

$$\dot{M}(u_2 - u_1) = Q - E_c + E_v \tag{5.62}$$

Si de plus la pression est uniforme dans le volume de contrôle, l'équation (5.61) devient :

$$\dot{M}(h_2 - h_1) = Q + E_v \tag{5.63}$$

6.3 Equation de l'enthalpie

En exprimant u en fonction de h et en introduisant le déviateur des contraintes dans l'équation d'énergie interne (5.59), nous obtenons l'équation de l'enthalpie :

$$\frac{\partial}{\partial t}(\rho h - p) + \boldsymbol{\nabla}\cdot(\rho h \boldsymbol{v}) - \boldsymbol{v}\cdot\boldsymbol{\nabla} p + \boldsymbol{\nabla}\cdot\boldsymbol{q} - \boldsymbol{\tau} : \boldsymbol{\nabla}\boldsymbol{v} = 0 \tag{5.64}$$

Forme intégrée de l'équation d'enthalpie pour un système ouvert

Elle est obtenue soit en intégrant l'équation d'enthalpie (5.64), soit en exprimant l'énergie interne en fonction de l'enthalpie dans la forme intégrée de l'équation de l'énergie interne (5.60) :

$$\frac{d}{dt}\int_{V(t)} (\rho\, h - p)\, dV = \Delta\left[\left(h - \frac{p}{\rho}\right)\dot{M}\right] + Q - E_c + E_v \tag{5.65}$$

Dans cette équation le terme

$$\Delta\left[-\frac{p}{\rho}\dot{M}\right] \mathrel{\hat{=}} W_P \tag{5.66}$$

représente la puissance de circulation du fluide, encore appelée puissance de transvasement ou puissance de pompage.

Lorsque la pression est uniforme dans le volume de contrôle, l'équation (5.65) peut s'écrire sous la forme :

$$\frac{d}{dt}\int_{V(t)} (\rho\, h - p)\, dV = \Delta\left[\, h\dot{M}\right] + Q + E_v \tag{5.67}$$

On retrouve bien l'équation (5.61).

Bilan thermique obtenu à partir de la forme intégrée des bilans d'enthalpie ou d'énergie interne

Dans le cas d'un écoulement permanent et si la puissance de circulation du fluide, le taux de variation de l'énergie mécanique due à la compressibilité du fluide et la puissance dissipée par les frottements visqueux sont négligeables devant le flux thermique, alors l'équation (5.65) se réduit au bilan thermique classique :

$$\dot{M}(h_2 - h_1) = Q \tag{5.68}$$

Nous avons donc obtenu les mêmes équations, (5.50) et (5.68), correspondant au bilan thermique usuel à l'aide de deux méthodes différentes faisant appel à des jeux d'hypothèses différents.

7 Relations de comportement

Les bilans globaux de quantité de mouvement linéaire (5.13), d'énergie totale (5.17) et d'entropie (5.18) ont fait respectivement apparaître un déviateur des contraintes $\boldsymbol{\tau}$, un flux thermique surfacique $\boldsymbol{q}$ et une entropie massique s. Chacune de ses grandeurs doit être spécifiée par une relation de comportement propre à la classe de fluides considérée.

7.1 Relation de comportement mécanique

Pour un fluide newtonien, isochore et de viscosité μ, nous avons :

$$\boldsymbol{\tau} = \mu \left[\nabla \boldsymbol{v} + (\nabla \boldsymbol{v})^t \right] \tag{5.69}$$

7.2 Relation de comportement thermique

Pour un fluide de Fourier de conductivité thermique k, nous avons :

$$\boldsymbol{q} = -k \nabla T \tag{5.70}$$

7.3 Relation de comportement thermodynamique

La relation de comportement thermodynamique exprime la relation entre l'énergie interne massique u, l'entropie massique s et la masse volumique ρ du fluide (Truesdell et Toupin, 1960 ; Callen, 1960). Pour les fluides ordinaires elle peut s'écrire :

$$u = u(s, \rho) \tag{5.71}$$

Par exemple pour un gaz parfait idéal nous avons l'équation de Sackur-Tetrode :

$$u = u_0 \exp \left[\frac{1}{c_v} \left(s - s_0 + r \ln \frac{\rho}{\rho_0} \right) \right] \tag{5.72}$$

où c_v est la capacité thermique massique et où l'indice 0 désigne un état de référence.

8 L'équation de Gibbs

Par dérivation de la relation de comportement thermodynamique (5.71) nous obtenons :

$$\frac{Du}{Dt} = \left(\frac{\partial u}{\partial s}\right)_\rho \frac{Ds}{Dt} + \left(\frac{\partial u}{\partial \rho}\right)_s \frac{D\rho}{Dt} \tag{5.73}$$

La température T et la pression p sont alors définies par les relations suivantes :

$$T \hat{=} \left(\frac{\partial u}{\partial s}\right)_\rho \tag{5.74}$$

$$p \hat{=} \rho^2 \left(\frac{\partial u}{\partial \rho}\right)_s \tag{5.75}$$

Deux conséquences importantes résultent de ces définitions :

1. La relation de comportement thermodynamique conduit immédiatement aux deux équations d'état du fluide. Le cas du gaz parfait idéal est ainsi évoqué comme exemple dans l'exercice 12.8.
2. La relation (5.73) devient :

$$\frac{Du}{Dt} = T\frac{Ds}{Dt} - p\frac{D}{Dt}\left(\frac{1}{\rho}\right) \tag{5.76}$$

qui n'est autre que la célèbre équation de Gibbs.

9 Equation d'entropie et source d'entropie

Utilisons maintenant l'équation de Gibbs (5.76) pour transformer l'équation d'énergie interne (5.59) en une équation d'entropie.

Compte tenu de l'équation du bilan de masse (5.28) et de la définition (5.29) de la dérivée lagrangienne, l'équation d'énergie interne (5.59) devient :

$$\rho\frac{Du}{Dt} + \boldsymbol{\nabla} \cdot \boldsymbol{q} - \boldsymbol{T} : \boldsymbol{\nabla v} = 0$$

En exprimant le tenseur des contraintes $\boldsymbol{T}$ en fonction de la pression p et du déviateur des contraintes $\boldsymbol{\tau}$, nous obtenons :

$$\rho\frac{Du}{Dt} + \boldsymbol{\nabla} \cdot \boldsymbol{q} + p\boldsymbol{\nabla} \cdot \boldsymbol{v} - \boldsymbol{\tau} : \boldsymbol{\nabla v} = 0 \tag{5.77}$$

Par ailleurs l'équation de Gibbs (5.76) s'écrit, compte tenu de l'équation du bilan de masse (5.28) et de la définition de la dérivée lagrangienne (5.29) :

$$\frac{Du}{Dt} = T\frac{Ds}{Dt} - \frac{p}{\rho}\boldsymbol{\nabla} \cdot \boldsymbol{v} \tag{5.78}$$

En combinant les équations (5.77) et (5.78) nous obtenons l'équation d'entropie suivante :

$$\rho\frac{Ds}{Dt} + \boldsymbol{\nabla} \cdot \frac{\boldsymbol{q}}{T} - \boldsymbol{q} \cdot \boldsymbol{\nabla}\frac{1}{T} - \frac{1}{T}\boldsymbol{\tau} : \boldsymbol{\nabla}\boldsymbol{v} = 0 \tag{5.79}$$

Cette équation d'entropie ne contient pas le taux de production volumique d'entropie Δ contrairement à l'équation de bilan d'entropie (5.51). Cette dernière équation peut se transformer en utilisant l'équation du bilan de masse (5.28) et la définition de la dérivée lagrangienne (5.29). Nous obtenons ainsi :

$$\rho\frac{Ds}{Dt} + \boldsymbol{\nabla} \cdot \frac{\boldsymbol{q}}{T} - \Delta \geq 0 \tag{5.80}$$

La source d'entropie locale instantanée exprimée sous la forme du taux de production volumique d'entropie Δ s'obtient finalement en comparant les équations (5.79) et (5.80) :

$$\Delta = \boldsymbol{q} \cdot \boldsymbol{\nabla}\frac{1}{T} + \frac{1}{T}\boldsymbol{\tau} : \boldsymbol{\nabla}\boldsymbol{v} \geq 0 \tag{5.81}$$

Cette expression de la source d'entropie a une importance capitale : elle permet de restreindre le choix des relations de comportement d'un fluide. Par exemple on montre que pour un fluide newtonien obéissant à la loi de Fourier la viscosité μ et la conductivité thermique k doivent être des grandeurs positives. Cela est évident dans ce cas très simple mais lorsque les relations de comportement sont complexes comme en rhéologie la source d'entropie joue un rôle essentiel dans l'établissement de ces relations en imposant des inégalités sur les coefficients qui y apparaissent.

10 Equations aux discontinuités

La résolution de problèmes de thermohydraulique impliquent assez souvent la formulation d'équations sur des discontinuités comme des niveaux ou surfaces libres ou des ondes de choc. Ces équations s'obtiennent aisément à partir des bilans de masse, de quantité de mouvement ou d'énergie totale écrits pour un volume de contrôle non matériel entourant la discontinuité et se déplaçant avec elle comme représenté à la figure 5.4. Considérons ainsi l'écoulement unidirectionnel d'un fluide non visqueux dans la direction x et une discontinuité se déplaçant en sens inverse de l'écoulement avec une célérité c. Le volume de contrôle $V(t)$ est limité par les surfaces $A_1(t)$ et $A_2(t)$ et a pour épaisseur Δx

que l'on fera tendre vers zéro. Les grandeurs à gauche de la discontinuité sont référencées par l'indice 1 et celles à droite par l'indice 2.

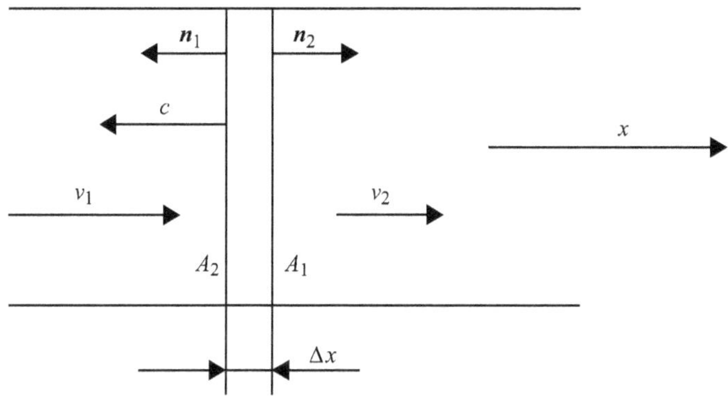

Figure 5.4 – Volume de contrôle pour une discontinuité.

10.1 Bilan de masse sur une discontinuité

L'application du bilan de masse au volume de contrôle conduit à l'équation :

$$\rho_1(v_1 + c) - \rho_2(v_2 + c) = 0 \tag{5.82}$$

10.2 Bilan de quantité de mouvement sur une discontinuité

L'application du bilan de quantité de mouvement au volume de contrôle conduit à l'équation :

$$\rho_1 v_1(v_1 + c) - \rho_2 v_2(v_2 + c) + p_1 - p_2 = 0 \tag{5.83}$$

10.3 Bilan d'énergie totale sur une discontinuité

L'application du bilan d'énergie totale au volume de contrôle conduit à l'équation :

$$\rho_1 \left(h_1 + \frac{1}{2}v_1^2\right)(v_1 + c) - \rho_2 \left(h_2 + \frac{1}{2}v_2^2\right)(v_2 + c) - (p_1 - p_2)c = 0 \tag{5.84}$$

11 Exemples d'applications

11.1 Puissance de pompage

Calculer la puissance de pompage W_P nécessaire au fonctionnement d'un réacteur à eau sous pression dans les conditions suivantes :

- Puissance thermique du cœur : $Q = 3\ 817$ MW
- Différence de température entre l'entrée et la sortie du cœur : $\Delta T = 31$ °C
- Perte de pression dans le circuit de refroidissement : $\Delta p = 778$ kPa

On utilisera les données suivantes :

- Capacité thermique massique de l'eau : $c_p = 5550$ J/(kg·K)
- Masse volumique de l'eau : $\rho = 741.8$ kg/m^3

Solution

La puissance de pompage W_P est donnée par l'expression (5.66) :

$$W_P = \frac{\dot{M}}{\rho}\Delta p$$

Le débit-masse $\dot{M}$ est déterminé par le bilan thermique (5.50) :

$$Q = \dot{M} c_p \Delta T$$

Nous en déduisons immédiatement l'expression de la puissance de pompage :

$$W_P = \frac{Q\Delta p}{\rho c_p \Delta T}$$

L'application numérique conduit à la valeur de la puissance de pompage :

$$W_P = 23.3 \text{ MW}$$

11.2 Montée en pression d'une enceinte REP en situation d'APRP grosse brèche

On considère une enceinte de REP de volume $V = 49\ 400$ m^3 contenant dans les conditions nominales de fonctionnement de l'air à une pression $p_0 = 1$ bar et à une température $T_0 = 20$ °C. Lors d'un APRP grosse brèche, l'enceinte monte en pression par suite de l'injection de vapeur d'eau dans l'enceinte à travers la brèche. On se propose de déterminer selon différentes hypothèses la pression maximale que subira l'enceinte. On assimilera le mélange d'air et de vapeur d'eau dans l'enceinte à un gaz parfait de vapeur surchauffée, caractérisé entre 200 °C et 250 °C et entre 1 bar et 5 bar par un rapport des capacités thermiques massiques à pression constante et volume constant $\gamma \hat{=} c_p/c_v = 1.3$, une capacité thermique massique à pression constante $c_p = 2.08$ kJ/(kg·K) et une enthalpie massique h donnée par la relation :

$$h(T) = c_p T + h_0$$

avec $h_0 = 1\ 900$ kJ/kg.

1. *Cas d'un débit-masse de vapeur constant à la brèche en l'absence de condensation sur les parois de l'enceinte* : déterminer les évolutions temporelles de la pression et de la température dans l'enceinte et en déduire la pression maximale atteinte pour la loi de débit-masse $\dot{M}_{in}$ suivante :

$$\begin{array}{lll} 0 < t \leq t_{in} & \dot{M}_{in} = \dot{M}_{in0} & h_{in} = h_{in0} \\ t > t_{in} & \dot{M}_{in} = 0 & \end{array}$$

avec $t_{in} = 20$ s, $\dot{M}_{in0} = 3\ 500$ kg/s et $h_{in0} = 2\ 900$ kJ/kg.

2. *Cas d'une décroissance linéaire du débit-masse de vapeur à la brèche en l'absence de condensation sur les parois de l'enceinte* : déterminer les évolutions temporelles de la pression et de la température dans l'enceinte et en déduire la pression maximale atteinte pour la loi de débit-masse $\dot{M}_{in}$ suivante :

$$\begin{array}{lll} 0 < t \leq t_{in} & \dot{M}_{in} = \dot{M}_{in0}(1 - t/t_{in}) & h_{in} = h_{in0} \\ t > t_{in} & \dot{M}_{in} = 0 & \end{array}$$

avec $t_{in} = 20$ s, $\dot{M}_{in0} = 7\ 000$ kg/s et $h_{in0} = 2\ 900$ kJ/kg.

3. *Cas d'un débit-masse de vapeur constant à la brèche en présence de condensation sur les parois de l'enceinte* : déterminer l'évolution temporelle de la pression dans l'enceinte et en déduire la pression maximale atteinte pour la loi de débit-masse $\dot{M}_{in}$ suivante :

$$\begin{array}{lll} 0 < t \leq t_{in} & \dot{M}_{in} = \dot{M}_{in0} & h_{in} = h_{in0} \\ t > t_{in} & \dot{M}_{in} = 0 & \end{array}$$

la loi de condensation étant donnée par les relations suivantes :

$$\begin{array}{lll} 0 < t \leq t_{in} & \dot{M}_{cond} = \dot{M}_{cond0} & h_{in} = h_{in0} \\ t_{in} < t \leq t_{cond} & \dot{M}_{cond} = \dot{M}_{cond0}(t_{cond} - t)/(t_{cond} - t_{in}) & h_{in} = h_{in0} \\ t > t_{cond} & \dot{M}_{cond} = 0 & \end{array}$$

avec $t_{in} = 20$ s, $\dot{M}_{in0} = 3\ 500$ kg/s, $h_{in0} = 2\ 900$ kJ/kg, $t_{cond} = 50$ s et $\dot{M}_{cond0} = 1\ 200$ kg/s.

Solution

Ce que l'on connaît :

Volume de l'enceinte :	$V = 49\ 400$ m^3
Pression nominale de l'enceinte :	$p_0 = 1$ bar
Température nominale de l'enceinte :	$T_0 = 20$ °C
Enthalpie massique de la vapeur surchauffée entrant dans l'enceinte par la brèche :	$h_{in0} = 2\ 900$ kJ/kg

Ce que l'on cherche :
L'évolution de la pression $p(t)$ dans l'enceinte.

Hypothèses de départ :
H1 : le mélange d'air et de vapeur dans l'enceinte se comporte comme un gaz parfait de vapeur surchauffée.
H2 : loi de débit-masse $\dot{M}(t)$ donnée.
H3 : loi de condensation sur les parois $\dot{M}_{cond}(t)$ donnée.

Propriétés du mélange eau-vapeur :

Rapport des capacités thermiques massiques :	$\gamma = c_p/c_v = 1.3$
Capacité thermique massique à pression constante :	$c_p = 2.08$ kJ/(kg·K)
Enthalpie massique :	$h(T) = c_p T + h_0$
	$h_0 = 1\,900$ kJ/kg, T en K
Enthalpie massique de vaporisation :	$h_{fg} = 2\,180$ kJ/kg

Méthodologie :
La mise en pression de l'enceinte résulte d'un apport d'enthalpie par la vapeur surchauffée entrant dans l'enceinte par la brèche. L'enceinte constitue donc un système ouvert en régime transitoire auquel on appliquera une équation d'énergie sous forme intégrée en supposant (H4) que toutes les grandeurs sont uniformes dans l'enceinte à un instant t.

Mise en œuvre de la méthodologie :
Nous pouvons partir de la forme intégrée de l'équation de l'énergie totale (5.47) où nous négligeons les termes d'énergie cinétique (H5) et d'énergie potentielle (H6) devant les termes d'enthalpie. Si nous supposons de plus (H7) qu'il n'y a pas de pertes thermiques à travers les surfaces frontières du volume de contrôle ($Q \equiv 0$), nous obtenons alors l'équation suivante :

$$\frac{d}{dt}(Mh) - V\frac{dp}{dt} = \dot{M}_{in} h_{in} \tag{5.85}$$

Remarquons que si nous étions partis de la forme intégrée de l'équation d'enthalpie pour un système ouvert où la pression est uniforme (équation 5.67) nous aurions obtenu la même équation (5.85) mais en supposant uniquement (H8) que le taux de dissipation d'énergie E_v due aux frottement visqueux était négligeable.
L'expression de l'enthalpie massique s'écrivant :

$$h(T) = c_p T + h_0$$

il vient, compte tenu de l'équation des gaz parfaits :

$$\frac{d}{dt}(Mh) = \frac{\gamma}{\gamma - 1} V\frac{dp}{dt} + h_0\frac{dM}{dt}$$

Or le bilan de masse pour l'enceinte s'écrit :

$$\frac{dM}{dt} = \dot{M}_{in}$$

ce qui donne :

$$\frac{d}{dt}(Mh) = \frac{\gamma}{\gamma - 1} V \frac{dp}{dt} + h_0 \dot{M}_{in}$$

En remplaçant le terme $d(Mh)/dt$ par son expression dans l'équation de l'énergie (5.85) nous obtenons :

$$\frac{dp}{dt} = \frac{\gamma - 1}{V} \dot{M}_{in}(h_{in} - h_0) \tag{5.86}$$

1. *Cas d'un débit-masse de vapeur constant à la brèche en l'absence de condensation sur les parois de l'enceinte.*
   En intégrant l'équation (5.86) nous obtenons :

   $$p(t) = \frac{\gamma - 1}{V}(h_{in0} - h_0)\dot{M}_{in0} t + p_0$$

   L'application numérique donne l'expression de $p(t)$ et de p_{max} :

   $$p(t) = 0.21255 \times 10^5 t + 10^5$$

   $$p_{max} = 5.25 \text{ bar}$$

   Pour déterminer l'évolution de la température, partons de l'équation d'état des gaz parfaits :

   $$p(t)V = M(t) c_p \frac{\gamma - 1}{\gamma} T(t)$$

   Comme $\dot{M}_{in}$ est constant nous avons :

   $$M(t) = M_0 + \dot{M}_{in} t$$

   où M_0 est donné par :

   $$p_0 V = M_0 c_p \frac{\gamma - 1}{\gamma} T_0$$

   Nous en déduisons l'évolution de la température :

   $$T(t) = \frac{p(t)}{\frac{p_0}{T_0} + \dot{M}_{in0} \frac{c_p}{V} \frac{\gamma - 1}{\gamma} t}$$

   L'application numérique donne :

   $$T_{max} = 241 \text{ °C}$$

2. *Cas d'une décroissance linéaire du débit-masse de vapeur à la brèche en l'absence de condensation sur les parois de l'enceinte.*
Le débit-masse de vapeur surchauffée entrant dans l'enceinte s'écrit maintenant :
$$\dot{M}_{in} = \dot{M}_{in0}\left(1 - \frac{t}{t_{in}}\right)$$
ce qui conduit à l'expression suivante pour l'évolution de la pression :
$$p(t) = p_0 + \frac{\gamma - 1}{V}(h_{in0} - h_0)\dot{M}_{in0}\left(1 - \frac{t}{2t_{in}}\right)t$$
L'application numérique conduit à la valeur de p_{max} :
$$p_{max} = 5.25 \text{ bar}$$
L'évolution de la température est obtenue d'une manière analogue au premier cas. Elle s'écrit :
$$T(t) = \frac{p(t)}{\frac{p_0}{T_0} + \dot{M}_{in0}\frac{c_p}{V}\frac{\gamma-1}{\gamma}\left(1 - \frac{t}{2t_{in}}\right)t}$$
L'application numérique donne :
$$T_{max} = 241 \text{ °C}$$

3. *Cas d'un débit-masse de vapeur constant à la brèche en présence de condensation sur les parois de l'enceinte.*
Le bilan de masse pour l'enceinte doit être modifié et s'écrit maintenant :
$$\frac{dM}{dt} = \dot{M}_{in} - \dot{M}_{cond}$$
L'équation d'énergie devient :
$$\frac{d}{dt}(Mh) - V\frac{dp}{dt} = \dot{M}_{in}h_{in} - \dot{M}_{cond}h_{fg}$$
où h_{fg} est l'enthalpie massique de vaporisation. L'équation (5.86) s'écrit alors sous la nouvelle forme :
$$\frac{dp}{dt} = \frac{\gamma - 1}{V}[\dot{M}_{in}(h_{in} - h_0) - \dot{M}_{cond}(h_{fg} - h_0)]$$
Le régime transitoire comporte une première phase de $t = 0$ à $t = t_{in}$ et une deuxième phase de t_{in} à t_{cond}. L'évolution de la pression au cours de la première phase est donnée par l'expression :
$$p(t) = p_0 + \frac{\gamma - 1}{V}[\dot{M}_{in0}(h_{in0} - h_0) - \dot{M}_{cond0}(h_{fg} - h_0)]t$$

tandis que l'évolution de la pression au cours de la deuxième phase est donnée par l'expression :

$$p(t) = p(t_{in}) - \frac{\gamma - 1}{V} \frac{\dot{M}_{cond0}(h_{fg} - h_0)}{t_{cond} - t_{in}} \left[t_{cond} - \frac{1}{2}(t + t_{in}) \right] (t - t_{in})$$

L'application numérique conduit aux valeurs suivantes :

$$p_{max} = p(t = t_{in}) = 4.84 \text{ bar} \quad \text{et} \quad p(t_{cond}) = 4.54 \text{ bar}$$

11.3 Détermination du profil axial de température dans un canal chauffant : exemple du cœur d'un REP en conditions nominales

On considère un canal chauffant d'axe Oz vertical et de longueur $L = 3.65$ m parcouru par un écoulement d'eau liquide en régime permanent.
L'eau entre dans le canal à une température $T = 286$ °C et un débit-masse $\dot{M} = 0.34$ kg/s et reçoit une puissance thermique linéique $q'(z)$ en provenance des parois chauffantes du canal. La capacité thermique massique c_p de l'eau liquide sera prise égale à 5.48 kJ/kg.
Déterminer l'évolution de la température de l'eau le long du canal. En déduire l'accroissement de la température de l'eau entre l'entrée et la sortie du canal. On considérera les deux cas suivants :

1. *Profil de puissance thermique linéique uniforme :*

$$q'(z) = q'_0 = 184 \text{ W/cm}$$

2. *Profil de puissance thermique linéique sinusoïdal :*

$$q'(z) = q'_0 \cos\left(k\pi \frac{z}{L}\right) \qquad \text{avec} \quad q'_0 = 420 \text{ W/cm}$$

où l'origine de l'axe z est au centre du canal. On considérera le cas où la puissance thermique est nulle aux extrémités du canal ($k = 1$) et le cas où elle est non nulle ($k = 0.85$ par exemple).

Solution

Ce que l'on connaît :

Longueur du canal :	$L = 3.65$ m
Température de l'eau à l'entrée :	$T_{in} = 286$ °C
Débit-masse de l'eau	$\dot{M} = 0.34$ kg/s

Ce que l'on cherche :
Le profil de température de l'eau entre l'entrée et la sortie du canal.

Hypothèses de départ :
H1 : le canal est parcouru par de l'eau liquide.
H2 : l'écoulement est permanent.
H3 : le profil de puissance thermique $q'(z)$ linéique est donné.

Propriétés du fluide :
Capacité thermique massique : $c_p = 5.99$ kJ/kg

Méthodologie :
L'accroissement de la température de l'eau le long du canal entre l'entrée $z = 0$ et la cote z résulte d'un apport de chaleur par la paroi. On appliquera donc la forme intégrée d'une équation d'énergie en régime permanent.

Mise en œuvre de la méthodologie :
Nous pouvons partir de la forme intégrée de l'équation de l'énergie totale (5.47) où nous négligeons les termes d'énergie cinétique (H4) et d'énergie potentielle (H5) devant les termes d'enthalpie :

$$\dot{M}[h(z) - h_{in}] = \int_{-L/2}^{z} q'_0 \, dz$$

En exprimant les enthalpies en fonction des températures et en intégrant le second membre, nous obtenons le profil de température :

$$T(z) = \frac{\frac{q'_0 L}{k\pi}\left[\sin\left(k\pi\frac{z}{L}\right) + \sin\left(\frac{k\pi}{2}\right)\right] + \dot{M}c_p T_{in}}{\dot{M}c_p}$$

1. *Profil de puissance thermique linéique uniforme ($k = 0$).*
   Le profil de température s'écrit sous la forme suivante :

   $$T(z) = \frac{q'_0\left(z + \frac{L}{2}\right) + \dot{M}c_p T_{in}}{\dot{M}c_p}$$

   L'application numérique conduit au profil suivant :

   $$T(z) = 9.035\, z + 304.02 \quad \text{avec } T \text{ en } \; ^\circ\text{C et } z \text{ en m}$$

   ce qui conduit à un écart de rempérature entre l'entrée et la sortie du canal égal à :

   $$T(L/2) - T(-L/2) = 34.5 \;\; ^\circ\text{C}$$

2. *Profil de puissance thermique linéique sinusoïdal avec une puissance nulle aux extrémités du canal ($k = 1$).*
   Nous obtenons :

   $$T(z) = 23.96\left[\sin\left(\pi\frac{z}{3.65}\right) + 1\right] + 286 \quad \text{avec } T \text{ en } \; ^\circ\text{C et } z \text{ en m}$$

   $$T(L/2) - T(-L/2) = 47.9 \;\; ^\circ\text{C}$$

3. *Profil de puissance thermique linéique sinusoïdal avec une puissance non nulle aux extrémités du canal ($k = 0.85$).*
   Nous obtenons avec T en °C et z en m :

$$T(z) = 28.19 \left[\sin\left(0.85\pi \frac{z}{3.65}\right) + \sin\left(0.85 \frac{\pi}{2}\right) \right] + 286$$

$$T(L/2) - T(-L/2) = 54.8 \ ^\circ\mathrm{C}$$

11.4 Etude d'un système de recirculation d'eau par éjecteur

La fonction d'un système de recirculation de l'eau d'un réacteur à eau bouillante est d'assurer la circulation de l'eau de refroidissement dans le cœur du réacteur. Ce procédé est également utilisé dans les réacteurs de propulsion navale sous le nom de système pompe-trompe.

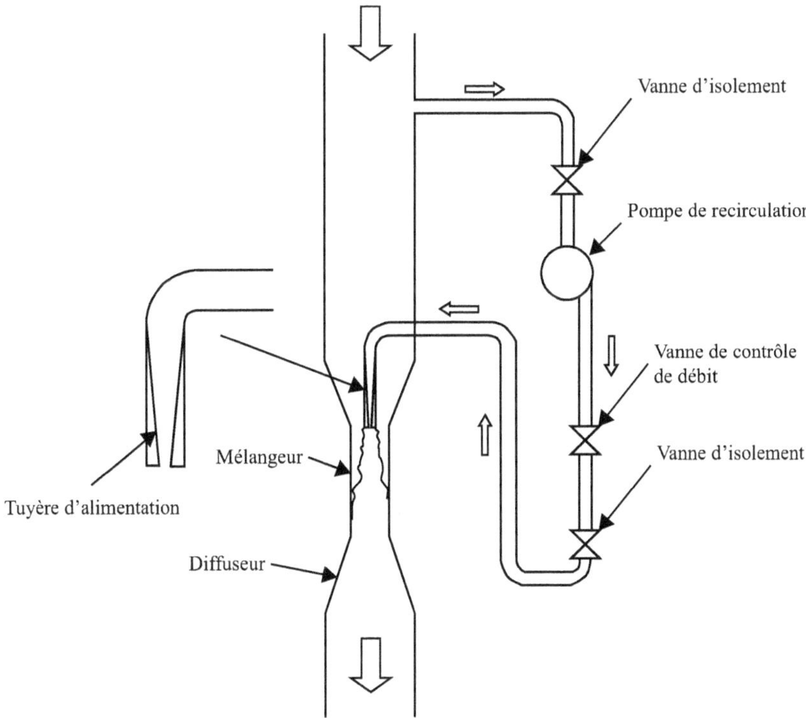

Figure 5.5 – Système de recirculation par éjecteur.

Une boucle de recirculation comprend une pompe, une vanne de contrôle de débit et deux vannes d'isolement situés à l'extérieur de la cuve du réacteur (figure 5.5). Les éjecteurs sont situés à l'intérieur de la cuve du réacteur et ne comportent aucune pièce mobile.

La pompe de recirculation aspire l'eau qui descend dans l'espace annulaire séparant l'enveloppe du cœur et la paroi de la cuve. Une partie du débit est ainsi aspirée par la pompe puis dirigée vers la tuyère d'alimentation de l'éjecteur. A la sortie de la tuyère, l'eau se mélange à celle provenant de l'espace annulaire. L'échange de quantité de mouvement entre les deux écoulements dans la zone de mélange cylindrique de l'éjecteur permet d'augmenter la pression de l'écoulement résultant. Un diffuseur est positionné à la suite de la zone de mélange afin de réduire la vitesse de l'écoulement et d'augmenter sa pression. L'écoulement se dirige ensuite vers le plénum inférieur de la cuve du réacteur avant d'entrer dans les canaux de refroidissement du cœur.

La hauteur typique d'un éjecteur est d'environ 6 m. Le nombre d'éjecteurs présents dans la cuve d'un réacteur à eau bouillante varie de 20 à 24.

1. *Bilan de masse pour la zone de mélange.*

   On considère la zone de mélange limitée par les plans de section droite 1 et 2 et les parois de la conduite (figure 5.6). Soit α le rapport de l'aire de la section droite de sortie de l'injecteur à l'aire S de la section droite totale de la zone de mélange. Soit V_0 la vitesse dans la section droite de sortie de l'injecteur et βV_0 la vitesse du fluide aspiré dans la section droite 1. Soit V_2 la vitesse dans la section droite de sortie 2 de la zone de mélange. On se restreint au cas de l'écoulement permanent d'un fluide isovolume (indilatable et incompressible).

   (a) Enoncer sous la forme d'une phrase le bilan de masse pour la zone de mélange.

   (b) Ecrire l'équation correspondante qui exprime la relation entre V_0, V_2, α et β.

   (c) Que devient cette relation pour $\alpha = 1/3$ et $\beta = 1/2$?

2. *Bilan de quantité de mouvement pour la zone de mélange.*

   On se propose de déterminer l'augmentation de pression $p_2 - p_1$ dans la zone de mélange entre les plans de section droite 1 et 2. Cette augmentation de pression peut être calculée, soit par un bilan de quantité de mouvement, soit par une équation d'énergie mécanique intégrée sur la zone de mélange. Les résultats expérimentaux montrent que c'est le bilan de quantité de mouvement qui doit être utilisé en supposant que le frottement à la paroi est négligeable. L'équation d'énergie mécanique permet alors de calculer la dissipation visqueuse à l'intérieur de la zone de mélange.

   Afin de simplifier l'écriture du bilan de quantité de mouvement, on fait les hypothèses suivantes :

   H1 : la gravité a une influence négligeable.

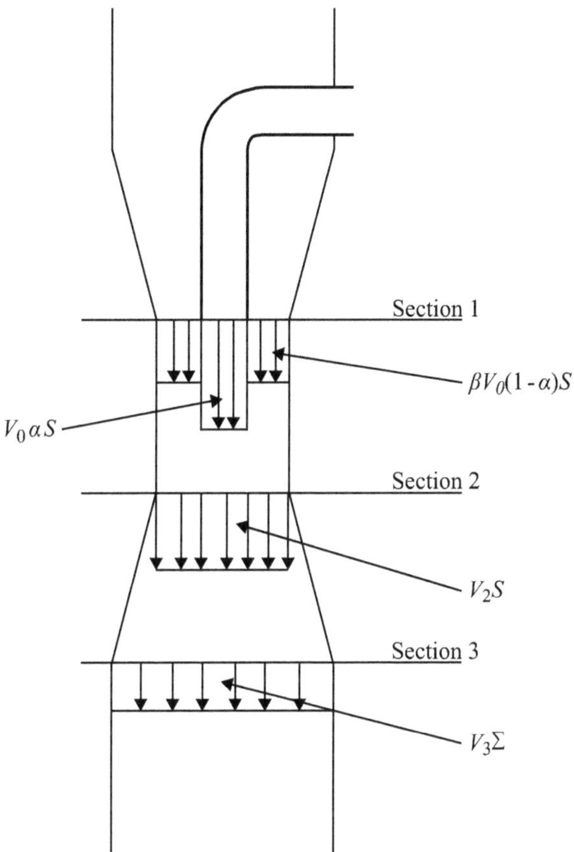

Figure 5.6 – Schéma simplifié de l'éjecteur (la tuyère d'alimentation n'est pas représentée).

H2 : l'écoulement est turbulent et les profils de vitesse sont pratiquement plats.
H3 : le frottement à la paroi est négligeable.
H4 : les pressions sont uniformes dans les plans de section droite 1 et 2.

(a) Enoncer sous la forme d'une phrase le bilan de quantité de mouvement pour la zone de mélange.

(b) Ecrire l'équation correspondante. En déduire l'expression de l'augmentation de pression $p_2 - p_1$ en fonction de V_0, α, β et de la masse volumique ρ du fluide.

(c) Que devient cette relation pour $\alpha = 1/3$ et $\beta = 1/2$?

3. *Augmentation de pression dans le diffuseur.*

(a) Déterminer la relation donnant l'augmentation de pression $p_3 - p_2$ en fonction de ρ, V_0, α, β et du rapport γ de l'aire de la section droite S à l'aire de la section droite Σ de la conduite située en aval du diffuseur. On supposera qu'il n'y a pas de perte d'énergie due à la viscosité dans le diffuseur.

(b) Que devient cette relation pour $\alpha = 1/3$, $\beta = 1/2$ et $\gamma = 2/3$?

Solution

1. *Bilan de masse pour la zone de mélange.*
   (a) L'écoulement étant permanent, le débit-masse de fluide entrant dans la zone de mélange à la section 1 est égal au débit-masse de fluide sortant de la zone de mélange à la section 2.
   (b) L'équation correspondante s'écrit :

$$\rho_1 V_0 \alpha\, S + \rho_1 \beta V_0 (1-\alpha) S = \rho_2 V_2 S$$

   où ρ_1 et ρ_2 sont les masses volumiques du fluide dans les sections 1 et 2. Comme le fluide est incompressible nous avons :

$$\rho_1 \equiv \rho_2 \hat{=} \rho$$

   Le bilan de masse se réduit donc à un bilan de volume qui s'écrit finalement :

$$V_0[\alpha + \beta(1-\alpha)] = V_2$$

   (c) L'équation précédente devient pour $\alpha = 1/3$ et $\beta = 1/2$:

$$V_2 = \frac{2}{3} V_0$$

2. *Bilan de quantité de mouvement pour la zone de mélange.*
   (a) L'écoulement étant permanent, le bilan de quantité de mouvement pour la zone de mélange s'énonce de la façon suivante : le débit *net* de quantité de mouvement *sortant* de la zone de mélange est égal à la somme des forces extérieures agissant *sur* la zone de mélange.
   (b) Compte tenu des hypothèses, l'équation correspondante s'écrit :

$$-\rho V_0^2 \alpha S - \rho \beta^2 V_0^2 (1-\alpha) S + \rho V_2^2 S = p_1 S - p_2 S$$

   ou encore :

$$\rho V_0^2 \alpha (1-\alpha)(1-\beta)^2 = p_2 - p_1$$

   (c) L'équation précédente devient pour $\alpha = 1/3$ et $\beta = 1/2$:

$$p_2 - p_1 = \frac{1}{18} \rho V_0^2$$

3. *Augmentation de pression dans le diffuseur.*

   (a) Compte tenu des hypothèses, le théorème de Bernoulli s'écrit sous la forme :

   $$p_3 + \frac{1}{2}\rho V_3^2 = p_2 + \frac{1}{2}\rho V_2^2$$

   ou encore :

   $$p_3 - p_2 = \frac{1}{2}\rho V_0^2[\alpha + \beta(1-\alpha)]^2(1-\gamma^2)$$

   (b) Il vient pour $\alpha = 1/3$, $\beta = 1/2$ et $\gamma = 2/3$:

   $$p_3 - p_2 = \frac{10}{81}\rho V_0^2$$

12 Exercices

12.1 Représentations paramétriques d'une sphère

On considère une sphère de rayon $R(t)$ dont le centre parcourt l'axe Oz de vecteur unitaire $\boldsymbol{k}$ avec une vitesse constante $U\boldsymbol{k}$.

1. Ecrire l'équation paramétrique de la sphère lorsque les coordonnées curvilignes sont l'angle polaire θ et l'angle azimutal φ. Déterminer les composantes de la vitesse $\boldsymbol{v_i}$ d'un point de l'équateur. Déterminer l'expression de la vitesse de déplacement $\boldsymbol{v_i} \cdot \boldsymbol{n}$ d'un point de la sphère.
2. Ecrire l'équation paramétrique de la sphère lorsque les coordonnées curvilignes sont l'angle polaire θ et la cote z. Déterminer les composantes de la vitesse $\boldsymbol{v_i}$ d'un point de l'équateur. Déterminer l'expression de la vitesse de déplacement $\boldsymbol{v_i} \cdot \boldsymbol{n}$ d'un point de la sphère.

12.2 Ascension d'une bulle qui grossit

On considère une bulle sphérique de rayon $R(t)$ dont le centre parcourt l'axe Oz de vecteur unitaire $\boldsymbol{k}$ avec une vitesse constante $U\boldsymbol{k}$.

1. Ecrire l'équation implicite de la sphère en mouvement.
2. Déterminer la vitesse de déplacement d'un point de la sphère.
3. Quelle est la vitesse de déplacement du pôle nord de la sphère ?
4. Quelle est la vitesse de déplacement du pôle sud ?
5. Quelle est la vitesse de déplacement d'un point de l'équateur ?

12.3 Bilans globaux instantanés

Enoncer sous forme d'une phrase les bilans de quantité de mouvement linéaire, d'énergie totale et d'entropie pour :

1. un volume de contrôle matériel mobile $V_m(t)$,
2. un volume de contrôle géométrique fixe non matériel V_0.

Ecrire les équations correspondantes.

12.4 Règle de Leibniz

1. Démontrer la règle de Leibniz (5.21).
2. Vérifier la règle de Leibniz pour une sphère de rayon $R(t)$ qui grossit au cours du temps et dont le centre est fixe.

12.5 Volume matériel

Soit un volume matériel monophasique $V_m(t)$ limité par une surface matérielle fermée $A_m(t)$. Montrer que si le fluide est isovolume, *i.e.* à masse volumique ρ constante, la moyenne sur le volume $V_m(t)$ des vitesses instantanées du fluide occupant le volume $V_m(t)$ est égale à la vitesse du centre de volume $V_m(t)$ confondu avec le centre de masse de ce volume.

12.6 Equations de bilan locales instantanées primaires

1. Démontrer la symétrie du tenseur des contraintes.
2. Démontrer l'équation de bilan d'énergie totale locale instantanée (5.34).
3. Démontrer l'équation de bilan d'entropie locale instantanée (5.51).

12.7 Equations locales instantanées secondaires

1. Démontrer l'équation d'énergie cinétique (5.52).
2. Démontrer l'équation d'énergie interne (5.59).
3. Démontrer l'équation d'enthalpie (5.64).

12.8 Equations d'état du gaz parfait idéal

Démontrer les équations d'état du gaz parfait idéal à partir de l'équation de Sackur-Tetrode (5.72).

12.9 Premier principe

On rencontre souvent un énoncé du premier principe de la thermodynamique sous la forme :

$$\Delta U = \delta Q - pdV$$

1. A quel type de système cet énoncé s'applique-t-il ?
2. Donner la signification précise de chacun des termes.
3. Donner la liste de toutes les hypothèses permettant d'aboutir à cet énoncé.

12.10 Equations de bilan sur une discontinuité

Démontrer les équations de bilan de masse (5.82), de quantité de mouvement (5.83) et d'énergie totale (5.84) sur une discontinuité.

12.11 Détermination du profil axial de température dans un canal chauffant : exemple du cœur d'un REP en conditions nominales

Que pensez-vous du choix d'une valeur constante pour la capacité thermique massique de l'eau liquide dans l'exemple d'application 11.3 ?

Nomenclature

A	surface	
c_p	capacité thermique à pression constante	
c_v	capacité thermique massique à volume constant	
e	somme des énergies interne, cinétique potentielle	(Eq. 5.38)
E_c	taux de variation de l'énergie mécanique due à la compressibilité	(Eq. 5.57)
E_v	taux de dissipation d'énergie irréversible due aux frottements visqueux	(Eq. 5.56)
$f(x, y, z, t)$	fonction ; équation implicite d'une surface	
$F(x, y, z, t)$	fonction	
$\boldsymbol{F}$	force extérieure massique	
h	enthalpie massique	(Eq. 5.49)
h_{fg}	enthalpie massique de vaporisation	
k	conductivité thermique	
$\boldsymbol{k}$	vecteur unitaire de l'axe Oz	
L	longueur	
M	masse	

$\dot{M}$	débit-masse	
$\boldsymbol{n}$	vecteur unitaire normal	
p	pression	(Eq. 5.75)
$\boldsymbol{q}$	flux thermique surfacique	
Q	flux thermique fourni au système	
q'	flux thermique linéique	
$\boldsymbol{r}$	vecteur position	
R	rayon	
s	entropie massique	
S	surface, aire de la section droite de la zone de mélange	
t	temps	
$\boldsymbol{T}$	tenseur des contraintes	
T	température	(Eq. 5.74)
u	énergie interne massique	
U	énergie interne, vitesse	
u, v	coordonnées curvilignes	
$\boldsymbol{U}$	tenseur unité	
v	composante axiale de la vitesse du fluide	
$\boldsymbol{v}$	vitesse du fluide	
$\boldsymbol{v}_A$	vitesse d'un point de la surface $A(t)$	(Eq. 5.2)
V	volume, vitesse	
W	puissance mécanique délivrée par le système	(Eq. 5.46)
W_P	puissance de pompage	(Eq. 5.66)
x, y, z	coordonnées cartésiennes	
α	rapport d'aire	
β	rapport d'aire	
γ	rapport de la capacité thermique massique à pression constante à la capacité thermique massique à volume constant, rapport d'aire	
Δ	taux de production volumique d'entropie	
φ	angle azimutal	
Φ	potentiel de la force extérieure massique	(Eq. 5.35)
μ	viscosité	
ρ	masse volumique	
Σ	aire	
τ	déviateur des contraintes	
θ	angle polaire	

Indices

A	surface
$cond$	condensation
i	interface
inj	injection
in	entrée
m	matériel
max	valeur maximale
0	fixe
P	pompage

Symboles et opérateurs

$\hat{=}$	égal par définition à	
Δ	écart	(Eq. 5.48)
D/Dt	dérivée lagrangienne	(Eq. 5.29)
$\boldsymbol{\nabla}$	opérateur nabla	
$< f >$	moyenne de f sur une section	(Eq. 5.44)
$\forall$	quel que soit	

Références

Bird, R.B., Stewart, W.E. and Lightfoot, E.N., 2007, *Transport Phenomena, 2nd ed.*, John Wiley & Sons.

Callen, H.B., 1960, *Thermodynamics*, John Wiley & Sons.

Green, A.E. et Naghdi, P.M., 1978, The second law of thermodynamics and cyclic processes, *J. Applied Mechanics*, Vol. 45, No 3, 487-492.

Greenberg, M.D., 1978, *Foundations of Applied Mathematics*, Prentice-Hall, 163-164.

Fosdick, R.L. et Serrin, J., 1975, Global properties of continuum thermodynamic processes, *Archive for Rational Mechanics and Analysis*, Vol. 59, No 2, 97-109.

Hutter, K., 1977, The foundations of thermodynamics, its basic postulates and implications. A review of modern thermodynamics, *Acta Mechanica*, Vol. 27, 1-54.

Truesdell, C.A. et Toupin, R.A., 1960, The classical field theories, *Encyclopedia of Physics*, Flügge, S., Ed., Vol. III, 1, Principles of classical mechanics and field theory, Springer-Verlag, 347.

Whitaker, S., 1968, *Introduction to Fluid Mechanics*, Prentice-Hall, 88-92, 94.

Chapitre 6

Equations de base des écoulements diphasiques

Ce chapitre a pour objectif d'établir l'ensemble des équations de base nécessaires à la modélisation d'un écoulement diphasique. Après avoir énoncé les bilans globaux instantanés pour un volume de contrôle diphasique fixe non matériel nous allons les transformer pour en déduire les équations locales instantanées. Comme un système diphasique est constitué par chacune des deux phases et par des interfaces les séparant nous allons obtenir des équations locales instantanées valables dans chacune de ces deux phases et sur les interfaces. Ces équations locales instantanées seront utilisées pour résoudre des problèmes dans lesquels la géométrie des interfaces est relativement simple comme les problèmes de dynamique de bulles, de gouttes ou de films liquides. Dans les cas plus compliqués comme les écoulements turbulents à bulles il faudra moyenner ces équations dans l'espace ou dans le temps ou même effectuer des moyennes spatio-temporelles. Le processus de moyenne fera évidemment perdre de l'information qu'il faudra restituer sous forme d'équations supplémentaires pour fermer le système d'équations. Ce dernier point sera traité en détail au chapitre suivant.

1 Méthodologie

Nous allons suivre la méthode utilisée au chapitre précédent pour les écoulements monophasiques. Le volume de contrôle utilisé est un volume géométrique fixe V, non matériel coupé par une portion d'interface $A_i(t)$ séparant deux sous-volumes $V_1(t)$ et $V_2(t)$ appartenant respectivement aux phases 1 et 2 (figure 6.1) et limités respectivement par les surfaces $A_i(t)$ et $A_1(t)$, et $A_i(t)$ et $A_2(t)$. Insistons sur le fait que le volume V est fixe et que sa surface frontière est immobile. En revanche l'interface $A_i(t)$ est mobile.

En conséquence les volumes $V_1(t)$ et $V_2(t)$ ainsi que les surfaces $A_1(t)$ et $A_2(t)$ dépendent du temps. On notera $\boldsymbol{n_1}$ et $\boldsymbol{n_2}$ les vecteurs unitaires normaux respectivement aux surfaces frontières des volumes $V_1(t)$ et $V_2(t)$ et dirigés vers l'extérieur de ces volumes.

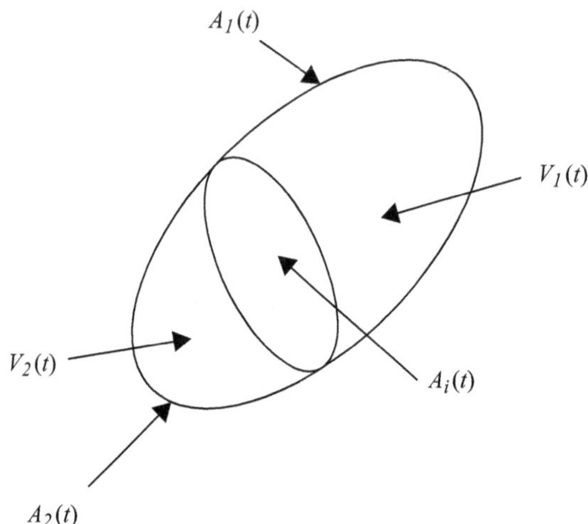

Figure 6.1 – Volume de contrôle géométrique fixe non matériel.

2 Bilans globaux instantanés pour les systèmes diphasiques

Comme pour les écoulements monophasiques nous énoncerons en premier lieu ces bilans sous la forme d'une phrase et nous les exprimerons ensuite sous la forme d'une équation.

2.1 Bilan de masse

Le taux de variation de la masse du volume géométrique fixe non matériel V est égal au débit-masse de fluide entrant dans le volume V par sa surface frontière composée des surfaces $A_1(t)$ et $A_2(t)$.

En décomposant le volume V en ses deux sous-volumes $V_1(t)$ et $V_2(t)$ cet énoncé se traduit par l'équation :

$$\frac{d}{dt}\int_{V_1(t)} \rho_1 \, dV + \frac{d}{dt}\int_{V_2(t)} \rho_2 \, dV = -\int_{A_1(t)} \rho_1 \, \boldsymbol{v}_1 \cdot \boldsymbol{n}_1 \, dA - \int_{A_2(t)} \rho_2 \, \boldsymbol{v}_2 \cdot \boldsymbol{n}_2 \, dA \tag{6.1}$$

où ρ_k et $\boldsymbol{v_k}$ $(k = 1, 2)$ sont la masse volumique et la vitesse en un point de la phase k.

2.2 Bilan de quantité de mouvement linéaire

Le taux de variation de la quantité de mouvement linéaire du volume V est égal à la somme des flux de quantité de mouvement linéaire entrant dans le volume V à travers sa surface frontière composée des surfaces $A_1(t)$ et $A_2(t)$ et de la résultante des forces extérieures agissant sur le volume V et sur sa surface frontière. En l'absence de tension interfaciale[1] ces forces se composent des forces de volume (dues par exemple au champ de pesanteur) et des forces de surface exprimées à l'aide du tenseur des contraintes $\boldsymbol{T}$.

En décomposant le volume V en ses deux sous-volumes $V_1(t)$ et $V_2(t)$ cet énoncé se traduit par l'équation :

$$\begin{aligned}\frac{d}{dt}\int_{V_1(t)}\rho_1\boldsymbol{v}_1\,dV \quad + \quad & \frac{d}{dt}\int_{V_2(t)}\rho_2\boldsymbol{v}_2\,dV = \\ - \quad & \int_{A_1(t)}\rho_1\boldsymbol{v}_1(\boldsymbol{v}_1\cdot\boldsymbol{n}_1)\,dA - \int_{A_2(t)}\rho_2\boldsymbol{v}_2(\boldsymbol{v}_2\cdot\boldsymbol{n}_2)\,dA \\ + \quad & \int_{V_1(t)}\rho_1\boldsymbol{F}\,dV + \int_{V_2(t)}\rho_2\boldsymbol{F}\,dV \\ + \quad & \int_{A_1(t)}\boldsymbol{n}_1\cdot\boldsymbol{T}_1\,dA + \int_{A_2(t)}\boldsymbol{n}_2\cdot\boldsymbol{T}_2\,dA \qquad (6.2)\end{aligned}$$

où $\boldsymbol{F}$ est la force extérieure massique.

2.3 Bilan de quantité de mouvement angulaire

Le taux de variation de la quantité de mouvement angulaire du volume V est égal à la somme des flux de quantité de mouvement angulaire entrant dans le volume V à travers sa surface frontière composée des surfaces $A_1(t)$ et $A_2(t)$ et du moment résultant des forces extérieures agissant sur le volume V et sur sa surface frontière.

En décomposant le volume V en ses deux sous-volumes $V_1(t)$ et $V_2(t)$ cet énoncé se traduit par l'équation :

$$\begin{aligned}\frac{d}{dt}\int_{V_1(t)}\boldsymbol{r}\times\rho_1\boldsymbol{v}_1\,dV \quad + \quad & \frac{d}{dt}\int_{V_2(t)}\boldsymbol{r}\times\rho_2\boldsymbol{v}_2\,dV = \\ -\int_{A_1(t)}\boldsymbol{r}\times\rho_1\boldsymbol{v}_1(\boldsymbol{v}_1\cdot\boldsymbol{n}_1)\,dA \quad - \quad & \int_{A_2(t)}\boldsymbol{r}\times\rho_2\boldsymbol{v}_2(\boldsymbol{v}_2\cdot\boldsymbol{n}_2)\,dA \\ +\int_{V_1(t)}\boldsymbol{r}\times\rho_1\boldsymbol{F}\,dV \quad + \quad & \int_{V_2(t)}\boldsymbol{r}\times\rho_2\boldsymbol{F}\,dV \\ +\int_{A_1(t)}\boldsymbol{r}\times(\boldsymbol{n}_1\cdot\boldsymbol{T}_1)\,dA \quad + \quad & \int_{A_2(t)}\boldsymbol{r}\times(\boldsymbol{n}_2\cdot\boldsymbol{T}_2)\,dA \qquad (6.3)\end{aligned}$$

où $\boldsymbol{r}$ est le vecteur position d'un point de l'espace.

1. L'introduction de la tension interfaciale sera traitée à la section 3.6.

2.4 Bilan d'énergie totale

Le taux de variation de l'énergie totale du volume V est égal à la somme des flux convectifs d'énergie totale et des flux de chaleur entrant dans le volume V à travers sa surface frontière composée des surfaces $A_1(t)$ et $A_2(t)$, et des puissances des forces extérieures agissant sur le volume V et sur sa surface frontière.

En décomposant le volume V en ses deux sous-volumes $V_1(t)$ et $V_2(t)$ cet énoncé se traduit par l'équation :

$$\begin{aligned}
\frac{d}{dt}\int_{V_1(t)} \rho_1(u_1+\frac{1}{2}\boldsymbol{v}_1^2)\,dV \quad &+ \quad \frac{d}{dt}\int_{V_2(t)} \rho_2(u_2+\frac{1}{2}\boldsymbol{v}_2^2)\,dV = \\
-\int_{A_1(t)} \rho_1(u_1+\frac{1}{2}\boldsymbol{v}_1^2)\boldsymbol{v}_1\cdot\boldsymbol{n}_1\,dA \quad &- \quad \int_{A_2(t)} \rho_2(u_2+\frac{1}{2}\boldsymbol{v}_2^2)\boldsymbol{v}_2\cdot\boldsymbol{n}_2\,dA \\
-\int_{A_1(t)} \boldsymbol{q}_1\cdot\boldsymbol{n}_1\,dA \quad &- \quad \int_{A_2(t)} \boldsymbol{q}_2\cdot\boldsymbol{n}_2\,dA \\
+\int_{V_1(t)} \rho_1\boldsymbol{F}\cdot\boldsymbol{v}_1\,dV \quad &+ \quad \int_{V_2(t)} \rho_2\boldsymbol{F}\cdot\boldsymbol{v}_2\,dV \\
+\int_{A_1(t)} \boldsymbol{v}_1\cdot(\boldsymbol{n}_1\cdot\boldsymbol{T}_1)\,dA \quad &+ \quad \int_{A_2(t)} \boldsymbol{v}_2\cdot(\boldsymbol{n}_2\cdot\boldsymbol{T}_2)\,dA
\end{aligned} \tag{6.4}$$

où u_k et $\boldsymbol{q}_k$ $(k=1,2)$ sont respectivement l'énergie interne massique et le flux thermique surfacique en un point de la phase k $(k=1,2)$.

2.5 Bilan d'entropie

Le taux de variation d'entropie du volume V est égal à la somme des flux convectifs d'entropie et des flux diffusifs d'entropie entrant dans le volume V à travers sa surface frontière composée des surfaces $A_1(t)$ et $A_2(t)$, et des taux de production d'entropie à l'intérieur du volume V.

En décomposant le volume V en ses deux sous-volumes $V_1(t)$ et $V_2(t)$ cet énoncé se traduit par l'équation :

$$\begin{aligned}
\frac{d}{dt}\int_{V_1(t)} \rho_1 s_1\,dV \quad &+ \quad \frac{d}{dt}\int_{V_2(t)} \rho_2 s_2\,dV = \\
-\int_{A_1(t)} \rho_1 s_1\boldsymbol{v}_1\cdot\boldsymbol{n}_1\,dA \quad &- \quad \int_{A_2(t)} \rho_2 s_2\boldsymbol{v}_2\cdot\boldsymbol{n}_2\,dA \\
-\int_{A_1(t)} \frac{1}{T_1}\,\boldsymbol{q}_1\cdot\boldsymbol{n}_1\,dA \quad &- \quad \int_{A_2(t)} \frac{1}{T_2}\,\boldsymbol{q}_2\cdot\boldsymbol{n}_2\,dA \\
+\int_{V_1(t)} \Delta_1\,dV \quad &+ \quad \int_{V_2(t)} \Delta_2\,dV + \int_{A_i(t)} \Delta_i\,dA
\end{aligned} \tag{6.5}$$

où s_k $(k=1,2)$ est l'entropie massique en un point de la phase k $(k=1,2)$, Δ_1 et Δ_2 les taux de production volumique d'entropie dans les volumes $V_1(t)$ et

$V_2(t)$, et Δ_i le taux de production surfacique d'entropie sur l'interface $A_i(t)$. Le deuxième principe de la thermodynamique impose que le taux de production d'entropie dans le volume V soit positif ou nul. En conséquence nous avons :

$$\int_{V_1(t)} \Delta_1 \, dV + \int_{V_2(t)} \Delta_2 \, dV + \int_{A_i(t)} \Delta_i \, dA \geq 0 \tag{6.6}$$

Cette dernière inégalité étant vraie quels que soient $V_1(t)$, $V_2(t)$ et $A_i(t)$ nous en déduisons :

$$\Delta_1 \geq 0, \quad \Delta_2 \geq 0 \quad \text{et} \quad \Delta_i \geq 0 \tag{6.7}$$

2.6 Bilan global instantané généralisé pour les systèmes diphasiques en l'absence de tension interfaciale

En l'absence de tension interfaciale les bilans globaux instantanés de masse (6.1), de quantité de mouvement linéaire (6.2), de quantité de mouvement angulaire (6.3), d'énergie totale (6.4) et d'entropie (6.5) peuvent se mettre sous la forme condensée suivante :

$$\begin{aligned} \sum_{k=1,2} \frac{d}{dt} \int_{V_k(t)} \rho_k \Psi_k \, dV &= -\sum_{k=1,2} \int_{A_k(t)} \rho_k \Psi_k (\boldsymbol{v}_k \cdot \boldsymbol{n}_k) \, dA \\ + \sum_{k=1,2} \int_{V_k(t)} \rho_k \Phi_k \, dV &- \sum_{k=1,2} \int_{A_k(t)} \boldsymbol{n}_k \cdot \boldsymbol{J}_k \, dA + \int_{A_i(t)} \Phi_i \, dA \end{aligned} \tag{6.8}$$

avec $k = 1, 2$. Pour chaque équation de bilan, les valeurs de Ψ_k, Φ_k, $\boldsymbol{J}_k$ et Φ_i sont données dans le tableau 6.1 où $\boldsymbol{R}$ est le tenseur antisymétrique correspondant au vecteur position $\boldsymbol{r}$ (Aris, 1962) et dont l'expression fait l'objet de l'exercice 6.1.

3 Equations locales instantanées dans chaque phase et à l'interface

3.1 Méthodologie

La méthode utilisée pour obtenir les équations locales instantanées dans chaque phase et à l'interface est identique à celle utilisée au chapitre précédent traitant des écoulements monophasiques. Elle est résumée à la figure 6.2. Le point de départ est constitué des équations de bilans globaux qui sont transformées à l'aide de la règle de Leibniz (5.21) et des théorèmes de Gauss (5.26) et (5.27) de façon à obtenir une somme de trois intégrales étendues aux volumes $V_1(t)$, $V_2(t)$ et à l'interface $A_i(t)$ qui soit nulle quels que soient $V_1(t)$, $V_2(t)$ et $A_i(t)$.

Equation de bilan	Ψ_k	Φ_k	J_k	Φ_i
Masse	1	0	0	0
Quantité de mouvement linéaire	$\boldsymbol{v}_k$	$\boldsymbol{F}$	$-\boldsymbol{T}_k$	0
Quantité de mouvement angulaire	$\boldsymbol{r} \times \boldsymbol{v}_k$	$\boldsymbol{r} \times \boldsymbol{F}$	$-\boldsymbol{T}_k \cdot \boldsymbol{R}$	0
Energie totale	$u_k + \frac{1}{2}\boldsymbol{v}_k^2$	$\boldsymbol{F} \cdot \boldsymbol{v}_k$	$\boldsymbol{q}_k - \boldsymbol{T}_k \cdot \boldsymbol{v}_k$	0
Entropie	s_k	$\frac{1}{\rho_k}\Delta_k$	$\frac{1}{T_k}\boldsymbol{q}_k$	Δ_i

Tableau 6.1 – Equation de bilan généralisée.

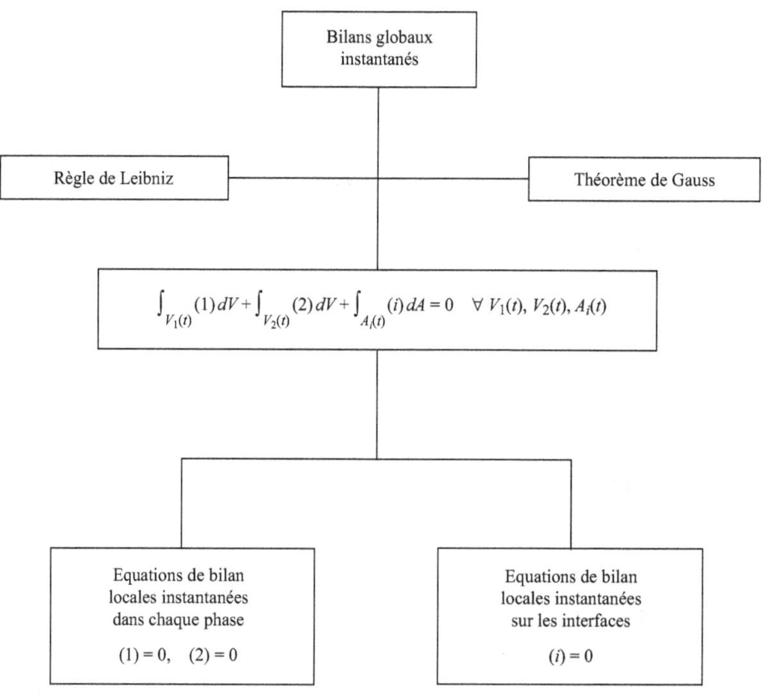

Figure 6.2 – Equations des écoulements diphasiques.

3.2 Bilan de masse

En appliquant la règle de Leibniz (5.21) à chacun des termes du membre de gauche et le théorème de Gauss (5.26) à chacun des termes du membre de droite de l'équation de bilan global (6.1) il vient :

$$\begin{aligned}
&\int_{V_1(t)} \frac{\partial \rho_1}{\partial t}\, dV + \int_{A_i(t)} \rho_1 \boldsymbol{v}_i \cdot \boldsymbol{n}_1\, dA \\
&\int_{V_2(t)} \frac{\partial \rho_2}{\partial t}\, dV + \int_{A_i(t)} \rho_2 \boldsymbol{v}_i \cdot \boldsymbol{n}_2\, dA = \\
-&\int_{V_1(t)} \boldsymbol{\nabla} \cdot \rho_1 \boldsymbol{v}_1\, dV + \int_{A_i(t)} \rho_1 \boldsymbol{v}_1 \cdot \boldsymbol{n}_1\, dA \\
-&\int_{V_2(t)} \boldsymbol{\nabla} \cdot \rho_2 \boldsymbol{v}_2\, dV + \int_{A_i(t)} \rho_2 \boldsymbol{v}_2 \cdot \boldsymbol{n}_2\, dA
\end{aligned}$$

ou en regroupant les termes :

$$\begin{aligned}
&\int_{V_1(t)} \left(\frac{\partial \rho_1}{\partial t} + \boldsymbol{\nabla} \cdot \rho_1 \boldsymbol{v}_1 \right) dV \\
+ &\int_{V_2(t)} \left(\frac{\partial \rho_2}{\partial t} + \boldsymbol{\nabla} \cdot \rho_2 \boldsymbol{v}_2 \right) dV \\
- &\int_{A_i(t)} \left[\rho_1 (\boldsymbol{v}_1 - \boldsymbol{v}_i) \cdot \boldsymbol{n}_1 + \rho_2 (\boldsymbol{v}_2 - \boldsymbol{v}_i) \cdot \boldsymbol{n}_2 \right] dA = 0
\end{aligned}$$

Cette équation étant valable quels que soient $V_1(t)$, $V_2(t)$ et $A_i(t)$ nous en déduisons :

– les équations locales instantanées dans chaque phase :

$$\frac{\partial \rho_1}{\partial t} + \boldsymbol{\nabla} \cdot \rho_1 \boldsymbol{v}_1 = 0 \tag{6.9}$$

$$\frac{\partial \rho_2}{\partial t} + \boldsymbol{\nabla} \cdot \rho_2 \boldsymbol{v}_2 = 0 \tag{6.10}$$

qui expriment le bilan de masse sur l'élément de volume de chacune des phases et

– l'équation locale instantanée sur les interfaces :

$$\rho_1 (\boldsymbol{v}_1 - \boldsymbol{v}_i) \cdot \boldsymbol{n}_1 + \rho_2 (\boldsymbol{v}_2 - \boldsymbol{v}_i) \cdot \boldsymbol{n}_2 = 0 \tag{6.11}$$

qui exprime le bilan de masse au travers d'un élément d'interface.

Il est habituel de poser :

$$\dot{m}_k \triangleq \rho_k (\boldsymbol{v}_k - \boldsymbol{v}_i) \cdot \boldsymbol{n}_k \qquad (k = 1, 2) \tag{6.12}$$

auquel cas le bilan de masse local instantané en un point de l'interface s'écrit :

$$\dot{m}_1 + \dot{m}_2 = 0 \tag{6.13}$$

La grandeur $\dot{m}_k$ est le *le flux de masse surfacique* local de phase k sortant du domaine occupé par la phase k en un point de l'interface. En l'absence de changement de phase (évaporation ou condensation) ce terme est identiquement nul et le bilan de masse à l'interface est trivialement vérifié.

3.3 Conséquences du bilan de masse sur les interfaces

Lorsqu'il n'y a pas de changement de phase nous avons d'après la définition de $\dot{m}_k$:

$$\begin{cases} (\boldsymbol{v}_1 - \boldsymbol{v}_i) \cdot \boldsymbol{n}_1 = 0 \\ (\boldsymbol{v}_2 - \boldsymbol{v}_i) \cdot \boldsymbol{n}_2 = 0 \end{cases}$$

d'où nous déduisons par sommation membre à membre :

$$\boldsymbol{v}_1 \cdot \boldsymbol{n}_1 + \boldsymbol{v}_2 \cdot \boldsymbol{n}_2 = 0$$

Si nous décomposons les vitesses en leurs composantes normales et tangentielles il vient :

$$\begin{cases} \boldsymbol{v}_1 = (\boldsymbol{v}_1 \cdot \boldsymbol{n}_1)\, \boldsymbol{n}_1 + \boldsymbol{v}_1^t \\ \boldsymbol{v}_2 = (\boldsymbol{v}_2 \cdot \boldsymbol{n}_2)\, \boldsymbol{n}_2 + \boldsymbol{v}_2^t = -(\boldsymbol{v}_2 \cdot \boldsymbol{n}_2)\, \boldsymbol{n}_1 + \boldsymbol{v}_2^t \end{cases}$$

Si les phases ne glissent pas l'une sur l'autre alors les vitesses tangentielles $\boldsymbol{v}_1^t$ et $\boldsymbol{v}_2^t$ sont identiques et nous obtenons :

$$\boldsymbol{v}_1 = \boldsymbol{v}_2 \tag{6.14}$$

Lorqu'il n'y a ni changement de phase ni glissement les vitesses des phases en un point de l'interface sont donc identiques.

3.4 Bilan de quantité de mouvement linéaire en l'absence de tension interfaciale

La méthode utilisée est la même que celle employée ci-dessus pour le bilan de masse. L'équation de bilan global (6.2) est transformée à l'aide de la règle de Leibniz (5.21) et des théorèmes de Gauss (5.26) et (5.27). L'application des théorèmes de Gauss nécessite également le recours comme pour l'équation de quantité de mouvement linéaire monophasique à l'identité (5.31). On obtient finalement :

– les équations locales instantanées dans chaque phase ($k = 1, 2$) :

$$\frac{\partial \rho_k \boldsymbol{v}_k}{\partial t} + \boldsymbol{\nabla} \cdot (\rho_k \boldsymbol{v}_k \boldsymbol{v}_k) - \rho_k \boldsymbol{F} - \boldsymbol{\nabla} \cdot \boldsymbol{T}_k = 0 \tag{6.15}$$

qui expriment le bilan de quantité de mouvement linéaire sur l'élément de volume de chacune des phases et

– l'équation locale instantanée sur les interfaces :

$$\dot{m}_1 \boldsymbol{v}_1 + \dot{m}_2 \boldsymbol{v}_2 - \boldsymbol{n}_1 \cdot \boldsymbol{T}_1 - \boldsymbol{n}_2 \cdot \boldsymbol{T}_2 = 0 \qquad (6.16)$$

qui exprime le bilan de quantité de mouvement linéaire au travers d'un élément d'interface.

3.5 Conséquences du bilan de quantité de mouvement linéaire sur les interfaces en l'absence de tension interfaciale

Compte tenu de l'équation de bilan de masse sur les interfaces (6.13) l'équation de bilan de quantité de mouvement linéaire s'écrit :

$$\dot{m}_1 (\boldsymbol{v}_1 - \boldsymbol{v}_2) - \boldsymbol{n}_1 \cdot \boldsymbol{T}_1 - \boldsymbol{n}_2 \cdot \boldsymbol{T}_2 = 0 \qquad (6.17)$$

Nous allons examiner plusieurs cas particuliers qui permettront de mettre en exergue certains phénomènes importants.

La force de recul

Considérons le cas représenté à la figure 6.3 d'une interface plane séparant deux fluides visqueux de masse volumique uniforme (H1) en écoulement permanent (H2) et unidirectionnel (H3) dans une direction perpendiculaire à l'interface en présence d'un changement de phase.

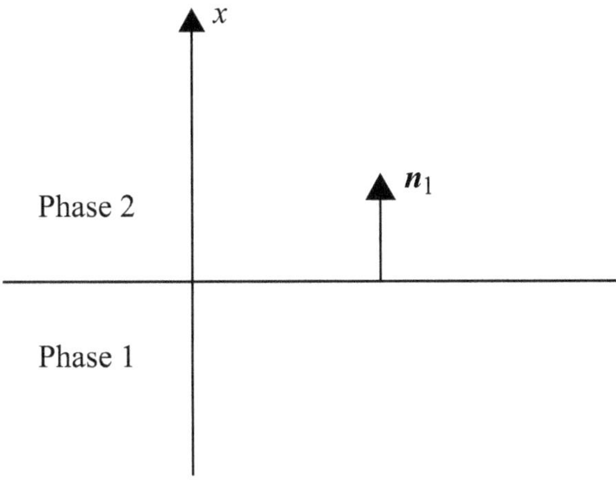

Figure 6.3 – Force de recul.

Compte tenu des hypothèses (H1), (H2) et (H3) les équations de bilan de masse dans chacune des phases se réduisent à l'équation ($k = 1, 2$) :

$$\frac{du_k}{dx} = 0$$

où u_k est la composante de la vitesse de la phase k dans la direction x. Cela entraîne la nullité des déviateurs des contraintes $\boldsymbol{\tau}_k$ dans chacune des phases d'après l'équation de comportement (5.69). En conséquence l'équation (6.17) devient :

$$\dot{m}_1(\boldsymbol{v}_1 - \boldsymbol{v}_2) + (p_1 - p_2)\boldsymbol{n}_1 = 0$$

ou en multipliant scalairement par $\boldsymbol{n}_1$:

$$\dot{m}_1(\boldsymbol{v}_1 - \boldsymbol{v}_2) \cdot \boldsymbol{n}_1 + (p_1 - p_2) = 0$$

Compte tenu de la définition (6.12) de $\dot{m}_k$ et du bilan de masse sur les interfaces (6.13) l'écart de pression à l'interface s'écrit :

$$p_1 - p_2 = \dot{m}_1^2 \, \frac{\rho_1 - \rho_2}{\rho_1 \rho_2} \tag{6.18}$$

La pression est donc toujours plus élevée dans le fluide le plus dense et cela quelle que soit la nature du changement de phase (évaporation ou condensation). Cet écart de pression joue un rôle important lorsque le flux de masse surfacique est important comme par exemple dans les interactions laser-matière que l'on rencontre dans la fusion par confinement inertiel ou la soudure par laser.

Fluides non visqueux et glissement

La première réaction lorsque les fluides sont non visqueux est de considérer que les fluides peuvent glisser l'un sur l'autre. Or ce n'est pas le cas lorsqu'il y a changement de phase. En effet, pour des fluides non visqueux le bilan de quantité de mouvement sur l'interface (6.16) s'écrit :

$$\dot{m}_1\boldsymbol{v}_1 + \dot{m}_2\boldsymbol{v}_2 + p_1\boldsymbol{n}_1 + p_2\boldsymbol{n}_2 = 0$$

Il vient immédiatement en prenant les composantes tangentielles :

$$\dot{m}_1\boldsymbol{v}_1^t + \dot{m}_2\boldsymbol{v}_2^t = 0$$

ou encore :

$$\dot{m}_1(\boldsymbol{v}_1^t - \boldsymbol{v}_2^t) = 0$$

ce qui entraîne s'il y a changement de phase ($\dot{m}_1 \neq 0$) :

$$\boldsymbol{v}_1^t = \boldsymbol{v}_2^t$$

c'est-à-dire le non-glissement d'une phase sur l'autre.

Fluides immobiles

Dans le cas de fluides immobiles le bilan de quantité de mouvement en un point d'une interface (6.16) se réduit à l'égalité des pressions :

$$p_1 = p_2$$

Or nous savons que lorsqu'une interface est courbe il existe une différence de pression entre deux points infiniment voisins situés de part et d'autre de l'interface due à la tension interfaciale et donnée par la relation de Young-Laplace. Il nous faut donc maintenant expliquer cette incohérence.

3.6 Introduction de la tension interfaciale

Dans l'énoncé du bilan de quantité de mouvement linéaire (6.2) nous avons supposé qu'il n'y avait pas de tension interfaciale. En fait cette grandeur intervient dans les forces extérieures appliquées au volume V et il nous faut ajouter aux forces de volume et de surface des forces de ligne agissant sur l'intersection $C(t)$ de l'interface avec la surface frontière du volume V. Le bilan de quantité de mouvement linéaire s'écrit maintenant :

$$\begin{aligned}
&\frac{d}{dt}\int_{V_1(t)} \rho_1 \boldsymbol{v}_1 \, dV + \frac{d}{dt}\int_{V_2(t)} \rho_2 \boldsymbol{v}_2 \, dV = \\
&-\int_{A_1(t)} \rho_1 \boldsymbol{v}_1(\boldsymbol{v}_1 \cdot \boldsymbol{n}_1) \, dA - \int_{A_2(t)} \rho_2 \boldsymbol{v}_2(\boldsymbol{v}_2 \cdot \boldsymbol{n}_2) \, dA \\
&+\int_{V_1(t)} \rho_1 \boldsymbol{F} \, dV + \int_{V_2(t)} \rho_2 \boldsymbol{F} \, dV \\
&+\int_{A_1(t)} \boldsymbol{n}_1 \cdot \boldsymbol{T}_1 \, dA + \int_{A_2(t)} \boldsymbol{n}_2 \cdot \boldsymbol{T}_2 \, dA \\
&+\oint_{C(t)} \sigma \boldsymbol{N} \, dC
\end{aligned} \tag{6.19}$$

où σ est la tension interfaciale et $\boldsymbol{N}$ le vecteur unitaire normal à $C(t)$, situé dans le plan tangent à l'interface $A_i(t)$ et dirigé vers l'extérieur du volume V (figure 6.4).

Le passage aux équations locales instantanées dans le cas tridimensionnel est assez complexe et requiert l'utilisation du calcul tensoriel (Delhaye, 1974). On peut cependant effectuer ce passage sans difficulté dans le cas bidimensionnel d'une interface cylindrique ce qui permet de mettre en évidence la signification physique des termes supplémentaires que l'on obtient. L'exercice (6.4) traite ce cas et le résultat s'écrit :

$$\dot{m}_1 \boldsymbol{v}_1 + \dot{m}_2 \boldsymbol{v}_2 - \boldsymbol{n}_1 \cdot \boldsymbol{T}_1 - \boldsymbol{n}_2 \cdot \boldsymbol{T}_2 + \frac{d\sigma}{ds}\boldsymbol{t} - \frac{\sigma}{R}\boldsymbol{n}_1 = 0 \tag{6.20}$$

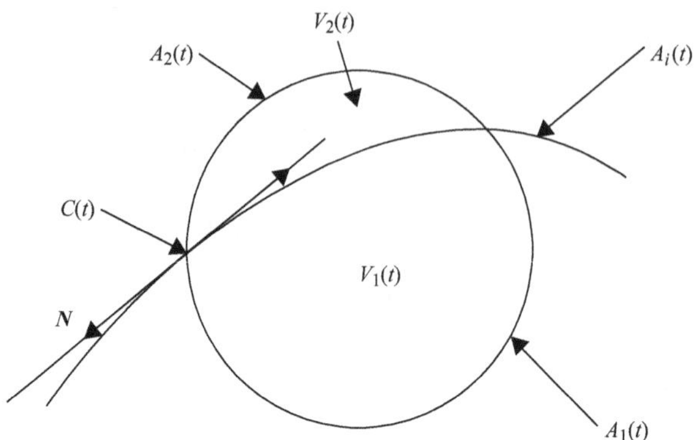

Figure 6.4 – Définition du vecteur N.

où s est l'abscisse curviligne sur l'interface, $\boldsymbol{t}$ le vecteur unitaire tangent à l'interface et R le rayon de courbure, positif (*resp.* négatif) si le centre de courbure est situé dans la phase 2 (*resp.* 1).

Le terme $(d\sigma/ds)\boldsymbol{t}$ est lié aux effets Marangoni dus aux variations de la tension superficielle avec la température ou avec la concentation en agents tensio-actifs présents sur l'interface. Le terme $(\sigma \boldsymbol{n}_1)/R$ est le terme de Young-Laplace. Dans le cas statique nous obtenons :

$$p_1 - p_2 = \frac{\sigma}{R}$$

Il est ici normal de trouver $(\sigma \boldsymbol{n}_1)/R$ et non pas $(\sigma \boldsymbol{n}_1)/2R$ puisque l'interface est cylindrique et que l'un des rayons de courbure est infini.

3.7 Equations locales instantanées généralisées dans chaque phase et sur les interfaces en l'absence de tension interfaciale

Le bilan global instantané généralisé (6.8) peut être transformé à l'aide de la règle de Leibniz (5.21) et des théorèmes de Gauss (5.26) et (5.27) selon la méthode utilisée pour les équations de bilan de masse et de quantité de mouvement linéaire. On obtient alors :

$$\sum_{k=1,2} \int_{V_k(t)} \left[\frac{\partial}{\partial t} \rho_k \Psi_k + \boldsymbol{\nabla} \cdot (\rho_k \Psi_k \boldsymbol{v}_k) + \boldsymbol{\nabla} \cdot \boldsymbol{J}_k - \rho_k \Phi_k \right] dV$$
$$- \int_{A_i(t)} \sum_{k=1,2} (\dot{m}_k \Psi_k + \boldsymbol{n}_k \cdot \boldsymbol{J}_k + \Phi_i) \, dA = 0 \tag{6.21}$$

où les valeurs de Ψ_k, Φ_k, $\boldsymbol{J}_k$ et Φ_i sont données dans le tableau 6.1. Comme cette équation doit être vérifiée quels que soient $V_k(t)$ et $A_i(t)$, on en déduit :

– les équations locales instantanées généralisées dans chaque phase :

$$\frac{\partial}{\partial t}\rho_k\Psi_k + \nabla\cdot(\rho_k\Psi_k\boldsymbol{v}_k) + \nabla\cdot\boldsymbol{J}_k - \rho_k\Phi_k = 0 \tag{6.22}$$

– les équations locales instantanées généralisées sur les interfaces :

$$\sum_{k=1,2}(\dot{m}_k\Psi_k + \boldsymbol{n}_k\cdot\boldsymbol{J}_k + \Phi_i) = 0 \tag{6.23}$$

Equations locales instantanées généralisées dans chaque phase

Compte tenu du tableau 6.1, on retrouve toutes les équations primaires et secondaires des écoulements monophasiques établies au Chapitre précédent.

Equations locales instantanées généralisées sur les interfaces (formes primaires)

Compte tenu du tableau 6.1, ces équations s'écrivent :
– Bilan de masse :

$$\rho_1(\boldsymbol{v}_1 - \boldsymbol{v}_i)\cdot\boldsymbol{n}_1 + \rho_2(\boldsymbol{v}_2 - \boldsymbol{v}_i)\cdot\boldsymbol{n}_2 = 0$$

– Bilan de quantité de mouvement linéaire :

$$\dot{m}_1\boldsymbol{v}_1 + \dot{m}_2\boldsymbol{v}_2 - \boldsymbol{n}_1\cdot\boldsymbol{T}_1 - \boldsymbol{n}_2\cdot\boldsymbol{T}_2 = 0$$

Remarquons que les équations précédentes ont déjà été obtenues (équations 6.11 et 6.16). Par ailleurs on peut montrer que le bilan de quantité de mouvement angulaire sur les interfaces n'apporte aucune information nouvelle.
– Bilan d'énergie totale :

$$\begin{aligned}\dot{m}_1(u_1 + \frac{1}{2}\boldsymbol{v}_1^2) &+ \dot{m}_2(u_2 + \frac{1}{2}\boldsymbol{v}_2^2) + \boldsymbol{q}_1\cdot\boldsymbol{n}_1 + \boldsymbol{q}_2\cdot\boldsymbol{n}_2 \\ &- (\boldsymbol{n}_1\cdot\boldsymbol{T}_1)\cdot\boldsymbol{v}_1 - (\boldsymbol{n}_2\cdot\boldsymbol{T}_2)\cdot\boldsymbol{v}_2 = 0\end{aligned} \tag{6.24}$$

– Bilan d'entropie

$$\Delta_i = -\dot{m}_1 s_1 - \dot{m}_2 s_2 - \frac{1}{T_1}\boldsymbol{q}_1\cdot\boldsymbol{n}_1 - \frac{1}{T_2}\boldsymbol{q}_2\cdot\boldsymbol{n}_2 \geq 0 \tag{6.25}$$

Equations locales instantanées généralisées sur les interfaces (formes secondaires)

Dans chacune des phases et comme pour les écoulements monophasiques nous pouvons combiner les équations locales instantanées primaires et en déduire des équations locales instantanées secondaires ainsi que les taux de production volumiques d'entropie Δ_k. C'est en fait ce que nous avons fait au chapitre précédent. Comme nous avons établi les équations locales instantanées primaires sur les interfaces nous pouvons suivre la même démarche et obtenir les équations locales instantanées secondaires ainsi que le taux de production surfacique d'entropie Δ_i sur les interfaces.

Taux de production surfacique d'entropie sur les interfaces

On trouvera le calcul complet dans Delhaye (1974). Lorsque les transferts à travers les interfaces peuvent être considérés comme réversibles le taux de production surfacique d'entropie Δ_i sur les interfaces est identiquement nul quelles que soient les valeurs du flux de masse surfacique $\dot{m}_k$, des déviateurs de contraintes $\boldsymbol{\tau}_k$ et des flux thermiques surfaciques $\boldsymbol{q}_k$. On en déduit les conditions aux limites suivantes valables en tout point des interfaces :

- Condition mécanique :

$$\boldsymbol{v}_1^t \equiv \boldsymbol{v}_2^t \equiv \boldsymbol{v}^t \tag{6.26}$$

  Les deux phases ne glissent donc pas l'une sur l'autre.
- Condition thermique :

$$T_1 \equiv T_2 \tag{6.27}$$

  Il n'y a donc pas de saut de température à travers l'interface.
- Condition thermodynamique :

$$g_1 - g_2 = \frac{1}{2}\dot{m}_k \left(\frac{1}{\rho_2^2} - \frac{1}{\rho_1^2} \right) \left[\frac{1}{\rho_2}(\boldsymbol{\tau}_2 \cdot \boldsymbol{n}_2) \cdot \boldsymbol{n}_2 - \frac{1}{\rho_1}(\boldsymbol{\tau}_1 \cdot \boldsymbol{n}_1) \cdot \boldsymbol{n}_1 \right] \tag{6.28}$$

  où g_k est l'enthalpie libre massique de la phase k encore appelée potentiel chimique de la phase k. Lorsqu'il n'y a pas de changement de phase on retrouve bien qu'il n'y a pas de saut du potentiel chimique à travers l'interface.

4 Equations moyennées

Les équations locales instantanées que nous avons établies dans les sections précédentes sont directement utilisées pour modéliser des phénomènes où la géométrie des interfaces est simple comme par exemple dans l'étude de l'écoulement d'un film liquide sur une paroi ou dans l'étude de la déformation d'une bulle. Elles constituent également le point de départ de la modélisation par le biais d'équations moyennées de phénomènes plus complexes comme les écoulements diphasiques en conduites permanents ou transitoires. On comprend donc tout l'intérêt que prend l'établissement correct des équations moyennées pour la modélisation des écoulements industriels en particulier ceux rencontrés dans la thermohydraulique des réacteurs nucléaires.

Les équations moyennées peuvent se présenter sous plusieurs formes selon l'opérateur de moyenne choisi. On trouvera des exposés détaillés sur les opérateurs de moyennes utilisables dans plusieurs références (Vernier et Delhaye, 1968 ; Ishii, 1975 ; Delhaye, 1981 ; Delhaye, 1988). Dans cette section nous considérerons uniquement les opérateurs de moyennes spatiales et temporelles. La figure 6.5 résume les différents types d'équations que nous établirons.

Si nous considérons un écoulement diphasique dans une conduite nous pouvons en suivant la colonne de gauche de la figure considérer une section droite de la conduite et moyenner, à un instant donné, une grandeur ou une équation relative à une phase donnée k sur le domaine de la section droite A_k occupée par cette phase à cet instant. Nous pouvons ensuite envisager de moyenner le résultat sur un intervalle de temps T.

Si nous suivons la colonne de droite de la figure nous pouvons considérer un point intérieur à la conduite et moyenner en ce point une grandeur ou une équation relative à une phase donnée k sur le temps de présence T_k de cette phase en ce point pendant un intervalle de temps T. On pourra ensuite moyenner le résultat sur la section droite de la conduite A passant par ce point.

Dans ce qui suit nous allons suivre ces deux chemins et montrer l'équivalence du résultat final.

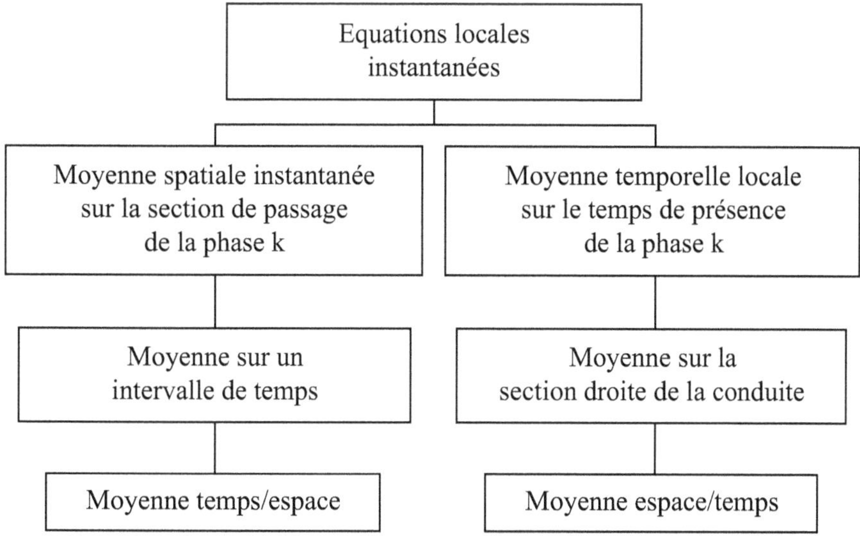

Figure 6.5 – Les équations moyennées.

4.1 Equations instantanées moyennées sur la section de passage d'une phase dans une conduite cylindrique

Dans un premier temps nous allons raisonner sur l'équation la plus simple, *i.e.* le bilan de masse, afin de préciser la stratégie à adopter. Ensuite nous présenterons les deux outils mathématiques nécessaires et nous poursuivrons le calcul pour l'équation de bilan de masse. Enfin nous appliquerons la stratégie à l'équation généralisée et nous donnerons les formes moyennées des principales équations.

La méthode

Considérons la section droite A d'une conduite cylindrique d'axe Oz parcourue par un écoulement diphasique. Soit $A_k(z,t)$ le domaine occupé par la phase k dans cette section droite. Définissons la moyenne $< f_k(x,y,z,t) >_k (z,t)$ d'une quantité $f_k(x,y,z,t)$ sur le domaine $A_k(z,t)$ par la relation :

$$< f_k(x,y,z,t) >_k (z,t) \hat{=} \frac{1}{A_k(z,t)} \int_{A_k(z,t)} f_k(x,y,z,t)\, dA \tag{6.29}$$

Le taux de présence spatial instantané $R_k(z,t)$ de la phase k est défini par la relation :

$$R_k(z,t) \hat{=} \frac{A_k(z,t)}{A} \tag{6.30}$$

Intégrons l'équation de bilan de masse locale instantanée de la phase k sur la section $A_k(z,t)$:

$$\int_{A_k(z,t)} \frac{\partial \rho_k}{\partial t}\, dA + \int_{A_k(z,t)} \boldsymbol{\nabla} \cdot \rho_k \boldsymbol{v}_k\, dA = 0 \tag{6.31}$$

Afin de faire apparaître des moyennes de type (6.29) il serait tentant de transformer l'équation ci-dessus pour obtenir :

$$\frac{\partial}{\partial t} \int_{A_k(z,t)} \rho_k\, dA + \cdots + \frac{\partial}{\partial z} \int_{A_k(z,t)} \rho_k w_k\, dA + \cdots = 0$$

ou encore :

$$\frac{\partial}{\partial t} A_k < \rho_k >_k + \cdots + \frac{\partial}{\partial z} A_k < \rho_k w_k >_k = 0$$

Il nous faut donc deux théorèmes, à savoir des formes limites de la règle de Leibniz et du théorème de Gauss, pour transformer les termes de l'équation (6.31).

Forme limite de la règle de Leibniz

Cette forme limite (Vernier et Delhaye, 1968) permet de permuter les opérateurs différentiels du premier terme de l'équation (6.31). Elle s'écrit :

$$\frac{\partial}{\partial t}\int_{A_k(z,t)} f_k(x,y,z,t)\, dA = \int_{A_k(z,t)} \frac{\partial f_k}{\partial t}\, dA + \oint_{C(z,t)} f_k\, \boldsymbol{v}_C \cdot \boldsymbol{n}_k \, \frac{dC}{\boldsymbol{n}_k \cdot \boldsymbol{n}_{kC}} \tag{6.32}$$

où $C(z,t)$ est la courbe frontière de $A_k(z,t)$, $\boldsymbol{v}_C$ la vitesse de l'interface en un point de la courbe C, $\boldsymbol{n}_k$ le vecteur unitaire normal à l'interface et dirigé vers l'extérieur de la phase k et $\boldsymbol{n}_{kC}$ le vecteur unitaire normal à la courbe $C(z,t)$, situé dans le plan de la section droite et dirigé vers l'extérieur de la phase k.

Le cas particulier $f_k(x,y,z,t) \equiv 1$ permet d'obtenir la relation :

$$\frac{\partial A_k}{\partial t} = \int_{C(z,t)} \boldsymbol{v}_C \cdot \boldsymbol{n}_k \, \frac{dC}{\boldsymbol{n}_k \cdot \boldsymbol{n}_{kC}} \tag{6.33}$$

Forme limite du théorème de Gauss

Cette forme limite (Vernier et Delhaye, 1968) permet de permuter les opérateurs différentiels du second terme de l'équation (6.31). Elle s'écrit :

$$\int_{A_k(z,t)} \boldsymbol{\nabla} \cdot \boldsymbol{B}_k \, dA = \frac{\partial}{\partial z}\int_{A_k(z,t)} \boldsymbol{n}_z \cdot \boldsymbol{B}_k \, dA + \oint_{C(z,t)} \boldsymbol{n}_k \cdot \boldsymbol{B}_k \, \frac{dC}{\boldsymbol{n}_k \cdot \boldsymbol{n}_{kC}} \tag{6.34}$$

Le cas particulier $\boldsymbol{B}_k \equiv \boldsymbol{n}_z$ permet d'obtenir la relation :

$$\frac{\partial A_k}{\partial z} = -\int_{C(z,t)} \boldsymbol{n}_k \cdot \boldsymbol{n}_z \, \frac{dC}{\boldsymbol{n}_k \cdot \boldsymbol{n}_{kC}} \tag{6.35}$$

Bilan de masse moyenné sur la section occupée par la phase k

Reprenons l'équation de bilan de masse locale instantanée (6.31) de la phase k sur la section $A_k(z,t)$ et appliquons les formes limites de la règle de Leibniz (6.32) et du théorème de Gauss (6.34) respectivement au premier et deuxième terme. Il vient :

$$\begin{aligned}&\frac{\partial}{\partial t}\int_{A_k(z,t)} \rho_k \, dA - \oint_{C(z,t)} \rho_k\, \boldsymbol{v}_C \cdot \boldsymbol{n}_k \, \frac{dC}{\boldsymbol{n}_k \cdot \boldsymbol{n}_{kC}} \\ &+\frac{\partial}{\partial z}\int_{A_k(z,t)} \rho_k w_k \, dA + \oint_{C(z,t)} \boldsymbol{n}_k \cdot (\rho_k \boldsymbol{v}_k)\, \frac{dC}{\boldsymbol{n}_k \cdot \boldsymbol{n}_{kC}} = 0\end{aligned} \tag{6.36}$$

En introduisant l'opérateur de moyenne spatiale (6.29) cette équation devient :

$$\frac{\partial}{\partial t} A_k < \rho_k >_k + \frac{\partial}{\partial z} A_k < \rho_k w_k >_k = -\oint_{C(z,t)} \rho_k\, (\boldsymbol{v}_k - \boldsymbol{v}_C) \cdot \boldsymbol{n}_k \, \frac{dC}{\boldsymbol{n}_k \cdot \boldsymbol{n}_{kC}}$$

La section de passage $A_k(z,t)$ de la phase k étant limitée par la courbe C_k située sur la paroi de la conduite supposée imperméable à la matière, et par la courbe C_i située sur l'interface l'équation précédente se réduit à :

$$\frac{\partial}{\partial t}A_k < \rho_k >_k + \frac{\partial}{\partial z}A_k < \rho_k w_k >_k = -\int_{C_i(z,t)} \rho_k \left(\boldsymbol{v}_k - \boldsymbol{v}_C\right)\cdot \boldsymbol{n}_k \frac{dC}{\boldsymbol{n}_k \cdot \boldsymbol{n}_{kC}}$$

ou en introduisant le flux de masse surfacique $\dot{m}_k$ défini par l'équation (6.12) :

$$\frac{\partial}{\partial t}A_k < \rho_k >_k + \frac{\partial}{\partial z}A_k < \rho_k w_k >_k = -\int_{C_i(z,t)} \dot{m}_k \frac{dC}{\boldsymbol{n}_k \cdot \boldsymbol{n}_{kC}} \tag{6.37}$$

Quatre remarques peuvent être faites sur cette équation :

1. Une moyenne de produit, $< \rho_k w_k >_k$, apparaît lors de l'opération de moyenne. Il faudra par la suite exprimer ce terme de covariance en fonction des variables dépendantes du problème.
2. Le terme du second membre représente les échanges de masse par évaporation ou condensation sur l'interface. Il est pour le moment inconnu et il faudra également l'exprimer en fonction des variables dépendantes du problème par une relation de fermeture appropriée.
3. Le taux de présence spatial instantané $R_k(z,t)$ défini par l'équation (6.30) et grandeur mesurable peut être aisément introduit dans l'équation précédente. Dans le cas d'une conduite cylindrique de section droite A on obtient :

$$\frac{\partial}{\partial t} R_k < \rho_k >_k + \frac{\partial}{\partial z} R_k < \rho_k w_k >_k = -\frac{1}{A}\oint_{C_i(z,t)} \dot{m}_k \frac{dC}{\boldsymbol{n}_k \cdot \boldsymbol{n}_{kC}}$$

4. Nous pouvons obtenir une équation de bilan de masse pour le mélange en additionnant membre à membre les équations de bilan de masse écrite pour chacune des phases. En tenant compte de l'équation de bilan de masse sur les interfaces (6.13) il vient :

$$\frac{\partial}{\partial t}(A_1 < \rho_1 >_1 + A_2 < \rho_2 >_2) + \frac{\partial}{\partial z}(A_1 < \rho_1 w_1 >_1 + A_2 < \rho_2 w_2 >_2) = 0$$

ou pour une conduite de section droite cylindrique :

$$\frac{\partial}{\partial t}(R_1 < \rho_1 >_1 + R_2 < \rho_2 >_2) + \frac{\partial}{\partial z}(R_1 < \rho_1 w_1 >_1 + R_2 < \rho_2 w_2 >_2) = 0$$

Equation de bilan généralisée moyennée sur la section occupée par la phase k

La méthode utilisée pour le bilan de masse peut être appliquée à l'équation de bilan généralisée (6.22). Cette dernière équation est en premier lieu intégrée sur la section $A_k(z,t)$ limitée par ses frontières $C_i(z,t)$ avec l'autre phase et $C_k(z,t)$ avec la paroi de la conduite supposée fixe et imperméable à la matière. En appliquant ensuite les formes limites de la règle de Leibniz (6.32) et du théorème de Gauss (6.34) il vient :

$$\frac{\partial}{\partial t} A_k < \rho_k \Psi_k >_k + \frac{\partial}{\partial z} A_k < \boldsymbol{n}_z \cdot \rho_k \Psi_k \boldsymbol{v}_k) >_k + \frac{\partial}{\partial z} A_k < \boldsymbol{n}_z \cdot \boldsymbol{J}_k >_k$$
$$-A_k < \rho_k \Phi_k >_k = -\int_{C_i(z,t)} (\dot{m}_k \Psi_k + \boldsymbol{n}_k \cdot \boldsymbol{J}_k) \frac{dC}{\boldsymbol{n}_k \cdot \boldsymbol{n}_{kC}}$$
$$-\int_{C_k(z,t)} \boldsymbol{n}_k \cdot \boldsymbol{J}_k \frac{dC}{\boldsymbol{n}_k \cdot \boldsymbol{n}_{kC}} \qquad (6.38)$$

L'équation précédente et le tableau 6.1 permet d'obtenir toutes les équations de bilan primaires moyennées sur la section de passage de la phase k en particulier les équations de bilan de quantité de mouvement et d'énergie totale.

Equation de bilan de quantité de mouvement moyennée sur la section occupée par la phase k

En décomposant le tenseur des contraintes totales du premier membre en un terme de pression et un déviateur des contraintes il vient :

$$\frac{\partial}{\partial t} A_k < \rho_k \boldsymbol{v}_k >_k + \frac{\partial}{\partial z} A_k < \rho_k w_k \boldsymbol{v}_k >_k - A_k < \rho_k \boldsymbol{F} >_k$$
$$\frac{\partial}{\partial z} A_k < p_k \boldsymbol{n}_z >_k - \frac{\partial}{\partial z} A_k < \boldsymbol{n}_z \cdot \boldsymbol{\tau}_k >_k$$
$$= -\int_{C_i(z,t)} (\dot{m}_k \boldsymbol{v}_k - \boldsymbol{n}_k \cdot \boldsymbol{T}_k) \frac{dC}{\boldsymbol{n}_k \cdot \boldsymbol{n}_{kC}}$$
$$+\int_{C_k(z,t)} \boldsymbol{n}_k \cdot \boldsymbol{T}_k \frac{dC}{\boldsymbol{n}_k \cdot \boldsymbol{n}_{kC}} \qquad (6.39)$$

En prenant la composante de l'équation précédente sur l'axe Oz de la conduite, nous obtenons :

$$\frac{\partial}{\partial t} A_k < \rho_k w_k >_k + \frac{\partial}{\partial z} A_k < \rho_k w_k^2 >_k - A_k < \rho_k F_z >_k$$
$$\frac{\partial}{\partial z} A_k < p_k >_k - \frac{\partial}{\partial z} A_k < (\boldsymbol{n}_z \cdot \boldsymbol{\tau}_k) \cdot \boldsymbol{n}_z >_k$$
$$= -\int_{C_i(z,t)} \boldsymbol{n}_z \cdot (\dot{m}_k \boldsymbol{v}_k - \boldsymbol{n}_k \cdot \boldsymbol{T}_k) \frac{dC}{\boldsymbol{n}_k \cdot \boldsymbol{n}_{kC}}$$
$$+\int_{C_k(z,t)} \boldsymbol{n}_z \cdot (\boldsymbol{n}_k \cdot \boldsymbol{T}_k) \frac{dC}{\boldsymbol{n}_k \cdot \boldsymbol{n}_{kC}} \qquad (6.40)$$

où w_k est la composante sur Oz du vecteur vitesse $\boldsymbol{v}_k$.

Nous pouvons faire sur cette équation les quatre remarques faites sur l'équation de bilan de masse. En particulier l'équation pour le mélange s'écrit de la façon suivante :

$$\begin{aligned}
&\frac{\partial}{\partial t}\left(A_1 < \rho_1 w_1 >_1 + A_2 < \rho_2 w_2 >_2\right) + \frac{\partial}{\partial z}\left(A_1 < \rho_1 w_1^2 >_1 + A_2 < \rho_2 w_2^2 >_2\right. \\
&-A_1 < \rho_1 F_z >_1 - A_2 < \rho_2 F_z >_2 + \frac{\partial}{\partial z}\left(A_1 < p_1 >_1 + A_2 < p_2 >_2\right) \\
&-\frac{\partial}{\partial z}\left[A_1 < (\boldsymbol{n}_z \cdot \boldsymbol{\tau}_1) \cdot \boldsymbol{n}_z >_1 + A_2 < (\boldsymbol{n}_z \cdot \boldsymbol{\tau}_2) \cdot \boldsymbol{n}_z >_2\right] \\
&+\int_{C_1(z,t)} \boldsymbol{n}_z \cdot (\boldsymbol{n}_1 \cdot \boldsymbol{T}_1) \frac{dC}{\boldsymbol{n}_1 \cdot \boldsymbol{n}_{1C}} + \int_{C_2(z,t)} \boldsymbol{n}_z \cdot (\boldsymbol{n}_2 \cdot \boldsymbol{T}_2) \frac{dC}{\boldsymbol{n}_2 \cdot \boldsymbol{n}_{2C}} \qquad (6.41
\end{aligned}$$

Si l'on suppose que la pression p_k est constante le long de $C_i(z,t)$ et de $C_k(z,t)$, et égale à la pression moyenne $< p_k >_k$ sur $A_k(z,t)$, alors en utilisant le cas particulier (6.35) de la forme limite du théorème de Gauss l'équation de quantité de mouvement pour la phase k peut s'écrire sous la forme :

$$\begin{aligned}
&\frac{\partial}{\partial t} A_k < \rho_k w_k >_k + \frac{\partial}{\partial z} A_k < \rho_k w_k^2 >_k - A_k < \rho_k F_z >_k \\
&A_k \frac{\partial}{\partial z} < p_k >_k - \frac{\partial}{\partial z} A_k < (\boldsymbol{n}_z \cdot \boldsymbol{\tau}_k) \cdot \boldsymbol{n}_z >_k \\
&= -\int_{C_i(z,t)} \boldsymbol{n}_z \cdot (\dot{m}_k \boldsymbol{v}_k - \boldsymbol{n}_k \cdot \boldsymbol{\tau}_k) \frac{dC}{\boldsymbol{n}_k \cdot \boldsymbol{n}_{kC}} \\
&+\int_{C_k(z,t)} \boldsymbol{n}_z \cdot (\boldsymbol{n}_k \cdot \boldsymbol{\tau}_k) \frac{dC}{\boldsymbol{n}_k \cdot \boldsymbol{n}_{kC}} \qquad (6.42)
\end{aligned}$$

Equation de bilan d'énergie totale moyennée sur la section occupée par la phase k

De la même manière nous obtenons en introduisant l'enthalpie massique h_k de la phase k :

$$\begin{aligned}
&\frac{\partial}{\partial t} A_k < \rho_k (u_k + \frac{1}{2}\boldsymbol{v}_k^2) >_k + \frac{\partial}{\partial z} A_k < \rho_k (h_k + \frac{1}{2}\boldsymbol{v}_k^2) w_k) >_k \\
&-\frac{\partial}{\partial z} A_k < \boldsymbol{n}_z \cdot (\boldsymbol{\tau}_k \cdot \boldsymbol{v}_k) >_k - A_k < \rho_k \boldsymbol{F}_k \cdot \boldsymbol{v}_k >_k + \frac{\partial}{\partial z} A_k < \boldsymbol{q}_k \cdot \boldsymbol{n}_z >_k \\
&= -\int_{C_i(z,t)} [\dot{m}_k (u_k + \frac{1}{2}\boldsymbol{v}_k^2) - (\boldsymbol{T}_k \cdot \boldsymbol{v}_k)\boldsymbol{n}_k + \boldsymbol{q}_k \cdot \boldsymbol{n}_k] \frac{dC}{\boldsymbol{n}_k \cdot \boldsymbol{n}_{kC}} \\
&-\int_{C_k(z,t)} \boldsymbol{q}_k \cdot \boldsymbol{n}_k \frac{dC}{\boldsymbol{n}_k \cdot \boldsymbol{n}_{kC}} \qquad (6.43)
\end{aligned}$$

4.2 Equations locales moyennées sur le temps de présence d'une phase

Dans un premier temps nous allons raisonner sur l'équation la plus simple, *i.e.* le bilan de masse, afin de préciser la méthode à adopter. Ensuite nous présenterons les deux outils mathématiques nécessaires et nous poursuivrons le calcul pour l'équation de bilan de masse. Enfin nous appliquerons la stratégie à l'équation généralisée et nous donnerons les formes moyennées des principales équations.

La méthode

Considérons un point $\boldsymbol{x}$ dans un écoulement diphasique et un intervalle de temps $[\, t - T/2\ ;\ t + T/2\,]$ centré sur un instant t. Soit $T_k(\boldsymbol{x}, t)$ le temps de présence de la phase k au point $\boldsymbol{x}$ pendant l'intervalle de temps T. Définissons la moyenne $\overline{f_k(\boldsymbol{x}, t)}^k$ d'une quantité $f_k(\boldsymbol{x}, t)$ associée à la phase k sur le temps de présence $T_k(\boldsymbol{x}, t)$ de cette phase k au point $\boldsymbol{x}$ par la relation :

$$\overline{f_k(\boldsymbol{x}, t)}^k \hat{=} \frac{1}{T_k(\boldsymbol{x}, t)} \int_{T_k(\boldsymbol{x},t)} f_k(\boldsymbol{x}, t)\, dt \tag{6.44}$$

Le taux de présence local $\alpha_k(\boldsymbol{x}, t)$ de la phase k est défini par la relation :

$$\alpha_k(\boldsymbol{x}, t) \hat{=} \frac{T_k(\boldsymbol{x}, t)}{T} \tag{6.45}$$

Intégrons l'équation de bilan de masse locale instantanée de la phase k sur le temps de présence $T_k(\boldsymbol{x}, t)$ de la phase k au point $\boldsymbol{x}$:

$$\int_{T_k(\boldsymbol{x},t)} \frac{\partial \rho_k}{\partial t}\, dt + \int_{T_k(\boldsymbol{x},t)} \boldsymbol{\nabla} \cdot \rho_k \boldsymbol{v}_k\, dt = 0 \tag{6.46}$$

Afin de faire apparaître des moyennes de type (6.44) il serait tentant de transformer l'équation ci-dessus pour obtenir :

$$\frac{\partial}{\partial t} \int_{T_k(\boldsymbol{x},t)} \rho_k\, dt + \cdots + \boldsymbol{\nabla} \cdot \int_{T_k(\boldsymbol{x},t)} \rho_k \boldsymbol{v}_k\, dt + \cdots = 0$$

ou encore :

$$\frac{\partial}{\partial t}\, T_k\, \overline{\rho_k}^k + \cdots + \boldsymbol{\nabla} \cdot T_k\, \overline{\rho_k \boldsymbol{v}_k}^k + \cdots = 0$$

Il nous faut donc deux théorèmes, à savoir des formes limites de la règle de Leibniz et du théorème de Gauss, pour transformer les termes de l'équation (6.46).

Forme limite de la règle de Leibniz

Cette forme limite (Delhaye et Achard, 1978) permet de permuter les opérateurs différentiels du premier terme de l'équation (6.46). Elle s'écrit :

$$\frac{\partial}{\partial t}\int_{T_k(\boldsymbol{x},t)} f_k(\boldsymbol{x},t)\,dt = \int_{T_k(\boldsymbol{x},t)} \frac{\partial f_k}{\partial t}\,dt + \sum_{\text{disc}\,\in\,[T]} \frac{1}{\mid \boldsymbol{v}_i\cdot\boldsymbol{n}_k \mid} f_k\,\boldsymbol{v}_i\cdot\boldsymbol{n}_k \quad (6.47)$$

Le cas particulier $f_k(x,y,z,t) \equiv 1$ permet d'obtenir la relation :

$$\frac{\partial\,\alpha_k}{\partial t} = \frac{1}{T}\sum_{\text{disc}\,\in\,[T]} \frac{\boldsymbol{v}_i\cdot\boldsymbol{n}_k}{\mid \boldsymbol{v}_i\cdot\boldsymbol{n}_k \mid} \quad (6.48)$$

où la somme finie du deuxième membre porte sur toutes les discontinuités de la fonction f_k appartenant à l'intervalle de temps T, *i.e.* sur toutes les interfaces passant au point $\boldsymbol{x}$ pendant l'intervalle de temps T.

Forme limite du théorème de Gauss

Cette forme limite (Delhaye et Achard, 1978) permet de permuter les opérateurs différentiels du second terme de l'équation (6.46). Elle s'écrit :

$$\int_{T_k(\boldsymbol{x},t)} \boldsymbol{\nabla}\cdot\boldsymbol{B}_k(\boldsymbol{x},t)\,dt = \boldsymbol{\nabla}\cdot\int_{T_k(\boldsymbol{x},t)} \boldsymbol{B}_k\,dt + \sum_{\text{disc}\,\in\,[T]} \frac{1}{\mid \boldsymbol{v}_i\cdot\boldsymbol{n}_k \mid}\,\boldsymbol{n}_k\cdot\boldsymbol{B}_k \quad (6.49)$$

Le cas particulier $\boldsymbol{B}_k \equiv \boldsymbol{U}$ permet d'obtenir la relation :

$$\boldsymbol{\nabla}\alpha_k = -\sum_{\text{disc}\,\in\,[T]} \frac{\boldsymbol{n}_k}{\mid \boldsymbol{v}_i\cdot\boldsymbol{n}_k \mid} \quad (6.50)$$

Bilan de masse moyenné sur le temps de présence T_k de la phase k

Reprenons l'équation de bilan de masse locale instantanée (6.46) de la phase k sur le temps de présence $T_k(\boldsymbol{x},t)$ et appliquons les formes limites de la règle de Leibniz (6.47) et du théorème de Gauss (6.49), respectivement au premier et deuxième terme. Il vient :

$$\begin{aligned}\frac{\partial}{\partial t}\int_{T_k(\boldsymbol{x},t)} \rho_k\,dt \quad &- \sum_{\text{disc}\,\in\,[T]} \frac{1}{\mid \boldsymbol{v}_i\cdot\boldsymbol{n}_k \mid}\rho_k\,\boldsymbol{v}_i\cdot\boldsymbol{n}_k \\ +\boldsymbol{\nabla}\cdot\int_{T_k(\boldsymbol{x},t)} \rho_k\boldsymbol{v}_k\,dt \quad &+ \sum_{\text{disc}\,\in\,[T]} \frac{1}{\mid \boldsymbol{v}_i\cdot\boldsymbol{n}_k \mid}\,\rho_k\boldsymbol{v}_k\cdot\boldsymbol{n}_k = 0 \quad (6.51)\end{aligned}$$

En introduisant l'opérateur de moyenne temporelle (6.44) cette équation devient :

$$\begin{aligned}\frac{\partial}{\partial t}\, T_k\, \overline{\rho_k}^k \quad &- \sum_{\mathrm{disc}\,\in\,[T]} \frac{1}{\mid \boldsymbol{v}_i \cdot \boldsymbol{n}_k \mid}\, \rho_k\, \boldsymbol{v}_i \cdot \boldsymbol{n}_k \\ +\boldsymbol{\nabla}\cdot T_k\, \overline{\rho_k \boldsymbol{v}_k}^k \quad &+ \sum_{\mathrm{disc}\,\in\,[T]} \frac{1}{\mid \boldsymbol{v}_i \cdot \boldsymbol{n}_k \mid}\, \rho_k \boldsymbol{v}_k \cdot \boldsymbol{n}_k = 0 \qquad (6.52)\end{aligned}$$

En introduisant le flux de masse surfacique $\dot{m}_k$ et le taux de présence local α_k définis respectivement par les équations (6.12) et (6.45), il vient :

$$\frac{\partial}{\partial t}\, \alpha_k\, \overline{\rho_k}^k + \boldsymbol{\nabla}\cdot \alpha_k\, \overline{\rho_k \boldsymbol{v}_k}^k = - \sum_{\mathrm{disc}\,\in\,[T]} \frac{1}{T \mid \boldsymbol{v}_i \cdot \boldsymbol{n}_k \mid}\, \dot{m}_k \qquad (6.53)$$

En définissant le taux local de production de masse de phase k par unité de volume Γ_k par la relation :

$$\Gamma_k \triangleq - \sum_{\mathrm{disc}\,\in\,[T]} \frac{1}{T \mid \boldsymbol{v}_i \cdot \boldsymbol{n}_k \mid}\, \dot{m}_k \qquad (6.54)$$

nous obtenons :

$$\frac{\partial}{\partial t}\, \alpha_k\, \overline{\rho_k}^k + \boldsymbol{\nabla}\cdot \alpha_k\, \overline{\rho_k \boldsymbol{v}_k}^k = \Gamma_k \qquad (6.55)$$

Comme pour les équations instantanées moyennées sur la section de passage d'une phase nous pouvons faire quatre remarques sur cette équation :

1. Une moyenne de produit, $\overline{\rho_k \boldsymbol{v}_k}^k$, apparaît lors de l'opération de moyenne. Il faudra par la suite exprimer ce terme de covariance en fonction des variables dépendantes du problème.
2. Le terme du second membre représente les échanges de masse par évaporation ou condensation sur l'interface. Il est pour le moment inconnu et il faudra également l'exprimer en fonction des variables dépendantes du problème par une relation de fermeture appropriée pour clore le système d'équations.
3. Le taux de présence spatial instantané $\alpha_k(\boldsymbol{x}, t)$ défini par l'équation (6.45) est une grandeur mesurable.
4. Nous pouvons obtenir une équation de bilan de masse pour le mélange en additionnant membre à membre les équations de bilan de masse écrites pour chacune des phases. En tenant compte de l'équation de bilan de masse sur les interfaces (6.13) il vient :

$$\frac{\partial}{\partial t}\, (\alpha_1\, \overline{\rho_1}^1 + \alpha_2\, \overline{\rho_2}^2) + \boldsymbol{\nabla}\cdot (\alpha_1\, \overline{\rho_1 \boldsymbol{v}_1}^1 + \alpha_2\, \overline{\rho_2 \boldsymbol{v}_2}^2) = 0 \qquad (6.56)$$

Equation de bilan généralisée moyennée sur le temps de présence de la phase k

La méthode utilisée pour le bilan de masse peut être appliquée à l'équation de bilan généralisée (6.22). Cette dernière équation est en premier lieu intégrée sur le temps de présence $T_k(\boldsymbol{x}, t)$. En appliquant ensuite les formes limites de la règle de Leibniz (6.47) et du théorème de Gauss (6.49) il vient :

$$\frac{\partial}{\partial t} \alpha_k \overline{\rho_k \Psi_k}^k + \boldsymbol{\nabla} \cdot \alpha_k \overline{\rho_k \Psi_k \boldsymbol{v}_k}^k + \boldsymbol{\nabla} \cdot \alpha_k \overline{\boldsymbol{J}_k}^k$$
$$-\alpha_k \overline{\rho_k \Phi_k}^k = - \sum_{\text{disc} \in [T]} \frac{1}{T \mid \boldsymbol{v}_i \cdot \boldsymbol{n}_k \mid} \left(\dot{m}_k \Psi_k + \boldsymbol{n}_k \cdot \boldsymbol{J}_k \right) \qquad (6.57)$$

L'équation précédente et le tableau 6.1 permettent d'obtenir toutes les équations de bilan primaires moyennées sur le temps de présence $T_k(\boldsymbol{x}, t)$ de la phase k en particulier les équations de bilan de quantité de mouvement et d'énergie totale.

Equation de bilan de quantité de mouvement moyennée sur le temps de présence $T_k(\boldsymbol{x}, t)$ de la phase k

$$\frac{\partial}{\partial t} \alpha_k \overline{\rho_k \boldsymbol{v}_k}^k + \boldsymbol{\nabla} \cdot \alpha_k \overline{\rho_k \boldsymbol{v}_k \boldsymbol{v}_k}^k - \boldsymbol{\nabla} \cdot \alpha_k \overline{\boldsymbol{T}_k}^k$$
$$-\alpha_k \overline{\rho_k biF}^k = - \sum_{\text{disc} \in [T]} \frac{1}{T \mid \boldsymbol{v}_i \cdot \boldsymbol{n}_k \mid} \left(\dot{m}_k \boldsymbol{v}_k + \boldsymbol{n}_k \cdot \boldsymbol{T}_k \right) \qquad (6.58)$$

Equation de bilan d'énergie totale moyennée sur le temps de présence $T_k(\boldsymbol{x}, t)$ de la phase k

$$\frac{\partial}{\partial t} \alpha_k \overline{\rho_k (u_k + \frac{1}{2} \boldsymbol{v}_k^2)}^k + \boldsymbol{\nabla} \cdot \alpha_k \overline{\rho_k (u_k + \frac{1}{2} \boldsymbol{v}_k^2) \boldsymbol{v}_k}^k$$
$$-\boldsymbol{\nabla} \cdot \alpha_k \overline{\boldsymbol{T}_k \boldsymbol{v}_k}^k + \boldsymbol{\nabla} \cdot \alpha_k \overline{\boldsymbol{q}}^k - \alpha_k \overline{\rho_k \boldsymbol{F} \cdot \boldsymbol{v}_k}^k =$$
$$- \sum_{\text{disc} \in [T]} \frac{\dot{m}_k (u_k + \frac{1}{2} \boldsymbol{v}_k^2) - (\boldsymbol{n}_k \cdot \boldsymbol{T}_k) \cdot \boldsymbol{v}_k + \boldsymbol{q}_k \cdot \boldsymbol{n}_k}{T \mid \boldsymbol{v}_i \cdot \boldsymbol{n}_k \mid} \qquad (6.59)$$

4.3 Equations aux moyennes composites

Comme indiqué à la figure 6.5 les équations aux moyennes composites peuvent être obtenues en suivant deux procédures :

- en moyennant sur un intervalle de temps T les équations moyennées sur la section de passage $A_k(z,t)$ de la phase k pour obtenir les équations aux *moyennes temps/espace*,
- en moyennant sur la section droite de la conduite A les équations moyennées sur le temps de présence $T_k(\boldsymbol{x},t)$ de la phase k pour obtenir les équations aux *moyennes espace/temps.*

Après avoir rappelé quelques résultats sur la commutativité des opérateurs de moyenne nous démontrerons l'identité des formulations espace/temps et temps/espace.

Commutativité des opérateurs de moyenne (Delhaye, 1976)

Considérons une fonction quelconque scalaire, vectorielle ou tensorielle f_k associée à la phase k. Notre objectif est de trouver une identité permettant de permuter les opérateurs de moyenne. La première identité (équation 4.17) relie les quatre opérateurs de moyenne :

$$< \alpha_k \, \overline{f_k}^k >_2 \; \equiv \; \overline{R_k < f_k >_{k2}} \tag{6.60}$$

La deuxième identité est plus complexe et s'écrit :

$$< \sum_{\text{disc} \in [T]} \frac{1}{T \mid \boldsymbol{v}_i \cdot \boldsymbol{n}_k \mid} (\boldsymbol{B}_k \cdot \boldsymbol{n}_k)_j > \; \equiv \; \frac{1}{A} \overline{\oint_C \boldsymbol{B}_k \cdot \boldsymbol{n}_k \, \frac{dC}{\boldsymbol{n}_k \cdot \boldsymbol{n}_{kC}}} \tag{6.61}$$

Equations aux moyennes espace/temps et aux moyennes temps/espace

En moyennant sur un intervalle de temps T l'équation de bilan généralisée instantanée (6.38) moyennée sur la section de passage $A_k(z,t)$ de la phase k nous obtenons :

$$\begin{aligned} &\frac{\partial}{\partial t} \overline{A_k < \rho_k \Psi_k >_k} + \frac{\partial}{\partial z} \overline{A_k < \boldsymbol{n}_z \cdot \rho_k \Psi_k \boldsymbol{v}_k) >_k} + \frac{\partial}{\partial z} \overline{A_k < \boldsymbol{n}_z \cdot \boldsymbol{J}_k >_k} \\ &- \overline{A_k < \rho_k \Phi_k >_k} = - \overline{\int_{C_i(z,t)} (\dot{m}_k \Psi_k + \boldsymbol{n}_k \cdot \boldsymbol{J}_k) \, \frac{dC}{\boldsymbol{n}_k \cdot \boldsymbol{n}_{kC}}} \\ &- \overline{\int_{C_k(z,t)} \boldsymbol{n}_k \cdot \boldsymbol{J}_k \, \frac{dC}{\boldsymbol{n}_k \cdot \boldsymbol{n}_{kC}}} \end{aligned} \tag{6.62}$$

Si nous moyennons maintenant sur la section droite A de la conduite l'équation de bilan généralisée locale (6.57) moyennée sur le temps de passage $T_k(\boldsymbol{x},t)$ de la phase k nous obtenons :

$$\frac{\partial}{\partial t} A < \alpha_k \overline{\rho_k \Psi_k}^k > + \frac{\partial}{\partial z} A < \alpha_k \overline{\rho_k \Psi_k \boldsymbol{v}_k}^k > + \frac{\partial}{\partial z} A < \alpha_k \overline{\boldsymbol{J}_k}^k >$$

$$-A < \alpha_k \overline{\rho_k \Phi_k}^k >= - \sum_{\text{disc} \in [T]} \frac{1}{T \mid \boldsymbol{v}_i \cdot \boldsymbol{n}_k \mid} (\dot{m}_k \Psi_k + \boldsymbol{n}_k \cdot \boldsymbol{J}_k)$$

$$- \oint_{C_1+C_2} \alpha_k \, \boldsymbol{n}_k \cdot \overline{\boldsymbol{J}_k}^k \frac{dC}{\boldsymbol{n}_k \cdot \boldsymbol{n}_{kC}} \tag{6.63}$$

Compte tenu des identités (6.60) et (6.61) les équations aux moyennes temps/espace (6.62) et aux moyennes espace/temps (6.63) sont identiques. On utilisera l'une ou l'autre des formulations en fonction des hypothèses à faire sur les relations de fermeture compte tenu du type d'écoulement à modéliser.

5 Exemples d'applications

5.1 Dynamique d'une bulle de gaz : équation de Rayleigh

On considère la croissance ou la décroissance d'une bulle de gaz sphérique immergée dans un liquide newtonien de viscosité μ_ℓ et de masse volumique ρ_ℓ constantes. Etablir l'équation de Rayleigh qui relie le rayon $R(t)$ de la bulle et la différence de pression dans le liquide, $p_{\ell,i} - p_\infty$, entre l'interface et l'infini. Cette équation intervient dans la modélisation des phénomènes de cavitation, d'acoustique sous-marine, d'explosion sous-marine, etc.

Solution

Ce que l'on connaît :
Ecart de pression dans le liquide entre l'interface et l'infini : $p_{\ell,i} - p_\infty$
Masse volumique du liquide : ρ_ℓ
Viscosité du liquide : μ_ℓ

Ce que l'on cherche :
La relation entre le rayon $R(t)$ de la bulle et l'écart de pression $(p_{\ell,i} - p_\infty)$.

Hypothèses de départ :
H1 : le liquide est un corps pur.
H2 : le liquide a une masse volumique constante (fluide isochore).
H3 : le liquide est newtonien avec une viscosité constante.
H4 : le mouvement de l'interface est purement radial.
H5 : les effets de gravité sont négligeables.
H6 : il n'y a pas de changement de phase à l'interface.

Méthodologie :
L'objectif est de calculer un écart de pression dans le liquide. Il nous faudra donc intégrer l'équation locale de quantité de mouvement dans le liquide. La forme intégrée fera apparaître la vitesse du liquide à l'interface que nous exprimerons en fonction de la vitesse de déplacement $\dot{R}(t)$ de l'interface en utilisant l'hypothèse (H5) de changement de phase.

Mise en œuvre de la méthodologie :
Compte tenu de l'hypothèse (H4) l'utilisation de coordonnées sphériques s'impose. Toutes les équations correspondantes se trouvent par exemple dans le livre de Bird *et al.* (2007) aux pages 846 et 848.

1. Bilan de masse dans le liquide :
   Les hypothèses (H1), (H2) et (H3) conduisent à l'équation :

   $$\frac{\partial}{\partial r}(r^2 w_\ell) = 0 \tag{6.64}$$

   où r et w_ℓ sont respectivement la coordonnée radiale et la vitesse radiale du liquide. L'intégration de l'équation précédente conduit à l'expression de la vitesse radiale du liquide :

   $$w_\ell = w_{\ell,i}\,\frac{R^2}{r^2} \tag{6.65}$$

   où $w_{\ell,i}$ désigne la vitesse du liquide à l'interface.

2. Absence de changement de phase :
   Cette hypothèse (H6) se traduit par la relation :

   $$w_{\ell,i} = \dot{R} \tag{6.66}$$

   Le bilan de masse est par ailleurs trivialement vérifié.

3. Bilan de quantité de mouvement dans le liquide :
   Compte tenu des hypothèses (H1) à (H5) les équations de quantité de mouvement se réduisent à la seule composante radiale qui s'écrit :

   $$\rho_\ell\left(\frac{\partial w_\ell}{\partial t} + w_\ell\frac{\partial w_\ell}{\partial r}\right) = -\,\frac{\partial p_\ell}{\partial r} \tag{6.67}$$

   Il est intéressant de remarquer que l'équation précédente ne contient pas la viscosité alors que l'hypothèse d'un fluide non visqueux n'a pas été faite. Cela provient de l'annulation du laplacien compte tenu de l'équation de bilan de masse.

4. Equation de Rayleigh :
En intégrant l'équation (6.67) de $r = R$ à $r \to \infty$ et compte tenu des équations (6.65) et (6.66) on obtient l'équation de Rayleigh :

$$\ddot{R}R + \frac{3}{2}\dot{R}^2 = \frac{1}{\rho_\ell}(p_{\ell,i} - p_\infty) \tag{6.68}$$

L'équation de bilan de quantité de mouvement sur l'interface permet alors de relier la pression du liquide à l'interface à la pression à l'intérieur de la bulle, ce qui fera réapparaître la viscosité du liquide.

6 Exercices

6.1 Tenseur antisymétrique correspondant au vecteur position

Déterminer l'expression de $\boldsymbol{J}_k$ pour la quantité de mouvement angulaire (tableau 6.1) en précisant l'expression de $\boldsymbol{R}$.

6.2 Equations locales instantanées dans chaque phase et sur les interfaces

Démontrer les équations (6.15) et (6.16).

6.3 Force de recul

Démontrer l'équation (6.18).

6.4 Bilan de quantité de mouvement bidimensionnel avec tension interfaciale

Soit une interface bidimensionnelle cylindrique et sur cette interface un arc de longueur Δs finie, situé dans un plan perpendiculaire aux génératrices du cylindre et limité par les points A et B. La surface de contrôle AB et de longueur unité selon les génératrices du cylindre peut être considérée comme un volume de contrôle mobile d'épaisseur nulle. Ce volume de contrôle n'est pas un volume matériel puiqu'il peut y avoir changement de phase sur l'interface. Etablir, en tenant compte de la tension interfaciale σ, le bilan de quantité de mouvement sur l'interface (équation 6.20).

6.5 Bilans sur les interfaces

Montrer que les bilans de masse et de quantité de mouvement sur les interfaces peuvent s'obtenir à partir du bilan d'énergie totale sur les interfaces si l'on suppose que la masse volumique, l'énergie interne massique, le tenseur des contraintes et le vecteur densité de flux de chaleur sont invariants dans un mouvement de translation uniforme.

6.6 Dynamique d'une bulle de gaz : équation de Rayleigh

1. Démontrer l'équation (6.67) de quantité de mouvement dans la phase liquide.
2. Démontrer l'équation de Rayleigh (6.68).

6.7 Formes limites de la règle de Leibniz et du théorème de Gauss

Démontrer les équations (6.32) et (6.34).

6.8 Moyennes composites

On considère une bulle de rayon R constant montant le long de l'axe Oz avec une vitesse U constante. Le centre de la bulle a pour ordonnée $\zeta = R$ à l'instant $t = 0$. Cette bulle se déplace dans un volume de contrôle V constitué par un cylindre de section circulaire d'axe Oz, de rayon $2R$, limité par les plans $z = 0$ et $z = 4R$. Soit T l'intervalle de temps compris entre les instants $t = 0$ et $t = 2R/U$.

1. Calculer l'expression :

$$\int_T A_i(t)\, dt$$

   où $A_i(t)$ est l'aire de l'interface située dans le volume de contrôle.

2. Calculer l'expression :

$$\int_V \sum_{\text{disc} \in [T]} \frac{1}{\mid \boldsymbol{v}_i \cdot \boldsymbol{n}_k \mid}\, dV$$

   où $\boldsymbol{v}_i \cdot \boldsymbol{n}_k$ est la vitesse de déplacement d'un point de l'interface A_i et où la somme finie porte sur toutes les interfaces qui passent en un point du volume de contrôle V pendant l'intervalle de temps T.

3. Quelle conclusion peut-on tirer de la comparaison des deux résultats précédents ? Cette conclusion est-elle généralisable ?

Nomenclature

A	surface	
A_k	section de passage de la phase k	
$\boldsymbol{B}_k$	vecteur ou tenseur associé à la phase k	
C	courbe	
C_i	intersection de l'interface avec la section droite	
C_k	intersection de l'interface avec la section droite en contact avec la phase k	
$f_k(x, y, z, t)$	fonction associée avec la phase k	
$\boldsymbol{F}$	force extérieure massique	
g	enthalpie libre massique	
h	enthalpie massique	
$\boldsymbol{J}_k$	fonction	(Tableau 6.1)
$\dot{m}_k$	flux de masse surfacique de la phase k	(Eq. 6.12)
$\boldsymbol{n_k}$	vecteur unitaire normal à l'interface et dirigé vers l'extérieur de la phase k	
$\boldsymbol{n}_{kC}$	vecteur unitaire normal à la courbe $C(z, t)$, situé dans le plan de la section droite et dirigé vers l'extérieur de la phase k	
$\boldsymbol{n_z}$	vecteur unitaire de l'axe Oz	
$\boldsymbol{N}$	vecteur unitaire normal à $C(t)$, situé dans le plan tangent à l'interface $A_i(t)$ et dirigé vers l'extérieur du volume V	
p	pression	
$\boldsymbol{q}$	flux thermique surfacique	
r	coordonnée radiale	
$\boldsymbol{r}$	vecteur position	
R	rayon, rayon de courbure	
$\boldsymbol{R}$	tenseur antisymétrique associé au vecteur position $\boldsymbol{r}$	
R_k	taux de présence spatial de la phase k	(Eq. 6.30)
s	entropie massique, abscisse curviligne	
t	temps	
T	intervalle de temps	
T_k	temps de présence de la phase k	
$\boldsymbol{T}$	tenseur des contraintes	
$\boldsymbol{t}$	vecteur unitaire tangent à l'interface	

u	énergie interne massique,	
	composante de la vitesse selon Ox	
$\boldsymbol{U}$	tenseur unité	
v	composante axiale de la vitesse du fluide	
$\boldsymbol{v}$	vitesse du fluide	
$\boldsymbol{v}_C$	vitesse d'une surface en un point	
	d'une courbe C appartenant à la surface	
V	volume	
w_k	composante de la vitesse selon Oz	
w_ℓ	vitesse radiale du liquide	
x, y, z	coordonnées cartésiennes	
α_k	taux de présence local de la phase k	(Eq. 6.45)
Δ_i	taux de production surfacique d'entropie	
Δ_k	taux de production volumique d'entropie	
Γ_k	taux de production volumique de phase k	(Eq. 6.54)
Φ_i	fonction	(Tableau 6.1)
Φ_k	fonction	(Tableau 6.1)
ρ	masse volumique	
$\boldsymbol{\tau}$	déviateur des contraintes	
Ψ_k	fonction	(Tableau 6.1)

Exposants

t	tangentiel

Indices

C	courbe
i	interface
k	indice de phase ($k = 1, 2$)
ℓ	liquide
z	selon l'axe Oz

Symboles et opérateurs

$\hat{=}$	égal par définition à	
$\boldsymbol{\nabla}$	opérateur nabla	
$< f_k >_k$	moyenne de f_k sur A_k	(Eq. 6.29)

$\overline{f_k}^k$	moyenne de f_k sur T_k	(Eq. 6.44)
$< f >$	moyenne de f sur A	
$\overline{f}$	moyenne de f sur T	
$\dot{f}$	dérivée première de f par rapport au temps	
$\ddot{f}$	dérivée seconde de f par rapport au temps	
$\forall$	quel que soit	

Références

Aris, R., 1962, *Vectors, Tensors and the Basic equations of Fluid Mechanics*, Prentice Hall.

Bird, R.B., Stewart, W.E. et Lightfoot, E.N., 2007, *Transport Phenomena, 2nd ed.*, John Wiley & Sons.

Delhaye, J.M., 1974, Jump conditions and entropy sources in two-phase systems. Local instant formulation, *Int. J. Multiphase Flow*, Vol. 1, No 3, 395-409.

Delhaye, J.M., 1976, Sur les surfaces volumiques locale et intégrale en écoulement diphasique, *CRAS*, Série A, t. 282, 243-246.

Delhaye, J.M., 1981, Basic equations for two phase flow modeling, *Two-Phase Flow and Heat Transfer in the Power and Process Industries*, Bergles, A.E., Collier, J.G., Delhaye, J.M., Hewitt, G.F. et Mayinger, F., Hemisphere Publ. Corp. and McGraw-Hill Book Comp., Ch. 2, 40-97.

Delhaye, J.M., 1988, Fundamentals of time-varying two-phase flow formulation, *Transient Phenomena in Multiphase Flow*, Afgan, N., Ed., Hemisphere Publ. Corp., 3-35.

Delhaye, J.M., et Achard, J.L., 1978, On the averaging operators introduced in two-phase flow modeling, *Transient Two-Phase Flow, Proceedings of the CSNI Specialists Meeting, August 3-4, 1976, Toronto*, Banerjee, S. et Weaver, K.R., Eds., AECL, Vol. 1, 5-84.

Ishii, M., 1975, *Thermo-fluid Dynamic Theory of Two-Phase Flow*, Eyrolles (Paris).

Vernier, P.H. et Delhaye, J.M., 1968, General two-phase flow equations applied to the thermohydrodynamics of boiling water nuclear reactors, *Energie Primaire*, Vol. 4, No 1-2, 5-46.

Chapitre 7

Modélisation des écoulements diphasiques en conduite

Le terme *modèle* désigne un système d'équations, associé à des conditions initiales et aux limites, décrivant une représentation idéalisée d'un écoulement réel.

Considérons par exemple un écoulement à bulles ascendant dans une conduite cylindrique verticale de section circulaire. Comme tout écoulement, celui-ci n'est pas tout à fait axisymétrique. En outre il existe une certaine vitesse relative des bulles par rapport au liquide due à leur flottabilité. Cependant nous pouvons représenter schématiquement cet écoulement réel par un écoulement idéal axisymétrique où la vitesse relative des bulles par rapport au liquide est nulle. Le profil de vitesse correspondant est axisymétrique et incurvé. Le modèle mathématique pourra alors utiliser une ou deux variables d'espace selon que les équations seront moyennées sur une section droite de la conduite ou écrites localement en un point donné de l'écoulement. Dans le premier cas il faudra restituer une partie de l'information sur la bidimensionnalité de l'écoulement par l'intermédiaire de coefficients de corrélation entrant dans des relations topologiques sur lesquelles nous reviendrons à la section 2.

Le choix d'un schéma de l'écoulement revient à s'imposer des propriétés géométriques (par exemple axisymétrie, forme cylindrique de l'interface en régime d'écoulement annulaire), des propriétés cinématiques (par exemple absence de vitesse relative locale entre les phases), ou des propriétés thermodynamiques (par exemple conditions de saturation pour l'une des phases ou les deux). Ces deux derniers groupes de propriétés traduisent les *déséquilibres* cinématiques ou thermiques des phases.

Le fait de s'imposer *a priori* un schéma cinématique ou thermique de l'écoulement revient en fait à s'imposer des éléments de la solution du problème. En conséquence, cela implique certaines conditions dans la formulation du modèle mathématique du problème général où aucun schéma n'est adopté. Historiquement ce sont les modèles à éléments de solution imposés qui ont vu le jour les premiers pour des raisons de simplicité évidentes. Cependant, les applications de plus en plus complexes des écoulements diphasiques ont amené le développement des modèles à deux fluides où les déséquilibres ne sont plus absents ou imposés mais où ils sont calculés.

1 Modèles à schéma cinématique imposé

La figure 7.1 représente quatre schémas d'écoulement à cinématique imposée. Le schéma à profil plat, sans vitesse relative locale est le plus simple et correspond à ce que l'on appelle le *modèle homogène.* Ce schéma peut être amélioré de deux façons : soit en prenant un profil de vitesse de type parabolique tout en gardant une vitesse relative nulle (*modèle de Bankoff*), soit en introduisant une vitesse relative tout en gardant des profils plats (*modèle de Wallis*). La combinaison des deux améliorations précédentes conduit au schéma à profils de type parabolique avec vitesse relative (*modèle de Zuber et Findlay*).

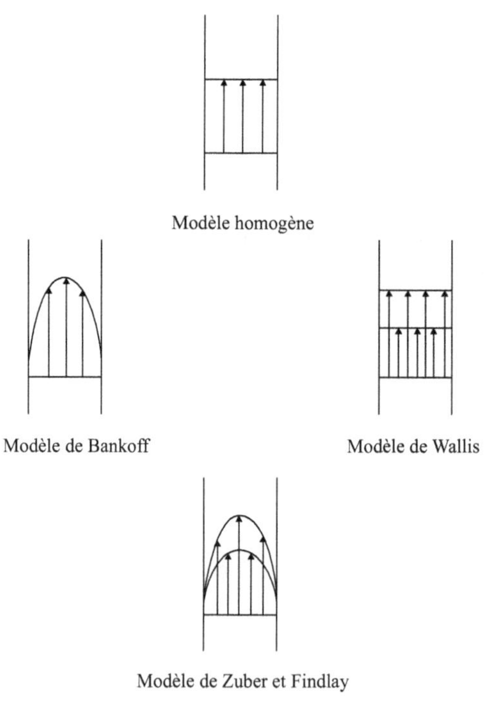

Figure 7.1 – Modèles à schéma cinématique imposé.

L'intérêt de ces modèles à schéma cinématique imposé est, dans certaines conditions, de pouvoir prédire le taux de vide de façon simple.

1.1 Modèle homogène

Soit $\overline{w_g}^g$ et $\overline{w_f}^f$ les vitesses locales du gaz et du liquide moyennées sur les temps de présence respectifs de ces phases. Le modèle homogène repose sur les deux hypothèses suivantes :

1. la vitesse relative locale entre les phases est nulle :

$$\overline{w_g}^g \equiv \overline{w_f}^f \tag{7.1}$$

2. le profil des vitesses est plat.

Calculons le titre volumique β du gaz :

$$\beta \triangleq \frac{\overline{Q_g}}{\overline{Q_g} + \overline{Q_f}} = \frac{\overline{\int_{A_g} w_g \, dA}}{\overline{\int_{A_g} w_g \, dA} + \overline{\int_{A_f} w_f \, dA}} = \frac{A \, \overline{R_g < w_g >_g}}{A \, \overline{R_g < w_g >_g} + A \, \overline{R_f < w_f >_f}} \tag{7.2}$$

où Q_k, A_k et R_k sont respectivement le débit-volume, la section de passage et le taux de présence de la phase k ($k = g$ ou f), et où A est l'aire de la section droite de la conduite. Or l'identité fondamentale (4.17) permet d'écrire :

$$< \alpha_k \, \overline{w_k}^k > \equiv \overline{R_k < w_k >_k}$$

où α_k est le taux de présence local de la phase k. Nous obtenons alors l'expression suivante pour le titre volumique β :

$$\beta = \frac{< \alpha_g \overline{w_g}^g >}{< \alpha_g \overline{w_g}^g > + < \alpha_f \overline{w_f}^f >}$$

Compte tenu des deux hypothèses du modèle homogène, nous obtenons :

$$< \alpha_g > \equiv \overline{R_g} = \beta \tag{7.3}$$

Cette relation permet donc de calculer le taux de vide (taux de présence du gaz dans la section droite de la conduite) si les débits-volume des phases sont connus.

1.2 Modèle de Bankoff (1960)

L'auteur suppose que localement la vitesse moyenne du gaz $\overline{w_g}^g$ est égale à la vitesse moyenne du liquide $\overline{w_f}^f$, et que les distributions radiales de la vitesse et du taux de présence local du gaz sont données par les expressions suivantes :

$$\overline{w_g}^g = \overline{w_f}^f = \left(1 - \frac{r}{R}\right)^{\frac{1}{m}} \overline{w_c}$$

où $\overline{w_c}$ est la vitesse sur l'axe de la conduite, et :

$$\alpha_g = \left(1 - \frac{r}{R}\right)^{\frac{1}{n}} \alpha_{gc}$$

où α_{gc} désigne le taux de présence au centre de la conduite, R le rayon de la conduite, r la coordonnée radiale et m et n des constantes positives. Un calcul analogue à celui effectué pour le modèle homogène conduit au résultat suivant :

$$\overline{R_g} = K\beta \tag{7.4}$$

où le paramètre de distribution K, encore appelé paramètre d'Armand, est donné par l'expression suivante :

$$K \mathrel{\hat{=}} \frac{2(m+n+mn)(m+n+2mn)}{(n+1)(2n+1)(m+1)(2m+1)} \tag{7.5}$$

Ce paramètre varie de 0.6 à 1 quand m et n varient respectivement de 2 à 7, et de 0.1 à 7. Les paramètres m et n sont inconnus et aucune équation ne permet de les calculer. Cependant l'étude des données expérimentales disponibles sur le taux de vide dans la section droite de la conduite a conduit Bankoff à proposer la relation empirique suivante :

$$K = 0.71 + 0.00145p \tag{7.6}$$

où la pression p du système est exprimée en bar.

1.3 Modèle de Wallis (1963, 1969)

L'auteur suppose que les profils des vitesses et du taux de présence sont plats, mais qu'il existe une vitesse relative, $\overline{w_g}^g - \overline{w_f}^f$, uniforme entre les phases. On aboutit ainsi à la relation :

$$\overline{R_g} = \frac{\beta}{1 + \frac{(1-\overline{R_g})(\overline{w_g}^g - \overline{w_f}^f)}{J}} \tag{7.7}$$

avec :

$$J \mathrel{\hat{=}} \frac{\overline{Q_g}}{A} + \frac{\overline{Q_f}}{A} \tag{7.8}$$

où $\overline{Q_g}$ et $\overline{Q_f}$ sont respectivement les débits-volume du gaz et du liquide, et A l'aire de la section droite de la conduite. Le taux de vide peut donc être calculé si la vitesse relative du gaz par rapport au liquide est connue.

Dans les écoulements où les effets de gravité sont prédominants, la vitesse relative, $\overline{w_g}^g - \overline{w_f}^f$, est fonction du taux de présence $\overline{R_g}$ et de certaines propriétés des fluides.

Wallis définit une vitesse relative locale j_{gf} par la relation :

$$j_{gf} \hat{=} \alpha_g(\overline{w_g}^g - j) \tag{7.9}$$

où :

$$j \hat{=} j_g + j_f \hat{=} \alpha_g \overline{w_g}^g + \alpha_f \overline{w_f}^f \tag{7.10}$$

Compte tenu du caractère monodimensionnel du schéma cinématique proposé par Wallis, les relations (7.9) et (7.10) conduisent aux relations suivantes :

$$J_{gf} \hat{=} < j_{gf} > = \overline{R_g}\,(\overline{w_g}^g - J) \;=\; \overline{R_g}\,(1 - \overline{R_g})\,(\overline{w_g}^g - \overline{w_f}^f) \tag{7.11}$$

et :

$$J_{gf} = (1 - \overline{R_g})\, J_g - \overline{R_g}\, J_f \tag{7.12}$$

où J_g et J_f sont respectivement les vitesses débitantes du gaz et du liquide définies par les relations :

$$J_g \hat{=} \frac{\overline{Q_g}}{A} \tag{7.13}$$

et :

$$J_f \hat{=} \frac{\overline{Q_f}}{A} \tag{7.14}$$

L'équation (7.11) montre que la vitesse J_{gf} dépend du taux de présence $\overline{R_g}$ et de la vitesse relative, $\overline{w_g}^g - \overline{w_f}^f$. Les expériences montrent que si le frottement en paroi a des effets négligeables, cette vitesse relative ne dépend que du taux de présence $\overline{R_g}$ et de certaines propriétés physiques des fluides. Dans le cas des écoulements à bulles cette dépendance s'écrit :

$$J_{gf} = w_\infty\, \overline{R_g}\, (1 - \overline{R_g})^2 \tag{7.15}$$

où w_∞ est la vitesse d'ascension d'une bulle en milieu infini.

Le *diagramme de Wallis* (figure 7.2) représente les variations de J_{gf} en fonction de $\overline{R_g}$. La relation (7.15) correspond à la courbe tandis que la relation (7.12) correspond aux droites passant par les points de ccordonnées ($\overline{R_g} = 0$, $J_{gf} = J_g$) et ($\overline{R_g} = 1$, $J_{gf} = -J_f$).

Considérons, dans une conduite verticale, un écoulement à bulles où les débits-volume J_g et J_f sont imposés. Fixons le débit de gaz à une certaine valeur et modifions le débit de liquide.

Si l'écoulement est *cocourant ascendant*, J_g et J_f sont positifs et la droite (7.12) coupe la courbe (7.15) en un point unique dont l'abscisse correspond au taux de présence $\overline{R_g}$ observé dans la conduite.

En écoulement à contre-courant, le gaz monte dans la conduite ($J_g > 0$) tandis que le liquide descend ($J_f < 0$). Si $|J_f| < |(J_f)_3|$, la droite coupe la courbe en deux points qui correspondent à la présence dans la conduite d'une zone à fort taux de présence et d'une zone à faible taux de présence.

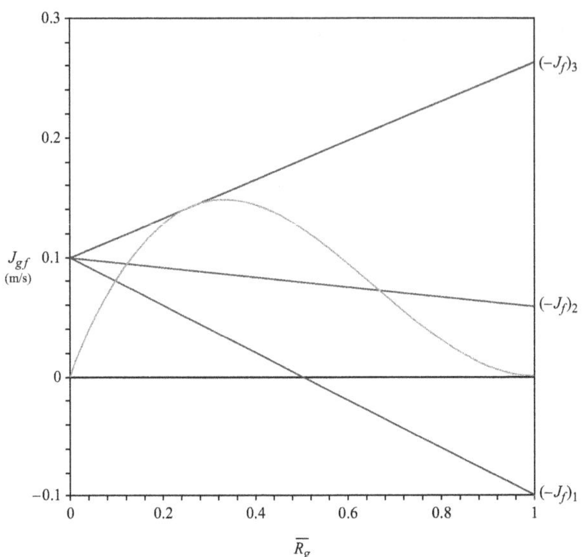

Figure 7.2 – Diagramme de Wallis pour les écoulements à bulles.

Si nous augmentons le débit de liquide tout en maintenant le même débit de gaz, la droite pivote autour du point ($\overline{R_g} = 0$, $J_{gf} = J_g$) jusquà devenir tangente à la courbe lorsque $|J_f| = |(J_f)_3|$. Il y a alors inversion du débit de gaz et l'écoulement devient cocourant descendant.

1.4 Modèle de Zuber et Findlay (1965)

Les auteurs ont introduit une vitesse de dérive locale w_{gj} définie par la relation :

$$w_{gj} \hat{=} \overline{w_g}^g - j = (1 - \alpha_g)(\overline{w_g}^g - \overline{w_f}^f) \tag{7.16}$$

Cette équation s'écrit également sous la forme suivante :

$$\alpha_g w_{gj} = \alpha_g \overline{w_g}^g - \alpha_g j$$

En moyennant cette dernière équation sur la section droite de la conduite, on obtient l'équation de Zuber et Findlay :

$$\overline{R_g} = \frac{J_g}{C_0 J + \widetilde{w_{gj}}/J} \tag{7.17}$$

Dans l'équation précédente, le *paramètre de distribution* C_0 et la *vitesse de dérive pondérée* $\widetilde{w_{gj}}$ sont définis par les relations :

$$C_0 \hat{=} \frac{< \alpha_g \, j >}{< \alpha_g >< j >} \tag{7.18}$$

$$\widetilde{w_{gj}} \hat{=} \frac{< \alpha_g \, w_{gj} >}{< \alpha_g >} \tag{7.19}$$

où l'opérateur $< X >$ désigne la moyenne de la quantité X sur la section droite de la conduite.

Le paramètre de distribution C_0 et la vitesse de dérive pondérée $\widetilde{w_{gj}}$ tiennent compte de la forme des profils de α_g, de j, et de la vitesse relative entre les phases. Les valeurs de ces grandeurs dépendent en général de la géométrie du système (par exemple conduite de section circulaire, canal de section rectangulaire), des dimensions de la section droite de la conduite, de la pression du système, de la direction de l'écoulement (par exemple cocourant ascendant, cocourant descendant, à contre-courant, horizontal, incliné, vertical), de la configuration de l'écoulement (par exemple écoulement à bulles, à poches), du taux de vide, des propriétés physiques des fluides, du développement de l'écoulement (par exemple ébullition ou condensation en paroi), et éventuellement du niveau de gravité. De nombreux travaux ont été consacrés à des propositions de corrélations pour le paramètre de distribution. Seules seront présentées ci-dessous les corrélations utiles pour le domaine nucléaire. La référence de base reste le rapport d'Ishii publié en 1977. D'autres publications pourront être consultées comme celle de Kawanishi *et al.* (1990) sur les écoulements eau-vapeur dans des tubes de grand diamètre (100 mm), ou celle de Coddington et Macian (2002) pour une étude comparative des différentes corrélations dans le domaine nucléaire.

Le paramètre de distribution C_o en écoulement établi

- Ecoulement à bulles en conduite de section circulaire :

$$C_o = 1.2 - 0.2\sqrt{\frac{\rho_g}{\rho_f}} \tag{7.20}$$

- Ecoulement à bulles en canal de section rectangulaire :

$$C_o = 1.35 - 0.35\sqrt{\frac{\rho_g}{\rho_f}} \tag{7.21}$$

- Ecoulement à poches :

$$C_o = 1.2 - 0.2\sqrt{\frac{\rho_g}{\rho_f}} \tag{7.22}$$

- Ecoulement semi-annulaire agité :

$$C_o = 1.2 - 0.2\sqrt{\frac{\rho_g}{\rho_f}} \tag{7.23}$$

– Ecoulement purement annulaire sans gouttelettes à l'intérieur du cœur gazeux :

$$C_o = 1 + \frac{1 - \overline{R_g}}{\overline{R_g} + \left[\frac{1+75(1-\overline{R_g})}{\sqrt{\overline{R_g}}}\frac{\rho_g}{\rho_f}\right]^{1/2}} \tag{7.24}$$

Pour des taux de vide $\overline{R_g}$ compris entre 0.8 et 1, et des rapports ρ_g/ρ_f inférieurs à 0.01 la relation précédente peut être approchée numériquement par la relation suivante plus simple :

$$C_o = 1 + \frac{1 - \overline{R_g}}{\overline{R_g} + 4\sqrt{\frac{\rho_g}{\rho_f}}} \tag{7.25}$$

– Ecoulement annulaire dispersé :
Pour des taux de vide $\overline{R_g}$ compris entre 0.8 et 1, et des rapports ρ_g/ρ_f inférieurs à 0.01 :

$$C_o = 1 + \frac{(1 - \overline{R_g})(1 - E_d)}{\overline{R_g} + 4\sqrt{\frac{\rho_g}{\rho_f}}} \tag{7.26}$$

où E_d est le rapport de l'aire de section droite de la conduite occupée par les gouttelettes à l'aire totale occupée par le liquide et pour lequel il faudra utiliser une corrélation appropriée.

– Ecoulements à gouttelettes :

$$C_o = 1 \tag{7.27}$$

Le paramètre de distribution C_o dans un écoulement en cours de développement avec ébullition en paroi

Ishii (1977) recommande les corrélations suivantes :

– Conduite de section circulaire :

$$C_o = \left(1.2 - 0.2\sqrt{\frac{\rho_g}{\rho_f}}\right)\left[1 - \exp\left(-18\overline{R_g}\right)\right] \tag{7.28}$$

– Canal de section rectangulaire :

$$C_o = \left(1.35 - 0.35\sqrt{\frac{\rho_g}{\rho_f}}\right)\left[1 - \exp\left(-18\overline{R_g}\right)\right] \tag{7.29}$$

Des études récentes basées sur l'évolution des profils transversaux du taux de vide et des vitesses ont permis de proposer une corrélation plus précise (François *et al.*, 2005) :

$$C_o = \overline{R_g}\left[1 + 1.939\ \mathrm{Bo}^{0.0752}(1+\mathrm{Ja})^{0.177}\left(\frac{1-\overline{R_g}}{\overline{R_g}}\right)^{0.971}\left(1 - \frac{p}{p_c}\right)^{0.012}\right] \tag{7.30}$$

où les définitions suivantes sont utilisées :
- Nombre d'ébullition :

$$\text{Bo} \hat{=} \frac{q}{Gh_{fg}} \tag{7.31}$$

- Nombre de Jakob :

$$\text{Ja} \hat{=} \frac{h_{l,in} - h_f}{h_{fg}} \tag{7.32}$$

et où q est le flux thermique surfacique en paroi, G la vitesse massique, h_{fg} l'enthalpie massique de vaporisation, $h_{l,in}$ l'enthalpie massique du liquide à l'entrée du canal chauffant, h_f l'enthalpie massique du liquide aux conditions de saturation et p_c la pression critique du fluide. Le domaine de validité de cette corrélation est le suivant :
- Nombre de Reynolds du liquide : $4.2 \times 10^4 < \text{Re}_f < 5.7 \times 10^5$
- Nombre d'ébullition : $2.2 \times 10^4 < \text{Bo} < 10^{-3}$
- Pression réduite : $0.35 < p/p_c < 0.73$
- Nombre de Jakob : $-0.71 < \text{Ja} < -0.04$
- Taux de vide : $0.02 < \overline{R_g} < 0.90$

Cette corrélation a été testée avec succès sur des résultats expérimentaux incluant des fluides différents (R12, eau) et des conduites de sections droites différentes (circulaires, rectangulaires).

La vitesse de dérive pondérée $\widetilde{w_{gj}}$

Ishii (1977) recommande les corrélations suivantes :
- Ecoulement à bulles :

$$\widetilde{w_{gj}} = \sqrt{2}\left(\frac{g\,\Delta\rho\,\sigma}{\rho_f^2}\right)^{0.25}(1-\overline{R_g})^{1.75} \tag{7.33}$$

où $\Delta\rho$ est l'écart des masses volumiques entre le liquide et le gaz :

$$\Delta\rho \hat{=} \rho_f - \rho_g \tag{7.34}$$

- Ecoulement à poches :

$$\widetilde{w_{gj}} = 0.35\left(\frac{g\,\Delta\rho D}{\rho_f}\right)^{0.5} \tag{7.35}$$

- Ecoulement purement annulaire sans gouttelettes à l'intérieur du cœur gazeux :

$$\widetilde{w_{gj}} = \frac{1-\overline{R_g}}{\overline{R_g} + \left[\frac{1+75(1-\overline{R_g})}{\sqrt{\overline{R_g}}}\frac{\rho_g}{\rho_f}\right]^{1/2}}\sqrt{\frac{g\,\Delta\rho D(1-\overline{R_g})}{0.015\rho_f}} \tag{7.36}$$

- Ecoulement annulaire dispersé :
Pour des taux de vide $\overline{R_g}$ compris entre 0.8 et 1, et des rapports ρ_g/ρ_f inférieurs à 0.01 :

$$\widetilde{w_{gj}} = \frac{(1-\overline{R_g})(1-E_d)}{\overline{R_g}+4\sqrt{\frac{\rho_g}{\rho_f}}}\sqrt{\frac{g\ \Delta\rho D(1-\overline{R_g})(1-E_d)}{0.015\rho_f}} \tag{7.37}$$

où E_d est le rapport de l'aire de section droite de la conduite occupée par les gouttelettes à l'aire totale occupée par le liquide et pour lequel il faudra utiliser une corrélation appropriée.
- Ecoulement à gouttelettes :

$$\widetilde{w_{gj}} = \sqrt{2}\left(\frac{g\ \Delta\rho\ \sigma}{\rho_f^2}\right)^{0.25}(1-\overline{R_g}) \tag{7.38}$$

2 Modèle à deux fluides sans évolution(s) imposée(s)

Les modèles à schéma cinématique imposé qui viennent d'être exposés permettent de calculer le taux de vide dans des cas simples mais ne sont pas adaptés à la description d'écoulements diphasiques complexes où les déséquilibres cinématiques ou thermiques jouent un rôle important. De tels déséquilibres se manifestent lorsque le mélange diphasique subit des variations d'état spatiales ou temporelles, en particulier lors de la détente dans une tuyère ou au passage dans une brêche de conduite. La description mathématique de l'écoulement nécessite alors le recours à un modèle à deux fluides où les déséquilibres sont calculés. Ces modèles sont basés sur les équations de bilan écrites pour chaque phase et aux interfaces complétées par un ensemble de relations de fermeture.

Le développement des modèles à deux fluides a fait apparaître plusieurs difficultés liées à leur essence même, ainsi qu'à l'aspect phénoménologique des relations de fermeture inhérent à l'utilisation de variables moyennées.

Après avoir rappelé les équations de base du modèle à deux fluides, nous évoquerons les différents problèmes à surmonter et nous présenterons la notion de *relation topologique*. Cette notion sera illustrée sur un exemple simple : celui des écoulements à deux couches. Enfin nous conclurons cette section par une récapitulation des équations simplifiées du modèle à deux fluides. Nous nous bornerons aux équations moyennées sur la section de passage des phases, sachant que les équations locales moyennées dans le temps procèdent de la même analyse.

2.1 Les équations de bilan instantanées moyennées sur la section de passage d'une phase dans une conduite

Ce sont les équations (6.37), (6.40) et (6.43) établies à la section 4.1 du chapitre 6.

Bilan de masse

$$\frac{\partial}{\partial t}A_k < \rho_k >_k + \frac{\partial}{\partial z}A_k < \rho_k w_k >_k = -\int_{C_i(z,t)} \dot{m}_k \frac{dC}{\boldsymbol{n}_k \cdot \boldsymbol{n}_{kC}} \tag{7.39}$$

Bilan de quantité de mouvement

$$\begin{aligned}
&\frac{\partial}{\partial t} A_k < \rho_k w_k >_k + \frac{\partial}{\partial z} A_k < \rho_k w_k^2 >_k - A_k < \rho_k F_z >_k \\
&\frac{\partial}{\partial z} A_k < p_k >_k - \frac{\partial}{\partial z} A_k < (\boldsymbol{n}_z \cdot \boldsymbol{\tau}_k) \cdot \boldsymbol{n}_z >_k \\
&= -\int_{C_i(z,t)} \boldsymbol{n}_z \cdot (\dot{m}_k \boldsymbol{v}_k - \boldsymbol{n}_k \cdot \boldsymbol{T}_k) \frac{dC}{\boldsymbol{n}_k \cdot \boldsymbol{n}_{kC}} \\
&+ \int_{C_k(z,t)} \boldsymbol{n}_z \cdot (\boldsymbol{n}_k \cdot \boldsymbol{T}_k) \frac{dC}{\boldsymbol{n}_k \cdot \boldsymbol{n}_{kC}}
\end{aligned} \tag{7.40}$$

Bilan d'énergie

$$\begin{aligned}
&\frac{\partial}{\partial t} A_k < \rho_k (u_k + \frac{1}{2}\boldsymbol{v}_k^2) >_k + \frac{\partial}{\partial z} A_k < \rho_k (h_k + \frac{1}{2}\boldsymbol{v}_k^2) w_k) >_k \\
&- \frac{\partial}{\partial z} A_k < \boldsymbol{n}_z \cdot (\boldsymbol{\tau}_k \cdot \boldsymbol{v}_k) >_k - A_k < \rho_k \boldsymbol{F}_k \cdot \boldsymbol{v}_k >_k + \frac{\partial}{\partial z} A_k < \boldsymbol{q}_k \cdot \boldsymbol{n}_z >_k \\
&= -\int_{C_i(z,t)} [\dot{m}_k (u_k + \frac{1}{2}\boldsymbol{v}_k^2) - (\boldsymbol{T}_k \cdot \boldsymbol{v}_k)\boldsymbol{n}_k + \boldsymbol{q}_k \cdot \boldsymbol{n}_k] \frac{dC}{\boldsymbol{n}_k \cdot \boldsymbol{n}_{kC}} \\
&- \int_{C_k(z,t)} \boldsymbol{q}_k \cdot \boldsymbol{n}_k \frac{dC}{\boldsymbol{n}_k \cdot \boldsymbol{n}_{kC}}
\end{aligned} \tag{7.41}$$

Ces six équations font apparaître sept variables dépendantes, à savoir les vitesses de chaque phase, les pressions de chaque phase, les températures de chaque phase et le *taux de vide*. Nous avons donc six équations et sept variables dépendantes.

Ces équations font également apparaître :

- des termes d'interaction entre les phases représentés par les intégrales sur $C_i(z,t)$,

- des termes d'interaction entre chaque phase et la paroi représentés par les intégrales sur $C_k(z,t)$,
- des moyennes de produit qu'il faudra exprimer par des produits de moyennes.

Illustrons maintenant la complexité du modèle à deux fluides sur un exemple simple.

2.2 Exemple de l'écoulement à deux couches

Considérons un écoulement à deux couches dans un canal horizontal (figure 7.3) et faisons les hypothèses suivantes :

- (H1) L'écoulement est bidimensionnel et horizontal.
- (H2) Les masses volumiques des fluides sont constantes.
- (H3) Les fluides sont non visqueux.
- (H4) L'écoulement est isotherme et il n'y a donc pas de changement de phase à l'interface (ni évaporation, ni condensation).
- (H5) L'interface ne possède pas de tension interfaciale.

La figure 7.3 donne les éléments géométriques du problème : la hauteur du canal est appelée H tandis que h_1 et h_2 désignent respectivement les hauteurs des fluides 1 et 2.

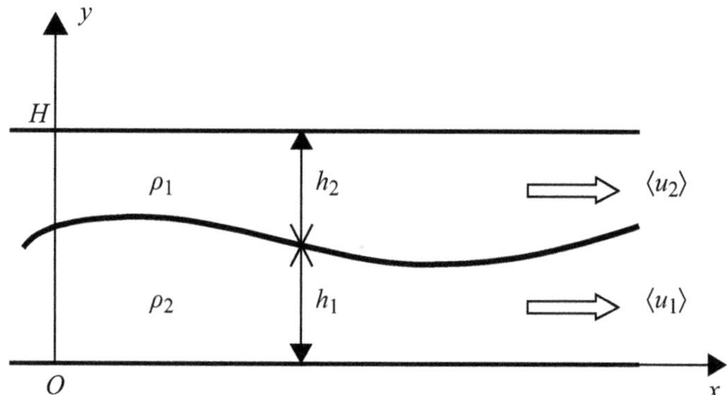

Figure 7.3 – Ecoulement bicouche en canal horizontal bidimensionnel.

Formulons le problème à l'aide des équations de bilan instantanées moyennées sur la hauteur des couches fluides.

Bilans de masse

Compte tenu des hypothèses (H1), (H2) et (H4), les équations de bilan de masse instantanées moyennées sur la section de passage des phases, donc ici sur la hauteur de chaque couche, se réduisent aux équations suivantes :

– pour le fluide 1 :

$$\frac{\partial}{\partial t}\, h_1 + \frac{\partial}{\partial x}\, h_1 < u_1 >_1 = 0 \tag{7.42}$$

– pour le fluide 2 :

$$\frac{\partial}{\partial t}\, h_2 + \frac{\partial}{\partial x}\, h_2 < u_2 >_2 = 0 \tag{7.43}$$

Compte tenu de l'hypothèse (H4) le bilan de masse à l'interface est trivialement vérifié.

Bilans de quantité de mouvement projetés sur l'axe du canal

Compte tenu des hypothèses (H1), (H3) et (H4), les équations de bilan de quantité de mouvement instantanées moyennées sur la hauteur de chaque couche, se réduisent aux équations suivantes :

– pour le fluide 1 :

$$\frac{\partial}{\partial t}\, h_1\rho_1 < u_1 >_1 + \frac{\partial}{\partial x}\, h_1\rho_1 < u_1^2 >_1 + \frac{\partial}{\partial x}\, h_1 < p_1 >_1 = p_{1i}\frac{\partial h_1}{\partial x} \tag{7.44}$$

– pour le fluide 2 :

$$\frac{\partial}{\partial t}\, h_2\rho_2 < u_2 >_2 + \frac{\partial}{\partial x}\, h_2\rho_2 < u_2^2 >_2 + \frac{\partial}{\partial x}\, h_2 < p_2 >_2 = p_{2i}\frac{\partial h_2}{\partial x} \tag{7.45}$$

Compte tenu des hypothèses (H3), (H4) et (H5), le bilan de quantité de mouvement à l'interface se réduit à l'égalité des pressions :

$$p_{1i} = p_{2i} \mathrel{\hat{=}} p_i \tag{7.46}$$

Relations topologiques

Il est important de remarquer que le système des équations (7.42) à (7.45) est invariant dans une permutation des indices 1 et 2. Or il est évident que la position de fluides de masses volumiques différentes influe sur la stabilité du système. Il faut donc restituer d'une façon ou d'une autre les informations sur la structure géométrique de l'écoulement qui ont été perdues lors de l'opération de moyenne.

Par ailleurs les équations (7.42) à (7.46) font intervenir les grandeurs suivantes :

– trois données : H, ρ_1 et ρ_2
– cinq variables dépendantes : h_1, $< u_1 >_1$, $< u_2 >_2$, $< p_1 >_1$ et $< p_2 >_2$
– trois variables complémentaires : $< u_1^2 >_1$, $< u_2^2 >_2$ et p_i

Les relations topologiques vont restituer l'information sur la structure géométrique de l'écoulement par l'intermédiaire de coefficients de corrélation spatiale et d'une relation sur les pressions.

Les *coefficients de corrélation spatiale* C_k sont définis par les relations suivantes :

$$C_k \hat{=} \frac{< u_k^2 >}{< u_k >^2} = C_k(x,t) \quad (k = 1,2) \tag{7.47}$$

Compte tenu de l'absence de viscosité (hypothèse H3) ces coefficients sont très voisins de l'unité et nous prendrons :

$$C_1 = C_2 = 1 \tag{7.48}$$

La *relation sur les pressions* permet de réintroduire la position respective des fluides grâce à l'hypothèse d'une distribution hydrostatique des pressions sur la hauteur du canal :

$$< p_1 > = \ p_i + \frac{1}{2}\rho_1 g h_1 \tag{7.49}$$

$$< p_2 > = \ p_i - \frac{1}{2}\rho_2 g h_2 \tag{7.50}$$

En conséquence, la relation sur les pressions s'exprimera sous la forme :

$$< p_2 > = < p_1 > -\frac{1}{2}(\rho_1 - \rho_2) g h_1 - \frac{1}{2}\rho_2 g H \tag{7.51}$$

Grâce aux relations topologiques (7.48) et (7.51) les quatre équations aux dérivées partielles (7.42) à (7.45) peuvent se mettre sous la forme matricielle suivante :

$$A\,\frac{\partial \boldsymbol{X}}{\partial t} + B\,\frac{\partial \boldsymbol{X}}{\partial x} = 0 \tag{7.52}$$

où A et B sont des matrices et $\boldsymbol{X}$ le vecteur solution défini par la relation :

$$\boldsymbol{X} \hat{=} \| h_1, < u_1 >, < u_2 >, < p_1 > \|^t \tag{7.53}$$

Le calcul des vitesses caractéristiques permet de retrouver le critère de stabilité des ondes longues de gravité (Delhaye *et al.*, 1981).

Le choix des relations topologiques et en particulier de la relation sur les pressions est important car il peut conditionner la stabilité du système. Si dans l'exemple qui vient d'être traité, la relation sur les pressions avait été réduite à l'hypothèse d'une pression uniforme sur toute la hauteur du canal, le système aurait toujours été instable puisque la seule force de rappel possible, à savoir la gravité n'aurait pas été introduite dans les équations.

La forme des relations topologiques dépend de la configuration de l'écoulement. Pour les écoulements à faible concentration de bulles de rayon R, van Wijngaarden (1976) a obtenu les relations suivantes sur les pressions :

$$< p_g >= p_{gi} \tag{7.54}$$

$$< p_l >= p_{li} + \left(\frac{1}{4} - R_g\right)(< w_g > - < w_l >)^2 \tag{7.55}$$

ces relations étant associées au bilan de quantité de mouvement à l'interface :

$$p_{gi} - p_{li} = \frac{2\sigma}{R} \tag{7.56}$$

qui remplace l'équation (7.46).
Une loi analogue a été proposé par Stuhmiller (1977).

2.3 Les équations de bilan simplifiées

Comme nous l'avons remarqué au chapitre précédent, les opérateurs de moyenne spatiale et de moyenne temporelle appliqués aux équations locales instantanées vont générer des moyennes de produits. Il est alors commode de définir des *coefficients de corrélation spatiale et temporelle* par les relations suivantes :

$$C_s \mathrel{\hat{=}} \frac{< f\, g >}{< f >< g >} \tag{7.57}$$

$$C_{s,k} \mathrel{\hat{=}} \frac{< f_k\, g_k >_k}{< f_k >_k < g_k >_k} \tag{7.58}$$

$$C_t \mathrel{\hat{=}} \frac{\overline{f\, g}}{\overline{f}\, \overline{g}} \tag{7.59}$$

$$C_{t,k} \mathrel{\hat{=}} \frac{\overline{f_k\, g_k}^k}{\overline{f_k}^k\, \overline{g_k}^k} \tag{7.60}$$

où f et g sont deux fonctions arbitraires. Dans la modélisation monodimensionnelle des écoulements diphasiques les hypothèses suivantes sont généralement faites :

1. les coefficients de corrélations sont tous égaux à l'unité,
2. les termes de conduction longitudinale et de contraintes visqueuses ainsi que leurs dérivées selon l'axe de la conduite sont négligeables,
3. la pression est uniforme sur la section droite de la conduite.

En adoptant ces hypothèses, dont il faudra néanmoins s'assurer de la validité dans chaque cas, on obtient à partir de l'équation aux moyennes espace/temps (6.62) et à l'aide du tableau 6.1 les équations de bilan simplifiées suivantes :

Bilan de masse

(i) dans chacune des phases :

$$\frac{\partial}{\partial t}(R_k \rho_k) + \frac{\partial}{\partial z}(R_k \rho_k w_k) = -\frac{1}{A} \overline{\int_{C_i(z,t)} \dot{m}_k \frac{dC}{\boldsymbol{n}_k \cdot \boldsymbol{n}_{kC}}} \tag{7.61}$$

(ii) pour le mélange :

$$\frac{\partial}{\partial t}(R_1 \rho_1 + R_2 \rho_2) + \frac{\partial}{\partial z}(R_1 \rho_1 w_1 + R_2 \rho_2 w_2) = 0 \tag{7.62}$$

Bilan de quantité de mouvement

(i) dans chacune des phases :

$$\begin{aligned} &\frac{\partial}{\partial t}(R_k \rho_k w_k) + \frac{\partial}{\partial z}(R_k \rho_k w_k^2) - R_k \rho_k F_z + R_k \frac{\partial p}{\partial z} \\ &= -\frac{1}{A} \overline{\int_{C_i(z,t)} \boldsymbol{n}_z \cdot (\dot{m}_k \boldsymbol{v}_k - \boldsymbol{n}_k \cdot \boldsymbol{\tau}_k) \frac{dC}{\boldsymbol{n}_k \cdot \boldsymbol{n}_{kC}}} \\ &+ \frac{1}{A} \overline{\int_{C_k(z,t)} \boldsymbol{n}_z \cdot (\boldsymbol{n}_k \cdot \boldsymbol{\tau}_k) \frac{dC}{\boldsymbol{n}_k \cdot \boldsymbol{n}_{kC}}} \end{aligned} \tag{7.63}$$

(ii) pour le mélange :

$$\begin{aligned} &\frac{\partial}{\partial t}(R_1 \rho_1 w_1 + R_2 \rho_2 w_2) + \frac{\partial}{\partial z}(R_1 \rho_1 w_1^2 + R_2 \rho_2 w_2^2) \\ &- (R_1 \rho_1 + R_2 \rho_2) F_z + \frac{\partial p}{\partial z} \\ &= \frac{1}{A} \sum_{k=1,2} \overline{\int_{C_k(z,t)} \boldsymbol{n}_z \cdot (\boldsymbol{n}_k \cdot \boldsymbol{\tau}_k) \frac{dC}{\boldsymbol{n}_k \cdot \boldsymbol{n}_{kC}}} \end{aligned} \tag{7.64}$$

La contrainte de frottement à la paroi moyennée τ_w étant définie par la relation :

$$\tau_w \mathrel{\hat{=}} -\frac{1}{P} \overline{\int_{C_k(z,t)} \boldsymbol{n}_z \cdot (\boldsymbol{n}_k \cdot \boldsymbol{\tau}_k) \frac{dC}{\boldsymbol{n}_k \cdot \boldsymbol{n}_{kC}}} \tag{7.65}$$

où P est le périmètre mouillé de la section droite, l'équation de quantité de mouvement pour le mélange (7.64) peut se mettre sous la forme :

$$\begin{aligned} &\frac{\partial}{\partial t}(R_1 \rho_1 w_1 + R_2 \rho_2 w_2) + \frac{\partial}{\partial z}(R_1 \rho_1 w_1^2 + R_2 \rho_2 w_2^2) \\ &- (R_1 \rho_1 + R_2 \rho_2) F_z + \frac{\partial p}{\partial z} = -\frac{P}{A} \tau_w \end{aligned} \tag{7.66}$$

Bilan d'énergie totale

(i) dans chacune des phases :

$$\frac{\partial}{\partial t}\left[R_k\rho_k\left(\frac{1}{2}w_k^2+h_k\right)\right]+\frac{\partial}{\partial z}\left[R_k\rho_k\left(\frac{1}{2}w_k^2+h_k\right)w_k\right]$$

$$-R_k\frac{\partial p}{\partial t}-R_k\rho_k\boldsymbol{F}\cdot\boldsymbol{v}_k$$

$$=-\frac{1}{A}\overline{\int_{C_i(z,t)}\left[\dot{m}_k\left(\frac{1}{2}w_k^2+h_k\right)-(\boldsymbol{\tau}_k\cdot\boldsymbol{v}_k)\cdot\boldsymbol{n}_k+\boldsymbol{q}_k\cdot\boldsymbol{n}_k\right]\frac{dC}{\boldsymbol{n}_k\cdot\boldsymbol{n}_{kC}}}$$

$$-\frac{1}{A}\overline{\int_{C_k(z,t)}\boldsymbol{q}_k\cdot\boldsymbol{n}_k\,\frac{dC}{\boldsymbol{n}_k\cdot\boldsymbol{n}_{kC}}} \tag{7.67}$$

(ii) pour le mélange :

$$\frac{\partial}{\partial t}\left[R_1\rho_1\left(\frac{1}{2}w_1^2+u_1\right)+R_2\rho_2\left(\frac{1}{2}w_2^2+u_2\right)\right]$$

$$+\frac{\partial}{\partial z}\left[R_1\rho_1\left(\frac{1}{2}w_1^2+h_1\right)w_1+R_2\rho_2\left(\frac{1}{2}w_2^2+h_2\right)w_2\right]$$

$$=-(R_1\rho_1\boldsymbol{F}\cdot\boldsymbol{v}_1+R_2\rho_2\boldsymbol{F}\cdot\boldsymbol{v}_2)$$

$$-\frac{1}{A}\sum_{k=1,2}\overline{\int_{C_k(z,t)}\boldsymbol{q}_k\cdot\boldsymbol{n}_k\,\frac{dC}{\boldsymbol{n}_k\cdot\boldsymbol{n}_{kC}}} \tag{7.68}$$

Le flux thermique surfacique à la paroi q étant définie par la relation :

$$q\,\hat{=}\,-\frac{1}{P}\sum_{k=1,2}\overline{\int_{C_k(z,t)}\boldsymbol{q}_k\cdot\boldsymbol{n}_k\,\frac{dC}{\boldsymbol{n}_k\cdot\boldsymbol{n}_{kC}}} \tag{7.69}$$

l'équation d'énergie totale pour le mélange (7.68) peut se mettre sous la forme :

$$\frac{\partial}{\partial t}\left[R_1\rho_1\left(\frac{1}{2}w_1^2+u_1\right)+R_2\rho_2\left(\frac{1}{2}w_2^2+u_2\right)\right]$$

$$+\frac{\partial}{\partial z}\left[R_1\rho_1\left(\frac{1}{2}w_1^2+h_1\right)w_1+R_2\rho_2\left(\frac{1}{2}w_2^2+h_2\right)w_2\right]$$

$$-(R_1\rho_1\boldsymbol{F}\cdot\boldsymbol{v}_1+R_2\rho_2\boldsymbol{F}\cdot\boldsymbol{v}_2)=\frac{P}{A}\,q \tag{7.70}$$

2.4 Les relations de fermeture pour les interactions entre phases et pour les interactions entre phases et paroi

Quel que soit le type de moyenne utilisé, le modèle à deux fluides nécessite la connaissance de sept relations de fermeture pour les interactions : trois à l'interface pour les échanges de masse, de quantité de mouvement et d'énergie entre les phases, et quatre à la paroi pour les échanges de quantité de mouvement et d'énergie entre chaque phase et la paroi. Lorsque ces relations de fermeture sont connues, il est alors possible de calculer le taux de présence, les vitesses et les températures de chaque phase, donc d'en déduire les déséquilibres cinématiques et thermiques. Les relations de fermeture constituent ainsi la clé de voûte de la modélisation des écoulements diphasiques.

Bouré (1978) a essayé de restreindre la généralité des formes que peuvent prendre ces relations de fermeture en examinant leurs propriétés d'invariance dans certains changements de repère ou d'origine. Cependant la structure de ces relations en régime transitoire n'est pas encore connue avec toute la rigueur souhaitable. On peut par exemple hésiter entre des relations algébriques ou différentielles. On peut aussi envisager des relations faisant intervenir des intégrales de convolution ou des variables supplémentaires, par exemple la concentration d'aire interfaciale, obéissant à une équation de transport supplémentaire.

La structure des relations de fermeture a une influence capitale sur l'expression des vitesses caractéristiques du système d'équations. En effet, si ces relations ne comportent pas de termes différentiels les matrices du système d'équations ne renfermeront aucun élément appartenant aux relations de fermeture. En revanche, si les relations de fermeture renferment des termes différentiels, les coefficients de ceux-ci apparaîtront dans les matrices du système donc dans les vitesses caractéristiques (Bouré *et al.*, 1976).

La présence de termes différentiels dans les relations de fermeture n'a rien de surprenant. En fait, plusieurs auteurs ont montré qu'il en était ainsi dans certains cas particuliers : frottement et échange de chaleur en écoulement monophasique laminaire instationnaire (Pham dan Tam et Veteau, 1977, Achard, 1978, Achard et Lespinard, 1981), frottement interfacial instationnaire en écoulement dispersé (Achard, 1978), échange d'énergie instationnaire au travers d'une interface (Banerjee, 1978).

Excepté en régime instationnaire, les relations de fermeture concernant le frottement et les échanges de chaleur en paroi sont relativement bien connues. En revanche, les relations gouvernant les échanges de masse, de quantité de mouvement et d'énergie au travers des interfaces le sont beaucoup moins, même lorsque l'écoulement possède une configuration bien caractéristique comme l'écoulement annulaire-dispersé. Cependant, des progrès sensibles ont été faits en particulier sur les forces de frottement interfaciales dans les écoulements dispersés stationnaires de bulles, de gouttelettes ou de particules solides (Ishii et Zuber, 1979, Achard, 1978), ou sur les taux de production volumique de vapeur dans les écoulements avec autovaporisation où la vapeur est produite par détente (Berne, 1983).

3 Modèles à évolution(s) imposée(s)

Bien que le modèle à deux fluides à déséquilibres calculés soit théoriquement le plus satisfaisant, il reste d'un emploi difficile en raison des relations de fermeture à lui fournir. Afin de simplifier la résolution du problème, on a imaginé des évolutions particulières de l'écoulement où les déséquilibres sont soit nuls, soit donnés par des lois algébriques. Plusieurs exemples peuvent être cités :

1. Nullité de la vitesse relative locale entre les phases (modèle homogène traité à la section 1.1 ; modèle de Bankoff traité à la section 1.2).
2. Corrélations de glissement, de vitesse de dérive ou de taux de vide :
   - glissement $k \hat{=} \overline{< w_g >} \ / \ \overline{< w_f >}$ fonction de la pression et du titre à l'équilibre thermodynamique, ce dernier étant calculé par un bilan d'énergie simplifié en supposant chaque phase dans les conditions de saturation,
   - vitesse de dérive pondérée $\widetilde{w_{gj}}$ fonction de la configuration de l'écoulement et des propriétés physiques des fluides (modèle de Zuber et Findlay traité à la section 1.4),
   - taux de vide $\overline{R_g}$ fonction du titre à l'équilibre thermodynamique et de la pression (méthode de Martinelli-Nelson traité à la section 7).
3. Nullité des déséquilibres thermiques :
   - vapeur à la température de saturation,
   - liquide à la température de saturation.

Il est capital de comprendre que le choix d'un ou de plusieurs déséquilibres constitue une contrainte forte sur l'évolution d'une ou de plusieurs variables dépendantes du problème, donc à un forçage de la solution. Cela a deux conséquences :

1. Se donner *a priori* l'évolution d'une des variables entraîne une condition sur les relations de fermeture puisque les transferts sont les éléments qui déterminent l'évolution de l'écoulement,
2. Remplacer une équation aux dérivées partielles par une équation algébrique change radicalement la structure mathématique du modèle. Cela implique de toute évidence une modification des propriétés de propagation du modèle par rapport à celles du modèle à deux fluides à déséquilibres calculés. Or les phénomènes de propagation sont étroitement liés aux

phénomènes transitoires et aux blocages de débit qui risquent donc d'être mal appréhendés dans certains cas. Ce point sera étudié en détail au chapitre 11.

4 Le modèle homogène équilibré

Dans le *modèle homogène équilibré* on impose d'une part l'identité des vitesses locales du liquide et de la vapeur, et d'autre part l'identité des températures locales du liquide et de la vapeur à la température de saturation correspondant à la pression, supposée uniforme, régnant dans la section droite de la conduite :

$$\overline{w_1}^1 \equiv \overline{w_2}^2 \hat{=} w \tag{7.71}$$

$$\overline{T_1}^1 \equiv \overline{T_2}^2 \equiv T_{sat}(p) \tag{7.72}$$

On admet par ailleurs que toutes les grandeurs sont uniformes dans une section droite de la conduite.

4.1 Les évolutions imposées

La relation sur le taux de présence

Comme dans le modèle homogène les profils radiaux de la vitesse locale et de taux de présence local sont supposés être plats, le taux de présence de la vapeur dans la section droite $\overline{R_g}$ est identique au titre volumique β de la vapeur (équation 7.3) :

$$\overline{R_g} \equiv \beta \tag{7.73}$$

ou en introduisant le titre massique x :

$$\overline{R_g} \equiv \frac{x\rho_f}{x\rho_f + (1-x)\rho_g} \tag{7.74}$$

La masse volumique du mélange ρ étant définie par la relation :

$$\rho \hat{=} R_g\rho_g + (1-R_g)\rho_f \tag{7.75}$$

elle s'exprime en fonction du titre massique x comme suit :

$$\frac{1}{\rho} = \frac{x}{\rho_g} + \frac{1-x}{\rho_f} \tag{7.76}$$

L'équilibre thermodynamique

L'équation (7.72) conduit aux relations suivantes sur les enthalpies massiques h_1 et h_2 du liquide et de la vapeur :

$$h_1 \equiv h_f(p) \tag{7.77}$$

$$h_2 \equiv h_g(p) \tag{7.78}$$

où $h_g(p)$ et $h_f(p)$ sont respectivement les enthalpies massiques à saturation du liquide et de la vapeur à la pression p.

4.2 Les équations de bilan du modèle homogène équilibré

Ces équations se déduisent des équations de bilan simplifiées écrites pour le mélange.

Bilan de masse

L'équation (7.62) s'écrit :

$$\frac{\partial \rho}{\partial t} + \frac{\partial \rho w}{\partial z} = 0 \tag{7.79}$$

Dans le cas d'un écoulement permanent en moyenne nous obtenons :

$$\rho w \hat{=} G = \text{constante} \tag{7.80}$$

Bilan de quantité de mouvement

L'équation (7.66) s'écrit :

$$\frac{\partial}{\partial t}\,\rho w + \frac{\partial}{\partial z}\,\rho w^2 = -\frac{\partial p}{\partial z} + \rho F_z - \frac{P}{A}\,\tau_w \tag{7.81}$$

où P est le périmètre mouillé de la section droite et τ_w la contrainte de frottement à la paroi moyennée définie par la relation (7.65).

Pour un tube de section circulaire de diamètre D nous avons :

$$\frac{P}{A} = \frac{4}{D}$$

En prenant en compte l'équation de bilan de masse (7.79) nous obtenons pour un tube de section circulaire :

$$\rho\,\frac{\partial w}{\partial t} + \rho w\,\frac{\partial w}{\partial z} = -\frac{\partial p}{\partial z} + \rho F_z - \frac{4\tau_w}{D} \tag{7.82}$$

Pour un écoulement permanent en moyenne cette équation peut s'écrire sous la forme :

$$\frac{dp}{dz} = -\rho w \frac{dw}{dz} + \rho F_z - \frac{4\tau_w}{D} \tag{7.83}$$

ou encore en tenant compte de la relation (7.80) :

$$\frac{dp}{dz} = -\, G^2 \frac{d}{dz}\left(\frac{1}{\rho}\right) + \rho F_z - \frac{4\tau_w}{D} \tag{7.84}$$

Le coefficient de frottement C_f étant défini par la relation :

$$C_f \mathrel{\hat{=}} \frac{\tau_w}{\frac{1}{2}\rho w^2} \tag{7.85}$$

l'équation (7.84) s'écrit également sous la forme :

$$\frac{dp}{dz} = -\, G^2 \frac{d}{dz}\left(\frac{1}{\rho}\right) + \rho F_z - 2\,\frac{C_f G^2}{D\rho} \tag{7.86}$$

Cette équation permet de décomposer le gradient de pression en une somme de trois termes :

$$\frac{dp}{dz} = \left(\frac{dp}{dz}\right)_A + \left(\frac{dp}{dz}\right)_G + \left(\frac{dp}{dz}\right)_F \tag{7.87}$$

où les gradients de pression dus à l'accélération, à la gravité et au frottement sont définis respectivement par les relations :

$$\left(\frac{dp}{dz}\right)_A \mathrel{\hat{=}} -\, G^2 \frac{d}{dz}\left(\frac{1}{\rho}\right) \tag{7.88}$$

$$\left(\frac{dp}{dz}\right)_G \mathrel{\hat{=}} +\, \rho F_z \tag{7.89}$$

$$\left(\frac{dp}{dz}\right)_F \mathrel{\hat{=}} -\, 2\,\frac{C_f G^2}{D\rho} \tag{7.90}$$

Bilan d'énergie

En supposant que la puissance thermique est appliquée à tout le périmètre de la section droite et en négligeant les variations d'énergie cinétique et d'énergie potentielle, l'équation (7.70) s'écrit :

$$\frac{\partial}{\partial t}\,\rho u + \frac{\partial}{\partial z}\,\rho w h = \frac{P}{A}\,q \tag{7.91}$$

où q est le flux thermique surfacique à la paroi. L'énergie interne massique et l'enthalpie massique du mélange sont respectivement définies par les relations :

$$u \mathrel{\hat{=}} x\, u_g + (1-x)\, u_f \tag{7.92}$$

$$h \hat{=} x\, h_g + (1 - x)\, h_f \tag{7.93}$$

En écoulement permanent en moyenne l'équation d'énergie devient :

$$\frac{d}{dz}\, \rho w h = \frac{P}{A}\, q \tag{7.94}$$

ou encore en tenant compte de l'équation (7.80) et pour une conduite cylindrique de section circulaire :

$$G\, \frac{dh}{dz} = \frac{4q}{D} \tag{7.95}$$

Compte tenu de la définition de l'enthalpie massique du mélange (7.93) nous obtenons :

$$G\, \frac{d}{dz}[x h_g + (1 - x)\, h_f] = \frac{4q}{D}$$

Comme les variations des enthalpies massiques de saturation le long du canal sont négligeables l'équation précédente se réduit à :

$$\frac{dx}{dz} = \frac{4q}{G D h_{fg}} \tag{7.96}$$

où h_{fg} est l'enthalpie massique de vaporisation. Cette dernière équation permettra de déterminer l'évolution du titre massique le long de la conduite afin de calculer l'évolution de la masse volumique ρ.

4.3 Le système d'équations final

Pour un écoulement permanent en moyenne dans une conduite cylindrique de section circulaire les trois équations (7.74), (7.77) et (7.78) qui résultent des évolutions imposées à l'écoulement et les trois équations de bilan (7.80), (7.84) et (7.96) constituent un ensemble de six équations correspondant aux six équations du modèle à deux fluides monopression.

Dans un écoulement sans changement de phase, le titre x est constant et peut être considéré comme une donnée. En revanche, dans un écoulement avec changement de phase le titre x sera déterminé grâce à l'équation de l'énergie (7.96).

La perte de pression entre l'entrée et la sortie d'une conduite sera calculée à partir du système d'équations (7.76), (7.80), (7.84) et (7.96) où l'on précisera l'expression de la contrainte de frottement à la paroi τ_w ou celle du coefficient de frottement C_f. Ce dernier point sera examiné au chapitre suivant.

5 Le modèle à flux de dérive tridimensionnel

Le modèle à flux de dérive (*drift flux model* ou *diffusion model*) est issu du modèle de Zuber et Findlay (1965) et de sa généralisation par Ishii (1975, 1977).

Il est particulièrement adapté lorsque les phases sont fortement couplées comme dans les écoulements dispersés, alors que le modèle à deux fluides répond mieux aux besoins de la modélisation des écoulements à phases séparées. Associé à des méthodes intégrales (méthodes de profils), il a été largement utilisé dans le développement des simulateurs de réacteurs (Wulff, 1996, 1998). Après avoir donné les définitions des grandeurs caractéristiques du modèle à flux de dérive, nous allons établir les équations *tridimensionnelles* du modèle. Nous allons ensuite moyenner ces équations sur la section droite de la conduite pour obtenir les équations *monodimensionnelles* du modèle.

5.1 Définitions des grandeurs caractéristiques du modèle à flux de dérive tridimensionnel

- Masse volumique moyenne du mélange :

$$\rho_m \hat{=} \alpha_1 \, \overline{\rho_1}^1 + \alpha_2 \, \overline{\rho_2}^2 \tag{7.97}$$

- Vitesse moyenne du mélange :

$$\boldsymbol{v_m} \hat{=} \frac{\alpha_1 \, \overline{\rho_1 \boldsymbol{v}_1}^1 + \alpha_2 \, \overline{\rho_2 \boldsymbol{v}_2}^2}{\rho_m} \tag{7.98}$$

- Vitesse moyenne de la phase k pondérée par la masse :

$$\boldsymbol{v}_k^* \hat{=} \frac{\overline{\rho_k \boldsymbol{v}_k}^k}{\overline{\rho_k}^k} \tag{7.99}$$

- Débit-volume surfacique local du mélange [1] :

$$\boldsymbol{j} \hat{=} \alpha_1 \boldsymbol{v}_1^* + \alpha_2 \boldsymbol{v}_2^* \tag{7.100}$$

- Vitesse de dérive locale de la phase dispersée ($k = 2$) :

$$\boldsymbol{V}_{2j} \hat{=} \boldsymbol{v}_2^* - \boldsymbol{j} \equiv \alpha_2(\boldsymbol{v}_2^* - \boldsymbol{v}_1^*) \tag{7.101}$$

- Enthalpie moyenne de la phase k pondérée par la masse :

$$h_k^* \hat{=} \frac{\overline{\rho_k h_k}^k}{\overline{\rho_k}^k} \tag{7.102}$$

- Enthalpie moyenne du mélange

$$h_m \hat{=} \frac{\alpha_1 \, \overline{\rho_1 h_1}^1 + \alpha_2 \, \overline{\rho_2 h_2}^2}{\rho_m} \equiv \frac{\alpha_1 \, \overline{\rho_1} h_1^* + \alpha_2 \, \overline{\rho_2} h_2^*}{\rho_m} \tag{7.103}$$

1. Cette grandeur est encore appelée vitesse apparente, vitesse surfacique ou vitesse débitante du mélange.

5.2 Identités utiles

Commençons par définir les variables suivantes :

$$f_m \hat{=} \frac{\alpha_1 \overline{\rho_1 f_1}^1 + \alpha_2 \overline{\rho_2 f_2}^2}{\rho_m} \tag{7.104}$$

$$g_m \hat{=} \frac{\alpha_1 \overline{\rho_1 g_1}^1 + \alpha_2 \overline{\rho_2 g_2}^2}{\rho_m} \tag{7.105}$$

$$f_k^* \hat{=} \frac{\overline{\rho_k f_k}^k}{\overline{\rho_k}^k} \tag{7.106}$$

L'identité suivante est vérifiée :

$$\begin{aligned} \rho_m f_m g_m \ \equiv \ & \alpha_1 \overline{\rho_1}^1 \frac{\overline{\rho_1 f_1}^1}{\overline{\rho_1}^1} \frac{\overline{\rho_1 g_1}^1}{\overline{\rho_1}^1} + \alpha_2 \overline{\rho_2}^2 \frac{\overline{\rho_2 f_2}^2}{\overline{\rho_2}^2} \frac{\overline{\rho_2 g_2}^2}{\overline{\rho_2}^2} \\ - \ & \alpha_1 \alpha_2 \frac{\overline{\rho_1}^1 \overline{\rho_2}^2}{\rho_m} \left(\frac{\overline{\rho_2 f_2}^2}{\overline{\rho_2}^2} - \frac{\overline{\rho_1 f_1}^1}{\overline{\rho_1}^1} \right) \left(\frac{\overline{\rho_2 g_2}^2}{\overline{\rho_2}^2} - \frac{\overline{\rho_1 g_1}^1}{\overline{\rho_1}^1} \right) \end{aligned} \tag{7.107}$$

ou encore :

$$\begin{aligned} \rho_m f_m g_m \ \equiv \ & \alpha_1 \overline{\rho_1}^1 f_1^* g_1^* + \alpha_2 \overline{\rho_2}^2 f_2^* g_2^* \\ - \ & \alpha_1 \alpha_2 \frac{\overline{\rho_1}^1 \overline{\rho_2}^2}{\rho_m} \left(f_2^* - f_1^* \right) \left(g_2^* - g_1^* \right) \end{aligned} \tag{7.108}$$

Premier cas particulier :

En posant :

$$f_1 \equiv \boldsymbol{v}_1 \qquad f_2 \equiv \boldsymbol{v}_2 \qquad g_1 \equiv 0 \qquad g_2 \equiv 1$$

l'identité (7.108) devient :

$$\alpha_2 \overline{\rho_2}^2 \boldsymbol{v_m} = \alpha_2 \, \overline{\rho_2}^2 \boldsymbol{v}_2^* - \alpha_1 \alpha_2 \frac{\overline{\rho_1}^1 \overline{\rho_2}^2}{\rho_m} (\boldsymbol{v}_2^* - \boldsymbol{v}_1^*) \tag{7.109}$$

ou encore en tenant compte de (7.101) :

$$\alpha_2 \overline{\rho_2}^2 \boldsymbol{v_m} = \alpha_2 \, \overline{\rho_2}^2 \boldsymbol{v}_2^* - \alpha_1 \frac{\overline{\rho_1}^1 \overline{\rho_2}^2}{\rho_m} \boldsymbol{V}_{2j} \tag{7.110}$$

Deuxième cas particulier :

En posant :

$$f_1 \equiv g_1 \equiv \boldsymbol{v}_1 \qquad f_2 \equiv g_2 \equiv \boldsymbol{v}_2$$

l'identité (7.108) devient :

$$\rho_m \boldsymbol{v_m} \boldsymbol{v_m} = \alpha_1\, \overline{\rho_1}^1 \boldsymbol{v}_1^* \boldsymbol{v}_1^* + \alpha_2\, \overline{\rho_2}^2 \boldsymbol{v}_2^* \boldsymbol{v}_2^* - \alpha_1 \alpha_2 \frac{\overline{\rho_1}^1 \overline{\rho_2}^2}{\rho_m} (\boldsymbol{v}_2^* - \boldsymbol{v}_1^*)(\boldsymbol{v}_2^* - \boldsymbol{v}_1^*) \quad (7.111)$$

ou encore en tenant compte de (7.101) :

$$\rho_m \boldsymbol{v_m} \boldsymbol{v_m} = \alpha_1\, \overline{\rho_1}^1 \boldsymbol{v}_1^* \boldsymbol{v}_1^* + \alpha_2\, \overline{\rho_2}^2 \boldsymbol{v}_2^* \boldsymbol{v}_2^* - \frac{\alpha_1}{\alpha_2} \frac{\overline{\rho_1}^1 \overline{\rho_2}^2}{\rho_m} \boldsymbol{V}_{2j} \boldsymbol{V}_{2j} \quad (7.112)$$

Troisième cas particulier :

En posant :

$$f_1 \equiv h_1 \qquad f_2 \equiv h_2 \qquad g_1 \equiv \boldsymbol{v}_1 \qquad g_2 \equiv \boldsymbol{v}_2$$

et :

$$h_k^* \triangleq \frac{\overline{\rho_k h_k}^k}{\overline{\rho_k}^k} \quad (7.113)$$

l'identité (7.108) devient :

$$\rho_m h_m \boldsymbol{v_m} = \alpha_1\, \overline{\rho_1}^1 h_1^* \boldsymbol{v}_1^* + \alpha_2\, \overline{\rho_2}^2 h_2^* \boldsymbol{v}_2^* - \alpha_1 \alpha_2 \frac{\overline{\rho_1}^1 \overline{\rho_2}^2}{\rho_m} (h_2^* - h_1^*)(\boldsymbol{v}_2^* - \boldsymbol{v}_1^*) \quad (7.114)$$

ou encore en tenant compte de (7.101) :

$$\rho_m h_m \boldsymbol{v_m} = \alpha_1\, \overline{\rho_1}^1 h_1^* \boldsymbol{v}_1^* + \alpha_2\, \overline{\rho_2}^2 h_2^* \boldsymbol{v}_2^* - \alpha_1 \frac{\overline{\rho_1}^1 \overline{\rho_2}^2}{\rho_m} (h_2^* - h_1^*) \boldsymbol{V}_{2j} \quad (7.115)$$

5.3 Bilan de masse du mélange

L'équation locale de bilan de masse moyennée dans le temps pour le mélange (6.56) s'écrit :

$$\frac{\partial}{\partial t} (\alpha_1\, \overline{\rho_1}^1 + \alpha_2\, \overline{\rho_2}^2) + \boldsymbol{\nabla} \cdot (\alpha_1\, \overline{\rho_1 \boldsymbol{v}_1}^1 + \alpha_2\, \overline{\rho_2 \boldsymbol{v}_2}^2) = 0 \quad (7.116)$$

ou, en introduisant la masse volumique (7.97) et la vitesse du mélange (7.98) :

$$\frac{\partial \rho_m}{\partial t} + \boldsymbol{\nabla} \cdot \rho_m\, \boldsymbol{v_m} = 0 \quad (7.117)$$

5.4 Bilan de masse de la phase dispersée

L'équation locale de bilan de masse moyennée dans le temps pour la phase dispersée (6.55) s'écrit :

$$\frac{\partial}{\partial t}\,\alpha_2\,\overline{\rho_2}^2 + \boldsymbol{\nabla}\cdot\alpha_2\,\overline{\rho_2\boldsymbol{v}_2}^2 = \Gamma_2 \tag{7.118}$$

En tenant compte de la définition (7.99) et de l'identité (7.110), il vient :

$$\frac{\partial}{\partial t}\,\alpha_2\,\overline{\rho_2}^2 + \boldsymbol{\nabla}\cdot(\alpha_2\overline{\rho_2}^2\boldsymbol{v_m}) - = \Gamma_2 - \boldsymbol{\nabla}\cdot\left(\alpha_1\frac{\overline{\rho_1}^1\overline{\rho_2}^2}{\rho_m}\boldsymbol{V}_{2j}\right) \tag{7.119}$$

5.5 Bilan de quantité de mouvement du mélange

En sommant les équations locales de bilan de quantité de mouvement moyennées dans le temps pour chaque phase (6.58) et en tenant compte du bilan de quantité de mouvement à l'interface (6.17), on obtient l'équation pour le mélange :

$$\begin{aligned}&\frac{\partial}{\partial t}\,(\alpha_1\overline{\rho_1\boldsymbol{v}_1}^1 + \alpha_2\overline{\rho_2\boldsymbol{v}_2}^2) + \boldsymbol{\nabla}\cdot\,(\alpha_1\overline{\rho_1\boldsymbol{v}_1\boldsymbol{v}_1}^1 + \alpha_2\overline{\rho_2\boldsymbol{v}_2\boldsymbol{v}_2}^2)\\ &= -\boldsymbol{\nabla}(\alpha_1\overline{p_1}^1 + \alpha_2\overline{p_2}^2) + \boldsymbol{\nabla}\cdot(\alpha_1\overline{\boldsymbol{\tau}_1}^1 + \alpha_2\overline{\boldsymbol{\tau}_2}^2)\\ &+(\alpha_1\overline{\rho_1}^1 + \alpha_2\overline{\rho_2}^2)\boldsymbol{g}\end{aligned} \tag{7.120}$$

Définissons maintenant les grandeurs suivantes :

- la pression moyenne du mélange :

$$p_m \mathrel{\hat{=}} \alpha_1\overline{p_1}^1 + \alpha_2\overline{p_2}^2 \tag{7.121}$$

- le tenseur des contraintes visqueuses moyennes du mélange :

$$\boldsymbol{\tau}_m \mathrel{\hat{=}} \alpha_1\overline{\boldsymbol{\tau}_1}^1 + \alpha_2\overline{\boldsymbol{\tau}_2}^2 \tag{7.122}$$

- le tenseur des contraintes turbulentes dans la phase k :

$$\boldsymbol{\tau}_k^t \mathrel{\hat{=}} \overline{\rho_k}^k\boldsymbol{v}_k^*\boldsymbol{v}_k^* - \overline{\rho_k\boldsymbol{v}_k\boldsymbol{v}_k}^k \tag{7.123}$$

- le tenseur des contraintes turbulentes du mélange :

$$\boldsymbol{\tau}^t \mathrel{\hat{=}} \alpha_1\boldsymbol{\tau}_1^t + \alpha_2\boldsymbol{\tau}_2^t \tag{7.124}$$

Compte tenu de l'identité (7.112) et des définitions (7.121) à (7.124), l'équation de quantité de mouvement du mélange s'écrit finalement :

$$\begin{aligned}&\frac{\partial}{\partial t}\rho_m\boldsymbol{v}_m \quad + \quad \boldsymbol{\nabla}\cdot\rho_m\boldsymbol{v}_m\boldsymbol{v}_m\\ &= -\,\boldsymbol{\nabla}p_m \quad + \quad \boldsymbol{\nabla}\cdot\left(\boldsymbol{\tau}_m + \boldsymbol{\tau}^t - \frac{\alpha_1}{\alpha_2}\frac{\overline{\rho_1}^1\overline{\rho_2}^2}{\rho_m}\boldsymbol{V}_{2j}\boldsymbol{V}_{2j}\right) + \rho_m\boldsymbol{g}\end{aligned} \tag{7.125}$$

5.6 Equation d'enthalpie du mélange

Cette équation est obtenue en retranchant l'équation d'énergie cinétique du mélange à l'équation d'énergie totale du mélange. Un long calcul permet d'aboutir à l'équation obtenue par Ishii (1977) :

$$\begin{aligned}\frac{\partial}{\partial t}\rho_m h_m &+ \nabla \cdot \rho_m h_m \boldsymbol{v}_m = -\nabla \cdot \left[\boldsymbol{q} + \boldsymbol{q}^T + \alpha_2 \frac{\overline{\rho_1}^1 \overline{\rho_2}^2}{\rho_m}(h_2^* - h_1^*)\boldsymbol{V}_{2j}\right] \\ &+ \frac{\partial p_m}{\partial t} + \left[\boldsymbol{v}_m + \alpha_2 \frac{\overline{\rho_1}^1 - \overline{\rho_2}}{\rho_m}\boldsymbol{V}_{2j}\right] \cdot \nabla p_m + \Phi_m^\mu \end{aligned} \tag{7.126}$$

où nous avons défini le flux thermique surfacique turbulent du mélange $\boldsymbol{q}^T$ et la dissipation visqueuse du mélange Φ_m^μ respectivement par les relations :

$$\boldsymbol{q}^T \hat{=} \sum_{k=1}^{2} \alpha_k \left[\rho_k \overline{\left(u_k + \frac{v_k^2}{2}\right)' \boldsymbol{v}_k'} - \overline{\boldsymbol{T_k} \cdot \boldsymbol{v}_k'}\right] \tag{7.127}$$

où l'exposant $'$ indique la fluctuation par rapport à la valeur moyenne, et :

$$\Phi_m^\mu \hat{=} \sum_{k=1}^{2} \alpha_k \boldsymbol{\tau}_k \boldsymbol{:} \nabla \boldsymbol{v}_k^* \tag{7.128}$$

5.7 Système d'équations final pour le modèle à flux de dérive tridimensionnel

Le modèle à flux de dérive *tridimensionnel* repose sur les équations suivantes :

Bilan de masse du mélange

$$\frac{\partial \rho_m}{\partial t} + \nabla \cdot \rho_m \, \boldsymbol{v_m} = 0 \tag{7.129}$$

Bilan de masse de la phase dispersée

$$\frac{\partial}{\partial t} \alpha_2 \, \overline{\rho_2}^2 + \nabla \cdot (\alpha_2 \overline{\rho_2}^2 \boldsymbol{v_m}) - = \Gamma_2 - \nabla \cdot \left(\alpha_1 \frac{\overline{\rho_1}^1 \overline{\rho_2}^2}{\rho_m} \boldsymbol{V}_{2j}\right) \tag{7.130}$$

Bilan de quantité de mouvement du mélange

$$\begin{aligned}\frac{\partial}{\partial t}\rho_m \boldsymbol{v}_m \quad &+ \quad \boldsymbol{\nabla}\cdot\rho_m\boldsymbol{v}_m\boldsymbol{v}_m \\ = -\boldsymbol{\nabla}p_m \quad &+ \quad \boldsymbol{\nabla}\cdot\left(\boldsymbol{\tau}_m+\boldsymbol{\tau}^t-\frac{\alpha_1}{\alpha_2}\frac{\overline{\rho_1}^1\overline{\rho_2}^2}{\rho_m}\boldsymbol{V}_{2j}\boldsymbol{V}_{2j}\right)+\rho_m\boldsymbol{g}\end{aligned} \tag{7.131}$$

Equation d'enthalpie du mélange

$$\begin{aligned}\frac{\partial}{\partial t}\rho_m h_m \quad &+ \quad \boldsymbol{\nabla}\cdot\rho_m h_m\boldsymbol{v}_m=-\boldsymbol{\nabla}\cdot\left[\boldsymbol{q}+\boldsymbol{q}^T+\alpha_1\frac{\overline{\rho_1}^1\overline{\rho_2}^2}{\rho_m}(h_2^*-h_1^*)\boldsymbol{V}_{2j}\right] \\ &+ \quad \frac{\partial p_m}{\partial t}+\left[\boldsymbol{v}_m+\alpha_1\frac{\overline{\rho_1}^1-\overline{\rho_2}}{\rho_m}\boldsymbol{V}_{2j}\right]\cdot\boldsymbol{\nabla}p_m+\Phi_m^\mu\end{aligned} \tag{7.132}$$

Définitions des grandeurs caractérisant le mélange

Masse volumique moyenne du mélange (Eq. 7.97) :

$$\rho_m \hat{=} \alpha_1\,\overline{\rho_1}^1+\alpha_2\,\overline{\rho_2}^2 \tag{7.133}$$

Pression moyenne du mélange (Eq. 7.121) :

$$p_m \hat{=} \alpha_1\overline{p_1}^1+\alpha_2\overline{p_2}^2 \tag{7.134}$$

Enthalpie moyenne du mélange (Eq. 7.103)

$$h_m \hat{=} \frac{\alpha_1\,\overline{\rho_1 h_1}^1+\alpha_2\,\overline{\rho_2 h_2}^2}{\rho_m}\equiv\frac{\alpha_1\,\overline{\rho_1}^1 h_1^*+\alpha_2\,\overline{\rho_2}^2 h_2^*}{\rho_m} \tag{7.135}$$

Complémentarité des taux de présence :

$$\alpha_1+\alpha_2=1 \tag{7.136}$$

Equations d'état

Equations d'état thermiques :

$$F_1(\overline{\rho_1}^1,\overline{p_1}^1,\overline{T_1}^1)=0 \tag{7.137}$$

$$F_2(\overline{\rho_2}^2,\overline{p_2}^2,\overline{T_2}^2)=0 \tag{7.138}$$

Equations d'état caloriques :

$$G_1(h_1^*,\overline{p_1}^1,\overline{T_1}^1)=0 \tag{7.139}$$

$$G_2(h_2^*,\overline{p_2}^2,\overline{T_2}^2)=0 \tag{7.140}$$

Relations de fermeture

Chacune des grandeurs suivantes doit faire l'objet d'une relation de fermeture :

- vitesse de dérive locale de la phase dispersée $\boldsymbol{V}_{2j}$,
- taux de production volumique de phase dispersée Γ_2,
- tenseur des contraintes $\boldsymbol{\tau}_m$ et $\boldsymbol{\tau}^t$,
- flux de chaleur surfacique $\boldsymbol{q}$ et $\boldsymbol{q}^T$,
- dissipation visqueuse du mélange Φ_m^μ,
- écart de pression entre les phases : $\overline{p_1}^1 - \overline{p_2}^2$,
- écart de température entre les phases : $\overline{T_1}^1 - \overline{T_2}^2$,
- condition de changement de phase : $\overline{p_2}^2 = p_{sat}(T_i)$, où T_i est la température de l'interface.

Le système complet des équations du modèle à flux de dérive *tridimensionnel* comporte donc 22 équations et 22 inconnues. On trouvera aux pages 211 à 225 du livre d'Ishii (1975) des éléments pour exprimer ces relations de fermeture.

6 Le modèle à flux de dérive monodimensionnel

6.1 Définition des grandeurs utilisées dans le modèle à flux de dérive monodimensionnel

- Moyenne surfacique de la grandeur f_m sur la section droite A de la conduite :

$$< f_m > \hat{=} \frac{1}{A} \int_A f_m \, dA \tag{7.141}$$

- Moyenne surfacique de la masse volumique moyenne du mélange :
En supposant les masses volumiques uniformes dans la section droite de la conduite :

$$< \rho_m > = < \alpha_1 > \overline{\rho_1}^1 + < \alpha_2 > \overline{\rho_2}^2 \tag{7.142}$$

- Moyenne surfacique de la grandeur f_m sur la section droite A de la conduite pondérée par la masse :

$$f_m^\bullet \hat{=} \frac{< \rho_m f_m >}{< \rho_m >} \tag{7.143}$$

- Moyenne surfacique de la grandeur f_k sur la section droite A de la conduite pondérée par le taux de présence α_k :

$$\widetilde{f_k} \hat{=} \frac{< \alpha_k f_k >}{< \alpha_k >} \tag{7.144}$$

- Composante selon l'axe de la conduite de la vitesse de dérive surfacique :

$$V_{2j}^+ \hat{=} \widetilde{w_2^*} - < j > \tag{7.145}$$

– Moyenne surfacique de l'enthalpie du mélange :
En utilisant la définition (7.143), la relation (7.135) et la définition (7.144), il vient :

$$h_m^\bullet = \frac{<\alpha_1> \overline{\rho_1}^1 \, \widetilde{h_1^*} + <\alpha_2> \overline{\rho_2}^2 \, \widetilde{h_2^*}}{<\rho_m>} \tag{7.146}$$

– Covariance du flux de quantité de mouvement :

$$\text{Cov}(\alpha_k \overline{\rho_k}^k w_k^* w_k^*) \hat{=} <\alpha_k \overline{\rho_k}^k w_k^* \left(w_k^* - \widetilde{w_k^*}\right)> \tag{7.147}$$

– Covariance du flux d'enthalpie :

$$\text{Cov}(\alpha_k \overline{\rho_k}^k h_k^* w_k^*) \hat{=} <\alpha_k \overline{\rho_k}^k h_k^* \left(w_k^* - \widetilde{w_k^*}\right)> \tag{7.148}$$

6.2 Identités utiles

Les identités suivantes sont vérifiées :
– Expression de la vitesse de la phase dispersée :

$$\widetilde{w_2^*} \equiv w_m^\bullet + \frac{\overline{\rho_1}^1}{<\rho_m>} V_{2j}^+ \tag{7.149}$$

– Expression de la covariance du flux de quantité de mouvement :

$$\sum_{k=1,2} \text{Cov}(\alpha_k \overline{\rho_k}^k w_k^* w_k^*) \equiv \overline{\rho_1}^1 <\alpha_1 w_1^* w_1^*> + \overline{\rho_2}^2 <\alpha_2 w_2^* w_2^*>$$
$$- <\rho_m> w_m^{\bullet\,2} - \frac{<\alpha_2>}{<\alpha_1>} \frac{\overline{\rho_1}^1 \overline{\rho_2}^2}{<\rho_m>} V_{2j}^{+\,2} \tag{7.150}$$

– Expression de la covariance du flux d'enthalpie :

$$\sum_{k=1,2} \text{Cov}(\alpha_k \overline{\rho_k}^k h_k^* w_k^*) \equiv \overline{\rho_1}^1 <\alpha_1 h_1^* w_1^*> + \overline{\rho_2}^2 <\alpha_2 h_2^* w_2^*>$$
$$- <\rho_m> h_m^{\bullet\,2} - <\alpha_2> \frac{\overline{\rho_1}^1 \overline{\rho_2}^2}{<\rho_m>} (\widetilde{h_1^*} - \widetilde{h_2^*}) V_{2j}^+ \tag{7.151}$$

– Expression du flux volumique :

$$<\alpha_1> \widetilde{w_1^*} + <\alpha_2> \widetilde{w_2^*} \equiv w_m^\bullet + <\alpha_2> \frac{\overline{\rho_1}^1 - \overline{\rho_2}^2}{<\rho_m>} V_{2j}^+ \tag{7.152}$$

6.3 Bilan de masse du mélange moyenné sur la section droite de la conduite

L'équation locale de bilan de masse pour le mélange (7.129) peut être intégrée sur la section droite A de la conduite supposée uniforme. En utilisant les formes limites de la règle de Leibniz (6.32) et du théorème de Gauss (6.34) et les définitions (7.141) et (7.143), il vient :

$$\frac{\partial}{\partial t} < \rho_m > + \frac{\partial}{\partial z} < \rho_m > w_m^\bullet = 0 \tag{7.153}$$

6.4 Bilan de masse de la phase dispersée moyenné sur la section droite de la conduite

L'équation locale de bilan de masse pour la phase dispersée (7.118) peut être intégrée sur la section droite A supposée uniforme de la conduite. En utilisant les formes limites de la règle de Leibniz (6.32) et du théorème de Gauss (6.34), la définition (7.99) de w_2^*, et en supposant la masse volumique $\overline{\rho_2}^2$ uniforme sur la section droite, il vient :

$$\frac{\partial}{\partial t} \overline{\rho_2}^2 < \alpha_2 > + \frac{\partial}{\partial z} \overline{\rho_2}^2 < \alpha_2 w_2^* > = < \Gamma_2 > \tag{7.154}$$

En utilisant l'identité (7.149), nous obtenons finalement :

$$\begin{aligned} \frac{\partial}{\partial t} \overline{\rho_2}^2 < \alpha_2 > &+ \frac{\partial}{\partial z} < \alpha_2 > \overline{\rho_2}^2 w_m^\bullet \\ &= < \Gamma_2 > - \frac{\partial}{\partial z} < \alpha_2 > \frac{\overline{\rho_1}^1 \overline{\rho_2}^2}{< \rho_m >} V_{2j}^+ \end{aligned} \tag{7.155}$$

6.5 Bilan de quantité de mouvement du mélange moyenné sur la section droite de la conduite

Compte tenu des définitions (7.97), (7.121), (7.122) et (7.124), l'équation de bilan local (7.120) s'écrit :

$$\begin{aligned} \frac{\partial}{\partial t} < \rho_m \boldsymbol{v_m} > &+ \boldsymbol{\nabla} \cdot (\alpha_1 \overline{\rho_1}^1 \boldsymbol{v}_1^* \boldsymbol{v}_1^* + \alpha_2 \overline{\rho_2}^2 \boldsymbol{v}_2^* \boldsymbol{v}_2^*) \\ &= - \boldsymbol{\nabla} p_m + \boldsymbol{\nabla} \cdot \left(\boldsymbol{\tau}_m + \boldsymbol{\tau}^t \right) + < \rho_m > \boldsymbol{g} \end{aligned} \tag{7.156}$$

En intégrant cette équation sur la section droite A de la conduite supposée uniforme et en utilisant les formes limites de la règle de Leibniz (6.32) et du théorème de Gauss (6.34), nous obtenons en prenant la projection sur l'axe Oz de la conduite et en introduisant les moyennes spatiales :

$$\begin{aligned} &\frac{\partial}{\partial t} < \rho_m > w_m^\bullet + \frac{\partial}{\partial z} (\alpha_1 \overline{\rho_1}^1 w_1^* w_1^* + \alpha_2 \overline{\rho_2}^2 w_2^* w_2^*) \\ &= - \frac{\partial}{\partial z} < p_m > + \frac{\partial}{\partial z} < \tau_{mzz} + \tau_{zz}^t > + < \rho_m > g_z \end{aligned} \tag{7.157}$$

En utilisant la définition (7.147) de la covariance et l'identité (7.150), nous obtenons :

$$\begin{aligned}&\frac{\partial}{\partial t} < \rho_m > w_m^\bullet + \frac{\partial}{\partial z} < \rho_m > w_m^{\bullet\,2} \\ &= -\frac{\partial}{\partial z} < p_m > + \frac{\partial}{\partial z} < \tau_{mzz} + \tau_{zz}^t > + < \rho_m > g_z - \frac{f_m}{2D} < \rho_m > w_m^\bullet |w_m^\bullet| \\ &-\frac{\partial}{\partial z} \sum_{k=1,2} \mathrm{Cov}(\alpha_k \overline{\rho_k}^k w_k^* w_k^*) - \frac{\partial}{\partial z} \left(\frac{< \alpha_2 > \overline{\rho_1}^1 \overline{\rho_2}^2}{< \alpha_1 > < \rho_m >} V_{2j}^{+\,2} \right) \end{aligned} \qquad (7.158)$$

où le terme de frottement pariétal en conduite de section circulaire a été exprimé à l'aide du facteur de frottement f_m tel que :

$$\frac{1}{A} \oint_C \tau_{rz} \, dC \mathrel{\hat{=}} -\frac{f_m}{2D} < \rho_m > w_m^\bullet |w_m^\bullet| \qquad (7.159)$$

le périmètre mouillé étant noté C.

6.6 Equation d'enthalpie du mélange moyennée sur la section droite de la conduite

L'équation locale d'enthalpie du mélange s'écrit (Ishii, 1977) :

$$\begin{aligned}&\frac{\partial}{\partial t} \rho_m h_m + \boldsymbol{\nabla} \cdot \left(\alpha_1 \overline{\rho_1}^1 h_1^* \boldsymbol{v}_1^* + \alpha_2 \overline{\rho_2}^2 h_2^* \boldsymbol{v}_2^* \right) = -\boldsymbol{\nabla} \cdot (\boldsymbol{q} + \boldsymbol{q}^T) \\ &+\alpha_1 \frac{\partial \overline{p_1}^1}{\partial t} + \alpha_2 \frac{\partial \overline{p_2}^2}{\partial t} + \alpha_1 \boldsymbol{v}_1^* \cdot \boldsymbol{\nabla} \overline{p_1}^1 + \alpha_2 \boldsymbol{v}_2^* \cdot \boldsymbol{\nabla} \overline{p_2}^2 + \Phi_m^\mu \end{aligned} \qquad (7.160)$$

En intégrant cette équation sur la section droite A de la conduite supposée uniforme, en supposant $\overline{p_1}^1 \equiv \overline{p_2}^2$, et en utilisant les formes limites de la règle de Leibniz (6.32) et du théorème de Gauss (6.34), nous obtenons en introduisant les moyennes spatiales :

$$\begin{aligned}\frac{\partial}{\partial t} < \rho_m h_m > \; &+ \; \frac{\partial}{\partial z} < \alpha_1 \overline{\rho_1}^1 h_1^* w_1^* + \alpha_2 \overline{\rho_2}^2 h_2^* w_2^* > \\ &= \; \frac{\partial}{\partial t} p_m + < \alpha_1 \boldsymbol{v}_1^* \cdot \boldsymbol{\nabla} p_m + \alpha_2 \boldsymbol{v}_2^* \cdot \boldsymbol{\nabla} p_m > \\ &- \; \frac{1}{A} \oint_C q_r \, dC - \frac{\partial}{\partial z} < q_z + q_z^T > + < \Phi_m^\mu > \end{aligned} \qquad (7.161)$$

et si nous supposons que p_m est uniforme sur une section droite :

$$\begin{aligned}\frac{\partial}{\partial t} < \rho_m h_m > \; &+ \; \frac{\partial}{\partial z} < \alpha_1 \overline{\rho_1}^1 h_1^* w_1^* + \alpha_2 \overline{\rho_2}^2 h_2^* w_2^* > \\ &= \; \frac{\partial}{\partial t} p_m + (< \alpha_1 > \widetilde{w_1^*} + < \alpha_2 > \widetilde{w_2^*}) \frac{\partial}{\partial z} p_m \\ &- \; \frac{1}{A} \oint_C q_r \, dC - \frac{\partial}{\partial z} < q_z + q_z^T > + < \Phi_m^\mu > \end{aligned} \qquad (7.162)$$

Compte tenu des identités (7.151) et (7.152), l'équation précédente s'écrit finalement :

$$\begin{aligned}\frac{\partial}{\partial t} < \rho_m > h^\bullet_m &+ \frac{\partial}{\partial z} < \rho_m > h^\bullet_m w^\bullet_m \\ = &+ \frac{\partial}{\partial z}\left[< \alpha_2 > \frac{\overline{\rho_1}^1 \overline{\rho_2}^2}{< \rho_m >}(\widetilde{h^*_1} - \widetilde{h^*_2}) V^+_{2j}\right] - \frac{\partial}{\partial z} < q_z + q^T_z > \\ &+ \left[w^\bullet_m + < \alpha_2 > \frac{\overline{\rho_1}^1 - \overline{\rho_2}^2}{< \rho_m >} V^+_{2j}\right] \frac{\partial}{\partial z} p_m + \frac{\partial}{\partial t} p_m \\ &- \frac{\partial}{\partial z} \sum_{k=1,2} \text{Cov}(\alpha_k \overline{\rho_k}^k h^*_k w^*_k) + \frac{4}{D} q''_w + < \Phi^\mu_m >\end{aligned} \tag{7.163}$$

où le terme de flux thermique surfacique en paroi q''_w est exprimé sous la forme :

$$\frac{1}{A} \oint_C q_{rz}\, dC \triangleq -\frac{4}{D} q''_w \tag{7.164}$$

6.7 Système d'équations final pour le modèle à flux de dérive monodimensionnel

Le modèle à flux de dérive *monodimensionnel* repose sur les équations suivantes :

Bilan de masse du mélange moyenné sur la section droite de la conduite

$$\frac{\partial}{\partial t} < \rho_m > + \frac{\partial}{\partial z} < \rho_m > w^\bullet_m = 0 \tag{7.165}$$

Bilan de masse de la phase dispersée moyenné sur la section droite de la conduite

$$\begin{aligned}\frac{\partial}{\partial t} \overline{\rho_2}^2 < \alpha_2 > &+ \frac{\partial}{\partial z} < \alpha_2 > \overline{\rho_2}^2 w^\bullet_m \\ &= < \Gamma_2 > - \frac{\partial}{\partial z} < \alpha_2 > \frac{\overline{\rho_1}^1 \overline{\rho_2}^2}{< \rho_m >} V^+_{2j}\end{aligned} \tag{7.166}$$

Bilan de quantité de mouvement du mélange moyenné sur la section droite de la conduite

$$\begin{aligned}
&\frac{\partial}{\partial t} < \rho_m > w_m^\bullet + \frac{\partial}{\partial z} < \rho_m > w_m^{\bullet\,2} \\
&= -\frac{\partial}{\partial z} < p_m > + \frac{\partial}{\partial z} < \tau_{mzz} + \tau_{zz}^t > + < \rho_m > g_z - \frac{f_m}{2D} < \rho_m > w_m^\bullet |w_m^\bullet| \\
&- \frac{\partial}{\partial z} \sum_{k=1,2} \mathrm{Cov}(\alpha_k \overline{\rho_k}^k w_k^* w_k^*) - \frac{\partial}{\partial z}\left(\frac{< \alpha_2 > \overline{\rho_1}^1 \overline{\rho_2}^2}{< \alpha_1 > < \rho_m >} V_{2j}^{+\,2} \right)
\end{aligned} \tag{7.167}$$

Equation d'enthalpie du mélange moyennée sur la section droite de la conduite

$$\begin{aligned}
\frac{\partial}{\partial t} < \rho_m > h_m^\bullet \quad &+ \quad \frac{\partial}{\partial z} < \rho_m > h_m^\bullet w_m^\bullet \\
= \quad &+ \quad \frac{\partial}{\partial z}\left[< \alpha_2 > \frac{\overline{\rho_1}^1 \overline{\rho_2}^2}{< \rho_m >} (\widetilde{h_1^*} - \widetilde{h_2^*}) V_{2j}^+ \right] - \frac{\partial}{\partial z} < q_z + q_z^T > \\
&+ \quad \left[w_m^\bullet + < \alpha_2 > \frac{\overline{\rho_1}^1 - \overline{\rho_2}^2}{< \rho_m >} V_{2j}^+ \right] \frac{\partial}{\partial z} p_m + \frac{\partial}{\partial t} p_m \\
&- \quad \frac{\partial}{\partial z} \sum_{k=1,2} \mathrm{Cov}(\alpha_k \overline{\rho_k}^k h_k^* w_k^*) + \frac{4}{D} q_w'' + < \Phi_m^\mu >
\end{aligned} \tag{7.168}$$

Définitions des grandeurs caractérisant le mélange

Moyenne surfacique de la masse volumique moyenne du mélange (Eq. 7.142) :

$$< \rho_m > = < \alpha_1 > \overline{\rho_1}^1 + < \alpha_2 > \overline{\rho_2}^2 \tag{7.169}$$

Moyenne surfacique de l'enthalpie moyenne du mélange (Eq. 7.146) :

$$h_m^\bullet = \frac{< \alpha_1 > \overline{\rho_1}^1 \, \widetilde{h_1^*} + < \alpha_2 > \overline{\rho_2}^2 \, \widetilde{h_2^*}}{< \rho_m >} \tag{7.170}$$

Complémentarité des taux de présence :

$$< \alpha_1 > + < \alpha_2 > = 1 \tag{7.171}$$

Equations d'état

Equations d'état thermiques :

$$F_1(\overline{\rho_1}^1, p_m, \overline{T_1}^1) = 0 \tag{7.172}$$

$$F_2(\overline{\rho_2}^2, p_m, \overline{T_2}^2) = 0 \tag{7.173}$$

Equations d'état caloriques :

$$G_1(\widetilde{h_1^*}, p_m, \overline{T_1}^1) = 0 \tag{7.174}$$

$$G_2(\widetilde{h_2^*}, p_m, \overline{T_2}^2) = 0 \tag{7.175}$$

Relations de fermeture

Chacune des grandeurs suivantes doit faire l'objet d'une relation de fermeture :

- vitesse de dérive de la phase dispersée V_{2j}^+,
- moyenne surfacique du taux de production volumique de phase dispersée $< \Gamma_2 >$,
- moyennes surfaciques des tenseurs des contraintes $< \tau_{mzz} >$ et $< \tau_{zz}^t >$,
- moyennes surfaciques des flux de chaleur surfacique $< q_z >$ et $< q_z^T >$,
- moyenne surfacique de la dissipation visqueuse du mélange $< \Phi_m^\mu >$,
- le facteur de frottement f_m,
- les termes de covariances $\mathrm{Cov}(\alpha_k \overline{\rho_k}^k w_k^* w_k^*)$ et $\mathrm{Cov}(\alpha_k \overline{\rho_k}^k h_k^* w_k^*)$,
- écart de température entre les phases : $\overline{T_1}^1 - \overline{T_2}^2$,
- condition de changement de phase : $p_m = p_{sat}(T_i)$,
  où T_i est la température de l'interface.

Le système complet des équations du modèle à flux de dérive *tridimensionnel* comporte donc 23 équations et 23 inconnues. On trouvera aux pages 25 à 49 du rapport d'Ishii (1977) des éléments pour exprimer ces relations de fermeture.

7 Le modèle de Martinelli-Nelson

Cette approche consiste à utiliser les trois équations de bilan simplifiées pour le mélange diphasique et à spécifier trois évolutions dont deux exprimeront l'équilibre thermodynamique des phases, la troisième étant traduite par une relation d'origine expérimentale donnant le taux de vide.

7.1 Equations de bilan simplifiées pour le mélange

Dans le cas d'un écoulement permanent en moyenne il suffit d'annuler les termes transitoires dans les équations de bilan de masse (7.62), de quantité de mouvement (7.66) et d'énergie (7.70).

Bilan de masse pour le mélange

$$\frac{d}{dz}(R_g\rho_g w_g + R_f\rho_f w_f) = 0 \tag{7.176}$$

ce qui conduit à la relation :

$$R_g\rho_g w_g + R_f\rho_f w_f \hat{=} G = \text{constante} \tag{7.177}$$

Bilan de quantité de mouvement pour le mélange

$$\frac{d}{dz}(R_g\rho_g w_g^2 + R_f\rho_f w_f^2) - (R_g\rho_g + R_f\rho_f)F_z + \frac{dp}{dz} + \frac{P}{A}\,\tau_w = 0 \tag{7.178}$$

Cette équation peut se réécrire sous la forme suivante :

$$G^2\frac{d}{dz}\left[\frac{x^2}{R_g\rho_g} + \frac{(1-x)^2}{(1-R_g)\rho_f}\right] - (R_g\rho_g + R_f\rho_f)F_z + \frac{dp}{dz} - \left(\frac{dp}{dz}\right)_F = 0 \tag{7.179}$$

Bilan d'énergie

En négligeant les variations des énergies cinétiques et potentielles, il vient :

$$\frac{d}{dz}(R_g\rho_g h_g w_g + R_f\rho_f h_f w_f) = \frac{P}{A}\,q \tag{7.180}$$

ou encore :

$$G\,\frac{d}{dz}\,[\,xh_g + (1-x)h_f] = \frac{4q}{D} \tag{7.181}$$

Comme les variations des enthalpies massiques de saturation le long du canal sont négligeables l'équation précédente se réduit à :

$$\frac{dx}{dz} = \frac{4q}{GDh_{fg}} \tag{7.182}$$

où h_{fg} est l'enthalpie massique de vaporisation. Cette dernière équation permettra de déterminer l'évolution du titre massique le long de la conduite.

7.2 Evolutions spécifiées

Dans de nombreux cas pratiques il est légitime de supposer que les phases sont à l'équilibre thermodynamique, le taux de vide étant donné par une relation expérimentale qui traduit en fait le déséquilibre mécanique, par exemple l'écart de vitesse entre les phases.

Déséquilibre mécanique

On aura généralement une relation du type suivant :

$$R_g = f(x, p, \ldots) \tag{7.183}$$

Equilibre thermodynamique

$$h_g = h_g(p) \tag{7.184}$$
$$h_f = h_f(p) \tag{7.185}$$

7.3 Le système d'équations final

Les trois contraintes sur la solution (équations 7.183 à 7.185) associées aux trois équations de bilan pour le mélange (équations 7.177, 7.179 et 7.181) forment un ensemble de six équations correspondant aux six équations du modèle à deux fluides.

Dans un écoulement adiabatique, par exemple sans apport de chaleur à la paroi, le titre x est constant et peut être considéré comme une donnée du problème. En revanche, dans un écoulement avec apport de chaleur à la paroi le titre est déterminé par l'équation d'énergie (7.181).

Le système des équations (7.177), (7.179), (7.181) et (7.183) à (7.185) sera complètement fermé lorsque les relations donnant le taux de vide ainsi que le gradient de pression dû au frottement seront connues ce qui fera l'objet de la section 4.7 du chapitre suivant.

8 Exercices

8.1 Expression de la masse volumique du mélange

Démontrer l'équation (7.76).

8.2 Expression du taux de vide maximal calculable

Montrer que le modèle de Zuber et Findlay ne peut pas calculer le taux de vide au-delà d'un taux de vide maximal lorsque le paramètre de distribution C_o est supérieur à 1.

8.3 Les équations du modèle à flux de dérive utilisé par W. Wulff (1998)

Etablir les équations (9) et (11) à (14) de l'article de W. Wulff (1998) à partir des équations des sections 5 et 6 de ce chapitre. Préciser les définitions des variables utilisées par W. Wulff et lister toutes les hypothèses permettant d'établir ses équations.

Nomenclature

A	section droite de la conduite	
A_k	section de passage de la phase k	
Bo	nombre d'ébullition	(Eq. 7.31)
C	courbe, périmètre chauffant	
C_f	coefficient de frottement	(Eq. 7.85)
C_i	intersection de l'interface avec la section droite	
C_k	intersection de l'interface avec la section droite, coefficient de corrélation spatiale	(Eq. 7.47)
C_0	paramètre de distribution de Zuber et Findlay	(Eq. 7.18)
D	diamètre de la conduite	
E_d	rapport de l'aire de section droite de la conduite occupée par les gouttelettes, à l'aire totale occupée par le liquide	
f_m	facteur de frottement du mélange	
$\boldsymbol{F}$	force extérieure massique	
$\boldsymbol{g}$	accélération de la pesanteur	
G	vitesse massique	
h	enthalpie massique, hauteur d'une couche fluide	
h_{fg}	enthalpie massique de vaporisation	
h_k^*	enthalpie moyenne de la phase k pondérée par la masse	(Eq. 7.102)
h_m	enthalpie moyenne du mélange	(Eq. 7.103)
H	hauteur du canal	
j	débit-volume surfacique local	(Eq. 7.10)
$\boldsymbol{j}$	débit-volume surfacique local du mélange	(Eq. 7.100)
j_{gf}	vitesse relative locale de Wallis	(Eq. 7.9)
J	débit-volume surfacique du mélange	(Eq. 7.8)
J_{gf}	vitesse relative moyennée de Wallis	(Eq. 7.11)
J_k	vitesse débitante de la phase k	(Eqs 7.13, 7.14)
Ja	nombre de Jakob	(Eq. 7.32)
k	glissement	
K	paramètre d'Armand	
$\dot{m}_k$	flux de masse surfacique de la phase k	(Eq. 6.12)
$\boldsymbol{n_k}$	vecteur unitaire normal à l'interface et	

	dirigé vers l'extérieur de la phase k	
$\boldsymbol{n}_{kC}$	vecteur unitaire normal à la courbe $C(z,t)$, situé dans le plan de la section droite et dirigé vers l'extérieur de la phase k	
$\boldsymbol{n}_z$	vecteur unitaire de l'axe Oz	
p	pression	
p_m	pression moyenne du mélange	(Eq. 7.121)
P	périmètre mouillé de la section droite	
q	flux thermique surfacique	
q''_w	flux thermique surfacique en paroi	
$\boldsymbol{q}$	flux thermique surfacique (vecteur)	
$\boldsymbol{q}^T$	flux thermique surfacique turbulent du mélange	(Eq. 7.127)
Q	débit-volume	
r	coordonnée radiale	
R	rayon de la conduite, rayon d'une bulle	
R_k	taux de présence spatial de la phase k	(Eq. 6.30)
Re	nombre de Reynolds	
t	temps	
T	température	
$\boldsymbol{T}$	tenseur des contraintes	
u	énergie interne massique, vitesse axiale	
$\boldsymbol{v}$	vitesse du fluide	
$\boldsymbol{v}_m$	vitesse moyenne du mélange	(Eq. 7.98)
$\boldsymbol{v}_k^*$	vitesse moyenne de la phase k pondérée par la masse	(Eq. 7.99)
$\boldsymbol{V}_{2j}$	vitesse de dérive locale de la phase dispersée	(Eq. 7.101)
V_{2j}^+	composante selon l'axe de la conduite de la vitesse de dérive surfacique	Eq.(7.145)
w	composante de la vitesse selon Oz	
w_{gj}	vitesse de dérive locale	(Eq. 7.16)
$\widetilde{w_{gj}}$	vitesse de dérive pondérée	(Eq. 7.19)
w_∞	vitesse d'ascension d'une bulle en milieu infini	
x	abscisse, titre massique	
α_k	taux de présence local de la phase k	(Eq. 6.45)
β	titre volumique du gaz	
Γ_2	taux de production volumique de phase dispersée	
$\Delta\rho$	écart des masses volumiques entre le liquide et le gaz	(Eq. 7.34)
ρ	masse volumique	
rho_m	masse volumique moyenne du mélange	(Eq. 7.97)

σ	tension interfaciale	
$\boldsymbol{\tau}$	déviateur des contraintes	
$\boldsymbol{\tau}^t$	tenseur des contraintes turbulentes du mélange	(Eq. 7.124)
τ_w	contrainte de frottement à la paroi	(Eq. 7.65)
Φ_m^μ	taux de dissipation visqueuse volumique du mélange	(Eq. 7.128)

Exposants

m	exposant du modèle de Bankoff
n	exposant du modèle de Bankoff
t	turbulent

Indices

A	accélération
c	axe de la conduite, conditions critiques
C	courbe
f	liquide
F	frottement
g	gaz
G	gravité
i	interface
in	conditions d'entrée
k	indice de phase ($k = 1, 2$ ou g, f)
m	mélange
s	spatial
sat	conditions de saturation
t	temporel
z	selon l'axe Oz

Symboles et opérateurs

$\text{Cov}(\alpha_k \overline{\rho_k}^k w_k^* w_k^*)$	covariance du flux de quantité de mouvement	(Eq. 7.147)
$\text{Cov}(\alpha_k \overline{\rho_k}^k h_k^* w_k^*)$	covariance du flux d'enthalpie	(Eq . 7.148)
$\hat{=}$	égal par définition à	
$\overline{f_k}^k$	moyenne temporelle de f_k sur T_k	(Eq. 6.44)
$< f_k >_k$	moyenne surfacique de f_k sur A_k	(Eq. 6.29)
$< f >$	moyenne surfacique de f sur A	
$\overline{f}$	moyenne temporelle de f sur T	
$f_k^\star$	moyenne temporelle de f_k pondérée par la masse	(Eq. 7.106)

$\widetilde{f_k}$	moyenne surfacique de la grandeur f_k sur la section droite A de la conduite pondérée par le taux de présence α_k	(Eq. 7.144)
$f_m^{\bullet}$	moyenne surfacique de la grandeur f_m sur la la section droite A de la conduite pondérée par la masse	(Eq. 7.143)

Références

Achard, J.L., 1978, Contribution à l'étude théorique des écoulements diphasiques transitoires, Thèse de doctorat ès sciences, Université Scientifique et Médicale et Institut National Polytechnique de Grenoble.

Achard, J.L. et Lespinard, G., 1981, Structure of the transient wall-friction law in one-dimensional models of laminar pipe flows, *J. Fluid Mechanics*, Vol. 113, 283-298.

Banerjee, S., 1978, A surface renewal model for interfacial heat and mass transfer in transient two-phase flow, *Int. J. Multiphase Flow*, Vol. 4, 571-573.

Bankoff, S.G., 1960, A variable density single-fluid model for two-phase flow with particular reference to steam-water flow, *J. Heat Transfer*, 265-272.

Berne, Ph., 1983, Contribution à la modélisation du taux de production de vapeur par autovaporisation dans les écoulements diphasiques en conduite, Thèse de docteur-ingénieur, Ecole Centrale des Arts et Manufactures, Paris.

Bouré, J.A., 1978, Les lois constitutives des modèles d'écoulements diphasiques monodimensinnels à deux fluides : formes envisageables, restrictions résultant d'axiomes fondamentaux, CEA-R-4915.

Bouré, J.A., Fritte, A.A., Giot, M.M., et Réocreux, M.L., 1976, Highlights of two-phase critical flow : on the links between maximum flow rates, sonic velocities, propagation and transfer phenomena in single and two-phase flows, *Int. J. Multiphase Flow*, Vol. 3, 1-22.

Coddington, P. et Macian, R., 2002, A study of the performance of void fraction correlations used in the context of drift-flux two-phase flow models, *Nuclear Engineering and Design*, No 215, 199-216.Delhaye, J.M., Giot, M. et

Riethmuller, M.L., Eds, 1981, *Thermohydraulics of Two-Phase Systems for Industrial design and Enginnering* , Hemisphere/ McGraw-Hill.

François, F., Delhaye, J.M. et Clément, Ph., 2005, A new correlation for the distribution parameter C_o in the modeling of forced convective boiling, Eleventh International Topical Meeting on Nuclear Reactors Thermal-Hydraulics, Avignon, France, October 2-6.

Ishii, M., 1975, *Thermo-Fluid Dynamic Theory of Two-Phase Flow*, Eyrolles (Paris).

Ishii, M., 1977, One-dimensional drift-flux model and constitutive equations for relative motion between phases in various two-phase flow regimes, ANL-77-47, Argonne National Laboratory, Argonne, IL.

Ishii, M. et Zuber, N., 1979, Drag coefficient and relative velocities in bubbly, droplet and particulate flows, *A.I.Ch.E.J*, Vol. 15, No 5, 843-855.

Kawanishi, K., Hirao, Y. et Tsuge, A., 1990, An experimental study on drift flux parameters for two-phase flow in vertical round tubes, *Nuclear Engineering and Design*, No 120, 447-458.

Pham Dan Tam et Veteau, M., 1977, Lois constitutives en variables moyennées pour les écoulements fluides : étude de la loi de frottement instationnaire pour l'écoulement monophasique laminaire en conduite cylindrique, CEA-R-4816.

Stuhmiller, J.H., 1977, The influence of interfacial pressure forces on the character of two-phase flow model equations, *Int. J. Multiphase Flow*, Vol. 3, 551-560.

van Wijngaarden, L., 1976, Some problems in the formulation of the equations for gas/liquid flows, *Theoretical and Applied Mechanics*, Koiter, Ed., North Holland, 249-260.

Wallis, G.B., 1963, Some hydrodynamics aspects of two-phase flow and boiling, *International Developments in Heat Transfer*, ASME, 319-340.

Wallis, G.B., 1969, *One-dimensional Two-Phase Flow*,McGraw-Hill.

Wulff, W., 1996, High-speed interactive computer simulation for PWR power plants, Research Report No EP88-19, prepared for Empire State Electric Energy Research Corporation, Brookhaven National Laboratory.

Wulff, W., 1998, Integral methods for two-phase flow in hydraulic systems, *Advances in Heat Transfer, Vol. 31*, Academic Press, 105.

Zuber, N. et Findlay, J.A., 1965, Average volumetric concentration in two-phase flow systems, *J. Heat Transfer*, 453-468.

Chapitre 8

Pertes de pression dans les conduites

1 Position du problème

Le dimensionnement d'un réacteur requiert la détermination de la puissance de pompage nécessaire à la circulation d'un certain débit de fluide caloporteur à travers le cœur. Par ailleurs, le déclenchement de certains types d'instabilité dans un canal chauffant est étroitement lié à la pente de la caractéristique interne de ce canal. Dans les deux cas il faudra donc être capable de déterminer la perte de pression totale entre l'entrée et la sortie d'un canal chauffant. Celle-ci sera calculée par intégration, le long du canal, du gradient de pression, terme qui apparaît dans l'équation de quantité de mouvement moyennée sur la section droite du canal. Nous serons ainsi amenés à évaluer les pertes de pression dues à l'accélération du fluide, à la gravité et au frottement du fluide sur la paroi de la conduite. Il faudra donc en particulier connaître l'évolution du taux de vide le long de celle-ci et l'expression du frottement à la paroi. Nous nous bornerons dans ce chapitre aux écoulements permanents dans des tubes cylindriques de section circulaire et à des méthodes de calcul indépendantes de la configuration de l'écoulement diphasique.

Après avoir rappelé la définition des caractéristiques d'un circuit thermohydraulique, nous expliquerons la méthode utilisée pour déterminer la caractéristique interne d'un canal chauffant à l'aide du modèle homogène équilibré puis à l'aide de la méthode de Martinelli-Nelson ou d'autres méthodes analogues. Enfin, nous terminerons ce chapitre par quelques recommandations pratiques.

2 Caractéristiques d'un circuit thermohydraulique

2.1 Caractéristique interne d'un canal chauffant

Considérons une conduite cylindrique de section droite circulaire de diamètre D et de longueur L inclinée d'un angle θ par rapport à la verticale. La conduite est chauffée avec un flux thermique surfacique q. Elle est parcourue par un écoulement permanent en moyenne de vitesse massique G. Nous supposerons que les phases liquide et vapeur sont à l'équilibre thermique et thermodynamique, notion qui sera précisée au chapitre 9.

La caractéristique interne du canal est la relation qui existe entre la perte de pression $p(z = 0) - p(z = L)$ entre l'entrée et la sortie de la conduite chauffante et la vitesse massique G de l'écoulement pour des valeurs imposées du flux thermique surfacique q, de la pression du système p_{sys} et de l'enthalpie massique du liquide à l'entrée $h_{\ell,in}$.

Examinons tout d'abord ce qui se passe dans la conduite. Le liquide entre avec une enthalpie massique $h_{\ell,in}$ inférieure à l'enthalpie massique de saturation $h_f(p_{sys})$ correspondant à la pression du système p_{sys}. Son enthalpie augmente et atteint l'enthalpie massique de saturation $h_f(p_{sys})$ à la cote $z = z_f$ où l'ébullition apparaît. L'écoulement est donc monophasique liquide dans un premier tronçon entre les cotes $z = 0$ et $z = z_f$. Au-dessus de la cote $z = z_f$ l'écoulement est diphasique liquide-vapeur. Dans ce deuxième tronçon, la quantité de vapeur augmente au détriment du liquide jusqu'à épuisement de celui-ci à la cote $z = z_g$. Au-dessus de cette cote $z = z_g$ l'écoulement est monophasique vapeur. Il peut donc exister trois tronçons dans la conduite et il faudra déterminer les pertes de pression dans chacune d'entre elles après avoir déterminé les cotes z_f et z_g.

Pour des valeurs imposées du flux thermique surfacique q, de la pression du système p_{sys} et de l'enthalpie massique du liquide à l'entrée $h_{\ell,in}$, l'écoulement dans le canal chauffant peut donc présenter trois configurations selon la valeur de la vitesse massique G de l'écoulement :

- Lorsque G est inférieur à une certaine valeur G_{12}, l'écoulement en sortie est monophasique vapeur et il existe trois tronçons dans le canal : un tronçon monophasique liquide, un tronçon diphasique liquide-vapeur et un tronçon monophasique vapeur.
- Lorsque G est supérieur à G_{12} et inférieur à une certaine valeur G_{21}, l'écoulement en sortie est diphasique liquide-vapeur et il existe deux tronçons dans le canal : un tronçon monophasique liquide et un tronçon diphasique liquide-vapeur.
- Enfin lorsque G est supérieur à G_{21}, il n'existe qu'un seul tronçon, monophasique liquide, dans la conduite.

Pour des valeurs imposées du flux thermique surfacique q, de la pression du système p_{sys} et de l'enthalpie massique du liquide à l'entrée $h_{\ell,in}$ la caractéristique interne présentera donc trois zones selon la valeur de la vitesse massique G (tableau 8.1).

Zone	Vitesse massique	Sortie
1	$G < G_{12}$	Monophasique vapeur
2	$G_{12} < G < G_{21}$	Diphasique liquide-vapeur
3	$G > G_{21}$	Monophasique liquide

Tableau 8.1 – Les trois zones de la caractéristique interne d'un canal chauffant.

Calcul de la cote z_f d'apparition de la vapeur

Un bilan thermique simplifié (équation 5.50) permet de calculer cette cote :

$$q\,\pi D(z_f - 0) = (h_f - h_{\ell,in})\,G\frac{\pi D^2}{4}$$

d'où nous déduisons :

$$z_f = (h_f - h_{\ell,in})\frac{GD}{4q} \tag{8.1}$$

Calcul de la cote z_g de disparition du liquide

Le même raisonnement conduit à l'expression :

$$z_g = (h_g - h_{\ell,in})\frac{GD}{4q} \tag{8.2}$$

Vitesse massique de transition G_{12} entre la zone 1 (sortie monophasique vapeur) et la zone 2 (sortie diphasique liquide-vapeur)

La transition apparaît lorsque nous avons :

$$z_g = L$$

soit

$$G = \frac{4qL}{(h_g - h_{\ell,in})D} \triangleq G_{12} \tag{8.3}$$

Vitesse massique de transition G_{21} entre la zone 2 (sortie diphasique liquide-vapeur) et la zone 3 (sortie monophasique liquide)

La transition apparaît lorsque nous avons :

$$z_f = L$$

soit

$$G = \frac{4qL}{(h_f - h_{\ell,in})D} \hat{=} G_{21} \tag{8.4}$$

Perte de pression par frottement en écoulement monophasique

Dans une conduite cylindrique de section circulaire le *coefficient de frottement* C_f ou le *facteur de frottement* $f \equiv 4\,C_f$ sont évalués traditionnellement par la loi de Poiseuille en régime laminaire, par la loi de Blasius en régime turbulent lisse et par le diagramme de Moody en régime turbulent rugueux. Cette méthode n'est pas pratique puisqu'elle repose à la fois sur plusieurs équations et sur un diagramme. Churchill (1977) a proposé une équation unique pour l'ensemble des régimes, qui facilite grandement les calculs. Cette équation s'écrit :

$$f = 8\left[\left(\frac{8}{\mathrm{Re}}\right)^{12} + \frac{1}{(A+B)^{3/2}}\right]^{1/12} \tag{8.5}$$

$$A \hat{=} \left[2.457\,\ln\frac{1}{(7/\mathrm{Re})^{0.9} + 0.27\,\varepsilon/D}\right]^{16} \tag{8.6}$$

$$B \hat{=} \left(\frac{37530}{\mathrm{Re}}\right)^{16} \tag{8.7}$$

où Re est le nombre de Reynolds de l'écoulement et ε la rugosité de la paroi. Le diagramme représenté à la figure 8.1 a été tracé à l'aide de cette équation.

2.2 Caractéristique externe

La caractéristique externe d'un circuit thermohydraulique est la courbe qui représente l'augmentation de pression entre la sortie et l'entrée du circuit due au système de pompage en fonction du débit-masse ou de la vitesse massique du fluide dans le circuit pour des valeurs imposées de la pression du système, de la température d'entrée et de la puissance thermique fournie au canal chauffant. Une caractéristique externe a une pente qui est toujours négative ou nulle. On peut distinguer plusieurs types de caractéristiques externes selon leurs pentes :

1. Caractéristique quasi horizontale : c'est le cas lorsqu'un canal est alimenté en parallèle avec un grand nombre d'autres canaux ou avec un by-pass

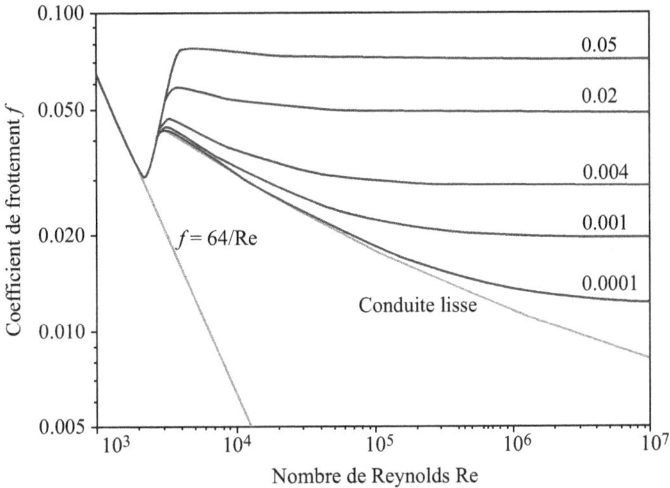

Figure 8.1 – Facteur de frottement calculé à l'aide de l'équation de Churchill et paramétré en fonction de la rugosité relative.

de grande dimension. Dans ce cas, une variation de débit dans le canal considéré n'entraîne pas une variation sensible de débit dans les autres canaux ou dans le by-pass. La différence de pression entre l'entrée et la sortie du canal considéré est donc pratiquement constante. Ce cas se présente également si un circuit fonctionne en convection naturelle si on néglige les pertes de pression par frottement dans le circuit de retour.

2. Caractéristique quasi verticale : c'est le cas lorsque que l'on utilise une pompe volumétrique. Le débit est alors imposé.
3. Caractéristique de pente intermédiaire : ce type de caractéristique peut correspondre à l'un des cas suivants :
   (a) le canal considéré fonctionne en convection naturelle avec une perte de pression par frottement non négligeable sur le circuit de retour ;
   (b) le canal considéré est monté en parallèle avec un petit nombre d'autres canaux ;
   (c) le canal considéré est unique et fonctionne en convection forcée.

2.3 Point de fonctionnement

Le point de fonctionnement d'un circuit thermohydraulique est le point d'intersection des caractéristiques interne et externe pour des valeurs imposées de la pression du système, de la température d'entrée et de la puissance thermique.

Il est intéressant de remarquer que la caractéristique externe représente un effet moteur tandis que la caractéristique interne représente un effet résistant. Cela permettra d'expliquer de façon simple les redistributions de débit apparaissant dans les instabilités de Ledinegg qui seront traitées au chapitre 10.

3 Caractéristique interne calculée par le modèle homogène équilibré

Considérons une conduite verticale cylindrique dont la section circulaire a un diamètre D. La conduite est chauffée uniformément avec un flux thermique surfacique q entre les cotes $z = 0$ et $z = L$. L'eau entre dans la zone chauffée sous forme liquide avec une vitesse massique G et une enthalpie massique $h_{\ell,in}$ inférieure à l'enthalpie de saturation du liquide $h_f(p_{sys})$ à la pression du système p_{sys}. L'écoulement est ascendant et permanent en moyenne. On se propose de calculer la perte de pression $p(z = 0) - p(z = L)$ entre l'entrée et la sortie de la zone chauffante.

3.1 Ce que l'on connaît

Pression du système[1] :	p_{sys}
Diamètre de la conduite :	D
Accélération de la pesanteur :	g
Longueur de la conduite :	L
Flux thermique surfacique :	q
Enthalpie massique de l'eau à l'entrée :	$h_{\ell,in}$
Vitesse massique de l'eau :	G

3.2 Conditions imposées

La conduite est verticale.
Le flux thermique surfacique q est uniforme.
L'écoulement est permanent en moyenne.

3.3 Ce que l'on cherche

La caractéristique interne du canal, c'est-à-dire la perte de pression $p(z = 0) - p(z = L)$ calculée le long de la conduite chauffante entre l'entrée et la sortie en fonction de la vitesse massique G de l'écoulement pour des valeurs

1. Si la perte de pression est faible devant la pression du système, la connaissance de la pression du système permet de déterminer les masses volumiques ρ_f et ρ_g ainsi que les enthalpies massiques h_f et h_g du liquide et de la vapeur à saturation.

imposées du flux thermique surfacique q, de la pression du système p_{sys} et de l'enthalpie massique du liquide à l'entrée $h_{\ell,in}$.

3.4 Hypothèses de départ

H1 : l'écoulement peut être représenté par le modèle homogène équilibré.

H2 : les masses volumiques ρ_f et ρ_g et les enthalpies massiques h_f et h_g du liquide et de la vapeur à saturation sont constantes et calculées à la température de saturation correspondant à la pression du système.

3.5 Méthodologie

Dans une *zone* donnée de la caractéristique interne, les pertes de pression par accélération, par gravité et par frottement ainsi que la perte de pression totale seront calculées dans chaque *tronçon* de la conduite en intégrant les bilans de quantité de mouvement correspondants. Il nous faudra donc choisir des relations pour exprimer les coefficients de frottement, en particulier dans les tronçons diphasiques.

3.6 Expression du coefficient de frottement diphasique dans le cadre du modèle homogène équilibré

Plusieurs expressions du coefficient de frottement C_f ont été proposées.

Utilisation d'un coefficient de frottement constant

Pour les générateurs de vapeur à haute pression une valeur $C_f = 0.005$ est satisfaisante lorsque l'écoulement est du type annulaire-dispersé avec un film liquide pariétal très mince, *i.e.* lorsque le liquide est pratiquement entièrement sous forme de gouttelettes. Pour des écoulements d'eau en autovaporisation à basse pression une valeur de $C_f = 0.003$ paraît adéquate.

Utilisation d'un coefficient de frottement monophasique

A faible titre, le coefficient de frottement peut être calculé comme si l'écoulement était un écoulement monophasique liquide s'écoulant avec le débit-masse du mélange diphasique. En revanche, à titre élevé, le coefficient de frottement peut être calculé comme si l'écoulement était un écoulement monophasique gazeux s'écoulant avec le débit-masse du mélange diphasique.

Utilisation d'un coefficient de frottement diphasique

Une loi de frottement turbulent de type Blasius peut être utilisée avec un nombre de Reynolds basé sur une viscosité équivalente μ et la vitesse massique G du mélange diphasique :

$$C_f = C_f(\mathrm{Re}) \tag{8.8}$$

$$\mathrm{Re} \mathrel{\hat{=}} \frac{GD}{\mu} \tag{8.9}$$

Le problème revient alors à exprimer la viscosité équivalente du mélange diphasique. Plusieurs relations ont été proposées :

- Dans son étude sur les générateurs de vapeur, Owens (1963) propose de prendre la viscosité équivalente égale à celle du liquide $\mu = \mu_f$, et une loi de frottement dans la zone diphasique identique à celle utilisée dans la zone monophasique liquide. Cela revient donc à utiliser dans la zone diphasique le coefficient de frottement utilisé dans la zone monophasique liquide.
- Dukler *et al.* (1964) ont utilisé une viscosité équivalente basée sur les viscosités de chaque phase pondérées par les taux de présence respectifs :

  $$\mu = R_g \mu_g + (1 - R_g)\mu_f \tag{8.10}$$

  associée à la loi de frottement suivante :

  $$C_f = 0.0014 + 0.125\,\mathrm{Re}^{-0.32} \tag{8.11}$$

- Compte tenu de l'absence de justification physique de la relation (8.10), Ishii et Zuber (1979) ont proposé la relation suivante :

  $$\frac{\mu}{\mu_c} = \left(1 - \frac{\alpha_d}{\alpha_{dm}}\right)^{-2.5\alpha_{dm}(\mu_d + 0.4\mu_c)/(\mu_d + \mu_c)} \tag{8.12}$$

  où les indices c et d représentent respectivement les phase continue et dispersée, α_d la fraction volumique de la phase dispersée et où l'indice m correspond à l'empilement le plus dense ($\alpha_{dm} = 0.62$ pour des particules solides, $\alpha_{dm} = 1.0$ pour des particules fluides). On peut montrer aisément que, pour les faibles fractions volumiques α_d, l'équation (8.12) se réduit à la relation d'Einstein dans le cas de gouttes de liquide dans un gaz, et à celle Taylor dans le cas de bulles de gaz dans un liquide (exercice 7.1).

3.7 Zone 1 : sortie monophasique vapeur ($G < G_{12}$)

Tronçon monophasique liquide ($0 < z < z_f$)

La perte de pression entre les cotes $z = 0$ et $z = z_f$ est obtenue par intégration du gradient de pression donné par l'équation (7.86) où le gradient de pression dû à l'accélération est nul compte tenu de l'hypothèse (H2) et où le gradient de pression par frottement a été exprimé à l'aide du coefficient de frottement $C_{f,\ell}$:

$$\begin{aligned} p(0) - p(z_f) &= -\int_0^{z_f} \left(\frac{dp}{dz}\right) dz \\ &= +\int_0^{z_f} \rho_f g \, dz + \int_0^{z_f} \frac{2C_{f,\ell}G^2}{D\rho_f} \, dz \end{aligned}$$

En supposant un coefficient de frottement $C_{f,\ell}$ constant (H3), la perte de pression dans le premier tronçon s'écrit finalement :

$$p(0) - p(z_f) = \rho_f g z_f + \frac{2C_{f,\ell}G^2}{D\rho_f} z_f$$

ou en tenant compte de l'équation (8.1) :

$$p(0) - p(z_f) = \rho_f g (h_f - h_{\ell,in}) \frac{GD}{4\, q} + \frac{C_{f,\ell}\, G^3}{2\, \rho_f q} (h_f - h_{\ell,in}) \qquad (8.13)$$

Tronçon diphasique liquide-vapeur ($z_f < z < z_g$)

La perte de pression entre les cotes z_f et z_g est obtenue par intégration du gradient de pression donné par l'équation (7.86) où le gradient de pression par frottement a été exprimé à l'aide du coefficient de frottement C_f :

$$\begin{aligned} p(z_f) - p(z_g) &= -\int_{z_f}^{z_g} \left(\frac{dp}{dz}\right) dz \\ &= +\int_{z_f}^{z_g} G^2 \frac{d}{dz}\left(\frac{1}{\rho}\right) dz \\ &\quad + \int_{z_f}^{z_g} \rho g \, dz + \int_{z_f}^{z_g} \frac{2C_f G^2}{D\rho} \, dz \end{aligned}$$

En supposant un coefficient de frottement C_f constant (H4), la perte de pression dans le deuxième tronçon s'écrit finalement :

$$p(z_f) - p(z_g) = \frac{\rho_f - \rho_g}{\rho_g \rho_f} G^2 + g \int_{z_f}^{z_g} \rho \, dz + \frac{2C_f G^2}{D} \int_{z_f}^{z_g} \frac{1}{\rho} \, dz \qquad (8.14)$$

ou compte tenu des équations (7.76) et (7.96) :

$$\begin{aligned} p(z_f) - p(z_g) = & + \frac{\rho_f - \rho_g}{\rho_g \rho_f} G^2 \\ & + g \frac{\rho_g \rho_f}{\rho_f - \rho_g} \frac{G D h_{fg}}{4\, q} \ln \frac{\rho_f}{\rho_g} \\ & + C_f \frac{G^3 h_{gf}}{4\, q} \frac{\rho_f + \rho_g}{\rho_g \rho_f} \end{aligned} \tag{8.15}$$

Tronçon monophasique vapeur ($z_g < z < L$)

La perte de pression entre les cotes z_g et L est obtenue par intégration du gradient de pression donné par l'équation (7.86) où le gradient de pression dû à l'accélération est nul compte tenu de (H2) et où le gradient de pression par frottement a été exprimé à l'aide du coefficient de frottement $C_{f,v}$:

$$\begin{aligned} p(z_f) - p(L) &= -\int_{z_g}^{L} \left(\frac{dp}{dz} \right) dz \\ &= +\int_{z_g}^{L} \rho_g g \, dz + \int_{z_g}^{L} \frac{2 C_{f,v} G^2}{D \rho_g} \, dz \end{aligned}$$

En supposant un coefficient de frottement $C_{f,v}$ constant (H5), la perte de pression dans le troisième tronçon s'écrit finalement :

$$p(z_f) - p(L) = \rho_g g (L - z_g) + \frac{2 C_{f,v} G^2}{D \rho_g} (L - z_g)$$

ou en tenant compte de l'équation (8.2) :

$$\begin{aligned} p(z_f) - p(L) = & + \rho_g g \left[L - (h_g - h_{\ell,in}) \frac{GD}{4\, q} \right] \\ & + \frac{2 C_{f,v} G^2}{D \rho_g} \left[L - (h_g - h_{\ell,in}) \frac{GD}{4\, q} \right] \end{aligned} \tag{8.16}$$

3.8 Zone 2 : sortie diphasique liquide-vapeur ($G_{12} < G < G_{21}$)

Tronçon monophasique liquide ($0 < z < z_f$)

On trouvera comme précédemment :

$$p(0) - p(z_f) = \rho_f g (h_f - h_{\ell,in}) \frac{GD}{4\, q} + \frac{C_{f,\ell} G^3}{2\, \rho_f q} (h_f - h_{\ell,in}) \tag{8.17}$$

Tronçon diphasique liquide-vapeur ($z_f < z < z_g$)

La perte de pression entre les cotes $z = z_f$ et $z = L$ est obtenue par intégration du gradient de pression donné par l'équation (7.86) où le gradient de pression par frottement a été exprimé à l'aide du coefficient de frottement C_f :

$$\begin{aligned} p(z_f) - p(L) &= -\int_{z_f}^{L} \left(\frac{dp}{dz}\right) dz \\ &= +\int_{z_f}^{L} G^2 \frac{d}{dz}\left(\frac{1}{\rho}\right) dz \\ &\quad +\int_{z_f}^{L} \rho g \, dz + \int_{z_f}^{L} \frac{2C_f G^2}{D\rho} dz \end{aligned}$$

La perte de pression dans le deuxième tronçon s'écrit finalement compte tenu des équations (7.76) et (7.96) :

$$\begin{aligned} p(z_f) - p(L) &= +\frac{4qG}{Dh_{fg}} \frac{\rho_f - \rho_g}{\rho_g \rho_f} \left[L - \frac{GD}{4q}(h_f - h_{\ell,in})\right] \\ &\quad + g\frac{\rho_g \rho_f}{\rho_f - \rho_g} \frac{GDh_{fg}}{4q} \ln\left[\left(\frac{4qL}{GDh_{fg}} - \frac{h_f - h_{\ell,in}}{h_{fg}}\right)\frac{\rho_f - \rho_g}{\rho_g} + 1\right] \\ &\quad + 2C_f \frac{G^2}{D}\left[L - \frac{GD}{4q}(h_f - h_{\ell,in})\right] \times \\ &\quad \times \left\{\frac{\rho_f - \rho_g}{\rho_g \rho_f} \frac{2q}{GDh_{fg}}\left[L - \frac{GD}{4q}(h_f - h_{\ell,in})\right] + \frac{1}{\rho_f}\right\} \end{aligned} \qquad (8.18)$$

où h_{fg} est l'enthalpie massique de vaporisation.

3.9 Zone 3 : sortie monophasique liquide ($G_{21} < G$)

La perte de pression entre les cotes $z = 0$ et $z = L$ est obtenue par intégration du gradient de pression donné par l'équation (7.86) où le gradient de pression dû à l'accélération est nul compte tenu de (H2) et où le gradient de pression par frottement a été exprimé à l'aide du coefficient de frottement $C_{f,\ell}$:

$$\begin{aligned} p(0) - p(L) &= -\int_{0}^{L} \left(\frac{dp}{dz}\right) dz \\ &= +\int_{0}^{L} \rho_f g \, dz + \int_{0}^{L} \frac{2C_{f,\ell} G^2}{D\rho_f} dz \end{aligned}$$

La perte de pression dans le canal s'écrit finalement dans ce cas :

$$p(0) - p(L) = \rho_f g L + \frac{2C_{f,\ell} G^2}{D\rho_f} L \qquad (8.19)$$

3.10 Détermination de la caractéristique interne

La perte de pression totale entre l'entrée et la sortie du canal chauffant est obtenue en additionnant les pertes de pression de chaque tronçon. Pour chaque zone de la caractéristique interne, les différentes pertes de pression par tronçon et par type sont rappelées dans les tableaux 8.2, 8.3 et 8.4. Un calcul concret sera traité dans l'exemple d'application 6.1.

	Accélération	Gravité	Frottement
L	0	$\rho_f g (h_f - h_{\ell,in}) \frac{GD}{4\,q}$	$\frac{C_{f,\ell} G^3}{2\,\rho_f q}(h_f - h_{\ell,in})$
LV	$\frac{\rho_f - \rho_g}{\rho_g \rho_f} G^2$	$g \frac{\rho_g \rho_f}{\rho_f - \rho_g} \frac{GDh_{fg}}{4\,q} \ln \frac{\rho_f}{\rho_g}$	$C_f \frac{G^3 h_{gf}}{4\,q} \frac{\rho_f + \rho_g}{\rho_g \rho_f}$
V	0	$\rho_g g \left[L - (h_g - h_{\ell,in}) \frac{GD}{4\,q}\right]$	$\frac{2C_{f,v} G^2}{D \rho_g} \left[L - (h_g - h_{\ell,in}) \frac{GD}{4\,q}\right]$

Tableau 8.2 – Pertes de pression dans un canal chauffant calculées à l'aide du modèle homogène équilibré. Zone 1 de la caractéristique interne : sortie monophasique vapeur ($G < G_{12}$). L : tronçon monophasique liquide, LV : tronçon diphasique liquide-vapeur, V : tronçon monophasique vapeur.

3.11 Applicabilité du modèle homogène

L'idée de base du modèle homogène consiste à remplacer l'écoulement diphasique par l'écoulement d'un fluide monophasique compressible équivalent. Si l'une des phases est très dispersée, les transferts de quantité de mouvement et d'énergie entre les phases seront suffisamment rapides pour qu'en un point donné de l'écoulement les vitesses et les températures des phases soient identiques. En conséquence, le modèle homogène ne sera applicable que si les variations des grandeurs caractérisant l'écoulement sont suffisamment lentes et que si les déséquilibres thermiques n'ont pas une grande influence. D'une façon générale, plus la pression et la vitesse sont élevées, plus le modèle homogène est réaliste.

Un bon exemple de l'efficacité du modèle homogène a été donné par Whitcutt et Chojnowski (1973) qui ont procédé à des mesures de pertes de pression totales dans un tube de générateur de vapeur à haute pression. Dans leurs expériences, un mélange eau-vapeur s'écoulait dans le sens ascendant dans un tube vertical de longueur 7.62 m et de diamètre 32 mm uniformément chauffé par un flux thermique surfacique allant de 20 à 140 W/cm^2. La pression variait de 110 à 205 bar, le débit-masse de 400 à 3 500 kg/(m^2· s) et le titre en sortie de 0 à 0.80. Les mesures de pertes de pression totale ont été comparées aux valeurs de la perte de pression totale calculées avec le modèle homogène

	Accélération	Gravité
L	0	$\rho_f g (h_f - h_{\ell,in}) \frac{GD}{4\,q}$
LV	$\frac{4qG}{Dh_{fg}} \frac{\rho_f - \rho_g}{\rho_g \rho_f} \times$ $\times \left[L - \frac{GD}{4q}(h_f - h_{\ell,in})\right]$	$g \frac{\rho_g \rho_f}{\rho_f - \rho_g} \frac{GDh_{fg}}{4q} \times$ $\times \ln \left[\left(\frac{4qL}{GDh_{fg}} - \frac{h_f - h_{\ell,in}}{h_{fg}}\right) \frac{\rho_f - \rho_g}{\rho_g} + 1\right]$

	Frottement
L	$\frac{C_{f,\ell} G^3}{2\,\rho_f q}(h_f - h_{\ell,in})$
LV	$2C_f \frac{G^2}{D} \left[L - \frac{GD}{4q}(h_f - h_{\ell,in})\right] \left\{\frac{\rho_f - \rho_g}{\rho_g \rho_f} \frac{2q}{GDh_{fg}} \left[L - \frac{GD}{4q}(h_f - h_{\ell,in})\right] + \frac{1}{\rho_f}\right\}$

Tableau 8.3 – Pertes de pression dans un canal chauffant calculées à l'aide du modèle homogène équilibré. Zone 2 de la caractéristique interne : sortie diphasique liquide-vapeur ($G_{12} < G < G_{21}$). L : tronçon monophasique liquide, LV : tronçon diphasique liquide-vapeur.

	Accélération	Gravité	Frottement
L	0	$\rho_f g L$	$\frac{2C_{f,\ell} G^2}{D\rho_f} L$

Tableau 8.4 – Pertes de pression dans un canal chauffant calculées à l'aide du modèle homogène équilibré. Zone 3 de la caractéristique interne : sortie monophasique liquide ($G > G_{21}$). L : tronçon monophasique liquide.

équilibré en utilisant un coefficient de frottement monophasique basé sur la viscosité du liquide et sur le diagramme de Moody avec une rugosité relative de 5×10^{-5}. Les pertes de pression totales mesurées s'étendaient de 0.01 à 0.80 bar. Le modèle homogène équilibré a prédit 95 % des pertes de pression mesurées avec une incertitude inférieure à ± 0.035 bar, *i.e.* ± 9 % sur une perte de pression typique de 0.40 bar.

4 Caractéristique interne calculée par la méthode de Martinelli-Nelson

Considérons une conduite cylindrique inclinée d'un angle θ sur la verticale, dont la section circulaire a un diamètre D. La conduite est chauffée uniformément avec un flux thermique surfacique q entre les cotes $z = 0$ et $z = L$. L'eau entre dans la zone chauffée avec une vitesse massique G et une enthalpie massique égale à l'enthalpie de saturation du liquide $h_f(p_{sys})$ à la pression du système p_{sys}. L'écoulement est ascendant et permanent en moyenne. On se propose de calculer la perte de pression $p(z = 0) - p(z = L)$ entre l'entrée et la sortie de la zone chauffante. On se bornera au cas où l'écoulement est diphasique en sortie.

4.1 Ce que l'on connaît

Pression du système[2] :	p_{sys}
Diamètre de la conduite :	D
Angle d'inclinaison de la conduite sur la verticale :	θ
Accélération de la pesanteur :	g
Longueur de la conduite :	L
Flux thermique :	q
Vitesse massique de l'eau à l'entrée :	G

4.2 Conditions imposées

La conduite est inclinée d'un angle θ sur la verticale.
Le flux thermique surfacique q est uniforme.
L'écoulement est permanent en moyenne.

4.3 Ce que l'on cherche

La caractéristique interne du canal, c'est-à-dire la perte de pression $p(z = 0) - p(z = L)$ calculée le long de la conduite chauffante entre l'entrée et la sortie en fonction de la vitesse massique G de l'écoulement pour des valeurs imposées du flux thermique surfacique q et de la pression du système p_{sys}.

4.4 Hypothèses de départ

H1 : les caractéristiques de l'écoulement peuvent être déterminées à l'aide de la méthode de Martinelli-Nelson.

2. La connaissance de la pression du système permet de déterminer les masses volumiques ρ_f et ρ_g ainsi que les enthalpies massiques h_f et h_g du liquide et de la vapeur à saturation.

H2 : les masses volumiques ρ_f et ρ_g et les enthalpies massiques h_f et h_g du liquide et de la vapeur à saturation sont constantes et calculées à la température de saturation correspondant à la pression du système.

4.5 Méthodologie

Contrairement au cas que nous avons traité à l'aide du modèle homogène équilibré, nous ne considérons ici que la zone 2 de la caractéristique interne (sortie diphasique liquide-vapeur), sans tronçon monophasique liquide à l'entrée. Les pertes de pression par accélération, par gravité et par frottement ainsi que la perte de pression totale seront calculées en intégrant le bilan de quantité de mouvement. Il nous faudra donc choisir des relations pour exprimer le coefficient de frottement ainsi que le taux de vide. Afin de montrer l'origine de la méthode de Martinelli-Nelson, nous décrirons dans un premier temps la méthode de Lockhart-Martinelli pour les écoulements diphasiques à deux constituants.

4.6 Méthode de Lockhart-Martinelli

Lockhart et Martinelli (1949) ont réalisé des expériences avec de l'air et différents liquides s'écoulant dans des conduites *horizontales* à des pressions comprises entre 1.1 bar et 3.6 bar. Le diamètre des conduites utilisées variait de 1.5 à 25.8 mm. Le taux de vide R_G était mesuré à l'aide de vannes à fermeture rapide et simultanée.

Dans le cas d'écoulements à deux constituants dans des conduites horizontales pas trop longues, la perte de pression par accélération peut être négligée et la perte de pression par gravité est nulle. En conséquence, la perte de pression mesurée est égale à la perte de pression par frottement.

Les paramètres de Lockhart-Martinelli

Considérons un ensemble de trois expériences dans la *même* conduite horizontale :

- Un mélange *diphasique* parcourt la conduite avec un débit-masse $\dot{M}$ égal à la somme du débit-masse $\dot{M}_G$ du gaz et du débit-masse $\dot{M}_L$ du liquide. Dans ce cas, le gradient de pression dû au frottement est noté $(dp/dz)_F$.
- Le *gaz* parcourt seul la conduite avec le débit-masse $\dot{M}_G$. Le gradient de pression dû au frottement est dans ce cas noté $(dp/dz)_{FG}$.
- Le *liquide* parcourt seul la conduite avec le débit-masse $\dot{M}_L$. Le gradient de pression dû au frottement est dans ce cas noté $(dp/dz)_{FL}$.

Lockhart et Martinelli (1949) ont introduit les paramètres suivants[3] :

$$\phi_G^2 \hat{=} \frac{(dp/dz)_F}{(dp/dz)_{FG}} \tag{8.20}$$

$$\phi_L^2 \hat{=} \frac{(dp/dz)_F}{(dp/dz)_{FL}} \tag{8.21}$$

$$X^2 \hat{=} \frac{(dp/dz)_{FL}}{(dp/dz)_{FG}} \tag{8.22}$$

Comme les écoulements monophasiques considérés peuvent être laminaires ou turbulents, il y a quatre combinaisons possibles pour calculer le paramètre X^2 : liquide turbulent et gaz turbulent (*tt*), liquide laminaire et gaz turbulent (*vt*), liquide turbulent et gaz laminaire (*tv*) et enfin liquide laminaire et gaz laminaire (*vv*). Lockhart et Martinelli ont supposé que les coefficients de frottement monophasiques intervenant dans les relations (8.20) à (8.22) étaient de la forme :

$$C_f = A\,\mathrm{Re}^{-n} \tag{8.23}$$

où le nombre de Reynolds monophasique de la phase k est défini par la relation :

$$\mathrm{Re}_k \hat{=} \frac{x_k G D}{\mu_k} \tag{8.24}$$

x_k étant le titre massique de la phase k. Pour les écoulements *laminaires* ($\mathrm{Re}_k < 1\,000$), on a $A = 16$ et $n = 1$ tandis que pour les écoulements *turbulents* ($\mathrm{Re}_k > 2\,000$), les auteurs suggèrent de prendre $A = 0.046$ et $n = 0.20$. Nous obtenons ainsi pour le cas d'un liquide turbulent et d'un gaz turbulent (tt) :

$$X_{tt} = \left(\frac{\mu_L}{\mu_G}\right)^{0.1} \left(\frac{1-x}{x}\right)^{0.9} \left(\frac{\rho_G}{\rho_L}\right)^{0.5} \tag{8.25}$$

et pour le cas d'un liquide laminaire et d'un gaz laminaire (vv) :

$$X_{vv} = \left(\frac{\mu_L}{\mu_G}\right)^{0.5} \left(\frac{1-x}{x}\right)^{0.5} \left(\frac{\rho_G}{\rho_L}\right)^{0.5} \tag{8.26}$$

L'idée de Lockhart et Martinelli a été de représenter leurs résultats expérimentaux sous la forme de diagrammes $R_G(X)$, $\phi_G(X)$ et $\phi_L(X)$.

La corrélation de taux de vide

La figure 8.2 donne les variations du taux de vide R_G et du taux de liquide R_L en fonction de X. Ces courbes expérimentales représentent en fait le

3. Les paramètres ϕ_G, ϕ_L et X sont ausi appelés paramètres de Martinelli.

déséquilibre mécanique et sont équivalentes à l'équation (7.183). Elles peuvent être approchées par la relation :

$$R_L \equiv 1 - R_G = \frac{X}{\sqrt{X^2 + 20X + 1}} \tag{8.27}$$

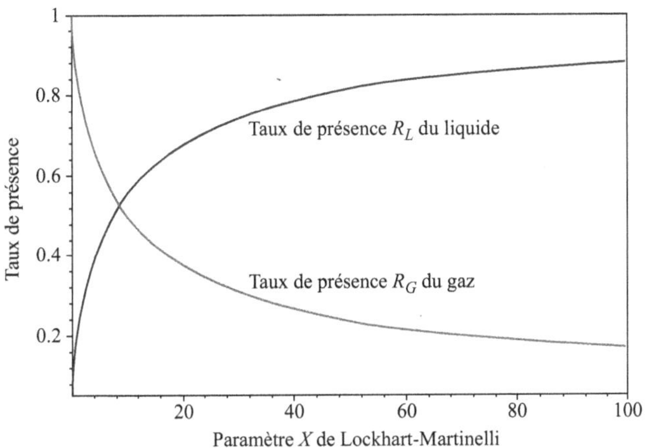

Figure 8.2 – Variations des taux de présence R_G et R_L en fonction du paramètre X de Lockhart-Martinelli.

La corrélation de perte de pression par frottement

La figure 8.3 montre la variation de ϕ_L en fonction de X_{tt}.

L'ensemble des courbes expérimentales $\phi_L(X)$ et $\phi_G(X)$ pour les différents régimes est bien représenté par les équations suivantes :

$$\phi_L = \sqrt{1 + \frac{C}{X} + \frac{1}{X^2}} \tag{8.28}$$

$$\phi_G = \sqrt{1 + CX^2 + X^2} \tag{8.29}$$

où la valeur de C est donnée au tableau 8.5.

Remarques sur la méthode de Lockhart-Martinelli

Dans la discussion de l'article original de Lockhart-Martinelli (1949), Gazley et Bergelin font les commentaires suivants :

1. Le choix d'une représentation graphique faisant intervenir la racine carrée du gradient de pression dû au frottement conduit à une réduction apparente mais artificielle de la dispersion des résultats expérimentaux.

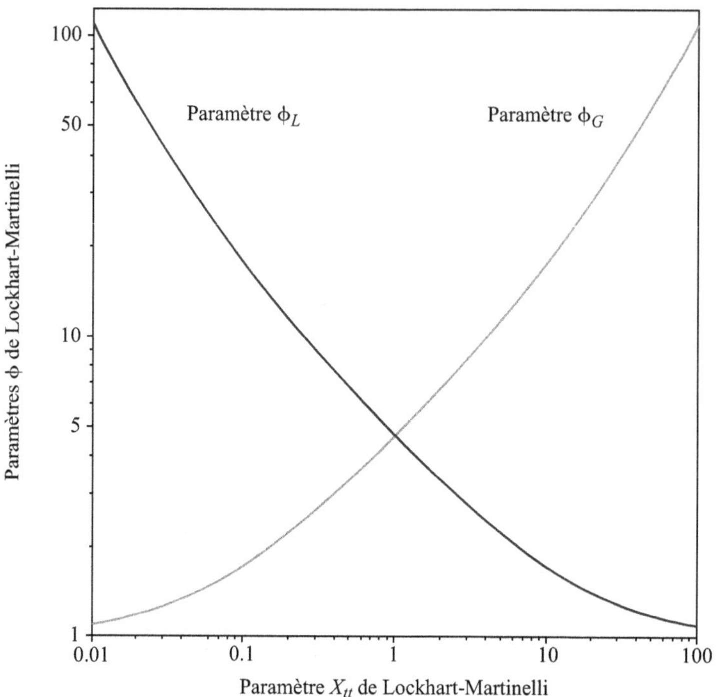

Figure 8.3 – Variations des paramètres ϕ_G et ϕ_L en fonction du paramètre X_{tt} de Lockhart-Martinelli.

Liquide	$Re_L \hat{=} (1-x)GD/\mu_L$	Gaz	$Re_G \hat{=} xGD/\mu_G$	Indice	C
Turbulent	$> 2\,000$	Turbulent	$> 2\,000$	*tt*	20
Laminaire	$< 1\,000$	Turbulent	$> 2\,000$	*vt*	12
Turbulent	$> 2\,000$	Laminaire	$< 1\,000$	*tv*	10
Laminaire	$< 1\,000$	Laminaire	$< 1\,000$	*vv*	5

Tableau 8.5 – Valeurs de C dans les corrélations de Lockhart-Martinelli de gradient de pression dû au frottement.

2. Les paramètres ϕ_G et ϕ_L dépendent non seulement de X mais aussi du débit-masse de liquide. Cette constatation expérimentale a été confirmée théoriquement pour les écoulements laminaire-laminaire par Delhaye (1966). En revanche, Taitel et Dukler (1976) n'ont trouvé aucune dépendance théorique pour les écoulements stratifiés mais leur démonstration n'est pas convaincante. L'effet du débit-masse sera néanmoins pris en compte dans la méthode de Baroczy exposée à la section 4.11.

3. Les courbes expérimentales donnant ϕ_G et ϕ_L en fonction de X présentent en réalité des ruptures de pente indiquant des changements de configuration d'écoulement. Ce fait n'est toutefois pas pris en compte dans les corrélations de Lockhart-Martinelli.

4.7 Méthode de Martinelli-Nelson

Martinelli et Nelson (1948) ont étudié les données expérimentales de pertes de pression obtenues sur des tubes de générateur de vapeur enroulés en hélice, à des pressions s'étendant de 34.5 à 207 bar. Ils ont négligé la perte de pression par gravité et ont comparé la perte de pression totale mesurée à la somme des pertes de pression par accélération et par frottement déterminées à l'aide d'une méthode que nous allons présenter maintenant.

Les paramètres de Martinelli-Nelson

Considérons deux expériences dans la même conduite non chauffée :

- Dans la première expérience, un mélange eau-vapeur s'écoule dans la conduite. Le débit-masse du mélange est notée $\dot{M}$ et le gradient de pression dû au frottement $(dp/dz)_F$.
- Dans la deuxième expérience, l'eau liquide s'écoule seule dans la conduite avec le même débit-masse $\dot{M}$. Le gradient de pression dû au frottement est alors noté $(dp/dz)_{Ff0}$.

Martinelli et Nelson (1948) ont défini le paramètre suivant :

$$\phi_{f0}^2 \hat{=} \frac{(dp/dz)_F}{(dp/dz)_{FL0}} \tag{8.30}$$

Les auteurs ont alors représenté les données expérimentales sur des diagrammes R_g et ϕ_{f0}^2 en fonction du titre massique x.

La corrélation de taux de vide

La figure 8.4 représente les variations du taux de vide R_g en fonction du titre massique x pour différentes pressions du système.

A la pression critique de l'eau (221.2 bar), les masses volumiques des phases sont identiques et le mélange diphasique est homogène. En conséquence nous avons :

$$R_g \equiv \beta \equiv x$$

où β est le titre volumique. La courbe $R_g(x)$ à la pression atmosphérique est obtenue à partir de la corrélation de Lockhart-Martinelli en prenant les propriétés physiques de l'eau et de la vapeur pour calculer X_{tt}.

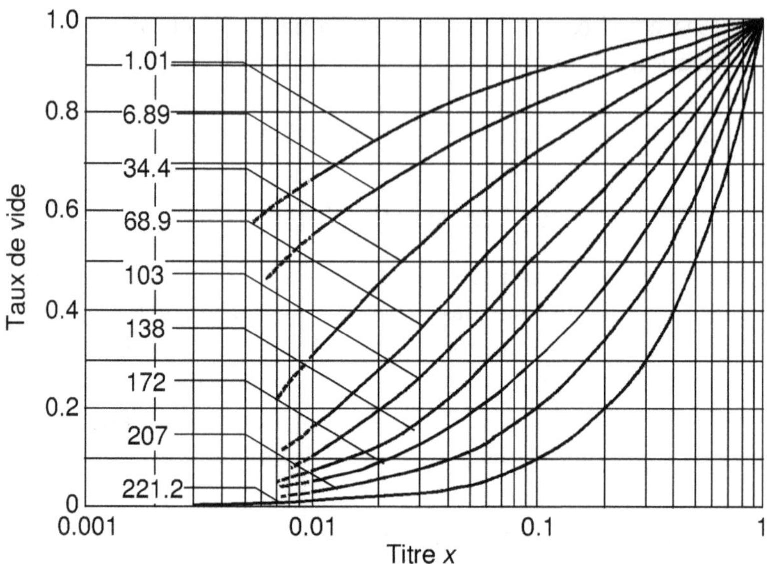

Figure 8.4 – Variation du taux de vide R_g en fonction du titre massique x pour différentes pressions du système exprimées en bar.

Aux pressions intermédiaires, les courbes ont été tracées par comparaison aux résultats expérimentaux. Elles représentent en fait le déséquilibre mécanique et sont équivalentes à l'équation (7.183).

La corrélation de perte de pression par frottement

La figure 8.5 représente les variations du paramètre de Martinelli-Nelson ϕ^2_{f0} en fonction du titre massique x pour différentes pressions du système.

La courbe $\phi^2_{f0}(x)$ à la pression atmosphérique est obtenue à partir de la corrélation de Lockhart-Martinelli en prenant les propriétés physiques de l'eau et de la vapeur pour calculer X_{tt}.

A la pression critique de l'eau (221.2 bar), les phases ne sont plus discernables. En conséquence nous avons :

$$\phi^2_{f0} \equiv 1$$

Aux pressions intermédiaires, les courbes ont été tracées par comparaison aux résultats expérimentaux.

4.8 Détermination de la caractéristique interne

La perte de pression entre l'entrée et la sortie du canal est obtenue par intégration du bilan de quantité de mouvement du mélange. Comme le taux

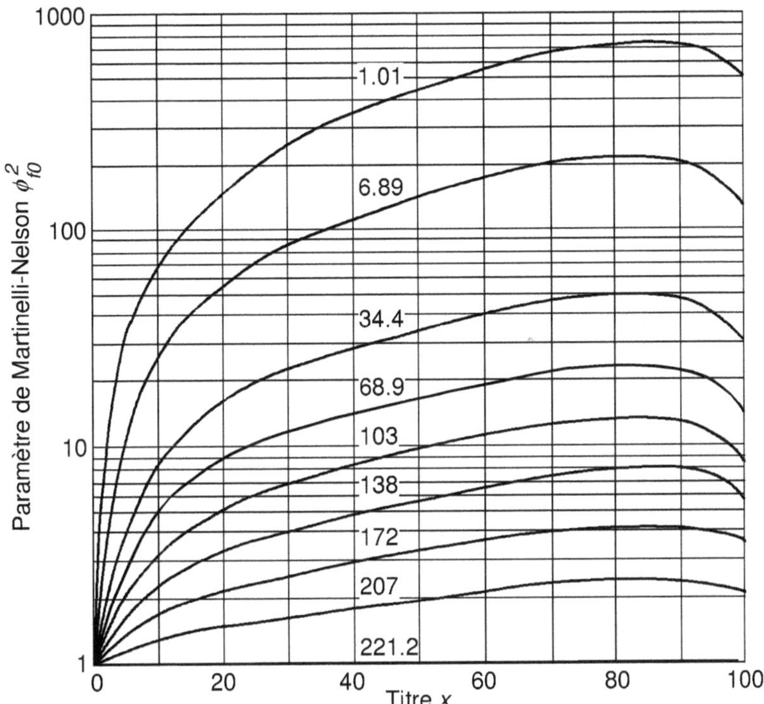

Figure 8.5 – Variation du paramètre de Martinelli-Nelson ϕ^2_{f0} en fonction du titre massique x pour différentes pressions du système exprimées en bar.

de vide et le gradient de pression dû au frottement sont donnés en fonction du titre massique x il faudra déterminer l'évolution du titre par l'équation d'énergie du mélange.

Bilan de masse pour le mélange

L'équation (7.177) donne :

$$G = \text{constante}$$

Bilan d'énergie pour le mélange

L'évolution du titre est donnée par l'équation (7.182) :

$$\frac{dx}{dz} = \frac{4q}{GDh_{fg}} \tag{8.31}$$

Comme le fluide entre dans la section chauffante à la saturation, nous avons :

$$x = 0 \quad \text{pour} \quad z = 0$$

d'où nous déduisons :

$$x = \frac{4q}{DGh_{fg}}\, z \tag{8.32}$$

En particulier, nous avons dans la section de sortie de la conduite chauffante :

$$x_{out} = \frac{4q}{DGh_{fg}}\, L \tag{8.33}$$

Bilan de quantité de mouvement pour le mélange

L'équation (7.179) peut se réécrire sous la forme :

$$\frac{dp}{dz} = -G^2 \frac{d}{dz}\left[\frac{x^2}{R_g \rho_g} + \frac{(1-x)^2}{(1-R_g)\rho_f}\right] - (R_g\rho_g + R_f\rho_f) g \cos\theta + \left(\frac{dp}{dz}\right)_F \tag{8.34}$$

Les corrélations de Martinelli-Nelson ont été établies pour des tubes très faiblement inclinés. Néanmoins nous admettrons qu'elles sont encore applicables quelle que soit l'inclinaison de la conduite, malgré les changements de configuration des écoulements qui pourraient en résulter. Cependant, il faudra dans ce cas tenir compte du gradient de pression dû à la gravité.

Le gradient de pression dû au frottement se calcule de la façon suivante :

$$\begin{aligned} \left(\frac{dp}{dz}\right)_F &= \phi_{f0}^2 \left(\frac{dp}{dz}\right)_{Ff0} \\ &= -\phi_{f0}^2 \frac{4C_{Ff0}}{D} \frac{1}{2} \frac{G^2}{\rho_f} \end{aligned} \tag{8.35}$$

où C_{Ff0} est le coefficient de frottement du liquide s'écoulant seul dans la conduite avec le débit-masse du mélange.

L'intégration de l'équation (8.34) entre l'entrée et la sortie de la conduite donne :

$$\begin{aligned} p(0) - p(L) &= G^2 \left[\frac{x^2}{R_g\rho_g} + \frac{(1-x)^2}{(1-R_g)\rho_f}\right]_{z=0}^{z=L} \\ &\quad + g\cos\theta \int_0^L \left[R_g\rho_g + (1-R_G)\rho_f\right] dz \\ &\quad + \frac{2\, C_{Ff0}}{D\rho_f} \int_0^L \phi_{f0}^2\, dz \end{aligned} \tag{8.36}$$

Comme le taux de vide R_g et le paramètre ϕ_{f0}^2 sont donnés en fonction du titre massique x, il nous faut passer de la variable z à la variable x à l'aide des équations (8.31) et (8.33), ce qui donne :

$$\begin{aligned} p(0) - p(L) &= G^2 \left\{ \frac{x_{out}^2}{R_{g,out}\rho_g} + \frac{1}{\rho_f} \left[\frac{(1-x_{out})^2}{1-R_{g,out}} - 1 \right] \right\} \\ &\quad + Lg\cos\theta \, \frac{1}{x_{out}} \int_0^{x_{out}} [R_g\rho_g + (1-R_G)\rho_f] \, dx \\ &\quad + \frac{2\, C_{Ff0} G^2 L}{D\rho_f} \frac{1}{x_{out}} \int_0^{x_{out}} \phi_{f0}^2 \, dx \end{aligned} \tag{8.37}$$

Afin de simplifier les calculs pratiques des pertes de pression, Martinelli et Nelson ont introduit les *multiplicateurs diphasiques* suivants :

$$r_2(x_{out}, p) \;\hat{=}\; \frac{x_{out}^2\,\rho_f}{R_{g,out}\,\rho_g} + \frac{(1-x_{out})^2}{1-R_{g,out}} - 1 \tag{8.38}$$

$$r_3(x_{out}, p) \;\hat{=}\; \frac{1}{x_{out}} \int_0^{x_{out}} \phi_{f0}^2 \, dx \tag{8.39}$$

$$r_4(x_{out}, p) \;\hat{=}\; \frac{1}{x_{out}} \int_0^{x_{out}} \left[1 - R_g \left(1 - \frac{\rho_g}{\rho_f} \right) \right] dx \tag{8.40}$$

Compte tenu de ces définitions, la perte de pression totale s'écrit sous la forme :

$$p(0) - p(L) = \frac{G^2}{\rho_f}\, r_2 + \frac{2\, C_{Ff0} G^2 L}{D\rho_f}\, r_3 + Lg\rho_f \cos\theta\, r_4 \tag{8.41}$$

On remarquera que, pour l'écoulement monophasique d'un fluide incompressible, on aura : $r_2 \equiv 0$ et $r_3 \equiv r_4 \equiv 0$. Dans leur article, Martinelli et Nelson donnent les figures 8.6 et 8.7 qui permettent de déterminer les multiplicateurs r_2 et r_3 afin de faciliter les calculs des pertes de pression pour les écoulements *horizontaux*.

4.9 Remarques sur la méthode de Martinelli-Nelson

1. Cette méthode donne des résultats plus corrects que le modèle homogène pour les vitesses massiques inférieures à 1 300 kg/(m^2·s). Inversement, le modèle homogène donne de meilleurs résultats aux vitesses massiques élevées.
2. Les courbes $\phi_{f0}(x)$ présentent des ruptures de pente dues probablement à des changements de configurations d'écoulements non pris en compte dans la méthode.
3. La tension interfaciale n'est pas prise en compte alors qu'elle peut avoir une influence aux pressions élevées.

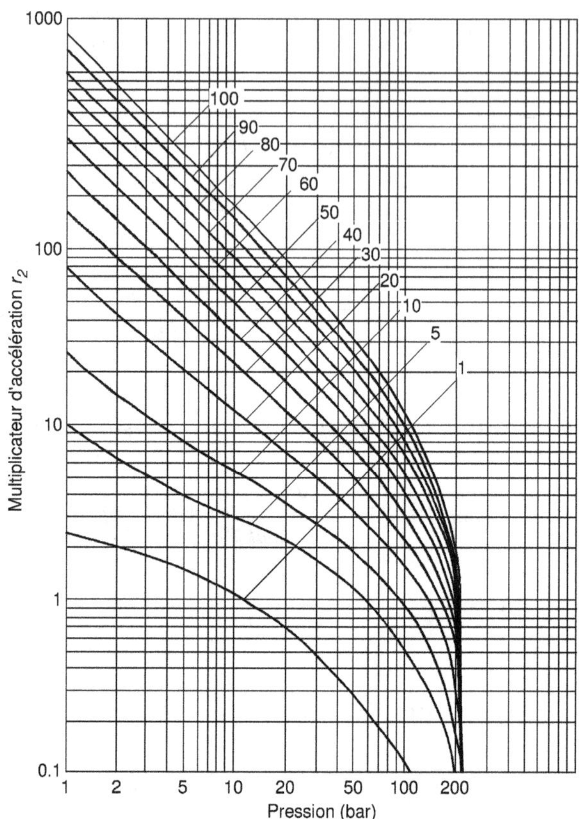

Figure 8.6 – Variation du multiplicateur d'accélération r_2 en fonction du titre massique x pour différentes pressions du système exprimées en bar.

4. L'effet de la vitesse massique n'est pas pris en compte alors que plusieurs ensembles de données expérimentales ont montré une certaine influence de ce paramètre. Cet effet sera pris en compte dans les méthodes de Baroczy et de Friedel qui sont exposées ci-dessous.

4.10 Méthode de Thom

Thom (1964) a repris les données expérimentales obtenues dans un tube de diamètre 25.4 mm pour des pressions de 1 à 207 bar et pour des titres de sortie de 0.03 à 1.00. Il a proposé des diagrammes ainsi que des tableaux de valeurs numériques pour déterminer les multiplicateurs r_2, r_3 et r_4 pour les écoulements *verticaux.* Les diagrammes, tableaux et figures de Thom peuvent être remplacés avantageusement par des corrélations qui n'ont aucune signification physique mais qui permettent de faire les calculs très rapidement comme nous allons le voir maintenant.

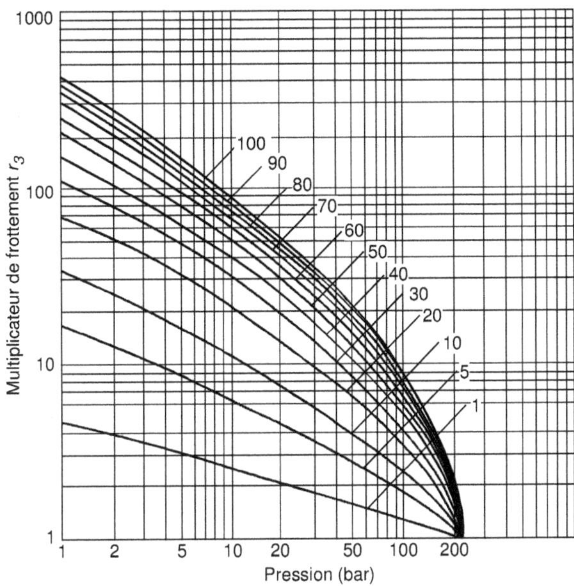

Figure 8.7 – Variation du multiplicateur de frottement r_3 en fonction du titre massique x pour différentes pressions du système exprimées en bar.

La méthode de Thom repose essentiellement sur l'utilisation du concept abandonné actuellement de rapport de glissement S défini comme le rapport de la vitesse du gaz à la vitesse du liquide. Thom suppose en effet que ce rapport de glissement n'est fonction que de la pression sous la forme suivante :

$$S(p) = 5.861\,1\;p^{-0.2} - 0.847 \tag{8.42}$$

où p est exprimé en bar. Les valeurs du taux de vide R_g et des multiplicateurs r_2, r_3 et r_4 proposés par Thom sous forme de tableaux et de figures peuvent être calculés par les corrélations suivantes valables pour les écoulements eau-vapeur de 1 à 207 bar :

Taux de vide R_g

$$R_g = \frac{\frac{\rho_f}{\rho_g}\frac{1}{S(p)}\;x_{out}}{1 + x_{out}\left[\frac{\rho_f}{\rho_g}\frac{1}{S(p)} - 1\right]} \tag{8.43}$$

Multiplicateur d'accélération r_2

$$r_2 = \left\{1 + x_{out}\left[\frac{\rho_f}{\rho_g}\frac{1}{S(p)} - 1\right]\right\}\{1 + x_{out}[S(p) - 1]\} - 1 \tag{8.44}$$

Multiplicateur de frottement r_3

$$r_3 = \left(\frac{909.6}{p} - 3.466\right) + 1 \tag{8.45}$$

où p est exprimé en bar.

Multiplicateur de gravité r_4

$$r_4 = \frac{1 - S(p)}{\frac{\rho_f}{\rho_g} - S(p)} + \frac{\frac{\rho_f}{\rho_g} - 1}{S(p)} \frac{1}{\left[\frac{\rho_f}{\rho_g}\frac{1}{S(p)} - 1\right]^2} + \frac{1}{x_{out}} \ln\left\{1 + x_{out}\left[\frac{\rho_f}{\rho_g}\frac{1}{S(p)} - 1\right]\right\} \tag{8.46}$$

4.11 Méthode de Baroczy

La méthode de Baroczy (1966) permet de prendre en compte les effets de la pression, de la vitesse massique et de la nature des fluides sur le gradient de pression par frottement. Baroczy a introduit un *groupement de propriétés physiques* I défini par la relation suivante :

$$I \triangleq \left(\frac{\mu_f}{\mu_g}\right)^{0.2} \left(\frac{\rho_g}{\rho_f}\right) \tag{8.47}$$

Si une corrélation de frottement de type Blasius en $\mathrm{Re}^{-0.20}$ est adoptée pour chacune des phases, le groupement I se met sous la forme :

$$I \triangleq \left(\frac{\mu_f}{\mu_g}\right)^{0.2} \left(\frac{\rho_g}{\rho_f}\right) \equiv \frac{(dp/dz)_{Ff0}}{(dp/dz)_{Fg0}} \tag{8.48}$$

Baroczy a utilisé des données expérimentales en conditions adiabatiques pour lesquelles la perte de pression par accélération était nulle et la perte de pression par gravité soit nulle, comme en écoulement horizontal, soit négligeable. Il a ainsi abouti a un ensemble de courbes donnant le paramètre ϕ^2_{f0} en fonction du groupement I et du titre x mais pour une seule valeur de la vitesse massique G_0 égale à 1 356 kg/(m^2·s). La figure 8.8 donne les variations du paramètre de Martinelli-Nelson ϕ^2_{f0} proposées par Baroczy en fonction de la valeur du groupement I pour différentes valeurs du titre exprimées en pour cent.

Quand la conduite est parcourue par un écoulement monophasique liquide nous avons :

$$x = 0 \quad \text{et} \quad \phi^2_{f0} = 1$$

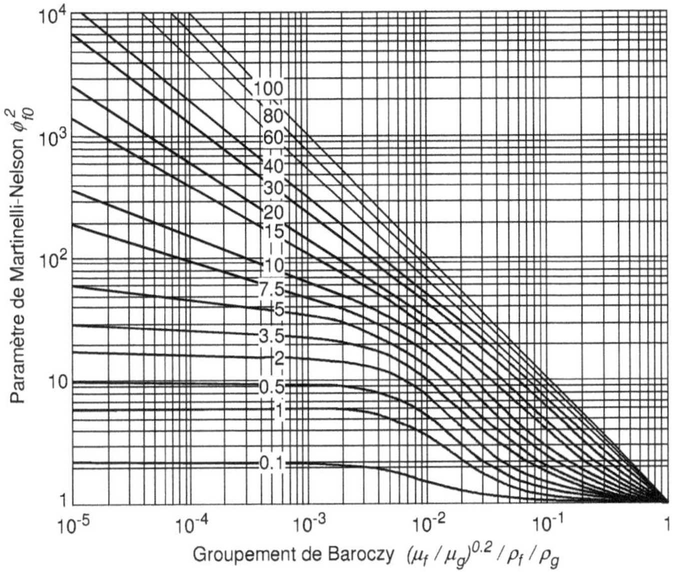

Figure 8.8 – Variation du paramètre de Martinelli-Nelson ϕ^2_{f0} en fonction du groupement I pour différentes valeurs du titre exprimées en pour cent.

tandis que lorsque la conduite est parcourue par un écoulement monophasique vapeur :

$$x = 1 \quad \text{et} \quad \phi^2_{f0} = \frac{(dp/dz)_{Fg0}}{(dp/dz)_{Ff0}} = \frac{1}{\left(\frac{\mu_f}{\mu_g}\right)^{0.2}\left(\frac{\rho_g}{\rho_f}\right)}$$

Pour des vitesses massiques G différentes de G_0 =1 356 kg/(m^2·s), la valeur de ϕ^2_{f0} doit être multipliée par un facteur correctif Ω déterminé par interpolation linéaire à partir des courbes de la figure 8.9. Ces courbes sont d'origine expérimentale et représentent un défi insurmontable pour qui voudrait les prédire de façon théorique.

4.12 Méthode de Chisholm

La méthode de Baroczy n'étant pas commode à utiliser, Chisholm (1973) a proposé une méthode recourant à un ensemble de corrélations. Cette méthode requiert la procédure suivante pour calculer le paramètre ϕ^2_{f0}.

1. Calcul des nombres de Reynolds des fluides s'écoulant seuls dans la conduite :

$$\mathrm{Re}_{f0} \triangleq \frac{GD}{\mu_f} \tag{8.49}$$

$$\mathrm{Re}_{g0} \triangleq \frac{GD}{\mu_g} \tag{8.50}$$

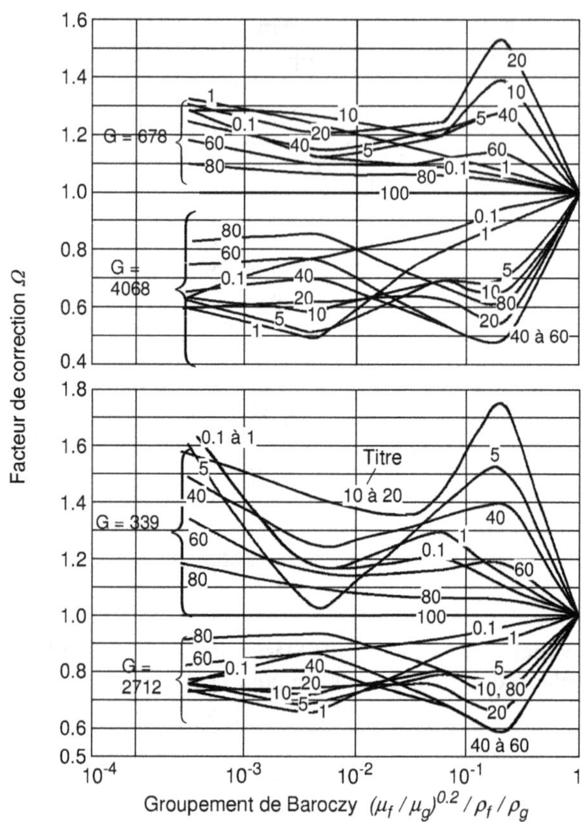

Figure 8.9 – Variation du facteur correctif Ω en fonction du groupement I pour différentes valeurs du titre exprimées en pour cent et de la vitesse massique exprimée en kg/(m²·s).

2. Calcul des coefficients de frottement C_{Ff0} et C_{Fg0} par la corrélation de Churchill (8.5)

3. Calcul d'un exposant de Blasius équivalent n_B défini par la relation :

$$n_B \triangleq \frac{\ln(C_{Ff0}/C_{Fg0})}{\ln(\mu_f/\mu_g)} \tag{8.51}$$

4. Calcul du paramètre Γ de Chisholm défini par la relation :

$$\Gamma^2 \triangleq \frac{\rho_f}{\rho_g}\left(\frac{\mu_g}{\mu_f}\right)^{n_B} \tag{8.52}$$

5. Calcul du paramètre B de Chisholm pour les conduites lisses à l'aide du tableau 8.6,

Γ	**G en kg/(m²·s)**	**B**
≤ 9.5	≤ 500	4.8
	$500 < G < 1\ 900$	$2\ 400/G$
	$\geq 1\ 900$	$55/G^{0.5}$
$9.5 < \Gamma < 28$	≤ 600	$520/(\Gamma G^{0.5})$
	> 600	$21/\Gamma$
≥ 28		$15\ 000/(\Gamma^2 G^{0.5})$

Tableau 8.6 – Valeurs du paramètre B pour les conduite lisses.

6. Calcul du paramètre B de Chisholm pour les conduites rugueuses à l'aide de la relation :

$$B_R = B\left\{0.5\left[1+\left(\frac{\mu_g}{\mu_f}\right)^2+10^{-600\varepsilon/D}\right]\right\}^{\frac{0.25-n_B}{0.25}} \tag{8.53}$$

7. Calcul du paramètre ϕ_{f0}^2 à l'aide de la relation :

$$\phi_{f0}^2 = 1+(\Gamma^2-1)\left[Bx^{(2-n_B)/2}(1-x)^{(2-n_B)/2}+x^{2-n_B}\right] \tag{8.54}$$

avec la valeur de B correspondant au type de conduite (lisse ou rugueuse),

8. Calcul du gradient de pression dû au frottement pour le liquide s'écoulant seul dans la conduite :

$$\left(\frac{dp}{dz}\right)_{Ff0} = -\frac{2\,C_{Ff0}G^2}{D\rho_f} \tag{8.55}$$

9. Calcul du gradient de pression dû au frottement en écoulement diphasique :

$$\left(\frac{dp}{dz}\right)_F = \phi_{f0}^2\left(\frac{dp}{dz}\right)_{Ff0} \tag{8.56}$$

Non seulement la procédure de Chisholm est plus facile à utiliser que la méthode de Baroczy mais, selon Friedel (1977), elle donne de meilleurs résultats.

4.13 Corrélation de Friedel

Friedel (1979) a lui-même proposé une corrélation donnant le paramètre ϕ_{f0}^2 en fonction du titre massique, de la vitesse massique et des propriétés physiques des fluides. Cette corrélation est valable pour les écoulements verticaux ascendants et les écoulements horizontaux. Elle est actuellement considérée comme la meilleure corrélation disponible malgré son absence de base théorique. Elle s'énonce de la façon suivante :

$$\phi_{f0}^2 = E + 3.24\, F\, H\, \mathrm{Fr}^{-0.045}\, \mathrm{We}^{-0.035} \tag{8.57}$$

$$E \hat{=} (1-x)^2 + x^2 \frac{\rho_f}{\rho_g} \frac{C_{Fg0}}{C_{Ff0}} \tag{8.58}$$

$$F \hat{=} x^{0.78}(1-x)^{0.224} \tag{8.59}$$

$$H \hat{=} \left(\frac{\rho_f}{\rho_g}\right)^{0.91} \left(\frac{\mu_g}{\mu_f}\right)^{0.19} \left(1 - \frac{\mu_g}{\mu_f}\right)^{0.7} \tag{8.60}$$

$$\mathrm{Fr} \hat{=} \frac{G^2}{\rho^2 g D} \tag{8.61}$$

$$\mathrm{We} \hat{=} \frac{G^2 D}{\rho\, \sigma} \tag{8.62}$$

$$\rho \hat{=} \left(\frac{x}{\rho_g} + \frac{1-x}{\rho_f}\right)^{-1} \tag{8.63}$$

5 Etudes comparatives et recommandations

Dans les sections précédentes nous avons exposé plusieurs méthodes pour calculer les pertes de pression dans un écoulement diphasique avec changement de phase. La question qui se pose maintenant est celle du meilleur choix. Pour aborder cette question, nous commencerons par traiter un exemple où nous calculerons les pertes de pression à l'aide des différentes méthodes et nous ferons ensuite quelques recommandations sur le choix d'une méthode selon les conditions de l'écoulement.

5.1 Exemple de résultats de calcul de perte de pression obtenus par différentes méthodes

Nous reprenons ici les conditions de l'expérience de Matzner *et al.* figurant aux pages 72 *et seq.* du livre de Collier et Thome (1994). Une conduite cylindrique de section circulaire de diamètre intérieur $D = 10.16$ mm et de longueur $L = 3.66$ m est parcourue par de l'eau dans le sens ascendant à une pression moyenne de 68.9 bar et avec un débit-masse de 108 g/s. Le tube est chauffé par effet Joule sur toute sa longueur avec une puissance électrique de 100 kW. L'eau entre au bas de la longueur chauffante avec une température de 204 °C. La paroi interne de la conduite est lisse. Calculer la perte de pression entre l'entrée et la sortie de la conduite.

Ce que l'on connaît :

Diamètre de la conduite :	$D = 10.16$ mm
Longueur de la conduite :	$L = 3.66$ m
Pression du système :	$p_{sys} = 68.9$ bar
Débit-masse :	$\dot{M} = 0.108$ kg/s
Puissance électrique :	$P_{el} = 100$ kW
Accélération de la pesanteur :	$g = 9.81$ m/s^2
Rugosité relative :	$\varepsilon/D = 0$

Propriétés physiques de l'eau :

Masse volumique du liquide à l'entrée :	$\rho_{l,in} = 863.96$ kg/m^3
Masse volumique du liquide à saturation :	$\rho_f = 741.69$ kg/m^3
Masse volumique de la vapeur à saturation :	$\rho_g = 35.88$ kg/m^3
Enthalpie massique du liquide à saturation :	$h_f = 1.262 \times 10^6$ J/kg
Enthalpie massique de la vapeur à saturation :	$h_g = 2.774 \times 10^6$ J/kg
Enthalpie massique de vaporisation :	$h_{fg} = 1.512 \times 10^6$ J/kg
Enthalpie massique du liquide à l'entrée :	$h_{l,in} = 0.872\,5 \times 10^6$ J/kg
Viscosité du liquide à saturation :	$\mu_f = 9.166 \times 10^{-5}$ Pa·s
Viscosité du liquide à l'entrée :	$\mu_{l,in} = 13.285 \times 10^{-5}$ Pa·s
Viscosité de la vapeur à saturation :	$\mu_g = 1.891\,1 \times 10^{-5}$ Pa·s
Tension interfaciale :	$\sigma = 0.017\,882$ N/m

Ce que l'on cherche :

Les pertes de pression par accélération, par gravité et par frottement dans les différents tronçons de la conduite.

Hypothèse de départ :

H1 : l'écoulement est permanent en moyenne.
H2 : le flux thermique surfacique est uniforme.

Méthodologie :

Nous commencerons par déterminer la nature de l'écoulement, monophasique ou diphasique, dans les différents tronçons de la conduite. Nous déterminerons ensuite les pertes de pression dans le tronçon monophasique puis dans le tronçon diphasique. Dans ce dernier tronçon nous appliquerons les méthodes exposées dans les sections précédentes. Enfin nous comparerons les différents résultats obtenus.

Mise en œuvre de la méthodologie :

1. *Détermination des tronçons monophasique et diphasique.*
   - Flux thermique surfacique :

$$q = \frac{P_{el}}{\pi DL} = 85.6 \times 10^4 \text{ W/m}^2$$

   - Vitesse massique :

$$G = \frac{4\dot{M}}{\pi D^2} = 1\ 330 \text{ kg/(m}^2 \cdot \text{s)}$$

   - Cote d'apparition de la vapeur (Eq. 8.1) :

$$z_f = 1.54 \text{ m}$$

   - Cote de disparition du liquide (Eq. 8.2) :

$$z_g = 7.52 \text{ m}$$

   Cette valeur étant supérieure à la longueur de la conduite, le fluide est diphasique en sortie. La conduite comporte ainsi deux tronçons : un tronçon monophasique liquide et un tronçon diphasique liquide-vapeur.

2. *Pertes de pression dans le tronçon monophasique liquide.*
   - Perte de pression par accélération :
   La masse volumique du liquide décroît de l'entrée à la cote d'apparition de la vapeur. La perte de pression par accélération aura donc pour expression :

$$[p(0) - p(z_f)]_A = \frac{\rho_{l,in} - \rho_f}{\rho_{l,in}\rho_f} G^2 = 338 \text{ Pa}$$

   - Perte de pression par gravité :
   En prenant une masse volumique moyenne entre l'entrée et la cote d'apparition de la vapeur on obtient :

$$[p(0) - p(z_f)]_G = 12\ 126 \text{ Pa}$$

- Nombre de Reynolds du liquide :
  En prenant une viscosité moyenne entre l'entrée et la cote d'apparition de la vapeur on obtient :

$$\mathrm{Re}_{f0} = 120\ 568$$

- Facteur de frottement du liquide seul :
  La corrélation de Churchill (Eq. 8.5) donne :

$$f_{f0} = 0.0172$$

- Perte de pression par frottement :

$$[p(0) - p(z_f)]_F = 2880 \text{ Pa}$$

3. *Pertes de pression dans le tronçon diphasique calculées avec le modèle homogène équilibré et une viscosité équivalente égale à la viscosité du liquide.*
   Les pertes de pression se calculent avec la ligne LV du tableau 8.3 en prenant les propriétés physiques dans les conditions de saturation.
   - Perte de pression par accélération :

$$[p(z_f) - p(L)]_A = 16\ 698 \text{ Pa}$$

   - Perte de pression par gravité :

$$[p(z_f) - p(L)]_G = 4\ 591 \text{ Pa}$$

   - Nombre de Reynolds diphasique calculé en supposant que la viscosité du mélange diphasique est celle du liquide :

$$\mathrm{Re} = 147\ 659$$

   - Facteur de frottement diphasique calculé avec la corrélation de Churchill (Eq. 8.5) :

$$f = 0.016\ 5$$

   - Perte de pression par frottement :

$$[p(z_f) - p(L)]_F = 18\ 498 \text{ Pa}$$

4. *Pertes de pression dans le tronçon diphasique calculées avec la méthode de Thom.*
   - Rapport de glissement (Eq. 8.42) :

$$S = 1.67$$

- Multiplicateur d'accélération (Eq. 8.44) :

$$r_2 = 5.24$$

- Perte de pression par accélération (Eq. 8.41) :

$$[p(z_f) - p(L)]_A = 12\ 533 \text{ Pa}$$

- Multiplicateur de frottement (Eq. 8.45) :

$$r_3 = 4.45$$

- Perte de pression par frottement (Eq. 8.41) :

$$[p(z_f) - p(L)]_F = 18\ 351 \text{ Pa}$$

- Multiplicateur de gravité (Eq. 8.46) :

$$r_4 = 0.38$$

- Perte de pression par gravité (Eq. 8.41) :

$$[p(z_f) - p(L)]_G = 5\ 848 \text{ Pa}$$

5. *Pertes de pression dans le tronçon diphasique calculées avec le modèle homogène équilibré et la corrélation de Chisholm.*
Les pertes de pression par accélération et par frottement sont identiques à celles obtenues avec la méthode précédente et seule la perte de pression par frottement est évaluée de façon différente.
- Nombre de Reynolds du liquide seul :

$$\text{Re}_{f0} = 147\ 659$$

- Nombre de Reynolds de la vapeur seule :

$$\text{Re}_{g0} = 715\ 691$$

- Facteur de frottement du liquide seul évalué avec la corrélation de Churchill (Eq. 8.5) :

$$f_{f0} = 0.016\ 5$$

- Facteur de frottement de la vapeur seule évalué avec la corrélation de Churchill (Eq. 8.5) :

$$f_{g0} = 0.012\ 3$$

- Exposant de Blasius (Eq.8.51) :

$$n_B = 0.186$$

- Paramètre Γ de Chisholm (Eq. 8.52) :

$$\Gamma = 3.924$$

- Paramètre B de Chisholm pour les conduites lisses (Eq. 8.6) :

$$B = 1.802$$

- Paramètre de Martinelli pour les conduites lisses (Eq. 8.54) :

$$\phi_{f0}^2 = 1 + (\Gamma^2 - 1)\left[Bx^{(2-n_B)/2}(1-x)^{(2-n_B)/2} + x^{2-n_B}\right]$$

- Multiplicateur de frottement (Eq. 8.39) :

$$r_3 = 5.96$$

- Perte de pression par frottement (Eq. 8.41) :

$$[p(z_f) - p(L)]_F = 42\ 395 \text{ Pa}$$

6. *Pertes de pression dans le tronçon diphasique calculées avec le modèle homogène équilibré et la corrélation de Friedel.*
   - Paramètres de Friedel :
     Les paramètres E, F, H, Fr, We, et ρ sont calculés à l'aide des équations (8.58) à (8.63).

   - Paramètre de Martinelli (Eq. 8.57) :

$$\phi_{f0}^2 = E + 3.24\ F\ H\ \text{Fr}^{-0.045}\ \text{We}^{-0.035}$$

   - Multiplicateur de frottement (Eq. 8.39) :

$$r_3 = 5.45$$

   - Perte de pression par frottement (Eq. 8.41) :

$$[p(z_f) - p(L)]_F = 38\ 772 \text{ Pa}$$

Comparaisons des résultats

L'ensemble des pertes de pressions calculées à partir des différents modèles est rassemblé dans le tableau 8.7.

On constate que les valeurs calculées de la perte de pression totale diffèrent de -12 % à $+26$ % de la valeur expérimentale située entre 0.60 et 0.65 bar d'après la figure 2.13 page 77 du livre de Collier et Thome (1994). Au vu de ces résultats, il serait dangereux de conclure que le modèle homogène équilibré est le plus précis. En fait, la prédiction d'une perte de pression ne peut se faire actuellement en écoulement diphasique qu'avec une incertitude relative moyenne quadratique de 40 %. Se pose donc la question de la méthode la plus adaptée.

Tronçon monophasique

Accélération	0.003
Gravité	0.121
Frottement	0.029
Totale	0.153

Tronçon diphasique

	HEM Viscosité du liquide	HEM Chisholm	HEM Friedel	Thom
Accélération	0.167	0.167	0.167	0.125
Gravité	0.046	0.046	0.046	0.058
Frottement	0.185	0.424	0.388	0.184
Totale	0.398	0.637	0.600	0.367

Conduite

	HEM Viscosité du liquide	HEM Chisholm	HEM Friedel	Thom
Accélération	0.170	0.170	0.170	0.129
Gravité	0.167	0.167	0.167	0.180
Frottement	0.214	0.453	0.417	0.212
Totale	0.551	0.790	0.754	0.521
Ecart absolu	−0.074	+0.165	+0.129	0.104
Ecart relatif	−12 %	+26 %	+20 %	+17 %

Tableau 8.7 – Répartition des pertes de pression exprimées en bar dans un canal chauffant calculées à l'aide de différentes méthodes. HEM : modèle homogène équilibré. Valeur moyenne expérimentale de la perte de pression totale dans la conduite : 0.625 bar.

5.2 Recommandations

Les recommandations les plus fiables à ce jour figurent dans le livre de Whalley (1987). Cet auteur recommande fortement la corrélation de Friedel pour évaluer la perte de pression par frottement en écoulement diphasique.

Cette corrélation est valable quel que soit le fluide à condition que le rapport μ_f/μ_g soit inférieur à 1 000, ce qui ne constitue pas une limitation forte.

6 Exemples d'applications

6.1 Détermination de la caractéristique interne d'un canal chauffant à l'aide du modèle homogène équilibré

On considère une conduite verticale de diamètre $D = 20$ mm et de longueur $L = 10$ m parcourue par de l'eau à 60 bar. L'eau entre sous forme liquide au bas de la conduite avec une enthalpie massique $h_{\ell,in} = 0.821 \times 10^6$ J/kg. Les parois de la conduite sont chauffées par effet Joule et le flux thermique surfacique appliqué q est uniforme et égal à 10^6 W/m^2. L'accélération de la pesanteur sera prise égale à 9.81 m/s^2. Les coefficients de frottement $C_{f,\ell}$, C_f et $C_{f,v}$ respectivement en écoulement monophasique liquide, diphasique et monophasique vapeur seront tous pris égaux à 0.005. Tracer la caractéristique interne de ce canal chauffant en faisant figurer les contributions respectives des différents types de pertes de pression dans chacune des zones de la caractéristique. On utilisera le modèle homogène équilibré et on limitera la caractéristique à une valeur maximale de la vitesse massique G égale à 7 000 kg/(m^2.s).

Solution

Ce que l'on connaît :

Diamètre de la conduite :	$D = 20$ mm
Longueur de la conduite :	$L = 10$ m
Pression du système :	$p_{sys} = 60$ bar
Enthalpie massique de l'eau à l'entrée :	$h_{\ell,in} = 0.821 \times 10^6$ J/kg
Flux thermique surfacique :	$q = 10^6$ W/m^2
Accélération de la pesanteur :	$g = 9.81$ m/s^2
Coefficients de frottement :	$C_{f,\ell} = C_f = C_{f,v} = 0.005$

Ce que l'on cherche :

La caractéristique interne, c'est-à-dire la relation entre la perte de pression $p(z = 0) - p(z = L)$ et la vitesse massique G.

Hypothèses de départ :

H1 : l'écoulement est permanent en moyenne.

H2 : l'écoulement diphasique peut être décrit par le modèle homogène.

H3 : le flux thermique surfacique est uniforme.

H4 : les coefficients de frottement sont constants.

Propriétés du mélange eau-vapeur :

La connaissance de la pression du système permet de déterminer les propriétés suivantes à la saturation :

Masse volumique du liquide : $\rho_f = 758\ \mathrm{kg/m^3}$
Masse volumique de la vapeur : $\rho_g = 30.8\ \mathrm{kg/m^3}$
Enthalpie massique du liquide : $h_f = 1.213\ 7 \times 10^6\ \mathrm{J/kg}$
Enthalpie massique de la vapeur : $h_g = 2.785\ 0 \times 10^6\ \mathrm{J/kg}$
Enthalpie massique de vaporisation : $h_{fg} = 1.571\ 3 \times 10^6\ \mathrm{J/kg}$

Méthodologie :

Après avoir déterminé les cotes z_f d'apparition de la vapeur et z_g de disparition du liquide on calculera les vitesses massiques de transition G_{12} et G_{21} séparant les trois zones de la caractéristique interne. On calculera ensuite les différentes pertes de pression par type et par tronçon dans chacune des zones en utilisant les tableaux 8.2, 8.3 et 8.4.

Mise en œuvre de la méthodologie :

Un programme de calcul de type Maple® donne $G_{12} = 1\ 018\ \mathrm{kg/(m^2.s)}$ et $G_{21} = 5\ 093\ \mathrm{kg/(m^2.s)}$ et les caractéristiques représentées à la figure 8.10.

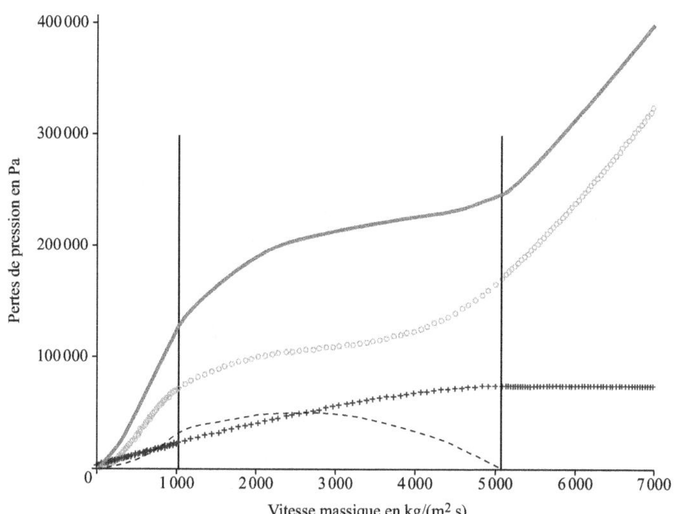

Figure 8.10 – Caractéristiques internes du canal : perte de pression totale (ligne continue), perte de pression par accélération (points), perte de pression par gravité (croix), perte de pression par frottement (cercles). Les pertes de pression sont exprimées en Pa et les vitesses massiques en kg/m²/s.

7 Exercices

7.1 Viscosité équivalente d'Ishii-Zuber

Montrer que, pour les faibles fractions volumiques α_d, l'équation (8.12) se réduit à la relation d'Einstein dans le cas de gouttes de liquide dans un gaz, et à celle Taylor dans le cas de bulles de gaz dans un liquide.

7.2 Pertes de pression calculées par le modèle homogène

Démontrer les relations (8.15) et (8.18) donnant respectivement les pertes de pression dans les tronçons diphasiques des zones 1 et 2 de la caractéristique interne d'un canal chauffant.

7.3 Méthode de Lockhart-Martinelli

Démontrer les relations (8.25) et (8.26) donnant respectivement les paramètres X_{tt} etX_{vv}.

7.4 Caractéristique interne d'un tube de générateur de vapeur

On considère un tube de générateur de vapeur vertical, de hauteur $L = 30$ m, de diamètre intérieur $D = 20$ mm, chauffé uniformément par un apport de puissance thermique linéique $q' = 100$ W/cm. L'écoulement est *descendant.* L'eau entre au sommet du tube sous une pression de 40 bar à une température de 185 °C. On admettra que l'écoulement diphasique peut être représenté par le modèle homogène. L'axe des z est dirigé vers le bas et son origine est située à l'entrée du tube. On prendra un coefficient de frottement égal à 0.01 quelle que soit la configuration de l'écoulement.

1. Calculer la cote z_f d'apparition de la vapeur en fonction de la vitesse massique G.
2. Calculer la cote z_g de disparition du liquide en fonction de la vitesse massique G. En déduire la vitesse massique de transition G_{12} entre une sortie monophasique vapeur et une sortie diphasique liquide-vapeur.
3. Déterminer et tracer la caractéristique interne du tube pour une vitesse massique comprise entre 0 et 4 500 kg/(m^2·s). On tracera sur le même graphe les pertes de pression par accélération, par gravité et par frottement.
4. Calculer les pertes de pression par accélération, par gravité et par frottement ainsi que la perte de pression totale pour un débit-masse de 0.500 kg/s.

Nomenclature

A	constante de la corrélation de Churchill	(Eq. 8.6)
B	constante de la corrélation de Churchill	(Eq. 8.7)
B	paramètre de Chisholm (conduite lisse)	(Tableau 8.6)
B_R	paramètre de Chisholm (conduite rugueuse)	(Eq. 8.53)
C	coefficient de Lockhart-Martinelli	(Tableau 8.5)
$C_f \equiv f/4$	coefficient de frottement	
D	diamètre	
E	paramètre de Friedel	(Eq. 8.58)
$f \equiv C_f/4$	facteur de frottement	
F	paramètre de Friedel	(Eq. 8.59)
Fr	nombre de Froude	(Eq. 10.14)
g	accélération de la pesanteur	
G	vitesse massique	
G_{12}	vitesse massique de transition entre la zone monophasique liquide et la zone diphasique liquide-vapeur	(Eq. 8.3)
G_{21}	vitesse massique de transition entre la zone diphasique et la zone monophasique vapeur	(Eq. 8.4)
h	enthalpie massique	
h_{fg}	enthalpie massique de vaporisation	
H	paramètre de Friedel	(Eq. 8.60)
I	groupement de Baroczy	(Eq. 8.47)
L	longueur	
$\dot{M}$	débit-masse	
n_B	exposant de Blasius	
p	pression	
P_{el}	puissance électrique	
q	flux thermique surfacique	
q'	flux thermique linéique	
r_2	multiplicateur d'accélération	(Eq. 8.38)
r_3	multiplicateur de frottement	(Eq. 8.39)
r_4	multiplicateur de gravité	(Eq. 8.40)
R_g	taux de présence de la vapeur dans la section droite de la conduite	
R_G	taux de présence du gaz dans la section droite de la conduite	
Re	nombre de Reynolds	
S	rapport de glissement	
We	nombre de Weber	(Eq. 8.62)
x	titre massique	

X^2	paramètre de Lockhart-Martinelli	(Eq. 8.22)
z	abscisse le long de la conduite	
z_f	cote d'apparition de l'ébullition	
z_g	cote de disparition du liquide	
β	titre volumique	
Γ	paramètre de Chisholm	(Eq. 8.52)
ε	rugosité	
ϕ^2_{f0}	paramètre de Martinelli-Nelson	(Eq. 8.20)
ϕ^2_G	paramètre de Lockhart-Martinelli	(Eq. 8.20)
ϕ^2_L	paramètre de Lockhart-Martinelli	(Eq. 8.21)
μ	viscosité	
ρ	masse volumique	
σ	tension interfaciale	
θ	angle d'inclinaison sur la verticale	
Ω	facteur correctif de Baroczy	(Figure 8.9)

Indices

c	phase continue
d	phase dispersée
f	liquide à saturation, frottement
$f0$	liquide seul
F	frottement
g	vapeur à saturation
$g0$	gaz seul
G	gaz
in	entrée
k	indice de phase
ℓ	liquide non saturé
L	liquide
m	valeur maximale
out	sortie
sys	système
t	turbulent
v	vapeur non saturée, laminaire

Symboles et opérateurs

$\hat{=}$	égal par définition à

Références

Baroczy, C.J., 1966, A systematic correlation for two-phase pressure drop, Heat Transfer-Los Angeles, *Chem. Engng Progress, Symposium Series, No 64*, Knudsen, J.G., Ed., Vol. 62, 232-249.

Chisholm, D., 1973, Pressure gradients due to friction during the flow of evaporating two-phase mixtures in smooth tubes and channels, *Int. J. Heat Mass Transfer*, Vol. 16, No 2, 347-358.

Churchill, S.W., 1977, Friction equation spans all fluid flow regimes, *Chemical Engng*, Vol. 24, No 24, 91-92.

Collier, J.G. et Thome, J.R., 1994, *Convective Boiling and Condensation*, 3rd ed., Oxford Science Publications.

Delhaye, J.M., 1966, Etudes théorique des écoulements diphasiques de type annulaire en régime laminaire-laminaire, *CRAS*, t. 263, Série A, 324-327.

Dukler, A.E., Wicks, M. et Cleveland, R.G., 1964, Frictional pressure drop in two-phase flow : B. An approach through similarity analysis, *AIChE J.*, 44-51.

Friedel, L.,1977, Mean void fraction and friction pressure drops : comparison of some correlations with experimental data, European Two-Phase Flow Group Meeting, Grenoble, France.

Friedel, L., 1979, Improved friction pressure drop correlations for horizontal and vertical two-phase flow, European Two-Phase Flow Group Meeting, Ispra, Italy.

Ishii, M. et Zuber, N., 1979, Drag coefficient and relative velocity in bubbly, droplet and particulate flows, *AIChE J.*, Vol. 25, No 5, 843-855.

Lockhart, R.W. et Martinelli, R.C., 1949, Proposed correlation of data for isothermal two-phase, two-component flow in pipes, *Chem. Engng Progress*, Vol. 45, No 1, 39-48.

Martinelli, R.C. et Nelson, D.B., 1948, Prediction of pressure drop during forced circulation boiling of water, *Transactions of the ASME*, Vol. 70, 695-702.

Owens, W.L., 1963, Two-phase pressure gradient, *International Development in Heat Transfer*, ASME, 363-368.

Taitel, Y. et Dukler, A.E., 1976, A theoretical approach to the Lockhart-Martinelli correlation for stratified flow, *Int. J. Multiphase Flow*, Vol. 2, 591-595.

Thom, J.R.S., 1964, Prediction of pressure drop during forced circulation boiling of water, *Int. J. Heat Mass Transfer*, Vol. 7, 709-724.

Whalley, P.B., 1987, *Boiling, Condensation, and Gas-Liquid Flow*, Clarendon Press.

Whitcutt, R.D.B. et Chojnowski, B., 1973, Two-phase pressure drop in high pressure steam generating tubes, European Two-Phase Flow Group Meeting, Brussels, Paper A3.

Chapitre 9

Transferts de chaleur en ébullition et en condensation

1 Rappels sur le phénomène de changement de phase

1.1 L'équation de Gibbs-Duhem

Définissons l'enthalpie libre massique μ (encore appelée potentiel de Gibbs massique, fonction de Gibbs massique, ou potentiel chimique massique) par la relation :

$$\mu(p,T) \hat{=} u + \frac{p}{\rho} - Ts \tag{9.1}$$

Par différentiation il vient :

$$d\mu = du + \frac{1}{\rho}\,dp + p\,d\left(\frac{1}{\rho}\right) - Tds - sdT$$

En tenant compte de l'équation de Gibbs (5.76) nous obtenons l'équation de Gibbs-Duhem :

$$d\mu = \frac{1}{\rho}\,dp - sdT \tag{9.2}$$

1.2 Les équations de Clapeyron et de Clausius-Clapeyron

Comme l'enthalpie libre massique ne dépend que de la pression et de la température, nous avons en tout point de la courbe de saturation :

$$\mu_g \equiv \mu_f \tag{9.3}$$

et en un point voisin, toujours sur la courbe de saturation :

$$\mu_g + d\mu_g = \mu_f + d\mu_f$$

ce qui entraîne immédiatement :

$$d\mu_g = d\mu_f$$

L'équation de Gibbs-Duhem (9.2) conduit donc à la relation suivante satisfaite sur la courbe de saturation :

$$\frac{1}{\rho_g} dp_{sat} - s_g dT_{sat} = \frac{1}{\rho_f} dp_{sat} - s_f dT_{sat}$$

ou encore en introduisant les volumes massiques :

$$\left(\frac{dp}{dT}\right)_{sat} = \frac{s_g - s_f}{v_g - v_f}$$

Comme nous avons :

$$h_{fg} = T_{sat}(s_g - s_f) \tag{9.4}$$

nous en déduisons l'*équation de Clapeyron* :

$$\left(\frac{dp}{dT}\right)_{sat} = \frac{h_{fg}}{T_{sat}(v_g - v_f)} \tag{9.5}$$

A basse pression (hypothèse H1) et si la vapeur est considérée comme un gaz parfait (hypothèse H2), nous avons :

$$v_g \gg v_f$$

$$p_{sat} v_g = \mathcal{R} T_{sat}$$

où $\mathcal{R}$ est la constante du gaz. L'équation de Clapeyron donne alors :

$$\left(\frac{dp}{dT}\right)_{sat} = \frac{h_{fg} p_{sat}}{\mathcal{R} T_{sat}^2} \tag{9.6}$$

ou encore :

$$\left(\frac{d \ln p}{dT}\right)_{sat} = \frac{h_{fg}}{\mathcal{R} T_{sat}^2} \tag{9.7}$$

1.3 Equations de Thomson

Considérons une interface *sphérique*[1] de rayon R_e, à l'équilibre mécanique et thermique dans un liquide à la température T_f et à la pression p_f :

- le bilan de quantité de mouvement projeté sur la normale à l'interface se réduit à la relation :

$$p_g - p_f = \frac{2\sigma}{R_e} \tag{9.8}$$

1. Dans le cas d'une interface non sphérique, il suffira de remplacer le rayon R_e par l'inverse de la courbure moyenne H_e.

– la source d'entropie interfaciale supposée nulle conduit aux relations suivantes :

$$\mu_g = \mu_f \tag{9.9}$$

$$T_g = T_f \tag{9.10}$$

Soit $p_{sat,\infty}(T_f)$ la pression de saturation correspondant à la température T_f pour une interface plane. L'équation de Gibbs-Duhem (9.2) intégrée, pour une température fixée T_f, entre la pression $p_{sat,\infty}(T_f)$ et une pression arbitraire p donne :

$$\mu - \mu_{sat,\infty} = \int_{p_{sat,\infty}(T_f)}^{p} v \, dp \tag{9.11}$$

1. Supposons que la vapeur soit un gaz parfait (hypothèse H2) :

$$v_g = \frac{\mathcal{R}T_g}{p_g} = \frac{\mathcal{R}T_f}{p_g}$$

   L'équation (9.11) devient alors :

$$\mu_g - \mu_{g,sat,\infty} + \mathcal{R}T_f \ln \frac{p_g}{p_{sat,\infty}(T_f)} \tag{9.12}$$

2. Si le liquide est supposé (hypothèse H3) de masse volumique constante (fluide isochore), l'équation (9.11) devient :

$$\mu_f - \mu_{f,sat,\infty} + v_f[p_f - p_{sat,\infty}(T_f)] \tag{9.13}$$

En reportant les expressions (9.12) et (9.13) dans la relation (9.9) et en utilisant le fait que nous avons :

$$\mu_{g,sat,\infty} \equiv \mu_{f,sat,\infty}$$

Nous obtenons :

$$\mathcal{R}T_f \ln \frac{p_g}{p_{sat,\infty}(T_f)} = v_f[p_f - p_{sat,\infty}(T_f)]$$

ou encore :

$$p_g = p_{sat,\infty}(T_f) \exp\left\{\frac{v_f[p_f - p_{sat,\infty}(T_f)]}{\mathcal{R}T_f}\right\} \tag{9.14}$$

Cette *première* équation de Thomson ne nécessite que les deux hypothèses H2 et H3.

En substituant la relation (9.8) dans la relation (9.14) pour éliminer p_f, nous obtenons :

$$p_g = p_{sat,\infty}(T_f) \exp\left\{\frac{v_f[p_g - p_{sat,\infty}(T_f) - 2\sigma/R_e]}{\mathcal{R}T_f}\right\} \tag{9.15}$$

Si nous supposons maintenant (hypothèse H4) :

$$p_{sat,\infty}(T_f) \ll \frac{2\sigma}{R_e}$$

la relation (9.15) devient :

$$p_g = p_{sat,\infty}(T_f) \exp\left(-\frac{2\sigma v_f}{R_e \mathcal{R} T_f}\right) \tag{9.16}$$

Cette *deuxième* équation de Thomson nécessite les trois hypothèses H2, H3 et H4 et entraîne les remarques suivantes :

1. La pression p_g peut être considérée comme la pression de saturation correspondant à la température T_f pour une interface sphérique de rayon R_e :

$$p_g \equiv p_{sat,R_e}(T_f)$$

2. Comme l'exponentielle a une valeur inférieure à l'unité, on en déduit :

$$p_g < p_{sat,\infty}(T_f)$$

1.4 Rayon d'une interface sphérique à l'équilibre

Nous pouvons calculer le rayon R_e d'une interface sphérique à l'équilibre soit en partant de la première équation de Thomson, soit en partant de la deuxième.

A partir de la première équation de Thomson nécessitant les hypothèses H2 et H3

En combinant la première équation de Thomson (9.14) et l'équation de Young-Laplace (9.8) nous obtenons :

$$R_e = \frac{2\sigma}{p_{sat,\infty}(T_f) \exp\left\{\frac{v_f[p_f - p_{sat,\infty}(T_f)]}{\mathcal{R} T_f}\right\} - p_f} \tag{9.17}$$

A partir de la deuxième équation de Thomson nécessitant les hypothèses H2, H3 et H4

Compte tenu de l'égalité des températures (9.10) et de l'hypothèse H2, la deuxième équation de Thomson (9.16) devient :

$$p_g = p_{sat,\infty}(T_f) \exp\left(-\frac{2\sigma v_f}{R_e p_g v_g}\right)$$

En supposant (H5) :

$$\frac{2\sigma v_f}{R_e p_g v_g} \ll 1$$

nous obtenons :

$$p_g = p_{sat,\infty}(T_f) - \frac{2\sigma v_f}{R_e v_g} \tag{9.18}$$

ou, en tenant compte de l'équation de Young-Laplace (9.8) :

$$p_{sat,\infty}(T_f) - p_f = \frac{2\sigma}{R_e}\left(1 + \frac{v_f}{v_g}\right) \tag{9.19}$$

et, par conséquent :

$$R_e = \frac{2\sigma}{p_{sat,\infty}(T_f) - p_f}\left(1 + \frac{v_f}{v_g}\right) \tag{9.20}$$

N'oublions pas que cette expression du rayon d'équilibre nécessite les quatre hypothèses (H2) à (H5). A basse pression (hypothèse H1), l'équation ci-dessus se réduit à l'équation :

$$R_e = \frac{2\sigma}{p_{sat,\infty}(T_f) - p_f} \tag{9.21}$$

La figure 9.1 résume les caractéristiques d'une interface sphérique à l'équilibre mécanique et thermique.

2 Ebullition en vase

L'expression *ébullition en vase* est une expression générique qui désigne l'ébullition d'un liquide sur une paroi solide lorsque le liquide ne circule pas sous l'effet d'un agent extérieur comme par exemple une pompe. Il s'agit donc d'une ébullition accompagnée uniquement d'une circulation naturelle. Elle s'oppose ainsi à l'ébullition en convection forcée. L'étude de l'ébullition en vase est importante pour au moins deux raisons :

- on la rencontre en effet dans des cas pratiques comme dans les systèmes passifs de confinement installés pour minimiser les effets d'une fusion de cœur dans les réacteurs à eau légère,
- de nombreux phénomènes apparaissant en ébullition en vase seront rencontrés en ébullition en convection forcée, une situation d'un grand intérêt pratique.

Après une description des principales caractéristiques de l'ébullition en vase, nous passerons en revue les méthodes de prédiction du coefficient d'échange de chaleur dans les différents régimes thermiques et les conditions d'apparition de la crise débullition.

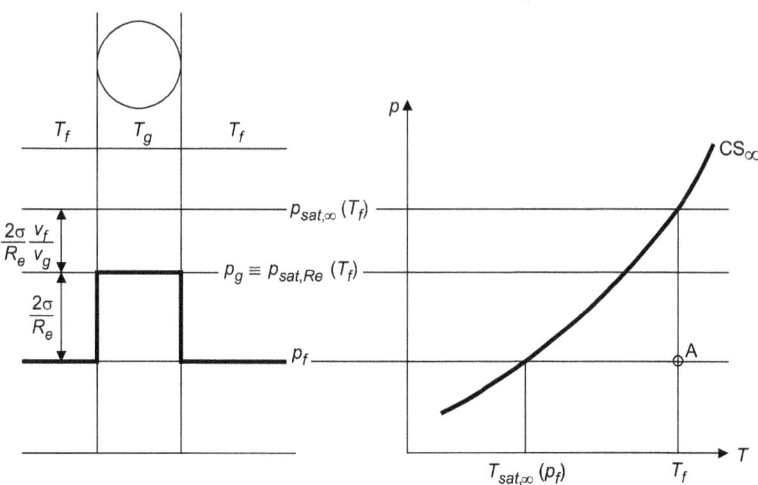

Figure 9.1 – Caractéristique d'une interface sphérique à l'équilibre mécanique et thermique. CS_∞ : courbe de saturation pour une interface plane. Point A : conditions pour maintenir une interface sphérique en équilibre.

2.1 L'expérience de Nukiyama

Cette expérience célèbre (figure 9.2) a été réalisée en 1934. Elle permet de reconnaître les différents types d'ébullition présents sur un fil immergé dans un bain de liquide. La température du bain de liquide est maintenue égale à la température de saturation correspondant à la pression de l'expérience par un thermoplongeur. Le fil sur lequel se produit l'ébullition est traversé par un courant électrique d'intensité I.

Si U est la tension appliquée au fil, la puissance électrique P est reliée au flux thermique surfacique q'' par la relation :

$$P = UI = q''\pi DL$$

où D et L sont respectivement le diamètre et la longueur du fil.

La température du fil T_w est supposée uniforme et peut être déduite de la valeur de sa résistance électrique $R = U/I$. Il est important de remarquer que, dans cette expérience, le *flux thermique* est imposé par le système.

L'expérience consiste à chauffer progressivement le fil en augmentant la puissance électrique et à tracer le graphe représentant le flux thermique surfacique q'' en fonction de la *surchauffe* du fil ΔT_{sat} définie par la relation :

$$\Delta T_{sat} \hat{=} T_w - T_{sat} \tag{9.22}$$

Ce graphe est appelé la *courbe de Nukiyama* ou *la courbe d'ébullition.*

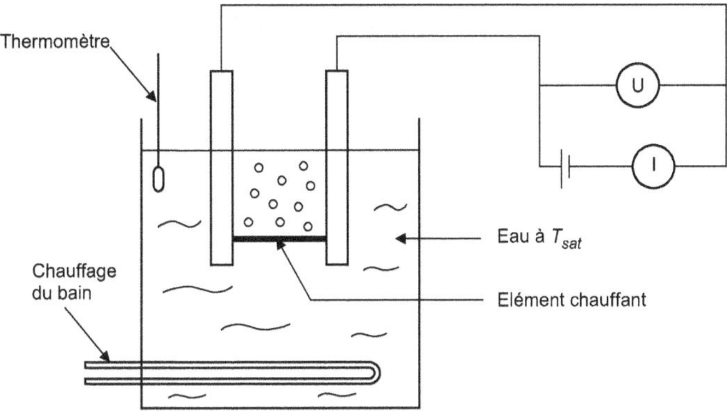

Figure 9.2 – Expérience de Nukiyama.

Dans une première série d'essais, Nukiyama a utilisé un fil de Nichrome[2] et a obtenu la courbe AC de la figure 9.3.

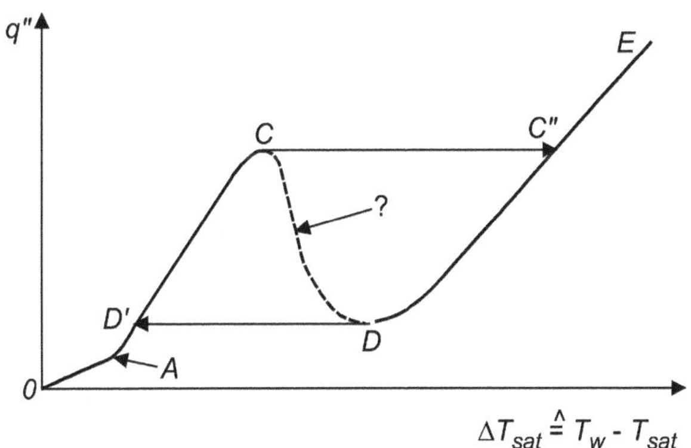

Figure 9.3 – Courbe de Nukiyama obtenue pour un système à *flux thermique imposé*.

Au point C le fil, ayant atteint la température de fusion (1 400 °C) du Nichrome, s'est rompu. Après avoir remplacé le fil de Nichrome par un fil de platine dont la température de fusion était de 1 768 °C, Nukiyama a obtenu la courbe OAC, puis un saut brutal vers le point C' et finalement la branche $C'E$. En diminuant la puissance électrique, Nukiyama a été capable d'obtenir la courbe ED, puis un saut brutal vers le point D' et finalement la branche $D'AO$.

2. Nichrome est le nom commercial d'un alliage de nickel, de chrome et de fer.

Les caractéristiques générales du graphe obtenu par Nukiyama laissent présager l'existence d'une branche instable CD de la courbe d'ébullition obtenue par un chauffage à flux thermique imposé. En fait, on peut aisément montrer que la branche CD est instable en remarquant simplement que la courbe d'ébullition représente le flux thermique pouvant être extrait du fil tandis que sur le graphe une droite horizontale représente le flux thermique fourni au fil.

Quand la *température du fil* est imposée comme le firent Drew et Mueller en 1937, la courbe d'ébullition complète peut être tracée (figure 9.4).

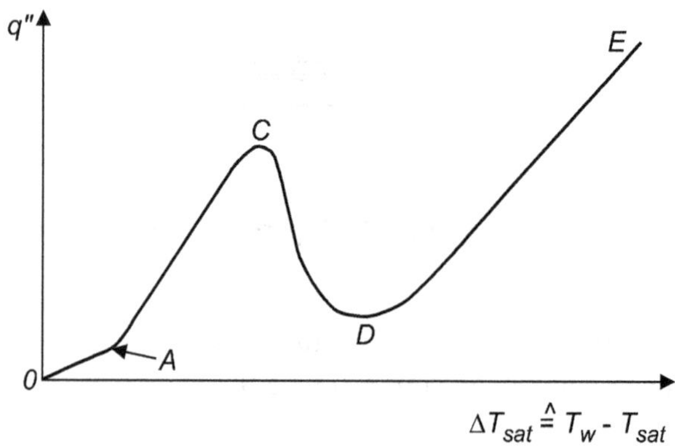

Figure 9.4 – Courbe de Nukiyama obtenue pour un système à *température imposée*.

La figure 9.5 est une courbe d'ébullition typique obtenue pour de l'eau à pression atmosphérique, l'élément chauffant n'étant plus un fil mais une plaque chauffante horizontale.

Les différentes branches de la courbe d'ébullition correspondent à différents régimes thermiques. Lorsque le flux thermique augmente jusqu'au point A, il n'y a pas de bulles sur l'élément chauffant et la chaleur est extraite par *convection naturelle* uniquement.

Au point A un nouveau régime apparaît, l'*ébullition nucléée partielle*, où des chapelets de petites bulles s'échappent de points privilégiés de l'élément chauffant. Ces points sont appelés des *sites de nucléation* et correspondent à des imperfections de la surface d'échange comme des cavités ou des éraflures qui ont emprisonné du gaz ou de la vapeur. Quand le flux ou la surchauffe augmentent, le nombre de sites de nucléation par unité d'aire, encore appelé le *nombre surfacique* de sites de nucléation, et la fréquence de détachement des bulles augmentent. De plus en plus de chapelets de bulles apparaissent et commencent à interagir menant à la coalescence des bulles et à la formation de poches de vapeur, de colonnes et de champignons attachés à la paroi par plusieurs pédicules (Ramanujapu et Dhir, 2000). Ce régime est appelé l'*ébullition nucléée pleinement développée*. La quantité de vapeur au voisinage de la paroi devient

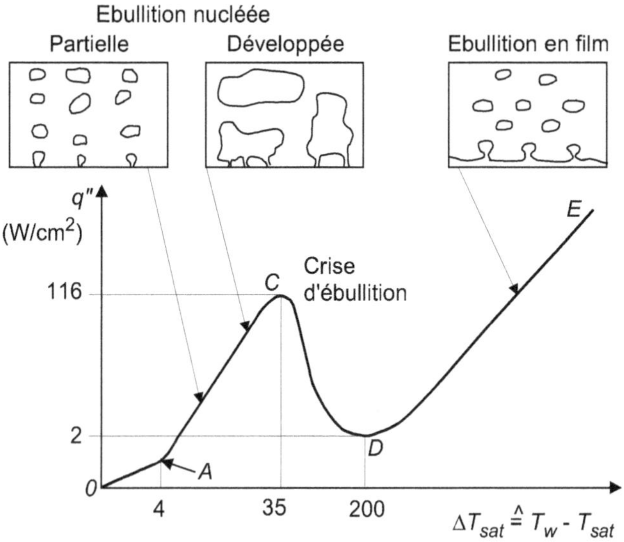

Figure 9.5 – Courbe de Nukiyama obtenue pour de l'eau en ébullition sur une plaque chauffante horizontale; AC : ébullition nucléée, CD : ébullition de transition, DE : ébullition en film.

si élevée qu'elle empêche le liquide de redescendre et de refroidir la surface de l'élément chauffant. Dans un système à flux thermique imposé une dégradation soudaine des échanges de chaleur, appelée *crise d'ébullition* apparaît alors au point C et la surchauffe augmente brutalement du point C au point C'. C'est ce phénomène qui a en fait provoqué la destruction du fil de Nichrome dans la première expérience de Nukiyama, la température du fil ayant alors atteint la température de fusion du Nichrome.

La *crise d'ébullition* est le nom générique donné à la diminution soudaine du coefficient d'échange thermique dans un système à flux imposé. Elle est aussi connu sous le nom de flux critique, en anglais de *burnout, peak heat flux, departure from nucleate boiling, critical heat flux* et dans la littérature russe sous le nom de première transition d'ébullition.

La courbe DE correspond au régime de l'*ébullition en film* où l'élément chauffant est recouvert par une fine couche de vapeur d'où s'échappent des bulles de vapeur selon un motif très régulier. Le flux minimal permettant d'obtenir une ébullition en film est atteint au point D qui est aussi le point correspondant à la température minimale pour obtenir un film de vapeur stable en contact avec l'élément chauffant.

Convection naturelle monophasique

En convection naturelle monophasique, le coefficient d'échange thermique dépend de la géométrie de l'élément chauffant.

1. Cylindre horizontal.
   Pour un cylindre horizontal immergé dans un liquide, le coefficient d'échange peut être calculé à l'aide de la corrélation de Churchill et Chu (1975) :

$$\overline{\mathrm{Nu}}_{D,f} = \left\{ 0.60 + \frac{0.387\ \mathrm{Ra}_{D,f}^{1/6}}{\left[1 + (0.559/\mathrm{Pr}_f)^{9/16}\right]^{8/27}} \right\}^2 \quad \text{for } 10^{-5} \leq \mathrm{Ra}_{D,f} \leq 10^{12} \tag{9.23}$$

   où les nombres de Nusselt, Rayleigh et Prandtl sont respectivement définis par les relations suivantes :

$$\overline{\mathrm{Nu}}_{D,f} \ \hat{=}\ \frac{\bar{h}D}{k_f} \equiv \frac{q''D}{\Delta T_{sat} k_f} \tag{9.24}$$

$$\mathrm{Ra}_{D,f} \ \hat{=}\ \frac{g\beta_f \Delta T_{sat} D^3}{\nu_f \alpha_f} \tag{9.25}$$

$$\mathrm{Pr}_f \ \hat{=}\ \frac{\nu_f}{\alpha_f} \tag{9.26}$$

   où $\bar{h}$ est le coefficient d'échange moyen, g l'accélération de la pesanteur, k_f la conductivité thermique du liquide, α_f la diffusivité thermique du liquide, β_f le coefficient de dilatation volumique et ν_f la viscosité cinématique du liquide. Dans l'équation (9.23) les propriétés physiques sont évaluées à la température de film T_{film} définie par la relation :

$$T_{film} \ \hat{=}\ \frac{T_w + T_{sat}}{2} \tag{9.27}$$

2. Plaque horizontale.
   Soit L la longueur caractéristique d'une plaque chauffante horizontale d'aire A et de périmètre P définie par la relation :

$$L \ \hat{=}\ \frac{A}{P} \tag{9.28}$$

   Si le liquide est situé au-dessus de la plaque, le coefficient d'échange peut être calculé par les corrélations suivantes :

$$\mathrm{Nu}_{L,f} = 0.54\ \mathrm{Ra}_{L,f}^{1/4} \quad \text{for} \quad 10^4 \leq \mathrm{Ra}_{L,f} \leq 10^7 \tag{9.29}$$

$$\mathrm{Nu}_{L,f} = 0.15\ \mathrm{Ra}_{L,f}^{1/3} \quad \text{for} \quad 10^7 \leq \mathrm{Ra}_{L,f} \leq 10^{11} \tag{9.30}$$

2.2 Démarrage de l'ébullition nucléée

Des bulles de vapeur apparaissent sur la paroi chauffante non pas lorsque la température de la paroi T_w atteint la température de saturation T_{sat} mais pour une température de paroi légèrement supérieure. L'objectif de cette section est de proposer une méthode pour calculer cette surchauffe de la paroi nécessaire à l'apparition de l'ébullition nucléée (*onset of nucleate boiling, ONB*).

Avec les hypothèses H1 à H5, le rayon d'équilibre d'une interface sphérique est donné par la relation (9.21) :

$$R_e = \frac{2\sigma}{p_{sat,\infty}(T_f) - p_f} \tag{9.31}$$

Pour une interface sphérique qui n'est pas à l'équilibre nous pouvons admettre en première approximation que son rayon R est donné par la relation :

$$R = \frac{2\sigma}{p_g - p_f} \tag{9.32}$$

En comparant les équations (9.31) et (9.32) nous pouvons conclure que si une bulle a un rayon $R \geq R_e$, alors $p_g \leq p_{sat,\infty}(T_f)$, une évaporation s'en suivra et le rayon de la bulle va croître. En revanche, si la bulle a un rayon $R \leq R_e$, alors ce rayon va diminuer. C'est pour cette raison que le rayon R_e est souvent appelé le *rayon critique* de la bulle.

Cela explique ce qui se passe à la surface d'une plaque chauffante lorsque le flux thermique augmente : la température de la surface ainsi que la température du liquide au voisinage de la plaque augmentent. En conséquence, le rayon critique donné par l'équation (9.31) diminue et des chapelets de bulles de plus en plus petites apparaissent sur la surface chauffante.

Définissons la surchauffe de la paroi par la relation :

$$\Delta T_{sat} \triangleq T_w - T_{sat}(p_f) \tag{9.33}$$

où T_w est la température de la paroi.

Il est important de pouvoir déterminer la surchauffe de la paroi $\Delta T_{sat,ONB}$ nécessaire pour obtenir l'apparition de bulles de vapeur sur cette paroi (*onset of nucleate boiling*). En effet, lorsque cette surchauffe sera atteinte le coefficient d'échange thermique augmentera de façon significative par suite de l'apparition du régime d'ébullition nucléée.

Compte tenu de l'équation de Clapeyron (9.5), il suffira de connaître l'écart $[p_{sat,\infty}(T_f) - p_f]$ pour déterminer la surchauffe du liquide $[T_f - T_{sat,\infty}(p_f)]$ nécessaire pour maintenir une bulle sphérique de rayon R_e en équilibre dans un liquide à la pression p_f.

Nous déduisons de l'équation (9.31) la relation suivante :

$$p_{sat,\infty}(T_f) - p_f = \frac{2\sigma}{R_e}$$

ou encore :

$$[T_f - T_{sat,\infty}(p_f)]\left(\frac{dp}{dT}\right)_{sat} = \frac{2\sigma}{R_e}$$

et compte tenu de l'équation de Clapeyron (9.5) :

$$T_f = T_{sat,\infty}(p_f) + \frac{2\sigma T_{sat,\infty}(p_f)v_g}{h_{fg}R_e} \tag{9.34}$$

Modèle de Frost et Dzakowic

Compte tenu des hypothèses H1 à H5, la température T_f du liquide requise pour maintenir une interface sphérique de rayon R_e à l'équilibre dans un liquide à pression p_f est donnée par la relation (9.34).

Par ailleurs, au voisinage de la paroi le profil de température dans le liquide est donné par la relation :

$$T_f(y) = T_w - \frac{q''y}{k_f} \tag{9.35}$$

où y est la coordonnée perpendiculaire à la paroi chauffante. Frost et Dzakowic (1967) ont supposé que l'ébullition nucléée apparaît lorsque la température du liquide à une distance $y = \mathrm{Pr}_f^2 R_e$ de la paroi (température donnée par l'équation 9.35) dépasse la température du liquide nécessaire pour maintenir une interface sphérique de rayon R_e à l'équilibre (donnée par l'équation 9.34).

La résolution mathématique du problème conduit à l'expression suivante de la surchauffe :

$$\Delta_{sat,ONB} \hat{=} T_{w,ONB} - T_{sat,\infty}(p_f) = \mathrm{Pr}_f\sqrt{\frac{8\sigma q'' T_{sat,\infty}(p_f)v_g}{h_{fg}k_f}} \tag{9.36}$$

2.3 L'ébullition nucléée

Mécanismes de transfert de chaleur lors de l'ébullition nucléée d'un liquide saturé

La courbe de Nukiyama (figure 9.5) montre clairement que le coefficient d'écange thermique $h \hat{=} q''/\Delta_{sat}$ est plus élevé en ébullition nucléée (branche AC) qu'en convection naturelle (branche OA). Cette augmentation est due à l'effet de pompage mécanique produit par le détachement, la croissance et l'ascension des bulles. La cinématographie ultra-rapide associée à la

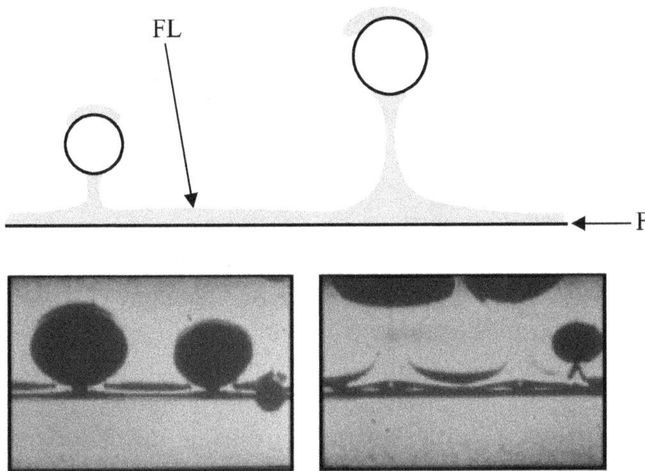

Figure 9.6 – Mécanisme du transfert de chaleur en ébullition nucléée (*par courtoisie de R. Séméria*) ; F : fil chauffant, FL : zone de liquide surchauffé.

strioscopie ont en effet montré que du liquide surchauffé était entraîné sur le sommet des bulles et dans leur sillage (figure 9.6).

Chaque site de nucléation présente un cycle périodique. Si le critère d'apparition de l'ébullition nucléée est satisfait, $\Delta T_{sat} \geq \Delta T_{sat,ONB}$, une bulle apparaît sur le site de nucléation, croît et se détache. Du liquide plus froid venant du cœur de l'écoulement prend la place de la bulle et du liquide surchauffé qu'elle a entraîné et entre en contact avec la paroi. Ce liquide s'échauffe et quand la surchauffe devient suffisante le cycle recommence.

En résumé, le transfert thermique en paroi lors de l'ébullition nucléée résulte d'une combinaison de trois mécanismes :

- une convection naturelle du liquide entre les sites de nucléation,
- une conduction transitoire,
- une évaporation aux interfaces des bulles de vapeur.

Un modèle mécaniste devrait donc recourir à un ensemble de sous-modèles permettant de déterminer les grandeurs suivantes :

- le nombre surfacique de sites de nucléation sur l'élément chauffant,
- le taux de croissance des bulles attachées sur l'élément chauffant,
- le diamètre de détachement des bulles,
- la fréquence de détachement des bulles,
- le mouvement du liquide autour des bulles induit par la thermocapillarité.

Nombre surfacique de sites de nucléation

Le nombre surfacique n de sites de nucléation sur un élément chauffant dépend des paramètres suivants dont la liste n'est probablement pas exhaustive :

- la surchauffe de la paroi,
- la pression du système,
- le processus d'élaboration de la surface chauffante,
- la rugosité de la surface chauffante,
- la mouillabilité de la surface chauffante par le liquide,
- les propriétés thermophysiques de l'élément chauffant et du liquide,
- l'épaisseur de l'élément chauffant,
- l'aire d'influence d'un site de nucléation.

De plus, en ébullition nucléée partielle, les interactions hydrodynamiques et thermiques entre des sites voisins peuvent induire l'activation de sites inactifs et déactiver des sites actifs comme l'ont montré Kenning (1989), et Judd et Chopra (1993).

En 1983, Kocamustafaogullari et Ishii ont analysé toutes les données existant à l'époque pour l'eau à des pressions variant entre 1 et 198 bar et pour différents types de surface chauffante. Ces auteurs ont proposé la corrélation suivante :

$$n = 2.157 \times 10^{-7} \frac{1}{D_d^2} \left(\frac{\rho_f - \rho_g}{\rho_g} \right)^{-3.12} \left(1 + 0.0049 \, \frac{\rho_f - \rho_g}{\rho_g} \right)^{4.13} \left(\frac{R_c}{D_d/2} \right)^{-4.4} \tag{9.37}$$

L'utilisation de cette corrélation nécessite la connaissance du rayon critique R_c pour lequel il est suggéré de prendre la relation suivante [3] avec $T_g \equiv T_w$:

$$R_c = \frac{2\sigma}{p_f} \left(1 + \frac{\rho_g}{\rho_f} \right) \left\{ \exp \left[\frac{(T_g - T_{sat}) h_{fg}}{\mathcal{R} T_g T_{sat}} \right] - 1 \right\}^{-1} \tag{9.38}$$

Le diamètre de détachement D_d est lui donné par la relation :

$$D_d = 0.0012 \left(\frac{\rho_f - \rho_g}{\rho_g} \right)^{0.9} D_{dF} \tag{9.39}$$

où D_{dF} est le diamètre de détachement proposé par Fritz (1935) :

$$D_{dF} = 0.0208 \, \theta \sqrt{\frac{\sigma}{g(\rho_f - \rho_g)}} \tag{9.40}$$

θ étant l'angle de contact en degrés mesuré dans le liquide.

Une détermination mécaniste du nombre surfacique de sites de nucléation a été donnée par Wang et Dhir (1993a, b). Cependant leur méthode ne semble pas adaptée à des applications industrielles.

---

3. Cette relation n'est pas cohérente avec les hypothèses faites par les auteurs, qui auraient dû prendre l'équation (9.17).

Dynamique de la bulle

La croissance d'une bulle de vapeur est due à l'évaporation présente à l'interface. Mais où sur cette inferface ? Dans les premières tentatives pour résoudre le problème de la croissance d'une bulle, l'évaporation était supposée avoir lieu sur toute l'interface. Cependant, Snyder et Edwards ont montré en 1956 qu'en *ébullition saturée*, *i.e.* quand l'ensemble du liquide est à la température de saturation, l'évaporation a lieu préférentiellement sur une *microcouche* de liquide en contact avec l'élément chauffant à la base de la bulle. Cela a été confirmé par des études expérimentales et numériques (Lee et Nydahl, 1989). Cependant, en *ébullition sous-saturée*, *i.e.* quand l'ensemble du liquide est à une température inférieure à la température de saturation, l'évaporation sur la microcouche ne représente que 20 % de l'évaporation totale sur l'interface. En fait, aucun modèle satisfaisant n'existe pour la croissance d'une bulle attaché sur un élément chauffant et les simulations numériques directes sont d'un grand intérêt (Welch, 1998 ; Son *et al.*, 1999 ; Yang *et al.*, 2000 ; Yoon *et al.*, 2001).

Diamètre de détachement des bulles

Le diamètre de détachement des bulles est généralement déterminé à partir d'un bilan de forces impliquant les types de force suivants :

- l'inertie du liquide,
- l'inertie de la vapeur quand celle-ci est significative, *(i.e.* à haute pression,
- la traînée du liquide sur la bulle,
- la flottabilité,
- la tension interfaciale.

Kocamustafaogullari et Ishii (1983) [4] ont proposé de modifier la corrélation de Fritz pour tenir compte de la pression et suggèrent de prendre :

$$D_d = 0.0012 \left(\frac{\rho_f - \rho_g}{\rho_g} \right)^{0.9} D_{dF} \tag{9.41}$$

où D_{dF} est le diamètre de détachement de Fritz donné par la relation :

$$D_{dF} = 0.0208\, \theta \sqrt{\frac{\sigma}{g(\rho_f - \rho_g)}} \tag{9.42}$$

θ étant l'angle de contact en degrés mesuré dans le liquide.

En réalité, d'une part l'influence de la tension interfaciale est encore assez obscure (Buyevich et Webbon, 1996) et d'autre part la surchauffe de la paroi semble également jouer un rôle.

4. Cet article est basé sur un rapport plus détaillé de Kocamustafaogullari *et al.* (1982).

Fréquence de détachement des bulles

L'intervalle de temps entre deux détachements de bulles pour un site de nucléation donné est la somme d'un temps d'attente entre le détachement de la première bulle et l'apparition de la deuxième bulle et d'un temps de croissance de cette deuxième bulle et son détachement. Jusqu'à présent il a été impossible de modéliser ces deux temps séparément.

La prédiction du coefficient d'échange thermique

La corrélation de Rohsenow (1952)

Rohsenow a proposé une corrélation basée sur un nombre de Nusselt, un nombre de Reynolds et un nombre de Prandtl. L'auteur explique l'augmentation du coefficient d'échange par l'agitation du liquide provoquée par l'ascension des bulles. Le flux de masse surfacique intervenant dans le nombre de Reynolds est le flux de masse surfacique de la vapeur quittant l'élément chauffant, identique au flux de masse surfacique du liquide redescendant vers l'élément chauffant. La longueur caractéristique intervenant dans les nombres de Nusselt et de Reynolds est le diamètre de détachement des bulles donné par la corrélation de Fritz (9.42). Finalement, l'auteur obtient la corrélation suivante :

$$\frac{c_f(T_w - T_{sat})}{h_{fg}} = C_{sf}\left[\frac{q''}{\mu_f h_{fg}}\sqrt{\frac{\sigma}{g(\rho_f - \rho_g)}}\right]^{0.33}\left(\frac{\mu_f c_f}{k_f}\right)^s \tag{9.43}$$

où c_f est la capacité thermique massique du liquide, μ_f la viscosité du liquide et ρ_f la masse volumique du liquide. Dans l'équation (9.43) toutes les propriétés physiques sont évaluées à la température de saturation correspondant à la pression locale. Rohsenow suggère de prendre $s = 1$ pour l'eau et $s = 1.7$ pour les autres fluides. Le coefficient C_{sf} dépend du couple liquide-élément chauffant. Il varie de 0.003 à 0.015.

Dans deux articles récents, Pioro *et al.* (2004a, b) donnent les valeurs de la constante C_{sf} et des exposants apparaissant dans l'équation (9.43) pour des fluides et des matériaux variés (cuivre, aluminium, laiton, acier inoxydable) ainsi que leur domaine de validité.

La corrélation de Mikic et Rohsenow (1969)

La corrélation de Mikic et Rohsenow prend en compte deux mécanismes physiques importants :

1. Lorsqu'une bulle se détache de l'élément chauffant, elle entraîne sur sa calotte supérieure et dans son sillage du liquide surchauffé. Ce liquide surchauffé est alors remplacé par du liquide plus froid provenant du cœur

de l'écoulement. Les auteurs ont supposé que l'aire d'influence correspondante avait un diamètre égal à deux fois le diamètre de détachement D_d d'une bulle. Il est alors possible de résoudre le problème de conduction instationnaire entre la paroi et le liquide froid traduisant la reconstruction de la couche de liquide surchauffé.

2. Une convection naturelle s'établit à l'extérieur des domaines d'influence entourant chaque site de nucléation.

Le flux thermique surfacique est ainsi décomposé en deux termes :

$$q'' = (1 - n\pi D_d^2) q''_{nc} + n\pi D_d^2 q''_b \tag{9.44}$$

où q''_{nc} et q''_b sont respectivement les composantes liées à la convection naturelle et à l'ébullition et où D_d est donné, pour des pressions inférieures à 100 bar, par la corrélation de Fritz modifiée de la manière suivante :

$$D_d = C_2 \sqrt{\frac{\sigma}{g(\rho_f - \rho_l)}} (\mathrm{Ja}^\star)^{5/4} \tag{9.45}$$

Dans cette relation, le nombre de Jakob modifié $\mathrm{Ja}^\star$ est défini de la façon suivante :

$$\mathrm{Ja}^\star \hat{=} \frac{\rho_f c_f T_{sat}}{\rho_g h_{fg}} \tag{9.46}$$

1. Modélisation du terme de *convection naturelle* q''_{nc}
   Les auteurs ont utilisé le nombre de Rayleigh suivant :

$$\mathrm{Ra}_{A,f} \hat{=} \frac{g\beta_f \Delta T_{sat} A^{3/2}}{\nu_f \alpha_f} \tag{9.47}$$

   Pour la convection naturelle *laminaire* ($10^5 \leq \mathrm{Ra}_{A,f} \leq 2 \times 10^7$) :

$$q''_{nc} = 0.54\, \rho_f c_f \left(\frac{g\beta_f \Delta_{sat}^5 \alpha_f^3}{\nu_f \sqrt{A}} \right)^{1/4} \tag{9.48}$$

   Pour la convection naturelle turbulente ($2 \times 10^5 \leq \mathrm{Ra}_{A,f} \leq 3 \times 10^{10}$) :

$$q''_{nc} = 0.14\, \rho_f c_f \left(\frac{g\beta_f \Delta_{sat}^4 \alpha_f^2}{\nu_f} \right)^{1/3} \tag{9.49}$$

2. Modélisation du terme d'*ébullition* q''_b
   Il est calculé à partir du système d'équations suivant :

$$\frac{q''_b \sqrt{\dfrac{\sigma}{g(\rho_f - \rho_g)}}}{\mu_f h_{fg}} = B\varphi^{m+1} \Delta_{sat}^{m+1} \tag{9.50}$$

Le paramètre B est défini par la relation :

$$B \hat{=} \frac{1.2}{\sqrt{\pi}} C_1 C_2 g^{-9/8} \left(\frac{r_s}{2}\right)^m \tag{9.51}$$

où :
- C_1, r_s and m sont les paramètres apparaissant dans la corrélation du nombre surfacique de sites de nucléation *choisis par l'utilisateur* :

$$n = C_1 \left(\frac{r_s}{2}\right)^m \tag{9.52}$$

n étant le nombre de sites par unité d'aire dont les rayons sont supérieurs à r,
- $C_2 = 1.5 \times 10^{-4}$ pour l'eau, $C_2 = 4.65 \times 10^{-4}$ pour les autres liquides.

Enfin, le paramètre φ est défini par la relation :

$$\varphi \hat{=} \left[\frac{k_f^{1/2} \rho_f^{17/8} c_f^{19/8} h_{fg}^{(m-23/8)} \rho_g^{(m-15/8)}}{\mu_f (\rho_f - \rho_g)^{9/8} \sigma^{(m-11/8)} T_{sat}^{(m-15/8)}}\right]^{\frac{1}{m+1}} \tag{9.53}$$

La corrélation de Kocamustafaogullari et Ishii (1983)

La croissance d'une bulle de vapeur peut être modélisée comme un écoulement de type source comme l'ont suggéré Zuber et Bankoff il y plus de cinquante ans. Kocamustafaogullari et Ishii (1983) [5] ont postulé que cet aspect hydrodynamique était le mécanisme qui permettait d'expliquer l'augmentation du coefficient d'échange en ébullition saturée ou sous-saturée sur une surface horizontale ou verticale. La corrélation adimensionnelle proposée par les auteurs s'écrit :

$$q'' = 14.0 \left(\frac{\rho_f c_f}{\rho_g h_{fg}}\right)^{0.5} \left(\frac{\nu_f}{\alpha_f}\right)^{-0.39} \frac{k_f}{D_d^{0.25}} \Delta T_{sat}^{1.5} n^{0.375} \tag{9.54}$$

où le nombre surfacique de sites de nucléation n et le diamètre de détachement des bulles D_d sont donnés respectivement par les équations (9.37) et 9.39).

La pertinence de cette corrélation a été récemment confirmée par Sakashita et Kumada (2001).

La corrélation de Cooper (1984)

Devant la difficulté d'utilisation apparente de la corrélation de Rohsenow, Cooper (1984) a proposé la corrélation dimensionnelle suivante qui permet de calculer le coefficient d'échange en ébullition nucléée :

$$h = 40\, p_R^{0.12-\log\varepsilon} (-\log p_R)^{-0.55} M^{-0.55} q''^{\,2/3} \tag{9.55}$$

5. Cet article est basé sur un rapport plus détaillé de Kocamustafaogullari *et al.* (1982).

où M est la masse molaire du fluide (pour l'eau : $M = 18$), h le coefficient d'échange en $W/(m^2{\cdot}K)$, p_R la pression réduite définie comme étant le rapport de la pression à la pression critique, q'' le flux thermique surfacique en W/m^2 et ε la rugosité de la paroi en μm.

Récapitulation

A l'exclusion de l'étrange corrélation de Cooper, toutes les autres corrélations sont résumées dans le tableau 9.1.

Modèles	**Rohsenow 1952**	**Mikic et Rohsenow 1969**	**Kocamustafaogullari et Ishii 1983**
Modèles primaires			
Turbulence du liquide	Oui	Non	Non
Conduction instationnaire (remplacement de la couche liquide surchauffée)	Non	Oui	Non
Convection naturelle du liquide entre les sites de nucléation	Non	Oui	Non
Ecoulement source dû à la croissance des bulles	Non	Non	Oui
Evaporation de la microcouche	Non	Non	Non
Modèles secondaires			
Diamètre de détachement des bulles	Oui	Oui	Oui
Nombre surfacique de sites de nucléation	Non	Fourni par l'utilisateur	Oui
Fréquence de détachement des bulles	Non	Oui	Non
Diamètre d'influence d'une bulle à son détachement de la paroi	Non	Oui	Non

Tableau 9.1 – Coefficient d'échange thermique en ébullition nucléée

2.4 La crise d'ébullition

Les corrélations d'échange thermique en ébullition nucléée ne sont pas très précises. Cependant, cela n'est pas d'une importance capitale car le coefficient d'échange est assez élevé et ce sont les résistances thermiques qui joueront un rôle primordial. En revanche, une détermination précise du flux thermique maximal en ébullition nucléée est importante car, dans un chauffage à flux imposé, il y aurait au-delà de ce flux une augmentation brutale de la température qui pourrait entraîner une dégradation sévère de l'élément chauffant.

Dans un premier temps, nous allons présenter la racine commune aux différentes modélisation, à savoir une représentation supposée de la structure de l'écoulement au voisinage du flux maximal et les premiers éléments de modélisation qui en découlent. Ensuite, nous préciserons certains aspects de la modélisation proposés par différents auteurs.

La racine commune des différentes modélisations

La recherche d'une expression générique du flux thermique maximal passe par les quatre étapes suivantes :

1. *Structure de l'écoulement.*
Les différentes structures d'écoulement que l'on peut imaginer autour du point de flux maximal sur une plaque chauffante horizontale sont représentées à la figure 9.7.

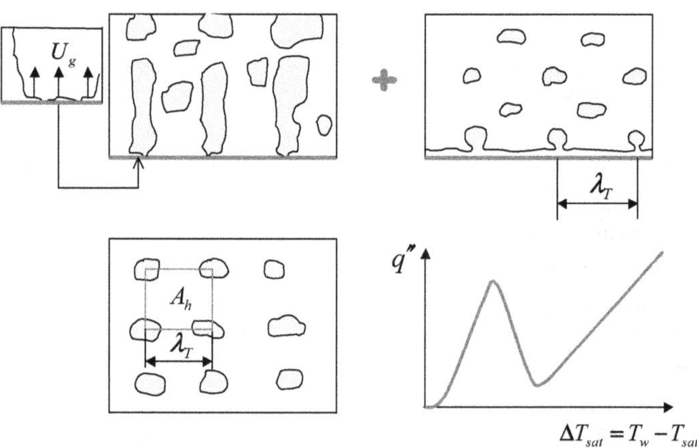

Figure 9.7 – Différentes structures de l'écoulement autour du flux maximal sur une plaque chauffante horizontale.

En *ébullition nucléée pleinement développée*, des colonnes de vapeur sont attachées à l'élément chauffant par un ou plusieurs pédicules et la vapeur est générée avec un débit important à la surface des microcouches de liquide surchauffées en contact avec l'élément chauffant.

En *ébullition en film*, l'élément chauffant est recouvert par un film de vapeur dont l'interface présente des ondes de longueur d'onde égale à la longueur d'onde de Rayleigh-Taylor λ_{RT}.

En *ébullition de transition*, la structure de l'écoulement est une composition des structures observées en ébullition nucléée et en ébullition en film.

En conséquence, il devient naturel de supposer qu'en ébullition nucléée pleinement développée et au voisinage du flux maximal, les colonnes de vapeur sont séparées par une distance égale à la longueur d'onde de Rayleigh-Taylor λ_{RT}.

Une analyse linéaire des instabilités de Rayleigh-Taylor conduit à l'expression suivante de la longueur d'onde prédominante :

$$\lambda_T = 2\pi\sqrt{3}L_c \tag{9.56}$$

où L_c est la *longueur capillaire* définie par la relation :

$$L_c \triangleq \sqrt{\frac{\sigma}{(\rho_f - \rho_g)g}} \tag{9.57}$$

2. *Stabilité d'une colonne de vapeur.*

   Quand le flux thermique augmente et atteint le flux maximal, la colonne de vapeur devient instable et la structure de l'écoulement évolue soit vers la structure de l'ébullition en film dans un chauffage à flux imposé, soit vers la structure de l'ébullition de transition dans un chauffage à température imposée.

   La stabilité des colonnes de vapeur obéit au critère de stabilité de Kelvin-Helmholtz (Nakoriakov *et al.*, 1993) qui s'écrit, U_g étant la vitesse de la vapeur dans une colonne :

$$\frac{1}{2}\rho_g U_g^2 \leq \frac{\pi\sigma}{\lambda_{KH}} \tag{9.58}$$

   où λ_{KH} est la longueur d'onde réelle qui apparaît sur l'interface et qui doit être déterminée. L'équation (9.58) signifie simplement qu'une colonne de vapeur reste stable si l'énergie cinétique de la vapeur reste inférieure à l'énergie interfaciale.

3. *Vitesse de la vapeur.*

   La vitesse de la vapeur U_g est alors calculée par un bilan thermique : le flux thermique produit par une aire A_h d'élément chauffant est utilisé pour créer le débit-masse de vapeur dans la colonne d'aire de section droite A_j (figure 9.7). En conséquence, nous avons :

$$q''A_h = \rho_g U_g A_j h_{fg} \tag{9.59}$$

4. *Expression du flux thermique surfacique maximal.*
   En combinant les équations (9.58 et 9.59), nous obtenons la condition de stabilité pour les colonnes de vapeur :

$$q'' \leq \frac{A_j}{A_h}\rho_g h_{fg}\sqrt{\frac{2\pi\sigma}{\rho_g\lambda_K}} \tag{9.60}$$

   En conséquence le membre de droite de cette dernière équation définit le flux thermique maximal q''_{max} en ébullition nucléée :

$$q''_{max} \triangleq \frac{A_j}{A_h}\rho_g h_{fg}\sqrt{\frac{2\pi\sigma}{\rho_g\lambda_K}} \tag{9.61}$$

   Pour fermer le problème, le rapport A_j/A_h et la longueur d'onde de Kelvin-Helmholtz λ_{KH} doivent maintenant être déterminés.

Modèles basés sur la théorie des instabilités

Les deux principaux modèles sont celui de Zuber et celui de Lienhard et Dhir.

1. *Le modèle de Zuber (1958).*
   L'auteur fait les hypothèses suivantes sans les justifier :
   (a) le rayon d'une colonne R_j est égal au quart de la longueur de Rayleigh-Taylor λ_{RT} :

$$R_j = \frac{1}{4}\lambda_{RT}$$

   (b) la longueur d'onde de Kelvin-Helmholtz λ_{KH} est égale à la plus grande longueur d'onde λ_R qui assure la stabilité de la colonne considérée comme un jet. La théorie des instabilités de jet de Rayleigh montre que cette longueur d'onde est égale au périmètre du jet. En conséquence nous avons :

$$\lambda_{KH} = \lambda_R = 2\pi R_j = \frac{\pi}{2}\lambda_{RT}$$

   Finalement Zuber obtient l'expression suivante pour le flux thermique surfacique maximal :

$$q''_{max} = 0.12\,\rho_g^{1/2} h_{fg}\sqrt[4]{\sigma(\rho_f-\rho_g)g} \tag{9.62}$$

2. *Le modèle de Lienhard et Dhir (1973).*
Les auteurs ont gardé la première hypothèse de Zuber sur le rayon du jet mais ont supposé sans justification que la longueur d'onde de Kelvin-Helmholtz λ_{KH} était égale à la longueur de Rayleigh-Taylor λ_{RT}. Ils ont alors obtenu l'expression suivante :

$$q''_{max} = 0.15\, \rho_g^{1/2} h_{fg} \sqrt[4]{\sigma(\rho_f - \rho_g)g} \tag{9.63}$$

On remarquera que le coefficient est très proche de celui de Zuber.

Corrélation basée sur la théorie de la stabilité et sur l'analyse des échelles

La longueur de Rayleigh-Taylor λ_{RT} et le rayon d'une colonne R_j ont pour échelle commune la longueur capillaire L_c. En conséquence, A_j et A_h ont pour échelle commune L_c^2. Comme la longueur d'onde de Kelvin-Helmholtz λ_{KH} a aussi L_c pour échelle, l'équation (9.61) montre que le flux thermique surfacique maximal a pour échelle :

$$\rho_g^{1/2} h_{fg} \sqrt[4]{\sigma(\rho_f - \rho_g)g}$$

En conséquence, nous avons :

$$q''_{max} = C \rho_g^{1/2} h_{fg} \sqrt[4]{\sigma(\rho_f - \rho_g)g}$$

où C est un coefficient qui doit être déterminé à partir de base de données expérimentales.

Corrélation basée sur l'analyse adimensionnelle

En 1948 Kutateladze avait trouvé la même expression que celle obtenue par Zuber mais avec un coefficient différent :

$$q''_{max} = 0.13\, \rho_g^{1/2} h_{fg} \sqrt[4]{\sigma(\rho_f - \rho_g)g} \tag{9.64}$$

Son analyse adimensionnelle reposait sur l'analogie entre la crise d'ébullition et le phénomène d'engorgement rencontré dans les réacteurs de génie chimique.

Effets particuliers

Une abondante littérature traite de la sensibilité de la crise d'ébullition à des effets particuliers. On citera par exemple :

1. *L'effet de la géométrie de l'élément chauffant.*
   Pour des *plaques horizontales* surmontées du liquide, le modèle de Lienhard et Dhir (équation 9.63) donne de bons résultats si la plaque chauffante est bordée de parois verticales et si sa plus petite dimension L est telle que :
   $$L \geq 32.6\ L_c$$
   Pour un *cylindre horizontal*, le flux thermique surfacique maximal dépend du rayon R du cylindre. Sun et Lienhard (1970) ont proposé la corrélation suivante :
   $$q''_{max} = \left[0.116 + 0.3\exp\left(-3.44R^{\star 1/2}\right)\right]\ \rho_g^{1/2} h_{fg} \sqrt[4]{\sigma(\rho_f - \rho_g)g} \quad (9.65)$$
   où le rayon adimensionnel $R^\star$ est défini par la relation :
   $$R^\star \hat{=} \frac{R}{L_c} \quad (9.66)$$
2. *L'effet de la mouillabilité de la surface de l'élément chauffant.*
   Cet effet n'est pas négligeable comme l'ont montré Dhir et Liaw (1989).
3. *L'effet de la rugosité de la surface de l'élément chauffant.*
   Bien que la rugosité de la surface de l'élément chauffant ait une forte influence sur les échanges thermiques en ébullition nucléée, son influence sur la valeur du flux critique n'a jamais été clairement démontrée.
4. *L'effet de la pression du système.*
   Quand la pression augmente, le coefficient d'échange thermique augmente en ébullition nucléée tandis que le flux critique augmente puis diminue. Pour l'eau, la valeur maximale du flux critique est de l'ordre de 4.5 MW/m^2.
5. *L'effet de la sous-saturation.*
   Quand le liquide est sous-saturé, la courbe de Nukiyama en ébullition nucléée n'est pas modifiée bien que les mécanismes de transferts de chaleur soient très différents. En revanche, le flux critique augmente sensiblement. Ivey et Morris (1962) ont proposé la corrélation suivante pour tenir compte de cet effet :
   $$q''_{max,sub} = q''_{max,sat}\left[1 + 0.1\left(\frac{\rho_f}{\rho_g}\right)^{3/4} \frac{c_f \Delta T_{sub}}{h_{fg}}\right] \quad (9.67)$$
   où la sous-saturation ΔT_{sub} est définie par la relation :
   $$\Delta T_{sub} \hat{=} T_{sat} - T_f \quad (9.68)$$

2.5 Ebullition en film

Il existe une analogie frappante entre ce régime d'ébullition et la condensation en film. Cette ressemblance a donc été naturellement mise à profit pour développer des corrélations de coefficient d'échange en ébullition en film en partant de celles utilisées en condensation en film. Celle-ci avait déjà été étudiée par Nusselt en 1916 dans le cas de la condensation d'une vapeur pure sur un cylindre horizontal. Nusselt avait abouti à la corrélation suivante pour le nombre de Nusselt moyen :

$$Nu_f = 0.729 \left[\frac{\rho_f(\rho_f - \rho_g)gh'_{fg}D^3}{\mu_f k_f(T_{sat} - T_w)}\right]^{1/4}$$

avec :

$$h'_{fg} \hat{=} h_{fg}\left[1 + 0.68\,\frac{c_{pf}(T_{sat} - T_w)}{h_{fg}}\right]$$

cette dernière correction ayant été introduite par Rohsenow (1956) pour tenir compte du profil de température dans le film de condensat.

Cas d'un cylindre horizontal

Le nombre de Nusselt moyen peut être calculé soit avec la corrélation de Bromley (1950), soit avec la corrélation de Westwater et Breen (1962), le choix dépendant de la valeur d'un diamètre adimensionnel défini par la relation :

$$R^\star \hat{=} \frac{R}{L_c} \equiv \frac{R}{\sqrt{\dfrac{\sigma}{(\rho_f - \rho_g)g}}} \tag{9.69}$$

1. Corrélation de Bromley pour $R^\star \geq 3.52$:

$$Nu_{D,f} = 0.62 \left[\frac{\rho_g(\rho_f - \rho_g)gh'_{fg}D^3}{\mu_g k_g(T_w - T_{sat})}\right]^{1/4}$$

   où :

$$h'_{fg} \hat{=} h_{fg}\left[1 + 0.34\,\frac{c_{pg}(T_w - T_{sat})}{h_{fg}}\right]$$

   les propriétés physiques de la vapeur et du liquide étant respectivement évaluées aux températures $T_{sat} + \frac{1}{2}(T_w - T_{sat})$ et T_{sat}.

   Cette corrélation donne de bons résultats pour l'eau à pression atmosphérique. Néanmoins, pour des températures de paroi supérieures à 300 °C, le rayonnement devient important et Bromley suggère de calculer le coefficient d'échange total h_{tot} par la relation :

$$h_{tot} = h_{Bromley} + h_{rad}$$

où le coefficient d'échange radiatif est donné par la relation :

$$h_{rad} = \frac{\varepsilon\sigma(T_w^4 - T_{sat}^4)}{T_w - T_{sat}}$$

Dans cette relation ε est l'émissivité de la paroi et σ la constante de Stefan-Boltzmann ($= 5.67 \times 10^{-8}$ W/(m^{2}K^4).

2. Corrélation de Westwater et Breen pour $R^\star \leq 3.52$:

$$Nu_{D,f} = \left[\left(0.661 + \frac{0.243}{R^\star}\right) R^{\star 1/4}\right] Nu_{Bromley}$$

Cas d'une plaque horizontale

Berenson (1961) a proposé la corrélation suivante :

$$Nu_{\lambda_c,f} = 0.425 \left[\frac{\rho_g(\rho_f - \rho_g)gh'_{fg}(\lambda_c/2\pi)^3}{\mu_g k_g(T_w - T_{sat})}\right]^{1/4}$$

avec :

$$h'_{fg} \hat{=} h_{fg}\left[1 + 0.4\,\frac{c_{pg}(T_w - T_{sat})}{h_{fg}}\right]$$

La longueur caractéristique λ_c est la longueur d'onde critique correspondant à la stabilité marginale de l'instabilité de Rayleigh-Taylor :

$$\lambda_c \hat{=} 2\pi\sqrt{\frac{\sigma}{g(\rho_f - \rho_g)}} \tag{9.70}$$

et les propriétés physiques de la vapeur et du liquide étant respectivement évaluées aux températures $T_{sat} + \frac{1}{2}(T_w - T_{sat})$ and T_{sat}.

Simulations numériques

Récemment, l'ébullition en film a été simulé numériquement. Un exemple est donné par les travaux de Juric et Tryggvason (1998).

Flux thermique minimal en ébullition en film

Il existe en ébullition en film un flux thermique surfacique minimal q''_{min} au-dessous duquel le taux de production de vapeur est insuffisant pour assurer la stabilité du film de vapeur entre le liquide et l'élément chauffant. La connaissance de ce flux minimal permet alors de déterminer la surchauffe minimale de la paroi $\Delta T_{sat,min} \hat{=} T_{w,min} - T_{sat}$ en utilisant la corrélation de transfert de chaleur en ébullition en film. Les valeurs du flux thermique surfacique minimal q''_{min} et de la surchauffe minimale $\Delta T_{sat,min} \hat{=} T_{w,min} - T_{sat}$ sont les coordonnées d'un point appelé *point de Leidenfrost.*

Des corrélations sont disponibles pour les cas suivants :

1. *Liquide au-dessus d'une plaque horizontale.*
   Zuber (1958) a proposé un modèle basé sur les instabilités de Rayleigh-Taylor :

$$q''_{min} = 0.13\ \rho_g h_{fg} \left[\frac{\sigma g(\rho_f - \rho_g)}{(\rho_f + \rho_g)^2} \right]^{1/4}$$

   Berenson (1961) a suggéré de prendre plutôt un coefficient égal à 0.09 au lieu de 0.13.

2. *Cylindre horizontal.*
   Lienhard et Wong (1964) donne la corrélation suivante :

$$q''_{min} = 0.046 \left[\frac{18}{R^{\star 2}(2R^{\star 2} + 1)} \right]^{1/4} \rho_g h_{fg} \left[\frac{\sigma g(\rho_f - \rho_g)}{(\rho_f + \rho_g)^2} \right]^{1/4}$$

2.6 Ebullition de transition

Ce régime ne peut être observé que dans un chauffage à température imposée. Il est caractérisé par une intermittence d'ébullition nucléée et d'ébullition en film sur l'élément chauffant. Aucun modèle approprié n'est disponible pour le moment mais une simple interpolation linéaire entre les points de flux maximal et minimal sur une représentation log-log de la courbe de Nukiyama est suffisante pour représenter correctement les données expérimentales.

3 Ebullition en convection forcée dans un tube chauffant

3.1 Titres et bilans thermiques

Le *titre massique* x de la vapeur d'un écoulement diphasique est défini par la relation :

$$x \hat{=} \frac{M_v}{M_v + M_\ell} \tag{9.71}$$

où M_v et M_ℓ sont respectivement les débits-masse de la vapeur et du liquide.

Dans un écoulement avec changement de phase, le titre massique x varie le long de la conduite et il est impossible de le calculer sans faire appel à des hypothèses plus ou moins contraignantes ou de le mesurer avec une précision acceptable. C'est pour cette raison que l'on préfère utiliser une estimation x_{eq} de ce titre massique x que l'on appelle alors le *titre massique de la vapeur à l'équilibre thermodynamique.* Ce titre à l'équilibre x_{eq} est calculé à l'aide d'un bilan thermique, c'est-à-dire un bilan d'énergie simplifié en supposant :

- que la vapeur apparaît à la cote $z = z_{sat}$ où la température T_ℓ du liquide devient égale à la température de saturation T_{sat},
- qu'au-delà de cette cote, le liquide et la vapeur restent à cette température (*équilibre thermodyamique*) jusqu'à la disparition complète du liquide à la cote $z = z_{vap}$ où $x_{eq} = 1$.

Considérons, par exemple, un tube vertical de diamètre D chauffé par effet Joule à partir d'une cote $z = 0$ avec un flux thermique surfacique q'' (figure 9.8). Supposons que le liquide entre dans le tube avec un débit-masse M et une enthalpie massique $h_{\ell,in}$ inférieure à l'enthalpie massique du liquide à saturation h_f correspondant à la pression locale.

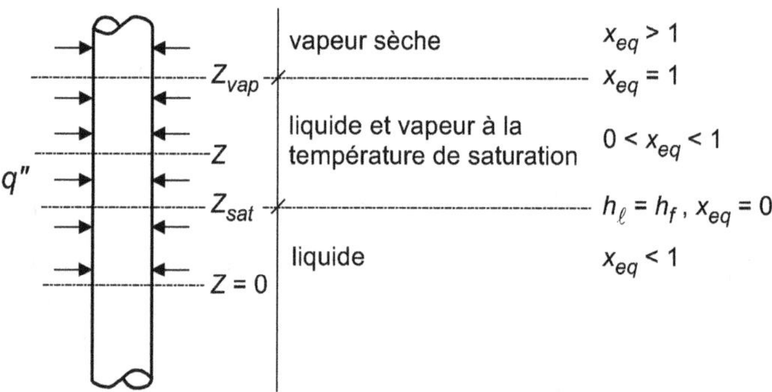

Figure 9.8 – Ecoulement à l'équilibre thermodynamique dans un tube chauffant.

1. Dans la *zone diphasique* ($z_{sat} < z < z_{vap}$), le bilan thermique s'énonce de la façon suivante : la quantité de chaleur fournie par la paroi du tube sert à élever l'enthalpie massique du liquide de l'enthalpie d'entrée $h_{\ell,in}$ à l'enthalpie de saturation h_f et à vaporiser une certaine fraction du liquide. Ce bilan se traduit par l'équation suivante :

$$q''\pi Dz = M(h_f - h_{\ell,in}) + x_{eq}Mh_{fg} \tag{9.72}$$

   Notons, que dans ce bilan, le titre thermodynamique est compris entre 0 et 1. Il est nul pour $z = z_{sat}$ et est égal à 1 pour $z = z_{vap}$.

2. Dans la *zone monophasique liquide* ($z < z_{sat}$), le bilan thermique s'énonce ainsi : la quantité de chaleur fournie par la paroi du tube sert à élever l'enthalpie massique du liquide de l'enthalpie d'entrée $h_{\ell,in}$ à l'enthalpie massique h_ℓ. Ce bilan se traduit par l'équation suivante :

$$q''\pi Dz = M(h_\ell - h_{\ell,in}) \tag{9.73}$$

Cette équation s'écrit encore sous la forme :

$$q''\pi Dz = M(h_f - h_{\ell,in}) - M(h_f - h_\ell) \qquad (9.74)$$

c'est-à-dire sous la forme du bilan thermique (9.72) valable dans la zone diphasique à condition de définir dans la zone monophasique liquide un titre thermodynamique fictif par la relation :

$$x_{eq} \hat{=} -\frac{h_f - h_\ell}{h_{fg}} < 0 \qquad (9.75)$$

3. Dans la *zone monophasique vapeur* ($z > z_{vap}$), le bilan thermique s'énonce ainsi : la quantité de chaleur fournie par la paroi du tube sert à élever l'enthalpie massique du liquide de l'enthalpie d'entrée $h_{\ell,in}$ à l'enthalpie massique de saturation h_f, à vaporiser tout le liquide et à augmenter l'enthalpie massique de la vapeur de l'enthalpie massique de saturation h_g à l'enthalpie massique h_v qu'elle possède à la cote z. Ce bilan se traduit par l'équation suivante :

$$q''\pi Dz = M(h_f - h_{\ell,in}) + Mh_{fg} + M(h_v - h_g) \qquad (9.76)$$

Cette équation s'écrit encore sous la forme du bilan thermique (9.72) valable dans la zone diphasique à condition de définir dans la zone monophasique vapeur un titre thermodynamique fictif par la relation ;

$$x_{eq} \hat{=} 1 + \frac{h_v - h_g}{h_{fg}} > 1 \qquad (9.77)$$

En conclusion, *quelle que soit la zone considérée*, (monophasique liquide, diphasique liquide-vapeur, monophasique vapeur) le bilan thermique peut toujours s'exprimer par la relation (9.72) à condition de choisir la bonne définition du titre thermodynamique. Dans la zone monophasique liquide, le titre thermodynamique défini par la relation (9.75) caractérise l'importance de la *sous-saturation du liquide*. Dans la zone monophasique vapeur, le titre thermodynamique défini par la relation (9.77) caractérise l'importance de la *surchauffe de la vapeur*.

On introduit souvent l'enthalpie massique du *fluide h*. Cette grandeur permet d'exprimer le titre thermodynamique x_{eq} sous la même forme quelle que soit la zone considérée. En effet, nous avons :

– dans la zone monophasique liquide :

$$h \equiv h_\ell \qquad (9.78)$$

et d'après l'équation (9.75) :

$$x_{eq} = \frac{h - h_f}{h_{fg}} < 0 \qquad (9.79)$$

– dans la zone diphasique :

$$h \equiv x_{eq}h_g + (1 - x_{eq})h_f \tag{9.80}$$

d'où :

$$x_{eq} = \frac{h - h_f}{h_{fg}} \tag{9.81}$$

– dans la zone monophasique vapeur :

$$h \equiv h_v \tag{9.82}$$

et d'après l'équation (9.77) :

$$x_{eq} = \frac{h - h_f}{h_{fg}} > 1 \tag{9.83}$$

On retrouve bien, en remplaçant x_{eq} par sa valeur en fonction de l'enthalpie du fluide dans le bilan thermique (9.72), un bilan thermique général qui s'écrit :

$$q''\pi Dz = M(h - h_{\ell,in}) \tag{9.84}$$

où h est donné par les équations (9.78), (9.80) ou (9.82) selon la zone considérée.

3.2 Evolution des températures le long d'un tube chauffant

Considérons un tube *vertical* chauffé uniformément sur toute sa longueur et alimenté à sa base par du liquide sous-saturé ($T_\ell < T_{sat}$).

La figure 9.9 montre les différentes configurations du mélange liquide-vapeur, les différents régimes thermiques ainsi que l'évolution des températures le long du tube.

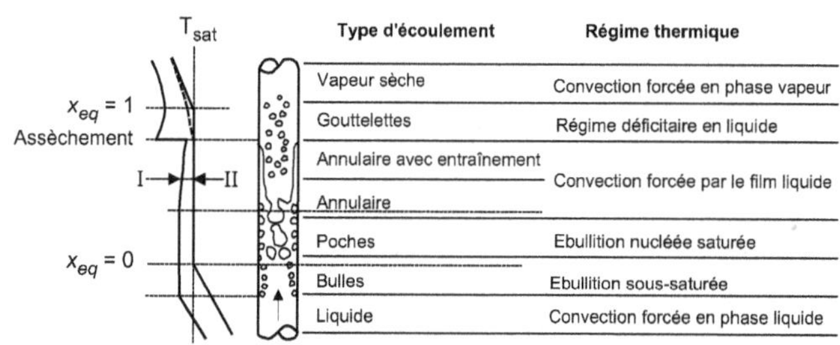

Figure 9.9 – Evolution des températures, des configurations d'écoulement et des régimes thermiques dans un tube chauffant. Courbe I : température de la paroi ; courbe II : température du mélange eau-vapeur.

Dans la partie basse du tube, la température du liquide et celle de la paroi augmentent. Tant que cette dernière n'atteint pas le minimum requis pour déclencher la nucléation, les transferts de chaleur se font par *convection forcée en phase liquide.*

Quand la nucléation apparaît à la paroi, la vapeur se forme en présence de liquide sous-saturé. On est alors dans un régime d'*ébullition sous-saturée.* Dans ce régime, la température de la paroi T_w se stabilise à quelques degrés au-dessus de la température de saturation. La surchauffe ΔT_{sat} et la *sous-saturation* ΔT_{sub} sont définies par les relations :

$$\Delta T_{sat} \hat{=} T_w - T_{sat} \tag{9.85}$$

$$\Delta T_{sub} \hat{=} T_{sat} - T_\ell \tag{9.86}$$

la température du liquide T_ℓ étant calculée par le bilan thermique.

La transition entre la zone d'ébullition sous-saturée et la zone d'*ébullition nucléée saturée* correspond à la cote où $x_{eq} = 0$. Dans la zone d'ébullition nucléée saturée, le titre thermodynamique augmente jusqu'à une autre transition remarquable qui sépare deux mécanismes de transfert de chaleur différents : l'évaporation succède à l'ébullition.

Cette transition est précédée par un changement de type d'écoulement : l'écoulement à bulles ou à bouchons fait place à un écoulement annulaire. La température de la paroi diminue et ne permet plus de maintenir la nucléation. La chaleur passe par le film liquide, de la paroi à l'interface liquide-vapeur où l'évaporation se produit. On entre alors dans la zone de *convection forcée par le film liquide.*

A une certaine cote, donc pour un certain titre thermodynamique, l'évaporation du film liquide est complète. C'est le phénomène d'*assèchement* qui est caractérisé, pour les systèmes à flux imposé, par une élévation brutale de la température. Enfin, la région de l'écoulement à gouttelettes est également connue sous le nom de *région déficitaire en liquide.*

Le *coefficient d'échange thermique* est le rapport du flux thermique surfacique, imposé dans notre cas, à la différence entre la température de la paroi et la température moyenne du fluide. L'évolution de ces deux températures est représentée sur la figure 9.9. Dans la zone de *convection forcée en phase liquide*, l'écart $T_w - T_\ell$ ainsi que le coefficient d'échange thermique restent constants jusqu'à la cote où $x_{eq} = 0$. Dans la zone d'*ébullition nucléée saturée*, l'écart $T_w - T_{sat}$ diminue et le coefficient d'échange augmente. Au point d'assèchement, le coefficient d'échange diminue brutalement pour atteindre une valeur proche de celle correspondant à un écoulement de vapeur saturée. Dans la *région déficitaire en liquide*, la vapeur est accélérée par suite de l'évaporation des gouttelettes; le coefficient d'échange augmente donc pour se stabiliser finalement à une valeur correspondant à un écoulement de vapeur sèche.

La description qui vient d'être faite correspond au cas où le flux thermique surfacique est suffisamment faible pour obtenir une évolution très progressive de la configuration de l'écoulement. En fait, si ce flux est élevé, on peut observer une augmentation très nette de la température de paroi dans la zone d'ébullition nucléée saturée ou même sous-saturée. Cette augmentation est due à la formation de poches de vapeur sur la paroi et au développement d'une *ébullition en film*. Ce point est appelé point de *disparition de l'ébullition nucléée (departure of nucleate boiling, DNB)*.

3.3 Convection forcée dans un liquide sous-saturé

Ecoulement laminaire établi

Le coefficient d'échange thermique h pour un tube de diamètre D peut être calculé à l'aide de la relation suivante qui constitue un bon compromis entre le cas du chauffage à flux imposé et celui du chauffage à température imposée :

$$\frac{hD}{k_\ell} = 4 \tag{9.87}$$

où k_ℓ est la conductivité thermique du liquide.

Ecoulement turbulent établi

La corrélation de coefficient d'échange la plus simple pour un tube chauffant de diamètre D est celle de Dittus et Boelter [6] :

$$\frac{hD}{k_\ell} = 0.023 \left(\frac{DG_\ell}{\mu_\ell}\right)^{0.8} \left(\frac{c_{p,\ell}\mu_\ell}{k_\ell}\right)^{0.4} \tag{9.88}$$

où G_ℓ est la vitesse massique du liquide. Dans cette corrélation, les propriétés physiques sont évaluées à la température de film $(T_\ell - T_w)/2$ où T_w est la température de la paroi.

3.4 Apparition de l'ébullition nucléée

La figure 9.10 montre l'apparition et le développement de la phase vapeur dans un tube chauffé avec un flux uniforme imposé. Le taux de vide R_g, défini comme le rapport de l'aire occupée par la vapeur à l'aire de la section droite du tube, reste très faible entre les points A et B, puis croît de façon significative après le point B. Le point A correspond à l'apparition de l'ébullition nucléée sur la paroi.

La valeur minimale de la température de la paroi $T_{w,ONB}$ nécessaire pour amorcer l'ébullition nucléée peut être calculée, comme en ébullition en vase,

6. On trouvera dans Winterton (1998) un historique intéressant de cette corrélation.

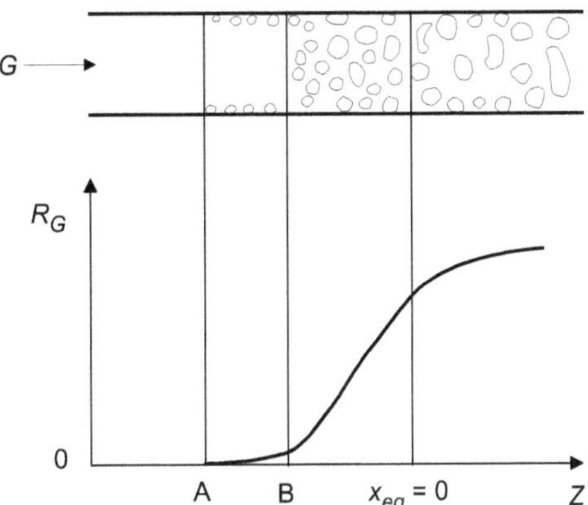

Figure 9.10 – Evolution du taux de vide dans un tube chauffant. Point A : apparition de l'ébullition nucléée sur la paroi ; point B : apparition significative de la vapeur dans le canal.

par la corrélation de Frost et Dzakowic (1967) valable pour un grand nombre de fluides :

$$\Delta_{sat,ONB} \hat{=} T_{w,ONB} - T_{sat,\infty}(p_f) = \mathrm{Pr}_f \sqrt{\frac{8\sigma q'' T_{sat,\infty}(p_f) v_g}{h_{fg} k_f}} \tag{9.89}$$

3.5 Apparition significative de la vapeur

La prédiction du point d'apparition significative de la vapeur (point B de la figure 9.10 est importante pour la détermination des profils de taux de vide et de pression le long d'un canal chauffant. Saha et Zuber (1974) ont proposé les mécanismes suivants.

1. Aux *faibles vitesses massiques*, l'apparition significative de la vapeur est contrôlée par les *effets thermiques*. Les bulles de vapeur se détachent de la paroi si le flux themique surfacique est suffisant pour contrarier la sous-saturation $(T_{sat} - T_\ell)$. Dans ce cas le paramètre caractéristique est le nombre de Nusselt défini par la relation :

$$\mathrm{Nu}_{D,\ell} \hat{=} \frac{q'' D}{k_\ell (T_{sat} - T_\ell)} \tag{9.90}$$

2. Aux *vitesses massiques élevées*, l'apparition significative de la vapeur est contrôlée par les *effets hydrodynamiques*. La couche de bulles en contact avec la paroi entre les points A et B de la figure 9.10 peut être assimilée à une rugosité. Quand l'épaisseur de cette couche est suffisante,

les bulles se détachent de la paroi et le taux de vide augmente de façon appréciable. En conséquence, le coefficient de frottement C_f peut être considéré comme le paramètre caractéristique. Si on suppose alors que l'analogie de Reynolds est applicable, alors :

$$\frac{1}{2}C_f = \frac{\mathrm{Nu}_{D,\ell}}{\mathrm{Pe}_{D,\ell}} \hat{=} \mathrm{St}_{D,\ell} \tag{9.91}$$

où $\mathrm{Pe}_{D,\ell}$ et $\mathrm{St}_{D,\ell}$ sont les nombres de Péclet et de Stanton définis par les relations :

$$\mathrm{Pe}_{D,\ell} \hat{=} \frac{GDc_{p,\ell}}{k_\ell} \tag{9.92}$$

$$\mathrm{St}_{D,\ell} \hat{=} \frac{q''}{Gc_{p,\ell}(T_{sat} - T_\ell)} \tag{9.93}$$

En conséquence, le nombre de Stanton peur être pris comme paramètre caractéristique à la place du coefficient de frottement.

3. Si on admet que les nombres de Nusselt et de Stanton sont les deux nombres adimensionnels caractéristiques, on en déduit que

$$\mathrm{Nu}_{D,\ell} = \text{constante}$$

caractérise l'apparition significative de vapeur due aux effets *thermiques* (faibles vitesses massiques) tandis que

$$\mathrm{St}_{D,\ell} = \text{constante}$$

caractérise l'apparition due aux effets *hydrodynamiques* (vitesses massiques élevées).

Corrélations et diagramme de Saha-Zuber

Dans un diagramme $\mathrm{St}_{D,\ell}$ en fonction de $\mathrm{Pe}_{D,\ell}$ utilisant des coordonnées logarithmiques (figure 9.11) , le critère $\mathrm{Nu}_{D,\ell}$ = constante, caractéristique des faibles vitesses massiques donc des faibles nombres de Péclet, est représenté par une droite de pente moins un. En revanche, le critère $\mathrm{St}_{D,\ell}$ = constante, caractéristique des fortes vitessses massiques donc des nombres de Péclet élevés, est représenté par une droite horizontale.

Les résultats de nombreux essais relatifs à des fluides variés, des gammes étendues de pression, de vitesse massique, de flux thermique et à des géométries différentes ont conduit Saha et Zuber à proposer les corrélations suivantes :

1. Pour les *faibles vitesses massiques* (effet thermique prépondérant) :

$$\mathrm{Pe}_{D,\ell} \hat{=} \frac{GDc_{p,\ell}}{k_\ell} < 70\,000 \quad \Longrightarrow \quad \mathrm{Nu}_{D,\ell} \hat{=} \frac{q''D}{k_\ell(T_{sat} - T_\ell)} = 455 \tag{9.94}$$

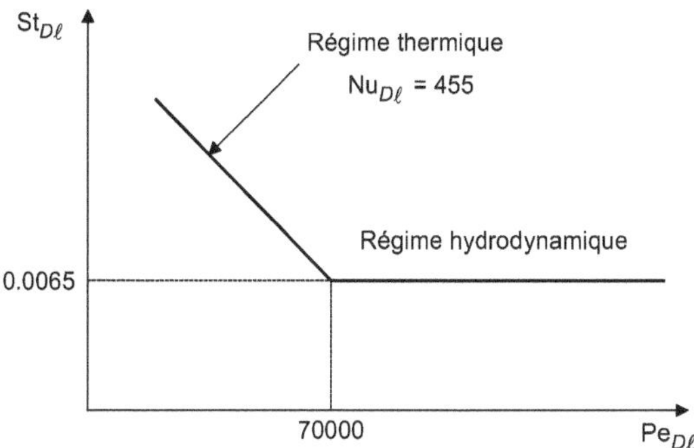

Figure 9.11 – Détermination du point d'apparition significative de la vapeur par le diagramme de Saha-Zuber.

2. Pour les *vitesses massiques élevées* (effet hydrodynamique prépondérant) :

$$\mathrm{Pe}_{D,\ell} \triangleq \frac{GDc_{p,\ell}}{k_\ell} > 70\,000 \qquad \Longrightarrow \qquad \mathrm{St}_{D,\ell} \triangleq \frac{q''}{Gc_{p,\ell}(T_{sat} - T_\ell)} = 0.006\,5 \tag{9.95}$$

Utilisation du diagramme de Saha-Zuber

1. Pour les *faibles vitesses massiques* ($\mathrm{Pe}_{D,\ell} < 70\,000$), la température T_ℓ du liquide augmente le long du canal, la sous-saturation $(T_{sat} - T_\ell)$ diminue et le nombre de Nusselt augmente. Bien que les bulles se soient détachées de la paroi ($\mathrm{St}_{D,\ell} > 0.006\,5$), elles ne peuvent augmenter de volume tant que la température T_ℓ du liquide n'est pas suffisante, c'est-à-dire tant que le nombre de Nusselt n'a pas atteint la valeur 455. Cette valeur correspond à une sous-saturation au point B de la figure 9.10 égale à :

$$\Delta T_{sub}(B) \triangleq T_{sat}(B) - T_\ell = 0.002\,2\,\frac{q''D}{k_\ell} \tag{9.96}$$

2. Pour les *vitesses massiques élevées* ($\mathrm{Pe}_{D,\ell} > 70\,000$), les bulles se détachent dès que le nombre de Stanton atteint la valeur 0.006 5. Le nombre de Nusselt étant alors toujours supérieur à 455, les bulles de vapeur peuvent augmenter de volume et contribuer à l'apparition d'un taux de vide significatif. La sous-saturation est alors égale à :

$$\Delta T_{sub}(B) \triangleq T_{sat}(B) - T_\ell = 153.8\,\frac{q''}{Gc_{p,\ell}} \tag{9.97}$$

3.6 Arrêt de l'ébullition nucléée

L'ébullition nucléée disparaît dès que la température de la paroi devient inférieure à celle donnée par la corrélation de Frost et Dzakowic (1967), à savoir :

$$T_{w,ONB} - T_{sat,\infty}(p_f) = \mathrm{Pr}_f \sqrt{\frac{8\sigma q'' T_{sat,\infty}(p_f) v_g}{h_{fg} k_f}} \tag{9.98}$$

3.7 Ebullition sous-saturée

L'ébullition sous-saturée, encore appelée *ébullition locale*, correspond à la zone d'ébullition où le titre à l'équilibre x_{eq} est négatif.

Dans cette zone, la température du liquide n'a pas encore atteint la température de saturation. Les bulles prennent naissance à la paroi, se détachent et se condensent au sein du liquide.

Au début de cette zone, peu de bulles apparaissent sur la paroi. C'est la zone d'*ébullition saturée partielle* où les échanges de chaleur se font à la fois par ébullition nucléée et par convection forcée en phase liquide. En aval de cette zone, les bulles naissent de plus en plus nombreuses sur la paroi et cette nouvelle région est appelée *ébullition sous-saturée développée.* Les échanges de chaleur y sont dus uniquement à l'ébullition nucléée, la convection forcée en phase liquide sur la paroi étant devenue négligeable.

Ebullition sous-saturée développée

Dans cette zone, l'influence de la convection forcée en phase liquide est négligeable et seuls les échanges de chaleur par ébullition nucléée interviennent. On pourra donc prendre les corrélations pour l'ébullition nucléée en vase proposées à la section 2.3.

Ebullition sous-saturée partielle

La figure 9.12 illustre la méthode utilisée. La branche AB correspond à l'écoulement monophasique liquide pour lequel le flux thermique surfacique sera noté q''_ℓ. L'ébullition nucléée apparaît au point B tandis que la branche $B'CD$ correspond à l'ébullition sous-saturée développée pour laquelle le flux thermique surfacique sera noté q''_{sub}. La température associée à l'apparition de l'ébullition nucléée (point B) peut être calculée à l'aide de la corrélation de Frost et Dzakowic (9.89). On peut donc ainsi calculer l'ordonnée $q''_{sub}(B')$ du point B' qui a pour abscisse cette température et qui est situé sur la courbe correspondant à l'ébullition sous-saturée développée. La branche BC pourra alors être représentée par l'équation :

$$q'' = q''_\ell \left\{ 1 + \left[\frac{q''_{sub}}{q''_\ell} \left(1 - \frac{q''_{sub}(B')}{q''_{sub}} \right) \right]^2 \right\}^{1/2} \tag{9.99}$$

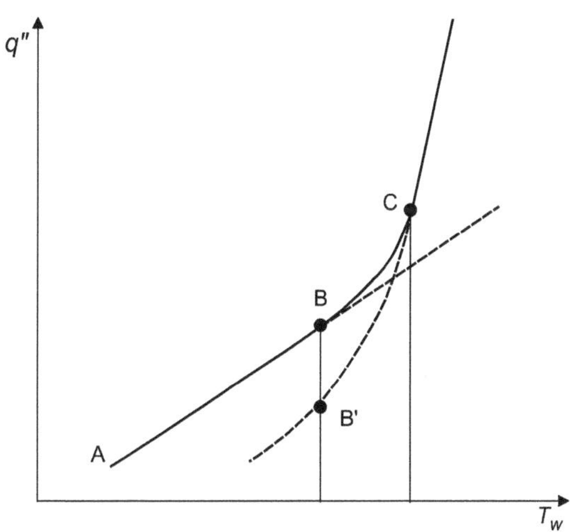

Figure 9.12 – Ebullition sous-saturée. Branche AB : écoulement monophasique liquide; point B : apparition de l'ébullition nucléée; branche BC : ébullition sous-saturée partielle; branche CD : ébullition sous-saturée développée.

3.8 Ebullition saturée

L'ébullition saturée, où par définition nous avons $x_{eq} > 0$, est encore appelée *ébullition franche.* Le coefficient d'échange de chaleur h pourra être calculé à l'aide de la corrélation *adimensionelle* de Chen (1966), qu'il y ait ou non nucléation à la paroi :

$$\begin{aligned} h &= 0.001\,22 \frac{k_f^{0.79} c_{p,f}^{0.45} \rho_f^{0.49}}{\sigma^{0.5} \mu_f^{0.29} h_{fg}^{0.24} \rho_g^{0.24}} (T_w - T_{sat})^{0.24} \Delta p_{sat}^{0.75} S \\ &+ 0.023 \left[\frac{DG(1 - x_{eq})}{\mu_f} \right]^{0.8} \left(\frac{c_{p,f} \mu_f}{k_f}^{0.4} \right) \frac{k_f}{D} F \end{aligned} \tag{9.100}$$

où l'écart de pression est calculé à partir de la relation de Clapeyron (9.5) :

$$\Delta p_{sat} \frac{h_{fg}(T_w - T_{sat})}{T_{sat}(v_g - v_f)} \tag{9.101}$$

La corrélation de Chen contient deux termes représentant des mécanismes physiques différents :

1. Le premier terme traduit la contribution de l'ébullition nucléée sur la paroi. Il est obtenu à partir de la corrélation d'ébullition nucléée en vase de Forster et Zuber (1955) pondérée par un facteur d'atténuation S.
2. Le second terme représente l'effet de la convection forcée monophasique dû au liquide, calculé à partir de la corrélation de Dittus et Boelter (9.88) modifiée par un facteur d'amplification F.

Les facteurs S et F sont donnés par les figures 9.13 et 9.14. Ils peuvent être calculés par les relations approchées suivantes :

$$S = \left\{ 1 + 2.53 \times 10^{-6} \left[\frac{DG(1 - x_{eq})}{\mu_f} F^{1.25} \right]^{1.17} \right\}^{-1} \tag{9.102}$$

$$F = \begin{cases} 1 & \text{pour} \quad 1/X \leq 0.1 \\ 2.35(\frac{1}{X} + 0.213)^{0.736} & \text{pour} \quad 1/X > 0.1 \end{cases} \tag{9.103}$$

avec :

$$X \hat{=} \left(\frac{1 - x_{eq}}{x_{eq}} \right)^{0.9} \left(\frac{\rho_g}{\rho_f} \right)^{0.5} \left(\frac{\mu_f}{\mu_g} \right)^{0.1} \tag{9.104}$$

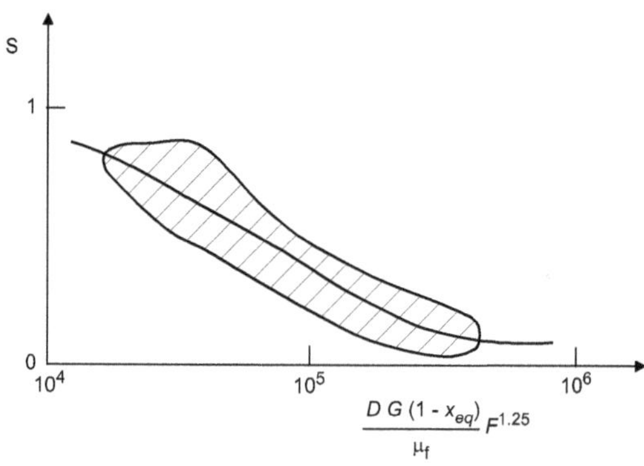

Figure 9.13 – Facteur d'atténuation S de la corrélation de Chen. La zone hachurée correspond à la dispersion des données.

3.9 La crise d'ébullition

Lorsque la paroi n'est plus en contact avec le liquide, le coefficient d'échange thermique décroît de façon significative. Pour les systèmes où le flux thermique

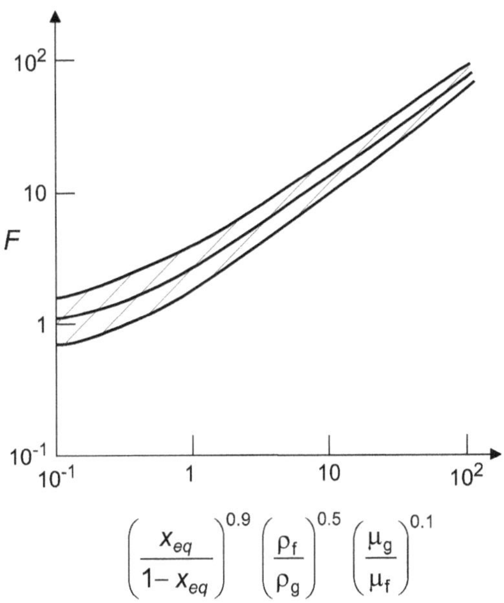

Figure 9.14 – Facteur d'amplification F de la corrélation de Chen. La zone hachurée correspond à la dispersion des données.

est imposé, cela entraîne une augmentation brutale et importante de la température de paroi pouvant conduire à une destruction de celle-ci par fusion du matériau qui la constitue. Il est donc important de pouvoir prédire l'apparition de ce phénomène appelé crise d'ébullition ou encore *critical heat flux (CHF)*, *departure from nucleate boiling (DNB)*, *dryout* ou *burnout (BO)*.

Dans un tube vertical de section circulaire, chauffé uniformément et parcouru par un écoulement ascendant, la crise d'ébullition apparaît à l'extrémité supérieure du tube. Le flux thermique surfacique correspondant q''_c est fonction des cinq variables suivantes :

- la vitesse massique du fluide G,
- la pression p,
- le diamètre D du tube,
- la longueur L du tube chauffant,
- la sous-saturation à l'entrée du tube $(h_f - h_{\ell,in})$.

Nous avons ainsi :

$$q''_c = \mathcal{F}(G, p, D, L, h_f - h_{\ell,in}) \tag{9.105}$$

Cependant, le bilan thermique sur la longueur L du tube chauffant permet d'obtenir le titre thermodynamique $x_{eq,out}$ ou l'enthalpie du fluide h_{out} en sortie du tube :

$$x_{eq,out} = \frac{1}{h_{fg}} \left[\frac{4q''_c L}{GD} - (h_f - h_{\ell,in}) \right] \tag{9.106}$$

$$h_{out} = \frac{4q''_c L}{GD} - (h_f - h_{\ell,in}) + h_f \tag{9.107}$$

En conséquence, le flux thermique surfacique critique peut s'écrire sous l'une des dépendances fonctionnelles suivantes :

$$q''_c = \mathcal{F}_1(G, p, D, L, x_{eq,out}) \tag{9.108}$$

ou :

$$q''_c = \mathcal{F}_2(G, p, D, L, h_{out}) \tag{9.109}$$

Certains résultats expérimentaux ayant montré que pour des valeurs imposées de p, D, G et $x_{eq,out}$, l'effet de la longueur L était négligeable, le flux thermique surfacique critique peut finalement s'écrire comme une fonction de quatre variables :

$$q''_c = \mathcal{F}_3(G, p, D, x_{eq,out}) \tag{9.110}$$

Cas de l'eau circulant dans un tube vertical de section circulaire chauffé uniformément

Comme pour beaucoup d'autres phénomènes diphasiques, deux types de prédiction sont possibles : l'une entièrement fondée sur l'utilisation de données expérimentales, l'autre complétée par une analyse des mécanismes physiques. Nous ne présentons dans la suite que les prédictions du premier type.

- *La corrélation de Bowring (1972).*

  Le flux thermique surfacique critique est donné par la relation dimensionnelle suivante :

$$q''_c = \frac{A + B(h_f - h_{\ell,in})}{C + L} \tag{9.111}$$

  Dans cette relation, le flux thermique surfacique critique q''_c est exprimé en W/m^2, la sous-saturation à l'entrée du canal chauffant $(h_f - h_{\ell,in})$ en J/kg et la longueur du canal chauffant en m.

  Les grandeurs A, B et C sont définies par les relations suivantes :

$$A \ \hat{=} \ \frac{0.579\,3\ h_{fg} DGF_1}{1 + 0.014\,3\ F_2 D^{1/2} G} \tag{9.112}$$

$$B \ \hat{=} \ 0.25\ DG \tag{9.113}$$

$$C \ \hat{=} \ \frac{0.077\ DGF_3}{1 + 0.347\ F_4 (G/1356)^n} \tag{9.114}$$

Dans les relations ci-dessus, l'enthalpie massique de vaporisation h_{fg} est exprimée en J/kg, le diamètre du tube en m, la vitesse massique G en en kg/(m^2·s) et l'exposant n est donné par la relation :

$$n \triangleq 2.0 - 0.5\,p' \tag{9.115}$$

p' étant une pression adimensionnelle définie à partir de la pression p du système exprimée en bar :

$$p' \triangleq \frac{p}{69} \tag{9.116}$$

Enfin, les grandeurs F_1, F_2, F_3 et F_4 sont des fonctions de la pression adimensionnelle p' définies comme suit :
– si $p' < 1$:

$$F_1 \triangleq \frac{p'^{\,18.942}\exp\left[20.8\,(1-p')\right] + 0.917}{1.917} \tag{9.117}$$

$$\frac{F_1}{F_2} \triangleq \frac{p'^{\,1.316}\exp\left[2.444\,(1-p')\right] + 0.309}{1.309} \tag{9.118}$$

$$F_3 \triangleq \frac{p'^{\,17.023}\exp\left[16.658\,(1-p')\right] + 0.667}{1.667} \tag{9.119}$$

$$\frac{F_4}{F_3} \triangleq p'^{\,1.649} \tag{9.120}$$

– si $p' > 1$:

$$F_1 \triangleq p'^{\,-0.368}\exp\left[0.648\,(1-p')\right] \tag{9.121}$$

$$F_2 \triangleq \frac{F_1}{p'^{\,-0.448}\exp\left[0.245\,(1-p')\right]} \tag{9.122}$$

$$F_3 \triangleq p'^{\,0.219} \tag{9.123}$$

$$\frac{F_4}{F_3} \triangleq p'^{\,1.649} \tag{9.124}$$

La corrélation de Bowring ne peut être justifiée du point de vue théorique. Néanmoins, elle est d'un intérêt pratique certain. Ne reposant sur aucune analyse des mécanismes physiques mis en jeu lors de la crise d'ébullition, elle ne doit être utilisée que dans la gamme des paramètres pour laquelle elle a été établie, à savoir (Whalley, 1987) :
– un écoulement ascendant eau-vapeur dans un tube vertical,
– une pression de 2 à 190 bar,
– un diamètre D du tube chauffant compris entre 2 et 45 mm,

– une longueur L du tube chauffant comprise entre 0.15 et 3.70 m,
– une vitesse massique G comprise entre 136 et 18 600 kg/(m^2·s).
L'erreur quadratique moyenne de cette corrélation par rapport à l'ensemble des résultats expérimentaux disponibles est de 7 %.

– *Les tables de Groeneveld (1996, 2005).*
Cette autre méthode empirique a consisté à tabuler les valeurs du flux thermique surfacique critique q''_c en fonction :
– de la pression p,
– de la vitesse massique G,
– du titre thermodynamique en sortie $x_{eq,out}$.
Un facteur de correction est également proposé pour tenir compte du diamètre D du tube chauffant.

Cas d'un fluide autre que l'eau circulant dans un tube vertical de section circulaire chauffé uniformément

Katto et Ohno (1984) ont proposé une méthode établie à partir de l'examen des résultats expérimentaux obtenus dans les conditions suivantes :

- les fluides sont l'eau, l'ammoniaque, le benzène, l'éthanol, l'hélium, l'hydrogène, l'azote, les Fréons R12, R21, R22, R113 ou le potassium,
- la longueur L du tube chauffant est comprise entre 0.01 et 8.80 m,
- le diamètre D du tube chauffant est compris entre 1 et 38 mm,
- la longueur adimensionnelle $L' \triangleq L/D$ est comprise entre 5 et 880, le rapport des masses volumiques $R' \triangleq \rho_g/\rho_f$ est compris entre 0.0003 et 0.41,
- le nombre $W' \triangleq \sigma\rho_f/G^2L$ est compris entre 3×10^{-9} et 2×10^{-2}.

Le flux thermique surfacique critique q''_c est évalué à partir de la relation suivante :

$$q''_c = XG[h_{fg} + K(h_f - h_{\ell,in})] \tag{9.125}$$

Les coefficients X et K sont définis en fonction des trois nombres adimensionnels suivants :

$$L' \triangleq L/D \tag{9.126}$$
$$R' \triangleq \rho_g/\rho_f \tag{9.127}$$
$$W' \triangleq \sigma\rho_f/G^2L \tag{9.128}$$

Les cinq valeurs particulières de X sont ensuite calculées :

$$X_1 \hat{=} \frac{CW'^{\,0.043}}{L'} \tag{9.129}$$

$$X_2 \hat{=} \frac{0.1\, R'^{\,0.133} W'^{\,0.333}}{1 + 0.0031\, L'} \tag{9.130}$$

$$X_3 \hat{=} \frac{0.098\, R'^{\,0.133} W'^{\,0.433} L'^{\,0.27}}{1 + 0.0031\, L'} \tag{9.131}$$

$$X_4 \hat{=} \frac{0.0384\, R'^{\,0.6} W'^{\,0.173}}{1 + 0.28\, W'^{\,0.233} L'} \tag{9.132}$$

$$X_5 \hat{=} \frac{0.234\, R'^{\,0.513} W'^{\,0.433} L'^{\,0.27}}{1 + 0.0031\, L'} \tag{9.133}$$

où la valeur de C à utiliser dans la relation de définition de X_1 est donnée par :

$$C \hat{=} \begin{cases} 0.25 & \text{pour } L' < 50 \\ 0.25 + 0.0009\,(L' - 50) & \text{pour } 50 < L' < 150 \\ 0.34 & \text{pour } L' > 150 \end{cases} \tag{9.134}$$

Les trois valeurs suivantes de K sont ensuite calculées :

$$K_1 \hat{=} \frac{0.261}{CW'^{\,0.043}} \tag{9.135}$$

$$K_2 \hat{=} \frac{0.833\,(0.0124 + 1/L')}{R'^{\,0.133} W'^{\,0.333}} \tag{9.136}$$

$$K_3 \hat{=} \frac{1.12\,(1.52\, W'^{\,0.233} + 1/L')}{R'^{\,0.6} W'^{\,0.173}} \tag{9.137}$$

Les valeurs de X et de K entrant dans l'équation (9.125) permettant de calculer le flux thermique surfacique critique q''_c sont enfin choisies selon les règles suivantes :

– Pour $R' < 0.15$:

$$\begin{array}{ll} \text{- si } X_1 < X_2 & \text{alors } X = X_1 \\ \text{- si } X_1 > X_2 \text{ et } X_2 < X_3 & \text{alors } X = X_2 \\ \text{- si } X_1 > X_2 \text{ et } X_2 > X_3 & \text{alors } X = X_3 \\ \text{- si } K_1 > K_2 & \text{alors } K = K_1 \\ \text{- si } K_1 < K_2 & \text{alors } K = K_2 \end{array} \tag{9.138}$$

– Pour $R' > 0.15$:

$$\begin{array}{ll} \text{- si } X_1 < X_5 & \text{alors } X = X_1 \\ \text{- si } X_1 > X_5 \text{ et } X_5 > X_4 & \text{alors } X = X_5 \\ \text{- si } X_1 > X_5 \text{ et } X_5 < X_4 & \text{alors } X = X_4 \\ \text{- si } K_1 < K_2 \text{ et } K_2 < K_3 & \text{alors } K = K_2 \\ \text{- si } K_1 < K_2 \text{ et } K_2 > K_3 & \text{alors } K = K_3 \end{array} \tag{9.139}$$

L'erreur quadratique moyenne par rapport aux valeurs expérimentales est d'environ 20 %. La corrélation de Katto et Ohno est donc moins performante que celle de Bowring pour l'eau. En revanche, elle a l'avantage d'être adimensionnelle et d'avoir été établie pour de nombreux fluides.

Cas d'un tube vertical de section circulaire chauffé non uniformément

Nous avons vu (équation 9.110) que le flux thermique surfacique critique pouvait être calculé par une relation de la forme :

$$q''_c = \mathcal{F}_3(G, p, D, x_{eq,out}) \tag{9.140}$$

Or, le bilan thermique sur la longueur L_{sat} nécessaire pour amener le titre thermodynamique de la valeur nulle à la valeur $x_{eq,out}$ correspondant au flux critique en sortie du canal, s'écrit en supposant un chauffage *uniforme* :

$$q''_c \pi D L_{sat} = x_{eq,out} G \frac{\pi D^2}{4} h_{fg} \tag{9.141}$$

En éliminant q''_c entre les deux équations précédentes, on obtient une relation de la forme :

$$x_{eq,out} = \mathcal{F}(G, L_{sat}, p, D) \tag{9.142}$$

Les résultats expérimentaux sur le flux thermique surfacique critique peuvent donc être représentés dans un diagramme donnant $x_{eq,out}$ en fonction de L_{sat}. Il apparaît alors que les valeurs du titre thermodynamique critique $x_{eq,out}$ obtenues en chauffage *non uniforme* se situent sur la même courbe que celles obtenues en chauffage *uniforme* si on utilise ce diagramme $x_{eq,out}$ en fonction de L_{sat}. On peut donc déterminer ainsi le flux thermique surfacique critique en chauffage non uniforme.

3.10 Ebullition de transition

L'utilisation de techniques expérimentales où la température de la paroi était imposée a permis de mettre en évidence un régime d'ébullition où le flux thermique surfacique était une fonction décroissante de la température de la paroi, cela pour l'ébullition en vase comme pour l'ébullition en convection forcée à l'intérieur d'un tube chauffant.

Pour de l'eau circulant dans le sens ascendant dans un tube cylindrique de section circulaire, le flux thermique surfacique peut être déterminé à partir de la corrélation de Tong et Young (1974) :

$$q'' = q''_c \left[-0.039 \frac{x_{eq}^{2/3}}{dx_{eq}/dz} \left(\frac{\Delta T_{sat}}{55} \right)^{(1+0.002\,9\Delta T)} \right] \tag{9.143}$$

où q''_c, le flux thermique surfacique critique correspondant à la crise d'ébullition, peut être calculé à l'aide de la corrélation de Bowring (9.111) ; le titre thermodynamique est calculé par le bilan thermique ; l'abscisse z est exprimée en m et la surchauffe de la paroi $\Delta T_{sat} \hat{=} T_w - T_{sat}$ est exprimée en K ou en °C.

3.11 Configuration des écoulements en aval de la crise d'ébullition

La crise d'ébullition peut apparaître soit par arrêt de l'ébullition nucléée (figure 9.15, *departure of nucleate boiling*), soit par disparition du film liquide en contact avec la paroi (figure 9.16, *dryout*) . Dans le premier cas, l'écoulement qui suit la crise d'ébullition est du type *annulaire inverse* (*inverted annular flow*) où un film de vapeur isole la paroi du cœur liquide. Dans le second cas, l'écoulement en aval de la crise d'ébullition est un écoulement *dispersé* de gouttelettes dans un cœur de vapeur (*post-dryout region* ou *liquid deficient region*).

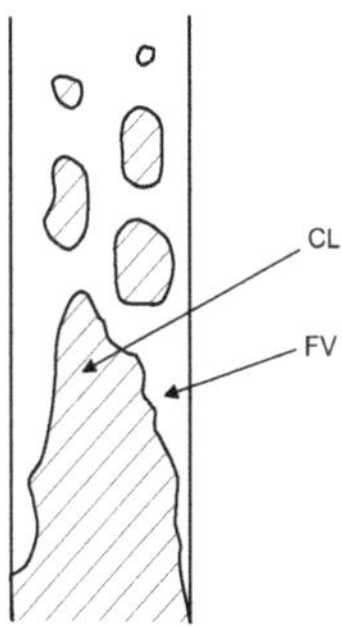

Figure 9.15 – Crise d'ébullition obtenue par arrêt de l'ébullition nucléée. CL : cœur de liquide ; FV : film de vapeur.

Plus de 50 corrélations sont disponibles pour prédire le coefficient d'échange thermique pour les écoulements en aval de la crise d'ébullition (Groeneveld

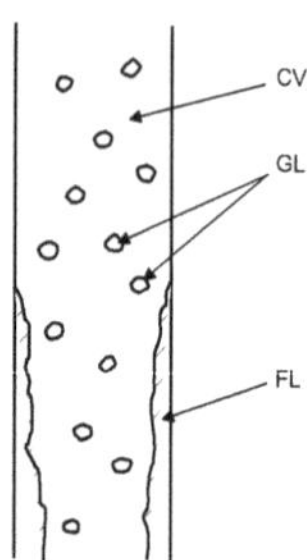

Figure 9.16 – Crise d'ébullition obtenue par assèchement de la paroi. CV : cœur de vapeur ; FL : film de liquide ; GL : gouttelettes de liquide.

et Leung, 2000). Elles ne sont valables que dans le domaine de variation, généralement limité, des paramètres pour lequel elles ont été établies. La prédicition la plus précise peut être actuellement réalisée à l'aide de la table de Groeneveld *et al.* (2007) dont le domaine de validité recouvre les gammes suivantes :

- pression : 1 à 200 bar,
- vitesse massique : 0 à 700 kg/(m^2·s),
- titre thermodynamique : −0.2 à 2.0,
- surchauffe de la paroi : 50 à 1 200 °C.

4 Condensation d'une vapeur pure

Lorsque de la vapeur se condense sur une paroi, le condensat peut recouvrir la paroi sous la forme d'un film continu ou sous la forme d'une multitude de gouttelettes. Dans le premier cas, on parle de *condensation en film* (*filmwise condensation*) et dans le second de *condensation en gouttes* (*dropwise condensation*). La figure 9.17 représente ces deux types de condensation. Les coefficients d'échange thermique sont beaucoup plus élevés en condensation en gouttes qu'en condensation en film, mais la condensation en gouttes nécessite des parois hydrophobes et est plus difficile à obtenir dans des équipements industriels et nous n'en parlerons donc pas dans la suite de ce chapitre.

4.1 Définition des coefficients d'échange thermique

On peut définir deux coefficients d'échange thermique (figure 9.18).

- un coefficient d'échange *local* $h(z)$ défini par la relation :

$$h(z) \triangleq \frac{q''}{T_i - T_w} = \frac{q''}{T_{sat} - T_w} \tag{9.144}$$

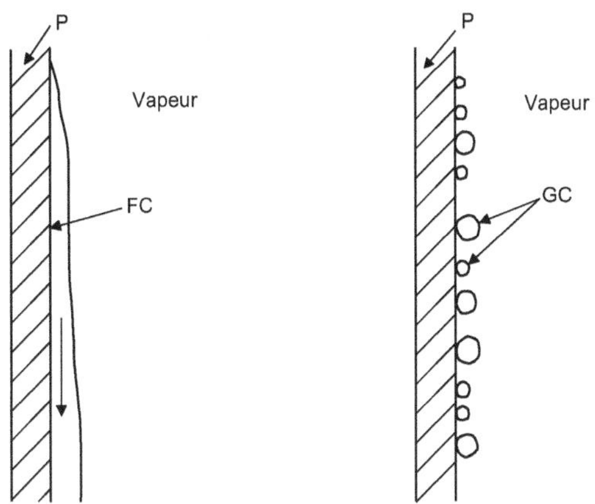

Figure 9.17 – Condensation en film (à gauche) et condensation en gouttes (à droite). FC : film de condensat; P : paroi; GC : gouttes de condensat.

où q'' est le flux thermique surfacique, T_i la température de l'interface liquide-vapeur égale, en général, à la température de saturation T_{sat}, et T_w la température de la paroi mouillée,

– un coefficient d'échange *global* $\bar{h}(z)$ défini par la relation :

$$\bar{h}(z) \triangleq \frac{1}{z} \int_0^z h(z)\, dz \tag{9.145}$$

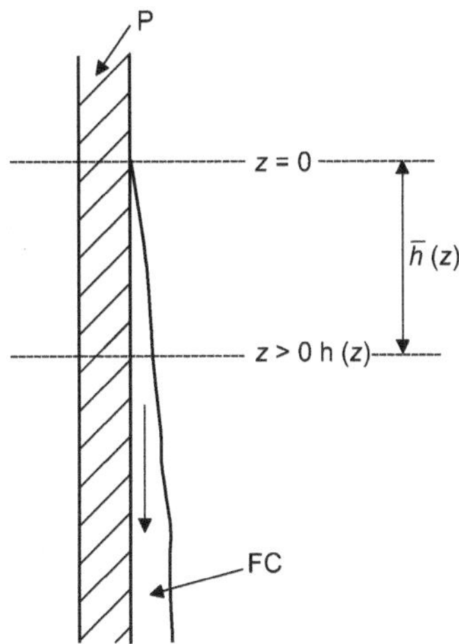

Figure 9.18 – Coefficients d'échange thermique local $\mathrm{h(z)}$ et global $\bar{\mathrm{h}}(\mathrm{z})$. FC : film de condensat; P : paroi.

4.2 Condensation en film sur une plaque ou sur un tube vertical (à l'extérieur ou à l'intérieur)

Mécanismes physiques

Lorque de la vapeur se condense sur une paroi froide (figure 9.19), la résistance thermique prépondérante est celle du film de condensat. Il est donc naturel de s'intéresser à la structure de ce film. On observe à partir du début de la condensation trois structures différentes :

- un film laminaire lisse,
- un film laminaire avec vagues,
- un film turbulent avec vagues.

Les échanges thermiques seront donc *a priori* différents dans ces trois zones.

Les épaisseurs de film de condensat étant très faibles, les résultats obtenus pour les plaques planes seront applicables pour la condensation en film à l'extérieur ou à l'intérieur d'un tube vertical à condition que le diamètre du tube soit supérieur à 3 mm.

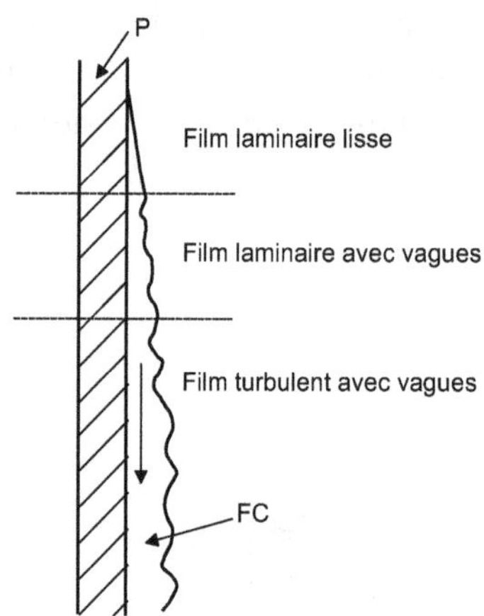

Figure 9.19 – Structure du film de condensat. FC : film de condensat ; P : paroi.

Film laminaire lisse et faible vitesse de la vapeur

Ce cas correspond à la condition suivante sur le nombre de Reynolds du film :

$$\mathrm{Re}_\ell < 30 \tag{9.146}$$

avec

$$\mathrm{Re}_\ell \triangleq \frac{4\Gamma(z)}{\mu_\ell} \tag{9.147}$$

où $\Gamma(z)$ est le débit-masse de condensat à la cote z par unité de largeur de la paroi froide.

1. Cas où la vapeur est à la saturation ($T_v = T_{sat}$).
   (a) Les relations *locales* valables à la cote z sont les suivantes :
   - pour le coefficient d'échange local (Nusselt, 1916 ; Rohsenow, 1956) :

$$h(z) = \left\{ \frac{k_\ell^3 \rho_\ell (\rho_\ell - \rho_g) g \left[h_{fg} + 0.68 c_{p,\ell}(T_{sat} - T_w)\right]}{4\mu_\ell (T_{sat} - T_w) z} \right\}^{1/4} \quad (9.148)$$

   - pour la relation entre le coefficient d'échange et le débit de condensat :

$$\frac{h(z)}{k_\ell} \left[\frac{\mu_\ell^2}{\rho_\ell(\rho_\ell - \rho_g) g} \right]^{1/3} = 1.1\ \mathrm{Re}_\ell^{-1/3} \quad (9.149)$$

   (b) Les relations *moyennées* sur une distance z à partir du début de la condensation dans le cas d'une paroi à une température T_w imposée sont les suivantes :
   - pour le coefficient d'échange global :

$$\begin{aligned} \bar{h}(z) &= 0.943 \left\{ \frac{k_\ell^3 \rho_\ell (\rho_\ell - \rho_g) g \left[h_{fg} + 0.68 c_{p,\ell}(T_{sat} - T_w)\right]}{\mu_\ell (T_{sat} - T_w) z} \right\}^{1/4} \\ &= \frac{4}{3} h(z) \end{aligned} \quad (9.150)$$

   - pour le débit-masse de condensat à la cote z par unité de largeur de paroi froide $\Gamma(z)$:

$$\Gamma(z) = \frac{\bar{h}(z)(T_{sat} - T_w) z}{h_{fg}} \quad (9.151)$$

   - pour la relation entre le coefficient d'échange et le débit de condensat :

$$\frac{\bar{h}(z)}{k_\ell} \left[\frac{\mu_\ell^2}{\rho_\ell(\rho_\ell - \rho_g) g} \right]^{1/3} = 1.47\ \mathrm{Re}_\ell^{-1/3} \quad (9.152)$$

Dans toutes les équations précédentes, l'enthalpie massique de condensation h_{fg} est évaluée à la température de saturation T_{sat}, la conductivité thermique k_ℓ et la masse volumique ρ_ℓ sont évaluées à la température $(T_{sat} + T_w)/2$ et la viscosité μ_ℓ est calculée à partir de la relation :

$$\mu_\ell = \frac{1}{4} \left[3\mu_\ell(T_w) + \mu_f\right] \quad (9.153)$$

2. Cas où la vapeur est surchauffée ($T_v > T_{sat}$).
Dans ce cas et d'après Butterworth (1977), le coefficient d'échange thermique *global* est celui calculé antérieurement lorsque la vapeur est à la saturation ($T_v = T_{sat}$) multiplié par un facteur correctif dépendant de la surchauffe de la vapeur ($T_v - T_{sat}$) :

$$\bar{h}(z, T_v > T_{sat}) = \bar{h}(z, T_v = T_{sat}) \left[1 + \frac{c_{p,v}(T_v - T_{sat})}{h_{fg}}\right]^{1/4} \tag{9.154}$$

Le débit-masse de condensat à la cote z par unité de largeur de paroi froide $\Gamma(z)$ est alors donné par la relation :

$$\Gamma(z) = \frac{\bar{h}(z, T_v > T_{sat})(T_{sat} - T_w)z}{H_{fg} + c_{p,v}(T_v - T_{sat})} \tag{9.155}$$

Film laminaire avec vagues et faible vitesse de la vapeur supposée à la saturation

Ce cas correspond aux conditions suivantes :

$$30 < \mathrm{Re}_\ell < 1\ 600$$

et :

$$T_v = T_{sat}$$

1. La relation *locale*, valable à la cote z, entre le coefficient d'échange local et le débit de condensat s'écrit (Kutateladze, 1963) :

$$\frac{h(z)}{k_\ell}\left[\frac{\mu_\ell^2}{\rho_\ell(\rho_\ell - \rho_g)g}\right]^{1/3} = 0.756\ \mathrm{Re}_\ell^{-0.22} \tag{9.156}$$

2. La relation *moyennée* sur une distance z à partir du début de la condensation, comprenant la zone où le film est laminaire lisse et une partie de la zone où le film est laminaire à vagues, entre le coefficient d'échange et le débit de condensat s'écrit lorsque la température de paroi T_w est imposée :

$$\frac{\bar{h}(z)}{k_\ell}\left[\frac{\mu_\ell^2}{\rho_\ell(\rho_\ell - \rho_g)g}\right]^{1/3} = \frac{\mathrm{Re}_\ell}{1.08\ \mathrm{Re}_\ell^{1.22} - 5.2} \tag{9.157}$$

Film turbulent avec vagues et faible vitesse de la vapeur supposée à la saturation

Ce cas correspond aux conditions suivantes :

$$30 < \mathrm{Re}_\ell < 1\ 600$$

et :

$$T_v = T_{sat}$$

1. La relation *locale*, valable à la cote z, entre le coefficient d'échange local et le débit de condensat s'écrit (Labuntsov, 1957) :

$$\frac{h(z)}{k_\ell}\left[\frac{\mu_\ell^2}{\rho_\ell(\rho_\ell-\rho_g)g}\right]^{1/3} = 0.023\ \mathrm{Re}_\ell^{0.25}\mathrm{Pr}_\ell^{0.5} \tag{9.158}$$

avec :

$$\mathrm{Pr}_\ell \mathrel{\hat{=}} \frac{\mu_\ell}{k_\ell c_{p,\ell}} \tag{9.159}$$

2. La relation *moyennée* sur une distance z à partir du début de la condensation, comprenant la zone où le film est laminaire (lisse et à vagues) et une partie de la zone où le film est turbulent, entre le coefficient d'échange et le débit de condensat s'écrit lorsque la température de paroi T_w est imposée :

$$\frac{\bar{h}(z)}{k_\ell}\left[\frac{\mu_\ell^2}{\rho_\ell(\rho_\ell-\rho_g)g}\right]^{1/3} = \frac{\mathrm{Re}_\ell}{8\,750+58\mathrm{Pr}_\ell^{-0.5}\,(\mathrm{Re}_\ell^{0.75}-253}) \tag{9.160}$$

Effet du frottement interfacial sur le coefficient d'échange de chaleur local

Lorsque la vitesse de la vapeur est élevée, le frottement interfacial joue un rôle significatif. Une augmentation du frottement interfacial entraîne d'une part, une diminution du nombre de Reynolds pour lequel apparaît la turbulence dans le film de condensat et, d'autre part, une diminution de l'épaisseur du film donc une augmentation du coefficient d'échange local.

1. Calcul de la contrainte de frottement interfacial τ_i.
La contrainte de frottement interfacial τ_i s'exprime en fonction du coefficient de frottement interfacial $C_{f,i}$ et du débit-masse surfacique de condensation $\dot{m}_c$ par la relation suivante (Bird *et al.*, 2007) :

$$\tau_i = \dot{m}_c J_v \frac{1}{1-\exp\left(-\dfrac{\dot{m}_c}{\frac{1}{2}C_{f,i}\rho_v J_v}\right)} \tag{9.161}$$

où J_v est la vitesse débitante de la vapeur, rapport du débit-volume de vapeur à l'aire de la section droite de la conduite, et où le débit-masse surfacique de condensation est donné par la relation :

$$\dot{m}_c = \frac{h(T_{sat}-T_w)}{h_{fg}} \tag{9.162}$$

Lorsque le débit-masse surfacique de condensation $\dot{m}_c$ est faible on retrouve l'expression classique :

$$\tau_i = \frac{1}{2} C_{f,i} \rho_v J_v^2 \tag{9.163}$$

Le coefficient de frottement interfacial $C_{f,i}$ peut être calculé à l'aide de la corrélation de Henstock et Hanratty (1976) :

$$\frac{C_{f,i}}{C_{f,v}} = 1 + 1\,400\, F \left\{ 1 - \exp\left[-\frac{1}{G} \frac{(1 + 1\,400 F)^{3/2}}{13.2\, F} \right] \right\} \tag{9.164}$$

avec :

$$F \hat{=} \frac{\gamma}{\mathrm{Re}_v^{0.9}} \frac{\mu_\ell}{\mu_v} \left(\frac{\rho_v}{\rho_\ell} \right)^{1/2} \tag{9.165}$$

$$G \hat{=} \frac{\rho_\ell g D}{\rho_v J_v^2 C_{f,v}} \tag{9.166}$$

$$\mathrm{Re}_v \hat{=} \frac{\rho_v J_v D}{\mu_v} \tag{9.167}$$

$$\gamma \hat{=} [(0.707\, \mathrm{Re}_\ell^{0.5})^{2.5} + (0.037\,9\, \mathrm{Re}_\ell^{0.9})^{2.5}]^{0.4} \tag{9.168}$$

$$C_{f,v} = 0.046\, \mathrm{Re}_v^{-0.2} \tag{9.169}$$

Dans les relations ci-dessus, D est le diamètre hydraulique du canal parcouru par la vapeur :

$$D \hat{=} \frac{4S}{p} \tag{9.170}$$

où S et p sont respectivement l'aire et le périmètre de la section droite du canal.

2. Calcul du nombre de Reynolds critique $\mathrm{Re}_{\ell,c}$.
   Le nombre de Reynolds critique $\mathrm{Re}_{\ell,c}$ caractérise l'apparition de la turbulence dans le film de condensat. Il est donné par les relations suivantes :

$$\mathrm{Re}_{\ell,c} = \begin{cases} 1\,600 - 226\tau_i^\star + 0.667(\tau_i^\star)^3 & \text{pour } \tau_i^\star \leq 9.04 \\ 50 & \text{pour } \tau_i^\star > 9.04 \end{cases} \tag{9.171}$$

   La contrainte de frottement interfaciale adimensionnelle $\tau_i^\star$ est définie par la relation :

$$\tau_i^\star \hat{=} \frac{\rho_\ell \tau_i}{[\rho_\ell(\rho_\ell - \rho_v)\mu_\ell g]^{2/3}} \tag{9.172}$$

3. Calcul du coefficient d'échange thermique local.
   Trois cas peuvent se présenter :

(a) Le frottement interfacial a un effet prépondérant et la gravité un effet négligeable :
Le coefficient d'échange local $h(z)$ dépend de la valeur du nombre de Reynolds Re_ℓ par rapport au nombre de Reynolds critique $\mathrm{Re}_{\ell,c}$. Butterworth (1981) a proposé les corrélations suivantes :
– si $\mathrm{Re}_\ell < \mathrm{Re}_{\ell,c}$:

$$\frac{h_i(z)}{k_\ell}\left[\frac{\mu_\ell^2}{\rho_\ell(\rho_\ell-\rho_g)g}\right]^{1/3} = 1.41\ \mathrm{Re}_\ell^{-1/2}(\tau_i^\star)^{1/2} \tag{9.173}$$

– si $\mathrm{Re}_\ell > \mathrm{Re}_{\ell,c}$:

$$\frac{h_i(z)}{k_\ell}\left[\frac{\mu_\ell^2}{\rho_\ell(\rho_\ell-\rho_g)g}\right]^{1/3} = \left[\left(\frac{1.41}{\mathrm{Re}_\ell^{1/2}}\right)^m + \left(\frac{0.071\ \mathrm{Pr}_\ell^{1/2}}{\mathrm{Re}_\ell^{1/24}}\right)^m\right]^{1/m}(\tau_i^\star)^{1/2} \tag{9.174}$$

avec :

$$m \mathrel{\hat{=}} \frac{1}{2}\left(\mathrm{Pr}_\ell+3\right) \tag{9.175}$$

(b) Dans le cas où le frottement interfacial a un effet négligeable et la gravité un effet prépondérant, le coefficient d'échange local $h_g(z)$ peut se calculer à l'aide des relations (9.149), (9.156) et (9.158).

(c) Dans le cas où les effets du frottement interfacial et de la gravité sont du même ordre, on utilisera la relation :

$$h(z) = [h_i(z)^2 + h_g(z)^2]^{1/2} \tag{9.176}$$

4.3 Condensation en film à l'intérieur d'un tube horizontal

Types d'écoulement rencontrés

Les configurations d'écoulement que l'on peut rencontrer dans un tube horizontal varient selon le débit.

– Aux *débits élevés*, la vapeur se condense sur la paroi du tube en formant un écoulement annulaire. Par suite de la valeur élevée de la vitesse de la vapeur, des gouttelettes sont arrachées du film de condensat et sont entraînées dans le cœur de l'écoulement. Lorsqu'on s'éloigne de l'entrée du tube, la condensation entraîne une diminution de la vitesse de la vapeur et du cisaillement à la surface du film de condensat. Cela a deux conséquences : l'arrêt de l'arrachement et de l'entraînement de gouttelettes, et l'augmentation du rôle de la gravité qui conduit à un épaississement du film liquide dans la partie inférieure du tube. Plus en aval, l'écoulement annulaire se transforme en écoulement intermittent à poches de vapeur et bouchons de liquide, et finalement le condensat emplit complètement le tube.

- Aux *faibles débits*, l'écoulement annulaire dispersé qui se forme à l'entrée du tube se stratifie et le condensat s'écoule par effet de gradient hydraulique si le tube n'est pas en charge à son extrémité aval. Dans le cas contraire, le condensat s'accumule dans le tube et s'écoule périodiquement sous forme de bouchons de liquide expulsés du tube par la pression de vapeur.

Coefficient d'échange en écoulement stratifié

Le coefficient d'échange moyenné sur la circonférence du tube peut être calculé à l'aide de la relation suivante :

$$\bar{h} = \Omega \left[\frac{k_\ell^3 \rho_\ell (\rho_\ell - \rho_v) g h_{fg}}{\mu_\ell D (T_{sat} - T_w)} \right]^{1/4} \tag{9.177}$$

D'après Jaster et Kosky (1976), Ω est donné par :

$$\Omega = 0.728 \left[1 + \frac{1-x}{x} \left(\frac{\rho_v}{\rho_\ell} \right)^{2/3} \right]^{-3/4} \tag{9.178}$$

où x est le titre massique de la vapeur, rapport du débit-masse de vapeur au débit-masse total du mélange vapeur-condensat.

Le coefficient d'échange global $< \bar{h} >$ moyenné sur la longueur L de la conduite peut être déterminé grâce à la corrélation de Chen et Kocamustafaogullari (1987) :

$$\frac{< \bar{h} > D}{k_\ell} = 0.492 \left[\frac{c_{p,\ell}(T_{sat} - T_{w,in})}{h_{fg}} \right]^{-0.27} \left(\frac{\mu_\ell c_{p,\ell}}{k_\ell} \right)^{0.25}$$
$$\left\{ D \left[\frac{g(\rho_\ell - \rho_v)}{\rho_\ell \nu_\ell^2} \right]^{1/3} \right\}^{0.73} \left(\frac{L}{D} \right)^{-0.03} \left(\frac{J_{v,in} D}{\nu_v} \right)^{0.05} \left(1 + \frac{J_{\ell,in} D}{\nu_\ell} \right)^{-0.01} \tag{9.179}$$

où $J_{v,in}$, $J_{\ell,in}$ et $T_{w,in}$ sont respectivement les vitesses débitantes de la vapeur et du liquide, et la température de la paroi à l'entrée du tube.

Cette corrélation permet de représenter de nombreux points expérimentaux avec une incertitude de $\pm 30\%$ pour les gammes suivantes de paramètres :

$$0.002 \leq \frac{c_{p,\ell}(T_{sat} - T_{w,in})}{h_{fg}} \leq 0.1 \quad ; \quad 1.5 \leq \frac{\mu_\ell c_{p,\ell}}{k_\ell} \leq 6.1$$

$$400 \leq D \left[\frac{g(\rho_\ell - \rho_v)}{\rho_\ell \nu_\ell^2} \right]^{1/3} \leq 1\,500 \quad ; \quad 18 \leq \frac{L}{D} \leq 269$$

$$3\,000 \leq \frac{J_{v,in} D}{\nu_v} \leq 300\,000 \quad ; \quad 0 \leq \frac{J_{\ell,in} D}{\nu_\ell} \leq 2\,000$$

Coefficient d'échange en écoulement annulaire

Selon Butterworth, on prendra :

– en écoulement laminaire ($\mathrm{Re}_\ell < 50$) :

$$\frac{\bar{h}}{k_\ell} \left(\frac{\nu_\ell^2}{g} \right)^{1/3} = 1.41 \mathrm{Re}_\ell^{-1/2} (\tau_i^\star)^{1/2} \tag{9.180}$$

– en écoulement turbulent ($\mathrm{Re}_\ell > 50$) :

$$\frac{\bar{h}}{k_\ell} \left(\frac{\nu_\ell^2}{g} \right)^{1/3} = \left[\left(\frac{1.41}{\mathrm{Re}_\ell^{1/2}} \right)^m + \left(\frac{0.071\, \mathrm{Pr}_\ell^{1/2}}{\mathrm{Re}_\ell^{1/24}} \right)^m \right]^{1/m} (\tau_i^\star)^{1/2} \tag{9.181}$$

avec :

$$m \mathrel{\hat{=}} \frac{1}{2} \left(\mathrm{Pr}_\ell + 3 \right) \tag{9.182}$$

Dans les expressions précédentes, $\tau_i^\star$ est défini par la relation :

$$\tau_i^\star \mathrel{\hat{=}} \frac{\rho_\ell \tau_i}{[\rho_\ell^2 \mu_\ell g]^{2/3}} \tag{9.183}$$

et est calculé par la méthode de Henstock et Hanratty exposée plus haut mais où l'on prendra :

$$\frac{C_{f,i}}{C_{f,v}} = 1 + 850F \tag{9.184}$$

5 Exemples d'applications

5.1 Ecoulements diphasiques dans un sous-canal de cœur de REP

Le problème a pour but de caractériser la structure d'un écoulement diphasique bouillant dans un cœur de réacteur à eau sous pression (REP) puis de corréler cette structure à l'évolution de taux de vide, et enfin de poser le problème de la détermination expérimentale d'une corrélation de flux critique. Hormis les calculs introductifs, les trois autres parties de ce problème sont indépendantes.

Données générales

On considère que le cœur du réacteur peut être représenté par des sous-canaux indépendants délimités par 4 crayons combustibles (figure 9.20).

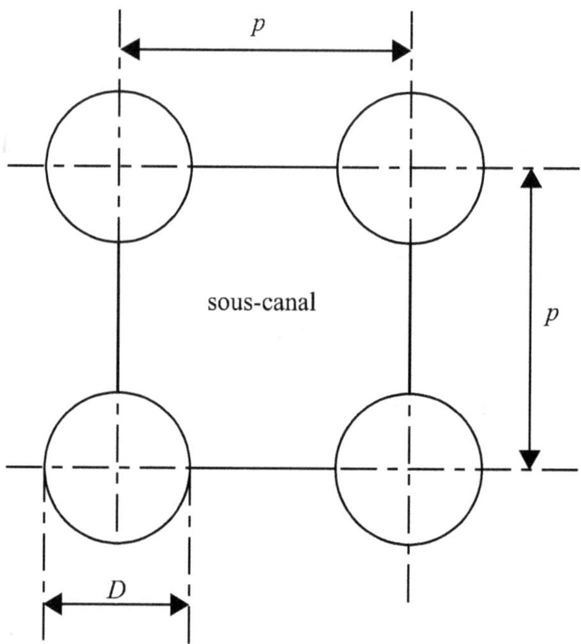

Figure 9.20 – Définition du sous-canal.

Le pas p du réseau est de 12.6 mm, le diamètre D des crayons combustible de 9.5 mm et la longueur chauffante L_{ch} de 3.5 m.

La vitesse massique nominale est de 3 500 kg/(m^2·s), le flux thermique de 3.5 MW/m^2 et la pression imposée en sortie du cœur de 100 bar. A cette pression, les propriétés physiques du fluide sont :

- Enthalpie massique du liquide saturée : $h_f = 1.4$ MJ/kg
- Enthalpie massique de vaporisation : $h_{fg} = 1.32$ MJ/kg
- Masse volumique de la vapeur saturée : $\rho_g = 55.46$ kg/m^3
- Masse volumique du liquide saturé : $\rho_f = 689$ kg/m^3
- Viscosité cinématique du liquide (supposée constante) : $\nu_f = 1.19 \times 10^{-7}$ m^2/s

Durant tout le problème, on adoptera l'hypothèse suivante :
H1 : la perte de pression dans le cœur étant faible devant la pression du système, la pression le long d'un sous-canal pourra être considérée comme constante.

Calculs préliminaires

1. Exprimer littéralement, puis calculer les aires de la surface de passage S_p et de la surface chauffante S_{ch} d'un sous-canal.
2. En considérant comme longueur caractéristique le périmètre chauffant, calculer le diamètre hydraulique D_h du sous-canal.
3. Calculer le nombre de Reynolds Re_{D_h} à l'entrée du sous-canal (écoulement monophasique liquide) et en déduire le régime d'écoulement à l'entrée.

Structure de l'écoulement

On veut tout d'abord caractériser la structure d'écoulement à l'aide de la carte d'écoulement de Hewitt et Roberts (figure 9.21).

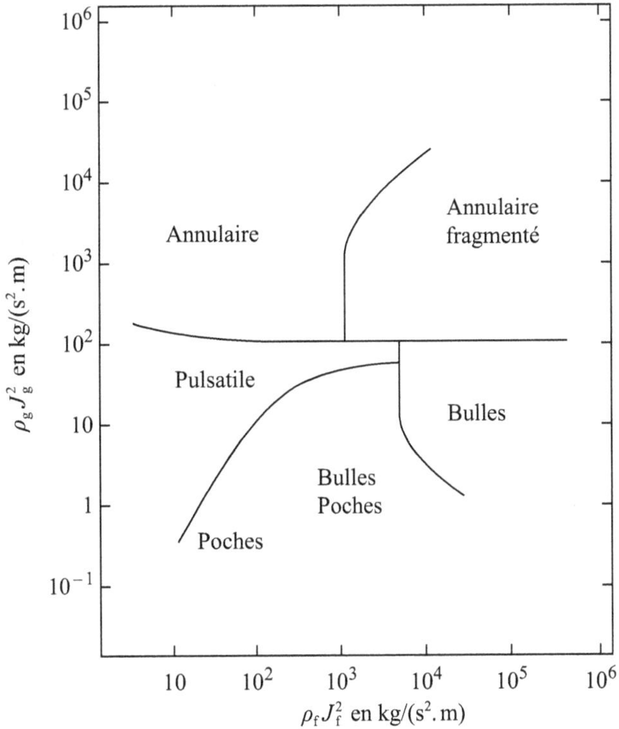

Figure 9.21 – Carte de Hewitt et Roberts.

1. Donner les relations permettant d'exprimer les vitesses superficielles J_f du liquide et J_g de la vapeur en fonction du titre (qualité) x à l'équilibre thermodynamique.

2. En déduire les équations paramétriques de la trajectoire du point représentatif de l'écoulement le long du sous-canal dans la carte de Hewitt et Roberts. On posera :

$$X \triangleq \rho_f J_f^2 \quad ; \quad Y \triangleq \rho_g J_g^2 \tag{9.185}$$

Quelle est l'utilité de l'hypothèse H1 ?

3. Calculer les valeurs de X et Y pour les valeurs de x données dans le tableau 9.2. Calculer le titre de sortie correspondant à un titre à l'entrée x_{in} égal à - 0.5 et tracer sur le diagramme de Hewitt et Roberts la portion de courbe décrivant l'évolution de la structure de l'écoulement le long du canal.
4. Cette portion de courbe dépend-elle du flux ? Justifiez votre réponse.
5. Pour quelle raison cette trajectoire ne passe pas par la structure *churn* ? Justifiez votre réponse.

x	X kg/(m^2·s)	Y kg/(m^2·s)	Taux de vide Modèle homogène	Taux de vide Modèle de Zuber et Findlay
0.001				
0.007				
0.020				
0.100				
0.200				
0.300				
0.400				

Tableau 9.2 – Trajectoire du point représentatif de l'écoulement.

Taux de vide

1. Pour les points calculés précédemment sur la trajectoire, donner les valeurs du taux de vide α en utilisant le modèle homogène équilibré thermiquement. Compléter le tableau 9.2.
2. Ces valeurs sont-elles cohérentes avec l'évolution de la structure ? Justifiez votre réponse.
3. On se donne un modèle de Zuber et Findlay (*drift flux*) avec $C_0 = 1.1$ et $V_{gj} = 0.05$ m/s. Calculer à nouveau l'évolution du taux de vide. Compléter le tableau 9.2.
4. Avec le modèle précédent, calculer le taux de vide lorsque le titre tend vers 1. Commentez le résultat.

Flux critique

On veut déterminer le domaine accessible Δ dans un plan titre de sortie x_{out} en abscisse et flux thermique surfacique q'' en ordonnée, pour la géométrie du sous-canal et pour les pression et vitesse massique nominales.

1. Les températures d'entrée minimale et maximale dans le sous-canal étant fixées respectivement à une valeur $T_{in,min} = 20$ °C (soit une enthalpie massique à l'entrée $h_{\ell,in,min}$ égale à 93 kJ/kg) et à la température de saturation correspondant à la pression à l'entrée du sous-canal, exprimer littéralement et calculer les abscisses des points M et N correspondant respectivement aux titres de sortie minimal $x_{out,M}$ et maximal $x_{out,N}$ pour lequel le flux thermique surfacique est nul ($q'' = 0$). Les points M et N limitent le domaine Δ sur l'axe des abscisses.
2. Aux conditions nominales, le flux thermique surfacique critique q''_c peut s'exprimer en fonction du titre de sortie x_{out} sous la forme :

$$q''_c = A - Bx_{out} \tag{9.186}$$

avec q''_c exprimé en MW/m^2, $A = 7$ MW/m^2 et $B = 5$ MW/m^2. Exprimer littéralement les abscisses $x_{out,O}$ et $x_{out,P}$ des points O et P, tels que $x_{out,O} < x_{out,P}$, limitant le segment accessible sur la droite de flux critique bornant le domaine Δ.

3. Que peut-on dire des directions des segments MO et PN ? Justifiez votre réponse. Tracer le domaine Δ dans le plan titre de sortie x_{out} en abscisse et flux thermique surfacique q'' en ordonnée.
4. On suppose qu'à la pression nominale, les coefficients A et B sont indépendants de la vitesse massique. L'intervalle $[x_{out,O}\ ,\ x_{out,P}]$ représente la gamme des titres de sortie admissibles pour atteindre le flux surfacique thermique critique en sortie du sous-canal.

(a) Justifiez de manière qualitative comment varie en fonction de la vitesse massique l'intervalle $[x_{out,O} \ , \ x_{out,P}]$.

(b) De combien doit-on multiplier la vitesse massique par rapport à la vitesse massique nominale pour que le nouvel intervalle $[x_{out,O} \ , \ x_{out,P}]$ ne recouvre pas l'intervalle $[x_{out,O} \ , \ x_{out,P}]$ en conditions nominales ? L'hypothèse A et B constants est elle justifiée ? Argumentez votre réponse.

5. On suppose que les coefficients A et B sont proportionnels à la vitesse massique. Comment varie alors l'intervalle $[x_{out,O} \ , \ x_{out,P}]$ en fonction de la vitesse massique ? L'hypothèse est-elle plus justifiée que la précédente ? Argumentez votre réponse.
6. On suppose qu'à la vitesse massique nominale, les coefficients A et B sont peu sensibles à la pression. Comment varie qualitativement l'intervalle $[x_{out,O} \ , \ x_{out,P}]$ en fonction de la pression ?
7. On voudrait étudier l'influence sur le flux critique de la présence d'un crayon non chauffant en contact avec le sous-canal.

   (a) Comment varie l'intervalle $[x_{out,O} \ , \ x_{out,P}]$ dans ces conditions ?

   (b) Quelle solution peut être adoptée pour rendre les intervalles $[x_{out,O} \ , \ x_{out,P}]$ identiques (on pourra changer des paramètres de géométrie hors le pas et le diamètre des crayons).

Solution

Calculs préliminaires

1. Aires de la surface de passage et de la surface chauffante du sous-canal :

$$S_p = p^2 - \frac{\pi D^2}{4} = 87.9 \text{ mm}^2$$

$$S_{ch} = \pi D L_{ch} = 0.104 \text{ m}^2$$

2. Périmètre chauffant et diamètre hydraulique du sous-canal :

$$P_{ch} = \pi D = 29.8 \text{ mm}$$

$$D_h \triangleq \frac{4S_p}{P_{ch}} = 11.8 \text{ mm}$$

3. Nombre de Reynolds à l'entrée du sous-canal :

$$\mathrm{Re}_{D_h} \triangleq \frac{G D_h}{\rho_f \nu_f} = 502\ 770$$

L'écoulement est donc turbulent.

Structure de l'écoulement

1. Expression des vitesses superficielles J_g et J_f :

$$J_g = \frac{xG}{\rho_g} \quad ; \quad J_f = \frac{(1-x)G}{\rho_f}$$

2. Equations paramétriques de la trajectoire :

$$\begin{cases} X = \dfrac{(1-x)^2 G^2}{\rho_f} \\ Y = \dfrac{x^2 G^2}{\rho_g} \end{cases}$$

   L'hypothèse H1 est nécessaire pour considérer les masses volumiques ρ_f et ρ_g comme uniformes le long du canal.

3. Le tableau 9.3 donne les valeurs numériques de X et Y. La trajectoire obtenue est représentée sur la figure 9.22.

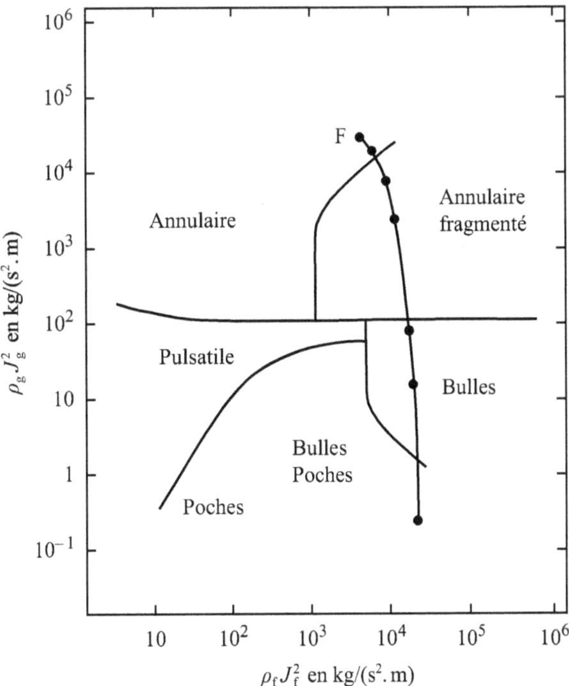

Figure 9.22 – Point représentatif de l'écoulement dans la carte de Hewitt et Roberts. Le point F matérialise l'arrêt de la trajectoire correspondant à $x_{out} = 0.4$.

Le bilan thermique entre l'entrée et la sortie du sous-canal s'écrit sous la forme :

$$q''S_{ch} = M(h_f - h_{\ell,in}) + x_{out}Mh_{fg}$$

Nous en déduisons donc :

$$x_{out} = x_{in} + \frac{q''S_{ch}}{h_{fg}GS_p} = 0.40$$

4. Seul le point final F de la trajectoire dépend du flux thermique surfacique. Ce point a pour coordonnées :

$$X(x_{out} = 0.40) = 6\ 400 \quad ; \quad Y(x_{out} = 0.40) = 35\ 340$$

5. On passe d'un écoulement monophasique liquide à un écoulement à bulles, puis à un écoulement de type *wispy-annular* et enfin à un écoulement annulaire. On contourne la zone de l'écoulement de type *churn* car la vitesse massique est trop importante comme le montrent les expressions de X et Y. En fait la carte de Hewitt et Roberts n'est valable pour les écoulements eau-vapeur que jusqu'à 69 bar alors qu'elle est utilisée ici à 100 bar.

Taux de vide

1. Dans le modèle homogène le taux de vide est donné par la relation :

$$\alpha = \frac{x\rho_f}{x\rho_f + (1-x)\rho_g}$$

On trouvera au tableau 9.3 les valeurs numériques correspondantes.

2. D'après la carte de Hewitt et Roberts, la transition entre l'écoulement à bulles et l'écoulement de type *wispy-annular* correspond à une valeur $Y = 100$, donc à une valeur $x = 0.021$ et à une valeur $\alpha = 0.21$ du taux de vide calculée par le modèle homogène. Cela ne peut en aucun cas correspondre à une transition vers un régime annulaire.

3. Dans le modèle de Zuber et Findlay le taux de vide est donné par la relation :

$$\alpha = \frac{\dfrac{x}{\rho_g}}{C_0\left[\dfrac{x}{\rho_g} + \dfrac{1-x}{\rho_f}\right] + \dfrac{V_{gj}}{G}}$$

On trouvera au tableau 9.3 les valeurs numériques correspondantes.

4. Quand x tend vers 1, le taux de vide α tend vers 0.908 et non pas vers 1. En fait, lorsque x tend vers 1, il faudrait prendre $C_0 = 1$ et $V_{gj} = 0$ car l'écoulement devient pratiquement homogène.

x	X kg/(m·s^2)	Y kg/(m·s^2)	Taux de vide Modèle homogène	Taux de vide Modèle de Zuber et Findlay
0.001	17 743	0.2209	0.012	0.011
0.007	17 531	10.823	0.080	0.073
0.020	17 075	88.352	0.202	0.183
0.100	14 401	2 209	0.580	0.525
0.200	11 379	8 835	0.756	0.686
0.300	8 712	19 879	0.842	0.764
0.400	6 401	35 341	0.892	0.810

Tableau 9.3 – Trajectoire calculée du point représentatif de l'écoulement.

Flux critique

1. Le bilan thermique entre l'entrée et la sortie du sous-canal permet d'exprimer le titre de sortie minimal $x_{out,min}$ correspondant à la température minimale à l'entrée :

$$x_{out,min} = -\frac{h_f - h_{\ell,in,min}}{h_{fg}} + \frac{q''S_{ch}}{h_{fg}GS_p}$$

et pour $q'' = 0$:

$$x_{out,M} = -\frac{h_f - h_{\ell,in,min}}{h_{fg}}.$$

De même le bilan thermique entre l'entrée et la sortie du sous-canal permet d'exprimer le titre de sortie maximal $x_{out,max}$ correspondant à du liquide saturé à l'entrée :

$$x_{out,min} = \frac{q''S_{ch}}{h_{fg}GS_p}$$

et pour $q'' = 0$:

$$x_{out,N} = 0$$

2. L'expression littérale de l'abscisse $x_{out,O}$ du point O est donnée par la résolution de l'équation :

$$A - Bx_{out,O} = h_{fg}G\frac{S_p}{S_{ch}}x_{out,O} + (h_f - h_{\ell,in,min})G\frac{S_p}{S_{ch}}$$

qui conduit à l'expression :

$$x_{out,O} = \frac{A - (h_f - h_{\ell,in,min})G\dfrac{S_p}{S_{ch}}}{B + h_{fg}G\dfrac{S_p}{S_{ch}}}$$

L'expression littérale de l'abscisse $x_{out,P}$ du point P est de même donnée par la résolution de l'équation :

$$A - Bx_{out,P} = h_{fg}G\frac{S_p}{S_{ch}}x_{out,P}$$

qui conduit à l'expression :

$$x_{out,P} = \frac{A}{B + h_{fg}G\dfrac{S_p}{S_{ch}}}$$

3. Les segments MO et NP sont des segments parallèles de pente $h_{fg}G(S_p/S_{ch})$. Le domaine Δ est représenté sur la figure 9.23 par le trapèze $MOPN$.

4. Effet d'une augmentation de la vitesse massique :

   (a) Lorsque G augmente la pente du segment NP, égale à $h_{fg}G(S_p/S_{ch})$, augmente et le segment NP pivote autour du point N vers la gauche. Le point P se déplace vers la gauche sur la droite de flux surfacique critique qui elle reste fixe. Le segment MO pivote également vers la gauche autour de M en restant parallèle au segment NP. Le domaine des titres critiques se déplace donc vers les titres inférieurs.

   (b) Il n'y aura pas de recouvrement lorsque NP coïncidera avec MQ parallèle à NO. On devra donc avoir :

   $$h_{fg}G\frac{S_p}{S_{ch}} = \frac{q''_O}{x_{out,O}}$$

   On en déduit $G = 13\,128$ kg/(m^2·s). En conséquence, il faudra multiplier la vitesse massique par le facteur $13\,128/3\,500 = 3.75$. En fait les coefficients A et B ne sont pas constants. En effet, les résultats expérimentaux montrent que :

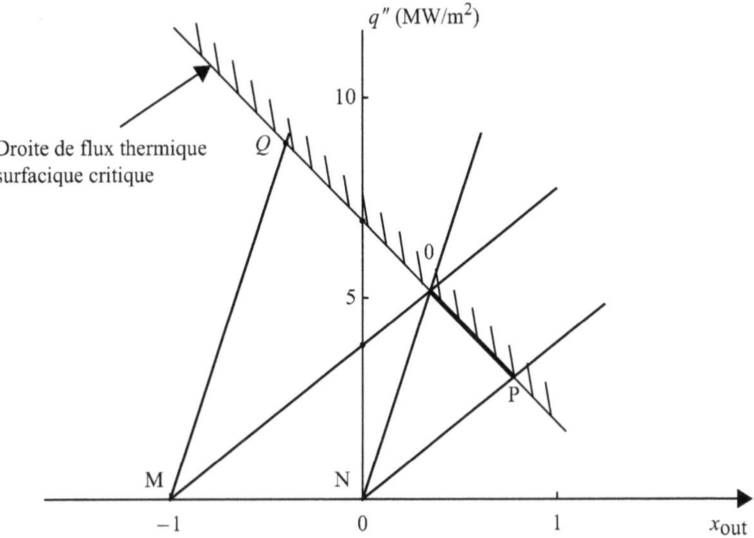

Figure 9.23 – Représentation du domaine accessible Δ.

– lorsque le titre en sortie est positif (écoulement saturé en sortie) et pour un titre de sortie donné, le flux thermique surfacique critique diminue lorsque G augmente par suite de l'augmentation de l'entraînement et la diminution de l'épaisseur de film,
– lorsque le titre en sortie est négatif (écoulement sous-saturé en sortie) et pour un titre de sortie donné, le flux thermique surfacique critique augmente lorsque G augmente par suite de l'accroissement des échanges convectifs.

Ces deux cas correspondent respectivement au phénomène d'assèchement (*dryout*) et à l'arrêt de l'ébullition nucléée (*departure of nucleate boiling, DNB*).

5. Supposons que nous ayons :

$$\begin{aligned} A &\triangleq A_1 G \\ B &\triangleq B_1 G \end{aligned}$$

Au point O le titre de sortie est donné par la relation :

$$x_{out,O} = \frac{A_1 - (h_f - h_{\ell,in,min})\dfrac{S_p}{S_{ch}}}{B_1 + h_{fg}\dfrac{S_p}{S_{ch}}}$$

expression qui ne dépend plus de G. Au point O le titre de sortie est donné par la relation :

$$x_{out,P} = \frac{A_1}{B_1 + h_{fg}\dfrac{S_p}{S_{ch}}}$$

expression qui ne dépend plus de G.
L'expérience montre que cette hypothèse est en fait plus justifiée que celle consistant à prendre A et B constants.

6. La droite critique reste fixe si la pression augmente. Par ailleurs, la pente des segments MO et NP est égale à $h_{fg}G(S_p/S_{ch})$. L'enthalpie massique de vaporisation h_{fg} diminuant lorsque la pression augmente, la pente décroît lorsque la pression croît pour une vitesse massique G imposée. En conséquence le segment OP se déplace vers les titres de sortie plus élevés.
7. Effet de la présence d'un crayon non chauffant :
   (a) La présence d'un crayon non chauffant entraîne une diminution de S_{ch}, donc une augmentation de la pente. Le segment OP se déplace donc vers les titres moins élevés.
   (b) Pour rendre les domaines accessibles identiques il faudra donc diminuer la vitesse massique ou augmenter la longueur chauffante.

6 Exercices

6.1 Rayon d'une interface sphérique à l'équilibre

Démontrer l'équation (9.18).

6.2 Ebullition en vase

Coefficient d'échange

On considère un point P de la courbe de Nukiyama représentée dans un système de coordonnées linéaire-linéaire. Par quoi est représenté sur ce graphe le coefficient d'échange au point P ?

Ebullition de transition

Montrer que, dans un chauffage à flux thermique imposé, les points situés sur la branche descendante de la courbe de Nukiyama sont des points instables.

Modèle de Frost et Dzakowic

Démontrer l'équation (9.36).

6.3 Ebullition en convection forcée

Ebullition saturée

Vérifier que la corrélation de Chen (9.100) est adimensionnelle.

Crise d'ébullition : corrélation de Katto et Ohno

Quelle interprétation physique peut-on donner du nombre adimensionnel W' défini par la relation (9.128) ?

Crise d'ébullition : comparaison des corrélations

On considère un écoulement eau-vapeur s'écoulant à 29 bar dans un tube chauffant de diamètre 20 mm. La longueur du tube est de 6 m. La vitesse massique est de 500 kg/(m^2·s). L'enthalpie massique du liquide à l'entrée est de 504 kJ/kg. Calculer le flux thermique surfacique critique par la corrélation de Bowring, la corrélation de Katto et Ohno et par la table de Groeneveld *et al.* (2005).

Nomenclature

A	aire	
A_h	aire d'élément chauffant	
A_j	aire de la section droite d'une colonne de vapeur	
B	paramètre de Mikic et Rohsenow	(Eq. 9.51)
c	capacité thermique massique	
C_f	coefficient de frottement	
C_0	paramètre de distribution	
C_{sf}	paramètre de Rohsenow	
D	diamètre	
D_d	diamètre de détachement	
D_{dF}	diamètre de détachement de Fritz	
D_h	diamètre hydraulique	
F	facteur d'amplification de Chen	
g	accélération de la pesanteur	
G	vitesse massique	
h	coefficient d'échange thermique	

$\bar{h}$	coefficient d'échange thermique global	(Eq. 9.145)
h	enthalpie massique	
h_f	enthalpie massique du liquide à saturation	
h_{fg}	enthalpie massique de vaporisation	
$h_{\ell,in}$	enthalpie massique du liquide à l'entrée	
I	intensité électrique	
k	conductivité thermique	
K	paramètre de Katto	(Eqs. 9.138, 9.138)
$\mathrm{Ja}^\star$	nombre de Jakob modifié	(Eq. 9.46)
J_f	vitesse superficielle du liquide	
J_g	vitesse superficielle de la vapeur	
L	longueur	
L'	rapport d'aspect de la conduite	(Eq. 9.126)
L_c	longueur capillaire	(Eq. 9.57)
L_{ch}	longueur chauffante	
$\dot{m}$	débit-masse surfacique	
M	débit-masse, masse molaire	
n	nombre surfacique	
n	exposant de Bowring	(Eq. 9.115)
Nu	nombre de Nusselt	(Eq. 9.90)
p	pression, pas du réseau	
$p\prime$	pression adimensionnelle	(Eq. 9.116)
P	puissance électrique, périmètre	
P_{ch}	périmètre chauffant du sous-canal	
p_R	pression réduite	
Pe	nombre de Péclet	(Eq. 9.92)
Pr	nombre de Prandtl	(Eq. 9.26)
q''	flux thermique surfacique en paroi	
r	rayon d'un site de nucléation	
R	rayon, résistance électrique	
R'	rapport des masses volumiques	(Eq. 9.127)
$R^\star$	rayon adimensionnel	(Eq. 9.66)
R_g	taux de vide	
Ra	nombre de Rayleigh	(Eq. 9.25)
$\mathcal{R}$	constante d'un gaz supposé parfait	
s	entropie massique, exposant de Rohsenow	
S	facteur d'atténuation de Chen	
S_{ch}	aire de la surface chauffante d'un sous-canal	
S_p	aire de la surface de passage d'un sous-canal	
St	nombre de Stanton	(Eq. 9.93)
T	température	
T_{film}	température de film	(Eq. 9.27)

T_w	température de la paroi	
u	énergie interne massique	
U	tension électrique	
v	volume massique	
V_{gj}	vitesse de dérive pondérée	
$W_{\prime}$	paramètre de Katto	(Eq. 9.128)
x	titre massique	(Eq. 9.71)
x_eq	titre massique à l'équilibre	
X	paramètre	(Eq. 9.185)
X	paramètre de Katto	(Eqs. 9.138, 9.138)
y	coordonnée perpendiculaire à la paroi chauffante	
Y	paramètre	(Eq. 9.185)
α	taux de vide, diffusivité thermique	
β	coefficient de dilatation volumique	
Γ	débit-masse par unité de largeur	
Δ	domaine accessible	
ΔT_{sat}	surchauffe de la paroi	(Eqs. 9.22)
ΔT_{sub}	sous-saturation	(Eqs. 9.68, 9.86)
ε	rugosité de la paroi	
θ	angle de contact	
λ_R	longueur d'onde de Rayleigh	
λ_{RT}	longueur d'onde de Rayleigh-Taylor	
λ_{KH}	longueur d'onde de Kelvin-Helmholtz	
μ	enthalpie libre massique	(Eq. 9.1)
ν	viscosité cinématique du liquide	
ρ	masse volumique	
σ	tension interfaciale, constante de Stefan-Boltzmann	
$\tau_i^\star$	contrainte de frottement interfaciale adimensionnelle	
φ	paramètre de Mikic et Rohsenow	(Eq. 9.53)

Indices

b	ébullition
c	critique, capillaire, condensation
ch	chauffant
d	détachement
D	diamètre
e	équilibre

eq	équilibre
f	liquide à saturation
g	vapeur à saturation
h	hydraulique
i	interface
in	entrée
j	jet ou colonne de vapeur
ℓ	liquide sous-saturé
min	valeur minimale
nc	convection naturelle
ONB	démarrage de l'ébullition nucléée
out	sortie
p	passage
rad	radiatif
sat	saturation
v	vapeur sur-saturée
vap	évaporation
w	paroi

Symboles et opérateurs

$\hat{=}$ égal par définition à

Références

Berenson, P.J., 1961, Transition boiling heat transfer from a horizontal surface, *J. Heat Transfer*, Vol. 83, 351-358.

Bird, R.B., Stewart, W.E. et Lightfoot, E.N., 2007, *Transport Phenomena*, 2nd Edition, John Wiley & Sons.

Bowring, R.W., 1972, A simple but accurate round tube uniform heat flux, dryout correlation over the pressure range 0.7-17 MN/m^2 (100-2500psia), AEEW-R 789.

Bromley, L.A., 1950, Heat transfer in stable film boiling, *Chem. Engng Prog.*, Vol. 46, 221-227.

Butterworth, D., 1977, Developments in the design of shell and tubes condensers, Paper 77-WA/ht-24, ASME winter Annual Meeting, Atlanta.

Butterworth, D., 1981, Simplified methods for condensation on a vertical surface with vapour shear, UKAEA ReportAERE-R9683.

Buyevich, Y.A. et Webbon, B.W., 1996, Dynamics of vapour bubbles in nucleate boiling, *Int. J. Heat Mass Transfer*, Vol. 39, No 12, 2409-2426.

Chen, J.C., 1966, A correlation for boiling heat transfer to saturated fluids in convective flow, *Industrial and Engineering Chemistry, Process Design and development*, Vol. 5, No 3, 322-329.

Chen, I.Y. et Kocamustafaogullari , G., 1987, Condensation heat transfer studies for stratified, cocurrent two-phase flow in horizontal tubes, *Int. J. Heat Mass Transfer*, Vol. 30, No 6, 1133-1148.

Churchill, S.W. et Chu, H.H.S., 1975, Correlating equations for laminar and turbulent free convection from a horizontal cylinder, *Int. J. Heat Mass Transfer*, Vol. 18, 1049.

Cooper, M.G., 1984, Saturation nucleate pool boiling - A simple correlation, *I. Chem.E symposium Series*, Vol. 86, 786-793.

Dhir, V.K. et Liaw, S.P., 1989, Framework for a unified model for nucleate and transition pool boiling, *J. Heat Transfer*, Vol. 111, 739-745.

Drew, T.B. et Mueller, C., 1937, Boiling, *Trans. AIChE*, Vol. 33, 449.

Forster, H.K. et Zuber, N., 1955, Dynamics of vapor bubbles and boiling heat transfer, *AIChE Journal*, Vol. 1, No 4, 531-535.

Fritz, W., 1935, Berechnung des maximalvolumens von Dampfblasen, *Physikalische Zeitschrift*, Vol. 36, 379.

Frost, W. et Dzakowic, G.S., 1967, An extension of the method of predicting incipient boiling on commercially finished surfaces, ASME-AIChE Heat Transfer Conf., Seattle, Paper 67-HT-61.

Groeneveld, D.C. et Leung, L.K.H., 2000, Evolution of CHF and post CHF prediction methods, Invited Paper, # 8636, ICONE-8, Baltimore.

Groeneveld, D.C., Leung, L.K.H., Kirillov, P.L., Bobkov, V.P., Smogalev, I.P., Vinogradov, V.N., Huang, X.C. et Royer, E., 1996, The 1995 look-up table for critical heat flux in tubes, *Nuclear Engng and Design*, Vol. 163, 1-23.

Groeneveld, D.C., Leung, L.K.H., Vasic, A.Z., Guo, Y.J. et Cheng, S.C., 2003, A look-up table for fully developed film-boiling heat transfer, *Nuclear Engng and Design*, Vol. 225, 83-97.

Groeneveld, D.C., Shan, J.Q., Vasic, A.Z., Leung, L.K.H., Durmayaz, A., Yang, J., Cheng, S.C. et Tanase, A., 2007, The 2006 CHF look-up table, Nuclear Engng and Design, Vol. 190.

Henstock, W.H. et Hanratty, T.J., 1976, The interfacial drag and the height of the wall layer in annular flows, *AIChE Journal*, Vol. 22, 990-999.

Ivey, H.J. et Morris, D.J., 1962, On the relevance of the vapour-liquid exchange mechanism for sub-cooled boiling heat transfer at high pressure, AEEW-R 137.

Jaster, H. et Kosky, P.G., 1976, Condensation heat transfer in a mixed flow regime, *Int. J. Heat Mass Transfer*, Vol. 19, 95-99.

Judd, R.L. et Chopra, A.,1993, Interaction of the nucleation processes occurring at adjacent nucleation sites, *J. Heat Transfer*, Vol. 115, 955-962.

Juric, D. and Tryggvason, G., 1998, Computations of boiling flows, *Int. J. Multiphase Flow*, Vol. 24, No 3., 387-410.

Katto, Y. et Ohno, H., 1984, An improved version of the generalized correlation of critical heat flux for convective boiling in uniformly heated vertical tube, *Int. J. Heat Mass Transfer*, Vol. 27, 1641-1648.

Kenning, D.B.R., 1989, Wall temperature in nucleate boiling, *Proceedings Eurotherm Seminar on Advances in Pool Boiling Heat Transfer*, Paderborn, Germany, 1-9.

Kocamustafaogullari, G., Chen, I.Y. et Ishii, M., 1982, Correlation for nucleation site density and its effect on interfacial area, NUREG/CR-2778, ANL-82-32.

Kocamustafaogullari, G. et Ishii, M., 1983, Interfacial area and nucleation site density in boiling systems, *Int. J. Heat Mass Transfer*, Vol. 26, 1377-1387.

Kutateladze, S.S., 1963, *Fundamentals of Heat Transfer*, Academic Press.

Labuntsov, D.A., 1957, Heat transfer in film condensation of steam on a vertical surface and horizontal tubes, *Teploenergetika*, Vol. 4, No 7, 72-80.

Lee, R.C. et Nydahl, J.E., 1989, Numerical calculation of bubble growth in nucleate boiling from inception through departure, *J. heat Transfer*, Vol. 111, 474-479.

Lienhard, J.H. et Dhir, V.K., 1973, Extended hydrodynamic theory of the peak and minimum pool boiling heat fluxes, NASA CR-2270.

Lienhard, J.H. et Wong, P.T.W., 1964, The dominant unstable wavelength and minimum heat flux during film boiling on a horizontal cylinder, *J. Heat Transfer*, Vol ; 86, No2, 220-226.

Mikic, B.B. et Rohsenow, W.M., 1969, A new correlation of pool-boiling data including the effect of heating surface characteristics, *J. Heat Transfer*, Vol. 9, 245-250.

Nakoriakov, V.E., Pokusaev, et Shreiber, I.R., 1993, *Wave Propagation in Gas-Liquid media*, 2nd ed., CRC Press.

Nukiyama, S., 1934, The maximum and minimum values of the heat Q transmitted from metal to boiling water under atmospheric pressure, *J.Jap. Soc. Mech. Eng.*, Vol. 37, 367-374 (trans. : *Int. J. Heat Mass Transfer*, 1966, Vol. 9, 1419-1433.

Nusselt, W, 1916, Die Oberflächenkondensation des Wasserdampfes, *Zeitschr. Ver. Deutsch. Ing.*, Vol. 60, , No 27, 541-546 ; No28, 569-575.

Pioro, I.L., Rohsenow, W. et Doerffer, S.S., 2004a, Nucleate pool-boiling heat transfer. I : review of parametric effects of boiling surface, *Int. J. Heat Mass Transfer*, Vol. 47, 5033-5044.

Pioro, I.L., Rohsenow, W. et Doerffer, S.S., 2004b, Nucleate pool-boiling heat transfer. II : assessment of prediction methods, *Int. J. Heat Mass Transfer*, Vol. 47, 5045-5057.

Ramanujapu, N. et Dhir, V.K., 2000, On the formation of vapor columns and mushroom type bubbles during nucleate boiling on a horizontal surface, Proceedings of NHTC 00, 34th National Heat Transfer Conference, Pittsburgh, PA.

Rohsenow, W.M., 1952, A method of correlating heat-transfer data for surface boiling of liquids, *Trans. ASME*, Vol. 74, 969-976.

Rohsenow, W.M., 1956, Heat transfer and temperature distribution in laminar film condensation, *Trans. ASME*, Vol. 79, 1645-1648.

Saha, P. et Zuber, N., 1974, Point of net vapor generation and vapor void fraction in subcooled boiling, Paper B4-7, Fifth International Heat Transfer Conference, Tokyo.

Sakashita, H. et Kumada, T., 2001, Method for predicting boiling curves of saturated nucleate boiling, *Int. J. Heat Mass Transfer*, Vol. 44, 673-682.

Snyder, N.R. et Edwards, D.K., 1956, Summary of conference on bubble dynamics and boiling heat transfer, JPL Memo 20-137, 14-15.

Son, G., Dhir, V.K., et Ramanujapu, N., 1999, Dynamics and heat transfer associated with a single bubble during nucleate boiling on a horizontal surface, *J. Heat Transfer*, Vol. 121, 623-631.

Sun, K.H. et Lienhard, J.H., 1970, The peak pool boiling heat flux on horizontal cylinders, *Int. J. Heat Mass Transfer*, Vol. 13, 1425-1439.

Tong, L.S. et Young, J.D., 1974, A phenomenological transition and film boiling heat transfer correlation, Paper B3-9, Fifth International Heat Transfer Conference, Tokyo.

Wang, C.H. et Dhir, V.K., 1993a, Effect of surface wettability on active nucleation site density during pool boiling of water on a vertical surface, *J. Heat Transfer*, Vol. 115, 659-669.

Wang C.H. et Dhir, V.K., 1993b, On the gas entrapment and nucleation site density during pool boiling of saturated water, *J. Heat Transfer*, Vol. 115, 670-679.

Welch, S.W.J., 1998, Direct numerical simulation of bubble growth, *Int. J. Heat Mass Transfer*, Vol.41, No 12, 1655-1666.

Westwater, J.W. et Breen, B.P., 1962, Effect of diameter of horizontal tubes on film boiling heat transfer, *Chem. Eng. Progr.*, Vol. 58, 67-72.

Whalley, P.B., 1987, *Boiling, Condensation, and Gas-Liquid Flow*, Clarendon Press.

Winterton, R.H.S., 1998, Where did the Dittus and Boelter equation come from ?, *Int. J. heat mass Transfer*, Vol. 41, No 4-5, 809-810.

Yang, Z.L., Dinh, T.N., Nourgaliev, R.R. et Sehgal, B.R., 2000, Numerical investigation of bubble coalescence characteristics under nucleate boiling condition by a lattice-Boltzmann model, *Int. J. Therm. Sci.*, Vol. 39, 1-17.

Yoon, H.Y., Koshizuka, S. et Oka, Y., 2001, Direct calculation of bubble growth, departure, and rise in nucleate pool boiling, *Int. J. Multiphase Flow*, Vol. 27, No 2, 277-298.

Zuber, N., 1958, On the stability of boiling heat transfer, *Trans. ASME*, Vol. 80, 711-720.

Chapitre 10

Instabilités des écoulements diphasiques en conduite

Une installation comportant dans un de ses composants un écoulement diphasique peut être le siège d'instabilités d'écoulement dont les conséquences se situent sur plusieurs plans :

1. L'installation peut devenir incontrôlable et son pilotage impossible.
2. Des contraintes de chocs ou de fatigues cycliques peuvent apparaître sur les structures.
3. Des phénomènes secondaires comme une crise d'ébullition ou le déclenchement d'une instabilité de type différent peuvent survenir.

En conséquence, l'étude du fonctionnement d'une installation en régime nominal, incidentel ou accidentel requiert la connaissance préalable des phénomènes d'instabilités d'écoulement. Il faudra donc décrire les différents types d'instabilités qui peuvent être rencontrés, en comprendre les mécanismes et pouvoir prédire leur apparition ainsi que le comportement subséquent de l'installation. On pourra ainsi déterminer des plages de fonctionnement de l'installation ne générant aucune instabilité.

De nombreux articles de synthèse présentent en détail les différents types d'instabilité des écoulements diphasiques en conduite. On citera en particulier les revues de Bouré *et al.* (1973), Bergles (1981), Yadigaroglu (1981), Ishii (1982) et celle de Lahey et Podowski (1989).

1 Définitions des différentes instabilités

Considérons une installation fonctionnant sous un régime permanent donné caractérisé par un ensemble de valeurs des paramètres de contrôle. Effectuons une perturbation en échelon, d'amplitude infiniment faible, de la valeur d'un des paramètres de contrôle (figure 10.1). Le comportement ultérieur de l'installation peut présenter l'une ou l'autre des caractéristiques suivantes :

1. L'installation évolue rapidement vers un régime permanent situé hors du voisinage immédiat du régime permanent initial. Dans ce cas l'instabilité sera qualifiée de *statique.*
2. Dans les autres cas l'instabilité est dite *dynamique.*

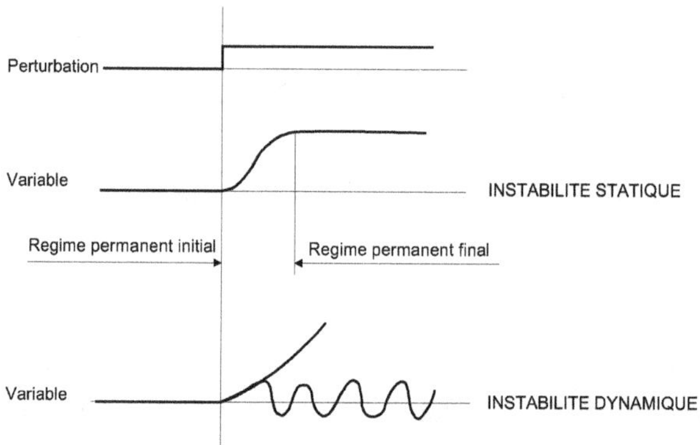

Figure 10.1 – Différents types d'instabilité.

Un troisième type d'instabilité peut apparaître : l'instabilité de *relaxation.* Celle-ci peut être considérée comme une instabilité statique sur un intervalle de temps court, ou comme une instabilité dynamique sur un intervalle de temps long.

Du point de vue pratique, il est important de distinguer les instabilités statiques et dynamiques. En effet, le seuil d'apparition des instabilités statiques peut être déterminé en ne considérant que les équations de l'écoulement en régime permanent alors que celui des instabilités dynamiques nécessitera les équations complètes incluant les termes transitoires.

2 Redistributions de débit

Une redistribution de débit, encore appelée excursion de débit ou instabilité de Ledinegg, correspond à une variation brutale du débit-masse apparaissant généralement au cours d'une variation lente ou au cours d'un échelon de faible amplitude de la valeur d'un des paramètres de contrôle de l'installation. L'installation passe d'un régime permanent initial à un autre régime permanent.

Prenons le cas d'un fluide entrant sous forme liquide ou sous forme d'un mélange diphasique à faible titre dans un canal chauffant. L'excursion de débit consiste en une diminution brutale du débit après une légère variation de la valeur d'un des paramètres de contrôle. Cette baisse brutale du débit est souvent incompatible avec la bonne marche de l'installation et peut entraîner des phénomènes secondaires comme une crise d'ébullition entraînant la destruction de la paroi du canal. Ainsi l'excursion de débit est souvent masquée par l'apparition d'un phénomène secondaire qui n'en est que la conséquence.

2.1 Caractéristiques d'un canal chauffant

Un canal chauffant dans lequel circule un écoulement diphasique constitue toujours une partie soit d'un circuit fermé, encore appelé *boucle*, soit d'un circuit ouvert. En plus du canal chauffant, le circuit comporte différents éléments tels que pompes, échangeurs, pressuriseur, etc.

Circuit fermé (figure 10.2)

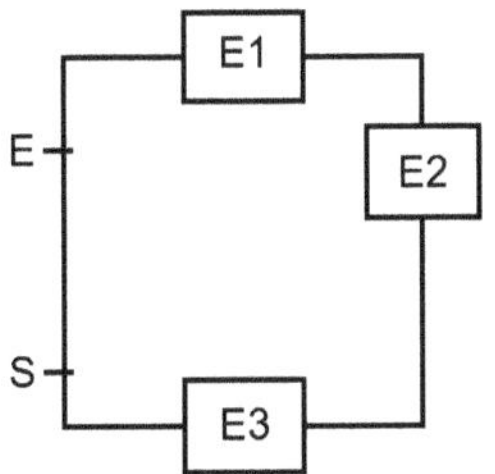

Figure 10.2 – Circuit fermé (boucle).

Nous avons de façon évidente :

$$\int_{Circuit} \frac{\partial p}{\partial s}\, ds = 0 \tag{10.1}$$

où s est l'abscisse courante le long du circuit.

Circuit ouvert (figure 10.3)

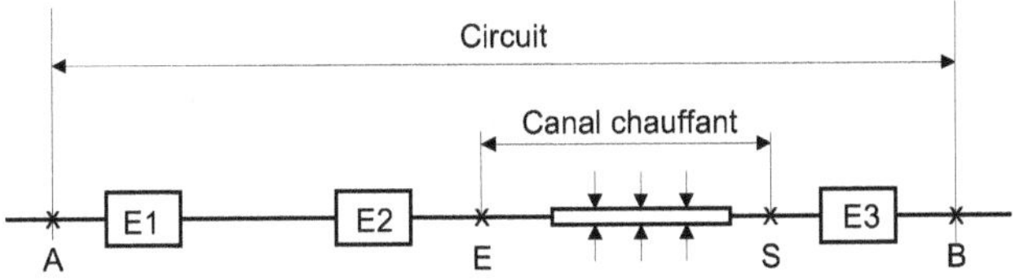

Figure 10.3 – Circuit ouvert.

Nous avons pour un circuit ouvert :

$$p_A - p_B = -\int_A^E \frac{\partial p}{\partial s}\, ds - \int_E^S \frac{\partial p}{\partial s}\, ds - \int_S^B \frac{\partial p}{\partial s}\, ds \tag{10.2}$$

ou :

$$-\int_E^S \frac{\partial p}{\partial s}\, ds = p_A - p_B + \int_A^E \frac{\partial p}{\partial s}\, ds + \int_S^B \frac{\partial p}{\partial s}\, ds \tag{10.3}$$

ou encore :

$$-\int_{Canal} \frac{\partial p}{\partial s}\, ds = p_A - p_B + \int_{Circuit-Canal} \frac{\partial p}{\partial s}\, ds \tag{10.4}$$

Nous retrouvons évidemment le cas du circuit fermé lorsque $p_A = p_B$.

En régime permanent et pour :

– une pression donnée en un point du circuit,

– une température donnée à l'entrée du canal chauffant,

– un flux thermique surfacique donné,

le premier membre de l'équation (10.4) est une certaine fonction $\Phi(G)$ de la vitesse massique G tandis que le second membre est une fonction différente $\Psi(G)$ de la vitesse massique. Posons alors :

$$-\int_{Canal} \frac{\partial p}{\partial s}\, ds \mathrel{\hat=} \Delta p_{int} = \Phi(G) \tag{10.5}$$

$$p_A - p_B + \int_{Circuit-Canal} \frac{\partial p}{\partial s}\, ds \mathrel{\hat=} \Delta p_{ext} = \Psi(G) \tag{10.6}$$

La représentation graphique de la relation :

$$\Delta p_{int} = \Phi(G) \tag{10.7}$$

est appelée la *caractéristique interne* du canal, celle de la relation :

$$\Delta p_{ext} = \Psi(G) \tag{10.8}$$

est appelée la *caractéristique externe* du canal. Le *point de fonctionnement* est situé à l'intersection de ces deux courbes (figure 10.4).

2.2 Stabilité du régime permanent

Le schéma de gauche de la figure 10.5 correspond à une situation où l'on a :

$$\frac{\partial \Delta p_{int}}{\partial G} > \frac{\partial \Delta p_{ext}}{\partial G} \tag{10.9}$$

Supposons que G augmente légèrement. La perte de pression intérieure au canal, Δp_{int}, devient plus grande que la différence de pression, Δp_{ext}, disponible pour

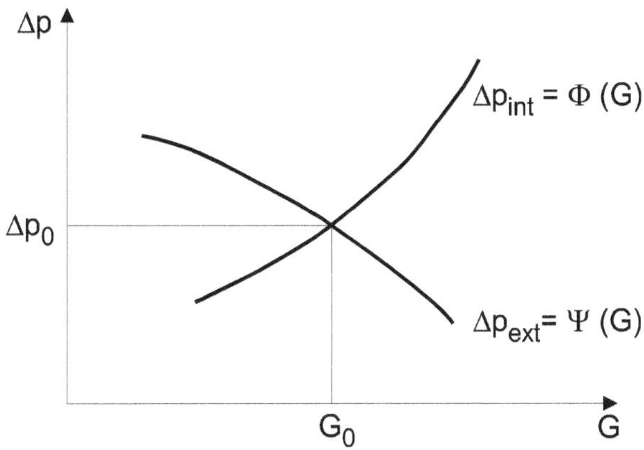

Figure 10.4 – Point de fonctionnement.

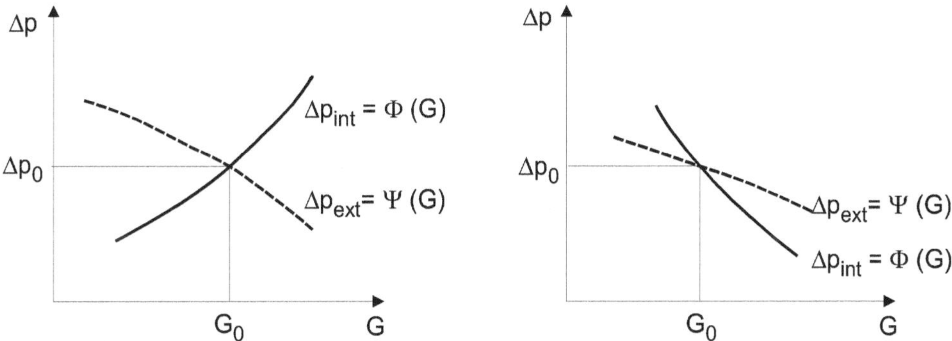

Figure 10.5 – Stabilité du régime permanent.

assurer l'écoulement. Le débit va donc diminuer et revenir à sa valeur initiale. Le régime permanent correspondant au cas 1 est donc un état *stable*.

En revanche, dans le schéma de droite de la figure 10.5 la relation (10.9) n'est plus vérifiée et le point de fonctionnement est *instable*. En effet, si G augmente légèrement, la perte de pression intérieure au canal, Δp_{int}, devient plus faible que la différence de pression, Δp_{ext}, disponible pour assurer l'écoulement. Le débit va donc augmenter de plus en plus. Le cas 2 est donc instable.

La relation (10.9) constitue donc le critère de stabilité du point de fonctionnement, encore appelé *critère de Ledinegg*.

2.3 Forme des caractéristiques

Caractéristique interne (figure 10.6)

La caractéristique interne $\Delta p_{int} = \Phi(G)$ se calcule grâce aux méthodes exposées au chapitre 8 sur le calcul des pertes de pression en conduite. Rappelons que la caractéristique interne $\Delta p_{int} = \Phi(G)$ n'est définie que pour :

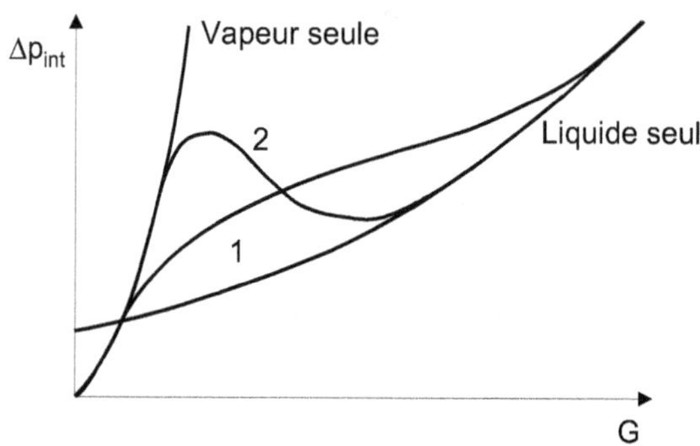

Figure 10.6 – Différents types de caractéristique interne.

- une pression donnée en un point de circuit,
- une température donnée à l'entrée du canal chauffant,
- un flux thermique surfacique donné.

Pour des vitesses massiques G élevées, il n'y a pas de vapeur dans le canal. L'écoulement est un écoulement monophasique liquide et la caractéristique interne est une courbe d'allure parabolique. Aux faibles vitesses massiques, en supposant que celles-ci puissent être atteintes sans crise d'ébullition ou instabilités secondaires, il n'y a que de la vapeur dans le canal et la caractéristique interne est une autre courbe d'allure parabolique. Pour des débits intermédiaires, la caractéristique interne du canal où circule l'écoulement diphasique est soit du type 1, soit du type 2 (figure 10.6). Elle se raccorde aux caractéristiques des écoulements monophasiques vapeur ou liquide, respectivement pour les vitesses massiques faibles ou élevées. Dans certains cas une caractéristique interne peut présenter une discontinuité. Ce cas sera étudié à la section 3.

Caractéristique externe (figure 10.7)

Une caractéristique externe a une pente qui est toujours négative ou nulle. Trois cas peuvent se présenter :

1. Cas 1 : quand un canal est alimenté en parallèle avec un grand nombre d'autres canaux (cœur, générateur de vapeur) ou avec un by-pass de grand diamètre, une variation de débit dans le canal étudié n'entraîne pas

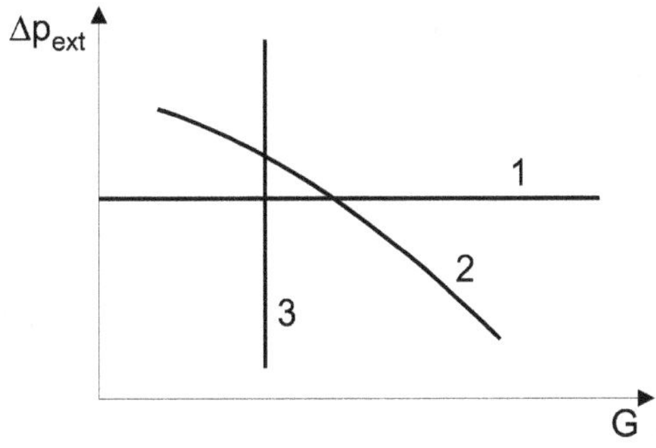

Figure 10.7 – Différents types de caractéristique externe.

une variation sensible de débit dans les autres canaux ou dans le by-pass. La perte de pression entre l'entrée et la sortie du canal étudié est donc pratiquement constante. C'est aussi le cas en convection naturelle si on néglige les pertes de pression par frottement dans le circuit de retour.

2. Cas 2 : ce type de caractéristique correspond aux situations suivantes :
   - fonctionnement en convection naturelle avec une perte de pression par frottement non négligeable sur le circuit de retour,
   - canal étudié en parallèle avec un petit nombre d'autres canaux.
3. Cas 3 : utilisation d'une pompe volumétrique générant un débit imposé, indépendant de la perte de pression (la caractéristique est alors verticale).

2.4 Mécanisme de la redistribution de débit

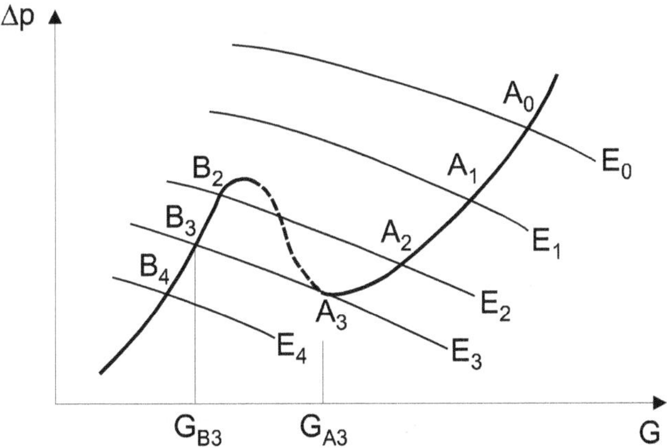

Figure 10.8 – Mécanisme de l'excursion de débit.

Considérons la figure 10.8. Partons d'un point de fonctionnement A_0 et diminuons progressivement la vitesse de rotation de la pompe qui assure la circulation du fluide. La pression au niveau du pressuriseur, le flux thermique surfacique et la température donnée à l'entrée du canal chauffant étant imposés, la caractéristique interne n'est pas modifiée. Le point de fonctionnement se déplace vers les positions A_1, A_2 et A_3. En ce dernier point, le régime permanent est stable à droite mais instable à gauche d'après le critère de stabilité (10.9) de Ledinegg. Une excursion de débit apparaît alors et le point de fonctionnement passe de la position A_3 à la position B_3, la vitesse massique diminuant brutalement de G_{A_3} à G_{B_3}. Si la vitesse de rotation de la pompe continue à diminuer, le point de fonctionnement se déplace de la position B_3 à la position B_4. En passant de A_3 à B_3 le point de fonctionnement peut déclencher des phénomènes secondaires tels que la crise d'ébullition ou des oscillations de débit dont le seuil d'apparition est situé entre A_3 et B_3.

2.5 Analyse

Prédiction de l'apparition d'une redistribution de débit

Selon le critère de Ledinegg (10.9), un régime permanent sera stable si la relation suivante est vérifiée :

$$\frac{\partial \Delta p_{int}}{\partial G} > \frac{\partial \Delta p_{ext}}{\partial G} \tag{10.10}$$

Dans le cas, souvent rencontré, où la caractéristique externe est horizontale le critère de stabilité (10.10) se réduit à la relation :

$$\frac{\partial \Delta p_{int}}{\partial G} > 0 \tag{10.11}$$

Comme dans le cas général, la pente de la caractéristique externe est toujours négative ou nulle, la relation (10.11) constitue donc une condition suffisante de stabilité. Cette condition, facile à mettre en œuvre, est très souvent utilisée.

Suppression des redistributions de débit

D'après le critère de stabilité (10.10), les redistributions de débit peuvent être évitées :

- soit en augmentant la pente de la caractéristique interne $\partial \Delta p_{int}/\partial G$, en installant un diaphragme à l'entrée du canal par exemple,
- soit en diminuant la pente de la caractéristique externe $\partial \Delta p_{ext}/\partial G$ en utilisant une pompe de caractéristique plus plongeante par exemple.

2.6 Autres exemples d'instabilités statiques

Les boucles à circulation naturelle peuvent être soumises à l'apparition d'instabilités statiques. On trouvera à la section 6.1 un exemple d'application permettant de mettre en évidence les mécanismes conduisant au déclenchement des instabilités. Compte tenu du renouveau de l'intérêt porté aux réacteurs à eau bouillante, ce type d'instabilité a fait l'objet de nombreuses études récentes (Kyung et Lee, 1996 ; Jeng et Pan, 1999 ; Yang *et al.*, 2005).

En fait, les instabilités statiques se rencontrent dans des domaines très variés : réacteurs à cuve agitée du génie chimique (Denn, 1975), solidification directionnelle (Wettlaufer, 1992), circuit de ventilation (Miton *et al.*, 1972), transfert de chaleur en ébullition (chapitre 9).

3 Instabilité de type d'écoulement

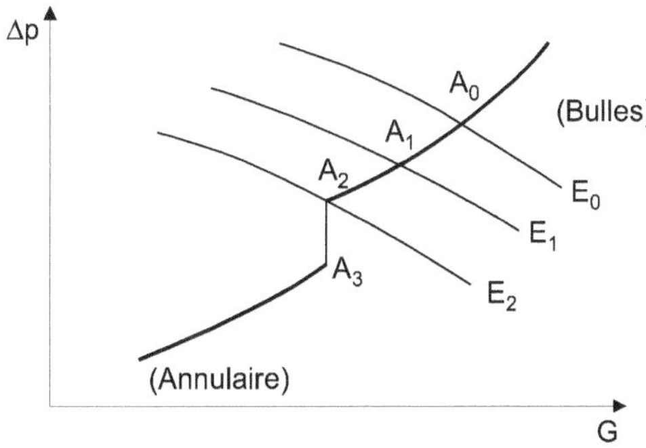

Figure 10.9 – Instabilité de type d'écoulement.

Supposons (figure 10.9) que, pour une pression, une température d'entrée et un flux thermique surfacique imposés, le point de fonctionnement d'une installation soit situé au voisinage immédiat d'un point de transition entre deux configurations d'écoulement caractérisées par les inégalités suivantes :

$$\begin{array}{ccc} \text{Type 1 (écoulement à bulles)} & \Longleftrightarrow & \text{Type 2 (écoulement annulaire)} \\ \Delta p_{int,1} & < & \Delta p_{int,2} \end{array}$$

Partons du point de fonctionnement A_0 avec une configuration de type 1. Diminuons progressivement la vitesse de rotation de la pompe. Le point de fonctionnement se déplace vers les positions A_1, puis A_2. La transition entre l'écoulement à bulles et l'écoulement annulaire apparaît et l'écart de pression disponible pour assurer l'écoulement devient beaucoup plus grand (caractéristique externe $E3$) que la perte de pression dans le canal. Le débit va donc augmenter et le point de fonctionnement va franchir la zone de transition et se trouver en écoulement à bulles. La perte de pression dans le canal étant alors plus élevée que l'écart de pression disponible, le débit va diminuer et le point de fonctionnement repassera dans la zone de l'écoulement annulaire. Si la caractéristique externe reste à la position A_3, le cycle se poursuivra.

Cette instabilité de type d'écoulement est un procesus de relaxation qui ne peut être décrit par un modèle linéarisé. L'analyse doit prendre en compte :

- la transition entre les deux configurations d'écoulement et ses hystérésis possibles,
- les pertes de pression associées à chaque configuration d'écoulement,
- la réponse thermohydraulique du système.

Une étude récente d'instabilité de type d'écoulement dans un réacteur à eau bouillante modéré à l'eau lourde a été réalisée par Nayak *et al.* (2003).

4 Expulsion périodique

4.1 Description

L'expulsion périodique (encore appelé *chugging* ou choucage) est un phénomène caractérisé par une évacuation intermittente du réfrigérant hors d'un canal chauffant. Cette expulsion peut être lente et correspondre à une augmentation progressive du débit de sortie, ou très violente et accompagnée d'une éjection du réfrigérant à la fois par la sortie et par l'entrée du canal chauffant. Un cycle complet comporte trois phases (figure 10.10) :

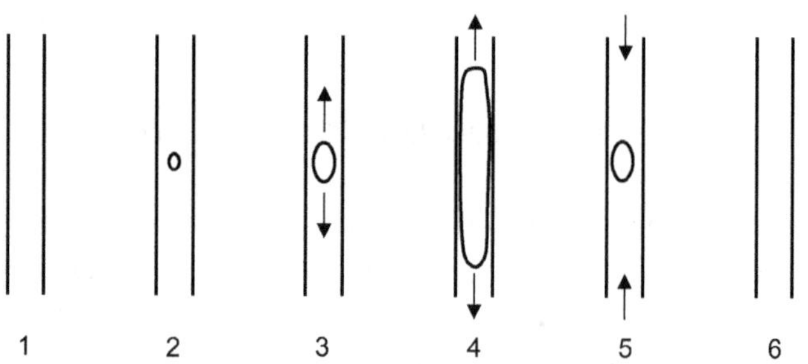

Figure 10.10 – Expulsion périodique. Phases 1, 2 et 6 : incubation; phases 3 et 4 : expulsion; phase 5 : réentrée.

1. une période d'incubation : le système évolue de façon progressive, une poche de vapeur apparaît et croît très rapidement,
2. une expulsion du fluide par l'entrée et la sortie du canal,
3. une réentrée du fluide par les deux extrémités du canal (s'il n'y a pas eu de crise d'ébullition entre temps).

4.2 Analyse

Comme les instabilités de type d'écoulement, l'expulsion périodique est un processus de relaxation. En dépit de son caractère spectaculaire, elle n'a cependant pas été étudiée systématiquement à cause de sa complexité. Indépendamment des hypothèses que l'on peut faire sur son mécanisme, toute analyse de l'expulsion périodique doit inclure les caractéristiques thermohydrauliques d'un écoulement diphasique en évolution rapide, à savoir et de façon non limitative :

- les déséquilibres thermodynamiques,
- les propriétés thermiques du fluide et de la paroi,
- les types d'écoulement successifs,
- l'influence des pics de pression sur la nucléation et l'ébullition.

On trouvera dans l'article de Paniagua *et al.* (1999) une étude numérique des expulsions périodiques rencontrées lors du démarrage d'une boucle à circulation naturelle.

4.3 Principaux effets paramétriques

1. L'influence du rapport des masses volumiques ρ_g/ρ_f est importante. L'expulsion périodique apparaît d'autant plus facilement que ce rapport est petit (eau à pression atmosphérique, métaux liquides).
2. Si la sous-saturation à l'entrée est trop élevée, la vitesse de croissance de la poche de vapeur n'est pas assez grande et son volume est peu important.
3. Des vitesses massiques élevées ont une influence stabilisante.

5 Oscillations de débit

5.1 Définition

Le terme d'oscillation est réservé à l'ensemble des instabilités de nature purement dynamique qui font intervenir des processus de rétroaction (*feedback processes*).

Les oscillations de débit sont caractérisées par la régularité de leur forme, de leur amplitude et de leur période. Contrairement aux instabilités de relaxation, elles apparaissent, dès le seuil franchi, sous forme d'oscillations quasi sinusoïdales de petite amplitude. Loin du seuil, leur forme peut devenir asymétrique.

Le problème quantitatif qui se pose, comme pour toute instabilité, est de pouvoir prédire leur seuil d'apparition. Il est également intéressant de pouvoir déterminer théoriquement la fréquence au seuil et au-delà, afin de pouvoir vérifier la validité du modèle. A l'heure actuelle, seules les simulations numériques permettent de prévoir l'amplitude des oscillations.

5.2 Mécanisme

Toute perturbation a des *effets retardés*. Supposons par exemple qu'une perturbation imposée à un canal chauffant provoque une diminution temporaire du débit d'entrée. Le taux d'évaporation et donc le taux de vide augmentent. En conséquence les pertes de pression ainsi que le transfert thermique en paroi vont être modifiés de façon momentanée.

Certaines conditions aux limites introduisent dans le système des *processus de rétroaction*. Par exemple, dans le cas évoqué au paragraphe précédent, la diminution du débit d'entrée produit une diminution de la perte de pression totale. Si cette perte de pression est imposée, le débit va croître.

Le système considéré est donc le siège d'effets retardés et de processus de rétroaction, deux phénomènes caractéristiques des servo-mécanismes. Comme ces derniers, le système peut subir des oscillations auto-entretenues qui résultent des interactions dynamiques entre les paramètres de l'écoulement (débit, masse volumique moyenne, pression, enthalpie).

Le mécanisme de ces oscillations met en jeu en particulier la propagation de perturbations de deux types :
- les propagations d'une perturbation de *pression*,
- les propagations d'une perturbation de *taux de vide.*

Comme les vitesses de propagation de ces deux types d'ondes diffèrent d'un ordre de grandeur, on peut distinguer deux classes d'oscillations :

1. les *oscillations acoustiques* (encore appelées ondes de pression ou ondes acoustiques) où les propagations d'ondes de pression sont prépondérantes : la fréquence est élevée (100 Hz), la période étant de l'ordre de grandeur du temps nécessaire à une perturbation de pression pour parcourir le canal (la vitesse de déplacement d'une onde de pression étant de l'ordre de 100 m/s) ;
2. les *oscillations d'ondes de densité* (encore appelées ondes de continuité ou ondes cinématiques) où les propagations d'ondes de taux de vide sont prépondérantes : la fréquence est basse (1 Hz), la période étant de l'ordre de grandeur du temps nécessaire à une perturbation de taux de vide pour parcourir le canal (la vitesse de déplacement d'une onde de taux de vide étant de l'ordre de 1 à 10 m/s). Des oscillations d'ondes de densité ont été observées dans des réacteurs en fonctionnement comme celles rapportées dans l'analyse de l'incident survenu sur le réacteur à eau bouillante de LaSalle 2 (Diederich, 1988). Elles sont également apparues dans des réacteurs à eau lourde sous pression (Mochizuki,

1992). Le déclenchement éventuel d'oscillations d'ondes de densité dans les réacteurs à eau bouillante fonctionnant en circulation naturelle ont motivé les études expérimentales de ces oscillations rapportées par Furuya *et al.* (2005).

5.3 Seuil d'apparition des oscillations

La détermination expérimentale du seuil est aisée si le système ne présente qu'un seul type d'instabilité. Cependant, pour des circuits à basse pression ou des boucles à circulation naturelle, le seuil peut être occulté par des fluctuations importantes de l'écoulement. Les techniques d'extraction d'un signal noyé dans du bruit sont alors utilisées.

Le seuil apparaît toujours pour des paramètres de fonctionnement déterminés. Tous les auteurs sont d'accord pour reconnaître le caractère réversible et reproductible du seuil, donc l'absence d'hystérésis.

Lorsqu'on fait varier de façon monotone la valeur d'un des paramètres de fonctionnement, on peut trouver un seuil d'apparition des oscillations, puis un seuil de disparition, puis un nouveau seuil d'apparition d'oscillations de période différente, etc. Ces différents domaines correspondent en fait à des ordres différents. On peut également observer des changements de mode sans disparition intermédiaire des oscillations.

5.4 Oscillations d'ondes de densité

Les cartes de stabilité (figure 10.11) utilisent les trois groupements adimensionnels suivant :

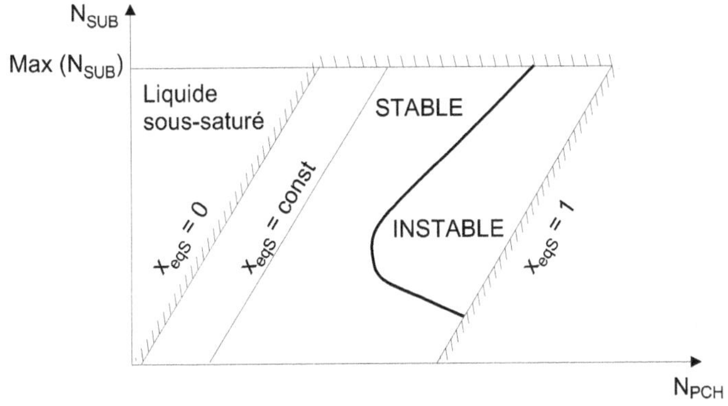

Figure 10.11 – Diagramme de stabilité (x_{eqs} : titre de sortie).

1. le nombre de Zuber, Zu, encore appelé le nombre de changement de phase N_{PCH}, et défini par la relation :

$$\mathrm{Zu} \equiv N_{PCH} \hat{=} \frac{\rho_f - \rho_g}{\rho_g} \frac{Q}{\dot{m} h_{fg}} \tag{10.12}$$

où Q est la puissance thermique fournie au canal chauffant.

2. le nombre de sous-saturation N_{SUB} défini par la relation :

$$N_{SUB} \hat{=} \frac{\rho_f - \rho_g}{\rho_g} \frac{h_f - h_{f,in}}{h_{fg}} \tag{10.13}$$

3. le nombre de Froude Fr défini par la relation :

$$\mathrm{Fr} \hat{=} \frac{w_{f,in}^2}{gL\cos\theta} \tag{10.14}$$

où $w_{f,in}$ est la vitesse de l'écoulement monophasique liquide à l'entrée du canal chauffant de longueur L, et θ l'angle d'inclinaison du canal sur la verticale ascendante.

Dans le diagramme de stabilité de la figure 10.11 le lieu des points à titre de sortie x_{eqS} constant est obtenu en utilisant le bilan thermique entre l'entrée et la sortie du canal écrit sous forme adimensionnel :

$$N_{SUB} = \mathrm{Zu} - \frac{\rho_f - \rho_g}{\rho_g} x_{eqS} \tag{10.15}$$

Les courbes à titres de sortie x_{eqS} constants sont donc des droites parallèles. Nous avons en particulier :

$$\begin{aligned} x_{eqS} = 0 \quad N_{SUB} &= \mathrm{Zu} \\ x_{eqS} = 1 \quad N_{SUB} &= \mathrm{Zu} - \frac{\rho_f - \rho_g}{\rho_g} \end{aligned}$$

On remarquera que N_{SUB} ne peut dépasser une valeur maximale qui correspondrait à une entrée du fluide dans le canal chauffant sous forme solide.

5.5 Analyse théorique des oscillations de débit

Pour décrire le comportement non permanent d'un écoulement diphasique dans un canal chauffant il faut, dans une *première étape*, utiliser les équations transitoires du modèle à deux fluides. On obtient alors un système de six équations aux dérivées partielles auxquelles il faut ajouter les conditions aux limites et initiales associées à leur propres caractéristiques dynamiques.

Beaucoup de méthodes de calcul comportent une *deuxième étape* qui consiste à remplacer une ou plusieurs équations aux dérivées partielles par une ou plusieurs équations algébriques, changeant ainsi l'ordre mathématique du système d'équations. Ce procédé peut donc conduire à des réponses dynamiques complètement erronées.

La *troisième étape* est purement mathématique. Plusieurs méthodes sont disponibles pour traiter le problème.

1. Un code de calcul peut fournir le comportement transitoire de l'écoulement. Les équations de départ étant linéarisées ou non, les seuils d'instabilité sont déterminés en faisant varier les paramètres de fonctionnement.
2. Le système d'équations est simplifié de façon à trouver analytiquement une équation de seuil qui est résolue sur ordinateur. Cette méthode possède les avantages suivants :
   - les seuils et les fréquences aux seuils sont obtenus directement,
   - les termes d'amplification et d'amortissement apparaissent clairement,
   - les effets des divers paramètres sont faciles à étudier. En revanche, seuls les seuils sont étudiés à l'exclusion de l'évolution ultérieure de l'écoulement.

On trouvera des exemples d'analyse mathématique d'oscillations d'ondes de densité dans Garea *et al.* (1999) pour les réacteurs à eau bouillante, et dans De Cachard et Delhaye (1998) pour les systèmes de pompage par airlift utilisés dans les usines de retraitement.

6 Exemples d'applications

6.1 Redistribution de débit dans une boucle à circulation naturelle

Le concept de circulation naturelle du liquide de refroidissement dans un réacteur à eau bouillante est un pas important vers la conception d'un réacteur intrinsèquement sûr. Néanmoins, une boucle à circulation naturelle peut être le siège d'instabilités statiques amenant l'état du circuit de refroidissement dans une région dangereuse de bas débit et de flux thermique élevé. L'objet de ce problème est de comprendre le mécanisme d'instabilité statique dans une boucle à circulation naturelle très simplifiée.

Une boucle à circulation naturelle (figure 10.12) est constituée d'une branche descendante, et d'une branche ascendante comprenant une section chauffante très courte et d'une longue section adiabatique. La section chauffante génère un écoulement diphasique eau-vapeur qui parcourt la section adiabatique et dont la vapeur est condensée dans le condenseur situé en partie haute de l'installation. La température de l'écoulement liquide ainsi formé est ajustée

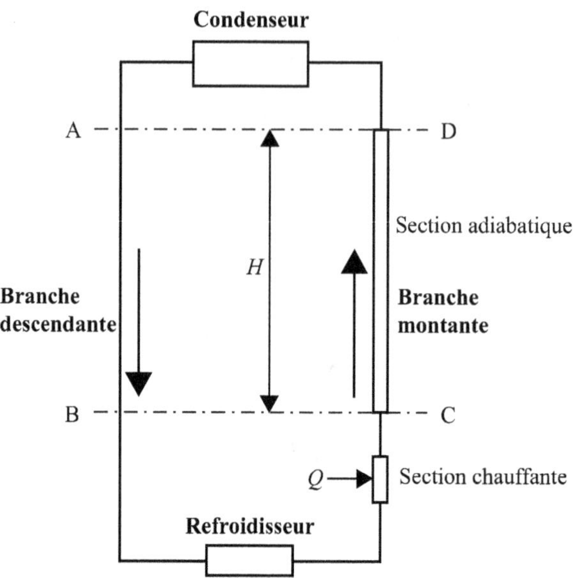

Figure 10.12 – Boucle à circulation naturelle.

grâce à un refroidisseur, ce qui permet d'imposer le titre à l'entrée de la section chauffante. On étudie le cas où l'écoulement est permanent.

1. Soit Q la puissance thermique fournie à la section chauffante. Etablir, en la justifiant, l'expression donnant le titre x_{out} à la sortie de la section chauffante en fonction du titre x_{in} à l'entrée de la section chauffante, du débit-masse $\dot{m}$ et de l'enthalpie massique de vaporisation h_{fg}.
2. En notant ρ_f la masse volumique du liquide supposée constante, g l'accélération de la pesanteur et H la hauteur de la section adiabatique, déterminer l'écart de pression $(p_B - p_A)_G$ dû à la gravité en fonction de ρ_f, g et H.
3. Le paramètre Γ étant défini par la relation :

$$\Gamma \triangleq x_{out}\left(\frac{\rho_f}{\rho_g} - 1\right) \tag{10.16}$$

déterminer l'écart de pression $(p_C - p_D)_G$ dû à la gravité en fonction de Γ, ρ_f, g et H, l'écoulement diphasique dans la section adiabatique pouvant être considéré comme un mélange homogène.

4. Déterminer en fonction de Γ, ρ_f, g et H, l'écart de pression Δp_M représentant le terme *moteur* qui assure la circulation naturelle dans la boucle. Quelle est la nature mathématique de la courbe $\Delta p_M(\dot{m})$?

5. En appelant f le facteur de frottement ($f \equiv 4C_f$), déterminer l'écart de pression $\Delta p_R \triangleq (p_C - p_D)_F$ dû au frottement en fonction de f, $\dot{m}$, Γ, ρ_f, H et du diamètre D du tube dont est constituée la section adiabatique. On admettra que cet écart de pression représente le seul terme résistant de la boucle s'opposant au mouvement du fluide. Quelle est la nature mathématique de la courbe $\Delta p_R(\dot{m})$?
6. Déterminer l'expression du débit-masse $\dot{m}_M$ correspondant à l'annulation du terme moteur Δp_M.
7. Déterminer l'expression du débit-masse $\dot{m}_R$ correspondant à l'annulation du terme résistant Δp_R.
8. Le fluide circulant dans la boucle étant de l'eau à une pression de 4 bar, calculer les valeurs numériques de Δp_M et de Δp_R et compléter les cases du tableau 10.1 en utilisant les données suivantes :

$x_{in} = -\ 0.067$ $\quad h_{fg} = 2.132 \times 10^6$ J/kg $\quad \rho_f = 922.594\ 3$ kg/m^3
$\rho_g = 2.1636$ kg/m^3 $\quad g = 9.81$ m/s^2 $\quad D = 0.023$ m
$H = 5.5$ m/s $\quad f = 0.02$ $\quad Q = 70$ kW

$\dot{m}$ (kg/s)	Δp_M (Pa)	Δp_R (Pa)
0		
0.15		
0.35		
0.48		
	N/A	0

Tableau 10.1 – Caractéristiques obtenues pour Q = 70 kW (N/A : non applicable, valeur à ne pas calculer).

9. A partir des valeurs obtenues dans le tableau 10.1, tracer les courbes caractéristiques $\Delta p_M(\dot{m})$ et $\Delta p_R(\dot{m})$.
10. Déterminer graphiquement le débit-masse de la boucle pour une puissance de 70 kW.
11. Montrer graphiquement que ce point de fonctionnement est un point stable.

12. Pour des puissances de 120 kW et de 180 kW les caractéristiques ont respectivement les allures données sur les figures 10.13 et 10.14. Etudier graphiquement la stabilité des points de fonctionnement possibles (trois points sur la figure 10.13 et un point sur la figure 10.14).

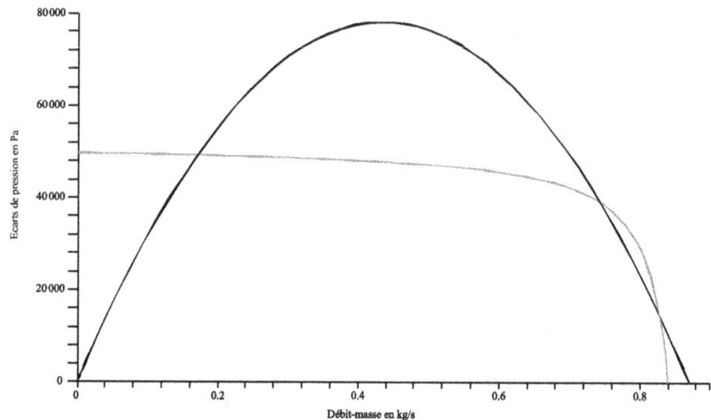

Figure 10.13 – Puissance : 120 kW.

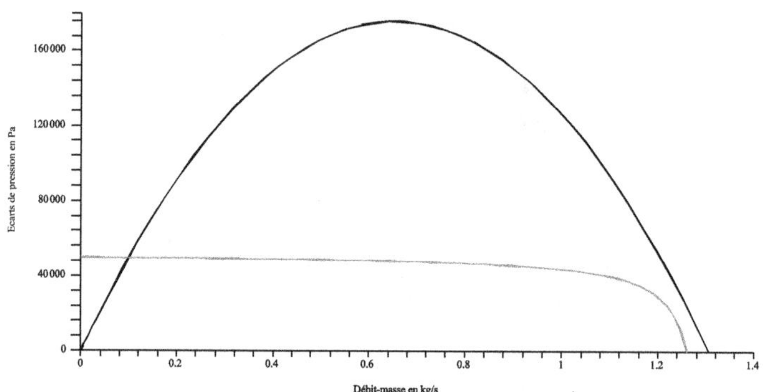

Figure 10.14 – Puissance : 180 kW.

13. Le diagramme de bifurcation $\dot{m}(Q)$ représenté à la figure 10.15 a été obtenu en résolvant l'équation :

$$\Delta p_M(\dot{m}, Q) = \Delta p_R(\dot{m}, Q) \tag{10.17}$$

C'est donc le lieu des points de fonctionnement possibles (stables et instables). Il permet de déterminer le débit-masse $\dot{m}$ pour une puissance thermique Q imposée. Quelle est l'évolution du débit-masse lorsque la puissance thermique croît de 20 kW à 180 kW ? Quelle est l'évolution du débit-masse lorsque la puissance thermique décroît de 180 kW à 20 kW ?

14. Quelle est la puissance thermique maximale admissible Q_{max} pour éviter tout accident ?

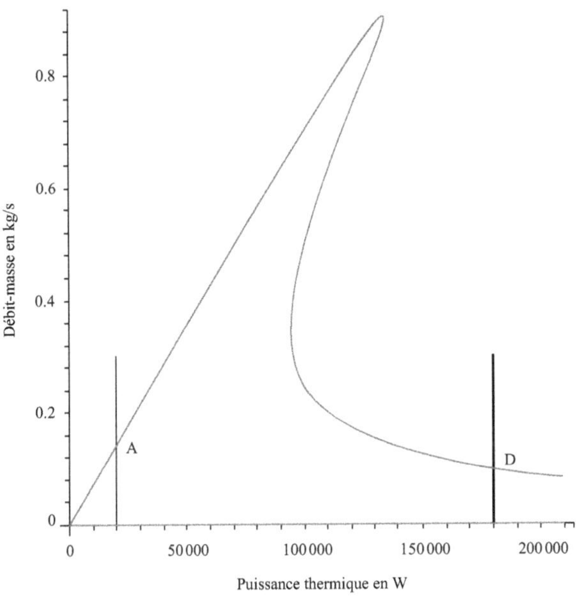

Figure 10.15 – Diagramme de bifurcation ($\dot{m}$ en kg/s; Q en W).

Solution

1. Le bilan thermique appliqué à la section chauffante s'écrit :

$$Q = (x_{out} - x_{in})\dot{m}h_{fg} \tag{10.18}$$

On en déduit :

$$x_{out} = x_{in} + \frac{Q}{\dot{m}h_{fg}} \tag{10.19}$$

2. Nous avons immédiatement :

$$(p_B - p_A)_G = \rho_f g H \tag{10.20}$$

3. De même nous avons :

$$(p_C - p_D)_G = \rho g H \tag{10.21}$$

L'écoulement diphasique dans la section adiabatique étant considéré comme homogène, le volume massique est donné par la relation :

$$\frac{1}{\rho} = \frac{x_{out}}{\rho_g} + \frac{1 - x_{out}}{\rho_f} \tag{10.22}$$

En conséquence nous obtenons :

$$(p_C - p_D)_G = \frac{1}{1+\Gamma}\,\rho_f g H \tag{10.23}$$

4. Le terme moteur Δp_M est donné par la relation :

$$\Delta p_M = (p_B - p_A)_G - (p_C - p_D)_G \tag{10.24}$$

soit :

$$\Delta p_M = \frac{\Gamma}{1+\Gamma}\,\rho_f g H \tag{10.25}$$

La courbe $\Delta p_M(\dot{m})$ est donc une *hyperbole.*

5. L'écart de pression dû au frottement est donné par la relation :

$$(p_C - p_D)_F = f\frac{H}{D}\frac{\rho}{2}\left(\frac{\dot{m}}{\rho\frac{\pi D^2}{4}}\right)^2 \tag{10.26}$$

soit en tenant compte de l'expression (10.22) de ρ :

$$(p_C - p_D)_F = 8f\frac{H\dot{m}^2(1+\Gamma)}{\pi^2\rho_f D^5} \mathrel{\hat{=}} \Delta p_R \tag{10.27}$$

La courbe $\Delta p_R(\dot{m})$ est donc une *parabole.*

6. D'après l'équation (10.25) l'annulation du terme moteur Δp_M aura lieu lorsque Γ sera nul. Compte tenu de la définition (10.16) de Γ et de l'expression (10.19) de x_{out}, le débit-masse $\dot{m}_M$ annulant le terme moteur Δp_M sera égal à :

$$\dot{m}_M = -\frac{Q}{x_{in}h_{fg}} \tag{10.28}$$

7. D'après l'équation (10.27) l'annulation du terme moteur Δp_R aura lieu pour $\Gamma = -1$. Compte tenu de la définition (10.16) de Γ et de l'expression (10.19) de x_{out}, le débit-masse $\dot{m}_R$ annulant le terme moteur Δp_R sera égal à :

$$\dot{m}_R = -\frac{Q}{\left(x_{in} + \frac{\rho_g}{\rho_f - \rho_g}\right)h_{fg}} \tag{10.29}$$

8. Les valeurs numériques obtenues sont les suivantes :

$$\dot{m}_M = 0.490 \text{ kg/s} \qquad \dot{m}_R = 0.508 \text{ kg/s}$$

Le tableau 10.2 résume les valeurs calculées.

9. Les caractéristiques correspondant à une puissance de 70 kW sont représentées à la figure 10.16.

$\dot{m}$ (kg/s)	Δp_M (Pa)	Δp_R (Pa)
0	49 779	0
0.15	49 020	22 168
0.35	45 766	22 817
0.48	18 599	5 523
0.49	0	3 615
0.508	N/A	0

Tableau 10.2 – Valeurs obtenues pour Q = 70 kW (N/A : non applicable).

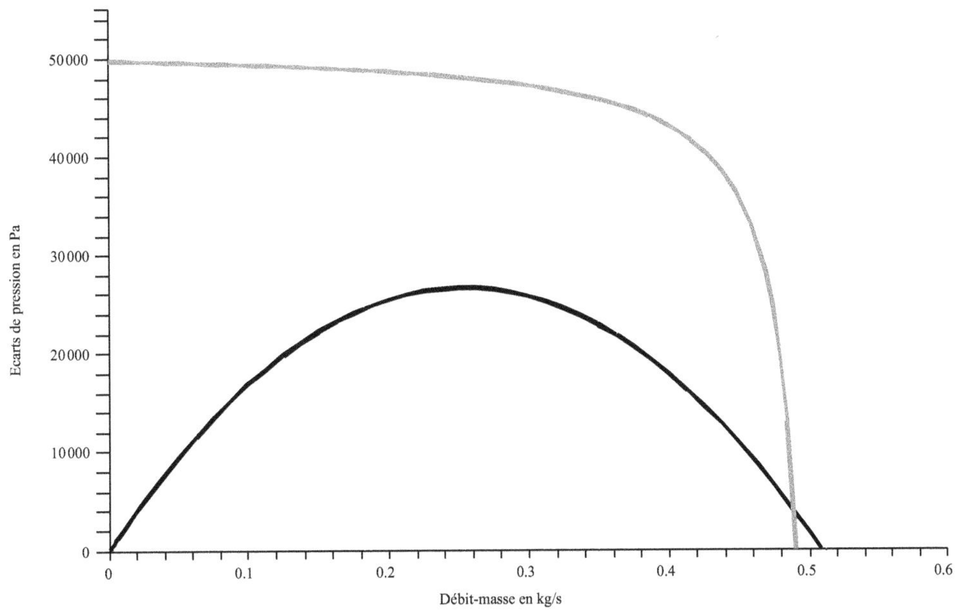

Figure 10.16 – Puissance : 70 kW.

10. Le point de fonctionnement se situe à l'intersection des caractéristiques. Une résolution graphique obtenue en dilatant les échelles ou un logiciel de type Maple donne pour le débit-masse :

$$\dot{m} = 0.488 \text{ kg/s}$$

11. Si le débit-masse augmente légèrement, l'effet résistant devient plus grand que l'effet moteur. En conséquence, le débit-masse diminue et revient à sa valeur initiale. Si le débit-masse diminue légèrement, l'effet moteur devient plus grand que l'effet résistant. En conséquence le débit-masse augmente et revient à sa valeur initiale. Le point de fonctionnement est donc un point stable.
12. Sur la figure 10.13, deux points de fonctionnement stables entourent un point de fonctionnement instable. Le point de fonctionnement de la figure 10.14 est un point stable.
13. Considérons le diagramme de bifurcation de la figure 10.17.

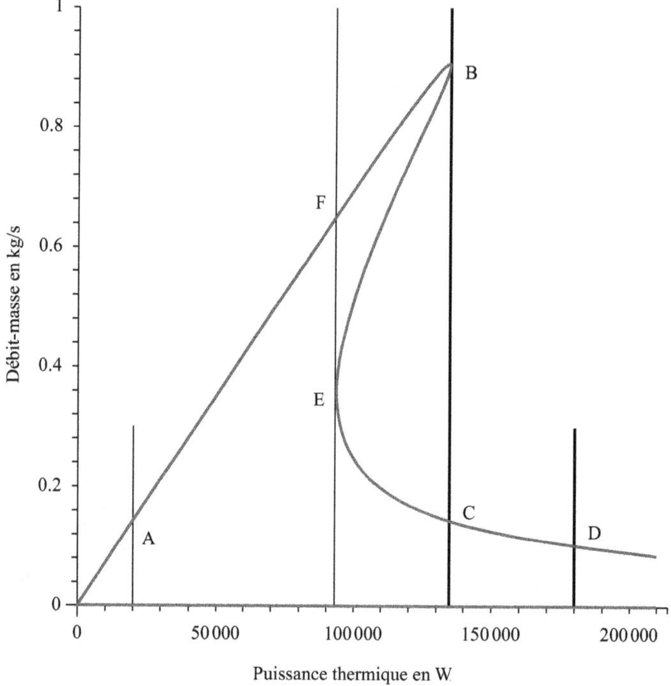

Figure 10.17 – Evolution du point de fonctionnement sur le diagramme de bifurcation.

Lorsque la puissance thermique croît de 20 à 180 kW, le point de fonctionnement se déplace du point A au point B (point à tangente verticale), puis du point C au point D. Le débit-masse chute brutalement entre les points B et C, ce qui peut être dangereux puisqu'au point C une puissance thermique élevée correspond à un faible débit-masse. Lorsque la puissance thermique décroît de 180 à 20 kW, le point de fonctionnement se déplace du point D au point E (point à tangente verticale), puis de F à A. Le débit-masse augmente alors brutalement de E à F puis décroît.

14. La puissance maximale admissible Q_{max} correspond à l'abscisse du point B (point à tangente verticale). La valeur numérique de Q_{max} correspond à l'abscisse la plus grande parmi les abscisses des deux points à tangente verticale. Il suffit donc de résoudre le système d'équations suivant :

$$\Delta p_M - \Delta p_R = 0 \qquad (10.30)$$

$$\frac{\partial}{\partial \dot{m}}(\Delta p_M - \Delta p_R) = 0 \qquad (10.31)$$

Le calcul donne :

$$Q_{max} = 135 \text{ kW}$$

7 Exercices

7.1 Redistribution de débit

On considère la caractéristique interne d'un canal de réacteur de recherche parcouru par un fluide de refroidissement avec un débit-masse M. On suppose que, dans le plan $[\Delta p_{int}, M^2]$, cette caractéristique interne peut être schématisée par trois segments de droite AB, BC et CD comme indiqué sur la figure 10.18.

On suppose également que la caractéristique externe est une droite parallèle à l'axe des abscisses dont l'ordonnée à l'origine OP_0 représente la hauteur manométrique de la pompe assurant la circulation du fluide. L'intersection des deux caractéristiques définit le point de fonctionnement F de l'installation. La crise d'ébullition apparaît au point A.

On installe à présent un diaphragme entre la sortie de la pompe et l'entrée du canal chauffant et on équipe l'installation d'une pompe plus puissante de façon à garder le même débit-masse M_F. La nouvelle caractéristique externe sera donc la droite P_1F. Le segment OP_1 représente la hauteur manométrique de la nouvelle pompe et le segment E_0F représente la perte de pression au travers du diaphragme pour le débit-masse M_F.

Répondre *graphiquement* aux questions suivantes :

1. Avec la première pompe de hauteur manométrique OP_0 et pour le débit-masse M_F, quelle serait la perte de pression au travers d'une obstruction à l'entrée du canal *non diaphragmé* occasionnant juste l'apparition d'une redistribution de débit ? Que se passe-t-il lors de la redistribution de débit ?

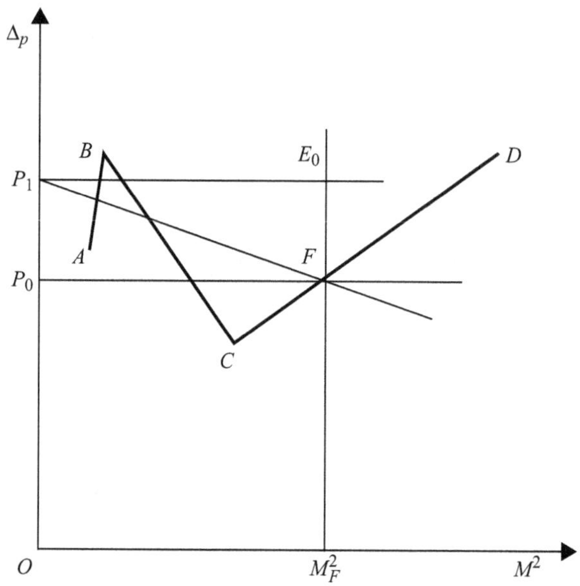

Figure 10.18 – Caractéristiques du canal chauffant.

2. Avec la deuxième pompe de hauteur manométrique OP_1 et pour le même débit-masse M_F, quelle serait la perte de pression au travers d'une obstruction à l'entrée du canal *diaphragmé* occasionnant juste l'apparition d'une redistribution de débit ? Que se passe-t-il lors de la redistribution de débit ? Comparer les conséquences des redistributions de débit dans les premier et deuxième cas.
3. Quelle devrait-être la hauteur manométrique minimale OP_2 d'une pompe telle que la redistribution de débit due à une obstruction n'entraîne pas de crise d'ébullition ?
4. Quelle devrait-être la hauteur manométrique minimale OP_3 d'une pompe pour qu'après une redistribution le débit puisse revenir spontanément à sa valeur nominale M_F si l'obstruction disparaît ?
5. Quelle devrait-être la hauteur manométrique minimale OP_4 d'une pompe pour éviter toute redistribution brutale, quelle que soit l'obstruction et quel que soit le débit nominal ?

7.2 Oscillations d'ondes de densité

Donner la signification physique du nombre de Zuber, du nombre de sous-saturation et du nombre de Froude définis respectivement par les équations (10.12), (10.13) et (10.14).

Nomenclature

C_f	coefficient de frottement	
D	diamètre	
f	facteur de frottement	
Fr	nombre de Froude	(Eq. 10.14)
g	accélération de la pesanteur	
G	vitesse massique	
h	enthalpie massique	
h_{fg}	enthalpie massique de vaporisation	
H	hauteur de la section adiabatique	
L	longueur du canal chauffant	
$\dot{m}$	débit-masse	
M	débit-masse	
$\mathrm{N_{PCH}}$	nombre de changement de phase	(Eq. 10.12)
$\mathrm{N_{SUB}}$	nombre de sous-saturation	(Eq. 10.13)
p	pression	
Q	puissance thermique	
s	abscisse courante	
w	vitesse axiale de l'écoulement	
x	titre massique à l'équilibre	
Zu	nombre de Zuber	(Eq. 10.12)
Γ	paramètre	(Eq. 10.16)
θ	angle d'inclinaison du canal sur la verticale ascendante	
ρ	masse volumique	
Δp	écart de pression	
Φ	fonction	
Ψ	fonction	

Indices

eq	équilibre
ext	externe
f	liquide à saturation
g	vapeur à saturation
in	entrée
int	interne
M	terme moteur
out	sortie
R	terme résistant
s	sortie

Symboles et opérateurs

$\hat{=}$	égal par définition à

Références

Bergles, A.E., 1981, Instabilities in two-phase systems, *Two-Phase Flow and Heat Transfer in the Power and Process Industries*, Bergles, A.E., Collier, J.G., Delhaye, J.M., Hewitt, G.F. et Mayinger, F., Hemisphere Publishing Corporation, McGraw-Hill Book Company, 383-423.

Bouré, J.A., Bergles, A.E. et Tong, L.S., 1973, Review of two-phase flow instability, *Nuclear Engineering and Design*, Vol. 25, 165-192.

De Cachard, F. et Delhaye, J.M., 1998, *Int. J. Multiphase Flow*, Vol. 24, No 1, 17-34.

Denn, M., 1975, *Stability of Reaction and Transport Processes*, Academic Press.

Diederich, J., 1988, AEOD concerns regarding the power oscillation event at LaSalle 2 (BWR-5), AEOD Special Report.

Furuya, M, Inada, F. et van der Hagen, T.H.J.J., 2005, *Nuclear Engineering and Design*, Vol. 235, 1557-1569.

Garea, V. B., Drew, D.A. et Lahey, R.T. Jr., 1999, *Int. J. Heat Mass Transfer*, Vol. 42, 3575-3584.

Ishii, M., 1982, Wave phenomena and two-phase flow instabilities, *Handbook of Multiphase Systems*, Hetsroni, G., Ed., Hemisphere Publishing Corporation, McGraw-Hill Book Company, 2.95-2.122.

Jeng, H.R. et Pan, C., 1999, Analysis of two-phase flow characteristics in a natural circulation loop using the drift-flux model taking flow pattern change and subcooled boiling into consideration, *Annals of Nuclear Energy*, Vol. 26, 1227-1251.

Kyung, I.S., et Lee, S.Y., 1996, Periodic flow excursion in an open two-phase natural circulation loop, *Nuclear Engineering and Design*, Vol. 162, 233-244.

Lahey, R.T. et Podowski, M.Z., 1989, On the analysis of various instabilities in two-phase flows, *Multiphase Science and Technology*, Vol. 4, Hewitt, G.F., Delhaye, J.M. et Zuber, N., Eds, Hemisphare Publishing Corporation, 183-170.

Miton, H., Gay, B. et Stachura, N., 1972, Etude de la stabilité de fonctionnement d'un circuit de ventilation, *Entropie*, No 43, 5-13.

Mochizuki, H., 1992, Experimental and analytical studies of flow instabilities in pressure tube type heavy water reactors, *Journal Nucl. Sci. and Technol.*, Vol. 29, 50-67.

Nayak, A.K., Vijayan, P.K., Jain, V., Saha, D. et Sinha, R.K., 2003, Study on the flow-pattern-transition instability in a natural circulation heavy water moderated boiling light water cooled reactor, *Nuclear Engineering and Design*, Vol. 225, 159-172.

Paniagua, J., Rohatgi, U.S. et Prasas, V., 1999, Modeling of thermal hydraulic instabilities in single heated channel loop during startup transients, *Nuclear Engineering and Design*, Vol. 193, 207-226.

Wettlaufer, J.S., 1992, Singular behavior of the neutral modes during directional solidification, *Physical Review A*, Vol. 46, No 10, 6568-6578.

Yadigaroglu, G., 1981, Two-phase instabilities and propagation phenomena, *Thermohydraulics of Two-Phase Systems for Industrial Design and Nuclear Engineering*, Delhaye, J.M., Giot, M. et Riethmuller, M.L., Eds, Hemisphere Publishing Corporation, McGraw-Hill Book Company, 353-403.

Yang, X.T., Jiang, S.Y. et Zhang, Y.J., 2005, Mechanism analysis on flow excursion of a natural circulation with low steam quality, *Nuclear Engineering and Design*, Vol. 235, 2391-2406.

Chapitre 11

Blocage des écoulements diphasiques

Chapitre rédigé en collaboration avec Michel Giot, UCL.

1 Introduction

Le calcul d'un débit de fuite intervient dans l'analyse des scénarios d'accidents impliquant le relâchement d'effluents liquides ou gazeux, ainsi que dans le dimensionnement des lignes d'évent et des organes de sécurité tels que soupapes et disques de rupture des appareils maintenus sous pression. Lorsque la pression qui règne initialement dans le circuit ou le réservoir est suffisamment grande par rapport à la pression extérieure, le débit de fuite ou de relâchement peut être limité par l'atteinte de la vitesse sonique à la brèche ou dans une section rétrécie de l'écoulement. On dit alors que le débit est bloqué (*choked flow*). Il décroît au cours de la décompression du circuit ou de l'enceinte jusqu'à atteindre des valeurs déterminées par les pertes de pression de l'écoulement.

Lorsque le fluide contenu initialement dans l'enceinte ou le circuit est un liquide qui se vaporise à une pression supérieure à la pression atmosphérique, un mélange diphasique apparaît à la brèche ou à la sortie de la ligne d'évent, au moins dans une phase initiale de détente. Le titre de ce mélange, la configuration de l'écoulement (bulles, annulaire, ...) et la taille des gouttelettes de liquide conditionnent non seulement l'évolution du relâchement mais aussi son traitement éventuel, et constituent dès lors les conditions aux limites nécessaires pour la modélisation.

On ne traitera ci-après que de la détermination du débit bloqué, encore appelé *débit critique*. Dans le cas des mélanges diphasiques, cette détermination fait appel soit à des formules simples, de nature empirique ou semi-empirique, appelées corrélations, soit à des modèles d'écoulement.

La figure 11.1 illustre les cas d'application habituellement rencontrés :
- E1 : soupape de sûreté
- E2 : brèche à la paroi d'un réservoir, éventuellement fissuré
- E3 : rupture guillotine de conduits
- E4 : brèche à la paroi d'une conduite
- E5 : rupture à la liaison conduite-réservoir ou extrémité de la ligne d'évent.

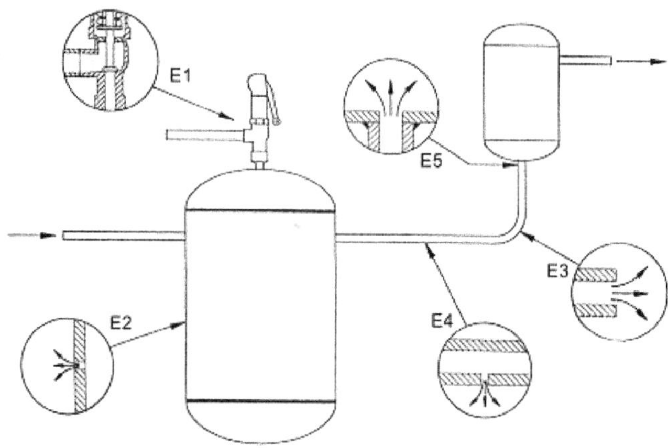

Figure 11.1 – Types de brèches.

Dans ce chapitre, on présente à la section 2 la définition du débit critique à l'occasion de rappels concernant les écoulements compressibles. Ensuite, à la section 3, on introduit les deux approches suivies pour les écoulements diphasiques, à savoir d'une part l'usage de corrélations empiriques, et d'autre part le développement de modèles d'écoulement auxquels on joint un critère de débit critique. La section 4 tente de répondre à la question de la détermination de la position de la section critique dans des géométries complexes. Enfin la section 5 propose pour conclure quelques recommandations.

2 Détermination du débit critique en écoulement monophasique

2.1 Définition du débit critique

L'apparition d'un débit critique d'un fluide monophasique compressible est la manifestation d'un phénomène complexe mettant en jeu les caractéristiques du fluide, la géométrie du conduit et les interactions entre fluide et paroi (Brun et Martinot-Lagarde, 1968 ; Curle et Davis, 1976 ; Giot, 1976 ; Anderson, 2003).

Parmi les caractéristiques du fluide, celles qui définissent son état thermodynamique jouent un rôle essentiel ; on choisit habituellement les variables intensives pression et température. Le calcul pratique des fonctions d'état s'effectue alors par simples dérivations dès que l'on connaît l'enthalpie libre massique de Gibbs, $g(p, T)$.

Les interactions entre fluide et paroi sont généralement traduites par deux expressions simples : l'une pour la contrainte de frottement, et l'autre pour le flux thermique surfacique à la paroi.

On dit que l'on obtient un débit critique lorsque l'on atteint le débit maximum du fluide que permet son état thermodynamique en une section dite *section d'entrée* du conduit. Considérons par exemple (figure 11.2) une tuyère convergente-divergente connectée à deux réservoirs de grandes dimensions ; celui situé à l'amont permet de régler la pression p_0 et la température T_0 à l'entrée de la tuyère par réglage des conditions de stagnation[1] ; dans celui situé à l'aval on règle la pression p_a. Les conditions d'entrée étant maintenues constantes, le débit du fluide croît à pression aval p_a décroissante, jusqu'à atteindre une valeur maximale pour une certaine valeur $p_{a'}$ de cette pression, et demeurer invariable pour toute diminution ultérieure de la pression aval.

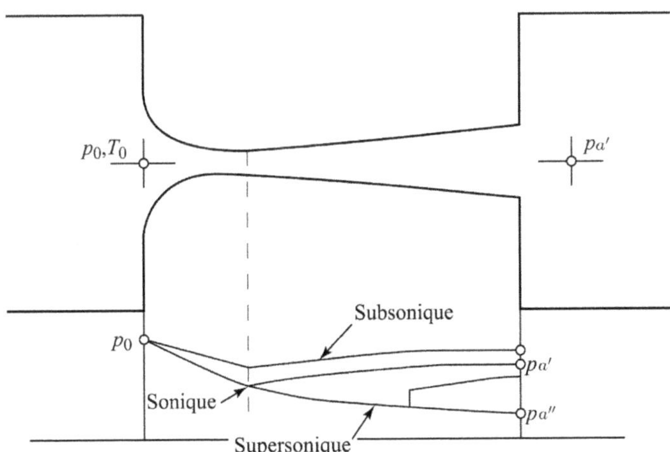

Figure 11.2 – Profil axial de la pression dans une tuyère convergente-divergente.

L'analyse de la distribution de pression le long de la tuyère fait apparaître les particularités suivantes :

– la détente subie par le fluide dans la partie convergente n'est pas modifiée

1. Les *conditions de stagnation* sont définies comme étant les conditions de pression et de température dans un réservoir où la vitesse du fluide est nulle, telles que, par détente isentropique, on obtienne les conditions de pression, de température et de vitesse données dans la section d'entrée de la tuyère.

par la diminution de la pression aval dès que celle-ci atteint la valeur $p_{a'}$ nécessaire à l'obtention du débit critique,

- le fluide subit une compression dans la partie divergente lorsque la pression aval est comprise entre p_a et $p_{a'}$; en revanche, lorsque p_a est comprise entre $p_{a'}$ et une certaine valeur $p_{a''}$, la détente se poursuit jusqu'en une section où apparaît un choc. Au-delà de ce choc, on constate l'existence d'une recompression. La position de la section dans laquelle apparaît le choc se situe entre le col et la sortie de la tuyère, ou dans le jet au-delà de la sortie. Cette position est d'autant plus éloignée du col que la pression aval est plus faible.

Si la pression aval est rendue inférieure à $p_{a''}$, la pression dans la section de sortie reste pratiquement égale à $p_{a''}$; l'augmentation ou la chute de pression supplémentaire se produisent en aval de cette section dans le jet divergent au travers de chocs obliques ou d'ondes de détente.

L'indépendance de l'état du fluide à l'amont du col vis-à-vis des diminutions de pression produites à l'aval est caractéristique du phénomène étudié. Cette même indépendance se manifeste si le col est transformé en une variation brusque de section — cas de la conduite de section uniforme débouchant dans un réservoir — ou s'il est remplacé par un *col thermique*, frontière entre une zone de chauffage et une zone de refroidissement du conduit. Dans tous les cas, il existe une *section critique*, en aval ou confondue avec le col, que ne peuvent franchir les ondes de détente créées à l'aval dès que la pression aval tombe en-dessous d'une valeur déterminée.

Dans tous les cas également, le gradient de pression dans la direction et le sens de l'écoulement présente une valeur négative maximale au droit de la section critique.

Ayant ainsi introduit les notions de débit critique (ou débit maximal) et de section critique, on peut aborder la notion de *blocage*. Supposons que l'on fixe l'état thermodynamique à l'entrée d'un conduit présentant un col géométrique ou thermique, ou encore une augmentation brusque de section (cas de la soupape de sûreté). Supposons en outre que l'on désire y faire passer un débit donné moyennant un écart de pression. Si le débit est inférieur à une certaine valeur limite que l'on précisera ultérieurement, le problème est soluble. Toutefois, la longueur du conduit ne peut excéder une valeur limite au-delà de laquelle l'écoulement ne serait plus possible physiquement, c'est ce qu'on appelle le blocage. La *longueur limite* elle-même est fonction de la diminution de la section, du frottement ou du transfert de chaleur à travers la paroi, voire de deux de ces caractéristiques ou des trois simultanément. Elle est de plus fonction du débit que l'on désire réaliser pour un état thermodynamique donné à l'entrée du conduit. La longueur limite impose donc la position de la section critique compatible avec un écoulement critique déterminé.

Les considérations émises ci-dessus concernant l'impossibilité pour des ondes de détente d'affecter une région de l'écoulement en amont de la section critique suggèrent qu'en celle-ci la vitesse de l'écoulement est égale en valeur absolue à la *vitesse de propagation des petites perturbations*. Comme la célérité d'un ébranlement de faible amplitude est par définition la *vitesse du son*, l'ensemble des phénomènes décrits jusqu'ici s'appelle encore phénomènes soniques. Dans le cas de la tuyère, on note l'existence de *chocs normaux* au travers desquels l'écoulement passe du régime supersonique au régime subsonique.

2.2 Modélisation de l'écoulement

Equations de bilan

Les équations moyennées sur une section droite de la conduite établies au chapitre 7 sont les plus appropriées à l'usage que l'on veut en faire ici, car seule la valeur moyenne des grandeurs dans une section nous intéresse. De plus, pour des raisons de simplicité, on est amené à introduire des approximations basées sur les restrictions et hypothèses suivantes :

- H1 : la conduite est au repos, ni vibrante, ni élastique, ni poreuse : elle peut présenter une section de passage variable ; son axe est rectiligne.
- H2 : les facteurs de corrélation surfaciques et temporels qui sont les rapports des valeurs moyennes de produits des variables aux produits des valeurs moyennes des mêmes variables sont pris constants et égaux à l'unité. Cela implique que les profils transversaux des paramètres de l'écoulement sont suffisamment plats dans toute section, et qu'ils ne varient pas trop dans le temps.
- H3 : la pression est uniforme dans chaque section droite du conduit.
- H4 : les composantes transversales de la vitesse sont négligées.
- H5 : le processus consistant à moyenner dans la section est étendu aux relations thermodynamiques et à l'équation d'état en tenant compte de l'hypothèse sur les facteurs de corrélation.

Les équations de bilan prennent dès lors la forme suivante :
Masse :

$$\frac{\partial}{\partial t}(A\rho) + \frac{\partial}{\partial z}(A\rho w) = 0 \tag{11.1}$$

Quantité de mouvement projetée sur Oz :

$$\frac{\partial}{\partial t}(A\rho w) + \frac{\partial}{\partial z}(A\rho w^2) + A\frac{\partial p}{\partial z} + P_m\tau + \varphi + A\rho g\cos\theta = 0 \tag{11.2}$$

Energie :

$$
\begin{aligned}
&\frac{\partial}{\partial t}\left[A\rho\left(u+\frac{w^2}{2}\right)\right] \quad + \quad \frac{\partial}{\partial z}\left[A\rho w\left(u+\frac{w^2}{2}\right)\right] \\
&+\frac{\partial}{\partial z}(Apw) - P_c\, q \quad - \quad \Psi + A\rho w g\cos\theta = 0
\end{aligned} \tag{11.3}
$$

où P_m et P_c désignent respectivement les périmètres mouillé et chauffé d'une section droite de la conduite, τ la contrainte de cisaillement à la paroi, φ la force due au gradient axial des contraintes normales visqueuses par unité de longueur de conduite, q le flux thermique surfacique pariétal et Ψ le terme rassemblant les effets de conduction axiale et de la puissance correspondant aux contraintes normales visqueuses.

Les termes φ et Ψ ne sont généralement pris en compte que pour le calcul de l'épaisseur des chocs. Le système d'équations (11.1) à (11.3) est celui habituellement utilisé ; il correspond formellement à l'hypothèse d'écoulement unidimensionnel.

Relations de fermeture

Dans les équations ci-dessus, les termes τ et q tiennent compte des conditions aux parois ; les termes φ et Ψ tiennent compte simultanément des propriétés rhéologiques du fluide et des caractéristiques géométriques du conduit. Ces quatre grandeurs doivent s'exprimer en fonction des variables dépendantes p, ρ, w et u composantes du vecteur solution $\boldsymbol{x}$ à l'aide de relations de fermeture. La forme de ces relations est très importante puisqu'elle affecte la *nature mathématique du système d'équations.* La plupart des auteurs admettent que τ et q dépendent seulement de z, t et des valeurs locales des variables dépendantes p, ρ, w et u, composantes du vecteur solution x_i, tandis qu'ils négligent φ et Ψ sauf dans le calcul de l'épaisseur des chocs. A la suite de Bouré *et al.* (1976), on pourrait également faire l'hypothèse que les relations exprimant τ, φ, q et Ψ sont fournies par des polynômes dans lesquels interviennent les dérivées successives des variables dépendantes ; en se limitant aux dérivées du premier ordre, on pourrait alors proposer des relations de la forme :

$$\tau + \frac{\varphi}{P_m} = \tau_w - \sum_i \zeta_i \frac{dx_i}{dt} \tag{11.4}$$

$$q + \frac{\Psi}{P_c} = q_w - \sum_i \eta_i \frac{dx_i}{dt} \tag{11.5}$$

Une telle hypothèse pourrait se justifier en notant que les écoulements critiques comportent une zone à fort gradient de pression pour laquelle l'utilisation des corrélations habituelles de frottement et de transfert de chaleur est sujette à caution. En écoulement monophasique, nous nous bornerons à supposer que :

$$\tau_w \hat{=} \tau + \frac{\varphi}{P_m} \tag{11.6}$$

et

$$q_w \hat{=} q + \frac{\Psi}{P_c} \tag{11.7}$$

ne sont fonction que des variables dépendantes, et non de leurs dérivées. En revanche, dans le traitement des écoulements diphasiques, nous verrons qu'il y a lieu de prendre en compte des dérivées dans l'expression de certaines relations de fermeture.

Système pratique d'équations

Compte tenu de l'hypothèse H1 formulée plus haut, l'équation (11.1) s'écrit :

$$\frac{\partial \rho}{\partial t} + w\frac{\partial \rho}{\partial z} + \rho\frac{\partial w}{\partial z} = -\frac{\rho w}{A}\frac{dA}{dz} \tag{11.8}$$

Les équations (11.2) et (11.3) se simplifient si l'on y tient compte de l'équation (11.8) ; on trouve en effet pour l'équation de la quantité de mouvement :

$$\rho\frac{\partial w}{\partial t} + \rho w\frac{\partial w}{\partial z} + \frac{\partial p}{\partial z} = -\frac{P_m}{A}\tau_w - \rho g \cos\theta \tag{11.9}$$

et pour celle d'énergie, où l'on introduit l'enthalpie massique h :

$$h \hat{=} u + \frac{p}{\rho} \tag{11.10}$$

Il vient :

$$\rho\frac{\partial}{\partial t}\left(h + \frac{w^2}{2}\right) - \frac{\partial p}{\partial t} + \rho w\frac{\partial}{\partial z}\left(h + \frac{w^2}{2}\right) = \frac{P_c}{A}q_w - \rho w g \cos\theta \tag{11.11}$$

Supposons en outre que le périmètre mouillé P_m soit identique au périmètre chauffé P_c :

$$P_m \equiv P_c \hat{=} P \tag{11.12}$$

L'équation d'énergie (11.11) peut encore se mettre sous une forme plus simple en introduisant l'entropie massique s par la relation :

$$Tds = dh - \frac{dp}{\rho} \tag{11.13}$$

On trouve alors :

$$\rho T\frac{\partial s}{\partial t} + \rho T w\frac{\partial s}{\partial z} = (q_w + w\tau_w)\frac{P}{A} \tag{11.14}$$

En conclusion, le système des équations de bilan peut s'écrire sous la forme :

$$\frac{d\rho}{dt}+\rho\frac{\partial w}{\partial z} = -\frac{\rho w}{A}\frac{dA}{dz} \tag{11.15}$$

$$\rho\frac{dw}{dt}+\frac{\partial p}{\partial z} = -\frac{P}{A}\tau_w-\rho g\cos\theta \tag{11.16}$$

$$\rho T\frac{ds}{dt} = (q_w+w\tau_w)\frac{P}{A} \tag{11.17}$$

Dans ces équations interviennent quatre variables d'état : ρ, p, s et T. On peut éliminer deux de ces variables et fermer ainsi le système d'équations.

2.3 Détermination du débit critique

La connaissance de l'état du fluide et de sa vitesse en chaque section de la conduite nécessite l'intégration du système d'équations (11.15), (11.16) et (11.17) compte tenu de conditions initiales et aux limites, de la géométrie du conduit $A(z)$, et des relations exprimant le frottement τ_w et le transfert de chaleur q_w à la paroi. Eliminons les variables ρ et p au profit de T et s par les relations :

$$d\rho = \left(\frac{\partial\rho}{\partial T}\right)_s dT+\left(\frac{\partial\rho}{\partial s}\right)_T ds \hat{=} \rho'_{T,s}\,dT+\rho'_{s,T}\,ds \tag{11.18}$$

$$dp = \left(\frac{\partial p}{\partial T}\right)_s dT+\left(\frac{\partial p}{\partial s}\right)_T ds \hat{=} p'_{T,s}\,dT+p'_{s,T}\,ds \tag{11.19}$$

En régime permanent, le système d'équations s'écrit alors sous forme matricielle :

$$\begin{bmatrix} w\rho'_{T,s} & w\rho'_{s,T} & \rho \\ p'_{T,s} & p'_{s,T} & \rho w \\ 0 & \rho T w & 0 \end{bmatrix}\times\begin{bmatrix}\dfrac{dT}{dz}\\ \dfrac{ds}{dz}\\ \dfrac{dw}{dz}\end{bmatrix}=\begin{bmatrix}-\dfrac{\rho w}{A}\dfrac{dA}{dz}\\ -\dfrac{P}{A}\tau_w-\rho g\cos\theta\\ (q_w+w\tau_w)\dfrac{P}{A}\end{bmatrix} \tag{11.20}$$

A chaque pas d'intégration, il faut résoudre le système, c'est-à-dire calculer les gradients :

$$\frac{dT}{dz}=\frac{N_T}{\Delta},\quad \frac{ds}{dz}=\frac{N_s}{\Delta},\quad \frac{dw}{dz}=\frac{N_w}{\Delta} \tag{11.21}$$

où Δ désigne le déterminant du système, et N_T, N_s, N_w ce même déterminant dans lequel on remplace une colonne par le vecteur colonne du second membre.

Pour que le système possède une solution déterminée, il faut que son déterminant Δ ne soit pas nul. Cette annulation intervient lorsque l'on a :

$$\Delta \equiv \rho^2 T w\left(w^2\rho'_{T,s}-p'_{T,s}\right)=0 \tag{11.22}$$

c'est-à-dire, pour $w \neq 0$, lorsque la vitesse de l'écoulement vaut :

$$w^2 = \frac{p'_{T,s}}{\rho'_{T,s}} = p'_{\rho,s} \tag{11.23}$$

soit :

$$w = \sqrt{\left(\frac{\partial p}{\partial \rho}\right)_s} \hat{=} a_s \tag{11.24}$$

On reconnaît ici la *vitesse du son isentropique*, qui vaut, pour un gaz parfait :

$$a_s \hat{=} \sqrt{\left(\frac{\partial p}{\partial \rho}\right)_s} = \sqrt{\gamma R T} \tag{11.25}$$

avec :

$$\gamma \hat{=} \frac{c_p}{c_v} \tag{11.26}$$

Pour que la solution du système ne soit pas impossible (gradients infinis) en la section pour laquelle $\Delta = 0$ (section critique), et si cette section n'est pas située à l'extrémité du conduit, il faut en outre qu'une condition de compatibilité soit satisfaite. Cette condition consiste en l'annulation d'un seul des trois déterminants du numérateur, N_T, N_s ou N_w, car ces trois déterminants s'annulent simultanément. Il faut souligner que contrairement à la relation $\Delta = 0$, la condition $N_T = N_s = N_w = 0$ inclut les termes figurant au second membre des équations du système (11.20). C'est une relation à laquelle doivent satisfaire les fonctions A, θ, τ_w et q_w et les variables dépendantes T, s et w en la section pour laquelle $\Delta = 0$. Elle permet en particulier de fixer la position de la section critique.

Le processus qui consiste à intégrer pas à pas le système d'équations jusqu'à l'obtention de la condition $\Delta = 0$ en une section, où doit être simultanément satisfaite une relation particulière $N_T = N_s = N_w = 0$ portant sur les conditions aux parois, répond bien à la notion de blocage définie au premier paragraphe. Il est possible de montrer par des calculs numériques, mais non par des calculs analytiques, que le débit sonique conduit à un blocage du débit à une valeur constante. Le blocage de débit correspond à la situation suivante : si l'on maintient inchangées les conditions thermodynamiques à l'entrée du conduit et la longueur de celui-ci, on peut diminuer le débit (disparition de la condition $\Delta = 0$), mais non l'augmenter (apparition d'une impossibilité de calcul due à la singularité $\Delta = 0$).

L'expression des gradients des variables dépendantes s'écrit comme suit :

$$\begin{aligned}\frac{dT}{dz} &= \frac{1}{\rho'_{T,s}\left(1-\mathrm{Ma}^2\right)}\left[\mathrm{Ma}^2\rho\frac{A'}{A}-\frac{1}{a_s^2}\left(\frac{P}{A}\tau_w+\rho g\cos\theta\right)\right.\\ &\left.+\frac{\rho'_{s,T}}{\rho T w}(q_w+w\tau_w)\left(\mathrm{Ma}^2-\frac{a_T^2}{a_s^2}\right)\frac{P}{A}\right] \quad (11.27)\end{aligned}$$

$$\frac{ds}{dz} = \frac{1}{\rho T w}(q_w+w\tau_w)\frac{P}{A} \quad (11.28)$$

$$\begin{aligned}\frac{dw}{dz} &= \frac{w}{\rho\left(\mathrm{Ma}^2-1\right)}\left[\rho\frac{A'}{A}-\frac{1}{a_s^2}\left(\frac{P}{A}\tau_w+\rho g\cos\theta\right)\right.\\ &\left.-\frac{\rho'_{s,T}}{\rho T w}\frac{P}{A}(q_w+w\tau_w)\left(\frac{a_T^2}{a_s^2}-1\right)\right] \quad (11.29)\end{aligned}$$

où le nombre de Mach, Ma, et la vitesse du son isotherme a_T sont respectivement définis par les relations :

$$\mathrm{Ma} \mathrel{\hat{=}} \frac{w}{a_s} \quad (11.30)$$

$$a_T \mathrel{\hat{=}} \sqrt{\frac{p'_{s,T}}{\rho'_{s,T}}} \equiv \sqrt{\left(\frac{\partial p}{\partial \rho}\right)_T} \quad (11.31)$$

avec :

$$A' \mathrel{\hat{=}} \frac{dA}{dz} \quad (11.32)$$

De plus, le gradient de pression s'exprime par la relation :

$$\begin{aligned}\frac{dp}{dz} &= \frac{1}{1-\mathrm{Ma}^2}\left[\rho w^2\frac{A'}{A}-\left(\frac{P}{A}\tau_w+\rho g\cos\theta\right)\right.\\ &\left.+\frac{\rho'_{s,T}}{\rho T w}\,\mathrm{Ma}^2\,(q_w+w\tau_w)(a_s^2-a_T^2)\frac{P}{A}\right] \quad (11.33)\end{aligned}$$

Considérons une tuyère d'axe horizontal dans laquelle s'écoule un gaz parfait. L'équation (11.33) fait apparaître les conclusions suivantes pour quelques cas particuliers :

- *Ecoulement adiabatique sans frottement*
  La section critique ($\mathrm{Ma} = 1$) se situe au col géométrique de la tuyère ($A'/A = 0$).
- *Ecoulement adiabatique*
  La condition d'annulation du numérateur à la section critique s'écrit :

$$\rho w^2\frac{A'}{A} = \tau_w\frac{P}{A}\left[1-\frac{\rho'_{s,T}}{\rho T}(a_s^2-a_T^2)\right] = \tau_w\frac{P}{A}\left(1+\frac{\gamma RT-RT}{RT}\right) = \tau_w\frac{P}{A}\gamma > 0$$

  La section critique se situe donc en aval du col géométrique.

– *Ecoulement sans frottement*
La condition d'annulation du numérateur à la section critique s'écrit :

$$\rho w^2 \frac{A'}{A} = \frac{\rho'_{s,T}}{\rho T w} q_w (a_s^2 - a_T^2) \frac{P}{A} = \frac{\gamma RT - RT}{RTw} q_w \frac{P}{A} = \frac{\gamma - 1}{w} q_w \frac{P}{A}$$

La section critique se situe à l'aval ou à l'amont du col selon que la paroi est chauffante ou refroidissante. En particulier, on voit qu'il est théoriquement possible de réaliser un col sonique au moyen d'une conduite dont une partie serait chauffante et l'autre refroidissante.

3 Détermination du débit critique en écoulement diphasique

Nous avons vu ci-dessus le rôle essentiel que joue la vitesse de propagation des ondes de détente dans le phénomène de débit critique. Cette vitesse de propagation, la vitesse du son, a été mesurée par divers expérimentateurs dans des mélanges gaz-liquide. La figure 11.3 (Gouse et Evans, 1969) montre que la présence de bulles de vapeur dans un liquide, ou de gouttelettes dans une vapeur, diminue considérablement la vitesse du son par suite, soit de l'augmentation de la compressibilité du fluide (cas des bulles), soit de l'augmentation de la masse volumique (cas des gouttelettes). Pour une gamme étendue de taux de vide, la vitesse du son est typiquement de l'ordre du dixième de sa valeur en phase gazeuse. La courbe de la figure 11.3 correspond à l'équation suivante (Karplus, 1961 ; Nakoryakov *et al.*, 1993) :

$$\frac{1}{a_s^2} = [\alpha \rho_g + (1-\alpha)\rho_f] \left(\frac{1-\alpha}{\rho_f \, a_{s,f}} + \frac{\alpha}{\rho_g \, a_{s,g}} \right) \qquad (11.34)$$

3.1 Les corrélations

Pour l'utilisateur intéressé à disposer rapidement d'une estimation du débit critique accompagnant la détente avec autovaporisation d'un liquide, certains auteurs ont établi des relations simples, de nature empirique ou semi-empirique. A titre d'exemple, citons-en deux qui proviennent de domaines différents et dont nous apprécierons la validité à la section 3.3.

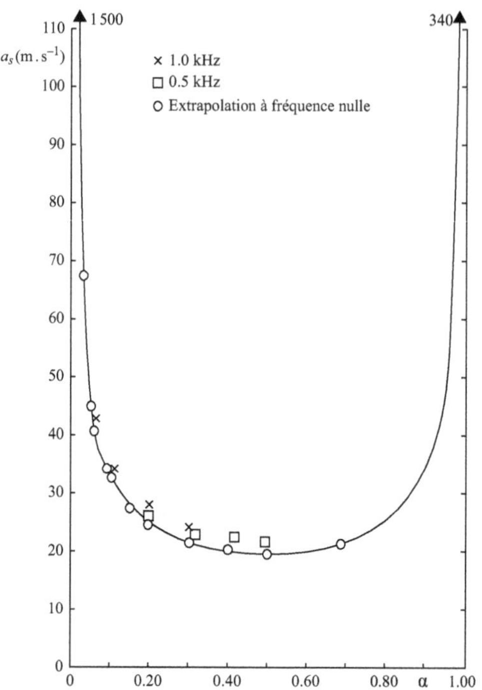

Figure 11.3 – Vitesse du son dans un écoulement eau-air à 20 °C.

Sûreté des installations nucléaires

Utilisant des résultats d'essais de décompression de réservoirs, Flinta (1984, 1989) a proposé pour de l'*eau non dégazée* les expressions suivantes de la vitesse massique critique G_c :

1. Autovaporisation d'*eau liquide saturée* à la température T_0 à travers un *orifice*, une *tuyère courte* ou un *tube court* ($L/D < 8$) :

$$G_c = \sqrt{2\rho_{fc}(1-\alpha_c)\Delta p_c} \tag{11.35}$$

avec :

$$\Delta p_c \triangleq p_{sat}(T_0) - p_c \tag{11.36}$$

où p_c est la pression dans la section critique. L'écart Δp_c est donné par la corrélation :

$$\Delta p_c = 5 \times 10^3 \left[\frac{p_{sat}(T_0)}{10^5}\right]^{1.57\left[1-\frac{p_{sat}(T_0)}{7p_k}\right]} \tag{11.37}$$

où les pressions sont exprimées en Pa. Les symboles utilisés dans les relations ci-dessus ont les significations suivantes :

α_c : taux de vide critique que Flinta propose de prendre égal à 0.8,
ρ_{fc} : masse volumique du liquide saturé à la pression critique,
p_k : pression au point critique de la courbe de saturation (220.64 bar).

2. Autovaporisation d'*eau liquide sous-saturée* à une température T_0 et à une pression $p_0 > p_{sat}(T_0)$ à travers un *orifice*, une *tuyère courte* ou un *tube court* ($L/D < 8$) :

$$G_c = \sqrt{2[\rho_f(p_0)\Delta p_{sub}C_D^2 + (1-\alpha_c)\rho_{fc}\Delta p_c]} \tag{11.38}$$

avec :

$$\Delta p_{sub} \hat{=} p_0 - p_{sat}(T_0) \tag{11.39}$$

et où C_D désigne le coefficient de décharge de l'orifice, de la tuyère ou du tube court ($C_D = 0.9$ pour une tuyère à bord légèrement arrondi).

3. Autovaporisation d'un *mélange eau-vapeur saturé* de titre x_{in} et à la pression p_0 à travers un *orifice*, une *tuyère courte* ou un *tube court* ($L/D < 8$) :

$$G_c = \sqrt{2(1-\alpha_c)\rho_{fc}(\Delta p_c - \Delta p_{x_{in}})} \tag{11.40}$$

où l'écart de pression $\Delta p_{x_{in}}$ correspond à la détente isenthalpique nécessaire pour amener le mélange diphasique d'un titre nul et à la pression $(p_0 + \Delta p_{x_{in}})$, au titre x_{in} et à la pression p_0. Le calcul nécessite donc l'utilisation d'une table ou d'un logiciel des propriétés thermodynamiques de l'eau et de sa vapeur.

4. Autovaporisation d'*eau liquide sous-saturé* à une température T_0 et à une pression $p_0 > p_{sat}(T_0)$ dans un *tube long* ($L/D > 8$) :

$$G_c = \sqrt{2\left[\rho_f(p_0)\Delta p_{sub}\frac{1}{C_f} + (1-\alpha_c)\rho_{fc}(\Delta p_c - \Delta p_{TP})\right]} \tag{11.41}$$

où C_f est le coefficient de frottement monophasique liquide.
La perte de pression par frottement de l'écoulement diphasique, Δp_{TP}, est calculée à partir d'un multiplicateur diphasique moyen $\overline{\Phi^2}$ donné par la relation (Flinta, 1984) :

$$\overline{\Phi^2} = 1 + \frac{1200}{1.96}\left[\frac{x_{in} + x_{out}}{\rho_g(T_0)}\right]^{0.96} \tag{11.42}$$

Le titre x_{out} est déterminé en supposant une détente isenthalpique :

$$x_{out} = \frac{h_f(T_0) - h_f(p_c)}{h_{fg}(p_c)} \tag{11.43}$$

La perte de pression par frottement est alors calculée par la relation :

$$\Delta p_{TP} = 0.02 \frac{L}{D} \overline{\Phi^2} \frac{G_c^2}{2\rho_f(T_0)} \tag{11.44}$$

5. Autovaporisation d'un *mélange eau-vapeur saturé* de titre x_{in} et à la pression p_0 dans un *tube long* ($L/D > 8$) :
   Dans ce cas, $\Delta p_{sub} = 0$ et l'expression de la vitesse massique critique devient :

$$G_c = \sqrt{2(1-\alpha_c)\rho_{fc}(\Delta p_c - \Delta p_{TP})} \tag{11.45}$$

Sûreté des installations nucléaires, chimiques et pétrochimiques

A la suite des travaux du *Design Institute for Emergency Relief Systems* (DIERS), Leung et ses collaborateurs ont proposé pour obtenir la vitesse massique critique dans une *tuyère* une méthode qui est clairement présentée dans l'article de Leung (1996). Cette méthode est basée sur l'utilisation d'un paramètre ω défini par la relation suivante :

$$\omega \triangleq \frac{x_0 v_{g0}}{v_0} + \frac{c_{pf0}\, T_0\, p_0}{v_0} \left(\frac{v_{fg0}}{h_{fg0}}\right)^2 \tag{11.46}$$

où l'indice 0 désigne les conditions d'entrée et où le volume massique du mélange à l'entrée est donné par la relation :

$$v_0 = x_0 v_{g0} + (1 - x_0) v_{f0} \tag{11.47}$$

Leung montre que le rapport de la pression critique p_c à la pression d'entrée p_0 est solution de l'équation suivante :

$$\left(\frac{p_c}{p_0}\right)^2 + (\omega^2 - 2\,\omega)\left[1 - \left(\frac{p_c}{p_0}\right)\right]^2 + 2\,\omega^2 \ln\left(\frac{p_c}{p_0}\right) + 2\,\omega^2\left[1 - \left(\frac{p_c}{p_0}\right)\right] = 0 \tag{11.48}$$

La vitesse massique critique est alors donnée par l'équation suivante :

$$G_c = C_D \left(\frac{p_c}{p_0}\right) \sqrt{\frac{p_0}{v_0}} \tag{11.49}$$

où C_D est le coefficient de décharge de la tuyère.
Pour les fortes sous-saturations à l'entrée d'une tuyère, Leung montre que la vitesse massique critique est donnée par la relation :

$$G_c = C_D \sqrt{2\rho_{f0}[p_0 - p_{sat}(T_0)]} \tag{11.50}$$

La méthode de Leung donne de bons résultats (Boccardi *et al.*, 2005) et a fait l'objet d'une extension aux blocages de débit dans des *tubes* (Leung, 1996).

3.2 Le modèle homogène équilibré

Des hypothèses simplificatrices nombreuses ajoutées aux hypothèses H1 à H5 formulées antérieurement sous-tendent le modèle d'écoulement homogène équilibré. Les plus spécifiques de ces hypothèses sont les suivantes :

– H6 : égalité des vitesses des deux phases :

$$w_g \equiv w_f \triangleq w_m \tag{11.51}$$

– H7 : équilibre thermodynamique du mélange :

$$h_g = h_{gsat}(p) \qquad \rho_g = \rho_{gsat}(p) \equiv \frac{1}{v_{gsat}(p)} \tag{11.52}$$

$$h_f = h_{fsat}(p) \qquad \rho_f = \rho_{fsat}(p) \equiv \frac{1}{v_{fsat}(p)} \tag{11.53}$$

Moyennant l'hypothèse H7, le titre massique x du gaz, relié au taux de vide α par la relation :

$$x\,G = \alpha \rho_g w_g \tag{11.54}$$

se confond avec le titre thermodynamique à l'équilibre x_{eq} défini par la relation :

$$h_m = x_{eq} h_g + (1 - x_{eq}) h_f \tag{11.55}$$

On peut alors écrire :

$$v_m = x v_g + (1-x) v_f = \frac{1}{\alpha \rho_g + (1-\alpha)\rho_f} = \frac{1}{\rho_m} \tag{11.56}$$

Le système d'équations du modèle homogène s'écrit sous forme matricielle :

$$\begin{bmatrix} v_{fg} & v^* & -\dfrac{v_m}{w_m} \\ 0 & 1 & \dfrac{w_m}{v_m} \\ h_{fg} & h^* & w_m \end{bmatrix} \times \begin{bmatrix} \dfrac{dx}{dz} \\ \dfrac{dp}{dz} \\ \dfrac{dw_m}{dz} \end{bmatrix} = \begin{bmatrix} -\dfrac{v_m}{A}\dfrac{dA}{dz} \\ -\dfrac{P}{A}\tau_w - \dfrac{1}{v_m} g\cos\theta \\ -g\cos\theta + \dfrac{v_m}{w_m}\dfrac{P}{A} q_w \end{bmatrix} \tag{11.57}$$

où l'on a posé :

$$v_{fg} \triangleq v_g - v_f \tag{11.58}$$

$$v^* \triangleq x \left(\frac{dv_g}{dp}\right)_{sat} + (1-x)\left(\frac{dv_f}{dp}\right)_{sat} \tag{11.59}$$

$$h^* \triangleq x\left(\frac{dh_g}{dp}\right)_{sat} + (1-x)\left(\frac{dh_f}{dp}\right)_{sat} \tag{11.60}$$

En outre, nous avons :

$$G = \frac{w_m}{v_m} \tag{11.61}$$

L'annulation du déterminant du système fournit la condition critique :

$$G_c = \sqrt{\frac{h_{fg}}{v_{fg}(h^* - v_m) - h_{fg}v^*}} \tag{11.62}$$

Elle constitue une relation entre la vitesse massique critique $G_c(p, x)$, la pression et le titre à la section critique.

3.3 Les insuffisances des corrélations et du modèle homogène équilibré

Une banque de données sur les débits critiques (Alimonti, 1995) a été établie dans le cadre du programme européen *Major Technological Hazards* (1992). Trois critères ont présidé à la sélection préliminaire des données :

1. les données devaient être disponibles sous forme numérique (et non sous forme de diagrammes) ;
2. les données devaient se rapporter à plusieurs localisations le long du canal d'essais, et près de la section critique ;
3. le canal d'essais devait être décrit avec précision, soigneusement instrumenté, et des informations sur les erreurs de mesure devraient être disponibles.

L'ensemble des *données primaires* qui satisfont à ces critères garde cependant un caractère inhomogène car certaines grandeurs ne résultent pas d'une détermination expérimentale directe, mais d'un calcul dont la méthode n'est pas toujours décrite par les auteurs.

Après restructuration des données pour accroître de manière homogène leur commodité d'utilisation, un ensemble de 381 jeux de données appelées *données secondaires* a été retenu.

Les figures 11.4 à 11.6 montrent comment le débit critique calculé à partir des corrélations de Flinta et de Leung et Grolmes, ainsi que par le modèle homogène à l'équilibre, se compare à celui fourni par une fraction des données expérimentales.

La figure 11.6 illustre le fait bien établi que le modèle homogène à l'équilibre sous-estime fortement le débit critique quels que soient la géométrie du conduit et le sous-refroidissement à l'entrée de l'écoulement. La corrélation de Flinta paraît la mieux adaptée. Cependant celle de Leung et Grolmes a été établie

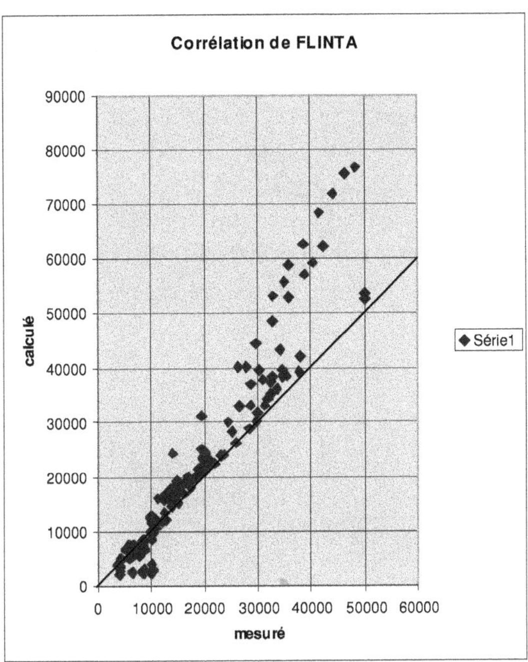

Figure 11.4 – Comparaison entre la corrélation de Flinta (1984, 1989) et les données expérimentales (Alimonti, 1995).

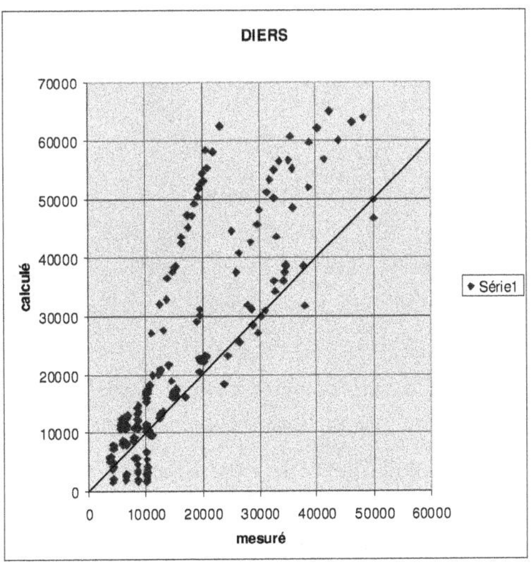

Figure 11.5 – Comparaison entre la corrélation de Leung et Grolmes (1987) et les données expérimentales (Alimonti, 1995).

pour des fluides organiques, alors que les données expérimentales se rapportent presque toutes à l'eau ; cela peut donc expliquer les écarts observés.

Notons en outre que les corrélations ne permettent pas de prédire le profil des variables (*e.g.* pression, taux de vide) le long du canal d'essais ; elles se limitent à la détermination du débit, et ce, dans les conditions critiques. L'intégration du système d'équations (11.57) fournit en revanche les profils pour tout débit inférieur ou égal au débit critique. Toutefois, le modèle ne tient compte ni de la vitesse relative entre phases, ni du retard à l'autovaporisation.

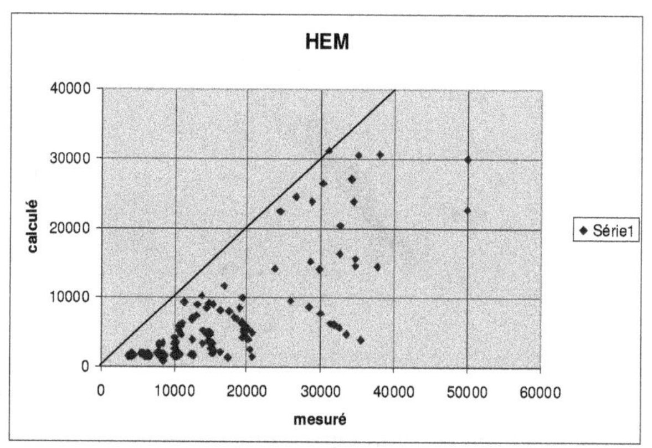

Figure 11.6 – Comparaison entre le modèle homogène équilibré et les données expérimentales (Alimonti, 1995).

3.4 Le modèle à deux fluides

Le modèle homogène à l'équilibre suppose d'une part que les échanges de quantité de mouvement sont à ce point intenses qu'il n'existe pas de vitesse relative entre les deux phases, et d'autre part que les températures des deux phases sont constamment égales à la température de saturation correspondant à la pression du mélange. Les écarts observés par rapport aux expériences peuvent être attribués à ces hypothèses simplificatrices plus ou moins pénalisantes selon les applications envisagées. Le cas de la détente de liquide accompagnée d'autovaporisation se distingue sans doute de celui d'un mélange gaz-liquide. Dans le premier cas on doit s'interroger en priorité sur l'incidence du déséquilibre thermodynamique de la phase liquide ; dans le second on mettra en cause le déséquilibre mécanique, c'est-à-dire la vitesse relative entre les phases. Dans cette section on met en évidence l'effet des échanges mécaniques et on propose une méthode pour modéliser ceux-ci. La section 3.5 concernera les détentes avec autovaporisation.

Modélisation classique du débit critique

Pour mettre en évidence l'effet des échanges mécaniques, considérons le système (11.63) des six équations de bilan écrit sous forme matricielle relatif à des écoulements à deux constituants (eau-air, par exemple).

$$\begin{bmatrix} \rho_g w_g & \alpha w_g \rho'_{g,p} & \alpha\rho_g & 0 & \alpha w_g \rho'_{g,s_g} & 0 \\ -\rho_f w_f & (1-\alpha) w_f \rho'_{f,p} & 0 & (1-\alpha)\rho_f & 0 & (1-\alpha) w_f \rho'_{f,s_f} \\ 0 & 1 & \rho_g w_g & 0 & 0 & 0 \\ 0 & 1 & 0 & \rho_f w_f & 0 & 0 \\ 0 & 0 & 0 & 0 & \alpha\rho_g w_g T_g & 0 \\ 0 & 0 & 0 & 0 & 0 & (1-\alpha)\rho_f w_f T_f \end{bmatrix} \times \begin{bmatrix} \dfrac{d\alpha}{dz} \\ \dfrac{dp}{dz} \\ \dfrac{dw_g}{dz} \\ \dfrac{dw_f}{dz} \\ \dfrac{ds_g}{dz} \\ \dfrac{ds_f}{dz} \end{bmatrix}$$

$$= \begin{bmatrix} -\alpha\rho_g w_g \dfrac{1}{A}\dfrac{dA}{dz} \\ -(1-\alpha)\rho_f w_f \dfrac{1}{A}\dfrac{dA}{dz} \\ -\rho_g g\cos\theta - \dfrac{1}{\alpha}\left(\dfrac{P_{gi}}{A}\tau_{gi} + \dfrac{P_{gw}}{A}\tau_{gw}\right) \\ -\rho_f g\cos\theta - \dfrac{1}{1-\alpha}\left(\dfrac{P_{fi}}{A}\tau_{fi} + \dfrac{P_{fw}}{A}\tau_{fw}\right) \\ \dfrac{P_{gi}}{A}(q_{gi} + w_g\tau_{gi}) + \dfrac{P_{gw}}{A}(q_{gw} + w_g\tau_{gw}) \\ \dfrac{P_{fi}}{A}(q_{fi} + w_f\tau_{fi}) + \dfrac{P_{fw}}{A}(q_{fw} + w_f\tau_{fw}) \end{bmatrix} \qquad (11.63)$$

Il comprend, aux deux premières lignes, les équations phasiques de bilan de masse (sans transfert de masse interfacial), aux deux lignes suivantes les équations phasiques de bilan de quantité de mouvement, et aux deux dernières lignes les équations de bilan d'entropie.

Le vecteur colonne du second membre comporte notamment les termes de transferts interfaciaux, *i.e.* la contrainte de cisaillement à l'interface τ_{ki} sur la phase k ($k = f$ ou g), et le flux thermique surfacique interfacial q_{ki} reçu par la phase k.

Les bilans de quantité de mouvement et d'énergie aux interfaces conduisent aux relations :

$$\sum_i P_{ki}\tau_{ki} = 0 \quad \text{et} \quad \sum_i P_{ki}q_{ki} = 0 \tag{11.64}$$

Si l'on suppose que les termes de transferts interfaciaux ne dépendent que des variables α, p, w_g, w_f, s_g et s_f et non de leurs dérivées, la condition critique, qui consiste en l'annulation du déterminant du système, ignore ces termes. En conséquence, la condition critique est alors identique à celle que l'on aurait si les transferts interfaciaux n'existaient pas, c'est-à-dire si l'écoulement était isentropique pour chacune des deux phases. C'est pourquoi on appelle ce modèle le *modèle gelé*.

Analysons la condition critique. Notons d'abord que l'on a posé :

$$\rho'_{k,p} \hat{=} \left(\frac{\partial \rho_k}{\partial p}\right)_{s_k} \quad \text{et} \quad \rho'_{k,s_k} \hat{=} \left(\frac{\partial \rho_k}{\partial s_k}\right)_p \tag{11.65}$$

En utilisant la définition du nombre de Mach de chaque phase :

$$\text{Ma}_k \hat{=} w_k\sqrt{\rho'_{k,p}} \tag{11.66}$$

la condition d'annulation du déterminant du système s'écrit :

$$(1-\alpha)\rho_g w_g^2(1-\text{Ma}_f^2) + \alpha\rho_f w_f^2(1-\text{Ma}_g^2) = 0 \tag{11.67}$$

Comme en pratique, $\text{Ma}_f \ll 1$, la relation (11.67) peut s'écrire :

$$\text{Ma}_g^2 \approx 1 + \frac{1-\alpha}{\alpha}\frac{\rho_g}{\rho_f}\left(\frac{w_g}{w_f}\right)^2 \geq 1 \tag{11.68}$$

Cette relation n'est pas vérifiée par l'expérience car elle conduit à une surestimation du débit critique dans une large gamme de taux de vide quelle que soit la valeur du rapport $k \hat{=} w_g/w_f$. Cela est illustré par la figure 11.7, extraite de la thèse de Vromman (1988), où l'auteur a porté aussi quelques points expérimentaux qu'il a obtenus au moyen d'une tuyère convergente-divergente alimentée par un mélange eau-air.

L'origine de la surestimation du débit critique semble bien se situer dans la modélisation inadéquate du frottement interfacial. En effet, la surestimation

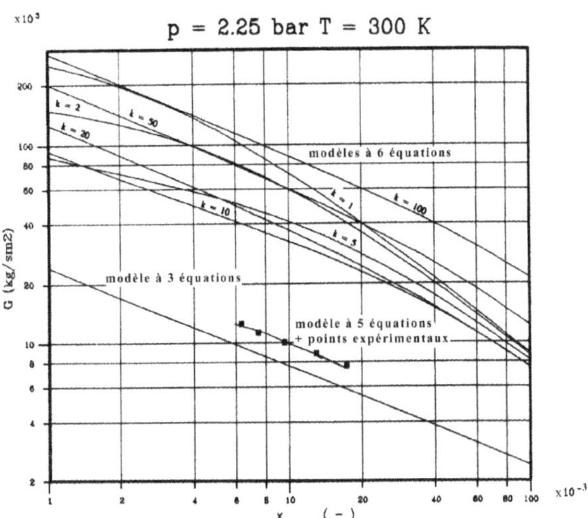

Figure 11.7 – Ecoulements eau-air : comparaison des données expérimentales avec le modèle homogène (3 équations), le modèle à 6 équations, et le modèle de Vromman (5 équations), d'après Vromman (1988).

demeure inchangée lorsque l'on fait l'hypothèse d'égalité des températures $T_g = T_f \triangleq T$, et que l'on remplace les équations phasiques d'énergie (ou d'entropie) par une équation diphasique : le transfert de chaleur interfacial intervient donc peu dans le blocage des écoulements eau-air.

Modélisation améliorée du frottement interfacial

Reprenant les travaux de Voinov (1973) et de Berne (1983), Vromman (1988) et Yan (1991) ont établi une équation de quantité de mouvement de la phase gazeuse basée sur celle d'une bulle de vapeur ou de gaz, qui tient compte de l'effet de masse ajoutée. L'équation proposée par Vromman, pour un écoulement horizontal, se présente comme suit :

$$\rho_g w_g \frac{dw_g}{dz} = -\frac{3}{8R_b} C_D \rho_f |w_g - w_f|(w_g - w_f) - \frac{dp}{dz} - \frac{1}{2}\rho_f w_g \frac{d}{dz}(w_g - w_f)$$
$$-\frac{3}{2}\rho_f (w_g - w_f)\frac{dw_f}{dz} - \frac{3}{2r}\rho_f (w_g - w_f) w_g \frac{dR_b}{dz} \qquad (11.69)$$

où R_b est le rayon des bulles supposé uniforme dans une section droite de la conduite.

Le second membre de cette équation comporte des termes en dérivées qui se retrouvent donc dans la matrice du système d'équations. Notons qu'il convient en outre de modéliser l'évolution du rayon R_b des bulles en tenant compte des phénomènes de coalescence et de fractionnement. C'est ainsi que Vromman a obtenu un modèle à 5 équations qui a donné de bons résultats pour les écoulements eau-air (figure 11.7). Le même modèle a été adapté pour tenir compte de l'existence d'un transfert de masse interfacial dans le cas d'écoulements *fuel oil*-méthane à travers une tuyère (figure 11.8) comportant une chambre où un débit de liquide recyclé Q_R se mélange aux débits liquide Q_L et gazeux Q_G pénétrant par l'entrée principale. L'algorithme de calcul mis au point n'implique la connaissance *a priori* d'aucune pression : seuls les débits sont imposés, le programme effectuant les itérations nécessaires pour rechercher sous quelles conditions l'écoulement imposé est critique.

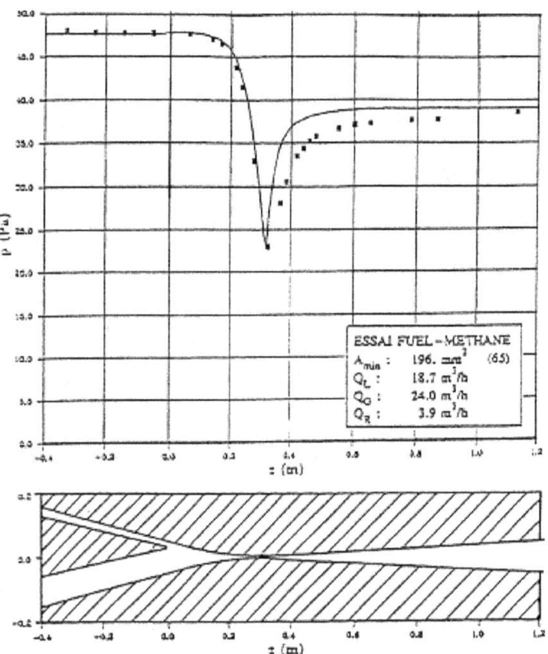

Figure 11.8 – Ligne piézométrique de l'écoulement d'un mélange de *fuel oil* et de méthane dans une tuyère de section rectangulaire : comparaison entre les points expérimentaux et le modèle de Vromman (1988).

Si l'on néglige la variation du rayon des bulles en supposant qu'elles aient constamment une taille critique constante au cours de la détente, et moyennant d'autres approximations, Bogoi *et al.* (2001) ont montré que l'équation de

Voinov en régime transitoire peut s'écrire comme suit sous forme conservative :

$$\frac{\partial(3w_f - w_g)}{\partial t} + \frac{\partial(3w_f^2 - w_g^2)}{\partial z} = \frac{3}{8R_b} C_D |w_g - w_f|(w_g - w_f) + g\cos\theta\frac{\rho_g - \rho_f}{\rho_f} \tag{11.70}$$

ou encore sous la forme d'une équation de relaxation de la vitesse relative entre phases :

$$\frac{\partial(w_f - w_g)}{\partial t} + w_f\frac{\partial(w_f - w_g)}{\partial z} + 2\left(\frac{\partial w_f}{\partial t} + w_f\frac{\partial w_f}{\partial z}\right) + \left(\frac{\partial w_g}{\partial t} + w_f\frac{\partial w_g}{\partial z}\right) - \left(\frac{\partial w_g}{\partial t} + w_g\frac{\partial w_g}{\partial z}\right) = \frac{3C_D w_{slip,ref}}{8R_b}\left[-\frac{8R_b\Delta\rho g\cos\theta}{3C_D w_{slip,ref}\rho_f} - (w_f - w_g)\right] \tag{11.71}$$

où $w_{slip,ref}$ désigne une valeur de référence de la vitesse relative des bulles par rapport au liquide, de l'ordre de 20 cm/s.

L'effet de la relaxation de la vitesse relative entre les phases est mis en évidence sur la figure 11.9 où Bogoi (2003) a porté l'évolution de la vitesse relative définie par le paramètre

$$k - 1 \triangleq \frac{w_g - w_f}{w_f} \tag{11.72}$$

le long d'une tuyère à deux entrées semblable à celle de Vromman. On constate que la mémoire d'une différence de vitesse relative à l'entrée de la chambre de mélange s'estompe rapidement.

Le modèle de Citu-Bogoi (2003) reproduit assez bien les essais azote-eau de Jeandey (1979) comme le montre la figure 11.10 sauf la récupération de pression en fin de divergent où l'écoulement est sans doute bidimensionnel.

En raison du point-selle apparaissant à la figure 11.2 pour l'écoulement dans une tuyère convergente-divergente, le débit critique est le plus grand débit possible pour des conditions d'entrée données et le plus petit débit impossible dans ces mêmes conditions (Yan, 1991). Cela est illustré à la figure 11.11 où les points expérimentaux sont ceux de Vromman en écoulement eau-air : les courbes sont obtenues en resserrant progressivement l'écart entre les débits décroissants donnant les solutions impossibles représentées par les courbes qui s'arrêtent en plongeant avant d'atteindre le col sonique, et les débits croissants correspondant aux solutions subsoniques. Les points expérimentaux situés à l'aval du col sonique correspondent à la branche supersonique de l'écoulement dans le divergent.

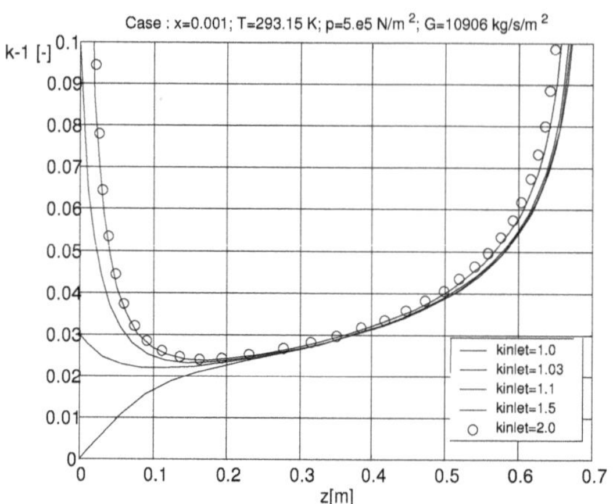

Figure 11.9 – Effet de la relaxation de la vitesse.

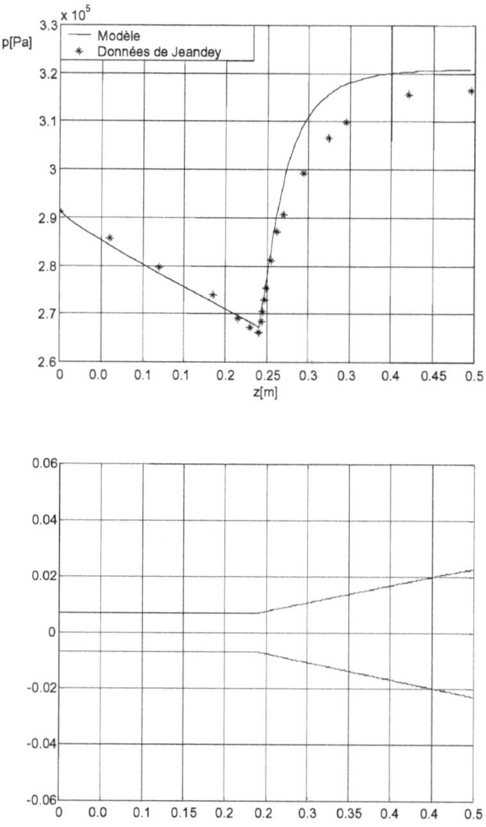

Figure 11.10 – Comparaison du modèle de Citu-Bogoi aux résultats de Jeandey.

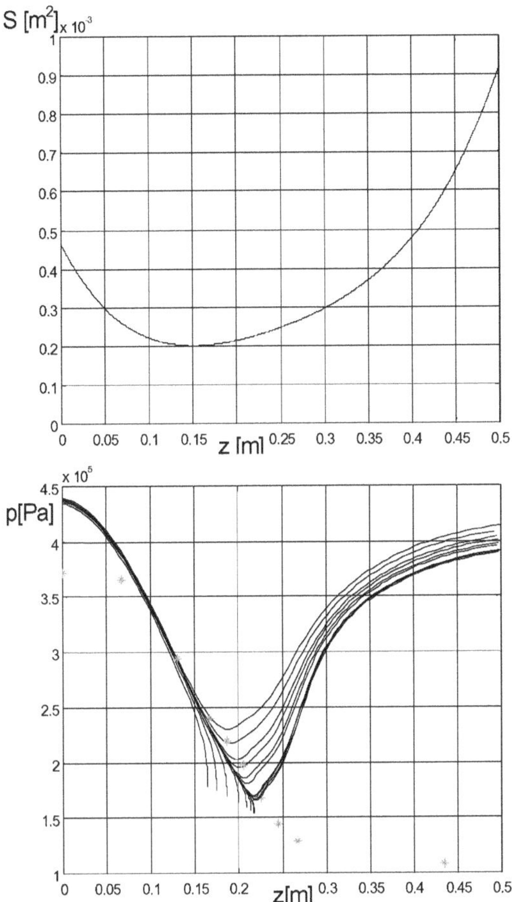

Figure 11.11 – Comparaison du modèle de Citu-Bogoi aux résultats de Vromman.

3.5 Le déséquilibre thermodynamique et le modèle DEM *(Delayed Equilibrium Model)*

Pour les écoulements de liquides sous-refroidis qui se vaporisent par détente, le déséquilibre thermodynamique joue un rôle considérable : en effet, le retard à l'autovaporisation (*flashing*) diminue la longueur de la portion de l'écoulement diphasique ; cela est illustré par exemple à la figure 11.12, relative à l'écoulement dans un long tube vertical se terminant par un diffuseur ayant un demi-angle de 7 ° (Réocreux, 1974). La position du col géométrique est indiquée sur la figure. La pression de saturation correspondant à la température d'entrée du canal d'essais est de 2.32 bar. La ligne piézométrique et le profil axial du taux de vide montrent que la vapeur n'apparaît que pour une pression p_0 d'environ 2.20 bar.

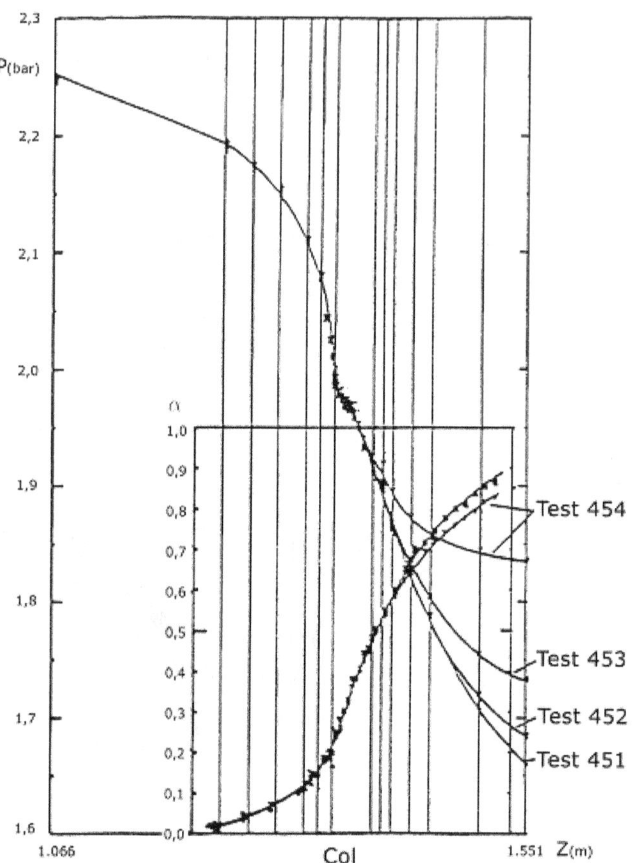

Figure 11.12 – Ligne piézométrique et profil axial de taux de vide dans un tube cylindrique se terminant par un diffuseur ayant un demi-angle de 7 ° (Réocreux, 1974). Pour les essais 451, 452, 453 et 454, la vitesse massique G en kg/(m^2.s) et la température d'entrée en °C sont respectivement : 8 520, 125.1 ; 8 531, 125.2 ; 8 533, 125.2 ; 8 541, 125.2.

Faisant suite à une série de travaux pour des conduites et des tuyères, Féburie *et al.* (1993) ont adapté le modèle de Lackmé (1979) pour l'appliquer au calcul du débit critique de l'écoulement à travers des fissures de tubes de générateurs de vapeur de centrales REP. La profondeur d'une fissure type correspond à l'épaisseur du tube ; sa largeur est la plus petite dimension (de 2 à 500 μm) ; sa longueur est de l'ordre de 4 à 15 mm. La fissure est modélisée comme indiqué à la figure 11.13 : elle est représentée par un conduit rectiligne, cylindrique, convergent ou divergent. Le coefficient de frottement de l'écoulement liquide est ajusté à partir d'essais en monophasique pour tenir compte de la sinuosité de la fissure.

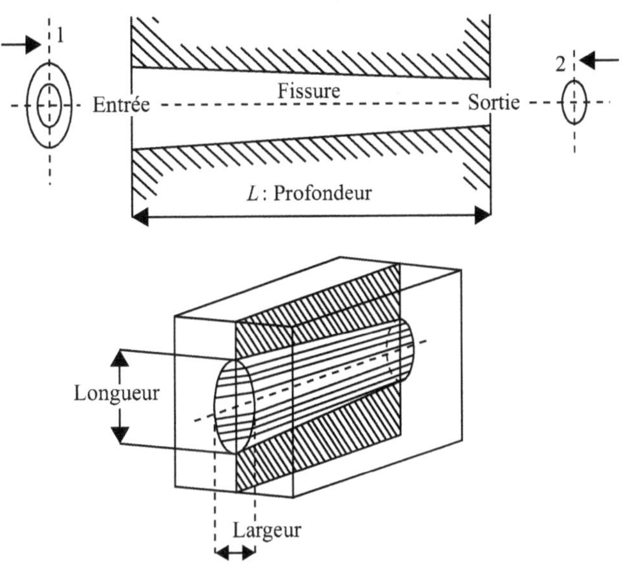

Figure 11.13 – Schématisation d'une fissure de tube de générateur de vapeur.

Conformément au modèle de Lackmé, on suppose que l'écoulement à travers la fissure comporte deux parties : la première partie est un tronçon monophasique qui s'étend de la section d'entrée jusqu'à celle où commence la nucléation par suite de l'obtention d'une sursaturation suffisante. Dans la deuxième partie les micro-bulles de vapeur coalescent pour former des poches (figure 11.14). Ces poches sont entourées de liquide saturé, tandis que du liquide métastable subsiste à quelque distance des interfaces liquide-vapeur. La figure 11.15 montre les profils de pression et de température. La température de la paroi, notée T_W décroît d'environ 10 °C le long de l'épaisseur du tube. Le liquide pénètre dans la fissure à une température T_L légèrement supérieure à $T_W(0)$, devient saturé à la section notée S sur la figure, où $T_L = T_S(p)$. Au-delà de cette section, le liquide devient métastable, et sa température T_{LM} décroît à cause du transfert de chaleur à travers la paroi. Dans le diagramme de la figure 11.15, p désigne la pression du fluide, et $p_S(T_{LM})$ la pression de saturation correspondant à la température T_{LM}. La pression à partir de laquelle la nucléation commence est notée p_0, et est quelque peu inférieure à $p_S(T_{LM})$. Au-delà du début de nucléation, on suppose que le liquide restant garde une température constante.

Parmi les hypothèses simplificatrices, on note celle d'absence de vitesse relative entre les phases, justifiée par la configuration d'écoulement à piston. En fait, on considère que le fluide comporte trois phases : liquide métastable (indice LM), liquide saturé (indice LS) et vapeur saturée (indice G), les

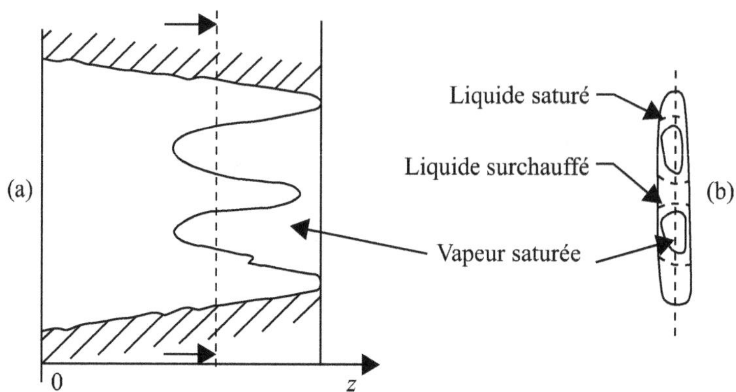

Figure 11.14 – a) Vue en plan de la fissure ; b) section droite.

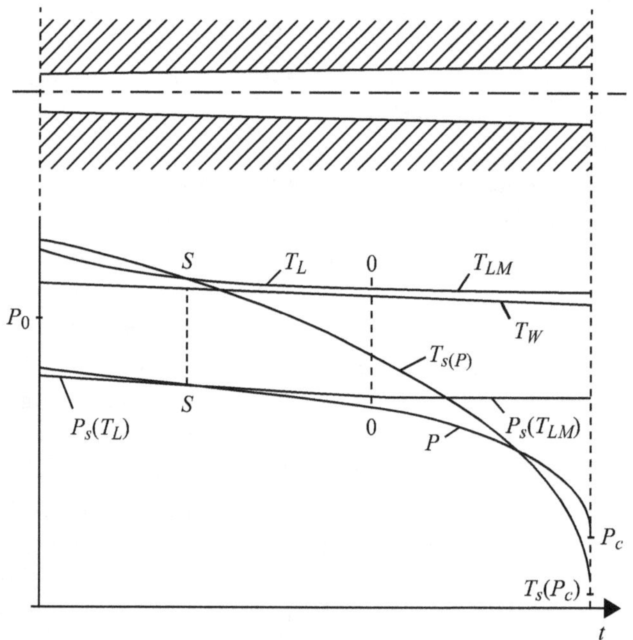

Figure 11.15 – Profils de température et de pression le long de l'épaisseur de la fissure.

variables d'état (p et T) et les vitesses étant distribuées uniformément dans le plan de chaque section droite. La répartition des variables d'état est donnée au tableau 11.1. On a de plus :

$$\alpha_{LM} + \alpha_{LS} + \alpha_G = 1 \tag{11.73}$$

	Liquide métastable	**Liquide saturé**	**Vapeur saturée**
Température	$T_{LM} = T_{LM}(z)$	$T_{LS} = T_S(z)$	$T_G = T_S(z)$
Pression	$p_{LM} = p(z)$	$p_{LS} = p(z)$	$p_G = p(z)$
Vitesse	$w_{LM} = w(z)$	$w_{LS} = w(z)$	$w_G = w(z)$
Fraction massique	$1 - y$	$(1 - x)y$	xy
Fraction surfacique	α_{LM}	α_{LS}	α_G

Tableau 11.1 – Répartition des variables d'état dans le modèle de Féburie *et al.* (1993). On notera bien que le titre x n'est pas défini par le rapport du débit-masse de vapeur à la somme du débit-masse de liquide et du débit-masse de vapeur. Il est défini comme étant le rapport du débit-masse de vapeur à la somme du débit-masse de liquide *saturé* et du débit-masse de vapeur *saturée*.

.

Le calcul de la pression dans le tronçon monophasique tient compte des pertes de pression réparties et singulières ; celui de la température fait intervenir le coefficient d'échange par convection thermique. Le système d'équations pour la région où $p \leq p_0$ comporte :

– l'équation triphasique de bilan de masse :

$$\frac{d}{dz}\left(\frac{Aw}{v_m}\right) = 0 \tag{11.74}$$

où :

$$v_m \triangleq (1 - y)\, v_{LM} + x\, y\, v_G + (1 - x)\, y\, v_{LS} \tag{11.75}$$

– l'équation triphasique de bilan de quantité de mouvement, qui, combinée à l'équation (11.74) s'écrit :

$$\frac{dp}{dz} + \frac{w}{v_m}\frac{dw}{dz} = -\frac{P_W}{A}\tau_W \tag{11.76}$$

– l'équation triphasique de bilan d'entropie, qui, combinée à l'équation (11.74) s'écrit [2] :

$$\frac{ds_m}{dz} = \frac{1}{\dot{M}}\left(\Delta_{IS}\frac{dy}{dz} + \Delta_{ES}\right) \tag{11.77}$$

où :

$$s_m \mathrel{\hat{=}} (1-y)\, s_{LM} + x\, y\, s_G + (1-x)\, y\, s_{LS} \tag{11.78}$$

Le terme $\Delta_{IS} dy/dz$ représente la source *interne* toujours positive d'entropie due au processus irréversible comprenant le transfert de masse du liquide métastable au liquide saturé d'une part et le transfert de chaleur associé à ce transfert de masse, à travers une discontinuité de température, d'autre part :

$$\Delta_{IS}\frac{dy}{dz} \mathrel{\hat{=}} \dot{M}\frac{dy}{dz}\left[c_{pL}\ln\frac{T_S}{T_{LM}} + c_{pL}T_{LM}\left(\frac{1}{T_S} - \frac{1}{T_{LM}}\right)\right] \tag{11.79}$$

Enfin, Δ_{ES} représente le flux *externe* d'entropie dû au transfert de chaleur pariétal et la source *externe* d'entropie due aux frottements :

$$\Delta_{ES} \mathrel{\hat{=}} \sum_k \frac{P_{Wk}\,\dot{q}_k}{T_k} + w\sum_k \frac{P_{Wk}\,\tau_{Wk}}{T_k} \qquad (k = LM,\ LS,\ G) \tag{11.80}$$

Le système des équations (11.74), (11.76) et (11.77) est fermé par une relation du type :

$$\frac{dy}{dz} = f(p, y, T_{LM}) \tag{11.81}$$

et s'écrit sous forme matricielle :

$$\begin{bmatrix} 0 & 1 & -\dfrac{w}{v_m} & 0 & 0 \\ 1 & \dfrac{w}{v_m} & 0 & 0 & 0 \\ \left(\dfrac{\partial v_m}{\partial p}\right)_{s_m,y} & 0 & -1 & \left(\dfrac{\partial v_m}{\partial s_m}\right)_{p,y} & \left(\dfrac{\partial v_m}{\partial y}\right)_{s_m,p} \\ 0 & 0 & 0 & 1 & -\dfrac{\Delta_{IS}}{\dot{M}} \\ 0 & 0 & 0 & 0 & 1 \end{bmatrix} \times \begin{bmatrix} \dfrac{dp}{dz} \\ \dfrac{dw}{dz} \\ \dfrac{dv_m}{dz} \\ \dfrac{ds_m}{dz} \\ \dfrac{dy}{dz} \end{bmatrix}$$

2. On consultera l'article de Féburie *et al.* (1993) pour les détails de l'établissement de cette équation.

$$= \begin{bmatrix} -\dfrac{w}{A}\dfrac{dA}{dz} \\ \\ -\dfrac{P_W}{A}\tau_W \\ \\ 0 \\ \\ \dfrac{\Delta_{ES}}{\dot{M}} \\ \\ f(p, y, T_{LM}) \end{bmatrix} \tag{11.82}$$

La relation de fermeture choisie par les auteurs s'écrit :

$$\frac{dy}{dz} = k(1-y)\left[\frac{p_S(T_{LM}) - p}{p_{crit} - p_S(T_{LM})}\right]^{1/4} \tag{11.83}$$

où p_{crit} désigne la pression critique du fluide (*i.e.* correspondant au point critique), et où k est donné par :

$$k = k_2 \frac{P_W}{A} \qquad \text{avec } k_2 = 0.02 \tag{11.84}$$

Cette loi de fermeture exprime que la quantité de fluide qui passe par unité de longueur de l'état métastable à l'état saturé est d'une part proportionnelle à la quantité de liquide métastable $(1-y)$ et d'autre part fonction de l'intensité du déséquilibre thermodynamique exprimé sous forme adimensionnelle par l'écart de pression par rapport à la pression de saturation. Enfin, la densité de sites de nucléation dépend du rapport de l'aire de la paroi au volume de la conduite, ce qui justifie l'expression (11.83). Notons que l'on retrouve les résultats des expériences de Réocreux (1974) avec $k = 4$ pour $P_W/A = 200$ m^{-1}. La condition critique du modèle s'obtient par l'annulation du déterminant associé à la matrice du système d'équations (3.5) :

$$\left(\frac{w_c}{v_m}\right)^2 = -\left(\frac{\partial p}{\partial v_m}\right)_{s_m,y} \tag{11.85}$$

La vitesse critique est donc identique à la vitesse classique du son :

$$w_c = \sqrt{\left(\frac{\partial p}{\partial \rho_m}\right)_{s_m,y}} \tag{11.86}$$

Le modèle a fait l'objet de bonnes comparaisons avec les données d'Amos (1983). Le tableau 11.2 permet d'apprécier les écarts relatifs en termes de débits, et le tableau 11.3 les écarts relatifs en termes de pressions critiques ; on y constate une nette amélioration par rapport au modèle d'Amos et Schrock (1984).

Essai	$\mathbf{p_c}$	$\mathbf{\Delta T_{sat,c}}$	**Rugosité**	ξ	$\mathbf{10^{-4} G_{c,exp}}$	$\mathbf{10^{-4} G_{c,calc}}$	$\mathbf{10^{-2} \Delta G_c}$
	MPa	**°C**	**μm**		**kg/(m^2.s)**	**kg/(m^2).s)**	
57	4.216	27.9	0.3	0.305	3.233	3.247	+0.4
58	4.176	14.4	0.3	0.305	2.513	2.523	+0.4
59	4.270	59.2	0.3	0.305	4.105	4.279	+4.2
27	7.073	29.5	0.3	0.177	4.256	4.146	−2.6
28	7.075	15.5	0.3	0.177	3.309	3.268	−1.2
30	7.096	62.8	0.3	0.177	5.737	5.517	−3.8
41	9.590	60.8	0.8	0.348	5.471	5.525	+1.0
42	11.583	56.0	0.8	0.348	5.518	5.744	+4.1
43	9.583	29.7	0.8	0.348	4.140	4.228	+2.1
44	9.628	14.3	0.8	0.348	3.228	3.266	+1.2
45	11.607	29.1	0.8	0.348	4.368	4.483	+2.6
74	15.413	54.7	0.3	0.316	6.995	6.787	−2.9
76	11.674	11.8	0.3	0.316	3.696	3.506	−5.1
78	11.543	25.6	0.3	0.316	4.805	5.026	+4.6

Tableau 11.2 – Vitesses massiques critiques obtenues avec le modèle de Féburie *et al.* (1993). Profondeur : 63.5 mm, largeur : 0.381 mm, longueur : 19.23 mm. $\Delta G_c \triangleq (G_{c,calc} - G_{c,exp})/G_{c,exp}$.

Les figures 11.16 et 11.17 témoignent de la qualité du modèle dans une large gamme de titres ou de sous-saturations à l'entrée du conduit.

Essai	$P_{c,calc}$ MPa		$P_{c,exp}$ MPa	$10^2 \Delta P_c$	
	Amos	Féburie *et al.*		Amos	Féburie *et al.*
57	2.423	1.963	2.047	+18.4	−4.0
58	3.148	2.421	2.387	+31.9	+1.4
59	1.286	1.081	1.313	−2.0	−17.6
27	4.197	3.341	2.970	+41.3	+12.5
28	5.342	4.057	3.400	+57.1	+19.0
30	2.265	1.904	1.878	+20.6	+1.4
41	3.377	2.805	3.55	−4.9	−21.0
42	4.310	3.780	4.478	−3.8	−15.6
43	5.730	4.505	4.820	+19.9	−6.5
44	6.756	5.406	5.264	+28.3	+2.7
45	7.196	5.543	5.997	+20.0	−7.6
74	6.423	5.405	6.135	+4.7	−11.9
76	7.634	6.769	5.905	+29.3	+14.6
78	10.350	7.858	7.613	+36.0	+3.2

Tableau 11.3 – Pressions critiques obtenues avec le modèle de Féburie *et al.* (1993). Profondeur : 63.5 mm, largeur : 0.381 mm, longueur : 19.23 mm. $\Delta P_c \triangleq (P_{c,calc} - P_{c,exp})/P_{c,exp}$.

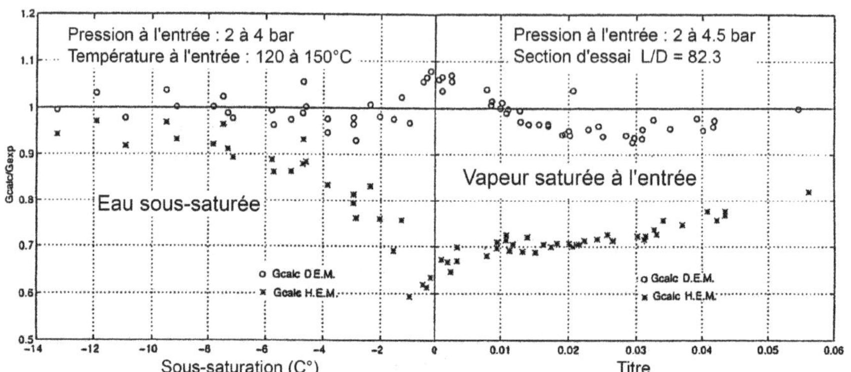

Figure 11.16 – Comparaison entre données obtenues avec un élargissement brusque et les modèles HEM *(Homogeneous Equilibrium Model)* et DEM *(Delayed Equilibrium Model)*.

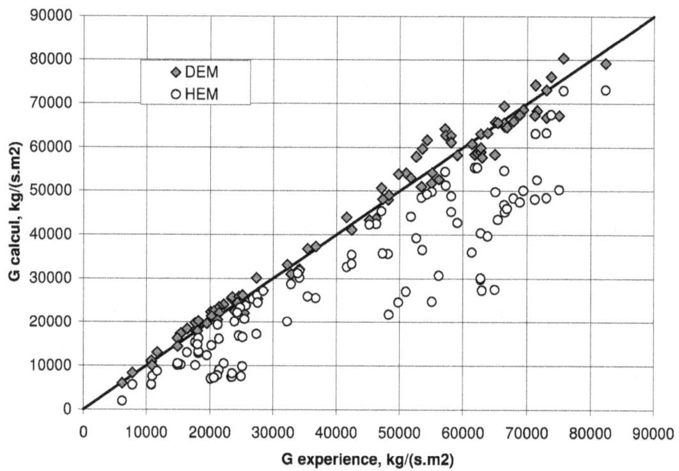

Figure 11.17 – Comparaison de résultats obtenus avec les modèles HEM *(Homogeneous Equilibrium Model)* et DEM *(Delayed Equilibrium Model)*.

4 Localisation de la section critique

Considérons un tronçon de conduite cylindrique horizontale de longueur L et de diamètre intérieur D (figure 11.18) reliant un conduit de plus petit diamètre à un conduit (ou un réservoir) de plus grand diamètre. Les sections droites notées 1 et 2 sont localisées juste en dehors du tronçon de l'élément de circuit considéré. Les élargissements brusques localisés à l'entrée et à la sortie de l'élément de circuit sont le siège de pertes de pression irréversibles. On utilisera l'indice a pour désigner l'état et la vitesse moyenne du fluide juste après l'élargissement brusque d'entrée, extrapolés à partir de l'écoulement établi dans l'élément de cicuit. De même, l'indice b désignera la sortie de l'élément de circuit. Appelons σ le rapport des aires des sections droites :

$$\sigma \hat{=} \frac{A_a}{A_1} > 1 \tag{11.87}$$

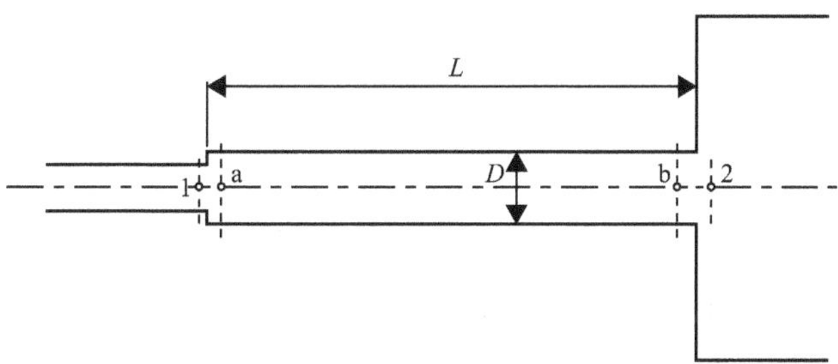

Figure 11.18 – Elément de conduit.

Le débit est bloqué si l'écoulement est critique dans au moins une section de l'élément de circuit. Nous montrons ci-dessous qu'il peut l'être soit dans la section 1, soit dans la section b, soit simultanément en 1 et b.

4.1 Gaz parfait : conditions de double criticité (Seynhaeve, 1995)

Supposons que l'écoulement dans l'élément de circuit soit adiabatique (écoulement dit de Fanno).
Le bilan de masse s'écrit :

$$\rho_1 w_1 = \sigma \rho_b w_b \tag{11.88}$$

Le bilan d'énergie est donné par la relation :

$$h_1 + \frac{w_1^2}{2} = h_b + \frac{w_b^2}{2} \tag{11.89}$$

Si l'écoulement est supposé critique dans les sections 1 et b, alors la vitesse de l'écoulement est la vitesse du son et nous avons :

$$w_1 = \sqrt{\gamma R T_1} \quad \text{et} \quad w_b = \sqrt{\gamma R T_b} \tag{11.90}$$

En outre, si l'on suppose que la capacité thermique massique c_p est constante, l'équation (11.89) devient :

$$c_p T_1 + \frac{\gamma R T_1}{2} = c_p T_b + \frac{\gamma R T_b}{2} \tag{11.91}$$

d'où l'on déduit :

$$T_1 \equiv T_b \tag{11.92}$$

et compte tenu de l'équation (11.90) :

$$w_1 \equiv w_b \tag{11.93}$$

L'équation (11.88) permet alors d'écrire :

$$\rho_1 = \sigma \rho_b \tag{11.94}$$

ou encore, en utilisant l'équation d'état des gaz parfaits :

$$p_1 = \sigma p_b \tag{11.95}$$

On en déduit la *première condition nécessaire de double localisation de la section critique* :

$$p_2 < p_b \quad \text{c'est-à-dire} \quad p_2 < \frac{p_1}{\sigma} \tag{11.96}$$

4.2 Gaz parfait : écoulement à travers un élargissement brusque

On montre (Seynhaeve et Giot, 1996) que si l'écoulement est subsonique ou sonique à l'élargissement 1-a, il existe une relation entre les valeurs des nombres de Mach Ma_1 et Ma_a respectivement dans les sections 1 et a, le coefficient γ et le rapport des sections σ :

$$\frac{2 + (\gamma - 1)\,\mathrm{Ma}_1^2}{\left(\gamma\,\mathrm{Ma}_1^2 + \sigma\right)^2}\,\mathrm{Ma}_1^2 = \frac{2 + (\gamma - 1)\,\mathrm{Ma}_a^2}{\left(\gamma\,\mathrm{Ma}_a^2 + 1\right)^2}\,\mathrm{Ma}_a^2 \tag{11.97}$$

En particulier, si l'écoulement est sonique dans la section 1, on a $\mathrm{Ma}_1 = 1$, et l'équation (11.97) devient :

$$\left[(\gamma - 1) - \frac{\gamma^2(\gamma+1)}{(\gamma+\sigma)^2}\right]\mathrm{Ma}_a^4 + 2\left[1 - \frac{\gamma(\gamma+1)}{(\gamma+\sigma)^2}\right]\mathrm{Ma}_a^2 - \frac{\gamma+1}{(\gamma+\sigma)^2} = 0 \tag{11.98}$$

4.3 Ecoulement de Fanno

La relation entre l'incrément du nombre de Mach $d\mathrm{Ma}$ d'un écoulement adiabatique (dit de Fanno) et l'incrément de longueur axiale dz s'écrit (Anderson, 2003, page 112, Eq. 3.96) :

$$dz = \frac{1-\mathrm{Ma}^2}{\gamma\,\mathrm{Ma}^2\left(1+\dfrac{\gamma-1}{2}\mathrm{Ma}^2\right)}\frac{D}{4C_f}\frac{d\mathrm{Ma}^2}{\mathrm{Ma}^2} \tag{11.99}$$

Si on suppose le coefficient de frottement C_f constant, on peut intégrer cette équation entre les sections a et z :

$$4C_f\frac{z}{D} = \frac{2+(\gamma-1)\mathrm{Ma}_a^2}{2\gamma\,\mathrm{Ma}_a^2} - \frac{2+(\gamma-1)\mathrm{Ma}_z^2}{2\gamma\,\mathrm{Ma}_z^2} + \frac{\gamma+1}{2\gamma}\ln\frac{\left[2+(\gamma-1)\mathrm{Ma}_z^2\right]\mathrm{Ma}_a^2}{\left[2+(\gamma-1)\mathrm{Ma}_a^2\right]\mathrm{Ma}_z^2} \tag{11.100}$$

Pour des valeurs données de γ, de σ et de Ma_1, l'équation (11.97) permet de calculer Ma_a. L'équation (11.100) fournit alors la relation entre le nombre de Mach Ma_z à l'abscisse adimensionnelle Z définie par la relation :

$$Z \triangleq 4\,C_f\frac{z}{D} \tag{11.101}$$

La figure 11.19 donne un exemple de l'évolution de Ma_z^2 en fonction de Z pour $\gamma = 1.4$, $\sigma = 2$ et un nombre de Mach amont $\mathrm{Ma}_1 = 0.6$, le carré du nombre de mach à l'entrée, $\mathrm{Ma}_a^2 = 0.074$, étant calculé par la relation (11.97).

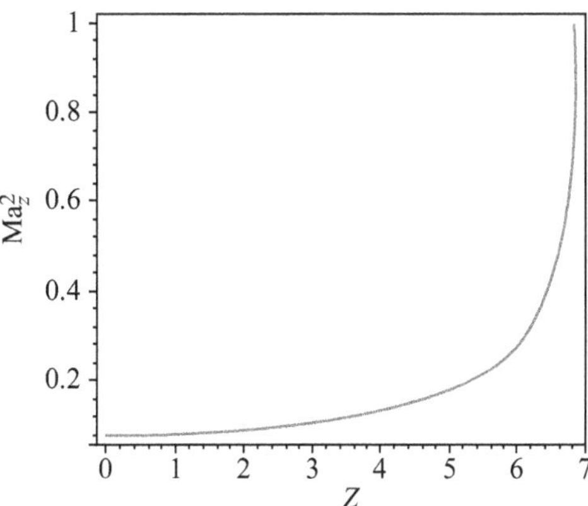

Figure 11.19 – Evolution de Ma_z^2 en fonction de Z.

La valeur limite Z_{max} de Z correspond à un écoulement sonique pour lequel $\mathrm{Ma}_z = \mathrm{Ma}_b = 1$. Cette valeur Z_{max} est donc obtenue en posant $\mathrm{Ma}_z = 1$ dans l'équation (11.100). Elle dépend en conséquence du nombre de Mach d'entrée Ma_a et donc du nombre de Mach amont Ma_1 :

$$Z_{max} = \left(4\, C_f \frac{z}{D}\right)_{max} = \frac{1 - \mathrm{Ma}_a^2}{\gamma\, \mathrm{Ma}_a^2} + \frac{\gamma + 1}{2\gamma} \ln \frac{(\gamma + 1)\mathrm{Ma}_a^2}{2 + (\gamma - 1)\mathrm{Ma}_a^2} \qquad (11.102)$$

Dans le cas de la figure 11.19, le calcul donne : $Z_{max} = 6.87$.

Le rapport des pressions qui correspond à cette longueur limite est donnée par la relation :

$$\frac{p_b}{p_a} = \mathrm{Ma}_a \sqrt{\frac{2 + (\gamma - 1)\mathrm{Ma}_a^2}{\gamma + 1}} \qquad (11.103)$$

Lorsque le nombre de Mach amont Ma_1 augmente, la courbe se déplace comme indiqué sur la figure 11.20 jusqu'à atteindre une position limite correspondant à un nombre de Mach amont $\mathrm{Ma}_1 = 1$, donc à un écoulement sonique à l'amont (section 1). Dans ce cas, si la longueur adimensionnelle de la conduite Z est égale à $Z_{max}(\mathrm{Ma}_1 = 1)$, alors l'écoulement est aussi sonique en sortie et il y a *double criticité*.

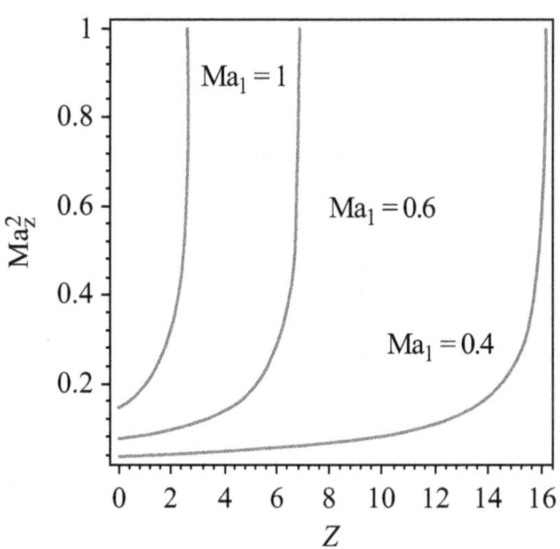

Figure 11.20 – Evolution de Ma_z^2 en fonction de Z pour différents nombres de Mach amont Ma_1.

En éliminant le nombre de Mach amont Ma_a entre les équations (11.98) et (11.102) traduisant respectivement les conditions soniques dans les sections 1 et Z_{max}, on obtient une relation entre la longueur limite adimensionnelle $Z_{max}(\mathrm{Ma}_1 = 1)$ et le rapport des aires des sections droites σ pour une valeur donnée de γ. La figure 11.21 présente le résultat pour l'air considéré comme un gaz parfait (courbe a), ainsi qu'une extension de la méthode pour de l'eau sous-saturée de 10 °C à l'amont de l'élargissement brusque, et qui s'autovaporise par détente, selon le modèle homogène (courbe b) ou selon le modèle DEM (courbe c).

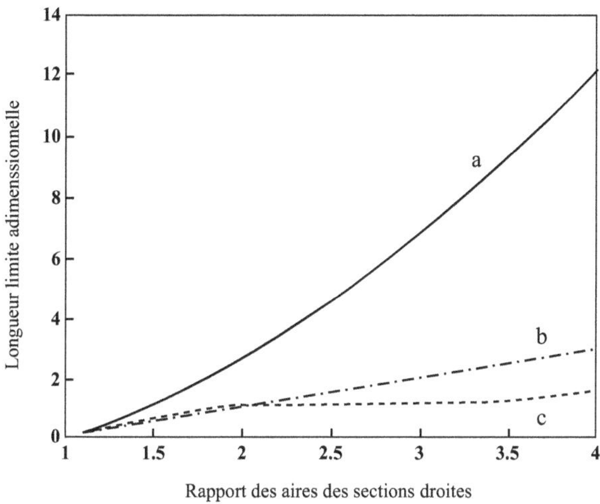

Figure 11.21 – Longueur limite adimensionnelle $Z_{max}(Ma_1 = 1)$ en fonction du rapport des aires des sections droites σ pour l'air considéré comme un gaz parfait (courbe a), pour de l'eau sous-saturée de 10 °Cà une pression d'entrée de 5 bar (courbe b : modèle homogène; courbe c : modèle DEM).

4.4 Régimes d'écoulement

Après avoir imposé à l'amont la pression p_1 et la température T_1, deux procédures peuvent être suivies. On peut soit augmenter le nombre de Mach amont Ma_1, soit diminuer la pression aval p_2.

Augmentation du nombre de Mach amont

La figure 11.20 permet de comprendre ce qui se passe.

1. Pour une valeur imposée du nombre de Mach amont Ma_1 inférieure à 1, deux cas peuvent se présenter :
   - Si la longueur adimensionnelle Z_b du conduit est inférieure à la longueur limite $Z_{max}(Ma_1)$, alors l'écoulement est subsonique de a à b.
   - Si la longueur adimensionnelle Z_b du conduit est supérieure à la longueur limite $Z_{max}(Ma_1)$, alors l'écoulement proposé est impossible et il faut imposer une valeur de Ma_1 de plus en plus petite, jusqu'à ce que la condition $Z_b = Z_{max}(Ma_1)$ soit satisfaite. Dans ce cas, $Ma_b = 1$

et l'écoulement est sonique en sortie (section b). En fait, la longueur Z_b de l'élément de circuit étant connue, l'équation (11.100) avec $Z \equiv Z_b$ et $\mathrm{Ma}_z \equiv \mathrm{Ma}_b = 1$ permet de déterminer la valeur de Ma_a correspondante. L'équation (11.97) fournit alors la valeur du nombre de Mach amont Ma_1 qui conduit à un écoulement sonique dans la section b.

2. Pour une valeur imposée du nombre de Mach amont Ma_1 égale à 1, l'écoulement est sonique dans la section 1. Trois cas peuvent se présenter :
   - Si $Z_b > Z_{max}(\mathrm{Ma}_1 = 1)$, l'écoulement est impossible et la valeur imposée $\mathrm{Ma}_1 = 1$ est trop grande.
   - Si $Z_b \leq Z_{max}(\mathrm{Ma}_1 = 1)$, l'écoulement est subsonique de a à b.
   - Si $Z_b = Z_{max}(\mathrm{Ma}_1 = 1)$, l'écoulement est subsonique de a à b et sonique en b.

Diminution de la pression aval

On peut aussi décrire les différents régimes d'écoulements en suivant la procédure expérimentale selon laquelle on réduit progressivement la pression p_2 en partant de $p_2 = p_1$. L'état du fluide (p_1, T_1) est maintenu constant à la section 1.

L'écoulement est tout d'abord subsonique entre les sections a et b. Ensuite, lorsque p_2 diminue, on peut rencontrer deux cas :

1. Soit Ma_b devient égal à l'unité ($\mathrm{Ma}_b = 1$) tandis que $\mathrm{Ma}_1 < 1$: l'écoulement est bloqué à la sortie et le demeurera pour toute diminuation ultérieure de la pression dans le réservoir aval. Ce régime ne peut s'obtenir que pour des conduites *longues* au sens de la condition $Z_b > Z_{max}(\mathrm{Ma}_1)$.
2. Soit Ma_1 devient égal à l'unité alors que $\mathrm{Ma}_b < 1$, c'est-à-dire l'écoulement est bloqué à la section 1. Ce régime peut s'obtenir pour des conduites *courtes* au sens de l'inégalité $Z_b < Z_{max}(\mathrm{Ma}_1)$. Si l'on continue à diminuer la pression dans le réservoir aval, Ma_b peut à son tour tendre vers l'unité, et l'écoulement est alors sonique dans les deux sections 1 et b. Ce régime n'est atteint que lorsque $p_2 < p_1/\sigma$, pour $L \leq L_{max}$.

Remarquons que la *double criticité* ne peut s'obtenir que pour des conduits *courts*, après que l'écoulement ait été bloqué à la section 1.

4.5 Validation expérimentale de la méthode

La méthode décrite ci-dessus a été validée par Seynhaeve et Attou (1996) en l'appliquant avec succès aux résultats d'essais de détente en rafale (*blowdown*) d'azote, effectués par Det Norske Veritas (Nilsen *et al.*, 1996). La section d'essais (figure 11.22) comportait trois éléments :

- un premier tube ayant un diamètre intérieur $D1 = 16$ mm et une longueur $L_1 = 7.040$ m, inséré entre un orifice (E1-2), et un premier élargissement brusque (E2-3),
- un second tube ayant un diamètre intérieur $D2 = 21$ mm et une longueur $L_2 = 9,300$ m, inséré entre les élargissements brusques (E2-3) et (E3-4),
- un troisième tube ayant un diamètre intérieur $D2 = 26$ mm et une longueur $L_2 = 12.500$ m, inséré entre les élargissements brusques (E3-4) et (E4-D).

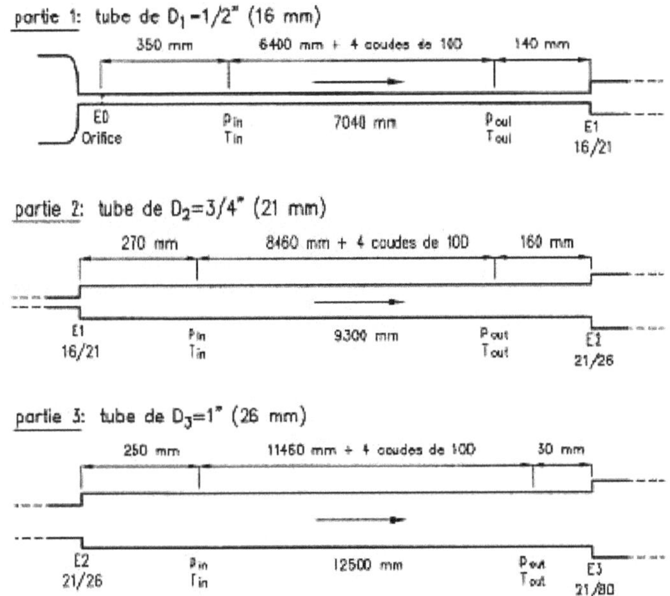

Figure 11.22 – Section d'essais DNV.

Chaque tube comportait quatre coudes à 90 ° et deux prises de pression et de température comme indiqué sur la figure 11.22. Le coefficient de frottement avait pour valeur $C_f = 0,003$.

Le tableau 11.4 fournit pour chaque élément du circuit, la longueur adimensionnelle, le rapport des aires des sections droites à l'entrée, le nombre de Mach à l'entrée si l'écoulement est sonique à l'élargissement d'entrée de cet élément, et, enfin, la longueur limite adimensionnelle.

En conformité avec les essais menés à pression de sortie constante, l'application de la méthode a montré que lorsque la pression est suffisamment élevée dans le réservoir amont, l'écoulement est sonique à la fois à l'orifice et à la section de sortie du troisième élément. Ensuite, lorsque l'on diminue la pression dans le réservoir amont, le débit diminue certes, mais l'écoulement

Elément	$L^* \triangleq 4C_fL/D$	σ	Ma_a	$l^*_{max} \triangleq (4C_fL/D)_{max}$
1	5.28	10.66	0.093	76.83
1	5.31	1.72	0.436	1.72
3	5.76	1.53	0.486	1.18

Tableau 11.4 – Données des essais DNV.

reste sonique à l'orifice. En revanche, dans ces conditions, on voit que l'écart de pression à la section de sortie du troisième élément devient négligeable : l'écoulement y est donc sonique. Pour des pressions suffisamment faibles dans le réservoir amont, l'écoulement devient subsonique le long de toute la conduite. On note en outre que les pressions prédites aux différents points de mesure sont très proches des valeurs mesurées.

4.6 Extension au cas de l'écoulement avec autovaporisation

Considérons à nouveau l'élément de la figure 11.18, et supposons qu'un liquide fortement sous-saturé à l'entrée de l'élément se vaporise près de la section 1 à l'amont de l'élargissement, puis se condense à l'élargissement par suite de la récupération de pression. La pression à la section 1 est proche de la saturation :

$$p_1 = p_{sat}$$

$$p_a > p_{sat}$$

Supposons de plus que l'écoulement dans l'élément de circuit soit isotherme. Alors, en négligeant la vitesse relative entre les phases, le bilan de quantité de mouvement à l'élargissement peut s'écrire :

$$p_a A_a - p_1 A_1 = \dot{M}(w_1 - w_a) \tag{11.104}$$

Par ailleurs, le bilan de masse donne la relation :

$$\dot{M} = A_1 \rho_{m1} w_1 = A_a \rho_L w_a \tag{11.105}$$

où ρ_{m1} désigne la masse volumique du mélange :

$$\rho_{m1} = \frac{x_1}{\rho_{Gsat}} + \frac{1 - x_1}{\rho_{Lsat}} \tag{11.106}$$

En utilisant l'équation (11.105) pour éliminer les vitesses dans l'équation (11.104), on obtient :

$$p_a - p_1 = G^2 \left(\frac{\sigma}{\rho_{m1}} - \frac{1}{\rho_L} \right) \tag{11.107}$$

où G représente la vitesse massique du mélange. L'autovaporisation dans l'élément de circuit se produit à la section o, où la pression est p_o :

$$p_o = kp_{sat} \tag{11.108}$$

où $k = 0,93...0,98$ selon la présence de sources de nucléation hétérogène, et donc de la pureté du liquide et de la rugosité de la paroi. Entre les sections a et o, sur une longueur L_{1ph}, le fluide est liquide, et le gradient de pression dû aux frottements peut se calculer par la relation :

$$p_a - p_o = 4C_f \frac{L_{1ph}}{D} \frac{G^2}{2\rho_L} \tag{11.109}$$

Comme la naissance de l'autovaporisation se situe en pratique le plus souvent près de l'extrémité de la conduite, on peut supposer à titre d'approximation :

$$L_{1ph} \approx L$$

et l'équation (11.109) devient :

$$4C_f \frac{L}{D} = \frac{p_a - p_o}{G^2/2\rho_L} \tag{11.110}$$

Dans l'hypothèse faite ici de forte sous-saturation à l'entrée, la longueur adimensionnelle de l'équation (11.110) joue le rôle de la longueur limite de l'écoulement du gaz parfait. On peut estimer le membre de droite de l'équation en calculant la vitesse massique critique G, tandis que p_a est prédite par l'équation (11.107) et p_o par l'équation (11.108). On compare ensuite ce résultat à la longueur adimensionnelle réelle :

- si la longueur réelle est plus petite que la longueur calculée, l'autovaporisation peut naître au premier élargissement, et lorsque l'on réduit la pression aval p_2 , le débit se bloque au premier élargissement avant que l'écoulement ne devienne aussi sonique au deuxième élargissement ;
- dans le cas contraire, le débit est bloqué au deuxième élargissement.

Le profil de pression de la figure 11.23 illustre la double criticité pour un écoulement avec autovaporiasation.

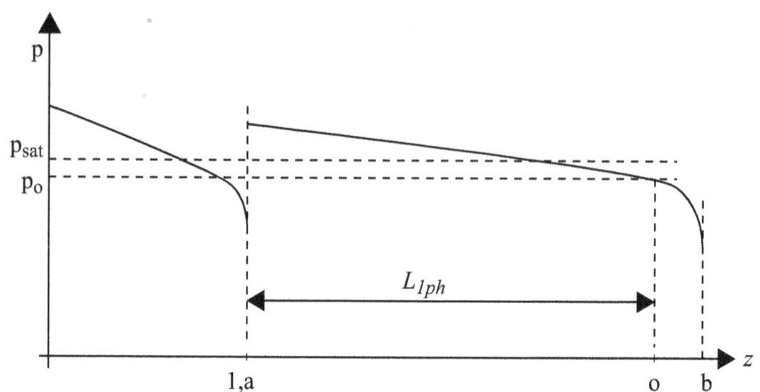

Figure 11.23 – Profil axial de pression de l'écoulement d'un liquide avec autovaporisation dans un élément de circuit.

4.7 Vérification expérimentale de la double localisation de la section sonique pour un écoulement avec autovaporisation

Des expériences sur un élément de circuit analogue à celui de la figure 11.18 ont été effectuées par Attou *et al.* (1996). Un réservoir amont est rempli d'eau chaude, *e.g.* à 150 °C. La pression y est maintenue constante pendant la détente par pression d'air et contrôle pneumatique (0.6 MPa).

La section d'essais, localisée dans la ligne de décharge entre ce réservoir et une bâche, consiste en une conduite de 17 mm de diamètre et d'une longueur de 1 400 mm, se prolongeant par une conduite de même longueur, ayant un diamètre de 28.4 mm. Le rapport de sections σ est 2.79. Le schéma simplifié est représenté à la figure 11.24.

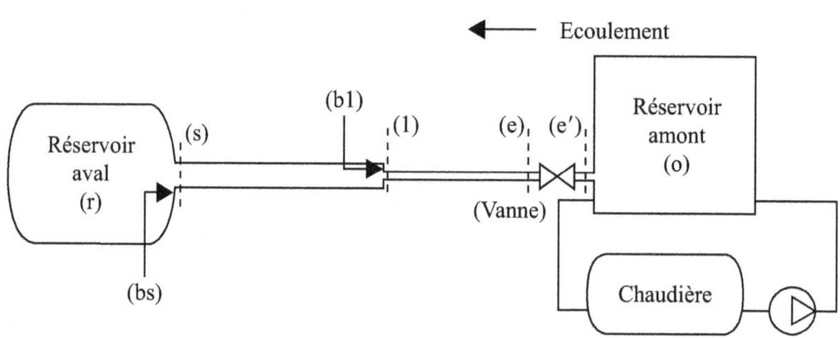

Figure 11.24 – Schéma du dispositif expérimental.

On a pu observer clairement les phénomènes suivants lorsque l'on fait décroître la pression de la bâche jusqu'à la pression atmosphérique :

1. Pendant la première phase de la détente (pour des temps $< 2\,980$ s sur la figure 11.25), c'est-à-dire pour les faibles écarts de pression entre les deux réservoirs, l'écoulement est subsonique tout le long de la ligne de décharge. Le débit croît, le taux de vide est nul, l'écoulement est liquide, la pression p_{b1} est proche de la pression p_1.
2. Pendant une deuxième phase de la détente (pour $2\,980$ s $< t < 3\,065$ s sur la figure 11.25), le débit se bloque. La section critique se situe dans le voisinage de l'élargissement. L'eau s'autovaporise en amont de celui-ci. Ni le profil de pression, ni le taux de vide, ni la vitesse des bulles ne changent pendant cette phase à l'amont de l'élargissement d'entrée (figure 11.24).
3. Pendant la dernière phase de la détente (pour $t > 3\,065$ s sur la figure 11.25), la pression à la bâche est suffisamment faible pour que la section de sortie de la ligne devienne sonique. En effet, l'écart entre p_s et p_{bs} croît de façon significative. Le débit reste évidemment bloqué à la valeur atteinte lors de la deuxième phase.

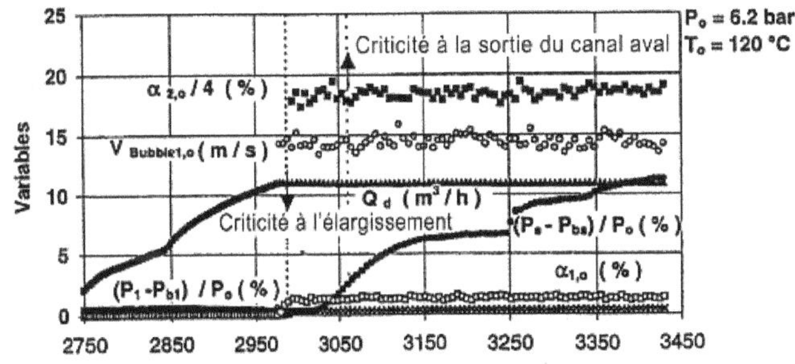

Figure 11.25 – Evolution des paramètres mesurés lorsque l'on fait décroître la pression dans la bâche.

5 Conclusions

Pour déterminer correctement le blocage de débit en écoulement diphasique, il faut être attentif aux deux aspects suivants :

1. Le *débit critique* dépend du déséquilibre cinétique et du déséquilibre thermodynamique des deux phases et nécessite donc une modélisation appropriée des échanges aux interfaces. Sauf exception, ni le modèle homogène à l'équilibre (3 équations), ni le modèle gelé (6 équations) ne rendent compte de la réalité de ces échanges dans la zone de fort gradient de pression voisine de la section critique. En revanche, le modèle DEM semble convenir aussi bien au cas où le fluide à l'entrée du circuit est un

liquide sous-saturé qu'au cas où le fluide est un mélange liquide-vapeur saturé. Ce modèle DEM a fait l'objet de confrontations satisfaisantes aussi bien pour la détente de l'eau que pour la détente du propane. Seuls quelques-uns des résultats obtenus ont été présentés dans ce chapitre.

2. La *localisation de la section critique*, qui conditionne aussi la détermination du débit critique dans un circuit comportant plusieurs élargissements brusques de section, requiert l'utilisation d'un algorithme de calcul inspiré de celui utilisé pour les écoulements gazeux. Cet algorithme fait notamment appel à la notion de longueur limite de l'écoulement pour laquelle une méthode d'estimation en écoulements diphasiques a été proposée.

6 Exemples d'applications

6.1 Calcul du débit critique à travers une tuyère en écoulement diphasique avec autovaporisation

Une série d'expériences de décompression de réservoir ont été réalisées en Suède dans les années 1970. Nous reprenons dans cet exemple d'applications un des essais réalisés. A la suite de l'ouverture rapide d'une vanne de décharge, un réservoir sous pression contenant de l'eau liquide sous-saturée de 31 °C à la pression $p_0 = 50.9$ bar est brutalement décomprimé à travers une tuyère de diamètre $D = 200$ mm, de longueur $L = 590$ mm et dont le rayon du bord d'entrée est de 100 mm. Par suite de la chute brutale de la pression, une partie de l'eau liquide se vaporise et un écoulement diphasique eau-vapeur s'échappe par la tuyère. En supposant que l'on ait un blocage de débit dans la tuyère, calculer la vitesse massique critique G_c par les méthodes de Flinta et de Leung. Comparer les valeurs obtenues à la valeur expérimentale qui est de 56 800 kg/(m^2·s).

Méthodologie

Les méthodes de Flinta et de Leung nécessitent la détermination d'un certain nombre de données d'entrée communes :

Coefficient de décharge de la tuyère : $C_D = 0.92$
$\rho_f(p_0 = 50.9 \text{ bar}) = 775.57 \text{ kg/m}^3$
$T_{sat}(p_0 = 50.9 \text{ bar}) = 265.06$ °C
$T_0 = 265.06 - 31 = 234.06$ °C
$p_{sat}(T_0 = 234.06 \text{ °C}) = 30.112$ bar

Méthode de Flinta

L'équation (11.39) donne :

$$\Delta p_{sub} = p_0 - p_{sat}(T_0 = 234.06\ °\text{C}) = 20.788\ \text{bar}$$

Avec $p_k = 220.64$ bar, l'équation (11.37) donne :

$$\Delta p_c = 5 \times 10^3 \times (30.112)^{41.57 \times \left[1 - \frac{30.112}{7 \times 220.64}\right]} = 9.47 \times 10^5\ \text{Pa}$$

En tenant compte de l'équation (11.36), il vient :

$$p_c = p_{sat}(T_0) - \Delta p_c = (30.112 - 9.47) \times 10^5 = 20.37 \times 10^5\ \text{Pa}$$

et en conséquence :

$$\rho_{fc} = \rho_{fc}(20.37\ \text{bar}) = 848.65\ \text{kg/m}^3$$

L'équation (11.40) donne finalement :

$$G_{cF} = \sqrt{2 \times [775.57 \times 20.788 \times 10^5 \times (0.92)^2 + (1 - 0.2) \times 848.65 \times 9.47 \times 10^5]}$$

soit :

$$G_{cF} = 55\ 264\ \text{kg/(m}^2 \cdot \text{s)}$$

Méthode de Leung

L'équation (11.50) donne :

$$G_{cL} = 0.92\sqrt{2 \times 775.57 \times (50.9 - 30.112) \times 10^5}$$

soit :

$$G_{cL} = 52\ 242\ \text{kg/(m}^2 \cdot \text{s)}$$

Commentaire

La valeur expérimentale G_{cexp} étant égale à 56 800 kg/(m²·s), nous avons :

$$\frac{G_{cF} - G_{cexp}}{G_{cexp}} = -2.7 \times 10^{-2}$$

$$\frac{G_{cL} - G_{cexp}}{G_{cexp}} = -8 \times 10^{-2}$$

Les valeurs calculées par les corrélations de Flinta et de Leung sont donc acceptables.

7 Exercices

7.1 Equations de bilan monophasiques

Démontrer les équations (11.1), (11.2) et (11.3).

7.2 Système pratique d'équations des écoulements monophasiques

Démontrer les équations (11.15), (11.16) et (11.17).

7.3 Expression du gradient de pression en écoulement monophasique

Démontrer l'équation (11.33).

7.4 Vitesse du son dans un écoulement diphasique à deux constituants

Etablir la relation (11.34) donnant la vitesse du son en fonction de la vitesse du son dans chacune des deux phases, de la masse volumique de chacune des deux phase et du taux de vide. Retrouver le graphe de la figure 11.3 pour un écoulement eau-air à 20 °C et à pression atmosphérique.

7.5 Ecoulement de Fanno

Démontrer la relation (11.103).

7.6 Blocage de débit à la suite d'une brèche de type guillotine [3]

On considère le cas d'une brèche de type guillotine survenant à l'extrémité de la conduite de liaison entre le circuit primaire et le pressuriseur d'un réacteur à eau sous pression. La conduite de liaison a une longueur de 23 m et un diamètre intérieur de 284.2 mm. Elle comprend un long tronçon horizontal et sinueux, suivi d'un court tronçon vertical rattaché au pressuriseur.

Afin de simplifier les calculs, on supposera toute la conduite de liaison horizontale et rectiligne, ce qui revient à négliger les pertes de pression par gravité ainsi que les pertes de pression singulières dans les coudes.

En régime permanent, la pression en branche chaude du circuit primaire est de 155.5 bar et la température de 324 °C. A la suite de la brèche, la pression diminue rapidement et atteint la pression de saturation correspondant à 324 °C, soit 118.95 bar.

3. Exercice proposé par Jean-Marie Seynhaeve, UCL.

Calculer la valeur du débit bloqué en supposant que l'eau reste à l'état de liquide saturé à l'entrée de la conduite de liaison. On utilisera les méthodes de Flinta et de Leung. Comparer les résultats aux valeurs données dans le tableau 11.5 obtenues avec le modèle homogène équilibré (HEM) et le modèle DEM.

	HEM	**DEM**
Pression à la section critique en bar	53.7	56.0
Titre à la section critique	0.186	0.177
Débit-masse critique en kg/s	1 362	1 432

Tableau 11.5 – Valeurs obtenues avec le modèle homogène équilibré (HEM) et le modèle DEM.

Nomenclature

A	aire de la section droite	
A'	gradient axial de l'aire de la section droite de la conduite	
a_s	vitesse du son isentropique	(Eq. 11.24)
a_T	vitesse du son isotherme	(Eq. 11.31)
C_D	coefficient de traînée, coefficient de décharge	
C_f	coefficient de frottement	
c_p	capacité thermique massique à pression constante	
c_v	capacité thermique massique à volume constant	
D	diamètre de la conduite	
e	énergie interne massique	
$(FP)_{Wk}$	force due à la pression sur la phase k exercée par la paroi, par unité de volume de conduit	
G	vitesse massique	
g	accélération de la pesanteur, enthalpie libre de Gibbs	
h	enthalpie massique	(Eq. 11.10)
h_{fg}	enthalpie massique de vaporisation	
J^V	taux de nucléation par unité de volume de conduit	
k	constante, rapport de la vitesse du gaz à la vitesse du liquide	
L	longueur de conduite	
$\dot{M}$	débit-masse	
Ma	nombre de Mach	(Eq. 11.30)

N	flux de bulles, déterminant	(Eq. 11.21)
P	périmètre	
p	pression	
Q	débit-volume	
q	flux thermique surfacique pariétal	
q_{ki}	flux thermique surfacique interfacial reçu par la phase k	
R	constante des gaz parfaits	
r	rayon de bulle	
s	entropie massique	
T	température	
t	temps	
u	énergie interne massique	
v	volume massique	
v_{fg}	écart des volumes massiques des deux phases	
w	composante axiale de la vitesse	
x	titre massique	
y	fraction massique de mélange à saturation	
z	coordonnée axiale	
Z	abscisse adimensionnelle	(Eq. 11.101)
α	taux de vide	
Γ	taux de production de vapeur par unité de volume	
γ	rapport des capacités thermiques massiques	(Eq. 11.26)
Δ	déterminant du système	(Eq. 11.21)
φ	force due au gradient axial des contraintes normales visqueuses par unité de longueur de conduite	(Eq. 11.2)
ζ	coefficient	
η	coefficient	
θ	angle d'inclinaison par rapport à la direction du zénith	
π	contrainte de cisaillement	
ρ	masse volumique	
σ	rapport des aires des sections droites	(Eq. 11.87)
τ	contrainte de cisaillement, force due au gradient axial des contraintes de cisaillement	
Ψ	terme rassemblant les effets de conduction axiale et de puissance correspondante aux contraintes visqueuses normales	(Eq. 11.3)
ω	coefficient, paramètre de Leung	(Eq. 11.46)

Indices

a	aval
c	chauffé ou critique
$crit$	point critique sur la courbe de saturation
eq	équilibre
E	externe
f	liquide, liquide à saturation
g	gaz, vapeur à saturation
G	gaz, vapeur à saturation
I	interne
i	interface
k	point critique sur la courbe de saturation, indice de phase
L	liquide
LM	liquide métastable
LS	liquide saturé
m	mouillé, mélange
0	conditions de stagnation
R	recyclé
S	conditions de saturation
sat	conditions de saturation
sub	conditions de sous-saturation
ST	conditions de stagnation
TP	diphasique
w	paroi
W	paroi

Symboles et opérateurs

$\hat{=}$ égal par définition à

Références

1992, Environmental Research Programme. Research Area : Major technological Hazards, Contract n°EV4T-0001B (EDB). Final Report. Université Catholique de Louvain, Département de Mécanique, Louvain-la-Neuve.

Alimonti, C., 1995, Etude de l'écoulement critique de mélanges polyphasiques dans des scénarios d'accident de relâchement, Thèse de doctorat, Université Catholique de Louvain, Département de Mécanique, Louvain-la-Neuve.

Amos, C.N., 1983, Critical discharge of initially subcooled water through slits, Ph.D.Thesis, University of California, Berkeley.

Amos, C.N. et Schrock, V.E., 1984, Two-phase critical flow in slits, *Nuclear Science and Engineering*, Vol. 88, 261-274.

Anderson, J.D., 2003, *Modern Compressible Flow : With Historical Perspective*, 3rd ed., McGraw-Hill.

Attou, A., Bolle, L., Franco, J. et Seynhaeve, J.M., 1996, Towards a better design of pressure relief system in chemical and petroleum industries, Environment program E.U., Final Report.

Berne, Ph., 1983, Contribution à la modélisation du taux de production de vapeur par autovaporisation dans les écoulements diphasiques en conduite, Thèse de docteur-ingénieur, Ecole Centrale des Arts et Manufactures, Paris.

Boccardi, G, Bubbico, R, Celata, G.P. and Mazzarotta, B., 2005, Two-phase flow through pressure safety valves. Experimental investigation and model prediction, *Chemical Engineering Science*, Vol. 60, 5284-5293.

Bogoi, A., Seynhaeve, J.M., et Giot, M., 2001, Choked flow simulations by means of a two-phase two-component bubbly flow model with a conservative formulation, 6th Workshop on Transport Phenomena in Two-Phase Flow - Bourgas 2001, Bulgarian Academy of Sciences (Institute of Chemical Engineering) and Russian Academy of Sciences (Institute of Thermophysics), Bourgas (Bulgaria), 11-16 September 2001.

Bouré, J.A., Fritte, A.A., Giot, M.M. et Réocreux, M.L., 1976, Highlights of two-phase critical flow, *Int. J. Multiphase Flow*, Vol. 3, 1-22.

Brun, E.A. et Martinot-Lagarde, A., 1968, *Mécanique des fluides*, Tome 1, Deuxième édition, Dunod, Paris.

Citu-Bogoi, A.,2003, A two-phase, two-component bubbly flow model, Thèse de doctorat, Université Catholique de Louvain, Département de Mécanique, Louvain-la-Neuve.

Curle, N. et Davis, J.H., 1976, *Modern Fluid Dynamics*, Vol. II, Van Nostrand Reinhold Company, London.Féburie, V., Giot, M., Granger, S. et Seynhaeve,

J.M., 1993, A model for chocked flow through cracks with inlet subcooling, *Int.J.Multiphase Flow*, Vol. 19, No 4, 541-562.

Flinta, J., 1984, Calculation equation which gives the critical flow in an explicit form for reactor safety analysis, European Two-Phase Flow Group Meeting, Roma.

Flinta, J., 1989, Blowdown, a computer program for the calculation of LOCA, 7th EUROTHERM-Thermal Non-Equilibrium in Two-Phase Flow, Roma.

Giot, M., 1976, Débit critique en écoulement monophasique : notion de blocage, Cycles de conférences CEA-EDF, *Phénomènes thermiques et hydrauliques non stationnaires*, 23, 1-43, Collection de la Direction des Etudes et Recherches, EDF, Eyrolles, Paris.

Gouse, S.W. et Evans, R.G., 1969, Acoustic velocity in two-phase flow, *Proceedings of the Symposium on Two-Phase Flow Dynamics*, Technical University Eindhoven 4-9 Sept. 1967, EUR 4288, Vol. 1, 585-623.

Karplus, H.B., 1961, Propagation of pressure waves in a mixture of water and steam, ARF 4132-12.

Lackmé, C., 1979, Incompleteness of the flashing of a super-saturated liquid and sonic ejection of the produced phases, *Int. J. Multiphase Flow*, Vol. 5, 131-141.

Leung, J.C., 1996, Easily size relief devices and piping for two-phase flow, *Chemical Engineering Progress*, Vol. 92, No 12, 28-50.

Nakoryakov, V.E., Pokusaev, B.G. et Shreiber, I.R., 1993, *Wave Propagation in Gas-Liquid Media*, CRC press.

Nilsen, P.J., Sandberg, R., et Selmer-Olsen, S., 1996, Pressure relief/blowdown experiments - Test matrix and data records, Det Norske Veritas, Technical report 96-2002.

Réocreux, M., 1974, Contribution à l'étude des débits critiques en écoulement diphasique eau-vapeur, Thèse de Doctorat ès Sciences, Université Scientifique et Médicale de Grenoble.

Seynhaeve, J.M., 1980, Etude expérimentale des écoulements diphasiques à faible titre, Thèse de doctorat, Université Catholique de Louvain, Département de Mécanique, Louvain-la-Neuve.

Seynhaeve, J.M., 1995, Les écoulements doublement critiques, Internal report, Université catholique de Louvain, Unité TERM.

Seynhaeve, J.M. et Attou, A., 1996, Multi-choked flow calculation for ideal gas and two-phase two-component mixture, Internal Report, Université catholique de Louvain, Unité TERM.

Seynhaeve, J.M. et Giot, M., 1996, Choked flashing flow at multiple simultaneous locations, European Two-Phase Flow Group Meeting, Session 7, Grenoble.

Voinov, O., 1973, Force acting on a sphere in an inhomogeneous flow of an ideal incompressible fluid, *Journal of Applied Mechanics and Technical Physics*, 19, 592.

Vromman, Th., 1988, Modélisation des écoulements critiques diphasiques dans un homogénéisateur de fluides pétroliers, Thèse de Doctorat, Université Catholique de Louvain, Département de Mécanique, Louvain-la-Neuve.

Yan, F., 1991, Modélisation de l'autovaporisation en écoulements subcritiques et critiques, Thèse de doctorat, Université catholique de Louvain, Département de Mécanique, Louvain-la-Neuve.

Chapitre 12

Thermohydraulique des réacteurs de propulsion navale

Chapitre rédigé en collaboration avec Laurent Mahias, EAMEA.

1 Généralités

Le Nautilus, premier sous-marin à propulsion nucléaire, parcourut près de cent mille kilomètres lors de sa première mission en 1958. Cette extraordinaire autonomie entraîna un développement de la propulsion nucléaire navale. A ce jour, six cents réacteurs ont été construits pour quatre cents navires répartis en trois types principaux : sous-marins, porte-avions et brise-glaces. La répartition de la flotte nucléaire militaire mondiale en activité en 2002 [1] est indiquée dans le tableau 12.1.

Une dizaine de bâtiments civils à propulsion nucléaire ont été construits, presque tous russes : brise-glace, porte-conteneurs, porte-barge, etc. Si les réacteurs à eau sous pression constituent la majeure partie de ces chaufferies, d'autres technologies ont été utilisées : des réacteurs dont le fluide caloporteur est le plomb, des chaufferies hybrides utilisant simultanément les filières nucléaire et classique, des réacteurs utilisant l'alliage eutectique sodium-potassium, etc. Tous les réacteurs de propulsion français exploitent la filière à eau sous pression.

Deux catégories de sous-marins sont fabriqués : les Sous-marins nucléaires lanceurs d'engins (SNLE) et les Sous-marins nucléaires d'attaque (SNA).

Les *Sous-marins nucléaires lanceurs d'engins* sont des bâtiments de fort tonnage (jusqu'à quinze mille tonnes), équipés chacun de seize missiles balistiques à tête nucléaire et dont le rôle est stratégique : cacher l'arme nucléaire

1. La Russie et les Etats-Unis possèdent des centaines de sous-marins en cours ou en attente de démantèlement.

Pays	SNA	SNLE	Bateaux de surface
Chine	5	1	
Etats-Unis	54	18	9 porte-avions
France	6	4	1 porte-avions
Grande-Bretagne	12	4	
Russie	32	17	1 croiseur

Tableau 12.1 – Flotte nucléaire mondiale en 2002.

sous la surface de l'océan afin de dissuader toute attaque militaire. Ils constituent la force stratégique de dissuasion. La marine française en possède quatre, basés à Brest ; l'un d'eux, ancien, est doté d'une chaufferie à boucles ; les trois autres sont des SNLE-NG (NG pour Nouvelle Génération), dont le *Triomphant*, premier de la série, mis en service en 1997. Leur chaufferie, d'architecture dite *compacte*, est présentée dans ce chapitre. Le porte-avion *Charles-de-Gaulle* est muni de deux chaufferies compactes, identiques à celle des SNLE-NG [2].

Les *Sous-marins nucléaires d'attaque* sont des bâtiments plus petits que les SNLE. Ils ont pour fonction, entre autres missions, la protection des porte-avions et des SNLE, ou l'attaque des bateaux ennemis. Ils sont également dotés d'une chaufferie compacte. La marine française possède six SNA, basés à Toulon.

Dans ce chapitre nous allons étudier les caractéristiques des chaufferies compactes : tout d'abord, nous verrons les contraintes de conception pour la propulsion navale, puis nous décrirons leur architecture, la caractéristique thermohydraulique de quelques éléments et nous aborderons à la section 5 l'aspect accidentel en étudiant les conséquences de la perte de réfrigérant primaire.

2. Le *Redoutable*, premier SNLE français, est visitable à Cherbourg, où est également présentée la chaufferie compacte étudiée dans ce chapitre.

2 Cahier des charges des réacteurs de propulsion navale

2.1 Contraintes liées au navire

Dimensions

La conception d'un sous-marin nucléaire suit un ordre logique. Le rôle premier des SNLE est de porter les missiles ; cette fonction va donc déterminer le diamètre de la coque puisque celle-ci doit entourer entièrement les missiles placés verticalement. En conséquence, la chaufferie devra s'adapter à ce diamètre.

Puissance

La conception se poursuit par la détermination de la puissance du bateau. Celle-ci est établie à partir de la vitesse de pointe du bâtiment. Nous choisirons, à titre d'exemple, une puissance thermique de 100 MW.

Masse de la chaufferie

Un dernier point concerne la masse de la chaufferie, qui doit être supportée par le navire, sans le déséquilibrer ni axialement ni transversalement, et sans lui conférer un poids excessif. Afin de permettre un accès vers l'arrière du sous-marin, l'enceinte de confinement (troisième barrière) est de dimension réduite autour du réacteur. La protection contre les rayonnements est alors réalisée grâce à une piscine qui entoure le cœur : la piscine neutronique. Cette masse d'eau alourdit notablement la masse de l'ensemble.

Finalement, c'est une masse de près de deux cents tonnes qui occupe l'arrière des sous-marins, ou quatre cents tonnes pour les deux chaufferies du porte-avions, affectées l'une et l'autre à chaque hélice.

2.2 Critères de sûreté spécifiques

Les dangers que rencontrent les navires sont plus importants que ceux auxquels sont confrontés les centrales électriques : un bâtiment militaire à propulsion nucléaire évolue dans un milieu naturellement hostile ; les risques de collision, d'échouement, de grenadage, d'immersion suite à voies d'eau, etc. doivent être pris en compte.

La chaufferie d'une centrale nucléaire électrogène civile, lors d'un accident quelconque, est placée automatiquement en alarme. L'alimentation électrique des éléments indispensables à la sûreté est alors assurée par le réseau électrique. La perte de la fonction *production d'électricité* par cette centrale n'est pas préjudiciable car les autres centrales compensent la diminution de production électrique.

L'arrêt d'un réacteur de propulsion navale pose une problématique différente car le navire doit toujours assurer deux fonctions : sa propre alimentation électrique et sa propulsion.

L'alimentation des éléments indispensables à la sûreté est assurée par des sources de secours : batteries dans les sous-marins, turbines à gaz sur le porte-avions.

En revanche l'arrêt du réacteur induit une diminution de la puissance propulsive car la vitesse de déplacement du bâtiment est assurée, dans ce cas, par un moteur électrique de secours (à bord d'un sous-marin) ou l'autre chaufferie (sur le porte-avions). La puissance, bien que beaucoup plus faible, doit néanmoins être suffisante pour que le bâtiment puisse manœuvrer. Les marges pour pallier le risque de collision, d'échouement, etc. sont plus réduites. Aussi, dans certaines configurations, la mise en alarme doit être retardée afin de sauvegarder le bateau. Suite à une voie d'eau en plongée profonde par exemple, la remontée en surface n'est possible que dans la mesure où a été donnée au sous-marin une impulsion minimale suffisante. Si une brèche primaire survient dans cette situation (vitesse lente en profondeur) un maximum d'énergie doit être extrait de la chaufferie afin de fournir au navire une impulsion permettant de regagner la surface. Le risque de crise d'ébullition est alors considérablement accru.

Cet exemple montre qu'un compromis doit être établi entre la sauvegarde du bâtiment et celle de la chaufferie. C'est donc un critère de sûreté spécifique à la propulsion nucléaire, puisqu'il envisage, dans certaines circonstances, la destruction partielle du cœur au profit de la sécurité du bâtiment. Cependant, la défense en profondeur limite les conséquences au niveau 3, soit 10 % maximum de la surface des gaines dégradées.

Il est habituel de résumer ce critère par la question suivante : *Quel est l'intérêt d'une mesure de sauvegarde du cœur qui conduirait au naufrage du navire ?*

3 Chaufferie

3.1 Architecture

Description

La caractéristique principale d'une chaufferie compacte est la position du générateur de vapeur. Ce composant est placé juste au-dessus du cœur. Ainsi, la cuve et le générateur de vapeur constituent un seul bloc, sans jambe chaude ni jambe froide extérieure à la cuve (figure 12.1).

Le pressuriseur est relié à la cuve par une conduite appelée LCP : liaison cuve-pressuriseur. Deux éléments limitent les contraintes thermiques qu'elle

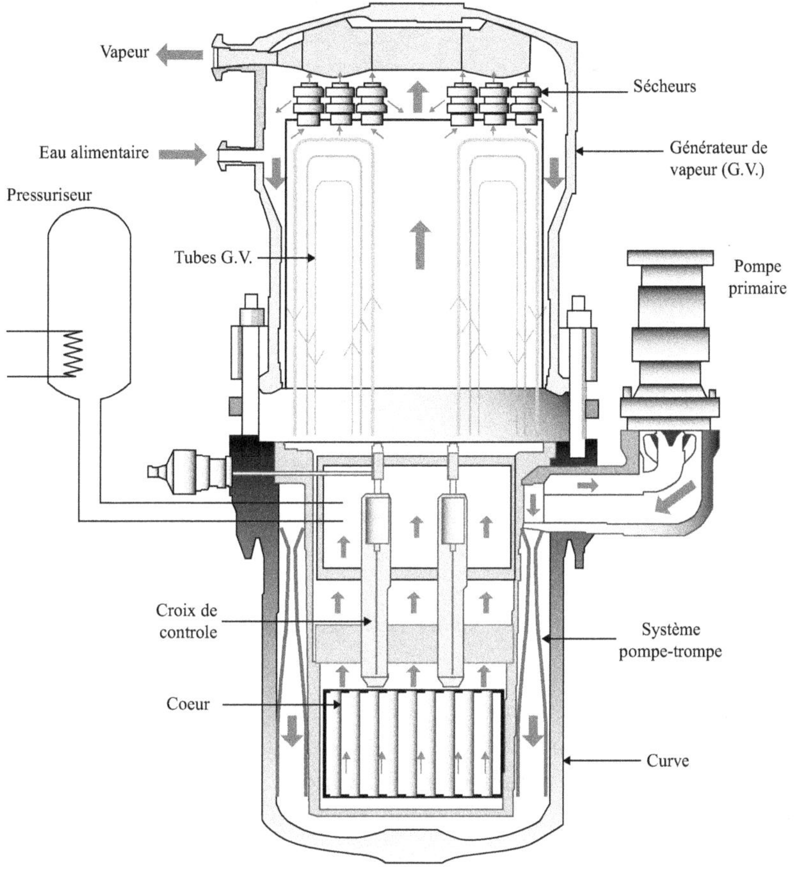

Figure 12.1 – Chaufferie compacte.

subit : d'une part elle est prolongée jusqu'au-dessus du cœur dans la partie la plus chaude du circuit primaire ; d'autre part elle est parcourue par une circulation permanente d'eau chaude, du pressuriseur vers la cuve.

Enfin, les pompes primaires (deux au maximum) sont placées dans des cornes de pompes. L'intérêt de cette position réside dans le système pompe-trompe dont le principe a été étudié au chapitre 5.

Le cœur est constitué de plaques de 1 m de haut environ, dont les éléments combustibles de base sont des plaquettes, équivalentes aux pastilles des crayons des chaufferies électrogènes. Les plaques forment des canaux fermés d'un entrefer de l'ordre du mm. Ainsi la circulation de l'eau se répartit dans des canaux indépendants. Un ensemble de 15 ou 16 plaques constitue un faisceau et quatre faisceaux constituent un élément. Un cœur possède habituellement trente-deux éléments (figure 12.2).

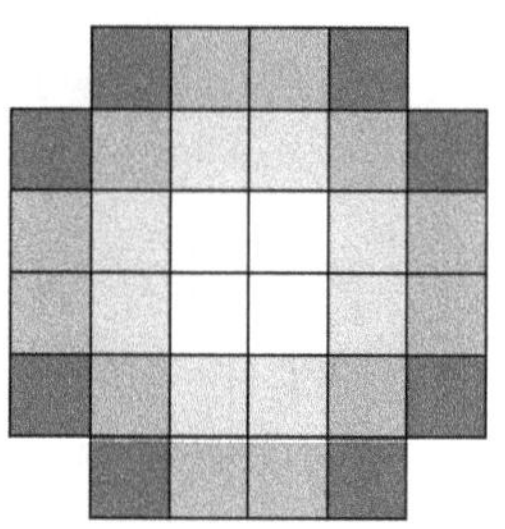

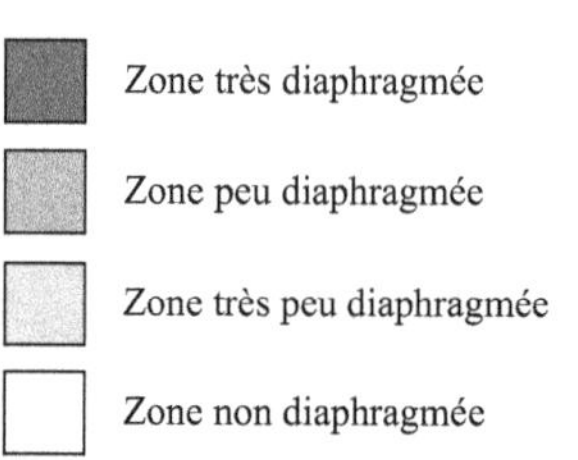

Figure 12.2 – Zonage du cœur.

Enfin, le débit est réparti d'une manière adéquate grâce à des grilles placées sous le cœur. Ce procédé est appelé le *zonage thermohydraulique* et sera étudié à la section 4.4. On notera que, côté circuit secondaire, la vapeur alimente à la fois la turbine de propulsion et un turbo-alternateur.

Ordres de grandeur

Nous utiliserons les ordres de grandeur indiqués dans le tableau 12.2, en puissance nominale.

Nous obtenons alors les valeurs suivantes :

– Puissance volumique :

$$q''' = \frac{Q}{2eNHl} = 1.24 \times 10^8 \text{ W/m}^3$$

– Flux thermique surfacique :

$$q'' = \frac{Q}{2NHl} = 2.48 \times 10^5 \text{ W/m}^2$$

– Débit-masse primaire :

$$\dot{M} = \frac{Q}{c_p \Delta T_{\text{cœur}}} = 422.2 \text{ kg/s}$$

où

$$c_p(150 \text{ bar}, 250\ ^\circ\text{C}) = 4\ 736.6 \text{ J/(kg} \cdot \text{K)}$$

Grandeurs	Symboles	Valeurs
Puissance thermique	Q	100 MW
Hauteur plaque	H	1 m
Largeur plaque	l	100 mm
Epaisseur combustible	$2e$	4 mm
Epaisseur gaine	b	1 mm
Nombre canaux	N	2 016
Différence de température cœur	$\Delta T_{c\not<ur}$	50 °C
Température moyenne cœur	T_m	250 °C
Pression primaire	p	150 bar
Entrefer	L	1 mm

Tableau 12.2 – Caractéristiques d'un cœur de propulsion navale.

- Débit-masse par canal :

$$\dot{m} = \frac{\dot{M}}{N} = 0.209\ 4 \text{ kg/s}$$

- Vitesse massique par canal :

$$G = \frac{\dot{m}}{lL} = 2\ 094 \text{ kg/(m}^2 \cdot \text{s)}$$

- Vitesse de l'eau dans un canal :

$$w = \frac{G}{\rho} = 2.58 \text{ m/s}$$

avec

$$\rho\,(150 \text{ bar, } 250\ °\text{C}) = 811.03 \text{ kg/m}^3$$

- Diamètre hydraulique :

$$D_H = \frac{4A}{P} = \frac{4Ll}{2(L+l)} = 1.98 \text{ mm}$$

avec A la section de passage et P le périmètre mouillé.

3.2 Analyse des caractéristiques imposées par le cahier des charges

L'absence de jambe chaude et de jambe froide, dont la rupture est considérée comme un accident de référence (accident de dimensionnement) dans les chaufferies à boucles, confère aux chaufferies compactes un niveau de sûreté très élevée. La liaison de section la plus grande, donc la plus sensible, reliée à la cuve devient la liaison cuve-pressuriseur. Le risque de brèche primaire est ainsi fortement diminué, de même que les conséquences d'une rupture guillotine de la conduite la plus pénalisante. Nous analyserons cet accident à la section 5.

La compacité facilite la circulation naturelle : la circulation de l'eau suit un trajet simple et les pertes singulières sont faibles.

Ainsi, les pompes primaires ne deviennent indispensables que pour les fortes puissances, pour lesquelles un débit élevé est nécessaire. De ce fait, selon les bâtiments, il n'y a que deux pompes, voire une seule. Cela est important pour la discrétion du sous-marin car une pompe primaire est un composant bruyant.

Enfin, le cœur est constitué de plaques combustibles courtes. L'avantage de cette géométrie est leur résistance face au grenadage : plus massives que les crayons, elles résistent d'autant mieux que la gaine est plaquée contre le combustible. Dans les réacteurs électrogènes, un espace est aménagé entre les pastilles d'oxyde d'uranium et la gaine. Cela permet la réception des gaz de fission et une dilatation importante du combustible. Dans les réacteurs de propulsion, l'absence d'espace est une sécurité supplémentaire, en cas de conflit armé, pour l'intégrité de la première barrière. Cependant, en fonctionnement normal, la température du combustible doit rester basse (inférieure à 1 000 °C, température de diffusion des gaz de fission à travers le combustible), puisqu'il n'y a pas d'espace libre pour les recevoir. Cette containte limite le rendement de l'installation.

Par ailleurs, les contraintes mécaniques sur les assemblages conduisent à réaliser des canaux fermés donc indépendants, afin, notamment, de renforcer la fixation des plaques. Nous verrons que cela modifie considérablement la thermohydraulique du cœur. Par exemple, lors d'une brèche primaire au cours de la remontée en surface d'un sous-marin, l'inclinaison du bateau ne provoque pas un dénoyage local du cœur par déplacement des masses d'eau à travers les canaux.

4 Caractéristique des composants

Les températures dans le combustible, la gaine et le fluide de refroidissement seront étudiées respectivement aux paragraphes 4.1, 4.2 et 4.3. Ces températures diffèrent notablement de celles des cœurs électrogènes. Les pertes de pression des écoulements dans les canaux plans fermés seront déterminées aux sections 4.3

et 4.4. Enfin, une remarque sur le fonctionnement du générateur de vapeur sera faite à la section 4.5.

4.1 Le combustible

L'équation de diffusion de la chaleur permet d'obtenir la variation de température dans le combustible, ΔT_{comb}, en supposant la conductivité thermique constante :

$$\Delta T_{comb} = \frac{q'''e^2}{2k_c} \tag{12.1}$$

soit pour l'oxyde d'uranium avec $k_c = 5.0$ W/(m·K) :

$$\Delta T_{comb} = 50 \text{ °C}$$

Cet écart de température est très inférieur à celui qui existe dans les crayons des REP électrogènes, mais n'oublions pas que les conditions sont différentes. Le plaquage de la gaine contre le combustible interdit toute déformation importante de ces matériaux. Comme le combustible, plus chaud que la gaine, possède un coefficient de dilatation plus élevé, sa température doit rester relativement basse. Cela est obtenu grâce à la faible épaisseur des plaques (4 mm) comparée au diamètre des pastilles des réacteurs à crayons. On parle ainsi de *cœur froid.*

4.2 La gaine

Le matériau de constitution des gaines est identique à celui des réacteurs électrogènes (Zircaloy).

Contrairement aux REP électrogènes, dont la conduction entre la gaine et le combustible s'améliore au fur et à mesure de l'âge du combustible grâce à un meilleur contact entre ces deux matériaux, les REP de propulsion navale montrent une dégradation limitée de l'interface en fonction de l'âge. Ainsi, la différence de température à ce contact n'est que de quelques degrés.

L'écart de température dans l'épaisseur de la gaine s'écrit :

$$\Delta T_{gaine} = \frac{q''b}{k_g} \tag{12.2}$$

soit, avec $k_g = 15$ W.m^{-1}.K^{-1} :

$$\Delta T_{gaine} = 17 \text{ °C}$$

Cette variation de température est supérieure à celle due à la résistance de contact.

4.3 Les canaux de refroidissement

Les canaux fermés interdisent toute homogénéisation transversale du taux de vide, de la pression et du titre dans le cœur et l'apparition de vapeur dans un canal n'est pas, contrairement aux cœurs ouverts, compensée par un débit-masse transverse dû à une différence de pression transversale ou à des grilles de mélange.

Etudions maintenant les pertes de pression et les transferts thermiques à la paroi.

Pertes de pression engendrées par l'écoulement

Les pertes de pression engendrées par la traversée du cœur sont liées à l'état, monophasique ou diphasique, du fluide. Dans un réacteur électrogène civil, le taux de vide peut atteindre 0.006 par suite de l'apparition d'une ébullition locale, alors que la température de fonctionnement est très proche de la température de saturation (écart d'environ 15 °C). Dans le cœur de propulsion que nous étudions, la différence de température entre l'eau du circuit primaire et la température de saturation atteint plusieurs dizaines de degrés. L'ébullition sous-saturée dans le canal chaud, même à une pression plus basse ou à une température plus élevée, est très improbable.

Le facteur de frottement, f, peut s'obtenir grâce à la corrélation (8.5) de Churchill (1977) :

$$f = 8\left[\left(\frac{8}{\mathrm{Re}}\right)^{12} + \frac{1}{(A+B)^{3/2}}\right]^{1/12} \tag{12.3}$$

$$A \hat{=} \left[2.457 \ln \frac{1}{(7/\mathrm{Re})^{0.9} + 0.27\,\varepsilon/D_H}\right]^{16} \tag{12.4}$$

$$B \hat{=} \left(\frac{37530}{\mathrm{Re}}\right)^{16} \tag{12.5}$$

où Re est le nombre de Reynolds de l'écoulement et ε la rugosité de la paroi.

Le nombre de Reynolds défini par la relation :

$$\mathrm{Re} \hat{=} \frac{\rho w D_H}{\mu} \tag{12.6}$$

s'écrit en fonction du débit :

$$\mathrm{Re} = \frac{\dot{m} D_H}{L\, l\, \mu} \tag{12.7}$$

soit, avec $\mu(150 \text{ bar}, 250\ °\text{C}) = 1.091 \times 10^{-4}$ Pa·s :

$$\mathrm{Re} = 38\,000$$

La valeur obtenue pour le facteur de frottement est alors, avec $\varepsilon/D = 0.001\ 5$:

$$f = 0.026\ 4$$

Les pertes de pression par frottement ont pour expression :

$$\Delta p_f = f\frac{H}{D_H}\frac{G^2}{2\rho} \tag{12.8}$$

soit

$$\Delta p_f = 360 \text{ hPa}$$

Les pertes par gravité sont données par la relation :

$$\Delta p_g = \rho g H \tag{12.9}$$

soit :

$$\Delta p_g = 80 \text{ hPa}$$

Enfin, la perte de pression par accélération est donnée par la relation :

$$\Delta p_a = G^2\left[\frac{1}{\rho\,(150 \text{ bar}, 275\ °\text{C})} - \frac{1}{\rho\,(150 \text{ bar}, 225\ °\text{C})}\right] \tag{12.10}$$

soit :

$$\Delta p_a = 5 \text{ hPa}$$

En conséquence, la perte de pression totale est de 445 hPa.

Transferts thermiques en paroi

Les caractéristiques de l'écoulement du fluide et du canal conduisent au nombre de Reynolds calculé ci-dessus :

$$\text{Re} = 38\ 000$$

Cet écoulement est turbulent-lisse et correspond au domaine d'application de la corrélation de Dittus-Boelter :

$$\frac{L}{H} = \frac{1}{3 \times 10^{-3}} = 333 > 10$$

$$\text{Re} = 38\ 000 > 10\ 000$$

$$0.7 < \text{Pr} = 0.82 < 160$$

La corrélation qui s'écrit :

$$\text{Nu} = 0.023\ \text{Re}^{0.8}\text{Pr}^{0.4} \tag{12.11}$$

donne :

$$\text{Nu} = 98.0$$

et, comme par définition :

$$\text{Nu} \mathrel{\hat{=}} \frac{hD_H}{k} \tag{12.12}$$

nous obtenons, avec $k = 0.635$ W/(m·K) conductivité thermique de l'eau aux conditions thermodynamiques de la chaufferie :

$$h = 3143 \text{ W/(m}^2\text{·K)}$$

L'écart de température entre la paroi mouillée et l'eau s'écrit alors :

$$\Delta T_{eau} = \frac{q"}{h} \tag{12.13}$$

soit :

$$\Delta T_{eau} \simeq 8 \text{ °C}$$

L'ensemble de ces calculs conduit à une variation de température entre le fluide caloporteur et le centre du combustible de l'ordre de $50 + 17 + 8 = 75$ °C, c'est-à-dire à une température du combustible d'environ $250 + 75 = 325$ °C en moyenne. Nous sommes donc loin des températures atteintes par les réacteurs d'EDF qui sont de l'ordre de 1 500 °C.

4.4 Le cœur

L'influence de la puissance thermique transférée au fluide dans les différents canaux (périphériques ou centraux) sur les pertes de pression étant très faible, la répartition transversale des débits à travers l'ensemble des canaux est quasiment uniforme.

Un ordre de grandeur de l'influence des pertes de pression par frottement sur les débits des différents canaux peut être obtenu en estimant le rapport des vitesses massiques entre un canal soumis à une forte puissance et le canal correspondant à la puissance moyenne du cœur. Supposons que les températures moyennes de ces deux canaux soient égales à 210 °C pour le canal 1 de température moyenne proche de la température d'entrée, et 270 °C pour le canal 2 correspondant à une température de sortie proche de la température de saturation.

Le rapport des pertes de pression s'écrit :

$$\frac{\Delta p_1}{\Delta p_2} = \frac{f_1}{f_2} \frac{G_1^2}{\rho_1} \frac{\rho_2}{G_2^2}$$

En utilisant la corrélation de Blasius, nous obtenons :

$$\frac{\Delta p_1}{\Delta p_2} = \left(\frac{\text{Re}_1}{\text{Re}_2}\right)^{-0.25} \frac{G_1^2}{\rho_1} \frac{\rho_2}{G_2^2}$$

soit :

$$\frac{\Delta p_1}{\Delta p_2} = \left(\frac{G_1}{G_2}\right)^{1.75} \left(\frac{\mu_1}{\mu_2}\right)^{0.25} \frac{\rho_2}{\rho_1} \tag{12.14}$$

Comme les canaux sont disposés en parallèle, leurs pertes de pression sont identiques. L'équation (12.14) s'écrit alors :

$$\frac{G_1}{G_2} = \left(\frac{\mu_2}{\mu_1}\right)^{0.1429} \left(\frac{\rho_1}{\rho_2}\right)^{0.5714}$$

En prenant $\mu_1(150 \text{ bar}, 210\ °\text{C}) = 1.130\ 84 \times 10^{-4}$ Pa.s,
$\mu_2(150 \text{ bar}, 270\ °\text{C}) = 1.003\ 3 \times 10^{-4}$ Pa.s,
$\rho_1(150 \text{ bar}, 210\ °\text{C}) = 862.99$ kg/s et
$\rho_2(150 \text{ bar}, 270\ °\text{C}) = 780.44$ kg/s,

il vient :

$$\frac{G_1}{G_2} = 1.04$$

Ainsi, pour un écoulement monophasique, le profil transversal des pertes de pression par frottement (engendré par le profil transversal de la puissance thermique) modifie très faiblement la répartition du débit dans les différents canaux. Les pertes de pression par gravité et accélération varient alors très peu avec la température.

L'absence de débit-masse transverse entre les canaux conduit à la proportionnalité entre l'élévation de l'enthalpie et la puissance thermique fournie au canal, ce qui a deux inconvénients majeurs : d'une part, les marges de sécurité entraînent une restriction importante de la puissance maximale du cœur puisque cette dernière est limitée par la puissance maximale du canal chaud ; d'autre part, l'apparition de l'ébullition dans un canal lors d'une phase accidentelle peut provoquer un accroissement de la perte de pression et donc une diminution du débit-masse dans ce canal.

Une façon de contourner ces difficultés est de procéder à un *zonage* thermohydraulique du cœur qui consiste à placer des restrictions à l'entrée des canaux périphériques afin de limiter le débit dans ces canaux et donc de l'accroître dans les canaux centraux.

Considérons le cas où aucun canal n'est diaphragmé. Le point de fonctionnement est représenté par le point A sur la figure 12.3. Si maintenant certains canaux sont diaphragmés, il faudra augmenter la puissance de pompage pour assurer le même débit dans le cœur du réacteur. La caractéristique externe passera donc de la position (1) à la position (2). Par ailleurs, un canal diaphragmé aura une caractéristique plus relevée que celle d'un canal non diaphragmé et son point de fonctionnement se trouvera en B, alors que celui d'un canal non diaphragmé se trouvera en C. On constate donc bien que le débit d'un canal non diaphragmé augmentera alors que le débit d'un canal diaphragmé diminuera.

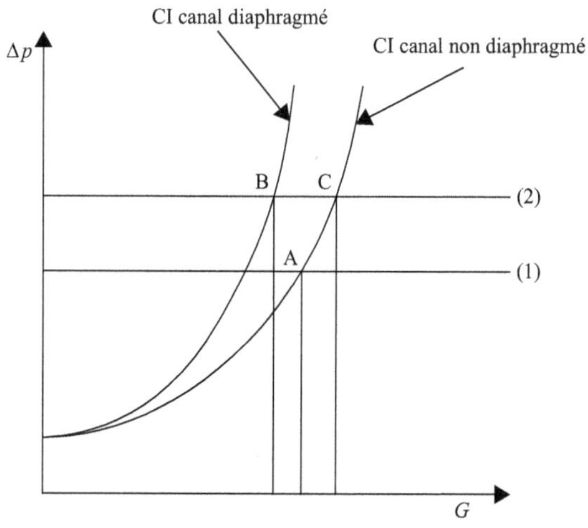

Figure 12.3 – Effet du zonage. CI : caractéristique interne ; (1) et (2) : caractéristiques externes.

4.5 Le générateur de vapeur

Contrairement aux réacteurs électrogènes qui fonctionnent à une température d'entrée dans le cœur imposée, le fonctionnement d'une chaufferie de propulsion est basé sur une température moyenne du circuit primaire imposée afin de limiter le volume du pressuriseur. Ainsi, les changements de puissance se répercutent par des variations sensibles de la température au secondaire du générateur de vapeur comme le montre la relation :

$$q'' = U(T_m - T_{GV})$$

où T_m est la température du fluide dans le circuit primaire, T_{GV} la température du fluide dans le circuit secondaire du générateur de vapeur et U le coefficient d'échange global.

En conséquence, la pression au secondaire du générateur de vapeur évolue dans de fortes proportions : à l'arrêt, cette pression correspond à la pression de saturation de la température du circuit primaire, soit p_{sat} (250 °C) = 40 bar, alors qu'en fonctionnement normal la pression oscille entre 25 et 35 bar selon la puissance extraite de la chaufferie.

Les conséquences sont de deux ordres. D'une part, le rendement de l'installation varie considérablement selon la puissance extraite, puisque c'est la pression du générateur de vapeur qui impose l'enthalpie massique de la vapeur. D'autre part, ces variations de pression engendrent des niveaux gonflés très différents pour la même masse d'eau au sein du secondaire du générateur de vapeur. En conséquence, ces niveaux doivent être bien maîtrisés afin de ne pas envoyer d'eau liquide dans la turbine.

Les variations maximales du rendement de Carnot du circuit secondaire peuvent être estimées rapidement. La température de la source froide est celle de l'eau de mer. Elle approche 0 °C en mer du Nord et parfois plus de 30 °C dans le golfe persique. Les valeurs du rendement de Carnot sont alors comprises entre 0.39 et 0.47 selon la puissance. De fait, le rendement réel des chaufferies de propulsion se situe autour de 0.20, mais cette valeur n'a que très peu d'intérêt puisqu'un bâtiment militaire n'a pas d'objectif de rendement. Dans les eaux chaudes, les vitesses maximales atteintes par le navire sont inférieures à celles atteintes dans les eaux plus froides.

5 Accident de perte de réfrigérant primaire

Les brèches sont d'autant plus pénalisantes que leur dimension est importante. Or la cuve d'une chaufferie compacte ne possède que deux liaisons : l'une, de faible section, concerne les circuits annexes nécessaires à l'analyse chimique, à la mesure de l'activité, etc. ; l'autre, de section plus importante, relie la cuve au pressuriseur. Nous allons, par conséquent, étudier l'accident correspondant à la rupture guillotine de la liaison cuve-pressuriseur.

Comme la section de cette conduite est beaucoup plus petite (20 cm^2 pour un volume de circuit primaire de l'ordre de 20 m^3) que celle d'une branche de centrale nucléaire (4 450 cm^2 pour un volume de circuit primaire de 300 m^3) et, surtout, que cette liaion est située hors du trajet de circulation de l'eau, les conséquences d'une telle rupture sont limitées.

Nous allons indiquer ci-dessous les événements principaux qui suivraient la rupture guillotine de cette liaison.

La durée de la dépressurisation est d'environ une seconde. Après activation de l'alarme, l'injection de secours haute pression est sollicitée, puis l'injection de secours moyenne pression entre en fonctionnement. Le cœur est alors partiellement dénoyé. La crise d'ébullition provoque la destruction de quelques gaines et la vapeur produite entraîne la diminution du flux neutronique et la crise d'ébullition est arrêtée. Cette séquence est très rapide, de l'ordre de la seconde. L'écoulement à la brèche est à l'état vapeur une minute après le début de l'accident et la pression du circuit primaire continue de décroître pendant plusieurs heures. Le générateur de vapeur étant isolé dès l'activation de l'alarme, la puissance résiduelle est évacuée par des décharges du générateur de vapeur dans des enceintes contenant de l'eau froide. La pression dans l'enceinte de confinement augmente rapidement mais reste inférieure à la pression maximale acceptable.

Cet accident est le seul qui, par rupture de tuyauterie, conduit à la crise d'ébullition. Dans tous les autres cas, malgré des facteurs aggravants comme l'inclinaison du navire, la première barrière reste intacte.

Ces scénarios montrent la grande sûreté que confèrent les cœurs compacts aux chaufferie de propulsion, placées dans un environnement potentiellement agressif et en milieu clos. C'est pourquoi l'architecture de ces chaufferies ne devrait plus subir d'évolution majeure dans les programmes de conception à venir tels que ceux des prochains SNA de type Barracuda qui devraient être opérationnels vers 2012.

6 Exemples d'applications

6.1 Répartition des débits lors du zonage d'un cœur

Un cœur de réacteur est divisé en deux zones. La zone 1 comporte 100 assemblages tandis que la zone 2 en comporte 80. On se propose d'augmenter le débit-masse dans la zone 2 et de le diminuer dans la zone 1 tout en conservant le débit-masse total dans le cœur du réacteur. En conséquence, on dispose au pied de chaque assemblage de la zone 1 quatre restrictions dont le schéma est représenté sur la figure 12.4. Le diamètre D_r des restrictions est de 20 mm et leur longueur L_r est de 400 mm.

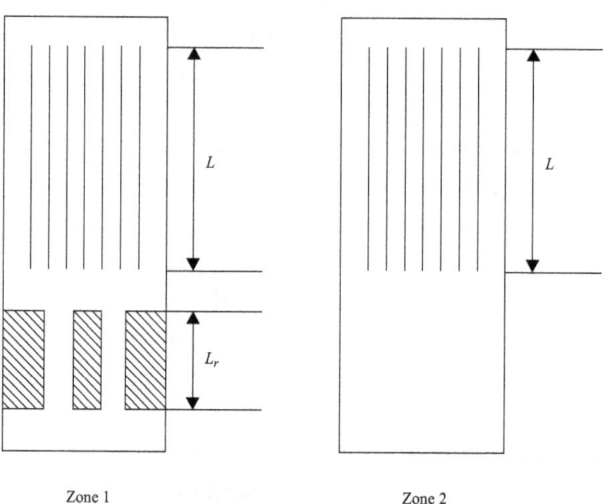

Figure 12.4 – Assemblages diaphragmés (zone1) et non diaphragmés (zone 2).

On fera les hypothèses suivantes :

H1 : les pertes de pression autres que les pertes de pression par frottement générées par les canaux chauffants et les restrictions sont négligeables.
H2 : l'écoulement est turbulent.
H3 : toutes les parois sont considérées comme lisses.

On utilisera les données suivantes :

- Débit-masse total dans le cœur : $\dot{m}_T = 17.5 \times 10^6$ kg/hr
- Viscosité du fluide de refroidissement : $\mu = 2 \times 10^{-4}$ Pa.s
- Masse volumique du fluide de refroidissement : $\rho = 0.8$ g/s
- Coefficient de perte de pression pour une contraction : $k_c = 0.5$
- Coefficient de perte de pression pour un élargissement : $k_e = 1.0$
- Longueur total d'un canal : $L = 4$ m
- Diamètre hydraulique d'un canal : $D_h = 2$ mm
- Aire de la section de passage du fluide dans un assemblage : $A = 150$ mm^2

1. Calculer la perte de pression par frottement entre l'entrée et la sortie d'un assemblage ainsi que le débit-masse dans un assemblage lorsqu'aucun des assemblages n'est diaphragmé.

2. Calculer la perte de pression par frottement entre l'entrée et la sortie d'un assemblage ainsi que les débits-masse $\dot{m}_1$ dans un assemblage diaphragmé de la zone 1, et $\dot{m}_2$ dans un assemblage non diaphragmé de la zone 2.

Ce que l'on cherche

Les pertes de pression et les débits-masse dans les assemblages connaissant le débit-masse total dans le cœur.

Méthodologie

L'écoulement étant turbulent dans des canaux à parois lisses, nous utiliserons la corrélation de Blasius pour les pertes de pressions régulières et nous exprimerons les pertes de pression singulières dans les restrictions à l'aide des coefficients de perte de pression pour les contractions et les élargissements.

Mise en œuvre de la méthodologie

1. *Cas où les assemblages de la zone 1 ne sont pas diaphragmés.*
Soit N_1 et N_2 les nombres d'assemblages dans les zones 1 et 2. Le débit-masse dans chaque assemblage est donc égal à :

$$\dot{m} = \frac{\dot{m}_T}{N_1 + N_2} \tag{12.15}$$

La perte de pression Δp_f dans un assemblage est donnée par la relation :

$$\Delta p_f = f \, \frac{L}{D_h} \, \frac{\rho V^2}{2} = f \, \frac{L}{D_h} \, \frac{\dot{m}^2}{2\rho A^2} \tag{12.16}$$

où L est la longueur d'un canal et D_h son diamètre hydraulique, A l'aire de la section de passage du fluide dans l'assemblage, et V la vitesse du fluide dans l'assemblage. Le facteur de frottement f est donné par la relation de Blasius qui s'écrit :

$$f = 0.184 \left(\frac{\dot{m} D_h}{A \mu} \right)^{-0.2} \tag{12.17}$$

Compte tenu des équations (12.15), et (12.17), la perte de pression par frottement s'écrit :

$$\Delta p_f = 0.092 \, D_h^{-1.2} A^{-1.8} \mu^{0.2} L \, \rho^{-1} \left(\frac{\dot{m}_T}{N_1 + N_2} \right)^{1.8}$$

L'application numérique conduit aux valeurs suivantes :

$\dot{m} = 27.0$ kg/s $\quad \Delta p_f = 4.59 \times 10^5$ Pa

2. *Cas où les assemblages de la zone 1 sont diaphragmés.*
La perte de pression dans un assemblage diaphragmé de la zone 1 est donnée par la relation :

$$\Delta p_f = K_c \frac{\rho V_r^2}{2} + K_e \frac{\rho V_r^2}{2} + f_r \frac{L_r}{D_r} \frac{\rho V_r^2}{2} + 0.092 \, D_h^{-1.2} A^{-1.8} \mu^{0.2} L \, \rho^{-1} \dot{m}_1^{1.8} \tag{12.18}$$

La vitesse V_r du fluide dans une restriction est donnée par la relation puisqu'il y a quatre orifices par assemblage :

$$V_r = \frac{\dot{m}_1}{\pi D_r^2 \rho} \tag{12.19}$$

La corrélation de Blasius permet de déterminer le facteur de frottement dans la restriction :

$$f_r = 0.184 \left(\frac{\rho \, V_r \, D_r}{\mu} \right)^{-0.2}$$

soit :

$$f_r = 0.184 \left(\frac{\dot{m}_1}{\pi \mu \, D_r} \right)^{-0.2} \tag{12.20}$$

Finalement, l'équation (12.18) se met sous la forme :

$$\Delta p_f = (K_c + K_e) \, \frac{\dot{m}_1^2}{2\rho \, \pi^2 D_r^4} + 0.092 \mu^{0.2} \left(\frac{L_r}{D_r} \, \frac{1}{\pi^{1.8} \rho \, D_r^{3.8}} + \frac{L}{D_h^{1.2} A^{1.8} \, \rho} \right) \dot{m}_1^{1.8}$$

ou, en utilisant les valeurs numériques :

$$\Delta p_f = 593.7 \, \dot{m}_1^2 + 1\ 370.3 \, \dot{m}_1^{1.8} \tag{12.21}$$

La perte de pression dans un assemblage non diaphragmé de la zone 2 est donnée par la relation :

$$\Delta p_f = 0.092 \, D_h^{-1.2} A^{-1.8} \mu^{0.2} L \, \rho^{-1} \dot{m}_2^{1.8}$$

ou, en utilisant les valeurs numériques :

$$\Delta p_f = 1\ 218 \, \dot{m}_2^{1.8} \tag{12.22}$$

Enfin, le débit-masse total dans le cœur s'écrit :

$$\dot{m}_T = N_1 \dot{m}_1 + N_2 \dot{m}_2$$

soit :

$$100 \, \dot{m}_1 + 80 \, \dot{m}_2 = 4\ 861 \tag{12.23}$$

La résolution des équations (12.21), (12.22) et (12.23) donne :

$$\dot{m}_1 = 22.2 \text{ kg/s}, \quad \dot{m}_2 = 33.0 \text{ kg/s}, \quad \Delta p_f = 6.58 \times 10^5 \text{ Pa}$$

On constate bien que le débit a diminué dans la zone 1 et augmenté dans la zone 2 au prix d'une augmentation de la perte de pression.

6.2 Augmentation de la vitesse de rotation de la pompe lors du zonage d'un cœur

On considère un cœur de réacteur de propulsion navale comportant $2N = 2\ 000$ canaux dont $N = 1\ 000$ canaux centraux et $N = 1\ 000$ canaux périphériques.

On fera les hypothèses suivantes :

H1 : les pertes de pression autres que les pertes de pression par frottement générées par les canaux chauffants et les restrictions sont négligeables.
H2 : l'écoulement est turbulent.
H3 : les propriétés physiques seront évaluées à la température moyenne de l'eau dans le cœur.
H4 : le facteur de frottement sera calculé à l'aide de la corrélation de Churchill.

et on utilisera les données suivantes :

Puissance thermique nominale :	$Q = 100$ MW
Pression moyenne de l'eau dans le cœur :	150 bar
Température moyenne de l'eau dans le cœur :	$T_m = 245$ °C
Température de l'eau à l'entrée du cœur :	$T_{in} = 220$ °C
Température de l'eau à la sortie du cœur :	$T_{out} = 270$ °C
Canal de section rectangulaire :	$a = 100$ mm et $b = 1$ mm
Rugosité de la paroi :	$\varepsilon = 0.01$ mm
Hauteur d'un canal :	$H = 1$ m

La caractéristique de la pompe est donnée sous la forme :

$$\Delta p_{pompe} = A\,\Omega^2 - B\dot{M}^2 \tag{12.24}$$

où l'écart de pression Δp_{pompe} est exprimé en Pa, la fréquence de rotation Ω en tr/min et le débit-masse dans le cœur $\dot{M}$ en kg/s. Les coefficients dimensionnels A et B sont respectivement égaux à :

$$A = 1.15 \times 10^{-4} \text{ Pa/(tr/min)}^2$$

et

$$B = 3 \times 10^{-2} \text{ Pa/(kg/s)}^2$$

1. Cas où il n'y a pas de zonage du cœur : calculer la perte de pression entre l'entrée et la sortie du cœur et la vitesse de rotation de la pompe.

2. Cas où un zonage du cœur est mis en place : la puissance thermique nominale Q_c délivrée aux canaux centraux étant de 70 MW, et celle Q_p délivrée aux canaux périphériques étant de 30 MW, calculer la nouvelle perte de pression entre l'entrée et la sortie du cœur, la perte de pression à imposer par les diaphragmes, et la nouvelle vitesse de rotation de la pompe.

Ce que l'on cherche

La perte de pression entre l'entrée et la sortie du cœur et la vitesse de rotation de la pompe.

Méthodologie

L'utilisation de la corrélation de Churchill nécéssite la connaissance du nombre de Reynolds de l'écoulement dans un canal, donc du débit-masse dans ce canal.

Mise en œuvre de la méthodologie

1. *Cas où il n'y a pas de zonage du cœur.*

Le débit-masse total dans le cœur est obtenu par le bilan thermique :

$$Q = \dot{M}(h_{out} - h_{in})$$

avec :

$$h_{in}(150 \text{ bar}, 220\ °\text{C}) = 947.43 \times 10^3 \text{ J/kg}$$

et :

$$h_{out}(150 \text{ bar}, 270\ °\text{C}) = 1\ 182.9 \times 10^3 \text{ J/kg}$$

soit :

$$\dot{M} = 425 \text{ kg/s}$$

Le débit-masse dans un canal est donc égal à :

$$\dot{m} = \frac{\dot{M}}{2N}$$

soit :

$$\dot{m} = 0.212\ 5 \text{ kg/s}$$

Comme nous avons $b \ll a$, le nombre de Reynolds de l'écoulement dans un canal s'écrit :

$$\text{Re} = \frac{2\dot{m}}{a\mu}$$

avec :

$$\mu\ (150 \text{ bar}, 245\ °\text{C}) = 1.091 \times 10^{-4} \text{ Pa.s}$$

soit :

$$\text{Re} = 38\ 955$$

La rugosité relative de la paroi étant donnée par la relation :

$$\frac{\varepsilon}{2b} = 0.005$$

la corrélation de Churchill donne pour le facteur de frottement :

$$f = 0.033$$

La perte de pression par frottement s'écrit :

$$\Delta p = \frac{1}{4} f \frac{H}{b} \frac{\dot{m}^2}{\rho a^2 b^2}$$

avec :

$$\rho\,(150 \text{ bar, } 245\ ^\circ\text{C}) = 811.03 \text{ kg/m}^3$$

et finalement :

$$\Delta p = 45\ 934 \text{ Pa}$$

La vitesse de rotation de la pompe est obtenue en identifiant les pertes de pression :

$$\Delta p_{pompe} \equiv \Delta p$$

soit :

$$\Omega = \sqrt{\frac{\Delta p + B\dot{M}^2}{A}}$$

ce qui conduit à :

$$\Omega = 21\ 130 \text{ tr/min} = 352 \text{ tr/s}$$

2. *Cas où un zonage du cœur est mis en place.*

Nous affecterons l'indice c aux canaux centraux et l'indice p aux canaux périphériques.

Le débit-masse total dans l'ensemble des canaux centraux est donné par la relation :

$$\dot{M}_c = \frac{Q_c}{h_{out} - h_{in}}$$

soit :

$$\dot{M}_c = 297.3 \text{ kg/s}$$

Le débit-masse total dans l'ensemble des canaux périphériques est donné par la relation :

$$\dot{M}_p = \frac{Q_p}{h_{out} - h_{in}}$$

soit :

$$\dot{M}_p = 127.4 \text{ kg/s}$$

Le débit-masse dans un canal central *non diaphragmé* est égal à :

$$\dot{m}_c = \frac{\dot{M}_c}{N}$$

soit :

$$\dot{m}_c = 0.2973 \text{ kg/s}$$

Le débit-masse dans un canal périphérique *diaphragmé* est égal à :

$$\dot{m}_p = \frac{\dot{M}_p}{N}$$

soit :

$$\dot{m}_p = 0.127\ 4 \text{ kg/s}$$

- Pour un canal central *non diaphragmé* nous obtenons :

$$\text{Re}_c = \frac{2\dot{m}_c}{a\mu}$$

soit :

$$\text{Re}_c = 54\ 500$$

La corrélation de Churchill donne alors pour le facteur de frottement :

$$f_c = 0.032$$

La perte de pression par frottement s'écrit :

$$\Delta p_c = \frac{1}{4} f_c \frac{H}{b} \frac{\dot{m}_c^2}{\rho a^2 b^2}$$

et finalement :

$$\Delta p_c = 87\ 185 \text{ Pa}$$

- Pour un canal périphérique *diaphragmé* nous obtenons :

$$\text{Re}_p = \frac{2\dot{m}_p}{a\mu}$$

soit :

$$\text{Re}_p = 23\ 355$$

La corrélation de Churchill donne alors pour le facteur de frottement :

$$f_c = 0.034$$

Si la perte de pression singulière occasionnée par le diaphragme est notée Δp_{dia}, la perte de pression s'écrit :

$$\Delta p_p = \frac{1}{4} f_p \frac{H}{b} \frac{\dot{m}_p^2}{\rho a^2 b^2} + \Delta p_{dia}$$

et finalement :

$$\Delta p_p = 17\ 011 + \Delta p_{dia}$$

où Δp_p et Δp_{dia} sont exprimés en Pa. L'identité des pertes de pression Δp_p et Δp_c conduit à la valeur de la perte de pression à assurer dans le diaphragme :

$$\Delta p_{dia} = 70\ 174 \text{ Pa}$$

La vitesse de rotation de la pompe est obtenue en identifiant les pertes de pression :

$$\Delta p_{pompe} \equiv \Delta p_c$$

soit :

$$\Omega = \sqrt{\frac{\Delta p_c + B\dot{M}^2}{A}}$$

ce qui conduit à :

$$\Omega = 28\ 377 \text{ tr/min} = 473 \text{ tr/s}$$

7 Exercices

Justifier les valeurs des rendements de Carnot 0.39 et 0.47 données à la section 4.5.

Nomenclature

a	largeur d'une plaque	
A	aire de la section droite d'un canal, coefficient de la corrélation de Churchill, coefficient de la caractéristique de la pompe	 (Eq. 12.4)
b	épaisseur de la gaine, entrefer d'un canal	
B	coefficient de la corrélation de Churchill, coefficient de la caractéristique de la pompe	(Eq. 12.5)
c_p	capacité thermique massique	
D_H	diamètre hydraulique	
e	demi-épaisseur du combustible	
f	facteur de frottement	
G	vitesse massique de l'eau dans un canal	
h	coefficient d'échange thermique	
H	hauteur d'une plaque	

k	conductivité thermique	
l	largeur d'une plaque	
L	entrefer d'un canal	
$\dot{m}$	débit-masse dans un canal	
$\dot{M}$	débit-masse	
N	nombre de canaux	
Nu	nombre de Nusselt	(Eq. 12.12)
p	pression	
P	périmètre mouillé d'un canal	
Pr	nombre de Prandtl	
q''	flux thermique surfacique	
q'''	puissance volumique	
Q	puissance thermique	
Re	nombre de Reynolds	(Eq. 12.6)
T	température	
U	coefficient d'échange global	
w	vitesse de l'eau dans un canal	
Δp_a	perte de pression par accélération	
Δp_f	perte de pression par frottement	
Δp_g	perte de pression par gravité	
ΔT	écart de température	
ε	rugosité de la paroi	
μ	viscosité	
ρ	masse volumique	
Ω	vitesse de rotation	

Indices

c	combustible, central
$comb$	combustible
f	frottement
g	gaine
GV	générateur de vapeur
in	entrée
m	valeur moyennée
out	sortie
p	périphérique
r	restriction
sat	évalué aux conditions de saturation

Symboles et opérateurs

$\hat{=}$ égal par définition à

Références

Churchill, S.W., 1977, Friction equation spans all fluid flow regimes, *Chemical Engng*, Vol. 24, No 24, 91-92.

Sigles et acronymes

ABWR	*Advanced Boiling Water Reactor*
ALARA	*As Low As Reasonably Achievable*
APRP	Accident de perte de réfrigérant primaire
ARE	Système de régulation de débit d'eau alimentaire des générateurs de vapeur
ASG	Circuit d'alimentation de secours des générateurs de vapeur
AVR	*Arbeitsgemeinschaft Versuch Reaktor*
CCFL	*Counter-Current Flow Limitation*
CIPR	Commission internationale de protection radiologique
DEM	*Delayed Equilibrium Model*
DIERS	*Design Institute for Emergency Relief Systems*
EAS	Système d'aspersion d'eau dans l'enceinte de confinement
EPR	*Evolutionary Power Reactor*
EPS	Etudes probabilistes de sûreté
ESBWR	*Economic Simplified Boiling Water Reactor*
GT-MHR	*Gas Turbine Modular Helium Reactor*
GV	Générateur de vapeur
HTR	*High Temperature Reactor*
IAEA	*International Atomic Energy Agency*
ICRP	*International Commission on Radiological Protection*
INSAG	*International Nuclear Safety Advisory Group*
LCP	Liaison cuve-pressuriseur
MOX	*Mixed OXide*
PTR	Refroidissement de la piscine combustible
PUREX	*Plutonium and Uranium Recovery by EXtraction*
RCV	Système de contrôle chimique et volumétrique
REB	Réacteur à eau bouillante
REL	Réacteur à eau légère
REP	Réacteur à eau sous pression
RHF	Réacteur à haut flux
RHT	Réacteur à haute température

RIS	Système d'injection de sécurité
RJH	Réacteur Jules Horowitz
RML	Réacteur à métal liquide
RNR-G	Réacteur à neutrons rapides refroidis au gaz
RRA	Système de réfrigération à l'arrêt
RRI	Système de réfrigération intermédiaire
SBWR	*Simplified Boiling Water Reactor*
SNA	Sous-marins nucléaires d'attaque
SNLE	Sous-marins nucléaires lanceurs d'engins
THTR	*Thorium High Temperature Reactor*
TRISO	*Tristructural-Isotropic*
UOX	*Uranium OXide*
VHTR	*Very High Temperature Reactor*

Index

www.ingramcontent.com/pod-product-compliance
Lightning Source LLC
Chambersburg PA
CBHW060956210326
41598CB00031B/4844